国防特色教材·控制科学与工程

惯性导航基础

（第2版）

王新龙　编著

西北工業大學出版社

西　安

【内容简介】 “惯性导航基础”是高等学校导航制导与控制专业的一门重要的专业课程。本书全面系统地阐述惯性导航的基本知识，包括惯性元器件(陀螺仪和加速度计)、平台式惯导系统、捷联式惯导系统以及组合导航系统的理论与方法，并吸取部分近年来国内外研究成果；在内容安排上循序渐进，由浅入深，物理概念清晰，确保知识连贯。为便于读者理解、掌握概念的内涵，书中提供了大量详细的例题与仿真实例。

本书可作为高等工科学校导航、制导与控制专业本科生和研究生的教材，也可供涉及惯性导航方面工作的研究者和工程技术人员参考。

图书在版编目(CIP)数据

惯性导航基础/王新龙编著.—2版.—西安：西北工业大学出版社，2019.8

ISBN 978-7-5612-6528-4

Ⅰ.①惯… Ⅱ.①王… Ⅲ.①惯性导航系统-高等学校-教材 Ⅳ.①TN966

中国版本图书馆CIP数据核字(2019)第175940号

GUANXING DAOHANG JICHU

惯 性 导 航 基 础

责任编辑：孙 倩 **策划编辑**：雷 军
责任校对：张 友 **装帧设计**：李 飞
出版发行：西北工业大学出版社
通信地址：西安市友谊西路127号 邮编：710072
电 话：(029)88491757，88493844
网 址：www.nwpup.com
印 刷 者：兴平市博闻印务有限公司
开 本：787 mm×960 mm 1/16
印 张：23
字 数：530千字
版 次：2019年8月第2版 2019年8月第1次印刷
定 价：68.00元

前　言

惯性导航具有高度的自主性、隐蔽性以及信息的完备性等特点，随着国民经济与国防建设的发展，惯性导航技术的应用日益广泛。目前惯性导航不仅应用于军事、工程和科学研究等领域，例如飞机、舰船、潜艇、航天器与导弹等，而且已扩展到民用领域，例如石油钻井、大地测量、航空测量与摄影、车辆以及移动机器人等系统中。在各类导航系统中，惯性导航系统被认为是最重要的一种导航系统。随着惯性元器件、现代控制理论与计算机技术的发展，惯性导航系统技术的发展也出现了一些新的特点，如捷联式惯性导航系统以其体积小、质量轻、成本低、结构简单和可靠性高等特点，有取代平台式惯性导航系统的趋势，同时新兴惯性元器件的不断涌现以及误差建模与补偿技术等也取得了很大的发展。这些新技术为惯性导航技术的发展注入了新的活力，也推动着惯性导航技术的进一步发展。

本书是一本专业教材。在编写过程中，吸取以前著作及笔者多年来在教学与科研等方面的经验与研究成果。本书得到国家自然科学基金（61673040、61074157、60304006）、航空科学基金（20170151002、2015ZC51038）、天地一体化信息技术国家重点实验开放基金（2015－SGIIT－KFJJ－DH－01）等项目的资助，并参考国内外有关的文献资料，注重反映当代惯性导航技术的发展现状及今后的发展趋向。同时，注重理论和工程应用相结合，特别注重在物理概念上给以明确解释。另外，本书增加了例题部分，通过实例说明概念、原理如何应用，在叙述上力求突出重点、深入浅出和便于自学。全书注意从数学、力学的基本概念出发，由浅入深地进行论述，即使没有学过导航系统知识的读者也可通过自学看懂本书。

全书分为 11 章。第 1 章为绪论；第 2 章为惯性导航的基本知识；第 3 章为转子陀螺仪基本理论及特性；第 4 章为新兴陀螺仪与陀螺定向装置的相关知识；第 5 章为加速度计的有关知识；第 6 章为平台式惯性导航系统；第 7 章为惯性导航系统误差分析；第 8 章为捷联式惯性导航系统的原理；第 9 章为捷联式惯导系统误差方程与初始对准技术；第 10 章为捷联式惯导系统的数字仿真方法；第 11 章为组合导航系统等。

尽管笔者力求使本书能更好地满足读者的要求，但因内容涉及面广，限于水平，书中不足之处在所难免，诚望读者批评指正。

编著者

2019 年 2 月

目　　录

第1章 绪　　论

导航(Navigation)是一门古老而崭新、多学科交叉的学科，人类的文明史与其紧密相连。人类早期的导航发展史为我们留下了许多宝贵资料。今天，这些古老的导航方法随着电子、计算机、信息处理、空间技术和工业制造等科学技术的发展而不断发展。

1.1　导航的基本概念

一架飞机从一个机场起飞，希望准确地飞到另一个机场；一艘舰艇从一个港口出发，要顺利地行驶到另一个港口；一枚导弹从一个基地发射，要准确地命中所预定的目标……这些都必须依靠导航和制导技术。

导航，顾名思义就是引导航行的意思，也就是正确地引导航行体沿着预定的航线，以要求的精度，在指定的时间内将航行体引导至目的地。要使飞机、舰船等成功地完成所预定的航行任务，除了起始点和目标的位置之外，还需要随时知道航行体的即时位置、航行速度，航行体的姿态和航向等参数，这些参数通常称为导航参数。其中最主要的就是必须知道航行体所处的即时位置，因为只有确定了即时位置才能考虑怎样到达下一个目的地。如果连自己已经到了什么地方、下一步该到什么地方都不知道的话，那就无从谈起如何完成预定的航行任务。由此可见，导航问题对航行体来说是极为重要的。导航工作一般是由领航员完成的。但是，随着科学技术的发展，现在越来越多地使用导航仪器，使其代替领航员的工作而自动地执行导航任务。自然，能实现导航功能的仪器、仪表系统就叫作导航系统。当导航系统作为独立装置并由航行体带着一起作任意运动时，其任务就是为驾驶人员提供即时位置信息和航向信息。对航行体的作用就是操作人员按需要驾驶飞机或舰船，使之到达预定的目的地。

以航空为例，测量飞机的位置、速度、姿态等导航参数，通过驾驶人员或飞行自动控制系统引导其按预定航线航行的整套设备(包括地面设备)称为飞机的导航系统。导航系统只提供各种导航参数，而不直接参与对航行体的控制，因此它是一个开环系统。在一定意义上，也可以说导航系统是一个信息处理系统，即把导航仪表所测量的航行信息处理成所需要的各种导航参数。

所谓制导(Guidance)，则是控制引导的意思，是指按选定的规律对航行体进行引导和控制，调整其运动航迹直至以允许误差命中目标或到达目的地。例如弹道导弹、人造卫星的运载火箭等，为了击中目标或将目标体送上一定的轨道，就必须根据测量仪器所测得的信息，使运载器准确地按时间，或按所达到的预定高度、速度及要保持的方位关掉发动机，此后，运载器受引力的作用继续飞行。制导系统主要由导引系统和控制系统两部分组成。导引系统一般包括探测设备和计算机变换设备，其功能是测量航行体与目标的相对位置和速度，计算出航行体的实际运动航迹与理论航迹的偏差，并给出消除偏差的指令。控制系统主要由执行机构(伺服机构)组成。其功能是根据导引系统给出的制导指令和航行体的姿态参数形成综合控制信号，再由执行机构调整控制航行体的运动或姿态直至命中目标或到达目的地。

随着科学技术的发展，导航逐渐发展成为一门专门研究导航原理、方法和导航技术装置的学科。在舰船、飞机、导弹和宇宙飞行器等航行体上，导航系统是必不可少的重要设备。按照近代科技术语解释，导航的主要工作就是定位、定向、授时和测速。由于能够测得上述导航参数乃至完成导航任务的物理原理和技术方法很多，因此，便出现了各种类型的导航系统，例如无线电导航系统、卫星导航系统、天文导航系统和惯性导航系统，还有地标导航灯、灯光导航、红外线导航、激光导航、声呐导航及地磁导航系统等。

在重点介绍惯性元器件及惯性导航系统工作原理之前，下一节扼要地介绍无线电导航系统、卫星导航系统、天文导航系统、多普勒导航系统及组合导航系统，以拓宽读者在导航领域的知识视野。

1.2 常用导航系统简介

1. 无线电导航系统

无线电导航系统(Radio Navigation System)是利用无线电技术测量导航参数，包括多普勒效应测速、用雷达测距和测方位和用导航台定位等，它是一种广泛使用的导航系统。该系统的主要优点是不受使用时间、气候条件的限制，设备较为简单，可靠度较高等。尽管无线电导航系统的定位精度不受使用时间、气候条件的影响，但它的输出信息主要是载体位置，对精确导航系统来讲，其定位精度仍然不高，且工作范围受地面台覆盖区域的限制。这种系统的工作与无线电波传播条件有关，在某种程度上受人工干扰的影响。

2. 天文导航系统

天文导航系统(Celestial Navigation System，CNS)是用天文方法观测日月星辰等天体来确定航行体的位置，以引导航行体沿预定航线到达目的地的一种导航方法。它是一门古老而崭新的技术，在导航技术中占有重要的位置。

早期的天文导航是在航海方面发展起来的，利用六分仪人工观测星体高度角来确定航行体的位置。现在发展为通过星体跟踪器测量高度角及方位角，进而推算航行体在地球上的位置及航向。由于天体的坐标位置和它的运动规律是已知的，因此，只要测出天体相对于航行体参考基准面的高度角和方位角，就能够计算出航行体的位置和航向。利用光学或射电望远镜接收星体发射的电磁波去跟踪星体，在地球附近导航会受到云层及气象条件的限制，在空气稀薄的高空和宇宙航行，则是比较理想的。根据跟踪的星体数，天文导航分为单星、双星和三星导航。单星导航航向基准误差大而定位精度低；双星导航定位精度高，当选择星对时，两颗星体的方位角差越接近 90°，定位精度就越高；三星导航常利用对第三颗星的测量来检查对前两颗星测量的可靠性，在航天中，则用来确定航天器在三维空间中的位置。

天文导航系统是一种自主式导航系统，不需要地面设备的支持，也不向外辐射电磁波，隐蔽性好，与其他导航设备组合能够获得高精度的导航数据，且误差不随时间积累，因而得到了广泛应用。

3. 卫星导航系统

卫星导航系统(Satellite Navigation System)是继惯性导航之后导航技术的又一重大发展。可以说卫星导航是天文导航与无线电导航的结合物，只不过是把无线电导航台放在人造地球卫星上罢了。20 世纪 60 年代初，旨在服务于美国海军舰只的第一代卫星导航系统——TRANSIT 子午仪卫星导航系统出现了，它的全称为“海军导航卫星系统”。该系统用5～6 颗卫星组成的星网工作，每颗卫星以 150MHz 和 400MHz 两个频率发射 1～5W 的连续电磁波信号。导航接收机利用测量卫星信号多普勒频移的方法，可以使舰船或陆上设备的定位精度达到 500m(单频)和 25m(双频)。由于卫星在 600n mile① 左右的低高度且飞越南北极的轨道上运行，因此导航数据不连续，平均每隔 110min(赤道)或 30min(纬度80°)才能定位一次；另一方面定位精度对用户的运动十分敏感，因此子午仪系统主要用于低动态的海军船只、潜艇、商业船只和路上用户。然而，子午仪系统显示了卫星定位在导航方面的巨大优越性，使得研发部门对卫星定位取得了初步的经验。

以全球定位系统(Global Positioning System，GPS)为代表的全球卫星导航系统是 20 世纪 70 年代由美国陆、海、空三军联合研制的新一代空间卫星导航定位系统。其主要目的是为陆、海、空三大领域提供实时、全天候和全球性的导航服务，并用于情报收集、核爆监测和应急通信等一些军事目的，是美国独霸全球战略的重要组成部分。经过 20 余年的研究试验，耗资 300 亿美元，到 1994 年 3 月，全球覆盖率高达 98%的 24 颗 GPS 卫星星座已布设完成。GPS 技术由于所具有的全天候、高精度和自动测量的特点，作为先进的测量手段，已经融入了国民经济建设、国防建设和社会发展的各个应用领域。

目前全世界有 4 套卫星导航系统，即中国北斗、美国 GPS、俄罗斯“格洛纳斯”和欧洲“伽利略”。卫星导航系统是重要的空间基础设施，为人类带来了巨大的社会和经济效益。中国作为发展中国家，拥有广阔的领土和海域，高度重视卫星导航系统的建设，努力探索和发展拥有自主知识产权的卫星导航定位系统。

2000—2007 年，中国先后成功发射了 4 颗“北斗导航试验卫星”，建成了北斗导航试验系

① 1 n mile=1 852m。

统(第一代系统)。这个系统具备在中国及其周边地区范围内的定位、授时、报文通信和 GPS 广域差分功能,并已在测绘、电信、水利、交通运输、渔业、勘探、森林防火和国家安全等诸多领域逐步发挥重要作用。

中国正在建设的北斗卫星导航系统空间段由 5 颗静止轨道卫星和 30 颗非静止轨道卫星组成,提供两种服务方式,即开放服务和授权服务(属于第二代系统)。开放服务是在服务区免费提供定位、测速和授时服务,定位精度为 10m,授时精度为 50ns,测速精度为 0.2m/s。授权服务是向授权用户提供更安全的定位、测速、授时和通信服务以及系统完好性信息。我国正在实施北斗卫星导航系统建设,根据系统建设总体规划,2012 年,系统首先具备覆盖亚太地区的定位、导航和授时以及短报文通信服务能力;2020 年左右,建成覆盖全球的北斗卫星导航系统。

4. 多普勒导航系统

多普勒导航系统(Doppler Navigation System)是利用多普勒效应测定多普勒频移,从而计算出飞行器即时的速度和位置来实现导航的一种无线电导航系统。它由脉冲多普勒雷达、航向姿态系统、导航计算机和控制显示器等组成。多普勒雷达测得的飞行器速度信号与航向姿态系统测得的载体航向、俯仰和滚转信号一并送入导航计算机,计算出飞行器的地速矢量并对地速进行连续积分等运算,得出飞行器当时的位置,利用这个位置信号进行航线等计算,实现对飞行器的引导。它是一种自主式航位推算系统。

多普勒系统的工作方式是主动的,它不需要地面台,其测速精度约为航行速度的 1/100~1/1 000,并且抗干扰能力较强。但是,它工作时由于必须发射电波,所以容易暴露自身。此外,它的工作性能与反射面的形状有关,如在水平面或沙漠上空工作时,由于反射性不好就会降低性能。同时,其精度也受天线姿态的影响,当接收不到反射波时就会完全丧失工作能力。

5. 组合导航系统

飞行器的发展对导航系统的精度、可靠性等都提出了越来越高的要求,从国防现代化的要求来讲,单一的导航系统已难以满足。组合导航技术是一种崭新的导航技术,它指的是综合两个或两个以上导航传感器的信息,使它们实现优势互补,以期提高整个系统的导航性能,来满足各类用户的需求。

组合导航系统(Integrated Navigation System)可分为重调式和滤波处理式两大类。若从设备类型来分,组合导航系统又可分为无线电导航系统间的组合和惯性导航系统与无线电导航系统(或天文导航)组合两大类。这里简要阐述重调式和滤波处理式的实现方式。

早期的组合导航系统采用重调法,它直接用一种导航系统的输出去校正另一种导航系统的输出,因此实现起来较容易。重调法对抑制惯导随时间增大的定位误差十分有效。因此,早期的惯导与无线电导航系统组合的系统大多采用重调法。重调法的缺点是组合效果差,组合后的精度只能接近于被组合的精度较高的导航系统，而不可能比它更高。总之，组合的潜力远没有发挥出来。

自从20世纪60年代初出现了卡尔曼滤波技术，组合导航系统向更深层次发展才成为可能。卡尔曼滤波是一种线性最小方差滤波方法，它根据信号（或称作状态）和测量值的统计特性，从测量中得出误差最小，也即“最优”的信号估计，因此，经过滤波处理后导航解的精度可以比组合前任一导航系统单独使用时的精度高。另外，卡尔曼滤波采用递推计算方法，它不要求存储过去的测量值，只须根据当时的测量值和前一时刻的估计值，按照一组递推公式，利用数字计算机就可实时地计算出所需信号的估值。由于可进行传感器级的组合，滤波器处理的是原始测量值，因此，更有利于克服被组合设备各自的缺点和发挥各自的长处，从而达到最佳的组合效果。经卡尔曼滤波处理后的组合系统的精度要优于任一系统单独使用时的精度。

因此，导航技术向着组合方向发展是一个必然的趋势。当前，已经得到实际应用的组合导航系统主要有INS/GPS组合导航系统、INS/CNS组合导航系统和GPS/多普勒雷达组合导航系统等。

1.3 惯性导航系统的基本工作原理和分类

1.3.1 惯性导航系统的基本工作原理

假设汽车在公路上作匀速直线运动，其行驶的距离 s 取决于速度 v 与行驶时间 t，即

$$s = vt \tag{1.1}$$

若汽车作变速直线运动，速度为 $v(t)$，并设汽车初始位置为 X_0，则 t 时刻的汽车瞬时位置为

$$\boldsymbol{X}(t) = \boldsymbol{X}_0 + \int \boldsymbol{v}(t)\,\mathrm{d}t \tag{1.2}$$

又比如，一架飞机沿跑道滑行准备起飞，由于发动机的推力作用，它将以一定的加速度 $\boldsymbol{a}_0$ 从静止状态开始运动。随着时间的推移，其速度越来越大，直至离开地面以一定的速度向目的地飞行。显然，飞行的速度将取决于加速度的大小和作用的时间，亦即速度就是对加速度的积分，可表示为

$$\boldsymbol{v}(t_k) = \boldsymbol{v}(t_0) + \int_{t_0}^{t_k} \boldsymbol{a}(t)\,\mathrm{d}t \tag{1.3}$$

式中，$\boldsymbol{v}(t_0)$ 为初始时刻载体的运动速度矢量（这里为零）。

而飞机的瞬时位置则取决于速度的大小和飞行时间，也就是说位置就等于对速度的积分，可写成

$$\boldsymbol{r}(t_k) = \boldsymbol{r}(t_0) + \int_{t_0}^{t_k} \boldsymbol{v}(t)\,\mathrm{d}t \tag{1.4}$$

式中，$\boldsymbol{r}(t_0)$ 为初始时刻飞机的位置矢量。

惯性导航系统(Inertial Navigation System，INS，简称惯导系统) 就是采用了这样一种物理方法实现导航定位的。它用一种称为加速度计的仪表测量运载体的加速度，用陀螺稳定平台模拟当地水平面、建立一个空间直角坐标系，三个坐标轴分别指向东向 e、北向 n 及天顶方向 u，通常称为东北天坐标系。在载体运动过程中，利用陀螺使平台始终跟踪当地水平面，三个轴始终指向东、北、天方向。在这三个轴的方向上分别安装东向加速度计、北向加速计和垂直加速度计。东向加速度计测量载体沿东西方向的加速度 a_{e}，北向加速度计测量载体沿南北方向的加速度 a_{n}，而垂直加速度计则测量载体沿天顶方向的加速度 a_{u}。将这三个方向上的加速度分量进行积分，便可得到载体沿这三个方向上的速度分量为

$$\left.\begin{aligned} v_{\mathrm{e}}(t_k) &= v_{\mathrm{e}}(t_0) + \int_{t_0}^{t_k} a_{\mathrm{e}}\,\mathrm{d}t \\ v_{\mathrm{n}}(t_k) &= v_{\mathrm{n}}(t_0) + \int_{t_0}^{t_k} a_{\mathrm{n}}\,\mathrm{d}t \\ v_{\mathrm{u}}(t_k) &= v_{\mathrm{u}}(t_0) + \int_{t_0}^{t_k} a_{\mathrm{u}}\,\mathrm{d}t \end{aligned}\right\} \tag{1.5}$$

通常，载体在地球上的位置用经度、纬度和高程来表示，通过对速度积分就可得到。

$$\left.\begin{aligned} \lambda &= \lambda_0 + \int_{t_0}^{t_k} \dot{\lambda}\,\mathrm{d}t \\ L &= L_0 + \int_{t_0}^{t_k} \dot{L}\,\mathrm{d}t \\ h &= h_0 + \int_{t_0}^{t_k} \dot{h}\,\mathrm{d}t \end{aligned}\right\} \tag{1.6}$$

式中，λ_0，L_0，h_0 为载体的初始位置；$\dot{\lambda}$，$\dot{L}$，$\dot{h}$ 分别表示经度、纬度和高程的时间变化率，可由运动速度计算得到，即

$$\left.\begin{aligned} \dot{\lambda} &= \frac{v_{\mathrm{e}}}{(N+h)\cos L} \\ \dot{L} &= \frac{v_{\mathrm{n}}}{M+h} \\ \dot{h} &= v_{\mathrm{u}} \end{aligned}\right\} \tag{1.7}$$

将式(1.7) 代入式(1.6)，就可得到载体的瞬时位置为

$$\left.\begin{aligned} \lambda &= \lambda_0 + \int_{t_0}^{t_k} \frac{v_{\mathrm{e}}}{(N+h)\cos L}\mathrm{d}t \\ L &= L_0 + \int_{t_0}^{t_k} \frac{v_{\mathrm{n}}}{M+h}\mathrm{d}t \\ h &= h_0 + \int_{t_0}^{t_k} v_{\mathrm{u}}\,\mathrm{d}t \end{aligned}\right\} \tag{1.8}$$

式中，M，N 分别表示地球椭球的子午圈、卯酉圈曲率半径。若地球近似看成是一个半径为 R 的球，那么 $M=N=R$。

应指出，由于初始位置（λ_0，L_0，h_0）须事先已知并输入惯导系统，所以惯性导航属于相对定位。

1.3.2　惯性导航系统的分类

由上述惯导系统的定位原理可以看出，一个完整的惯导系统应包括以下几个主要部分：

① 加速度计。用于测量航行体的运动加速度，通常应有 2～3 个，并安装在三个坐标轴方向上。

② 陀螺稳定平台。为加速度计提供一个准确的坐标基准，以保持加速度计始终沿三个轴向测定加速度，同时也使惯性测量元件与航行体的运动相隔离。

③ 导航计算机。用来完成诸如积分等导航计算工作，并提供陀螺施矩的指令信号。

④ 控制显示器。用于输出显示导航参数等，还可进行必要的控制操作，如输入初始数据等。

⑤ 电源及必要的附件等。

按惯性测量装置在载体上的安装方式，可分为平台式惯性导航系统和捷联式惯性导航系统。

平台式惯性导航系统是将惯性测量元件安装在惯性平台（物理平台）的台体上。根据平台所模拟的坐标系不同，平台式惯性导航系统又分为空间稳定惯性导航系统和当地水平面惯性导航系统。前者的平台台体相对惯性空间稳定，用来模拟某一惯性坐标系。重力加速度的分离和其他不需要的加速度的补偿全依靠计算机来完成。这种系统多用于运载火箭主动段的控制和一些航天器上。而后者的平台台体则模拟某一当地水平坐标系，即保证两个水平加速度计的敏感轴线所构成的基准平面始终跟踪当地水平面。这种系统多用于在地表附近运动的飞行器，如飞机和巡航导弹等。平台式惯导系统的平台能隔离载体的角振动，给惯性测量元件提供较好的工作环境。由于平台直接建立起导航坐标系，因此提取有用信号需要的计算量小，但结构复杂，尺寸大。平台式惯性导航系统的原理示意图如图 1-1 所示。

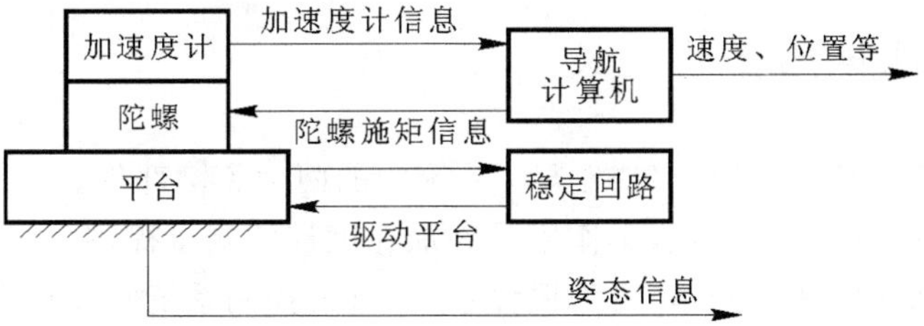

图 1-1　平台式惯性导航系统原理示意图

捷联式惯性导航系统是将惯性测量元件直接安装在载体上,没有实体平台,惯性元件的敏感轴安置在载体坐标系的三轴方向上。它用存储在计算机中的“数学平台”代替平台式惯导系统中物理平台的台体。在运动过程中,陀螺测定载体相对于惯性参照系的运动角速度,并由此计算载体坐标系至导航(计算)坐标系的坐标变换矩阵。通过此矩阵,将加速度计测得的加速度信息变换至导航(计算)坐标系,然后进行导航计算,得到所需要的导航参数。由于省去了物理平台,因此与平台式惯性导航系统相比较,捷联式惯性导航系统的结构简单,体积小,维护方便。但惯性测量元件直接装在载体上,工作条件不佳,降低了仪表的精度。由于三个加速度计输出的加速度分量是沿载体坐标系轴向的,须经计算机转换成导航坐标系的加速度分量(这种转换起着“数学平台”的作用),因此计算量要大得多。

图 1-2 是捷联式惯性导航系统的原理示意图。惯性元件直接固联到载体上,陀螺测得的角速度信息用于计算坐标变换矩阵(载体坐标系至导航坐标系)。利用该矩阵,可以将加速度计的量测量变换至导航(计算)坐标系,然后进行导航参数的计算。同时,利用坐标变换矩阵的元素,提取姿态信息。

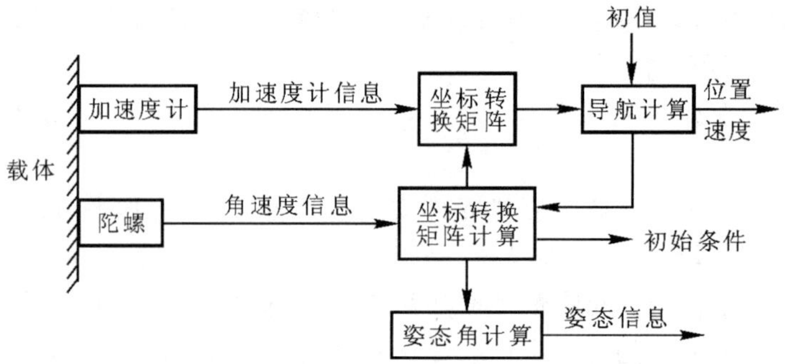

图 1-2 捷联式惯性导航系统原理示意图

1.4 惯性传感器技术的发展

1.4.1 惯性传感器的定义

陀螺仪和加速度计是惯性导航(或制导)系统中的两个关键部件。

陀螺仪是感测旋转的一种装置,其作用是为加速度计的测量提供一个参考坐标系,以便把重力加速度和载体加速度区分开,并可为惯性系统、火力控制系统和飞行控制系统等提供载体的角位移或角速率。随着科学技术的发展,人们已发现有 100 种以上的物理现象可被用来感测载体相对于惯性空间的旋转。从工作机理来看,陀螺仪可分为两大类:一类是以经典力学为基础的陀螺仪(通常称为机械陀螺),另一类是以非经典力学为基础的陀螺仪(如振动陀螺、光学陀螺和硅微陀螺等)。

加速度计又称比力敏感器,它是以牛顿惯性定律作为理论基础的。在运动体上安装加速度计的目的,是用它来敏感和测量运动体沿一定方向的比力(即运动体的惯性力与重力之差),然后经过计算(一次积分和二次积分)求得运动体的速度和所行距离。测量加速度的方法很多,有机械的、电磁的、光学的和放射线的等。按照作用原理和结构的不同,惯性系统使用的加速度计可分为两大类,即机械加速度计和固态加速度计。

惯性导航和制导系统对陀螺仪和加速度计的精度要求很高,如加速度计分辨率通常为 $0.000\ 1g \sim 0.000\ 01g$,陀螺随机漂移率为 0.01°/h 甚至更低,并且要求有大的测量范围,如军用飞机所要求的测速范围应达 10^8(0.01°/h ~ 400°/s)。因此,陀螺仪和加速度计属于精密仪表范畴。

1.4.2 陀螺仪的分类及发展概况

1. 经典力学陀螺仪

经典力学陀螺仪主要有速率陀螺、液浮速率积分陀螺、双轴液浮陀螺、球形自由转子陀螺、挠性陀螺、动力调谐陀螺和静电陀螺等。

(1) 液浮速率积分陀螺

这是1955年由美国率先研制成功的世界上第一种惯性级(即陀螺随机漂移达到0.01°/h量级)陀螺仪。它是在速率陀螺的基础上,通过采用力矩电动机使其闭环工作而构成的。由于它通过浮子组件消除了框架支撑的干摩擦,因而陀螺精度提高了1~2个数量级,在飞行器导航和制导系统中得到了广泛应用。

为了进一步提高陀螺精度,此后在输出轴采用液浮技术的基础上又增加了动压气浮轴承和磁悬浮系统,从而构成了所谓的“三浮”陀螺。这种陀螺是目前战略武器用高精度惯性系统的心脏。

(2) 动力调谐陀螺

在这种陀螺中,转子是由挠性接头支撑的。后者是一种无摩擦的弹性支撑,它可通过自身的变形来给陀螺转子提供所需的转动自由度,这样就不再需要铰链式的支撑方式,也就彻底避免了干摩擦。而对于挠性支撑本身的弹性恢复力矩,则采用了平衡环的动力力矩来予以克服,这种补偿方法被称为动力调谐,这也是动力调谐陀螺名字的由来。

相对第一代的液浮陀螺来说,动力调谐陀螺为第二代陀螺。由于其结构比较简单,因而成本较低。在经历多年的研制后,到20世纪70年代中期,动力调谐陀螺已达惯性级,并成为70—80年代飞机惯导系统主要采用的一种陀螺仪。

(3) 静电陀螺

静电陀螺仪利用电极对球形转子的静电吸力,以及自动调节电极电压的方法,使球形转子支撑在电极中心;并采用光电测量方法测出壳体相对转子极轴的转角。它消除了框架陀螺和挠性陀螺由于机械连接所引起的干扰力矩,也避免了液浮陀螺由于液体扰动所引起的干扰力矩,因此是一种高精度陀螺仪。但由于其工艺复杂,因而成本较高。

静电陀螺仪原理是20世纪50年代初提出的,直到70年代末才进入实用。经过逐步改进,静电陀螺仪精度已高达 0.000 1°/h。它特别适合于高精度惯导系统应用,曾被用于 B—52 远程战略轰炸机和 F—117A 隐身战斗轰炸机,用它构成的静电陀螺监控器现在是核潜艇惯导系统的主要组成部分。

2. 非经典力学新型陀螺仪

这类陀螺主要有振动陀螺(包括石英速率陀螺、半球谐振陀螺等)、光学陀螺(主要有环形激光陀螺、三轴整体式环形激光陀螺、干涉型光纤陀螺、光纤环形谐振陀螺、环形谐振陀螺等)以及硅微机械陀螺。

(1) 环形激光陀螺

1963 年,美国首先向世界公布了激光陀螺的概念。但直到 1981 年,激光陀螺才首次被用于当时新生产的波音 747 飞机的惯导系统中。接着于 1983 年开始批量生产,其间经历了长达 20 年的研制周期。激光陀螺长期不能进入实用的主要原因在于材料和加工工艺上的困难。

激光陀螺仪是以激光作为介质,以近代物理学中的萨格奈克(Sagnac) 效应作为理论基础做成的一种感测角速度的装置。它不使用机械转子,而是使用沿闭合光路运行的正、反两个激光光束间的谐振频率差,以此测定相对惯性空间的转速和转角。激光陀螺由于没有高速旋转的活动件,因而也被称为固态陀螺仪。激光陀螺具有机械陀螺无法比拟的优点,是捷联惯性系统理想的元件。自 20 世纪 80 年代中期至今,在覆盖军用机和民用机的绝大部分飞机的捷联惯性系统中,激光陀螺已处于主导地位。

(2) 光纤陀螺

1975 年,美国率先在世界上提出了光纤陀螺的设想,至 20 世纪 90 年代中期,光纤陀螺开始走向实用,最初用于战术导弹制导及飞机航姿系统中。

光纤陀螺是采用光纤作为光路,并基于萨格奈克效应的一种新型光学陀螺。当陀螺相对惯性空间旋转时,由相位测量电路提供输出的这种陀螺通常被称为干涉型光纤陀螺,它由发光二极管、波束分离器、光纤以及相位探测器等部分组成。光纤陀螺没有困扰激光陀螺的闭锁问题;与激光陀螺一样,同样没有活动部件;它具有很宽的动态范围和低的制造成本。受到光纤技术商业开发推动的光纤陀螺,性能很快地达到甚至超过激光陀螺,1998 年,达到惯性级的光纤陀螺已被研制出来。目前,国外研制的光纤陀螺零位漂移已达到 0.001°/h 以内,测量精度达到了 0.000 3°/h,已能够满足各类武器系统导航制导的需求。

(3) 微机械陀螺

微机械陀螺仪的概念是由美国德雷珀实验室根据振动陀螺的原理于1985年最先提出的。这类陀螺的主体是一个作高频振动的机械构件，如音叉、环或梁。为了敏感物理特性如角速率，采用静电方法驱动这种机械活动元件，从而将未知量转换为一种位移，然后通过电容测量将其检测出来并转换为电信号。由于硅材具有良好的机械特性和电气特性，因而微机械陀螺(包括微机械加速度计) 通常用硅制成。至今，运用半导体工艺与微电子技术发展起来的硅微陀螺已形成了三代，即第一代为微机械双框架陀螺，第二代为梳状静电驱动调谐音叉陀螺，第三代为微机械梳状驱动转子式陀螺。

微机械陀螺的最大特点是小尺寸($1mm^2$ 芯片上可制作出上千个陀螺) 和低成本(单价可低到10美元)，还适用于大批量生产，具有较高的频率、带宽和可靠性，功耗可忽略不计等其他优点。目前这类陀螺的分辨率已达 $1°/h \sim 10°/h$。

1.4.3 加速度计的分类及发展概况

1. 机械加速度计

机械加速度计包括力反馈摆式加速度计、双轴力反馈加速度计和摆式积分陀螺加速度计等。

石英挠性加速度计是力反馈摆式加速度计中的一种，是在液浮摆式加速度计的基础上发展起来的新一代加速度计，其组成包括挠性杆、摆组件、力矩器和信号器等。这两者的力学原理是相同的，所不同的是，挠性加速度计敏感加速度的摆组件不是悬浮在液体中，而是由具有细颈的挠性杆所支撑的，而且是用整块石英玻璃把细颈和摆锤连在一起加工而成的。与金属挠性杆相比，采用熔凝石英挠性杆的好处是热胀系数低，摆组件随温度变化小，因而标度因数误差小。石英挠性加速度计与第一代液浮摆式加速度计相比，具有无支撑摩擦力矩、对温控要求较低、结构简单、工艺性好和制造成本较低等优点。

从20世纪60年代问世以来，石英挠性加速度计很快就取代了液浮摆式加速度计，目前正在海、陆、空各种惯导系统中得到广泛应用。

2. 固态加速度计

这类装置包括振动加速度计、表面声波加速度计、静电加速度计、光纤加速度计以及硅微机械加速度计等。

(1) 石英振梁加速度计

这是一种利用石英晶体本身的压电性能激励刚性梁作为谐振元件的仪表，加速度计是开环的。由于石英振梁加速度计用晶体振荡器和振荡电子线路代替了力平衡加速度计中的力矩器、信号器和归零电路,因此它成为了一种固态的、直接数字输出的仪表。其基本组成为石英晶体力-频转换器(谐振子)、悬挂质量块、温度传感器、晶体控制振荡电路及外壳等。由于它采用高稳定的石英单晶材料,因此具有极好的标度因数稳定性,而且具有结构简单、功耗小、分辨率高、直接数字输出及性价比高等特点。从 20 世纪 90 年代开始,国外这类加速度计已逐步形成系列产品,并开始应用于平台式和捷联式惯性系统中。

(2) 硅微机械加速度计

硅微加速度计的结构形式很多,大多为静电力平衡式,其结构是由一个摆片和两个极板叠加而成的,即在平板硅片上做出检测质量(摆片),通过两根硅挠性梁连接在框架结构上。也就是说,检测质量、挠性梁及框架都由同一单晶硅片经过各向异性刻蚀而制成。

力平衡式硅微加速度计的研制工作已取得了很大进展。20 世纪 90 年代中期,供汽车导航用的商用产品已经问世。在军用方面,用于炮弹制导的高 g 硅微加速度计正在开发中;另外,由它与光纤陀螺组成的微型惯性测量装置(MIMU) 已被用于战术导弹制导系统中。

恩格斯说过:“一门科学提出的每一种新见解,都包含着这门科学在术语方面的革命”。这一见解可用来很好地说明惯性传感器的发展历程。惯性传感器方面的主要变化是,在继续提供许多常规的军事应用的同时,进一步向新的军事和商业应用的广泛领域扩展。

1.5 导航技术的新要求与惯性导航的关系

随着科学技术的发展,人们对导航技术也提出了越来越高的新要求。在这方面,除了一般的安全可靠、体积小、质量轻和造价低廉等要求外,在有些场合,尤其在军事上对导航设备提出的要求是十分苛刻的。这些要求可以归纳为以下几方面:

① 从导航精度方面来说,在科学考察及军事侦察和作战上,为了准确地确定某些地标和攻击对象,要求导航设备具有相当高的定位精度。例如,美空军惯导系统的 SNU84—3 规范中就规定 0.5n mile/h 的导航精度。有些地球物理调查方面更要求能达到几米或零点几米的定位精度。

② 从作用范围来说,希望导航系统能满足全球导航的要求,也就是不管在地球上的任何地方,导航系统都能有效地工作。

③ 从自主性方面来讲,希望导航设备不依赖地面或其他方面的任何信息,而能独立自主地工作。这样,就可以扩大活动范围到没有任何地面导航台的沙漠地区或海洋上空执行任务。此外,自主性尤其对军事上失去地面指挥及导航信息的“迷航”问题具有重要意义。

④ 从安全性来说,希望导航设备具有很好的抗干扰能力,也就是对磁场、电场、光、热以及核辐射等条件的变化不敏感;同时,飞行器本身也不向外界发射任何能量用以避免被敌人发现而引来攻击和施加干扰。这一点对军用飞行器极为重要。

⑤ 从环境条件来讲,希望导航设备不受气象条件的限制能满足全天候导航要求,也就是

说，不管白天、黑夜和寒冬、酷暑，也不管刮风、下雨和雷电、浓雾都能保证导航设备正常工作。

⑥ 从发挥制导功能来讲，希望导航设备能够为飞行器的驾驶和控制提供符合要求的姿态、速度，甚至加速度等各种制导参数和信息，用以实现飞行器的自动化飞行，从而减轻地面人员的工作负担。

⑦ 从执行任务的准确性来说，希望导航设备能够为轰炸和空投提供除姿态、速度等信息以外的风速、风向、偏流角和加速度信息，以便计算准确的投放轨迹和投放对间。

⑧ 从使用方便来说，希望导航设备的反应时间最短，操作最简单，显示明确可靠，也就是希望一接到起飞命令导航设备就能投入正常工作。

⑨ 从可靠性和维护保养方面来讲，不仅希望导航仪器的平均故障时间较长，而且要求能抗盐雾、湿度，并且便于更换零件，使维护修理工作迅速简便。

由于飞行器种类和飞行任务的不同，在上述各方面的要求中，其侧重点也会有所区别。要使这些要求由某一种导航设备全面满足是不现实的。为了解决这个问题，比较可行的办法是将不同的导航设备组合起来，发挥它们各自的特点，以达到导航性能的要求。但是，就导航精度、自主性和便于得到制导所需全信息等这些主要因素来说，只有惯性导航系统是唯一能满足这些要求的。因此，人们对惯性导航技术的发展就很自然地给予了极大的关注，同时也促进了惯性导航技术的迅速发展。可以这样说，先进的航空、航海以及空间飞行技术都是离不开惯性导航的，而且惯性导航系统的应用范围已经进一步扩大到了大地测量、石油勘探以及地球物理研究等其他很多方面。

思考与练习

1.1　什么是导航？导航系统的主要作用是什么？

1.2　以飞机为例，说明导航、制导与控制三个概念的区别与联系。

1.3　简单说明无线电导航、卫星导航和天文导航三种常用导航系统的工作原理及其特点。

1.4　什么是惯性导航？惯性导航系统主要由哪几部分组成？

1.5　简述惯性导航的基本工作原理及主要特点。

1.6　惯性传感器陀螺仪和加速度计在惯性导航系统中的作用是什么？陀螺仪和加速度计有哪些类型？

1.7　通常对导航系统有哪些要求？

第2章　惯性导航的基本知识

惯性导航基础课程的主要内容是阐述惯性敏感器和惯性导航系统的原理。本章根据研究惯性敏感器和惯性导航系统原理的需要，有针对性地介绍有关的基本知识。

2.1　定点转动刚体的角位置描述

确定定点转动刚体在空间的角位置，需要引入两套坐标系。一套坐标系代表所选定的参考空间，如惯性空间、当地水平基准和仪器的基座等，这里统称为参考坐标系。另一套坐标系代表被研究的转动刚体，如陀螺转子、框架和平台台体等，这里统称为动坐标系。

确定动坐标系相对参考坐标系之间的角位置关系，通常采用方向余弦法和欧拉角法。

2.1.1　平面坐标系旋转关系

如图2-1所示，M点在坐标系OXY中坐标为X_0，Y_0，在坐标系Oxy中坐标为x，y。开始如果两坐标系重合，M点保持不动，当Oxy绕固定点O转动空间某一位置时，则M点在Oxy的坐标x，y发生变化。设$\boldsymbol{i}_1$，$\boldsymbol{i}_2$为OXY中的单位矢量，$\boldsymbol{e}_1$，$\boldsymbol{e}_2$为Oxy中的单位矢量。Oxy绕O点转动亦为Oxy的单位矢量$\boldsymbol{e}_1$，$\boldsymbol{e}_2$的转动。

当$\boldsymbol{e}_1$，$\boldsymbol{e}_2$相对于$\boldsymbol{i}_1$，$\boldsymbol{i}_2$旋转，逆时针转过θ角时，得

$$\begin{cases}\boldsymbol{e}_1=\boldsymbol{i}_1\cos\theta+\boldsymbol{i}_2\sin\theta\\ \boldsymbol{e}_2=-\boldsymbol{i}_1\sin\theta+\boldsymbol{i}_2\cos\theta\end{cases}$$

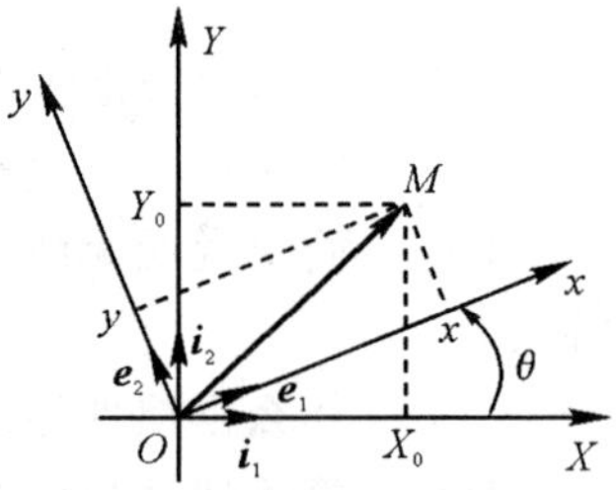

图2-1　二维坐标系旋转

可见，一组单位矢量可由另一组单位矢量线性表示，则有

$$[\boldsymbol{e}_1\quad \boldsymbol{e}_2]=[\boldsymbol{i}_1\quad \boldsymbol{i}_2]\begin{bmatrix}\cos\theta & -\sin\theta\\ \sin\theta & \cos\theta\end{bmatrix}=[\boldsymbol{i}_1\quad \boldsymbol{i}_2]\boldsymbol{A}^{\mathrm{T}} \tag{2.1}$$

或

$$\begin{bmatrix}\boldsymbol{e}_1\\ \boldsymbol{e}_2\end{bmatrix}=\boldsymbol{A}\begin{bmatrix}\boldsymbol{i}_1\\ \boldsymbol{i}_2\end{bmatrix}$$

式中

$$\boldsymbol{A}=\begin{bmatrix}\cos\theta & \sin\theta\\ -\sin\theta & \cos\theta\end{bmatrix}=\begin{bmatrix}c_{11} & c_{12}\\ c_{21} & c_{22}\end{bmatrix}$$

称为从单位矢量(基矢$\boldsymbol{i}_1$，$\boldsymbol{i}_2$)到($\boldsymbol{e}_1$，$\boldsymbol{e}_2$)的过渡阵。对应的坐标变换为

$$\begin{bmatrix}x\\ y\end{bmatrix}=\boldsymbol{A}\begin{bmatrix}X\\ Y\end{bmatrix} \tag{2.2}$$

当 $\boldsymbol{A}$ 满秩，且坐标系是正交坐标系时，得到

$$\begin{bmatrix} X \\ Y \end{bmatrix} = \boldsymbol{A}^{\mathrm{T}} \begin{bmatrix} x \\ y \end{bmatrix}$$

以上属于坐标系之间的相对旋转，此时 M 点（位置矢量 $\overrightarrow{OM}$）是不动的；单位矢量和坐标的变换也可使坐标系不动，由位置矢量反向旋转获得（见图 2-2）。

由图 2-2 有

$$[\boldsymbol{e}_1 \quad \boldsymbol{e}_2] = [\boldsymbol{i}_1 \quad \boldsymbol{i}_2]\boldsymbol{A} \tag{2-3}$$

或

$$\begin{bmatrix} \boldsymbol{e}_1 \\ \boldsymbol{e}_2 \end{bmatrix} = \boldsymbol{A}^{\mathrm{T}} \begin{bmatrix} \boldsymbol{i}_1 \\ \boldsymbol{i}_2 \end{bmatrix}$$

相应的坐标变换有

$$\begin{bmatrix} x \\ y \end{bmatrix} = \boldsymbol{A}^{\mathrm{T}} \begin{bmatrix} X \\ Y \end{bmatrix} \tag{2.4}$$

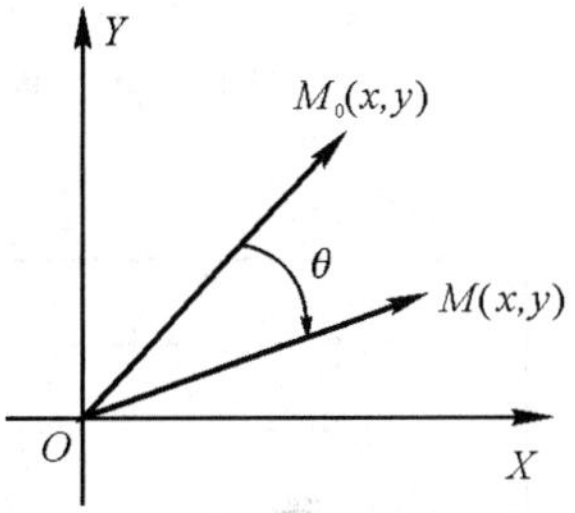

图 2-2　位置矢量反向旋转

可以看出，坐标系旋转与位置矢量旋转的过渡阵互为转置。

2.1.2　方向余弦法

在陀螺与惯性导航技术中，常将坐标系 $Oxyz$ 依附于刚体，即与对象固连；$OXYZ$ 代表固定参考系。经常遇到的问题是要求确定 $Oxyz$ 相对 $OXYZ$ 的方位。

如图 2-3 所示，设取直角坐标系 $Oxyz$，沿各坐标轴的单位矢量分别为 $\boldsymbol{i},\boldsymbol{j},\boldsymbol{k}$；并设过坐标原点 O 有一矢量 $\boldsymbol{R}$，它在各坐标轴上的投影分别为 R_x,R_y,R_z。矢量 $\boldsymbol{R}$ 可以用它的投影来表示：

$$\boldsymbol{R} = R_x\boldsymbol{i} + R_y\boldsymbol{j} + R_z\boldsymbol{k}$$

而投影 R_x,R_y 和 R_z 又可分别表示为

$$R_x = R\cos(\langle \boldsymbol{R},\boldsymbol{i} \rangle)$$
$$R_y = R\cos(\langle \boldsymbol{R},\boldsymbol{j} \rangle)$$
$$R_z = R\cos(\langle \boldsymbol{R},\boldsymbol{k} \rangle)$$

其中 $\cos(\langle \boldsymbol{R},\boldsymbol{i} \rangle)$，$\cos(\langle \boldsymbol{R},\boldsymbol{j} \rangle)$ 和 $\cos(\langle \boldsymbol{R},\boldsymbol{k} \rangle)$ 是矢量 $\boldsymbol{R}$ 与坐标轴 x,y,z 正向之间夹角的余弦。已知它们的数值，便可确定出矢量 $\boldsymbol{R}$ 在坐标系 $Oxyz$ 中的方向，所以把它们称为矢量 $\boldsymbol{R}$ 的方向余弦。

方向余弦可以用来描述刚体的角位置。如图 2-4 所示，设刚体绕定点 O 相对参考坐标系作定点转动；取直角坐标系 $Ox_ry_rz_r$ 与刚体固连，沿各坐标轴的单位矢量分别为 $\boldsymbol{i}_r,\boldsymbol{j}_r,\boldsymbol{k}_r$；又取直角坐标系 $Ox_oy_oz_o$ 代表参考坐标系，沿坐标轴的单位矢量分别为 $\boldsymbol{i}_o,\boldsymbol{j}_o,\boldsymbol{k}_o$。很显然，如果要确定刚体的角位置，只要确定出刚体坐标系 $Ox_ry_rz_r$ 在参考坐标系 $Ox_oy_oz_o$ 中的角位置即可。而要做到这一点，实际上只须知道刚体坐标系 3 根轴 x_r,y_r 和 z_r 的 9 个方向余弦就行了。这 3 根轴的 9 个方向余弦见表 2-1。

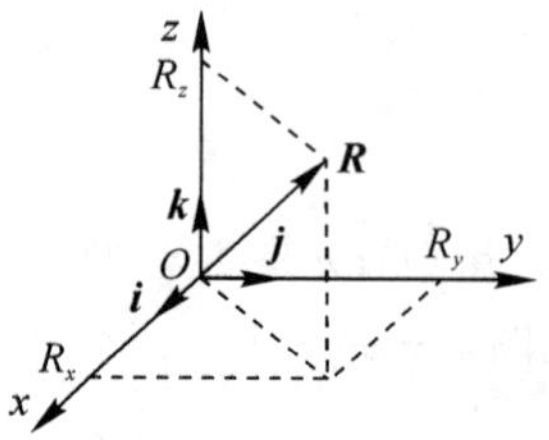

图 2-3 直角坐标系中的矢量

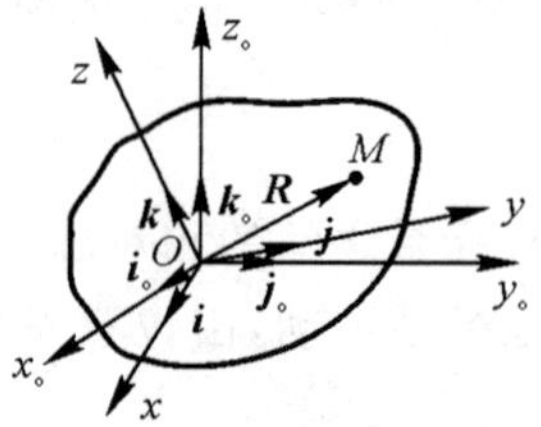

图 2-4 刚体坐标系相对参考坐标系的角位置

表 2-1 两坐标系各轴之间的方向余弦

	$\boldsymbol{i}_o$	$\boldsymbol{j}_o$	$\boldsymbol{k}_o$
$\boldsymbol{i}_r$	$C_{11}=\cos(\langle \boldsymbol{i}_r,\boldsymbol{i}_o\rangle)$	$C_{12}=\cos(\langle \boldsymbol{i}_r,\boldsymbol{j}_o\rangle)$	$C_{13}=\cos(\langle \boldsymbol{i}_r,\boldsymbol{k}_o\rangle)$
$\boldsymbol{j}_r$	$C_{21}=\cos(\langle \boldsymbol{j}_r,\boldsymbol{i}_o\rangle)$	$C_{22}=\cos(\langle \boldsymbol{j}_r,\boldsymbol{j}_o\rangle)$	$C_{23}=\cos(\langle \boldsymbol{j}_r,\boldsymbol{k}_o\rangle)$
$\boldsymbol{k}_r$	$C_{31}=\cos(\langle \boldsymbol{k}_r,\boldsymbol{i}_o\rangle)$	$C_{32}=\cos(\langle \boldsymbol{k}_r,\boldsymbol{j}_o\rangle)$	$C_{33}=\cos(\langle \boldsymbol{k}_r,\boldsymbol{k}_o\rangle)$

因此，可以得到 $\boldsymbol{i}_r,\boldsymbol{j}_r,\boldsymbol{k}_r$ 与 $\boldsymbol{i}_o,\boldsymbol{j}_o,\boldsymbol{k}_o$ 之间的转换关系为

$$\left.\begin{aligned}\boldsymbol{i}_r&=C_{11}\boldsymbol{i}_o+C_{12}\boldsymbol{j}_o+C_{13}\boldsymbol{k}_o\\\boldsymbol{j}_r&=C_{21}\boldsymbol{i}_o+C_{22}\boldsymbol{j}_o+C_{23}\boldsymbol{k}_o\\\boldsymbol{k}_r&=C_{31}\boldsymbol{i}_o+C_{32}\boldsymbol{j}_o+C_{33}\boldsymbol{k}_o\end{aligned}\right\}\tag{2.5}$$

对于刚体坐标系的一个角位置，就有唯一的一组方向余弦的数值，反之亦然，因此这一组方向余弦可以用来确定刚体的角位置。利用方向余弦，还可以很方便地进行坐标变换，即把某一点或某一矢量在一个坐标系里的坐标，变换成用另一坐标系里的坐标来表示。

设过坐标原点 O 有一矢量 $\boldsymbol{R}$，矢量端点为 M(见图 2-4)。现直接用 x_r,y_r,z_r 代表 $\boldsymbol{R}$ 在刚体坐标系 $Ox_ry_rz_r$ 上的投影，并直接用 x_o,y_o,z_o 代表 $\boldsymbol{R}$ 在参考坐标系 $Ox_oy_oz_o$ 上的投影。矢量 $\boldsymbol{R}$ 在刚体坐标系 $Ox_ry_rz_r$ 与参考坐标系 $Ox_oy_oz_o$ 中可分别表示为

$$\left.\begin{aligned}\boldsymbol{R}&=x_r\boldsymbol{i}_r+y_r\boldsymbol{j}_r+z_r\boldsymbol{k}_r\\\boldsymbol{R}&=x_o\boldsymbol{i}_o+y_o\boldsymbol{j}_o+z_o\boldsymbol{k}_o\end{aligned}\right\}\tag{2.6}$$

将式(2.5)代入式(2.6)，可得

$$\begin{aligned}\boldsymbol{R}=&x_r(C_{11}\boldsymbol{i}_o+C_{12}\boldsymbol{j}_o+C_{13}\boldsymbol{k}_o)+y_r(C_{21}\boldsymbol{i}_o+C_{22}\boldsymbol{j}_o+C_{23}\boldsymbol{k}_o)+z_r(C_{31}\boldsymbol{i}_o+C_{32}\boldsymbol{j}_o+C_{33}\boldsymbol{k}_o)=\\&(C_{11}x_r+C_{21}y_r+C_{31}z_r)\boldsymbol{i}_o+(C_{12}x_r+C_{22}y_r+C_{32}z_r)\boldsymbol{j}_o+\\&(C_{13}x_r+C_{23}y_r+C_{33}z_r)\boldsymbol{k}_o=x_o\boldsymbol{i}_o+y_o\boldsymbol{j}_o+z_o\boldsymbol{k}_o\end{aligned}\tag{2.7}$$

因此，使用方向余弦表示矢量 $\boldsymbol{R}$ 在刚体坐标系 $Ox_oy_oz_o$ 上的投影，则有

$$\left.\begin{aligned}x_o&=x_r\cos(\langle \boldsymbol{i}_r,\boldsymbol{i}_o\rangle)+y_r\cos(\langle \boldsymbol{j}_r,\boldsymbol{i}_o\rangle)+z_r\cos(\langle \boldsymbol{k}_r,\boldsymbol{i}_o\rangle)\\y_o&=x_r\cos(\langle \boldsymbol{i}_r,\boldsymbol{j}_o\rangle)+y_r\cos(\langle \boldsymbol{j}_r,\boldsymbol{j}_o\rangle)+z_r\cos(\langle \boldsymbol{k}_r,\boldsymbol{j}_o\rangle)\\z_o&=x_r\cos(\langle \boldsymbol{i}_r,\boldsymbol{k}_o\rangle)+y_r\cos(\langle \boldsymbol{j}_r,\boldsymbol{k}_o\rangle)+z_r\cos(\langle \boldsymbol{k}_r,\boldsymbol{k}_o\rangle)\end{aligned}\right\}\tag{2.8}$$

将式(2.8) 写成矩阵形式，并采用表 2－1 中的简记符号，可得

$$\begin{bmatrix} x_o \\ y_o \\ z_o \end{bmatrix} = \begin{bmatrix} C_{11} & C_{21} & C_{31} \\ C_{12} & C_{22} & C_{32} \\ C_{13} & C_{23} & C_{33} \end{bmatrix} \begin{bmatrix} x_r \\ y_r \\ z_r \end{bmatrix} \tag{2.9}$$

按照类似的方法，矢量 $\boldsymbol{R}$ 在参考坐标系 $Ox_r y_r z_r$ 上的投影可表示为

$$\begin{bmatrix} x_r \\ y_r \\ z_r \end{bmatrix} = \begin{bmatrix} C_{11} & C_{12} & C_{13} \\ C_{21} & C_{22} & C_{23} \\ C_{31} & C_{32} & C_{33} \end{bmatrix} \begin{bmatrix} x_o \\ y_o \\ z_o \end{bmatrix} \tag{2.10}$$

容易看出，对于任一确定点 M 或确定矢量 $\boldsymbol{R}$ 来说，利用式(2.9) 和式(2.10)，就可以在两个坐标系之间进行坐标变换。

上述式子中的方阵称为方向余弦矩阵。为简单起见，用 o 代表参考坐标系 $Ox_o y_o z_o$，用 r 代表刚体坐标系 $Ox_r y_r z_r$，并用下列记号代表相应的方向余弦矩阵：

$$\left.\begin{aligned} \boldsymbol{C}_o^r &= \begin{bmatrix} C_{11} & C_{12} & C_{13} \\ C_{21} & C_{22} & C_{23} \\ C_{31} & C_{32} & C_{33} \end{bmatrix} \\ \boldsymbol{C}_r^o &= \begin{bmatrix} C_{11} & C_{21} & C_{31} \\ C_{12} & C_{22} & C_{32} \\ C_{13} & C_{23} & C_{33} \end{bmatrix} \end{aligned}\right\} \tag{2.11}$$

式中，$\boldsymbol{C}_o^r$ 称为 o 系对 r 系的方向余弦矩阵；$\boldsymbol{C}_r^o$ 则称为 r 系对 o 系的方向余弦矩阵。

上述讨论了两个坐标系之间的转换关系，这种转换关系也可以推广到两个以上坐标系之间的转换。

如果矢量 $\boldsymbol{r}$ 在 $OX_1Y_1Z_1$ 和 $OX_2Y_2Z_2$ 之间的转换关系表示为

$$\boldsymbol{r}^2 = \boldsymbol{C}_1^2 \boldsymbol{r}^1 \tag{2.12}$$

那么 $\boldsymbol{r}$ 在 $OX_2Y_2Z_2$ 和 $OX_3Y_3Z_3$ 中的转换关系表示为

$$\boldsymbol{r}^3 = \boldsymbol{C}_2^3 \boldsymbol{r}^2 = \boldsymbol{C}_2^3 \boldsymbol{C}_1^2 \boldsymbol{r}^1$$

令

$$\boldsymbol{C}_1^3 = \boldsymbol{C}_2^3 \boldsymbol{C}_1^2$$

可得

$$\boldsymbol{r}^3 = \boldsymbol{C}_1^3 \boldsymbol{r}^1 \tag{2.13}$$

这是矢量 $\boldsymbol{r}$ 相对 $OX_3Y_3Z_3$ 和 $OX_1Y_1Z_1$ 之间的转换关系，其转换矩阵 $\boldsymbol{C}_1^3$ 可以直接从 $OX_3Y_3Z_3$ 和 $OX_1Y_1Z_1$ 之间的 9 个方向余弦得到，也可以通过中间矩阵 $\boldsymbol{C}_2^3$ 得到，结果是相同的。需要注意的是，$\boldsymbol{C}_1^3 = \boldsymbol{C}_2^3 \boldsymbol{C}_1^2$ 的乘法次序不能交换，因为在一般的情况下，矩阵乘法没有交换律。

由此可知，对任意两个坐标系之间的转换关系，可以用下式表示：

$$\boldsymbol{C}_b^n=\boldsymbol{C}_G^n\boldsymbol{C}_p^G\boldsymbol{C}_i^p\boldsymbol{C}_b^i \tag{2.14}$$

这表明了坐标变换矩阵的传递性质。

根据方向余弦的正交性质，方向余弦矩阵之间有下列关系：

① 两个方向余弦矩阵互为转置矩阵，即

$$\left.\begin{aligned}[\boldsymbol{C}_{\mathrm{o}}^{\mathrm{r}}]^{\mathrm{T}}&=\boldsymbol{C}_{\mathrm{r}}^{\mathrm{o}}\\ [\boldsymbol{C}_{\mathrm{r}}^{\mathrm{o}}]^{\mathrm{T}}&=\boldsymbol{C}_{\mathrm{o}}^{\mathrm{r}}\end{aligned}\right\} \tag{2.15}$$

② 两个方向余弦矩阵互为逆矩阵，即

$$\left.\begin{aligned}[\boldsymbol{C}_{\mathrm{o}}^{\mathrm{r}}]^{-1}&=\boldsymbol{C}_{\mathrm{r}}^{\mathrm{o}}\\ [\boldsymbol{C}_{\mathrm{r}}^{\mathrm{o}}]^{-1}&=\boldsymbol{C}_{\mathrm{o}}^{\mathrm{r}}\end{aligned}\right\} \tag{2.16}$$

③ 各个方向余弦矩阵的转置矩阵与逆矩阵相等，即

$$\left.\begin{aligned}[\boldsymbol{C}_{\mathrm{o}}^{\mathrm{r}}]^{\mathrm{T}}&=[\boldsymbol{C}_{\mathrm{o}}^{\mathrm{r}}]^{-1}\\ [\boldsymbol{C}_{\mathrm{r}}^{\mathrm{o}}]^{\mathrm{T}}&=[\boldsymbol{C}_{\mathrm{r}}^{\mathrm{o}}]^{-1}\end{aligned}\right\} \tag{2.17}$$

根据以上关系，可以写出如下矩阵等式：

$$\boldsymbol{C}_{\mathrm{o}}^{\mathrm{r}}\ [\boldsymbol{C}_{\mathrm{o}}^{\mathrm{r}}]^{\mathrm{T}}=\boldsymbol{C}_{\mathrm{o}}^{\mathrm{r}}\ [\boldsymbol{C}_{\mathrm{o}}^{\mathrm{r}}]^{-1}=\boldsymbol{I}$$

这里 $\boldsymbol{I}$ 为单位阵。现把上式具体写成

$$\begin{bmatrix}C_{11} & C_{12} & C_{13}\\ C_{21} & C_{22} & C_{23}\\ C_{31} & C_{32} & C_{33}\end{bmatrix}\begin{bmatrix}C_{11} & C_{21} & C_{31}\\ C_{12} & C_{22} & C_{32}\\ C_{13} & C_{23} & C_{33}\end{bmatrix}=\begin{bmatrix}1 & 0 & 0\\ 0 & 1 & 0\\ 0 & 0 & 1\end{bmatrix}$$

由此得到下列等式：

$$\left.\begin{aligned}&C_{11}^2+C_{12}^2+C_{13}^2=1\\ &C_{21}^2+C_{22}^2+C_{23}^2=1\\ &C_{31}^2+C_{32}^2+C_{33}^2=1\\ &C_{11}C_{21}+C_{12}C_{22}+C_{13}C_{23}=0\\ &C_{21}C_{31}+C_{22}C_{32}+C_{23}C_{33}=0\\ &C_{31}C_{11}+C_{32}C_{12}+C_{33}C_{13}=0\end{aligned}\right\} \tag{2.18}$$

式(2.18)中的6个方程是9个方向余弦之间的6个关系式。也就是说，9个方向余弦之间存在6个约束条件，因而实际上只有3个方向余弦是独立的。因此一般地说，仅仅给定3个独立的方向余弦，并不能唯一地确定两个坐标系之间的相对角位置。为了解决这个问题，通常采用3个独立的转角即欧拉角，来求出9个方向余弦的数值，这样便能唯一地确定两个坐标系之间的相对角位置。

2.1.3 欧拉角法

与刚体固连的一个轴的空间取向，需用2个独立的角度描述，而刚体绕这个轴的转动，还

需 1 个独立的角度猫述，故取 3 个独立的角度作为广义坐标，便可完全确定定点转动刚体在空间的角位置。换言之，刚体坐标系相对参考坐标系的角位置，可以用 3 次独立转动的 3 个转角来确定。这就是著名的欧拉角法。陀螺转子、平台台体和运载体（飞机、导弹、舰船和航天器）在空间的角位置，就是用欧拉角来描述的。

欧拉角的选取不是唯一的，一般而言，第一次转动可以绕刚体坐标系的任意一根轴进行，第二次转动可以绕其余两根轴中的任意一根轴进行，而第三次转动可以绕第二次转动以外的两根轴中的任意一根轴进行。现在先从介绍坐标系绕单个轴的旋转矩阵情形开始。

1. 基元旋转矩阵

坐标系绕它的一个轴的旋转称为基元旋转。图 2－5 所示为基元旋转的 3 种情况，即分别绕 x 轴、绕 y 轴和绕 z 轴的基元旋转。

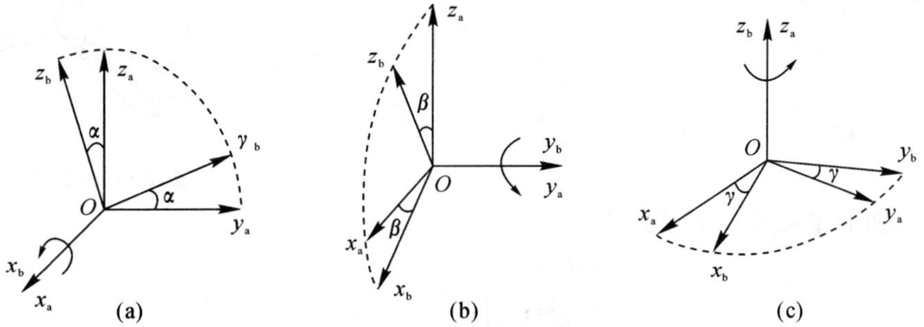

图 2－5　坐标系的基元旋转

如果坐标系 $Ox_ay_az_a$ 绕 x 轴转过角 α 就成为坐标系 $Ox_by_bz_b$，则从 $Ox_ay_az_a$ 到 $Ox_by_bz_b$ 的变换矩阵是绕 x 轴转过 α 角的基元旋转矩阵，则有

$$\boldsymbol{C}_x(\alpha)=\begin{bmatrix}1 & 0 & 0\\ 0 & \cos\alpha & \sin\alpha\\ 0 & -\sin\alpha & \cos\alpha\end{bmatrix}$$

同样地，绕 y 轴转过 β 角的基元旋转矩阵为

$$\boldsymbol{C}_y(\beta)=\begin{bmatrix}\cos\beta & 0 & -\sin\beta\\ 0 & 1 & 0\\ \sin\beta & 0 & \cos\beta\end{bmatrix}$$

绕 z 轴转过 γ 角的基元旋转矩阵为

$$\boldsymbol{C}_z(\gamma)=\begin{bmatrix}\cos\gamma & \sin\gamma & 0\\ -\sin\gamma & \cos\gamma & 0\\ 0 & 0 & 1\end{bmatrix}$$

2. 坐标变换的一般情况

任何两个坐标系之间的关系可以通过若干次基元旋转来实现。最典型的情况是通过3次基元旋转来实现，每次转过的角称为欧拉角。

【例2-1】 如图2-6所示假定在起始时刚体坐标系$Oxyz$与参考坐标系$Ox_{o}y_{o}z_{o}$重合，通过3次转动后它处于$Ox_{r}y_{r}z_{r}$位置。

第一次转动是绕x_{o}轴的正向转过α角到达$Ox_{a}y_{a}z_{a}$位置，第二次转动是绕y_{a}轴的正向转过β角到达$Ox_{b}y_{b}z_{b}$位置，第三次转动是绕z_{b}轴的正向转过γ角到达$Ox_{r}y_{r}z_{r}$位置。

仍将各坐标系简记为o系、a系、b系和r系。o系与a系之间的坐标变换关系式为

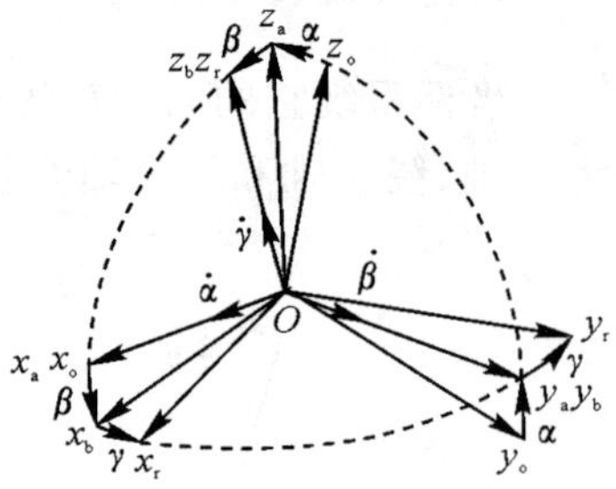

图2-6 第二种欧拉角

$$\left.\begin{aligned}\begin{bmatrix}x_a\\y_a\\z_a\end{bmatrix}&=\boldsymbol{C}_o^a\begin{bmatrix}x_o\\y_o\\z_o\end{bmatrix}\\\boldsymbol{C}_o^a&=\begin{bmatrix}1&0&0\\0&\cos\alpha&\sin\alpha\\0&-\sin\alpha&\cos\alpha\end{bmatrix}\end{aligned}\right\}\tag{2.19}$$

a系与b系之间的坐标变换关系式为

$$\left.\begin{aligned}\begin{bmatrix}x_b\\y_b\\z_b\end{bmatrix}&=\boldsymbol{C}_a^b\begin{bmatrix}x_a\\y_a\\z_a\end{bmatrix}\\\boldsymbol{C}_a^b&=\begin{bmatrix}\cos\beta&0&-\sin\beta\\0&1&0\\\sin\beta&0&\cos\beta\end{bmatrix}\end{aligned}\right\}\tag{2.20}$$

b系与r系之间的坐标变换关系式为

$$\left.\begin{aligned}\begin{bmatrix}x_r\\y_r\\z_r\end{bmatrix}&=\boldsymbol{C}_b^r\begin{bmatrix}x_b\\y_b\\z_b\end{bmatrix}\\\boldsymbol{C}_b^r&=\begin{bmatrix}\cos\gamma&\sin\gamma&0\\-\sin\gamma&\cos\gamma&0\\0&0&1\end{bmatrix}\end{aligned}\right\}\tag{2.21}$$

由此得到o系与r系之间的坐标变换关系式为

$$\begin{bmatrix}x_r\\y_r\\z_r\end{bmatrix}=\boldsymbol{C}_b^r\boldsymbol{C}_a^b\boldsymbol{C}_o^a\begin{bmatrix}x_o\\y_o\\z_o\end{bmatrix}=\boldsymbol{C}_o^r\begin{bmatrix}x_o\\y_o\\z_o\end{bmatrix}\tag{2.22}$$

其中，方向余弦矩阵 C_o^r 的具体表达式为

$$C_o^r=\begin{bmatrix}\cos\beta\cos\gamma & \sin\alpha\sin\beta\cos\gamma+\cos\alpha\sin\gamma & -\cos\alpha\sin\beta\cos\gamma+\sin\alpha\sin\gamma\\ -\cos\beta\sin\gamma & -\sin\alpha\sin\beta\sin\gamma+\cos\alpha\cos\gamma & \cos\alpha\sin\beta\sin\gamma+\sin\alpha\cos\gamma\\ \sin\beta & -\sin\alpha\cos\beta & \cos\alpha\cos\beta\end{bmatrix}\tag{2.23}$$

由上可知，对于定点转动的刚体，只要给定一组欧拉角（α,β,γ），就能唯一地确定刚体坐标系 3 根轴的 9 个方向余弦，从而唯一地确定刚体在空间的角位置。因此，通常都是用欧拉角作为描述刚体角位置的广义坐标。

2.1.4　矢量的绝对变率和相对变率的关系

惯性导航所遵循的基本定律是牛顿第二定律，而牛顿第二定律是相对惯性坐标系对时间求取变化率的，称其为绝对变率。然而，当研究物体运动时，往往需要将矢量投影在某个运动着的坐标系（如地理坐标系）上。矢量在动坐标系上的投影对时间的变化率称为相对变率。在绝对变率和相对变率之间存在着某个确定的关系。本节就来讨论这一关系。

为了使讨论更具有通用性，选取定系 $Ox_iy_iz_i$ 及动系 $Oxyz$ 来讨论绝对变率和相对变率的关系。设动系和定系的坐标原点相重合，动系相对定系作定点转动，转动的角速度又是确定的，则绝对变率与相对变率的关系也是确定的。

设一空间矢量 $\boldsymbol{R}$（如向径、速度等），其量值和方向都随时间而变化。过 O 点作定系 $Ox_iy_iz_i$；过 O 点再作动系 $Oxyz$，动系的基或者单位矢量为 $\boldsymbol{e}_1,\boldsymbol{e}_2,\boldsymbol{e}_3$。动系相对定系的角速度为 $\boldsymbol{\omega}$，如图 2－7 所示。由于动系相对定系在运动，因而矢量 $\boldsymbol{R}$ 相对这两个坐标系的变化是不相同的。设矢量的绝对变化率以 $\left.\dfrac{\mathrm{d}\boldsymbol{R}}{\mathrm{d}t}\right|_i$ 表示，其相对变化率以 $\left.\dfrac{\mathrm{d}\boldsymbol{R}}{\mathrm{d}t}\right|_r$ 表示。由于矢量往往是要在某个运动着的坐标系（如地球坐标系、机体坐标系）中观测的，因而矢量 $\boldsymbol{R}$ 及 $\boldsymbol{\omega}$ 需要沿动系取分量，即

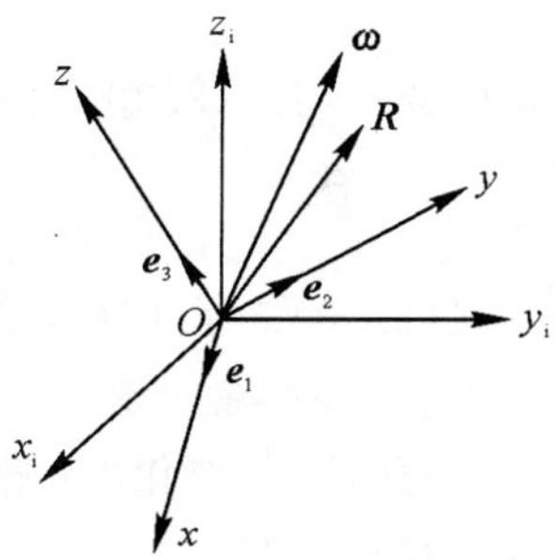

图 2－7　动系与定系之间的关系

$$\left.\begin{aligned}\boldsymbol{R}&=R_x\boldsymbol{e}_1+R_y\boldsymbol{e}_2+R_z\boldsymbol{e}_3\\ \boldsymbol{\omega}&=\omega_x\boldsymbol{e}_1+\omega_y\boldsymbol{e}_2+\omega_z\boldsymbol{e}_3\end{aligned}\right\}\tag{2.24}$$

由于式(2.24)中的 R_x,R_y,R_z 及 $\boldsymbol{e}_1,\boldsymbol{e}_2,\boldsymbol{e}_3$ 相对定系都在随时间变化，因而矢量 $\boldsymbol{R}$ 的绝对变率为

$$\left.\frac{\mathrm{d}\boldsymbol{R}}{\mathrm{d}t}\right|_i=\frac{\mathrm{d}}{\mathrm{d}t}(R_x\boldsymbol{e}_1+R_y\boldsymbol{e}_2+R_z\boldsymbol{e}_3)=\frac{\mathrm{d}R_x}{\mathrm{d}t}\boldsymbol{e}_1+\frac{\mathrm{d}R_y}{\mathrm{d}t}\boldsymbol{e}_2+\frac{\mathrm{d}R_z}{\mathrm{d}t}\boldsymbol{e}_3+R_x\frac{\mathrm{d}\boldsymbol{e}_1}{\mathrm{d}t}+R_y\frac{\mathrm{d}\boldsymbol{e}_2}{\mathrm{d}t}+R_z\frac{\mathrm{d}\boldsymbol{e}_3}{\mathrm{d}t}\tag{2.25}$$

式(2.25)中第二个等号右边的前三项与动系的运动无关，只表示矢量 $\boldsymbol{R}$ 相对动系随时间的变

化率,称之为相对变率,即

$$\left.\frac{\mathrm{d}\boldsymbol{R}}{\mathrm{d}t}\right|_{\mathrm{r}}=\frac{\mathrm{d}R_x}{\mathrm{d}t}\boldsymbol{e}_1+\frac{\mathrm{d}R_y}{\mathrm{d}t}\boldsymbol{e}_2+\frac{\mathrm{d}R_z}{\mathrm{d}t}\boldsymbol{e}_3 \tag{2.26}$$

式(2.25)中第二个等号右边的后三项与动系转动角速度 $\boldsymbol{\omega}$ 有关。为了求这三项,首先要求 $\boldsymbol{e}_1,\boldsymbol{e}_2,\boldsymbol{e}_3$ 的变率。由于动系的基 $\boldsymbol{e}_1,\boldsymbol{e}_2,\boldsymbol{e}_3$ 可以看成在定系中运动的向径,而以角速度 $\boldsymbol{\omega}$ 运动的向径 $\boldsymbol{r}$ 的速度矢量可以表示为

$$\boldsymbol{V}=\frac{\mathrm{d}\boldsymbol{r}}{\mathrm{d}t}=\boldsymbol{\omega}\times\boldsymbol{r} \tag{2.27}$$

对向径 $\boldsymbol{e}_1,\boldsymbol{e}_2,\boldsymbol{e}_3$ 应用上式,可得

$$\left.\begin{aligned}\frac{\mathrm{d}\boldsymbol{e}_1}{\mathrm{d}t}&=\boldsymbol{\omega}\times\boldsymbol{e}_1\\ \frac{\mathrm{d}\boldsymbol{e}_2}{\mathrm{d}t}&=\boldsymbol{\omega}\times\boldsymbol{e}_2\\ \frac{\mathrm{d}\boldsymbol{e}_3}{\mathrm{d}t}&=\boldsymbol{\omega}\times\boldsymbol{e}_3\end{aligned}\right\} \tag{2.28}$$

将式(2.28)代入式(2.25)第二个等号右边的后三项,得

$$\begin{aligned}R_x\frac{\mathrm{d}\boldsymbol{e}_1}{\mathrm{d}t}+R_y\frac{\mathrm{d}\boldsymbol{e}_2}{\mathrm{d}t}+R_z\frac{\mathrm{d}\boldsymbol{e}_3}{\mathrm{d}t}&=R_x\boldsymbol{\omega}\times\boldsymbol{e}_1+R_y\boldsymbol{\omega}\times\boldsymbol{e}_2+R_z\boldsymbol{\omega}\times\boldsymbol{e}_3=\\ &\boldsymbol{\omega}\times(R_x\boldsymbol{e}_1+R_y\boldsymbol{e}_2+R_z\boldsymbol{e}_3)=\boldsymbol{\omega}\times\boldsymbol{R}\end{aligned} \tag{2.29}$$

将式(2.26)与式(2.29)代入式(2.25),得

$$\left.\frac{\mathrm{d}\boldsymbol{R}}{\mathrm{d}t}\right|_{\mathrm{i}}=\left.\frac{\mathrm{d}\boldsymbol{R}}{\mathrm{d}t}\right|_{\mathrm{r}}+\boldsymbol{\omega}\times\boldsymbol{R} \tag{2.30}$$

式(2.30)表示了矢量的绝对变率和相对变率的关系,称为哥氏方程,也叫哥氏转动坐标定理。可表述为:在固定坐标系中,一个矢量对时间的变化率(绝对变化率)等于同一矢量在动坐标系中对时间的变化率(相对变化率)与动坐标系对固定坐标系的旋转角速度矢量和该矢量本身的矢量积之和。

2.1.5 方向余弦矩阵的微分方程

绕定点转动的两个坐标系之间的关系可以用方向余弦矩阵来表示,而方向余弦矩阵也是随时间变化的,其变化规律的数学描述就是方向余弦矩阵的微分方程。方向余弦矩阵的即时解就是求解该微分方程而得到的。下面就来讨论转动的方向余弦矩阵的微分方程的形式。

设动系 $Oxyz$ 与定系 $Ox_iy_iz_i$ 的关系如图 2-8 所示,动系相对定系以角速度 $\boldsymbol{\omega}$ 转动,动系内一点 M 的位置可以用向径 $\boldsymbol{r}$ 表示。动系相对定系的角位置关系可用方向余弦矩阵 $\boldsymbol{C}$ 或其逆阵 $\boldsymbol{C}^{-1}$ 来表示。$\boldsymbol{C}$ 或 $\boldsymbol{C}^{-1}$ 的变化是由 $\boldsymbol{\omega}$ 引起的。设向径 $\boldsymbol{r}$ 在动系和定系中的投影分别为

$$\begin{bmatrix} x \\ y \\ z \end{bmatrix} \quad 和 \quad \begin{bmatrix} x_i \\ y_i \\ z_i \end{bmatrix}$$

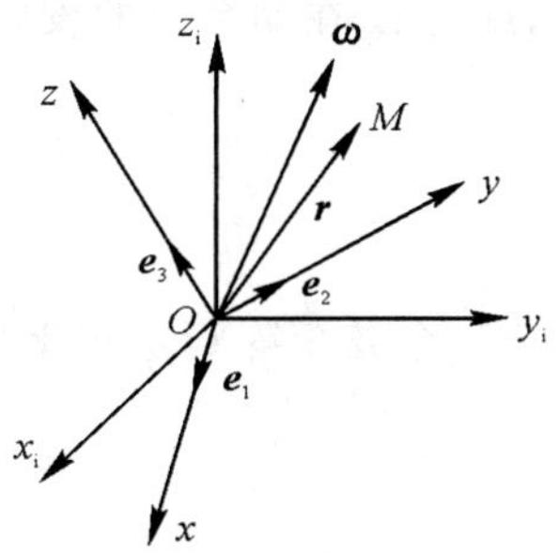

图 2-8　动系与定系之间的关系

则向径 $\boldsymbol{r}$ 在动系和定系之间的投影存在着下面的关系：

$$\begin{cases} \begin{bmatrix} x_i \\ y_i \\ z_i \end{bmatrix} = \boldsymbol{C}^{-1} \begin{bmatrix} x \\ y \\ z \end{bmatrix} \\ \begin{bmatrix} x \\ y \\ z \end{bmatrix} = \boldsymbol{C} \begin{bmatrix} x_i \\ y_i \\ z_i \end{bmatrix} \end{cases}$$

于是 M 点的速度矢量 $\boldsymbol{v}$ 可以表示为列矩阵，即

$$\begin{bmatrix} \dot{x}_i \\ \dot{y}_i \\ \dot{z}_i \end{bmatrix} = \frac{\mathrm{d}}{\mathrm{d}t} \begin{bmatrix} x_i \\ y_i \\ z_i \end{bmatrix} = \frac{\mathrm{d}}{\mathrm{d}t} \left\{ \boldsymbol{C}^{-1} \begin{bmatrix} x \\ y \\ z \end{bmatrix} \right\}$$

因为 M 点在动系内的投影保持不变，所以上式可写成

$$\begin{bmatrix} \dot{x}_i \\ \dot{y}_i \\ \dot{z}_i \end{bmatrix} = \dot{\boldsymbol{C}}^{-1} \begin{bmatrix} x \\ y \\ z \end{bmatrix} = \dot{\boldsymbol{C}}^{-1} \boldsymbol{C} \begin{bmatrix} x_i \\ y_i \\ z_i \end{bmatrix} \tag{2.31}$$

将 $\boldsymbol{v} = \boldsymbol{\omega} \times \boldsymbol{r}$ 写成矩阵形式，有

$$\begin{bmatrix} \dot{x}_i \\ \dot{y}_i \\ \dot{z}_i \end{bmatrix} = \boldsymbol{\Omega}_i \begin{bmatrix} x_i \\ y_i \\ z_i \end{bmatrix} \tag{2.32}$$

式中，$\boldsymbol{\Omega}_i$ 是 $\boldsymbol{\omega}$ 在定系投影的反对称矩阵，即

$$\boldsymbol{\Omega}_i = \begin{bmatrix} 0 & -\omega_{zi} & \omega_{yi} \\ \omega_{zi} & 0 & -\omega_{xi} \\ -\omega_{yi} & \omega_{xi} & 0 \end{bmatrix}$$

比较式(2.31)与式(2.32)，可得

$$\boldsymbol{\Omega}_i = \dot{\boldsymbol{C}}^{-1} \boldsymbol{C} \tag{2.33}$$

式(2.33)中的 $\boldsymbol{\Omega}_i$ 使用起来不方便，需要将式(2.32)化成在动系上的投影形式。

将 $\boldsymbol{v} = \boldsymbol{\omega} \times \boldsymbol{r}$ 写成沿动系投影的矩阵形式，有

$$\begin{bmatrix} \dot{x} \\ \dot{y} \\ \dot{z} \end{bmatrix} = \boldsymbol{\Omega} \begin{bmatrix} x \\ y \\ z \end{bmatrix} \tag{2.34}$$

式中，$\boldsymbol{\Omega}$ 是 $\boldsymbol{\omega}$ 在动系上的投影的反对称矩阵，即

$$\boldsymbol{\Omega}=\begin{bmatrix}0 & -\omega_z & \omega_y\\ \omega_z & 0 & -\omega_x\\ -\omega_y & \omega_x & 0\end{bmatrix}$$

利用方向余弦矩阵 $\boldsymbol{C}$ 进行坐标转换可将式(2.34)的左端写成

$$\begin{bmatrix}\dot{x}\\ \dot{y}\\ \dot{z}\end{bmatrix}=\boldsymbol{C}\begin{bmatrix}\dot{x}_i\\ \dot{y}_i\\ \dot{z}_i\end{bmatrix}$$

将式(2.32)代入上式，再考虑到式(2.30)的变换，可得

$$\begin{bmatrix}\dot{x}\\ \dot{y}\\ \dot{z}\end{bmatrix}=\boldsymbol{C}\boldsymbol{\Omega}_i\begin{bmatrix}x_i\\ y_i\\ z_i\end{bmatrix}=\boldsymbol{C}\boldsymbol{\Omega}_i\boldsymbol{C}^{-1}\begin{bmatrix}x\\ y\\ z\end{bmatrix} \tag{2.35}$$

比较式(2.34)和式(2.35)，可得

$$\boldsymbol{\Omega}=\boldsymbol{C}\boldsymbol{\Omega}_i\boldsymbol{C}^{-1} \tag{2.36}$$

将式(2.33)代入式(2.36)，得

$$\boldsymbol{\Omega}=\boldsymbol{C}\dot{\boldsymbol{C}}^{-1}\boldsymbol{C}\boldsymbol{C}^{-1}$$

将上式等式两边左乘以 $\boldsymbol{C}^{-1}$，于是得到

$$\dot{\boldsymbol{C}}^{-1}=\boldsymbol{C}^{-1}\boldsymbol{\Omega} \tag{2.37}$$

式(2.37)可写成

$$\begin{bmatrix}\dot{C}_{11} & \dot{C}_{21} & \dot{C}_{31}\\ \dot{C}_{12} & \dot{C}_{22} & \dot{C}_{32}\\ \dot{C}_{13} & \dot{C}_{23} & \dot{C}_{33}\end{bmatrix}=\begin{bmatrix}C_{11} & C_{21} & C_{31}\\ C_{12} & C_{22} & C_{32}\\ C_{13} & C_{23} & C_{33}\end{bmatrix}\begin{bmatrix}0 & -\omega_z & \omega_y\\ \omega_z & 0 & -\omega_x\\ -\omega_y & \omega_x & 0\end{bmatrix} \tag{2.38}$$

它代表9个微分方程

$$\left.\begin{aligned}\dot{C}_{11}&=C_{21}\omega_x-C_{31}\omega_y\\ \dot{C}_{12}&=C_{22}\omega_x-C_{32}\omega_y\\ \dot{C}_{13}&=C_{23}\omega_x-C_{33}\omega_y\\ \dot{C}_{21}&=C_{31}\omega_x-C_{11}\omega_z\\ \dot{C}_{22}&=C_{32}\omega_x-C_{12}\omega_z\\ \dot{C}_{23}&=C_{33}\omega_x-C_{13}\omega_z\\ \dot{C}_{31}&=C_{11}\omega_y-C_{21}\omega_x\\ \dot{C}_{32}&=C_{12}\omega_y-C_{22}\omega_x\\ \dot{C}_{33}&=C_{13}\omega_y-C_{23}\omega_x\end{aligned}\right\} \tag{2.39}$$

式(2.39)的结果与以下矩阵微分方程的结果也是一致的，即

$$\dot{\boldsymbol{C}} = -\boldsymbol{\Omega C} \tag{2.40}$$

式(2.37)与式(2.40)是同一方向余弦矩阵微分方程的不同表达形式，在惯导中经常用到。

2.2　惯性导航常用坐标系及其相互转换关系

宇宙间的物体都在不断运动，但对单个物体来讲是无运动而言的，只有在相对意义下才可以讲运动。一个物体在空间的位置只能相对于另一个物体来确定，或者说，一个坐标系在空间的位置只能相对于另一个坐标系来确定。其中一套坐标系与被研究对象相联系，另一套坐标系与所选定的参考空间相联系，后者构成了前者运动的参考坐标系。

由此可见，在导航计算中坐标系是十分重要的概念，它是导航计算的基础，只有建立在一定的导航坐标系的基础上，导航计算才能得以实现。因此，在导航计算之前，必须先引入并建立合适的导航坐标系。

导航坐标系通常分为惯性坐标系和非惯性坐标系两大类。因为陀螺仪和加速度计两个惯性元件是根据牛顿力学定律设计的，陀螺仪测量物体相对惯性空间的角运动，加速度计测量物体相对惯性空间的线运动。将这两种惯性元件装在航行体上，那么它们所测量出的角运动和线运动的合成就是航行体相对惯性空间的运动，从而航行体相对惯性空间的位置和运动便是已知的了。本节对惯性导航中常用的几个坐标系进行介绍。

2.2.1　惯性参考坐标系

经典力学认为，要选取一个绝对静止或作匀速直线运动的参考坐标系来考察加速度 a，牛顿第二定律才能成立。在研究惯性敏感器和惯性系统的问题时，通常将相对恒星所确定的参考系称为惯性空间，空间中静止或匀速直线运动的参考坐标系称为惯性参考坐标系(可简称惯性参考系)。惯性参考坐标系有以下两种。

1. 太阳中心惯性坐标系

对于研究行星际间运载体的导航定位问题，惯性参考坐标系的原点通常取在日心。如图 2-9 所示，Z_S 轴垂直于地球公转的轨道平面，X_S 和 Y_S 轴在地球公转轨道平面内和 Z_S 轴构成右手坐标系。太阳绕银河系中心的旋转周期为 190×10^6 年。因此，惯性参考坐标系的原点通常取在日心并不会影响所研究问题的精确性。

2. 地心惯性坐标系

对于研究地球表面附近运载体的导航定位问题，惯性参考坐标系的原点通常取在地球中心。如图 2-10 所示，坐标原点取在地球中心，Z_i 轴沿地球自转轴，而 X_i 轴、Y_i 轴在地球赤道平

面内和 Z_i 轴构成右手坐标系。

虽因地球绕太阳公转使该坐标系的原点具有向心加速度，约为 $6.05\times10^{-4}g$，但是，惯性参考坐标系的原点取在地心也不会影响所研究问题的精确性。

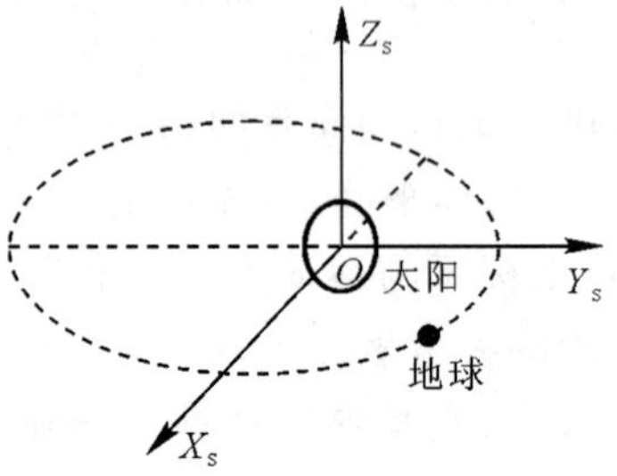

图 2-9　太阳中心惯性坐标系

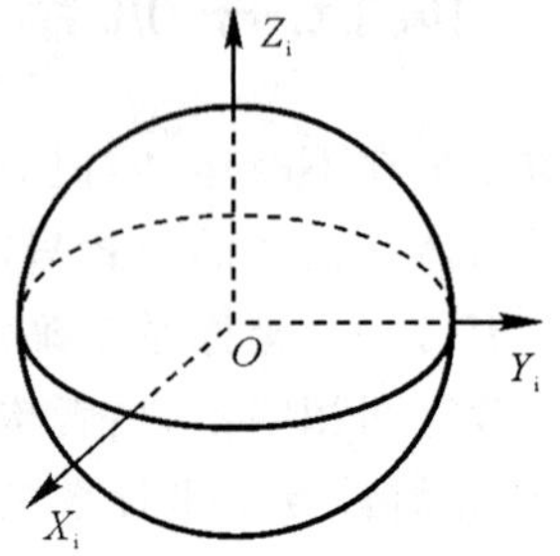

图 2-10　地心惯性坐标系

2.2.2　地球坐标系

地球坐标系 $OX_eY_eZ_e$ 如图 2-11 所示。其原点取在地心，Z_e 轴沿极轴（地轴）方向，X_e 轴在赤道平面与本初子午面的交线上，Y_e 轴也在赤道平面内并与 X_e，Z_e 轴构成右手直角坐标系。地球坐标系与地球固连，随地球一起转动。地球绕极轴作自转运动，并且沿椭圆轨道绕太阳作公转运动。

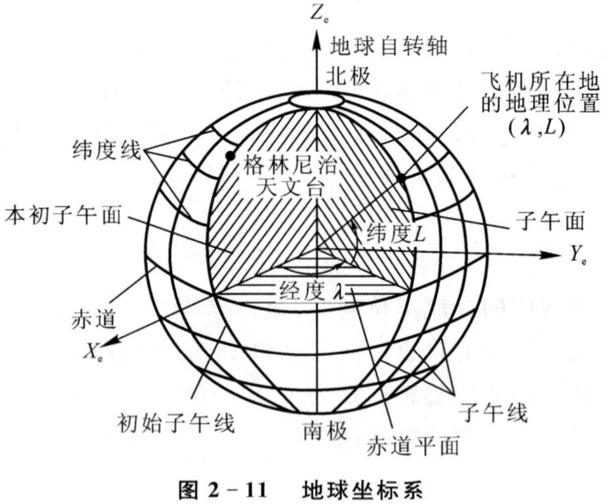

图 2-11　地球坐标系

在一年中，地球相对于太阳自转了 365.25 周，并且还公转了一周，因此在一年中地球相对于恒星自转了 366.25 周。换句话说，地球相对于恒星自转一周所需的时间，略短于地球相对于太阳自转一周所需的时间。地球相对于太阳自转一周所需的时间(太阳日)是 24h。地球相对于恒星自转一周所需的时间(恒星日)约为 23h56min4.09s。在一个恒星日内地球绕极轴转动了 360°,因此地球坐标系相对惯性参考系的转动角速度的数值为

$$\omega_{ie} = 15.041\,1°/\mathrm{h} = 7.292\,1 \times 10^{-5}\,\mathrm{rad/s}$$

地球表面任意一点的位置均可用经度和纬度来确定。以参考椭球为基准,格林尼治子午面与过该点的子午面之间的夹角(0° ～ 180°) 为经度。点位于东半球时为东经,点位于西半球时为西经。纬度是当地垂线与椭球赤道面的夹角(0° ～ 90°)。点位于赤道面以北时为北纬,点位于赤道面以南时为南纬。在导航定位中,运载体相对于地球的位置通常不用它在地球坐标系中的直角坐标来表示,而是用经度、纬度和高度来表示。

2.2.3　地理坐标系

地理坐标系 $OX_tY_tZ_t$ 如图 2－12 所示。其原点位于运载体所在的点,X_t 轴沿当地纬线指东,Y_t 轴沿当地子午线指北,Z_t 轴沿当地地理垂线指上并与 X_t,Y_t 轴构成右手直角坐标系。其中 X_t 轴与 Y_t 轴构成的平面即为当地水平面,Y_t 轴与 Z_t 轴构成的平面即为当地子午面。

地理坐标系的各轴可以有不同的选取方法。通常按“东、北、天”或按“北、东、地”为顺序构成右手直角坐标系。

当运载体在地球上航行时,运载体相对于地球的位置不断发生改变;而地球上不同地点的地理坐标系,其相对地球坐标系的角位置是不相同的。也就是说,运载体相对地球运动将引起地理坐标系相对地球坐标系转动。这时地理坐标系相对惯性参考坐标系的转动角速度应包括两个部分:一是地理坐标系相对地球坐标系的转动角速度,另一是地球坐标系相对惯性参考系的转动角速度。

【例 2－2】　以运载体水平航行的情况进行讨论。如图 2－13 所示,设运载体水平航行,运载体所在地的纬度为 L,航行高度为 h,速度为 v,航向角为 ψ。求运载体运动过程中地理坐标系相对惯性参考系的转动角速度在地理系各轴上的投影。

解　将运载体航行速度 v 分解为沿地理北向和东向的两个分量,有

$$v_N = v\cos\psi$$

$$v_E = v\sin\psi$$

航行速度北向分量 v_N 引起地理坐标系绕着平行于地理坐标系中东西向的地心轴相对地球坐标系转动,其转动角速度为

$$\dot{L} = \frac{v_N}{R+h} = \frac{v\cos\psi}{R+h}$$

航行速度东向分量 v_E 引起地理坐标系绕着极轴相对地球坐标系转动,其转动角速度为

$$\dot{\lambda} = \frac{v_E}{(R+h)\cos L} = \frac{v\sin\psi}{(R+h)\cos L}$$

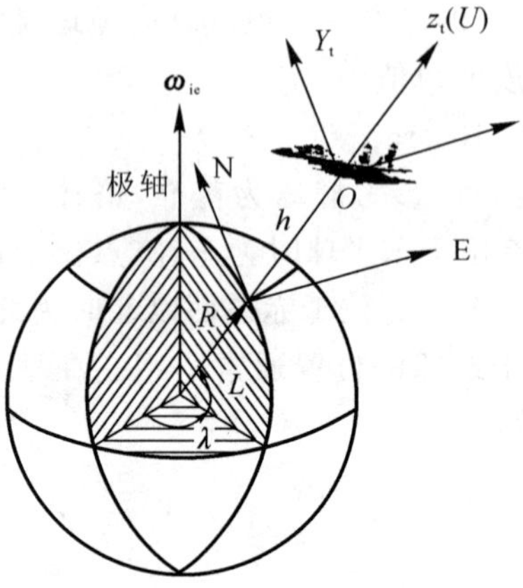

图 2-12 地理坐标系

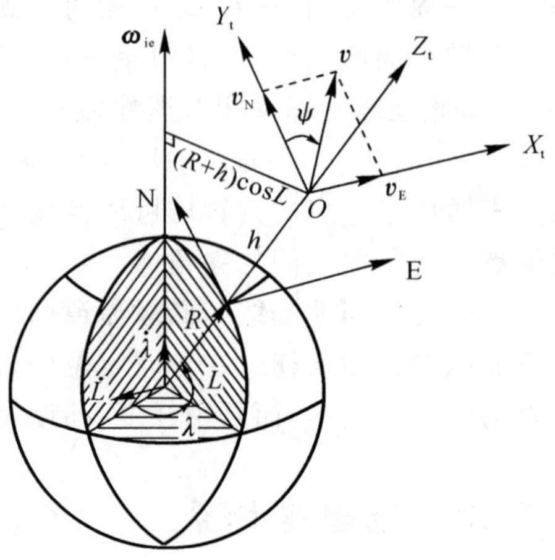

图 2-13 运载体运动引起地理坐标系转动

将 $\dot{L}$ 和 $\dot{\lambda}$ 平移到地理坐标系的原点，并投影到地理坐标系的各轴上，则

$$\begin{cases}\omega_{etx}^{t}=-\dot{L}=-\dfrac{v\cos\psi}{R+h}\\ \omega_{ety}^{t}=\dot{\lambda}\cos L=\dfrac{v\sin\psi}{R+h}\\ \omega_{etz}^{t}=\dot{\lambda}\sin L=\dfrac{v\sin\psi}{R+h}\tan L\end{cases}$$

上式表明，航行速度将引起地理坐标系绕地理坐标系中东向、北向和垂线方向相对地球坐标系转动。

地球坐标系相对惯性坐标系的转动是由地球自转引起的。如图 2-14 所示，将角速度 $\boldsymbol{\omega}_{ie}$ 平移到地理坐标系的原点，并投影到地理坐标系的各轴上，可得

$$\begin{cases}\omega_{iex}^{t}=0\\ \omega_{iey}^{t}=\omega_{ie}\cos L\\ \omega_{iez}^{t}=\omega_{ie}\sin L\end{cases}$$

上式表明，地球自转将引起地球坐标系连同地理坐标系绕地理坐标系中北向和垂线方向相对惯性参考系转动。

综合考虑地球自转和航行速度的影响，地理坐标系相对惯性参考系的转动角速度在地理坐标系各轴上的投影表达式为

$$\begin{cases}\omega_{itx}^{t}=-\dfrac{v\cos\psi}{R+h}\\ \omega_{ity}^{t}=\omega_{ie}\cos L+\dfrac{v\sin\psi}{R+h}\\ \omega_{itz}^{t}=\omega_{ie}\sin L+\dfrac{v\sin\psi}{R+h}\tan L\end{cases}$$

解毕。

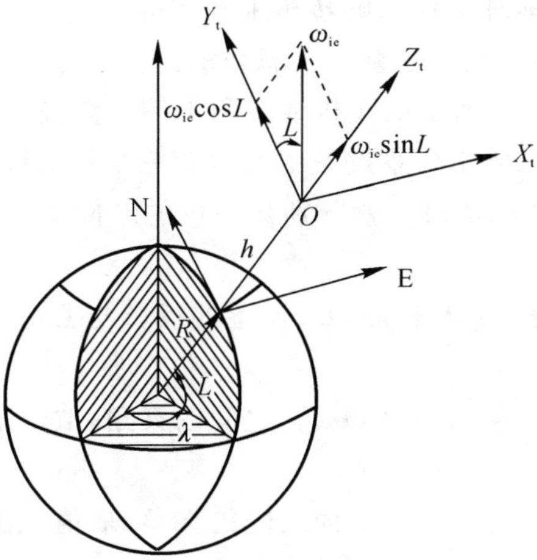

图 2-14　地球自转角速度在地理坐标系上的投影

2.2.4　载体坐标系

载体坐标系(机体坐标系、船体坐标系和弹体坐标系等的统称)$Ox_by_bz_b$ 如图 2-15 所示。

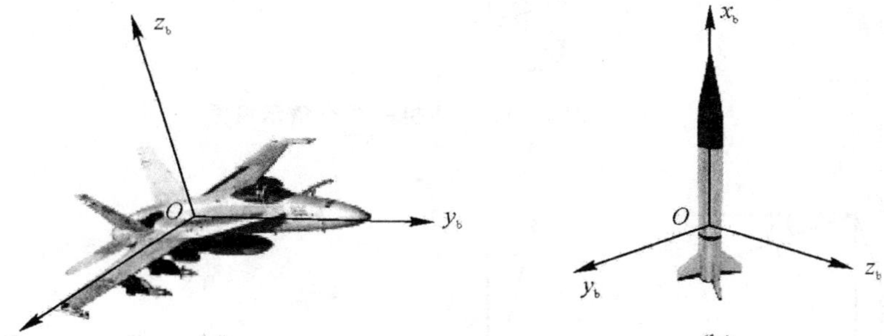

(a)　(b)

图 2-15　载体坐标系

该坐标系固定在载体上,时刻随着载体的运动而运动。其原点与运载体的质心重合。对于飞机和舰船等巡航式运载体,载体坐标系的 x_b 轴沿运载体横轴指右,y_b 轴沿运载体纵轴指前,z_b 轴沿运载体竖轴并与 x_b,y_b 轴构成右手直角坐标系。当然,这不是唯一的取法。例如,也有取 x_b 轴沿运载体纵轴指前,y_b 轴沿运载体横轴指右,z_b 轴沿运载体竖轴并与 x_b,y_b 轴构成右手直角坐标系。

运载体的俯仰(纵摇)角、横滚(横摇)角和航向(偏航)角统称为姿态角。运载体的姿态角就是根据运载体坐标系相对地理坐标系的转角来确定的。

首先,说明飞机和舰船等巡航式运载体姿态角的定义。这类运载体的姿态角是相对地理坐标系而确定的。现以图 2-16 所示的飞机姿态角为例。假设初始时机体坐标系 $Ox_by_bz_b$ 与地理坐标系 $Ox_ty_tz_t$ 重合。机体坐标系按图中所示的三个角速度 $\dot{\psi}$,$\dot{\theta}$ 和 $\dot{\gamma}$ 依次相对地理坐标系转动,这样所得的三个角度 ψ,θ 和 γ 就分别是飞机的航向角、俯仰角和滚转角,其定义如图 2-17 所示。

航向角 ψ 为机体纵轴 Oy_b 在水平面 Ox_ty_t 上的投影与 Oy_t 之间的夹角,取值范围为[0°,360°],以机体从北向东偏转为正。

俯仰角 θ 为机体纵轴 Oy_b 与水平面 Ox_ty_t 之间的夹角,取值范围为[-90°,90°],以机体抬头为正。

滚转角 γ 为机体横轴 Oz_b 与 y_bOz_t 平面之间的夹角,取值范围为[-180°,180°],以机体向右侧偏转为正。

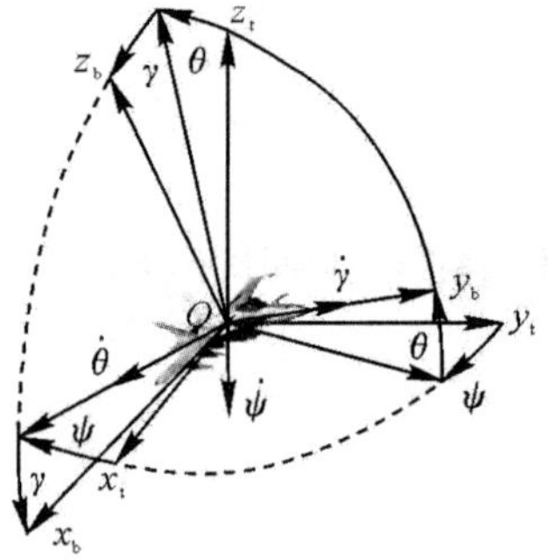

图 2-16 飞机的姿态角示意图

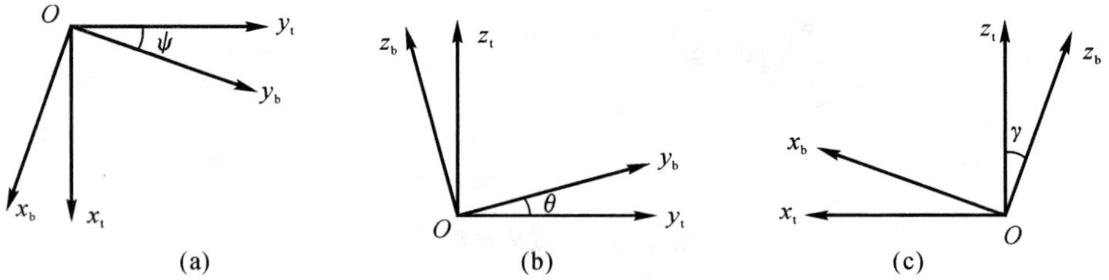

图 2-17 飞机的姿态角定义示意图

(a) 航向角定义; (b) 俯仰角定义; (c) 滚转角定义

在惯性系统的分析中,需要用到地理坐标系到机体坐标系的坐标变换矩阵。该坐标变换矩阵由下式给出:

$$C_t^b = C_y(\gamma)C_x(\theta)C_{-z}(\psi) = \begin{bmatrix} \cos\gamma & 0 & -\sin\gamma \\ 0 & 1 & 0 \\ \sin\gamma & 0 & \cos\gamma \end{bmatrix} \begin{bmatrix} 1 & 0 & 0 \\ 0 & \cos\theta & \sin\theta \\ 0 & -\sin\theta & \cos\theta \end{bmatrix} \begin{bmatrix} \cos\psi & -\sin\psi & 0 \\ \sin\psi & \cos\psi & 0 \\ 0 & 0 & 1 \end{bmatrix} =$$

$$\begin{bmatrix} \cos\gamma\cos\psi + \sin\gamma\sin\theta\sin\psi & -\cos\gamma\sin\psi + \sin\gamma\sin\theta\cos\psi & -\sin\gamma\cos\theta \\ \cos\theta\sin\psi & \cos\theta\cos\psi & \sin\theta \\ \sin\gamma\cos\psi - \cos\gamma\sin\theta\sin\psi & -\sin\gamma\sin\psi - \cos\gamma\sin\theta\cos\psi & \cos\gamma\cos\theta \end{bmatrix}$$

现在说明弹道导弹等弹道式运载体姿态角的定义。弹道导弹的姿态角是相对地平坐标系(又称发射点坐标系)而确定的。图 2-18 中,$Ox_b y_b z_b$ 为弹体坐标系;$Ox_h y_h z_h$ 为地平坐标系,其中,O 在导弹发射点,x_h 轴在当地水平面内并指向发射目标,y_h 轴沿当地垂线指向上,x_h 轴与 y_h 轴构成发射平面(弹道平面),z_h 轴垂直于发射平面并与 x_h,y_h 轴构成右手直角坐标系。假设初始时弹体坐标系 $Ox_b y_b z_b$ 与地平坐标系 $Ox_h y_h z_h$ 重合(其中 y_b 与 y_h 轴的负向重合)。弹体坐标系按图中所示的三个角速度 $\dot{\psi}$,$\dot{\theta}$ 和 $\dot{\gamma}$ 依次相对地理坐标系转动,这样所得的三个角度 ψ,θ 和 γ 就分别是导弹的航向角、俯仰角和横滚角,其定义如图 2-19 所示。

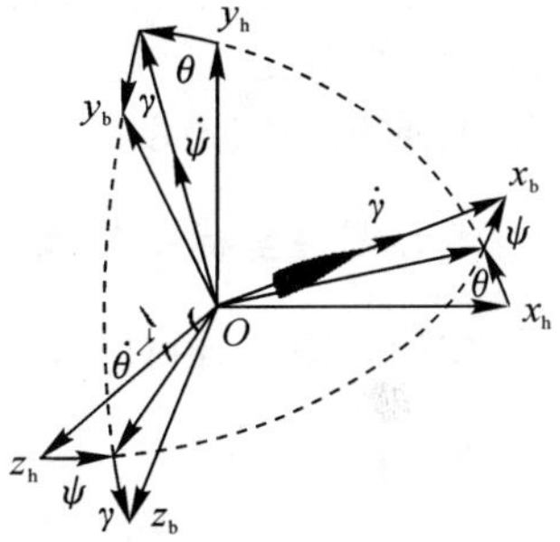

图 2-18　导弹的姿态角

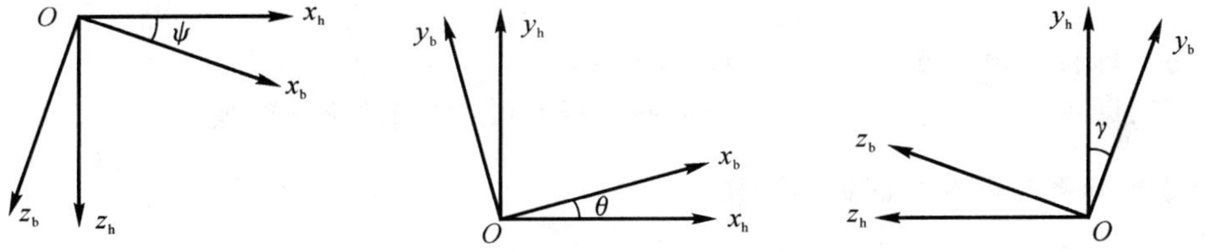

图 2-19　导弹的姿态角定义示意图

(a) 航向角定义;　(b) 俯仰角定义;　(c) 滚转角定义

俯仰角 θ 为导弹纵轴 Ox_b 在 $Ox_h y_h$ 平面上投影与 Ox_h 轴的夹角,偏航角 ψ 为导弹纵轴 Ox_b 与 $Ox_h y_h$ 平面的夹角,滚转角 γ 为导弹横轴 Oz_b 与 $Ox_b z_h$ 平面之间的夹角。

据此,得到地平坐标系到弹体系的转换矩阵为

$$C_h^b = C_x(\gamma)C_y(\psi)C_z(\theta) = \begin{bmatrix} 1 & 0 & 0 \\ 0 & \cos\gamma & \sin\gamma \\ 0 & -\sin\gamma & \cos\gamma \end{bmatrix} \begin{bmatrix} \cos\psi & 0 & -\sin\psi \\ 0 & 1 & 0 \\ \sin\psi & 0 & \cos\psi \end{bmatrix} \begin{bmatrix} \cos\theta & \sin\theta & 0 \\ -\sin\theta & \cos\theta & 0 \\ 0 & 0 & 1 \end{bmatrix} =$$

$$\begin{bmatrix} \cos\psi\cos\theta & \cos\psi\sin\theta & -\sin\psi \\ \sin\gamma\sin\psi\cos\theta - \cos\gamma\sin\theta & \sin\gamma\sin\psi\sin\theta + \cos\gamma\cos\theta & \sin\gamma\cos\psi \\ \cos\gamma\sin\psi\cos\theta + \sin\gamma\sin\theta & \cos\gamma\sin\psi\sin\theta - \sin\gamma\cos\theta & \cos\gamma\cos\psi \end{bmatrix}$$

除以上各坐标系外，在惯性敏感器和惯性系统的分析中，还常用到与被研究对象相固连的坐标系，例如陀螺仪中的转子坐标系和框架坐标系、加速度计中的摆组件坐标系、惯性平台中的平台坐标系以及各种惯性敏感器中的壳体坐标系等。

2.2.5 坐标系相互转换关系

两个坐标系之间的转换，必须知道第一个坐标系的原点相对于第二个坐标系的位置以及坐标轴之间的角度。因此，不同坐标系之间的转换需要先平移一个坐标系，使两个坐标系的原点重合，再通过一定角度的旋转，完成坐标系的转换。

1. 地心惯性坐标系与地球坐标系的转换

地球坐标系(e)相对于惯性坐标系(i)的旋转角速度矢量，在e系中可以表示为

$$\boldsymbol{\omega}_{ie}^{e}=\begin{bmatrix}0\\0\\\omega_e\end{bmatrix}=\omega_{ie}^{i}$$

相应的坐标变换矩阵为

$$\boldsymbol{C}_{e}^{i}=\begin{bmatrix}\cos(\omega_e t) & -\sin(\omega_e t) & 0\\ \sin(\omega_e t) & \cos(\omega_e t) & 0\\ 0 & 0 & 1\end{bmatrix}$$

式中，ω_e 为地球自转角速度；t 表示时间。

通过 $\boldsymbol{C}_{e}^{i}$，即可实现地球坐标系(e)与惯性坐标系(i)之间的坐标转换。

2. 地球坐标系与地理坐标系的转换

地理坐标系(t)相对于地球坐标系(e)的旋转速度矢量，在e系以及t系中的分量表示式为

$$\boldsymbol{\omega}_{et}^{e}=\begin{bmatrix}\dot{\varphi}\sin\lambda\\-\dot{\varphi}\cos\lambda\\\dot{\lambda}\end{bmatrix}$$

$$\boldsymbol{\omega}_{et}^{t}=\begin{bmatrix}-\dot{\varphi}\\\dot{\lambda}\sin\varphi\\\dot{\lambda}\sin\varphi\end{bmatrix}$$

相应的坐标变换矩阵可表示为

$$\boldsymbol{C}_{t}^{e}=\begin{bmatrix}-\sin\lambda & -\sin\varphi\cos\lambda & \cos\varphi\cos\lambda\\ \cos\lambda & -\sin\varphi\sin\lambda & \cos\varphi\cos\lambda\\ 0 & \cos\varphi & \sin\varphi\end{bmatrix}$$

式中，λ，φ 分别为载体的经度和纬度。

通过 $\boldsymbol{C}_{t}^{e}$，即可完成地理坐标系(t)与地球坐标系(e)间的转换。

3. 地理坐标系与载体坐标系的转换

载体坐标系(b) 相对于当地地理坐标系(t) 的坐标变换矩阵可按下式求得:

$$\boldsymbol{C}_{\mathrm{t}}^{\mathrm{b}}=\boldsymbol{C}_{y}(\gamma)\cdot\boldsymbol{C}_{x}(\theta)\cdot\boldsymbol{C}_{-z}(\psi)=$$

$$\begin{bmatrix}\cos\gamma & 0 & -\sin\gamma\\ 0 & 1 & 0\\ \sin\gamma & 0 & \cos\gamma\end{bmatrix}\cdot\begin{bmatrix}1 & 0 & 0\\ 0 & \cos\theta & \sin\theta\\ 0 & -\sin\theta & \cos\theta\end{bmatrix}\cdot\begin{bmatrix}\cos\psi & -\sin\psi & 0\\ \sin\psi & \cos\psi & 0\\ 0 & 0 & 1\end{bmatrix}=$$

$$\begin{bmatrix}\cos\gamma\cos\psi+\sin\gamma\sin\theta\sin\psi & -\cos\gamma\sin\psi+\sin\gamma\sin\theta\cos\psi & -\sin\gamma\cos\theta\\ \cos\theta\sin\varphi & \cos\theta\cos\psi & \sin\theta\\ \sin\gamma\cos\psi-\cos\gamma\sin\theta\sin\psi & -\sin\gamma\sin\psi-\cos\gamma\sin\theta\cos\psi & \cos\gamma\cos\theta\end{bmatrix}$$

式中,ψ,θ,γ 分别为载体的航向角、俯仰角和横滚角。

通过 $\boldsymbol{C}_{\mathrm{t}}^{\mathrm{b}}$,即可完成载体坐标系(b) 与地理坐标系(t) 间的转换。

2.3 地球参考椭球及地球重力场特性

在近地惯性导航中,运载体是相对地球来定位的。因此,首先必须对地球的形状及其重力场特性有一定的了解。

2.3.1 地球参考椭球

人类赖以生存的地球,实际上是一个质量非均匀分布、形状不规则的几何体。

从整体来看,地球近似一个对称于极轴的扁平旋转椭球体,如图 2-20 所示。其截面的轮廓是一个扁平椭圆,沿赤道方向为长轴,沿极轴方向为短轴。这种形状的形成与地球的自转有密切关系。对地球表面的每一质点,一方面受到地心引力的作用,另一方面又受到离心力的作用。正是在后者的作用下,使地球在靠近赤道的部分向外膨胀,直到各处质量所受到的引力与离心力的合力——重力的方向达到与当地水平面垂直为止。这样,地球的形状就成为一个扁平的旋转椭球体。

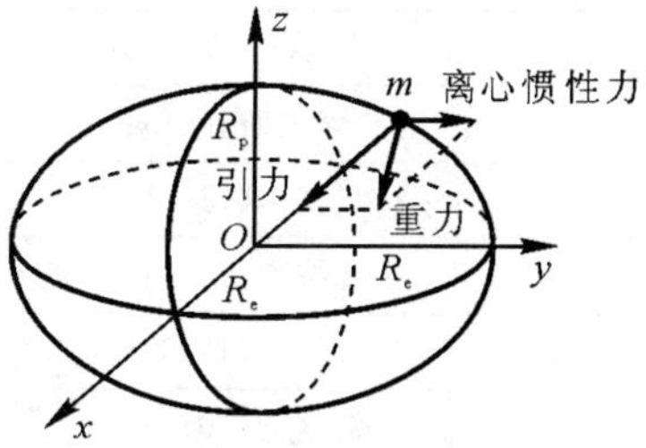

图 2-20 从整体看的地球形状

从局部来看,由于地球表面存在大陆和海洋、高山和深谷,还有很多人造的设施,因而地球表面的形状是一个相当不规则的曲面。在工程应用上,实际上不可能按这个真实表面来确定地球的形状,必须对实际的地球形状采取某种近似,以便于用数学模型来进行描述。

对于一般的工程应用,通常采用一种最简单的近似,即把地球视为一个圆球体。数学上可

用球面方程来描述，即

$$x^2+y^2+z^2=R^2 \tag{2.41}$$

式中，R为地球平均半径，$R=(6\ 371.02\pm0.05)\mathrm{km}$。这是1964年国际天文学会确定的数据。

在研究惯性导航问题时，通常是把地球近似视为一个旋转椭球体。数学上可用旋转椭球面方程来描述，即

$$\frac{x^2+y^2}{R_e^2}+\frac{z^2}{R_p^2}=1 \tag{2.42}$$

式中，R_e为长半轴即地球赤道半径；R_p为短半轴即地球极轴半径。旋转椭球体的椭圆度或称扁率为

$$e=\frac{R_e-R_p}{R_e} \tag{2.43}$$

地球的赤道半径R_e和极轴半径R_p可由大地测量确定。通常，取$R_e=6\ 378.393\mathrm{km}$，$e=1/297$。

如果假想把平均的海平面延伸穿过所有陆地地块，则所形成的几何体称为大地水准体。旋转椭球体与大地水准体基本相符，例如，在垂直方向的误差不超过150m，旋转椭球面的法线方向与大地水准面的法线方向之间的偏差一般不超过3″。在惯性导航中，可以忽略两者的差别，而用旋转椭球体代替大地水准体来描述地球的形状，并用旋转椭球面的法线方向来代替重力方向。

选取参考椭球的基本准则是使测定出的大地水准面的局部或全部与参考椭球之间贴合得最好，即差异最小。由于所在地区不同，因而各国选用的参考椭球也不尽相同。表2-2列出了目前世界上常用的参考椭球。

表2-2 目前世界上常用的参考椭球

名 称	长轴半径 R_e/m	扁率 e	使用的国家和地区
克拉索夫斯基(1940)	6 378 245	1/298.3	俄罗斯、中国
贝塞尔(1841)	6 377 397	1/299.16	日本及中国台湾
克拉克(1866)	6 378 206	1/294.98	北 美
克拉克(1880)	6 378 245	1/293.46	北 美
海富特(1910)	6 378 388	1/297.00	欧洲、北美及中东
1975年国际会议推荐的参考椭球	6 378 140	1/298.257	中 国
WGS—84(1984)	6 378 137	1/298.257	全 球

注：我国在1954年前采用过美国海富特椭球，新中国成立后很长一段时间采用的1954年北京坐标系，是基于苏联克拉索夫斯基参考椭球的。1980年开始使用1975年国际大地测量与地球物理联合会第16届大会推荐的参考椭球。在本书以后的分析中，均以参考椭球来代替地球的形状。

2.3.2　垂线和纬度

经度和纬度是近地航行运载体的位置参数。地球上某点的纬度，定义为该点垂线与赤道平面的夹角。但因为地球是一个旋转椭球体，所以具体的垂线定义及相应纬度的定义就有不同的形式。在研究惯性导航时，首先需要理解地球表面某点的垂线和纬度的定义。

1. 地心垂线和地心纬度

参考椭球上 P_O 点（见图 2-21）至地球中心的连线 P_OO 称为地心垂线，P_OO 与赤道平面之间的夹角 L_c 称为地心纬度。

2. 地理垂线和地理纬度

参考椭球上 P_O 点的法线 P_OA 与赤道平面间的夹角 L_t 称为地理纬度。地理纬度是大地测量工作中的重要参数，故又称为测地纬度，地理垂线又称测地垂线。本书除特别说明外，纬度 L 均指地理纬度。

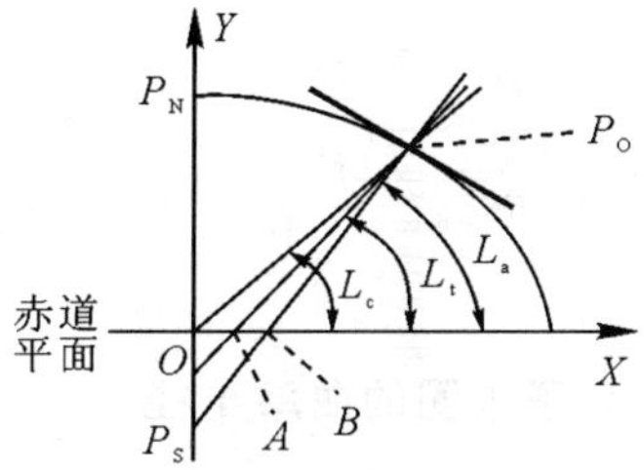

图 2-21　地球的各种垂线与纬度

3. 天文垂线和天文纬度

由天文方法测定的纬度 L_a，即参考椭球上 P_O 点的重力方向 P_OB 与赤道平面之间的夹角 L_a 称为天文纬度，P_OB 也称为天文垂线。地理垂线和天文垂线之间的偏差一般不超过 30″，因此地理纬度和天文纬度之间可不加区别。

地理垂线与地心垂线之间（或地理纬度与地心纬度之间）的偏差角为

$$\Delta L = L_t - L_c \tag{2.44}$$

可以推导，偏差角 ΔL 的近似计算公式为

$$\Delta L = e\sin 2L_t \tag{2.45}$$

从式(2.45)可见，地理垂线与地心垂线之间的偏差角 ΔL 与纬度 L_t 有关，在 $L_t=45°$ 处 ΔL 为最大。以地球参考椭球的扁率 e 值代入，可知 ΔL 最大约为 11′。因此，用地心垂线代替地理垂线，在纬度方向上位置偏差的最大值约为 11n mile。这就是在惯性导航中假定地球为球体时所产生的最大误差量级。由于在导航中通常用地理纬度定位，而在理论计算中又常用地心纬度，因此两者之间需要进行必要的换算。

2.3.3　地球参考椭球的曲率半径

当把地球视为旋转椭球来研究导航定位问题时，经常需要从载体相对地球的位移或速度

来求取经纬度或相对地球的角速度，这就需要应用椭球的曲率半径等参数。

如图2-22所示，所谓P点子午圈曲率半径R_M，是指过极轴和P点的平面与椭球表面的交线上P点的曲率半径；所谓P点的卯酉圈，是指过P点法线$\boldsymbol{n}$且垂直于过P点子午面的平面与椭球表面的交线；而P点卯酉圈曲率半径R_N是指该交线上P点的曲率半径。显然，椭球表面上不同点的曲率半径是不同的，同一点沿不同方向的曲率半径也是不同的。

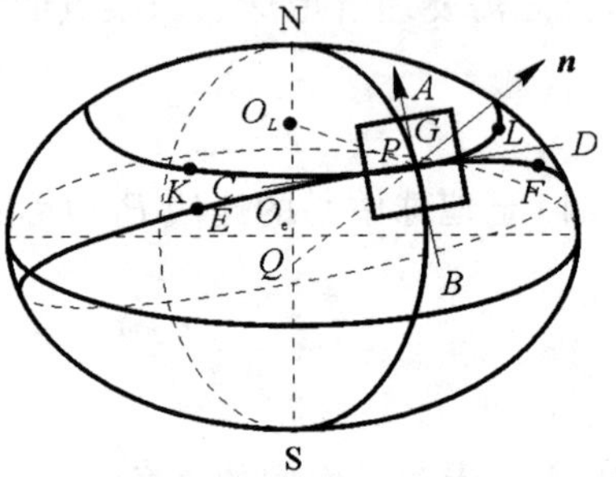

图2-22 地球参考椭球体的主曲率半径

1.子午圈的曲率半径

过极轴的任意平面与参考椭球相截，截平面为一椭圆面，该椭圆面称为子午面。子午面的轮廓线称为子午圈或子午线，子午线都是过两极的南北方向线。

由椭圆方程

$$\frac{z^2}{R_p^2}+\frac{x^2}{R_e^2}=1 \tag{2.46}$$

得

$$\frac{dz}{dx}=-\frac{R_p^2}{R_e^2}\frac{x}{z}=-\frac{1}{\tan L} \tag{2.47}$$

式中，L为参考椭球在P点法线与赤道平面的夹角。

而

$$\frac{R_p^2}{R_e^2}=1-k^2 \tag{2.48}$$

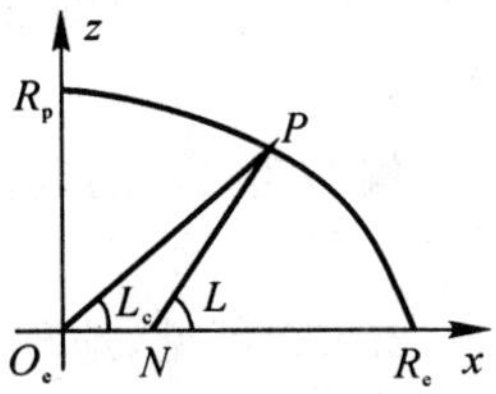

图2-23 参考椭球截面(部分图)

其中，k为地球的一阶偏心率。将式(2.48)代入式(2.47)，可得

$$z=(1-k^2)x\tan L \tag{2.49}$$

再将式(2.49)代入椭圆方程，得

$$\frac{(1-k^2\sin^2 L)^2x^2\tan^2 L}{R_p^2}+\frac{x^2}{R_e^2}=1 \tag{2.50}$$

整理得

$$x = \frac{R_e \cos L^2}{(1 - k^2 \sin^2 L)^{1/2}} \tag{2.51}$$

由平面方程 $z = f(x)$ 及高等数学知识，可知曲率半径表达式为

$$\rho = \frac{\left[1 + \left(\frac{dz}{dx}\right)^2\right]^{3/2}}{\frac{d^2 z}{dx^2}} \tag{2.52}$$

由式(2.47)，得

$$\frac{d^2 z}{dx^2} = \frac{1}{\sin^2 L} \frac{dL}{dx} \tag{2.53}$$

由式(2.51)，得

$$\frac{dx}{dL} = -\frac{R_e(1 - k^2)\sin L}{(1 - k^2 \sin^2 L)^{3/2}} \tag{2.54}$$

将式(2.54)代入式(2.53)，并把式(2.47)、式(2.53)代入式(2.52)，经整理得地球子午面内的主曲率半径为

$$R_M = \frac{R_e(1 - k^2)}{(1 - k^2 \sin^2 L)^{3/2}} \tag{2.55}$$

由 $e = \frac{R_e - R_p}{R_e}$，显然 $e < 1$，$k^2 = 2e - e^2$，略去 e^2 项，得

$$R_M = \frac{R_e(1 - 2e)}{(1 - 2e \sin^2 L)^{3/2}} \tag{2.56}$$

取 $(1 - 2e \sin^2 L)^{-3/2} \approx (1 + 3e \sin^2 L)$，则

$$R_M = R_e(1 - 2e + 3e \sin^2 L) \tag{2.57}$$

式中，R_e 为椭球长半轴；e 为扁率。

在赤道上，$L = 0$，子午圈曲率半径 R_M 最小，$R_M = R_e(1 - 2e)$，它比地心到赤道的距离约小 42km。在地球南北极，$L = \pm 90°$ 时，曲率半径 R_M 最大，$R_M = R_e(1 + e)$。它比地心到南北极的距离约大 42km。

若已知载体的北向速度 v_N，则根据子午圈的曲率半径 R_M 可求出载体纬度的变化率为

$$\frac{dL}{dt} = \frac{v_N}{R_M} \tag{2.58}$$

同时，可确定载体绕东向轴的转动角速度为

$$\omega_e = -\frac{v_N}{R_M} \tag{2.59}$$

2. 等纬度圈的半径

若以过椭球上任一点 P 且平行于赤道平面的平面截取参考椭球，则截面是一个圆平面，其

轮廓为圆，称为等纬度圈(或等纬度圆)，如图 2-22 所示。显然，P 点纬度不同时等纬度圆半径 R_L 也不同，可以证明，R_L 与纬度 L 的关系如下：

$$R_L = \frac{R_e \cos L}{[\cos^2 L + (1-e)^2 \sin^2 L]^{1/2}} \approx R_e(1 + e \sin^2 L)\cos L \tag{2.60}$$

载体绕等纬度圈运动时，纬度不变，经度变化。若已知载体的东向速度 v_e，则可根据等纬度圈曲率半径 R_L 求出载体经度的变化率为

$$\frac{d\lambda}{dt} = \frac{v_E}{R_L} \tag{2.61}$$

3. 卯酉圈的曲率半径

下面求与子午面垂直且共法线的椭圆的主曲率半径 R_N。根据任意平截线的曲率半径定理知道，曲线 EPF 在点 P 处的曲率半径 R_N 与纬度圈在同一 P 点的半径存在如下关系(见图2-22)：

$$R_L = R_N \cos L \tag{2.62}$$

根据式(2.51)，得

$$R_N = \frac{R_e}{(1 - k^2 \sin^2 L)^{1/2}} \tag{2.63}$$

将 $k^2 = 2e - e^2$ 代入，并略去 e^2 项，且取 $(1 - 2e \sin^2 L)^{-1/2} \approx 1 + e \sin^2 L$，则可得出地球卯酉圈的主曲率半径为

$$R_N = R_e(1 + e \sin^2 L) \tag{2.64}$$

在地球赤道上，卯酉圈就是赤道圆，此时卯酉圈的曲率半径最小。在南北极，卯酉圈就是子午圈，此时卯酉圈的曲率半径最大。

结合式(2.61)、式(2.62)，有

$$\frac{d\lambda}{dt} = \frac{v_E}{R_N \cos L} \tag{2.65}$$

同时，根据载体东向速度和卯酉圈曲率半径，可确定载体绕北向轴的运动角速度为

$$\omega_N = \frac{v_E}{R_N} \tag{2.66}$$

此外，由于地球是一个旋转椭球体，因而地球表面不同的点至地心的直线距离也不相同。地球表面任意一点至地心的直线距离可按下式计算：

$$R = R_e(0.998\,3 + 0.001\,683\,5\cos 2L_c - 0.000\,003\,549\cos 2L_c + \cdots) \approx R_e(1 - \sin^2 L_c)$$

2.3.4 大地坐标与地心坐标的变换

设地球表面某一点 P 在地心直角坐标系中的坐标为 $P(x, y, z)$，大地经纬度坐标为 $P(\lambda,$

L,h)。其中,直角坐标系原点位于地心,Z 轴为极轴,向北为正;X 轴穿过本初子午线与赤道的交点,Y 轴穿过赤道与东经 90° 的交点(这里设定坐标系的零经线为格林尼治子午线,如果定义不一致,在使用各公式前应首先将零经线转换到格林尼治子午线)。地球直角坐标与经纬度坐标的转换关系如下:

经纬度坐标到地球直角坐标的转换为

$$\left.\begin{aligned} x &= (R_N + h)\cos L\cos\lambda \\ y &= (R_N + h)\cos L\sin\lambda \\ z &= [R_N(1-k)^2 + h]\sin L \end{aligned}\right\} \tag{2.67}$$

反之,地球直角坐标到经纬度坐标的转换为

$$\left.\begin{aligned} \lambda &= \arctan\frac{y}{x} \\ L &= \arctan\frac{z + R_N k^2 \sin L}{\sqrt{x^2 + y^2}} \\ h &= x\sec\lambda\sec L - R_N \end{aligned}\right\} \tag{2.68}$$

式中,h 为相对椭球面的高度;k 为地球的一阶偏心率。

2.3.5　地球的重力场

地球重力场是由地球引力场与地球自转离心惯性力形成的。如图 2-24 所示,假设地球是一个密度均匀的旋转椭球体,则地球引力 $m\boldsymbol{G}_e$ 指向地心;地球自转向心加速度 $\boldsymbol{\omega}_{ie} \times (\boldsymbol{\omega}_{ie} \times \boldsymbol{r})$ 垂直指向极轴,而离心惯性力的方向与此相反,故为 $-m\boldsymbol{\omega}_{ie} \times (\boldsymbol{\omega}_{ie} \times \boldsymbol{r})$。根据图中矢量关系,可得重力矢量表达式为

$$\begin{aligned} m\boldsymbol{g} &= m\boldsymbol{G}_e - m\boldsymbol{\omega}_{ie} \times (\boldsymbol{\omega}_{ie} \times \boldsymbol{r}) \\ \boldsymbol{g} &= \boldsymbol{G}_e - \boldsymbol{\omega}_{ie} \times (\boldsymbol{\omega}_{ie} \times \boldsymbol{r}) \end{aligned} \tag{2.69}$$

即重力加速度 $\boldsymbol{g}$ 是引力加速度 $\boldsymbol{G}_e$ 与向心加速度 $\boldsymbol{\omega}_{ie} \times (\boldsymbol{\omega}_{ie} \times \boldsymbol{r})$ 的矢量差。

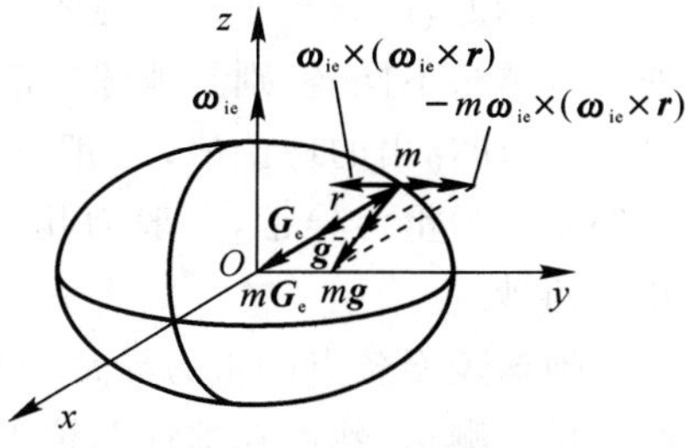

图 2-24　重力矢量图

由图 2-24 可以看出,重力加速度 $\boldsymbol{g}$ 的方向一般并不指向地心,只有在地球两极和赤道才属例外。还可以看出,向心加速度的大小随着所在点的地理纬度而变化,同时还随着所在点至地心的距离而变化。因此,重力加速度 $\boldsymbol{g}$ 的大小是所在点地理纬度 L 和高度 h 的函数。当考虑地球为椭球时,通常采用重力加速度值的计算公式为

$$g = g_0(1 + 0.005\,288\,4\sin^2 L - 0.000\,005\,9\sin^2 2L) - 0.000\,308\,6h \tag{2.70}$$

式中,g_0 为赤道海平面上的重力加速度,$g_0 = 978.049\text{cm/s}^2$。

根据地球重力场理论，还可按下面公式计算重力加速度及其随高度的变化：

$$g(0)=978.031\,8\times(1+5.302\,4\times10^{-3}\sin L-5.9\times10^{-6}\sin 2L)\ (\mathrm{cm/s^2})\qquad(2.71)$$

$$\mathrm{d}g/\mathrm{d}h=-0.308\,77(1-1.39\times10^{-3}\ \sin^2 L)\times10^{-3}[(\mathrm{cm/s^2})/\mathrm{m}]$$

式中，$g(0)$ 为地球某一点的海平面上的重力加速度值。

我国各主要城市的重力加速度值(参考值) 见表 2－3。

表 2－3　我国各主要城市的重力加速度值

城市名称	重力加速度 /(m·s^{-2})	城市名称	重力加速度 /(m·s^{-2})
北　京	9.801 47	哈尔滨	9.806 55
上　海	9.794 60	重　庆	9.791 36
天　津	9.801 06	兰　州	9.792 55
广　州	9.788 34	拉　萨	9.779 90
南　京	9.794 95	乌鲁木齐	9.801 46
西　安	9.794 41	齐齐哈尔	9.808 03
沈　阳	9.803 49	福　州	9.789 10

由于地球自转的影响，引力加速度 $\boldsymbol{G}_e$ 与重力加速度 $\boldsymbol{g}$ 在数值上和方向上存在差异。$\boldsymbol{G}_e$ 与 $\boldsymbol{g}$ 在数值上的差异为

$$|\boldsymbol{G}_e-\boldsymbol{g}|=\frac{R\omega_{ie}^2}{2}(1+\cos 2L)\leqslant 3.4\times10^{-3}g\qquad(2.72)$$

$\boldsymbol{G}_e$ 与 $\boldsymbol{g}$ 在方向上的差异(即两者的夹角) 为

$$\gamma=\frac{R\omega_{ie}^2}{2g}\sin 2L\leqslant\pm 6'\qquad(2.73)$$

实际上，地球并非是理想的旋转椭球体，其几何形状与参考椭球不完全一致，又因地球各处地质结构不同，特别是地球内部局部地区的密度不均匀，实际重力加速度与理论重力加速度(按公式计算出的理论值) 一般存在着差异。实际重力加速度相对理论重力加速度在数值上的偏差称为重力异常，一般为几至几十毫伽①；而在方向上的偏差称为垂线偏差，一般为几至几十角秒。

地球表面各点的重力异常和垂线偏差并没有什么规律，只能将地球表面划分为许多区域，通过事先测量，然后在惯性系统中加以补偿(对于一般精度的惯性系统，这种影响可以忽略)。由于重力异常和垂线偏差对高精度的惯导系统和地球资源勘探具有重要意义，因而各种重力测量技术的发展一直被高度重视。如果所建立的地球重力场模型精度为 1 毫伽，那么用于重力加速度测量的加速度计的精度应不低于$10^{-6}g$。

---

① 1 毫伽 $=1\times10^{-3}\,\mathrm{cm/s^2}$。

2.4　绝对加速度、比力概念与比力方程

2.4.1　哥氏加速度

从运动学知道，当动点对某一动参考系作相对运动，同时这个动参考系又在作牵连转动时，则该动点将具有哥氏加速度。

哥氏加速度 $\boldsymbol{a}_c$ 垂直于牵连角速度 $\boldsymbol{\omega}$ 与 $\boldsymbol{v}_r$ 所组成的平面，从 $\boldsymbol{\omega}$ 沿最短路径握向 $\boldsymbol{v}_r$ 的右手旋进方向即为哥氏加速度的方向(见图 2-25)。

在一般情况下，牵连角速度与相对速度之间可能成任意夹角。设牵连角速度为 $\boldsymbol{\omega}$，动点的相对运动速度为 $\boldsymbol{v}_r$，则哥氏加速度的一般表达式为

$$\boldsymbol{a}_c = 2\boldsymbol{\omega} \times \boldsymbol{v}_r \tag{2.74}$$

即在一般情况下哥氏加速度的大小为

$$a_c = 2\omega v_r \sin(\boldsymbol{\omega}, \boldsymbol{v}_r) \tag{2.75}$$

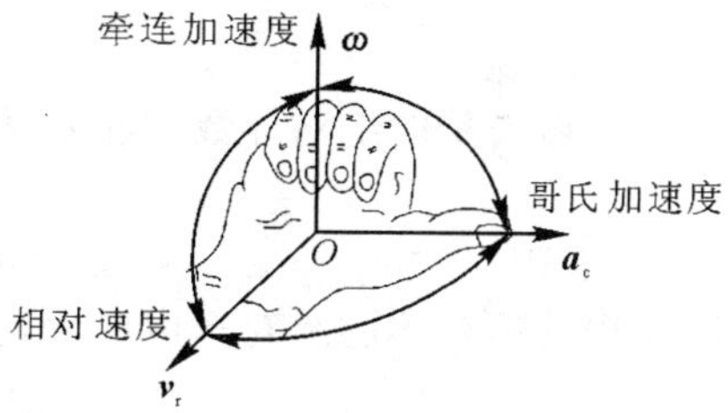

图 2-25　哥氏加速度的方向

当动点的牵连运动为转动时，牵连运动会使相对速度的方向不断发生改变，而相对运动又使牵连速度的大小不断发生改变。这两种原因都造成了同一方向上附加的速度变化率，该附加的速度变化率即为哥氏加速度。简而言之，哥氏加速度是由相对运动与牵连运动的相互影响而形成的。

2.4.2　绝对加速度的表达式

当动点的牵连运动为转动时，动点的绝对加速度 $\boldsymbol{a}$ 应等于相对加速度 $\boldsymbol{a}_r$、牵连加速度 $\boldsymbol{a}_e$ 和哥式加速度 $\boldsymbol{a}_c$ 的矢量和，即

$$\boldsymbol{a} = \boldsymbol{a}_r + \boldsymbol{a}_e + \boldsymbol{a}_c \tag{2.76}$$

式(2.76)就是一般情况下的加速度合成定理。

当运载体在地球表面附近航行时，运载体一方面相对地球运动，另一方面又参与地球相对于惯性空间的牵连运动，因此运载体的绝对加速度也应是上述三种加速度的矢量和。下面推导运载体绝对加速度的表达式。

如图 2-26 所示，设在地球表面附近航行的运载体所在点为 q，它在惯性参考系 $O_i x_i y_i z_i$ 中的位置矢量为 $\boldsymbol{R}$，在地球坐标系 $O_e x_e y_e z_e$ 中的位置矢量为 $\boldsymbol{r}$，而相对于日心的位置矢量为 $\boldsymbol{R}_0$，根据图中矢量关系，可得位置矢量方程为

$$\boldsymbol{R} = \boldsymbol{R}_0 + \boldsymbol{r} \tag{2.77}$$

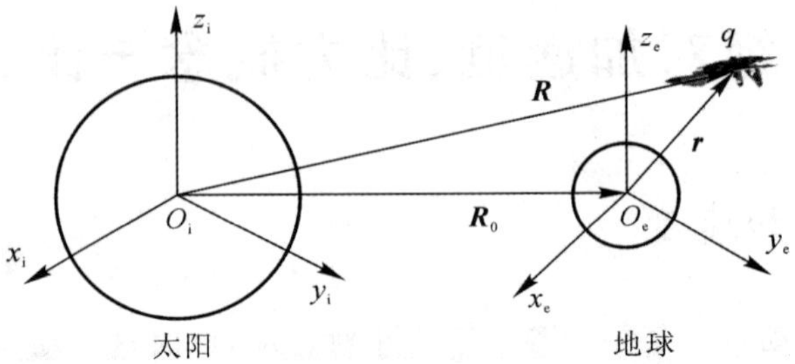

图 2-26　动点 q 的位置矢量

将式(2.77)对时间求一阶导数,则有

$$\left.\frac{\mathrm{d}\boldsymbol{R}}{\mathrm{d}t}\right|_{\mathrm{i}}=\left.\frac{\mathrm{d}\boldsymbol{R}_0}{\mathrm{d}t}\right|_{\mathrm{i}}+\left.\frac{\mathrm{d}\boldsymbol{r}}{\mathrm{d}t}\right|_{\mathrm{i}} \tag{2.78}$$

根据矢量的绝对导数与相对导数的关系,可把式(2.78)等号右边的第二项写为

$$\left.\frac{\mathrm{d}\boldsymbol{r}}{\mathrm{d}t}\right|_{\mathrm{i}}=\left.\frac{\mathrm{d}\boldsymbol{r}}{\mathrm{d}t}\right|_{\mathrm{e}}+\boldsymbol{\omega}_{\mathrm{ie}}\times\boldsymbol{r} \tag{2.79}$$

由此得到运载体的绝对速度的表达式为

$$\left.\frac{\mathrm{d}\boldsymbol{R}}{\mathrm{d}t}\right|_{\mathrm{i}}=\left.\frac{\mathrm{d}\boldsymbol{R}_0}{\mathrm{d}t}\right|_{\mathrm{i}}+\left.\frac{\mathrm{d}\boldsymbol{r}}{\mathrm{d}t}\right|_{\mathrm{e}}+\boldsymbol{\omega}_{\mathrm{ie}}\times\boldsymbol{r} \tag{2.80}$$

式中,脚注 i 表示相对于惯性参考系而言;脚注 e 表示相对于地球参考系而言;$\boldsymbol{\omega}_{\mathrm{ie}}$ 为地球相对于惯性空间的角速度。

式(2.80)中各项所代表的物理意义如下:

$\left.\frac{\mathrm{d}\boldsymbol{R}}{\mathrm{d}t}\right|_{\mathrm{i}}$ —— 位置矢量 $\boldsymbol{R}$ 在惯性参考系中的变化率,代表运载体相对于惯性空间的速度,即运载体的绝对速度;

$\left.\frac{\mathrm{d}\boldsymbol{r}}{\mathrm{d}t}\right|_{\mathrm{e}}$ —— 位置矢量 $\boldsymbol{r}$ 在地球坐标系中的变化率,代表运载体相对于地球的速度,即运载体的相对速度(重要的导航参数之一);

$\left.\frac{\mathrm{d}\boldsymbol{R}_0}{\mathrm{d}t}\right|_{\mathrm{i}}$ —— 位置矢量 $\boldsymbol{R}_0$ 在惯性参考系中的变化率,代表地球的公转引起的地心相对于惯性空间的速度,它是运载体的牵连速度的一部分;

$\boldsymbol{\omega}_{\mathrm{ie}}\times\boldsymbol{r}$ —— 代表地球自转引起的牵连点相对于惯性空间的速度,它是运载体牵连速度的又一部分。

运用式(2.79),将式(2.80)对时间求一阶导数,则有

$$\left.\frac{\mathrm{d}^2\boldsymbol{R}}{\mathrm{d}t^2}\right|_{\mathrm{i}}=\left.\frac{\mathrm{d}^2\boldsymbol{R}_0}{\mathrm{d}t^2}\right|_{\mathrm{i}}+\left(\left.\frac{\mathrm{d}^2\boldsymbol{r}}{\mathrm{d}t^2}\right|_{\mathrm{e}}+\boldsymbol{\omega}_{\mathrm{ie}}\times\left.\frac{\mathrm{d}\boldsymbol{r}}{\mathrm{d}t}\right|_{\mathrm{e}}\right)+\left(\boldsymbol{\omega}_{\mathrm{ie}}\times\left.\frac{\mathrm{d}\boldsymbol{r}}{\mathrm{d}t}\right|_{\mathrm{i}}+\left.\frac{\mathrm{d}\boldsymbol{\omega}_{\mathrm{ie}}}{\mathrm{d}t}\right|_{\mathrm{i}}\times\boldsymbol{r}\right) \tag{2.81}$$

因

$$\boldsymbol{\omega}_{ie}\times\left.\frac{\mathrm{d}\boldsymbol{r}}{\mathrm{d}t}\right|_{i}=\boldsymbol{\omega}_{ie}\times\left.\frac{\mathrm{d}\boldsymbol{r}}{\mathrm{d}t}\right|_{e}+\boldsymbol{\omega}_{ie}\times(\boldsymbol{\omega}_{ie}\times\boldsymbol{r})\tag{2.82}$$

而地球相对于惯性空间的角速度 $\boldsymbol{\omega}_{ie}$ 可以精确地看成常矢量，即 $\mathrm{d}\boldsymbol{\omega}_{ie}/\mathrm{d}t\Big|_{i}=\boldsymbol{0}$，由此得到运载体绝对加速度的表达式为

$$\left.\frac{\mathrm{d}^2\boldsymbol{R}}{\mathrm{d}t^2}\right|_{i}=\left.\frac{\mathrm{d}^2\boldsymbol{R}_0}{\mathrm{d}t^2}\right|_{i}+\left.\frac{\mathrm{d}^2\boldsymbol{r}}{\mathrm{d}t^2}\right|_{e}+2\boldsymbol{\omega}_{ie}\times\left.\frac{\mathrm{d}\boldsymbol{r}}{\mathrm{d}t}\right|_{e}+\boldsymbol{\omega}_{ie}\times(\boldsymbol{\omega}_{ie}\times\boldsymbol{r})\tag{2.83}$$

式中各项所代表的物理意义如下：

$\left.\frac{\mathrm{d}^2\boldsymbol{R}}{\mathrm{d}t^2}\right|_{i}$——运载体相对于惯性空间的加速度，即运载体的绝对加速度；

$\left.\frac{\mathrm{d}^2\boldsymbol{r}}{\mathrm{d}t^2}\right|_{e}$——运载体相对于地球的加速度，即运载体的相对加速度；

$\left.\frac{\mathrm{d}^2\boldsymbol{R}_0}{\mathrm{d}t^2}\right|_{i}$——地球公转引起的地心相对于惯性空间的加速度，为运载体牵连加速度的一部分；

$\boldsymbol{\omega}_{ie}\times(\boldsymbol{\omega}_{ie}\times\boldsymbol{r})$——地球自转引起的牵连点的向心加速度，为运载体牵连加速度的又一部分；

$2\boldsymbol{\omega}_{ie}\times\left.\frac{\mathrm{d}\boldsymbol{r}}{\mathrm{d}t}\right|_{e}$——运载体相对于地球速度与地球自转角速度的相互影响而形成的附加加速度，即运载体的哥式加速度。

2.4.3　加速度计所测量的比力表达式——比力方程

惯性导航是通过测量运载体的加速度，并经数学运算而确定运载体即时位置的一种导航定位方法。在惯性导航系统中，加速度这个物理量的测量是由加速度计实现的。

加速度计的工作原理是基于经典的牛顿力学定律，其力学模型如图 2-27 所示。敏感质量(质量设为 m)借助弹簧(弹簧刚度设为 k)被约束在仪表壳体内，并且通过阻尼器与仪表壳体相连。检测质量受到支承的限制，只能沿敏感轴方向作线位移，这个轴也称为加速度计的输入轴。当沿加速度计的敏感轴方向无加速度输入时，质量块相对于仪表壳体处于零位(见图 2-27(a))。当安装加速度计的运载体沿敏感轴方向以加速度 $\boldsymbol{a}$ 相对于惯性空间运动时，仪表壳体也随之作加速运动，但质量块由于保持原来的惯性，因而朝着与加速度相反的方向相对于壳体位移而压缩(或伸长)弹簧(见图 2-27(b))。当相对位移量达到一定值时，弹簧受压(或受拉)变形所给出的弹簧力 $k\boldsymbol{x}_A$($\boldsymbol{x}_A$ 为位移量)使质量块以同一加速度 $\boldsymbol{a}$ 相对于惯性空间运动。在此稳态情况下，有如下关系成立，即

$$k\boldsymbol{x}_A=m\boldsymbol{a}\quad 或\quad \boldsymbol{x}_A=\frac{m}{k}\boldsymbol{a}\tag{2.84}$$

即稳态时质量块的相对位移量 $\boldsymbol{x}_A$ 与运载体的加速度 $\boldsymbol{a}$ 成正比，也即通过测量位移量 $\boldsymbol{x}_A$ 即可得到加速度 $\boldsymbol{a}$。

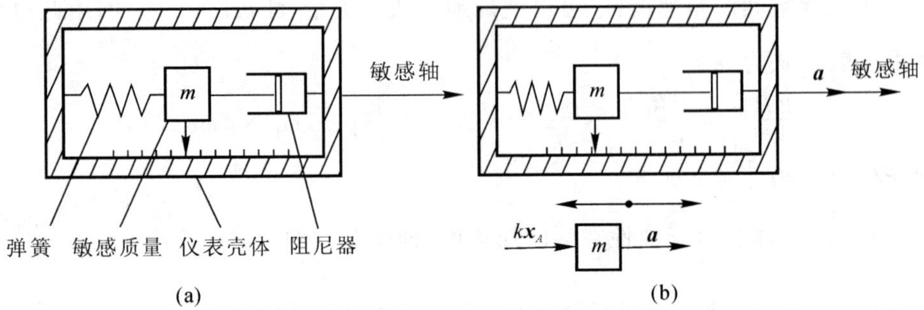

图 2-27 加速度计的力学模型

然而，地球、月球、太阳和其他天体存在着引力场，加速度计的测量将受到引力的影响。为了便于说明，暂时不考虑运载体的加速度，如图 2-28 所示，设加速度计的质量块受到沿敏感轴方向的引力 $m\boldsymbol{G}$（$\boldsymbol{G}$ 为引力加速度）的作用，则质量块沿着引力方向相对于壳体位移而拉伸（或压缩）弹簧。当相对位移量达到一定值时，弹簧受拉（或受压）所给出的弹簧力 $k\boldsymbol{x}_G$（$\boldsymbol{x}_G$ 为位移量）恰好与引力 $m\boldsymbol{G}$ 相平衡。

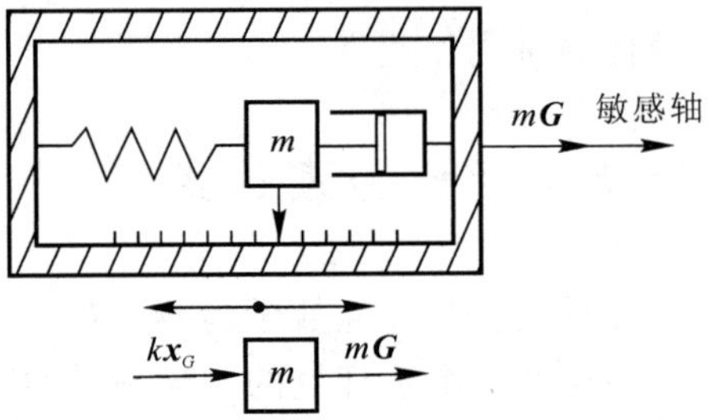

图 2-28 引力对加速度计测量的影响

在此稳态情况，有如下关系成立，即

$$k\boldsymbol{x}_G = m\boldsymbol{G} \quad 或 \quad \boldsymbol{x}_G = \frac{m}{k}\boldsymbol{G} \tag{2.85}$$

即稳态时质量块的相对位移量 $\boldsymbol{x}_G$ 与引力加速度 $\boldsymbol{G}$ 成正比。

对照图 2-27 和图 2-28 可以看出，沿同一轴向的 $\boldsymbol{a}$ 矢量和 $\boldsymbol{G}$ 矢量所引起的质量块位移方向正好相反。在综合考虑运载体加速度和引力加速度的情况下，稳态时质量块的相对位移量为

$$\boldsymbol{x} = \frac{m}{k}(\boldsymbol{a} - \boldsymbol{G}) \tag{2.86}$$

即稳态时质量块的相对位移量 $\boldsymbol{x}$ 与$(\boldsymbol{a}-\boldsymbol{G})$成正比。阻尼器则用来阻尼质量块到达稳定位置的振荡。借助位移传感器可将该位移量转换成电信号，因此加速度计的输出与$(\boldsymbol{a}-\boldsymbol{G})$成正比。

例如，在地球表面附近，把加速度计的敏感轴安装得与运载体（如导弹）的纵轴平行，当运载体处于静止状态时，加速度计的敏感轴垂直，弹簧悬挂的质量块 m 受重力的作用将弹簧拉长，加速度计输出的信号和 $\boldsymbol{g}$（$\boldsymbol{g}$ 为重力加速度）成比例，这时质量块向下偏离平衡位置，如图 2-29 所示。显然，这个输出并不是所期望的，因为此时的运载体加速度 $\boldsymbol{a}=\boldsymbol{0}$。

当运载体以 $5\boldsymbol{g}$（$\boldsymbol{g}$ 为重力加速度）的加速度垂直向上运动，即以 $\boldsymbol{a}=5\boldsymbol{g}$ 的加速度沿敏感轴正向运动时（见图 2-30），因沿敏感轴负向有引力加速度 $\boldsymbol{G}\approx-\boldsymbol{g}$，故质量块的相对位移量为

$$\boldsymbol{x}\approx\frac{k}{m}[5\boldsymbol{g}-(-\boldsymbol{g})]=6\frac{k}{m}\boldsymbol{g} \tag{2.87}$$

当运载体垂直自由降落时，即以 $\boldsymbol{a}=-\boldsymbol{g}$ 的加速度沿敏感轴负向运动时，因沿敏感轴负向有引力加速度 $\boldsymbol{G}\approx-\boldsymbol{g}$，故质量块的相对位移量为

$$\boldsymbol{x}=\frac{k}{m}[-\boldsymbol{g}-(-\boldsymbol{g})]=\boldsymbol{0} \tag{2.88}$$

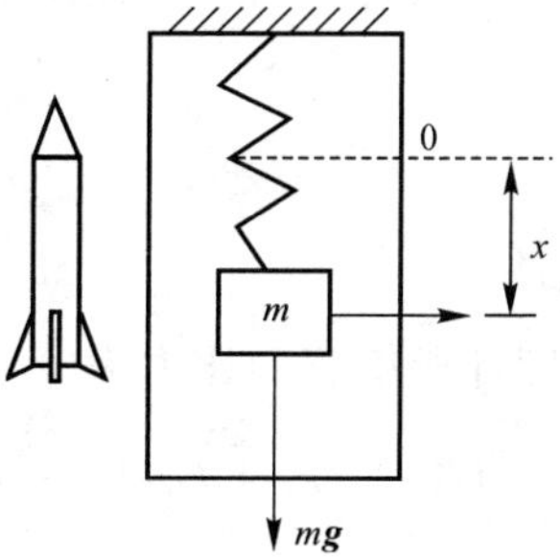

图 2-29　$a=0$ 时的质量块位移

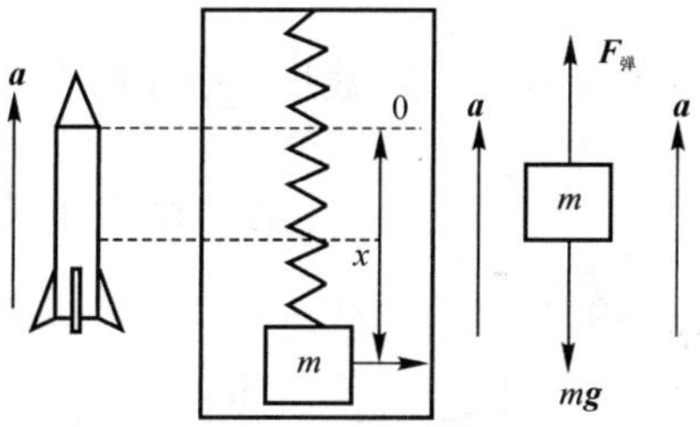

图 2-30　$a>0$ 时的质量块位移

在惯性技术中，通常把加速度计的输出量$(\boldsymbol{a}-\boldsymbol{G})$称为比力。现在说明它的物理意义。这里作用在质量块上的外力包括弹簧力 $\boldsymbol{F}_{弹}$ 和引力 $m\boldsymbol{G}$，如图 2-30 所示，根据牛顿第二定律，则有

$$\boldsymbol{F}_{弹}+m\boldsymbol{G}=m\boldsymbol{a}$$

移项后，得

$$\boldsymbol{F}_{弹}=m\boldsymbol{a}-m\boldsymbol{G}$$

再将上式两边同除以质量 m，可得

$$\frac{\boldsymbol{F}_{弹}}{m}=\boldsymbol{a}-\boldsymbol{G}$$

令

$$\boldsymbol{f}=\frac{\boldsymbol{F}_{弹}}{m}$$

则得

$$\boldsymbol{f}=\boldsymbol{a}-\boldsymbol{G} \tag{2.89}$$

由此可知，比力代表了作用在单位质量上的弹簧力。因为比力的大小与弹簧变形量成正比，正是这个“比力”使加速度计产生了位移 $\boldsymbol{x}$。显然，这个位移 $\boldsymbol{x}$ 是 $\boldsymbol{a}$ 和 $\boldsymbol{G}$ 共同作用的结果。而加速度计输出电压的大小正是与弹簧变形量成正比，所以加速度计实际感测的量并非是运载体的加速度，而是比力。也因此，加速度计又称作比力敏感器。

作用在质量块上的弹簧力与惯性力和引力的合力恰好大小相等，方向相反。于是又可把比力定义为“作用在单位质量上的惯性力与引力的合力”。应该注意的是，比力具有与加速度相同的量纲。

加速度计不能直接测量载体加速度的原因，是加速度计自身不能区分惯性力和万有引力。而惯性力 $m\boldsymbol{a}$ 和万有引力 $m\boldsymbol{G}$ 具有力的等效性。因此，在加速度计测得比力后，要想得到载体的加速度，必须将引力加速度或重力加速度从比力中消除。那么，如何从比力中得到有用的加速度信号，就成了比力方程要解决的问题。

在式(2.89)中，$\boldsymbol{a}$ 是运载体的绝对加速度，当运载体在地球表面运动时，其运动表达式已由式(2.83)给出，而 $\boldsymbol{G}$ 是引力加速度，它是地球引力加速度 $\boldsymbol{G}_e$、月球引力加速度 $\boldsymbol{G}_m$、太阳引力加速度 $\boldsymbol{G}_s$ 和其他天体引力加速度 $\sum_{i=1}^{n-3}\boldsymbol{G}_i$ 的矢量和，即

$$\boldsymbol{G}=\boldsymbol{G}_e+\boldsymbol{G}_m+\boldsymbol{G}_s+\sum_{i=1}^{n-3}\boldsymbol{G}_i \tag{2.90}$$

将式(2.83)和式(2.90)代入式(2.89)，可得到加速度计所敏感的比力为

$$\boldsymbol{f}=\left.\frac{\mathrm{d}^2\boldsymbol{R}_0}{\mathrm{d}t^2}\right|_i+\left.\frac{\mathrm{d}^2\boldsymbol{r}}{\mathrm{d}t^2}\right|_e+2\boldsymbol{\omega}_{ie}\times\left.\frac{\mathrm{d}\boldsymbol{r}}{\mathrm{d}t}\right|_e+\boldsymbol{\omega}_{ie}\times(\boldsymbol{\omega}_{ie}\times\boldsymbol{r})-\left(\boldsymbol{G}_e+\boldsymbol{G}_m+\boldsymbol{G}_s+\sum_{i=1}^{n-3}\boldsymbol{G}_i\right) \tag{2.91}$$

一般而言，地球公转引起的向心加速度 $\left.\frac{\mathrm{d}^2\boldsymbol{R}_0}{\mathrm{d}t^2}\right|_i$ 与太阳引力加速度 $\boldsymbol{G}_s$ 的量值大致相等，故有

$$\left.\frac{\mathrm{d}^2\boldsymbol{R}_0}{\mathrm{d}t^2}\right|_i-\boldsymbol{G}_s\approx\boldsymbol{0} \tag{2.92}$$

在地球表面附近，月球引力加速度的量值 $\boldsymbol{G}_m\approx 3.9\times10^{-6}\boldsymbol{G}_e$；太阳系的行星中距地球最近的是金星，其引力加速度约为 $1.9\times10^{-8}\boldsymbol{G}_e$；太阳系的行星中质量最大的是木星，其引力加速度约为 $3.7\times10^{-8}\boldsymbol{G}_e$。至于太阳系之外的其他星系，因为距地球更远，其引力加速度更是微小。对于一般精度的惯性系统，月球及其他天体引力加速度的影响可以忽略不计。考虑到上述这些关系，加速度计感测的比力可写成

$$\boldsymbol{f}=\left.\frac{\mathrm{d}^2\boldsymbol{r}}{\mathrm{d}t^2}\right|_e+2\boldsymbol{\omega}_{ie}\times\left.\frac{\mathrm{d}\boldsymbol{r}}{\mathrm{d}t}\right|_e+\boldsymbol{\omega}_{ie}\times(\boldsymbol{\omega}_{ie}\times\boldsymbol{r})-\boldsymbol{G}_e \tag{2.93}$$

在式(2.93)中，$\mathrm{d}\boldsymbol{r}/\mathrm{d}t|_e$ 即为运载体相对于地球的运动速度，用 $\boldsymbol{v}$ 表示。同时注意到，由于地球引力加速度 $\boldsymbol{G}_e$ 与地球自转引起的向心加速度 $\boldsymbol{\omega}_{ie}\times(\boldsymbol{\omega}_{ie}\times\boldsymbol{r})$ 共同形成地球的重力加速

度，亦即

$$\boldsymbol{g} = \boldsymbol{G}_{\mathrm{e}} - \boldsymbol{\omega}_{\mathrm{ie}} \times (\boldsymbol{\omega}_{\mathrm{ie}} \times \boldsymbol{r}) \tag{2.94}$$

这样，加速度计所感测的比力可写成

$$\boldsymbol{f} = \left.\frac{\mathrm{d}\boldsymbol{v}}{\mathrm{d}t}\right|_{\mathrm{e}} + 2\boldsymbol{\omega}_{\mathrm{ie}} \times \boldsymbol{v} - \boldsymbol{g} \tag{2.95}$$

在惯性系统中，加速度计是被安装在运载体内的某一测量坐标系中工作的，例如直接安装在与运载体固连的运载体坐标系中（对捷联式惯性系统），或安装在与平台固连的平台坐标系中（对平台式惯性系统）。假设安装加速度计的测量坐标系为 p 系，它相对地球坐标系的转动角速度为 $\boldsymbol{\omega}_{\mathrm{ep}}$，则有

$$\left.\frac{\mathrm{d}\boldsymbol{v}}{\mathrm{d}t}\right|_{\mathrm{e}} = \left.\frac{\mathrm{d}\boldsymbol{v}}{\mathrm{d}t}\right|_{\mathrm{p}} + \boldsymbol{\omega}_{\mathrm{ep}} \times \boldsymbol{v} \tag{2.96}$$

于是，加速度计所敏感的比力可进一步写成

$$\boldsymbol{f} = \left.\frac{\mathrm{d}\boldsymbol{v}}{\mathrm{d}t}\right|_{\mathrm{p}} + \boldsymbol{\omega}_{\mathrm{ep}} \times \boldsymbol{v} + 2\boldsymbol{\omega}_{\mathrm{ie}} \times \boldsymbol{v} - \boldsymbol{g} \tag{2.97}$$

或

$$\boldsymbol{f} = \dot{\boldsymbol{v}} + \boldsymbol{\omega}_{\mathrm{ep}} \times \boldsymbol{v} + 2\boldsymbol{\omega}_{\mathrm{ie}} \times \boldsymbol{v} - \boldsymbol{g} \tag{2.98}$$

式(2.98) 就是运载体相对地球运动时加速度计所敏感的比力表达式，通常称为比力方程。式中各项所代表的物理意义如下：

$\left.\frac{\mathrm{d}\boldsymbol{v}}{\mathrm{d}t}\right|_{\mathrm{p}}$ 或 $\dot{\boldsymbol{v}}$—— 运载体相对于地球的速度在测量坐标系中的变化率，即在测量坐标系中表示的运载体相对地球的加速度；

$\boldsymbol{\omega}_{\mathrm{ep}} \times \boldsymbol{v}$—— 测量坐标系相对于地球转动所引起的向心加速度；

$2\boldsymbol{\omega}_{\mathrm{ie}} \times \boldsymbol{v}$—— 运载体相对地球速度与地球自转角速度的相互影响而形成的哥式加速度；

$\boldsymbol{g}$—— 地球重力加速度。

由于比力方程表明了加速度计所敏感的比力与运载体相对地球的加速度之间的关系，因而它是惯性系统的一个基本方程。不论惯性系统的具体方案和结构如何，该方程都是适用的。

很明显，为了相对地球进行导航计算，所感兴趣的主要是平台相对地球的加速度 $\dot{\boldsymbol{v}}$。这样，只有根据式(2.98) 的关系，从加速度计的输出信号中把重力、哥式加速度和向心加速度扣除掉，才能得到有用的加速度信息，即

$$\boldsymbol{f} - (\boldsymbol{\omega}_{\mathrm{ep}} \times \boldsymbol{v} + 2\boldsymbol{\omega}_{\mathrm{ie}} \times \boldsymbol{v} - \boldsymbol{g}) = \dot{\boldsymbol{v}} \tag{2.99}$$

如果令

$$\boldsymbol{\omega}_{\mathrm{ep}} \times \boldsymbol{v} + 2\boldsymbol{\omega}_{\mathrm{ie}} \times \boldsymbol{v} - \boldsymbol{g} = \boldsymbol{a}_{\mathrm{B}}$$

则可以把式(2.98) 改写为

$$\boldsymbol{f} - \boldsymbol{a}_{\mathrm{B}} = \dot{\boldsymbol{v}} \tag{2.100}$$

这里的 $\boldsymbol{a}_B$ 通常称为有害加速度。

导航计算中需要的是运载体相对于地球的加速度 $\dot{\boldsymbol{v}}$。但从式(2.97)或式(2.98)看出，加速度计不能分辨有害加速度和运载体相对加速度。因此，必须从加速度计所测得的比力 $\boldsymbol{f}$ 中补偿掉有害加速度 $\boldsymbol{a}_B$ 的影响，才能得到运载体相对于地球的加速度 $\dot{\boldsymbol{v}}$，进而经过数学运算获得运载体相对于地球的速度 $\boldsymbol{v}$ 及位置等导航参数。

实际上所有近地面工作的惯性导航系统，不管它们的具体结构如何，最根本的就是实现式(2.98)这个动力学关系，因此它也是惯性导航系统的一个基本方程，即不论惯性导航系统的具体方案和结构如何，该方程都是适用的。

2.5 舒勒摆原理和人工水平面的建立

为了进行导航，往往需要给出一个导航基准。在地球附近导航所用的导航基准就是水平面(或与其垂直的地垂线方向)。众所周知，一个数学摆(单摆)可以给出地垂线的方向，但是当受到飞行器加速度的作用时，这种数学摆就会偏离地垂线的方向。那么不受载体加速度干扰的摆是否存在呢？这就是德国科学家舒勒(Schuler)提出的舒勒摆。

一个指示垂线的装置，如果固有振荡周期等于 84.4 min，则当运载体在地球表面以任意方式运动时，此装置将不受运载体加速度的干扰。这个原理是德国数学家舒勒于 1923 年首先提出的，称为舒勒摆原理。通过选择参数使之满足舒勒原理，则称为舒勒调谐。舒勒摆原理在近地惯性导航系统中有着重要的作用。只有使平台系统成为舒勒调谐的系统，才不受运载体加速度的干扰而精确地重现当地水平面，从而使惯性导航原理的实现成为可能。

2.5.1 用物理摆实现舒勒调谐的原理

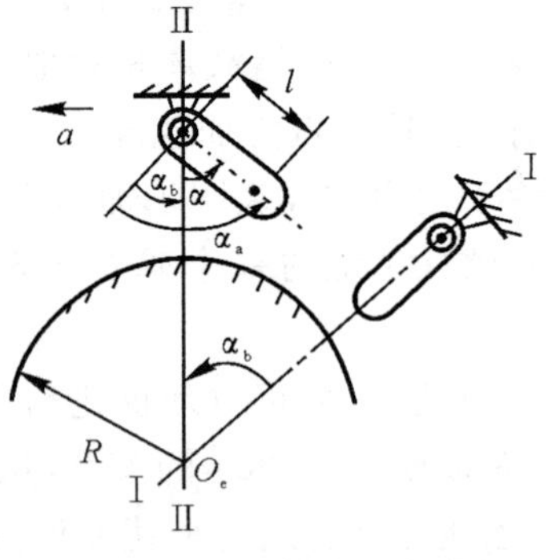

图 2-31 物理摆的工作原理图

如图 2-31 所示为物理摆的工作原理示意图。为了简化分析，设地球为球体，其半径为R，且不转动。飞行器沿子午面飞行，加速度为 a，略去飞行器的高度。设飞行器的起始垂线为Ⅰ—Ⅰ，经过一小段飞行后到达新位置的垂线为Ⅱ—Ⅱ。由于飞行器加速度的存在，摆线偏离Ⅱ—Ⅱ线 α 角，而Ⅱ—Ⅱ线偏离Ⅰ—Ⅰ线 α_b 角，并有

$$\left.\begin{aligned}\alpha_a&=\alpha_b+\alpha\\ \ddot{\alpha}_a&=\ddot{\alpha}_b+\ddot{\alpha}\end{aligned}\right\}\tag{2.101}$$

设物理摆的重心到悬挂点的长度(即摆长)为 l，质量为 m，则物理摆重心相对悬挂点的力矩为 $mla\cos\alpha-mgl\sin\alpha$，根据角动量定理于是可写出物理摆的运动方程式为

$$J\ddot{\alpha}_a=mla\cos\alpha-mgl\sin\alpha\tag{2.102}$$

由图 2-31 可知，由飞行器运动加速度 a 造成的当地垂线的运动方程为

$$\ddot{\alpha}_b = \frac{a}{R} \tag{2.103}$$

考虑到 α 为小角度，并将式(2.101)和式(2.103)代入式(2.102)，则有

$$\ddot{\alpha} + \frac{mgl}{J}\alpha = \left(\frac{ml}{J} - \frac{1}{R}\right)a \tag{2.104}$$

由式(2.104)可以看出，当

$$\frac{ml}{J} = \frac{1}{R} \tag{2.105}$$

时，物理摆的运动就与加速度 a 无关，即不再受到加速度的干扰，通常称式(2.105)为舒勒调谐条件。

对于数学摆(单摆)，由于转动惯量 $J = ml^2$，故式(2.104)可以进一步写为

$$\ddot{\alpha} + \frac{g}{l}\alpha = \left(\frac{1}{l} - \frac{1}{R}\right)a \tag{2.106}$$

则舒勒调谐条件变为

$$\frac{1}{l} - \frac{1}{R} = 0 \quad 或 \quad l = R \tag{2.107}$$

即摆长等于地球的半径。

满足舒勒调谐条件后，式(2.104)变为

$$\ddot{\alpha} + \frac{g}{R}\alpha = 0 \tag{2.108}$$

式(2.108)表示了一个无阻尼振荡运动。在此情况下，物理摆的固有振荡角频率和固有振荡周期分别为

$$\omega_s^2 = \frac{g}{R}, \quad T_s = \frac{2\pi}{\omega_s} = 2\pi\sqrt{\frac{R}{g}} \tag{2.109}$$

式中，ω_s 为舒勒频率；T_s 为舒勒周期。将 $R = 6\ 370\mathrm{km}$，$g = 9.8\mathrm{m/s^2}$ 代入式(2.109)，可得 $T_s = 84.4\mathrm{min}$。

假定物理摆相对当地垂线的初始偏角为 α_0，初始角速度为 $\dot{\alpha}_0$，求解式(2.108)，可得

$$\alpha = \alpha_0 \cos\omega_s t + \frac{\dot{\alpha}_0}{\omega_s}\sin\omega_s t \tag{2.110}$$

表明物理摆将绕当地垂线以某一偏角作等幅振荡，振荡周期 $T = 84.4\mathrm{min}$。

若是初始条件 $\alpha_0 \neq 0$ 和 $\dot{\alpha}_0 = 0$，则有

$$\alpha = \alpha_0 \cos\omega_s t \tag{2.111}$$

表明物理摆将绕当地垂线以初始偏角 α_0 作等幅振荡，振荡周期 $T = 84.4\mathrm{min}$。若是初始条件 $\alpha_0 = 0$ 和 $\dot{\alpha}_0 = 0$，则有 $\alpha = 0$，表明物理摆始终指向地垂线。

由此可见，当物理摆的固有振荡周期为 84.4min 时，其运动将不受运载体加速度的干扰，

而始终跟踪当地垂线。式(2.109)表示的角频率和振荡周期分别称为舒勒频率和舒勒周期，式(2.105)、式(2.107)分别为物理摆和数学摆的舒勒调谐条件。

下面来讨论舒勒摆的物理意义。从式(2.104)可以看出，$\ddot{\alpha}_b = a/R$ 代表由飞行器线运动而引起的地垂线变化的角加速度，而 $\frac{ml}{J}a$ 则为物理摆在加速度 a 作用下绕其悬挂点运动的角加速度。当两者相等时，物理摆对加速度 a 不敏感。若物理摆初始时指向地垂线，则不论飞行器怎样运动，物理摆将永远指向地垂线；若物理摆初始时偏离地垂线 α_0 角，则它就围绕地垂线以舒勒周期作不衰减的振荡。

物理摆的原理框图如图 2-32(a)所示，对它进行简化可得图 2-32(b)，再进一步简化可得图 2-32(c)。由图 2-32(c)可进一步看出舒勒调谐条件的物理意义，即当物理摆满足舒勒调谐条件后即变成一个与加速度无关而只与初始条件有关的二阶自由振荡系统。

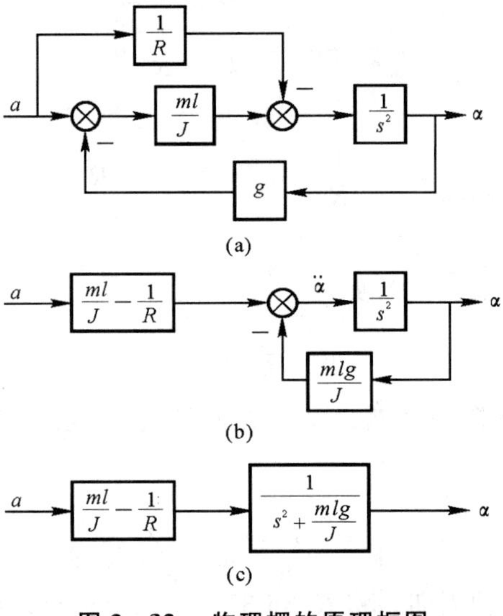

图 2-32　物理摆的原理框图

(a) 原理框图；(b) 简化框图；(c) 进一步简化的框图

2.5.2　实现舒勒调谐的可能性

1. 用物理摆实现舒勒调谐

由式(2.105)可知

$$l = \frac{J}{mR}$$

由于 R 很大，则要求物理摆的摆长 l 应非常小。设物理摆为一个半径为 $r=0.5\text{m}$ 的圆环，并忽略圆环的厚度，认为环的质量集中在圆环的质心上。此时

$$l=\frac{mr^2}{mR}=\frac{r^2}{R}=0.04\mu\text{m}$$

这样的摆长在当前的工艺水平条件下是无法实现的。

2. 用数学摆实现舒勒调谐

由式(2.107)可知，此时

$$l=R$$

即数学摆的摆长等于地球半径，摆锤处于地球中心，这从原理上就是不可能实现的。

3. 用计算机实现舒勒调谐

如上所述，舒勒摆原理虽然早在20世纪20年代就已被发现，但在很长时间内一直未能实现。计算机的发展使得舒勒调谐成为可能。1948年美国科学家在实验室首先实现了舒勒原理，通过合理调整参数是可以满足舒勒调谐要求的。在惯性导航系统中，是用加速度计和陀螺仪实现舒勒摆的工作原理的。为了便于理解，下面从控制角度来分析物理摆的舒勒原理。

当物理摆相对当地垂线的偏角 α 为小角度时，其运动方程式可改写成

$$\ddot{\alpha}_a=\frac{ml}{J}a-\frac{ml}{J}g\alpha=\frac{ml}{J}(a-g\alpha) \tag{2.112}$$

再考虑到 $\alpha_a=\alpha_b+\alpha$ 和 $\ddot{\alpha}_b=a/R$，应用自动控制原理，则可画出如图 2-33 所示的物理摆控制框图。

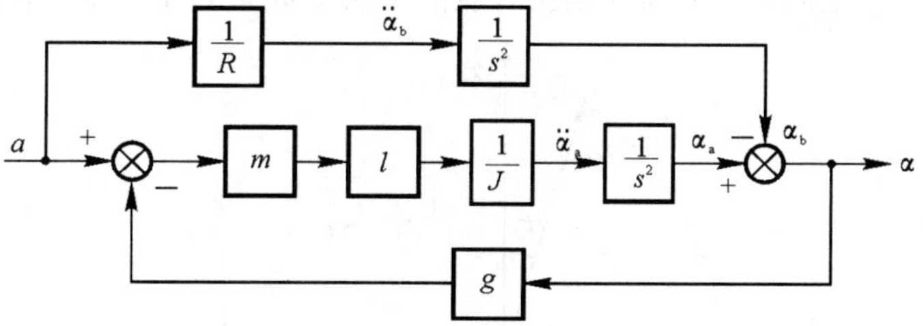

图 2-33　物理摆控制框图

图2-33中，中间的主通道代表了物理摆的运动，上边的并联通道代表了地垂线的运动，下边的反馈通道则反映了摆有偏角 α 时，重力加速度的影响过程。由图可以看出，若能做到 $\alpha_a=\alpha_b$，则物理摆相对当地地理垂线的偏角 $\alpha=0$，此时反馈通道才没有反馈信号 $g\alpha$。如果适当选择物理摆的参数，使之满足 $ml/J=1/R$，则图 2-33 变为如图 2-34 所示。可见，只要满足舒勒调谐条件，就能做到 $\alpha_a=\alpha_b$。

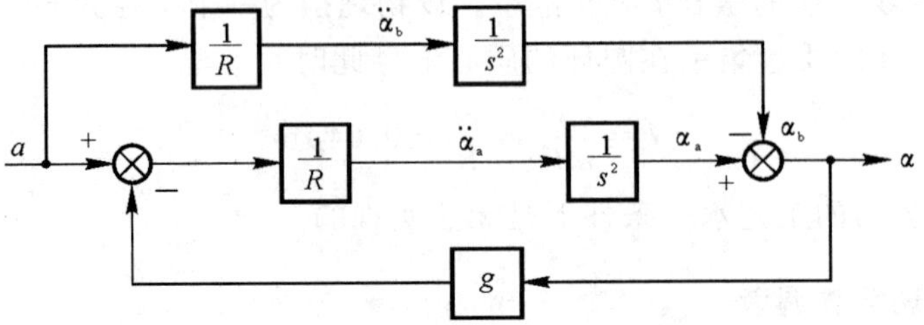

图 2-34 满足舒勒调谐条件的物理摆框图

在近地惯性导航系统中，平台必须精确地跟踪当地水平面(即平台竖轴必须精确跟踪当地垂线)，以便精确地输出加速度的测量基准。欲使平台精确跟踪当地水平面，就必须使平台不受运载体加速度的干扰，因此平台的水平控制回路必须满足舒勒调谐条件。这些内容将在后面有关章节中叙述。这里只是指出，满足舒勒调谐条件的平台系统，相当于一个球面舒勒摆，此时平台两套水平控制回路框图亦将具有与图 2-34 所示完全相同的结构形式。

思考与练习

2.1 如何描述刚体在空间的角位置?

2.2 方向余弦阵和坐标变换阵的含义及其作用是什么?

2.3 如图 2-35 所示，已知质点 i 在坐标系 $OX_1Y_1Z_1$ 中的坐标值为 x_1,y_1,z_1，坐标系 $OX_2Y_2Z_2$ 先绕 Z_1 轴正向转动 α 角，坐标系 $OX_3Y_3Z_3$ 绕 Y_2 轴正向转动 θ 角。求：坐标系 $OX_1Y_1Z_1$ 与 $OX_3Y_3Z_3$ 之间的方向余弦矩阵；质点 i 在坐标系 $OX_3Y_3Z_3$ 中的坐标值。

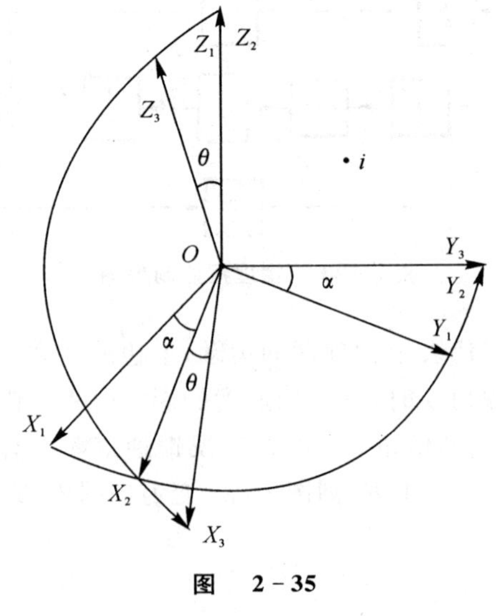

图 2-35

2.4　惯性坐标系、地球坐标系、地理坐标系和机体坐标系分别是如何定义的？

2.5　载体的航向角、俯仰角和横滚角分别是如何定义的？

2.6　当一炮兵处在纬度为 L、经度为 λ 的地方，发现在正北方距离为 S 处有一目标。那么应当将炮瞄准到什么方位（相对北向）才能命中目标？假设地面是平的，并忽略空气阻力，但不能忽略地球的自转。

2.7　说明地球参考椭球、旋转椭球体、大地水准体各自的含义。

2.8　描述地球垂线、纬度的方法有哪几种？

2.9　子午圈和卯酉圈是如何定义的？什么是子午圈曲率半径和卯酉圈曲率半径？

2.10　地球重力场是怎么形成的？重力加速度的大小和方向是如何确定的？

2.11　什么是实际重力加速度？什么是理论重力加速度？什么是重力异常和垂线偏差？重力异常和垂线偏差有哪些方面的作用？

2.12　哥氏加速度是如何产生的？试举例说明。

2.13　设在地球表面附近航行的运载体为 a，分别建立其运动的相对加速度、牵连加速度、哥氏加速度和绝对加速度的表达式。

2.14　比力的含义什么？比力的大小和方向如何确定？

2.15　加速度计输出的比力信息中包含哪些成分？试建立沿机体坐标系的比力方程，分析说明如何从比力信息中提取导航所需的加速度信息。

2.16　什么是舒勒摆原理？什么是舒勒调谐？舒勒摆原理的作用是什么？

2.17　舒勒调谐回路如何设计？

第3章　转子陀螺仪基本理论及特性

凡能绕定点高速旋转的物体，都可以称为陀螺。人们利用陀螺的力学性质所制成的各种功能的陀螺装置称为陀螺仪(Gyroscope)。陀螺仪是敏感壳体相对惯性空间角运动的装置，它最主要的基本特性是稳定性和进动性。陀螺仪在科学、技术和军事等各个领域有着广泛的应用，如回转罗盘、定向指示仪、炮弹的翻转、陀螺的章动、地球在太阳(月球)引力矩作用下的旋进(岁差)等。

随着科学技术的发展，相继发现了数十种物理现象可以被用来感测物体相对惯性空间的角运动，人们也把陀螺仪这一名称扩展到没有刚体转子而功能与经典陀螺仪等同的敏感器。陀螺仪的种类很多，按照测量原理的不同，陀螺仪可分为两大类：一类以经典力学为基础，如刚体转子陀螺仪、流体转子陀螺仪和振动陀螺仪等；另一类以近代物理学为基础，如激光陀螺仪、光纤陀螺仪、核磁共振陀螺仪和超导陀螺仪等。按用途来分，它可以分为传感陀螺仪和指示陀螺仪。传感陀螺仪用于飞行体运动的自动控制系统中，作为水平、垂直、俯仰、航向和角速度传感器。指示陀螺仪主要用于飞行状态的指示，作为驾驶和领航仪表使用。

为便于读者理解，本章仍以框架式刚体转子陀螺仪为对象来阐述陀螺仪的基本理论，这不仅因为这种陀螺仪至今仍被广泛应用，而且可为掌握其他形式的陀螺仪打下基础。

3.1　转子陀螺仪的力学基础

3.1.1　绕定点转动刚体的动量矩

设刚体以角速度 $\boldsymbol{\omega}$ 绕定点 O 转动，如图 3-1 所示，刚体内任意一质点 i 对 O 点的向径为 $\boldsymbol{r}_i$，则质点 i 的线速度为

$$\boldsymbol{v}_i=\boldsymbol{\omega}\times\boldsymbol{r}_i \tag{3.1}$$

该质点 i(质量为 m_i) 的动量为

$$m_i\boldsymbol{v}_i=m_i\boldsymbol{\omega}\times\boldsymbol{r}_i \tag{3.2}$$

根据物理学知识，动量是衡量平动物体运动强弱的一种量度。对于绕定点(或定轴) 转动的刚体，则用动量矩来衡量其转动运动的强弱。所谓质点 i 的动量矩 $\boldsymbol{H}_i$，是指该质点 i 的动量 $m_i\boldsymbol{v}_i$ 对定点 O 之矩，即

$$\boldsymbol{H}=\sum\boldsymbol{H}_i=\sum m_i\boldsymbol{r}_i\times\boldsymbol{v}_i \tag{3.3}$$

在实际陀螺仪表中，刚体即陀螺转子，它通常是以主轴 X 为对称轴的回转体，且绕 X 轴的自转角速度 $\boldsymbol{\Omega}$ 要远远大于绕 Y 轴和 Z 轴的角速度(一般绕 X 轴的自转角速度为 20 000r/min 左右，绕 Y 轴或 Z 轴的角速度仅在 1°/min 以下)，因此陀螺转子(刚体)动量矩实际上可以看成是对于 X 轴的动量矩。这样 $\boldsymbol{\Omega}$，$\boldsymbol{v}_i$，$\boldsymbol{r}_i$ 互相垂直，由图 3－1 可以看出动量矩 $\boldsymbol{H}$(在陀螺原理中称 $\boldsymbol{H}$ 为角动量)为

$$\boldsymbol{H}=\sum m_i r_i \boldsymbol{\Omega} r_i=\sum m_i r_i^2 \boldsymbol{\Omega}=J\boldsymbol{\Omega} \tag{3.4}$$

式中，$J=\sum m_i r_i^2$ 称为陀螺转子对自转轴的转动惯量，J 是衡量刚体转动时惯性大小的一个物理量，它和平动物体的质量 m 一样，也是一个标量；$\boldsymbol{\Omega}$ 为陀螺转子绕自转轴的旋转角速度，即自转角速度，它是一个矢量，其方向可由右手法则确定。

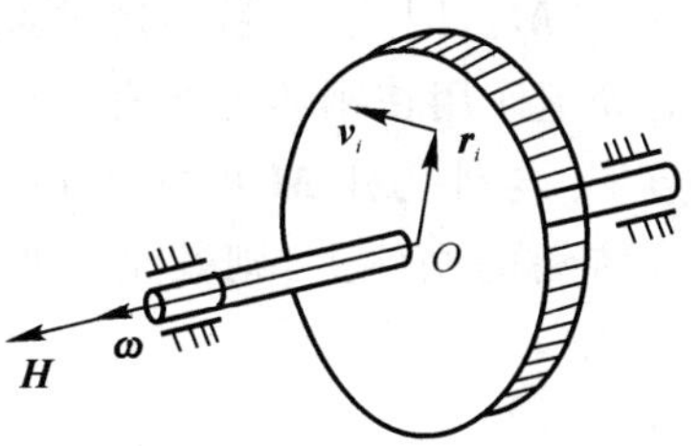

图 3－1　刚体绕定点转动

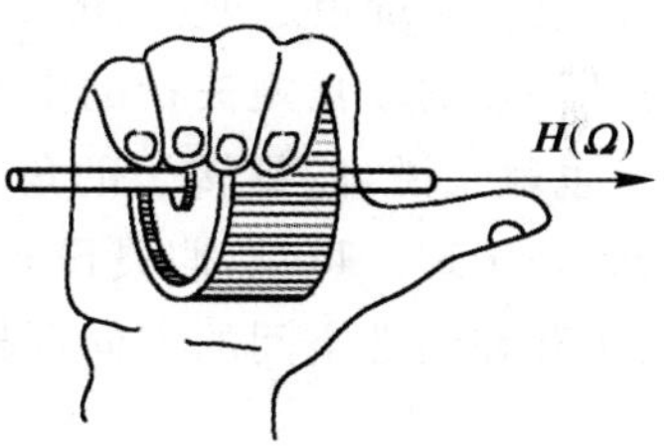

图 3－2　角动量的方向

由于标量 J 和矢量 $\boldsymbol{\Omega}$ 的乘积仍为矢量。因此，角动量 $\boldsymbol{H}$ 为矢量。如图 3－2 所示，四指表示旋转方向，则大拇指的指向即代表角动量的方向：

$$\boldsymbol{H}=J\boldsymbol{\Omega}$$

由此可见，当陀螺仪转子高速旋转时，转子具有角动量 $\boldsymbol{H}$。角动量矢量 $\boldsymbol{H}$ 与主轴重合，方向与转子自转角速度 $\boldsymbol{\Omega}$ 方向相同。角动量 $\boldsymbol{H}$ 的大小等于转动惯量 J 与角速度 $\boldsymbol{\Omega}$ 的乘积。

3.1.2　动量矩定理(角动量定理)

刚体在空间绕支撑中心(定点)O 转动时，刚体对 O 点的动量矩 $\boldsymbol{H}$ 对时间求导，有

$$\frac{\mathrm{d}\boldsymbol{H}}{\mathrm{d}t}=\sum m_i \frac{\mathrm{d}\boldsymbol{r}_i}{\mathrm{d}t}\times \boldsymbol{v}_i+\sum m_i \boldsymbol{r}_i \times \frac{\mathrm{d}\boldsymbol{v}_i}{\mathrm{d}t} \tag{3.5}$$

因为

$$\frac{\mathrm{d}\boldsymbol{r}_i}{\mathrm{d}t}\times \boldsymbol{v}_i=\boldsymbol{v}_i\times \boldsymbol{v}_i=\boldsymbol{0}$$

根据牛顿第二定律

$$m_i \frac{\mathrm{d}\boldsymbol{v}_i}{\mathrm{d}t}=m_i \boldsymbol{a}_i=\boldsymbol{F}_i$$

$\boldsymbol{F}_i$ 为作用在质点上的外力，则上式变为

$$\frac{\mathrm{d}\boldsymbol{H}}{\mathrm{d}t}=\sum \boldsymbol{r}_i \times \boldsymbol{F}_i \tag{3.6}$$

等式右边 $\sum \boldsymbol{r}_i \times \boldsymbol{F}_i$ 为作用在刚体所有质点上的外力对 O 点的力矩矢量之总和，用 $\boldsymbol{M}$ 表示，即

$$\frac{\mathrm{d}\boldsymbol{H}}{\mathrm{d}t}=\boldsymbol{M} \tag{3.7}$$

式(3.7)为动量矩定理的数学表达式。因此，动量矩定理可表述为：刚体对某点的动量矩对时间的导数等于作用在刚体上所有外力对同一点的总力矩。

同时，已知矢量对时间的导数就是此矢量末端的瞬时速度。角动量 $\boldsymbol{H}$ 的矢端速度为 $\mathrm{d}\boldsymbol{H}/\mathrm{d}t=\boldsymbol{v}_H$，根据动量矩定理，又可以推出下面的结论：$\boldsymbol{v}_H=\boldsymbol{M}$。因此，动量矩定理又可以叙述为：刚体对某一点的动量矩矢量的末端速度 $\boldsymbol{v}_H$ 在几何上等于作用在刚体上所有外力对同一点的总力矩。也就是说，陀螺转子的角动量 $\boldsymbol{H}$ 的末端速度 $\boldsymbol{v}_H$ 与外力矩 $\boldsymbol{M}$ 的大小相等，方向相同，这称为莱查定理。可见，假设没有外力矩作用在定轴转动的刚体上，则其动量矩矢量为常值，即其大小和在惯性空间的方向保持不变。

3.1.3 刚体绕定点转动的欧拉动力学方程

当研究刚体绕定点转动时，需要采用两种坐标系：动坐标系与固定坐标系(坐标原点处于固定点)。取动坐标系 $Oxyz$ 与刚体固联，并使各坐标轴分别同刚体的惯性主轴相重合。如果假设动坐标系 $Oxyz$ 以角速度 $\boldsymbol{\omega}$ 绕通过固定点 O 的某个瞬时轴转动，则刚体的动量矩为

$$\boldsymbol{H}_0=J_x\omega_x\boldsymbol{i}+J_y\omega_y\boldsymbol{j}+J_z\omega_z\boldsymbol{k}=H_x\boldsymbol{i}+H_y\boldsymbol{j}+H_z\boldsymbol{k} \tag{3.8}$$

根据哥氏转动坐标定理，与刚体运动有关的矢量 $\boldsymbol{H}_0$ 对于固定坐标系随时间变化的绝对变化率，等于这个矢量对于动坐标系的相对变化率以及因动坐标系的转动而产生的牵连变化率的矢量和。

动量矩 $\boldsymbol{H}_0$ 的相对变化率为

$$\left.\frac{\mathrm{d}\boldsymbol{H}_0}{\mathrm{d}t}\right|_{\mathrm{r}}=\frac{\mathrm{d}H_x}{\mathrm{d}t}\boldsymbol{i}+\frac{\mathrm{d}H_y}{\mathrm{d}t}\boldsymbol{j}+\frac{\mathrm{d}H_z}{\mathrm{d}t}\boldsymbol{k} \tag{3.9}$$

动量距 $\boldsymbol{H}_0$ 随同动坐标系转动所具有的牵连变化率为

$$\boldsymbol{\omega}\times\boldsymbol{H}_0=\begin{vmatrix}\boldsymbol{i} & \boldsymbol{j} & \boldsymbol{k}\\ \omega_x & \omega_y & \omega_z\\ H_x & H_y & H_z\end{vmatrix}=(\omega_yH_z-\omega_zH_y)\boldsymbol{i}+(\omega_zH_x-\omega_xH_z)\boldsymbol{j}+(\omega_xH_y-\omega_yH_x)\boldsymbol{k} \tag{3.10}$$

动量矩 $\boldsymbol{H}_0$ 的绝对变化率为

$$\left.\frac{\mathrm{d}\boldsymbol{H}_0}{\mathrm{d}t}\right|_{\mathrm{i}} = \left.\frac{\mathrm{d}\boldsymbol{H}_0}{\mathrm{d}t}\right|_{\mathrm{r}} + \boldsymbol{\omega} \times \boldsymbol{H}_0 \tag{3.11}$$

根据动量矩定理上式可写成

$$\left.\frac{\mathrm{d}\boldsymbol{H}_0}{\mathrm{d}t}\right|_{\mathrm{r}} + \boldsymbol{\omega} \times \boldsymbol{H}_0 = \boldsymbol{M}_0 \tag{3.12}$$

这就是以矢量形式表达的欧拉动力学方程。

将式(3.12) 投影到动坐标系各轴 x,y,z 上，则有

$$\left.\begin{aligned}
\frac{\mathrm{d}H_x}{\mathrm{d}t} + \omega_y H_z - \omega_z H_y = M_x \\
\frac{\mathrm{d}H_y}{\mathrm{d}t} + \omega_z H_x - \omega_x H_z = M_y \\
\frac{\mathrm{d}H_z}{\mathrm{d}t} + \omega_x H_y - \omega_y H_x = M_z
\end{aligned}\right\} \tag{3.13}$$

这就是以投影形式表达的欧拉动力学方程。

当动坐标系各轴取得与刚体的惯性主轴重合时，则得此情形下的欧拉动力学方程为

$$\left.\begin{aligned}
J_x \frac{\mathrm{d}\omega_x}{\mathrm{d}t} - (J_y - J_z)\omega_y\omega_z = M_x \\
J_y \frac{\mathrm{d}\omega_y}{\mathrm{d}t} - (J_z - J_x)\omega_x\omega_z = M_y \\
J_z \frac{\mathrm{d}\omega_z}{\mathrm{d}t} - (J_x - J_y)\omega_x\omega_y = M_z
\end{aligned}\right\} \tag{3.14}$$

如果 $\boldsymbol{H}_0 =$ 常量，则 $\left.\frac{\mathrm{d}\boldsymbol{H}_0}{\mathrm{d}t}\right|_{\mathrm{r}} = \boldsymbol{0}$，根据欧拉动力学方程可得

$$\boldsymbol{\omega} \times \boldsymbol{H}_0 = \boldsymbol{M} \tag{3.15}$$

矢量积 $\boldsymbol{\omega} \times \boldsymbol{H}_0$ 同时垂直于矢量 $\boldsymbol{\omega}$ 和 $\boldsymbol{H}_0$，因而垂直于这两个矢量所构成的平面。因此，这时矢量 $\boldsymbol{M}$ 也垂直于矢量 $\boldsymbol{\omega}$ 和 $\boldsymbol{H}_0$ 所确定的平面。

3.2　转子陀螺仪的自由度和运动现象

3.2.1　陀螺仪的自由度

凡是绕回转体的对称轴高速旋转的物体都可称为陀螺。常见的陀螺是一个高速旋转的转子，回转体的对称轴叫作陀螺转子的主轴，转子绕这根轴的旋转称为陀螺转子的自转。把高速旋转的陀螺安装在一个悬挂装置上，使陀螺主轴在空间具有一个或两个转动自由度，就构成了陀螺仪。

确定一个物体在某坐标系中的位置所需要的独立坐标的数目，称为该物体的自由度。众所周知，在无约束的条件下，一个物体在空间运动共有 6 个自由度，即 3 个位移自由度（或线自由度）和 3 个转动自由度（或角自由度）。

现在来考察陀螺仪的自由度。以刚体转子陀螺仪为例，这种陀螺仪的核心部分是一个绕自转轴高速旋转的对称刚体转子。转子一般采用高强度和高密度的金属材料，如不锈钢、黄铜或钨镍钢合金等，做成空心圆柱体形状，并由陀螺电机驱动其高速旋转，典型转速为 24 000r/min。为了测量运载体的角位移或角速度，转子必须被支撑起来，使之相对基座具有 3 个或 2 个转动自由度，或者说，使自转轴相对基座具有 2 个或 1 个转动自由度。

陀螺仪的自由度数目，通常是指自转轴可绕其自由旋转的正交轴的数目。由此，刚体转子陀螺仪可分为二自由度陀螺仪和单自由度陀螺仪。

二自由度陀螺仪的基本组成如图 3－3 所示。转子借助自转轴上一对轴承安装于内框架中，内框架借助内框轴上一对轴承安装于外框架中，外框架借助外框轴上一对轴承安装在基座（即仪表壳体）上。在理想情况下，自转轴与内框轴垂直且相交，内框轴与外框轴垂直且相交，这三根轴线的交点即为陀螺仪的支撑中心。转子通常由陀螺电机驱动绕自转轴高速旋转，转子连同内框架可绕内框轴转动，转子连同内框架和外框架又可绕外框轴转动。这种陀螺仪中的自转轴具有绕内框轴和外框轴的转动自由度。

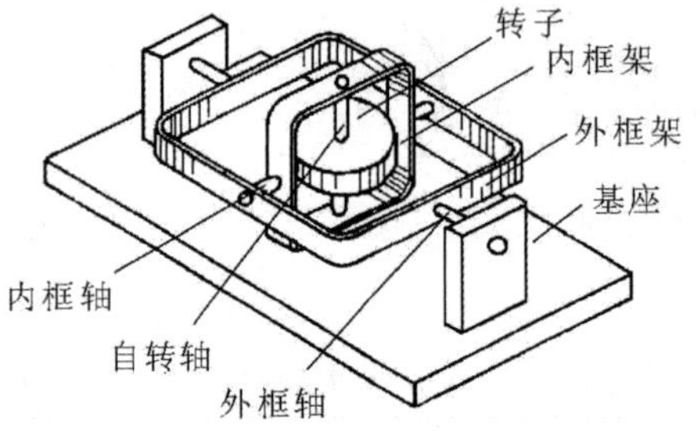

图 3－3　二自由度陀螺仪的基本组成

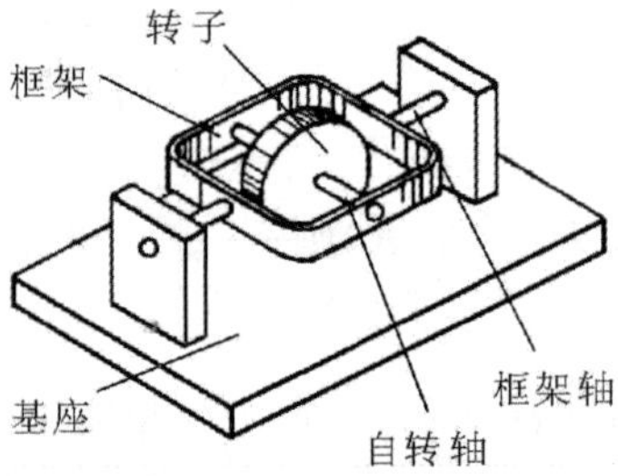

图 3－4　单自由度陀螺仪的基本组成

单自由度陀螺仪的基本组成如图 3－4 所示。与二自由度陀螺仪相比，它只有一个框架（相当于只有内框架而无外框架），因此这种陀螺仪中的自转轴仅具有绕一个框架轴的转动自由度。

3.2.2　陀螺仪的运动现象

玩具陀螺表现出的运动现象是大家所熟悉的。当玩具陀螺旋转时，它就能够直立在地上（见图 3－5(a)），而且转得越快，立得也越稳；即使有冲击作用，也只是产生晃动而不易被冲倒。玩具陀螺的自转轴方向能够在空间保持稳定，这是陀螺稳定现象的表现。

当玩具陀螺的自转轴倾斜时，因其重心不在支点上，故重力便对支点形成力矩，但它并不会倒下，而是自转轴在空间作圆锥运动(见图 3－5(b))。玩具陀螺锥形运动角速度沿垂线方向，而重力矩沿水平方向，两者正好是相互垂直的，这是陀螺进动现象的表现。当玩具陀螺不转时，它就直立不稳而倒下(见图 3－5(c))。如果其旋转变慢，也表现出不稳而易倒。可见，玩具陀螺只有在快速旋转的情况下，才会表现出陀螺的运动现象。

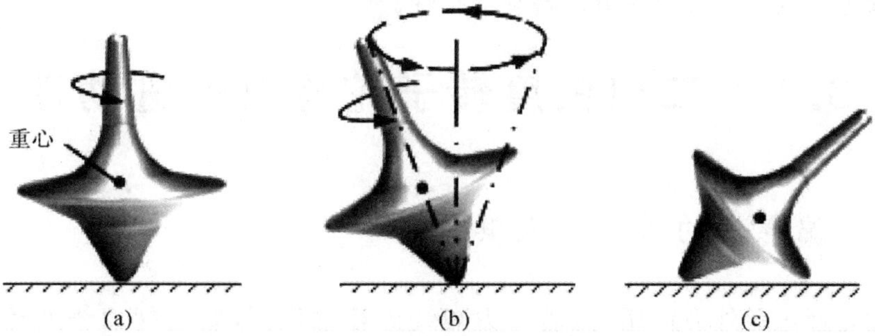

图 3－5　玩具陀螺的运动现象

(a) 快速旋转时能稳定直立；(b) 陀螺倾斜时的锥形运动；(c) 没有旋转就不稳而倒下

取同一个二自由度陀螺仪的两种情况进行观察和对比，一种情况是转子没有自转，另一种情况是转子高速自转(见图 3－6)。通过观察对比可以得到：二自由度陀螺仪的转子没有自转时，其运动表现与一般刚体没有区别，它仍然是一般刚体或叫作非陀螺体(见图 3－6(a))。而陀螺仪的转子高速自转，即具有较大的角动量时，其运动表现与一般刚体区别很大，它已成为陀螺体了(见图 3－6(b))。在转子高速自转时陀螺仪所表现出的进动现象和稳定现象，是陀螺仪区别于一般刚体的最主要运动现象。

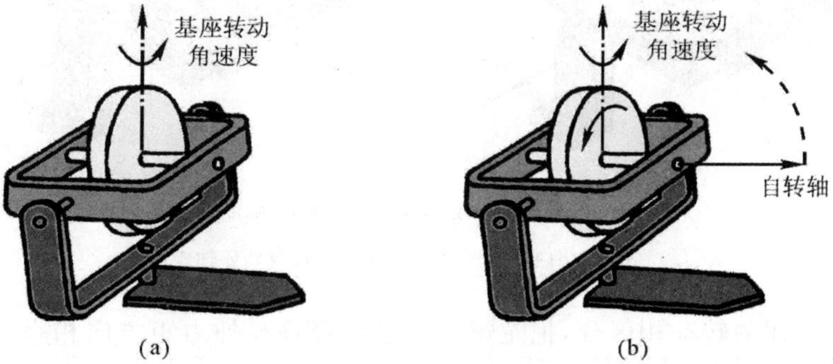

图 3－6　基座转动时陀螺仪的运动现象

(a) 转子没有自转；(b) 转子高速自转

通过以上的观察对比可以看到：二自由度陀螺仪的转子没有自转时，其运动表现也与一般刚体没有区别。而陀螺仪的转子高速自转,即具有较大的角动量时,其运动表现与一般刚体既有相同又有区别。

陀螺仪的基本特征是转子绕自转轴高速旋转而具有动量矩。正是由于陀螺仪具有动量矩,它的运动规律才与一般刚体有明显的不同,陀螺仪运动所表现出的特殊性,通常称为陀螺特性。二自由度陀螺仪的基本特性,最主要是进动性和定轴性。单自由度陀螺仪的基本特性,则是它具有敏感绕其缺少自由度方向转动的特性。

3.3 二自由度转子陀螺仪的进动性

3.3.1 陀螺仪的进动性及其规律

二自由度陀螺仪受外力作用时,若外力矩绕内环轴作用,则陀螺仪绕外环轴转动(见图3-7(a));若外力矩绕外环轴作用,则陀螺仪绕内环轴转动(见图3-7(b))。陀螺仪的转动方向与外力矩的作用方向不一致,而是与后者相垂直,该特性叫作陀螺仪的进动性。进动性是二自由度陀螺仪的一个基本特性。

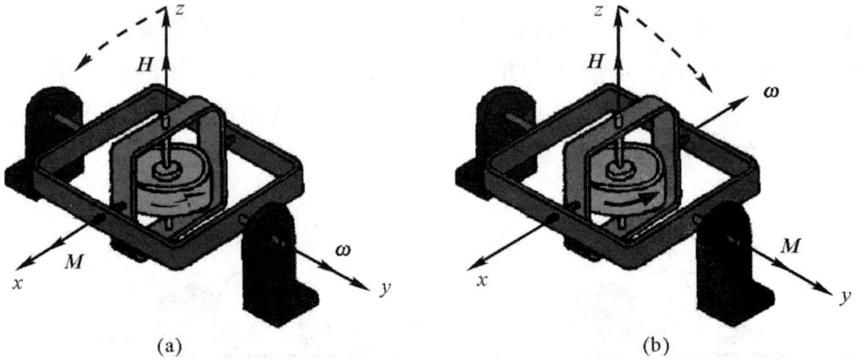

图 3-7 外力矩作用下陀螺仪的进动

(a) 外力矩绕内环轴作用; (b) 外力矩绕外环轴作用

为了与一般刚体的转动相区分,把陀螺仪的这种绕着与外力矩方向相垂直方向的转动叫作进动,其转动角速度叫作进动角速度,把陀螺仪进动所绕的轴叫作进动轴。

陀螺进动角速度的方向,取决于角动量的方向和外力矩的方向,其规律如图3-8所示。角动量矢量 $\boldsymbol{H}$ 沿最短路径握向外力矩矢量 $\boldsymbol{M}$ 转动的方向,即为陀螺进动的方向。或者说,从角动量矢量 $\boldsymbol{H}$ 沿最短路径握向外力矩矢量 $\boldsymbol{M}$ 的右手旋进方向,即为进动角速度 $\boldsymbol{\omega}$ 的方向。例如，在图 3-7 中应用这个规则可判断出：外力矩绕内环轴的正向作用，陀螺仪是绕外环轴的正向进动；外力矩绕外环轴的正向作用，陀螺仪是绕内环轴的负向进动。

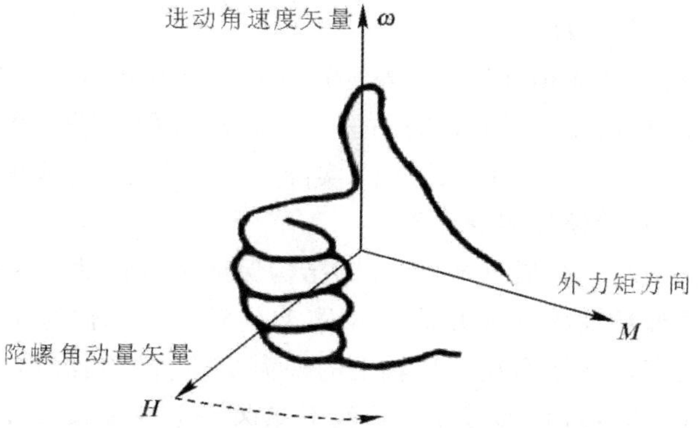

图 3-8　陀螺进动的方向

陀螺进动角速度的大小，取决于角动量的大小和外力矩的大小。其计算式为

$$\boldsymbol{\omega}=\frac{\boldsymbol{M}}{\boldsymbol{H}} \tag{3.16}$$

陀螺角动量 $\boldsymbol{H}$ 等于转子对自转轴的转动惯量 J_z 与转子自转角速度 $\boldsymbol{\Omega}$ 的乘积，因此式(3.16) 也可写成

$$\boldsymbol{\omega}=\frac{\boldsymbol{M}}{J_z\boldsymbol{\Omega}} \tag{3.17}$$

式(3.16) 或式(3.17) 表明：当角动量为一定值时，外力矩越大则进动角速度越大，外力矩越小则进动角速度越小，即进动角速度的大小是与外力矩的大小成正比的。当外力矩为一定值时，角动量越大则进动角速度越小，角动量越小则进动角速度越大，即进动角速度的大小是与角动量的大小成反比的。当角动量和外力矩均为定值时，进动角速度也保持为定值。

在计算进动角速度时，角动量的单位常用 g·cm·s，外力矩的单位常用 g·cm，由此计算出进动角速度的单位是 rad/s。但在实际应用中，进动角速度的单位一般采用 °/min 或 °/h 来表示。它们之间的换算关系为

$$1\text{rad/s}=3.44\times10^{3}\,{}^{\circ}/\text{min}=2.06\times10^{5}\,{}^{\circ}/\text{h}$$

【例 3-1】　设陀螺角动量 $H=0.4\text{kg}\cdot\text{m}^2/\text{s}$，当作用在内环轴上的外力矩 $M=0.001\text{N}\cdot\text{m}$ 时，则陀螺仪绕外环轴的进动角速度为

$$\omega=\frac{M}{H}=2.5\times10^{-3}\text{rad/s}=8.6^{\circ}/\text{min}$$

当作用在内环轴上的外力矩 $M=0.000\,1\text{N}\cdot\text{m}$ 时，则陀螺仪绕外环轴的进动角速度为

$$\omega=\frac{M}{H}=2.5\times10^{-4}\text{rad/s}=0.86^{\circ}/\text{min}$$

若作用在内环轴上的外力矩仍是$M=0.001\mathrm{N\cdot m}$，但陀螺角动量$H=24\mathrm{kg\cdot m^2/s}$，则陀螺仪绕外环轴的进动角速度为

$$\omega=\frac{M}{H}=4.17\times10^{-5}\ \mathrm{rad/s}=0.143°/\mathrm{min}$$

陀螺仪的进动可以说是“无惯性”的。外力矩加在陀螺仪的瞬间，它就立即出现进动；外力矩去除的瞬间，它就立即停止进动；外力矩的大小或方向改变，进动角速度的大小或方向也立即发生相应的改变。当然，完全的“无惯性”实际上是不存在的，这里只是因为陀螺角动量较大，用眼睛不易观察出它的惯性表现而已。

从二自由度陀螺仪的基本组成可知，内环的结构保证了自转轴与内环轴的垂直关系，外环的结构保证了内环轴与外环轴的垂直关系。然而，自转轴与外环轴的几何关系，则应根据两者之间的相对转动情况而定。当作用在外环轴上的外力矩使自转轴绕内环轴进动，或基座带动外环轴绕内环轴方向转动时，自转轴与外环轴就不能保持垂直关系。设自转轴偏离外环轴垂直位置一个θ角(见图 3-9)，则陀螺角动量的有效分量是$\boldsymbol{H}\cos\theta$，这时进动角速度的大小成为

$$\omega=\frac{M}{H\cos\theta}\tag{3.18}$$

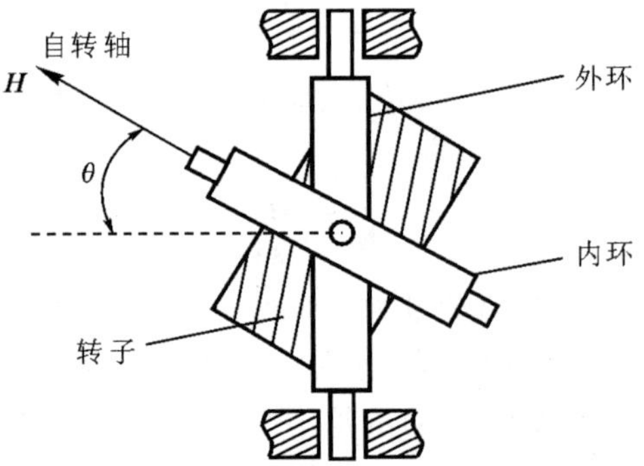

图 3-9 自转轴与外环轴不垂直的情况

比较式(3.16)与式(3.18)可以看出：当自转轴与外环轴垂直即$\theta=0°(\cos\theta=1)$时，采用两个式子的计算结果完全相同。当自转轴偏离垂直位置的角度θ较小，例如$\theta<20°(\cos\theta>0.94)$时，陀螺角动量的有效分量$\boldsymbol{H}\cos\theta>0.94\boldsymbol{H}$，仍然接近于原来的角动量数值，因而采用式(3.16)的计算结果仍然足够精确。但是，当自转轴的偏角θ较大，例如$\theta=60°(\cos\theta=0.5)$时，陀螺角动量的有效分量$\boldsymbol{H}\cos\theta=0.5\boldsymbol{H}$，仅为原来角动量数值的一半，则应采用式(3.18)来计算了。

如果自转轴绕内环轴的进动角度达到90°，或基座带动外环轴绕内环轴方向的转动角度达到90°，那么自转轴就与外环轴重合，陀螺仪也就失去了一个转动自由度。这时，绕外环轴作用的外力矩将使外环连同内环绕外环轴转动起来，陀螺仪变得与一般刚体没有区别了。这就叫作“环架自锁”或“环架锁定”，因为若把内、外环锁定在一起时，也将会出现这种运动现象。

由此可见，二自由度陀螺仪的进动性只有在自转轴与外环轴不重合，即陀螺仪不失去一个转动自由度的情况下才会表现出来；一旦出现了“环架自锁”，也就没有进动性的表现。

3.3.2　对陀螺仪进动性的解释

角动量定理 $\mathrm{d}\boldsymbol{H}/\mathrm{d}t=\boldsymbol{M}$ 描述了刚体定点转动的运动规律。陀螺转子的运动也属于刚体的定点转动，故其运动规律同样可由角动量定理加以解释。

在联系到陀螺仪问题时，首先应该清楚角动量定理 $\mathrm{d}\boldsymbol{H}/\mathrm{d}t=\boldsymbol{M}$ 中各项符号所对应的具体含义。式中，$\boldsymbol{H}$ 为陀螺角动量矢量；$\frac{\mathrm{d}\boldsymbol{H}}{\mathrm{d}t}$ 为在惯性空间中陀螺角动量矢量 $\boldsymbol{H}$ 对时间的导数，即陀螺角动量矢量 $\boldsymbol{H}$ 在惯性空间中的变化规律；$\boldsymbol{M}$ 为作用在陀螺仪上的外力矩矢量。

这样，角动量定理在这里所表示的具体含义就是：陀螺角动量矢量 $\boldsymbol{H}$ 在惯性空间中的变化率 $\mathrm{d}\boldsymbol{H}/\mathrm{d}t$，等于作用在陀螺仪上的外力矩矢量 $\boldsymbol{M}$。

陀螺角动量是由陀螺电动机驱动转子高速自转而产生的，当转子达到额定转速的正常工作状态时，陀螺角动量的大小保持不变。如果外力矩绕内环轴或外环轴作用在陀螺仪上，由于框架的结构特点，这个外力矩不会绕自转轴传递到转子上使它的转速改变，因而不会引起陀螺角动量的大小发生改变。但角动量定理表明，在这个外力矩作用下，陀螺角动量矢量将出现变化率。既然陀螺角动量的大小保持不变，那么陀螺角动量矢量的变化率就表明陀螺角动量的方向发生改变了。

从角动量定理的另一表达式 $\mathrm{d}\boldsymbol{H}/\mathrm{d}t=\boldsymbol{v}_H=\boldsymbol{M}$ 可知，陀螺角动量 $\boldsymbol{H}$ 的矢端速度 $\boldsymbol{v}_H$ 等于作用在陀螺仪上的外力矩矢量 $\boldsymbol{M}$。$\boldsymbol{v}_H$ 与 $\boldsymbol{M}$ 二者不仅大小相等，而且方向相同，在图 3-10 中表示了这个关系。根据陀螺角动量 $\boldsymbol{H}$ 矢端速度 $\boldsymbol{v}_H$ 的方向与外力矩 $\boldsymbol{M}$ 的方向相一致的关系，便可确定出陀螺角动量的方向变化，从而也就确定出陀螺进动的方向了。这与上面提到的判断规则完全一致。但利用“外力矩矢量拉着角动量矢端跑”来判断进动的方向，更是一种形象而简便的方法。

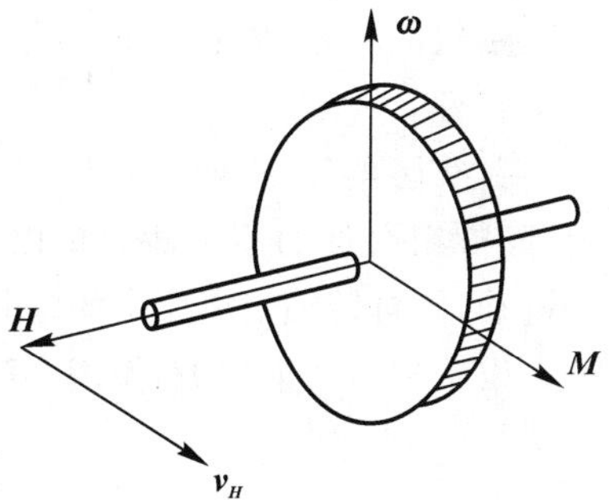

图 3-10　陀螺角动量的矢端速度

如果用陀螺角动量矢量 $\boldsymbol{H}$ 在惯性空间中的转动角速度 $\boldsymbol{\omega}$ 来表达陀螺角动量 $\boldsymbol{H}$ 的矢端速度 $\boldsymbol{v}_H$，则有

$$\boldsymbol{v}_H=\boldsymbol{\omega}\times\boldsymbol{H} \tag{3.19}$$

再根据莱查定理 $\boldsymbol{v}_H=\boldsymbol{M}$，可得下述关系：

$$\boldsymbol{\omega}\times\boldsymbol{H}=\boldsymbol{M} \tag{3.20}$$

很显然，陀螺角动量矢量的转动角速度 $\boldsymbol{\omega}$ 就是陀螺进动角速度，因此这个关系表明了陀螺进动角速度 $\boldsymbol{\omega}$ 与角动量 $\boldsymbol{H}$ 以及外力矩 $\boldsymbol{M}$ 三者之间的关系。若已知角动量 $\boldsymbol{H}$ 和外力矩 $\boldsymbol{M}$，则根据矢量积的运算规则,可确定出进动角速度 $\boldsymbol{\omega}$ 的方向和大小。式(3.20)就是以矢量形式表示的陀螺仪进动方程式。

此外,从角动量定理还可以看到陀螺仪进动的“无惯性”。外力矩 $\boldsymbol{M}$ 加在陀螺仪的瞬间,陀螺角动量 $\boldsymbol{H}$ 立刻出现变化率而相对惯性空间改变方向,因而陀螺仪也立刻出现进动。外力矩 $\boldsymbol{M}$ 去除的瞬间,陀螺角动量 $\boldsymbol{H}$ 的变化率立刻为零而相对于惯性空间保持方向不变,因而陀螺仪也立刻停止进动。

根据以上所述可知:陀螺仪进动的内因是转子的高速自转即角动量的存在,外因则是外力矩的作用;外力矩之所以会使陀螺仪产生进动,是因为外力矩改变了陀螺角动量方向的结果。如果转子没有自转即角动量为零,或者作用于陀螺仪的外力矩为零,或者外力矩矢量与角动量矢量共线(例如出现“环架自锁”时,作用在外环轴上的外力矩矢量便与角动量矢量共线),那么陀螺仪就不会表现出进动性。同时还应明确:在外力矩作用下陀螺角动量矢量的变化率是相对惯性空间而言的,因此陀螺仪的进动也是相对于惯性空间而言的。

3.4 二自由度转子陀螺仪的定轴性

3.4.1 陀螺仪的定轴性及其表现

二自由度陀螺仪具有抵抗干扰力矩,力图保持其自转轴相对惯性空间方位稳定的特性,叫作陀螺仪的稳定性,也常称为陀螺仪的定轴性。定轴性(或稳定性)是二自由度陀螺仪的又一基本特性。

在实际的陀螺仪结构中,总是不可避免地存在着干扰力矩,例如环架轴上支撑的摩擦力矩、陀螺组合件的不平衡力矩以及其他因素引起的干扰力矩。在干扰力矩作用下,陀螺仪将产生进动,使自转轴偏离原来的惯性空间方位。由干扰力矩所引起的陀螺仪的进动,通常称为漂移。设陀螺角动量为 $\boldsymbol{H}$,作用在陀螺仪上的干扰力矩为 $\boldsymbol{M}_\mathrm{d}$,则陀螺漂移角速度 $\boldsymbol{\omega}_\mathrm{d}$ 可表示为

$$\boldsymbol{\omega}_\mathrm{d}=\frac{\boldsymbol{M}_\mathrm{d}}{\boldsymbol{H}} \tag{3.21}$$

虽然陀螺仪在干扰力矩作用下会产生漂移,但只要具有较大的角动量,那么陀螺漂移就很缓慢,在一定的时间内自转轴相对惯性空间的方位改变也很微小。

在干扰力矩作用下陀螺仪以进动的形式作缓慢漂移,这是陀螺仪稳定性的一种表现。陀螺角动量越大,陀螺漂移也越缓慢,陀螺仪的稳定性也就越高。

当作用于陀螺仪的干扰力矩是冲击力矩时,自转轴将在原来的空间方位附近作锥形振荡运动。陀螺仪的这种振荡运动通常被称为章动。虽然陀螺仪在冲击力矩作用下会产生章动,但只要具有较大的角动量,那么陀螺章动的频率就很高,一般达每秒数百次以上,而其振幅却

很小，一般为小于角分的量级，也就是这时自转轴相对惯性空间的方位改变极为微小。

在冲击力矩作用下陀螺仪以章动的形式作微幅振荡，这是陀螺仪稳定性的又一表现。陀螺角动量越大，章动振幅也越微小，陀螺仪的稳定性也就越高。

陀螺仪所表现出的稳定性，与转子不自转即为一般刚体的情形相比有很大区别。从常值干扰力矩作用的结果来看，陀螺仪是绕交叉轴（指与外力矩方向相垂直的轴）按等角速度的进动规律漂移，漂移角度随时间成比例增加；一般刚体则绕同轴（指与外力矩同方向的轴）按等角加速度的转动规律偏转，偏转角速度随时间成比例增加，偏转角度随时间的二次方成比例增加。因此，在同样大小的常值干扰力矩作用下，经过相同的时间，陀螺仪相对惯性空间的方位改变远比一般刚体小得多。从冲击干扰力矩作用的结果来看，陀螺仪仅是作高频微幅的章动，好像冲击力矩冲不动陀螺仪似的；一般刚体则沿着冲击力矩作用的方向转动，转动角度随时间成比例增加。因此，在同样大小的冲击干扰力矩作用下，陀螺仪相对惯性空间的方位改变也远比一般刚体小得多。

【例 3-2】　设陀螺角动量 $H=0.4\text{kg}\cdot\text{m}^2/\text{s}$，陀螺仪对内、外环轴的转动惯量 $J_x=J_y=2\times10^{-4}\text{kg}\cdot\text{m}^2$。当绕外环轴作用的常值干扰力矩 $M_y=2\times10^{-4}\text{N}\cdot\text{m}$ 时，则陀螺仪绕内环轴漂移角速度的大小为

$$\omega_x=\frac{M_y}{H}=5\times10^{-4}\text{rad/s}$$

当经过时间 $t=60\text{s}$ 时，绕内环轴漂移角度的大小为

$$\theta_x=\omega_x t=5\times10^{-4}\times60\text{rad}=1.72^\circ$$

若转子不自转即为一般刚体时，则在同样大小的常值干扰力矩作用下，引起的绕外环轴偏转角加速度的大小为

$$\varepsilon_y=\frac{M_y}{J_y}=1\text{rad/s}^2$$

当经过时间 $t=60\text{s}$ 时，绕外环轴偏转角度的大小为

$$\theta_x=\frac{1}{2}\varepsilon_y t^2=\frac{1}{2}\times1\times60^2\text{rad}=28.6\text{ 周}$$

需要指出的是，对于陀螺仪的稳定性或定轴性，不应该理解成陀螺仪在没有干扰力矩作用的情况下，其自转轴相对惯性空间保持方位不变。这是因为理想的完全没有干扰力矩的陀螺仪，在实际上是不存在的；还因为任何一个定点转动的刚体（例如转子没有自转的陀螺仪），在完全没有干扰力矩作用的情况下，它也会相对惯性空间保持方位不变，但它就没有抵抗外界干扰力矩而保持方位稳定的能力。只有理解为陀螺仪在干扰力矩的作用下，其自转轴相对惯性空间的方位改变很微小即自转轴方位的相对稳定性，这样来认识陀螺仪的稳定性或定轴性才有实际的意义。

3.4.2 陀螺仪相对地球的表观运动

如果陀螺仪的漂移率足够小，例如达到 0.1°/h 或更小的量级，则自转轴相对惯性空间的方位改变很微小；与地球自转所引起的地球相对惯性空间的方位改变相比较，便可认为陀螺自转轴相对惯性空间的方位是不改变的。由于陀螺自转轴相对惯性空间保持方位稳定，而地球以其自转角速度相对惯性空间转动，因此出现陀螺仪相对地球的转动。观察者以地球作为参考基准所看到的这种相对运动，叫作陀螺仪的表观运动。

例如，在地球北极处放置一个精密的陀螺仪，并使其外环轴处于垂直位置，自转轴处于水平位置(见图 3-11)，俯视陀螺仪将会看到陀螺自转轴在水平面内相对地球作顺时针转动，每 24h 转动一周。

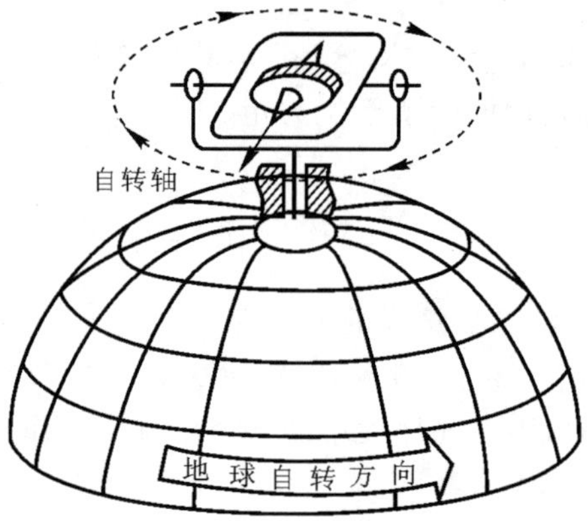

图 3-11　在地球北极处陀螺仪的表观运动

若在地球赤道处放置这个陀螺仪，并使其外环轴处于水平南北位置，自转轴处于垂直位置(见图 3-12)，将会看到陀螺自转轴在东西方向的铅垂面内相对地球转动，每 24h 转动一周。

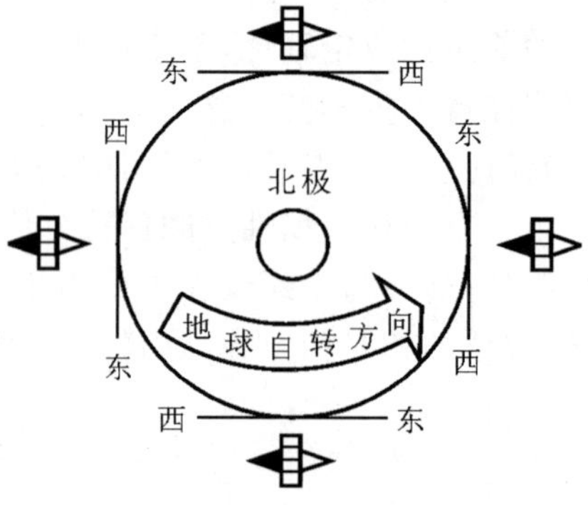

图 3-12　在地球赤道处陀螺仪的表观运动

又例如，在地球任意纬度处放置这个陀螺仪，并使其自转轴处于当地垂线的位置（见图 3-13(a)），将会看到陀螺自转轴逐渐偏离当地垂线，而相对地球作圆锥轨迹的转动，每 24h 转动一周。

若使这个陀螺仪的自转轴处于当地子午线的位置（见图 3-13(b)），将会看到陀螺自转轴逐渐偏离当地子午线，而相对地球作圆锥轨迹的转动，每 24h 转动一周。

这种由表观运动所引起的陀螺自转轴偏离当地垂线或子午线的现象，称为陀螺仪的表观运动。显然可见，若要使陀螺自转轴始终保持在当地垂线或子午线方位，则必须对陀螺仪施加一定的控制力矩，使其自转轴以当地垂线或子午线的转动角速度相对惯性空间进动。

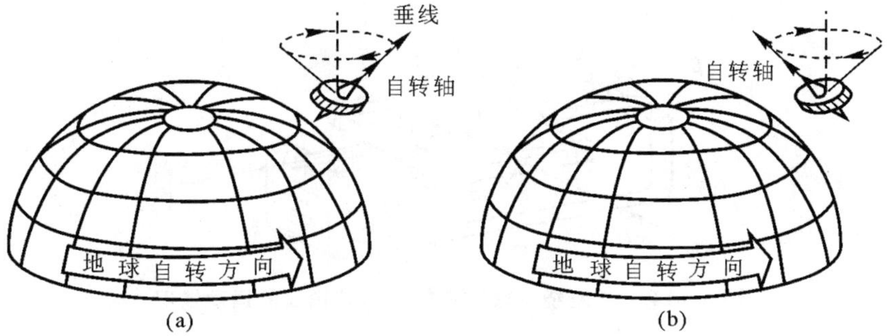

图 3-13　在任意纬度处陀螺仪的表观运动

(a) 自转轴的初始位置指向垂线；(b) 自转轴的初始位置指向子午线

3.5　单自由度转子陀螺仪的基本特性

单自由度陀螺仪的结构组成与二自由度陀螺仪相比，其区别是少了一个外环，故相对基座或仪表壳体而言，它少了一个转动自由度，即少了垂直于内环轴和自转轴方向的转动自由度。因此，单自由度陀螺仪的特性就与二自由度陀螺仪不同了。

二自由度陀螺仪的基本特征之一是进动性，即绕内环轴作用的外力矩使之产生绕外环轴进动，而绕外环轴作用的外力矩使之产生绕内环轴进动，其进动运动仅与作用在陀螺仪上的外力矩有关。无论基座绕陀螺自转轴转动，还是绕内环轴或外环轴方向转动，都不会直接带动陀螺转子一起转动，因而基座的转动运动不会直接影响到陀螺转子的进动运动。也可以说，由内、外环所组成的环架装置在运动方面起隔离作用，将基座的转动与陀螺转子的转动隔离开来。这样，如果陀螺自转轴稳定在惯性空间的某个方位上，则基座运动时它仍然稳定在原来的方位上。

对于单自由度陀螺仪来说，如图 3-14 所示，当基座绕陀螺自转轴或内环轴方向转动时，仍然不会带动陀螺转子一起转动，即内环仍然起隔离运动的作用。但是，当基座绕陀螺仪缺少自

由度的 y 轴方向以角速度 ω_y 转动时，由于陀螺仪绕该轴没有转动自由度，因而基座转动时就通过内环轴上的一对支撑带动陀螺转子一起转动。这时陀螺自转轴仍是力图保持其原来的空间方位稳定，因此基座转动时内环轴上的一对支撑就有推力 $\boldsymbol{F}$ 作用在内环轴的两端，从而形成推力矩 $\boldsymbol{L}$ 作用在陀螺仪上，其方向垂直于陀螺角动量 $\boldsymbol{H}$ 并沿 y 轴的正向。由于陀螺仪绕内环轴仍然存在转动自由度，因此这个推力矩就使陀螺仪产生绕内环轴的进动，进动角速度 $\dot{\boldsymbol{\beta}}$ 沿内环轴 x 的负向，使自转轴 z 趋向于与 y 轴重合。

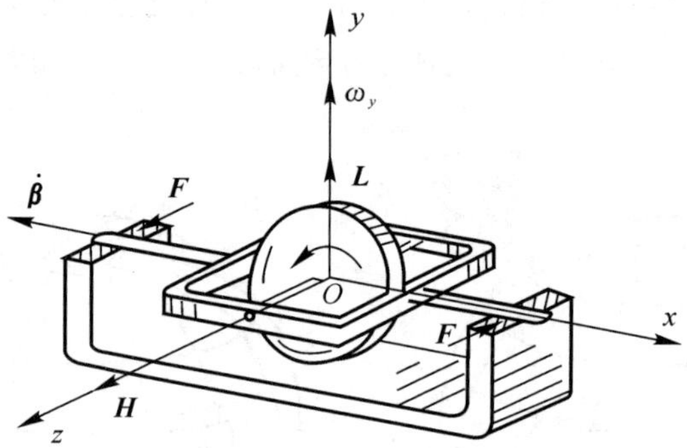

图 3-14　基座绕 y 轴方向转动时陀螺仪的运动情况

这就是说，当基座绕陀螺仪缺少自由度的方向转动时，强迫陀螺仪跟随基座转动的同时，还强迫陀螺仪绕内环轴进动，使自转轴相对基座转动并趋向与基座转动角速度的方向重合。因此，单自由度陀螺仪具有敏感绕其缺少自由度方向转动的特性。

现在说明单自由度陀螺仪受到绕内环轴的外力矩作用时的运动情况。如图 3-15 所示，假设外力矩 M_x 绕内环轴 x 的正向作用，那么陀螺仪将力图以角速度 M_x/H 绕 y 轴的正向进动。这个进动能否实现呢？这要根据基座绕 y 轴方向的转动情况而定。

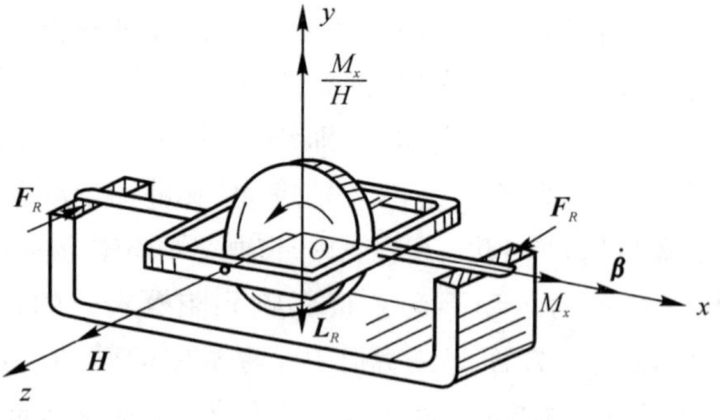

图 3-15　外力矩绕内环轴作用时陀螺仪的运动情况

当基座绕 y 轴方向没有转动时，由于内环轴上一对支撑的约束，很显然这个进动是不可能实现的。但其进动趋势仍然存在，并对内环轴两端的支撑施加压力，这样支撑就产生约束反力

$\boldsymbol{F}_R$ 作用在内环轴的两端，从而形成约束反力矩 $\boldsymbol{L}_R$ 作用在陀螺仪上，其方向垂直于陀螺角动量 $\boldsymbol{H}$ 并沿 y 轴的负向。由于陀螺仪绕内环轴仍然存在转动自由度，因而这个约束反力矩就使陀螺仪产生绕内环轴的进动，进动角速度 $\dot{\boldsymbol{\beta}}$ 沿内环轴 x 的正向。也就是说，如果基座绕 y 轴方向没有转动，那么在绕内环轴的外力矩作用下，陀螺仪的转动方向是与外力矩的作用方向相一致的，这时陀螺仪如同一般刚体那样绕内环轴转动起来。

当基座绕 y 轴方向转动并且转动角速度 ω_y 等于 M_x/H 时，内环轴上的一对支撑不再对陀螺仪绕 y 轴的进动起约束作用，陀螺仪绕 y 轴方向的进动角速度 M_x/H 就可以实现，外力矩 M_x 也就不会使陀螺仪绕内环轴转动。而且，由于陀螺仪的进动角速度 M_x/H 与基座转动角速度 ω_y 相等，内环轴上的一对支撑不再对陀螺仪施加推力矩作用，因而基座的转动也就不会强迫陀螺仪绕内环轴转动。这时陀螺仪绕 y 轴处于进动状态，而绕内环轴处于相对静止状态。

3.6　转子陀螺仪漂移及其数学模型

3.6.1　衡量陀螺仪精度的主要指标——陀螺漂移率

实际的陀螺仪总是存在着漂移或章动，使自转轴相对惯性空间改变方位。只有在陀螺漂移很缓慢和章动振幅很微小的情况下，自转轴才会相对惯性空间保持很高的方位稳定精度。但在漂移和章动这两种形式的运动中，更为关心的是陀螺漂移的影响，因为陀螺漂移将造成自转轴相对原来惯性空间方位的偏角随时间增加，而陀螺章动仅是使自转轴在原来的惯性空间方位附近作振荡运动。

陀螺漂移的快慢是用单位时间内的漂移角度，即用漂移角速度来表示的。漂移角速度通常称为漂移率。陀螺漂移率越小，自转轴相对惯性空间的方位稳定精度也越高。当需要施加控制力矩使自转轴跟踪空间某一变动的方位时，陀螺漂移率越小，其方位跟踪精度也越高。因此，陀螺漂移率是衡量陀螺仪精度最主要的指标。

陀螺漂移率的计算式见式(3.21)，其大小取决于干扰力矩的大小和角动量的大小，它与干扰力矩的大小成正比，而与角动量的大小成反比。陀螺漂移率的单位一般采用(°)/h 或(°)/min 来表示。

【例 3-3】　设陀螺角动量 $H=0.4\text{kg}\cdot\text{m}^2/\text{s}$，当干扰力矩 $M_\text{d}=10^{-4}\text{N}\cdot\text{m}$ 时，则陀螺漂移率为

$$\omega_\text{d}=\frac{M_\text{d}}{H}=2.5\times10^{-4}\text{rad/s}=51.6°/\text{h}$$

当干扰力矩 $M_\text{d}=10^{-5}\text{N}\cdot\text{m}$ 时，则陀螺漂移率为

$$\omega_d = 2.5 \times 10^{-5}\,\mathrm{rad/s} = 5.16°/\mathrm{h}$$

设干扰力矩仍是 $M_d = 10^{-4}\,\mathrm{N \cdot m}$，但陀螺角动量 $H = 0.8\,\mathrm{kg \cdot m^2/s}$，则陀螺漂移率为

$$\omega_d = \frac{0.1}{8\,000}\,\mathrm{rad/s} = 2.58°/\mathrm{h}$$

设陀螺角动量仍是 $H = 0.4\,\mathrm{kg \cdot m^2/s}$，若要求陀螺漂移率 $\omega_d < 0.01°/\mathrm{h}$，则所允许的干扰力矩值为

$$M_d \leqslant H\omega_d = 0.4 \times \frac{0.01}{3\,600 \times 57.3} = 1.94 \times 10^{-8}\,\mathrm{N \cdot m}$$

再来看单自由度陀螺仪的情况。单自由度陀螺仪具有敏感角运动的特性。前已述及，当基座绕陀螺输入轴方向转动即有角速度输入时，陀螺仪将绕输出轴（框架轴）转动并出现输出转角。但实际上沿输出轴不可避免地有干扰力矩存在，它也会使陀螺仪绕输出轴转动并出现输出转角。

本来是希望，当没有角速度输入时，输出转角应为零；当存在角速度输入时，应该有输出转角。可是，由于干扰力矩作用的结果，当输入角速度为零时却出现了输出转角；而当输入角速度 $\boldsymbol{\omega}$ 满足 $\boldsymbol{H\omega} = \boldsymbol{M}_d$，即陀螺力矩与干扰力矩相平衡这一条件时，输出转角却为零。换而言之，这时的陀螺仪不是在输入角速度为零的情况下处于零位状态；相反地，它是在有了输入角速度且 $\boldsymbol{\omega} = \boldsymbol{M}_d/\boldsymbol{H}$ 的情况下才处于零位状态。

因此，在描述单自由度陀螺仪的精度时需要知道，当输入角速度等于什么数值时，才能使陀螺仪的输出为零，即处于零位状态。这个使陀螺仪输出为零的输入角速率量值，称为单自由度陀螺仪的漂移率。而漂移率的计算公式显然仍是 $\boldsymbol{\omega}_d = \boldsymbol{M}_d/\boldsymbol{H}$，它具有与二自由度陀螺仪漂移率计算公式完全相同的形式。由于这个缘故，亦可直接把干扰力矩所力图产生的陀螺仪“进动角速度”，定义为单自由度陀螺仪的漂移角速率，而把该“进动角速度”的量值定义为单自由度陀螺仪的漂移率。

单自由度陀螺仪用于感测角运动时，漂移率越小，其测量精度也越高，因此漂移率是衡量单自由度陀螺仪精度的主要指标。

从漂移率计算式 $\boldsymbol{\omega}_d = \boldsymbol{M}_d/\boldsymbol{H}$ 看出，增大动量矩和减小干扰力矩均可降低漂移率。但过多地加大动量矩，会带来仪表体积、质量、功耗和发热增大等不利影响，而且对降低漂移率并无明显效果。这是因为随着转子质量的增大，与质量有关的干扰力矩如轴承摩擦和质心偏移等引起的干扰力矩也相应增大；而且，随着发热的增大，与发热有关的干扰力矩如热变形和热对流等引起的干扰力矩也相应增大。这样一来，增大动量矩的效果在很大程度上被干扰力矩的增大所抵消，甚至还会适得其反。因此，用于运载体测量和控制系统的陀螺仪其动量矩数值一般都在 $0.8\,\mathrm{kg \cdot m^2/s}$ 以内，用于惯性系统的陀螺仪其动量矩数值一般都在 $0.2\,\mathrm{kg \cdot m^2/s}$ 以内。从陀螺仪的设计、结构、材料和工艺等方面尽量减小造成干扰力矩的各种因素，才是降低漂移率的关键所在。

应当指出，实际漂移率中一般都包含系统性漂移率和随机漂移率两个部分。系统性漂移率是指与规定的工作条件有关的漂移率分量，它由与加速度有关的漂移率和与加速度无关的漂移率组成，用单位时间内的角位移表示。随机漂移率是指在规定的工作条件下漂移率中非系统性的随时间变化的分量，用单位时间内角位移均方根值或标准偏差来表示。

系统性漂移率由系统性干扰力矩引起，由于它具有一定的规律性，因而在惯性系统的应用中可以设法加以补偿。随机漂移率由随机干扰力矩引起，由于随机漂移率在惯性系统的应用中不能用一般的方法补偿，因而它成为衡量陀螺仪精度的最重要指标。

还应指出，对于非刚体转子的陀螺仪，如半球谐振陀螺仪、激光陀螺仪和光纤陀螺仪等，也仍然是采用漂移率作为衡量其精度的主要指标。

各种应用场合对随机漂移率要求的大致范围见表 3-1。惯性导航系统定位精度的典型指标为 1n mile/h，它要求陀螺随机漂移率应达到 0.01°/h，故通常把随机漂移率达到0.01°/h 的陀螺仪称为惯性级陀螺仪。

表 3-1　各种应用场合对陀螺仪随机漂移率的要求

应用场合	对随机漂移率要求 /(°/h)
飞行控制系统中的速率陀螺仪	10 ~ 150
飞行控制系统中的垂直陀螺仪	10 ~ 30
飞行控制系统中的方向陀螺仪	1 ~ 10
战术导弹惯性制导系统	0.1 ~ 1
船用陀螺罗经、捷联式航向姿态系统炮兵测位、地面战车惯性导航系统	0.01 ~ 0.1
飞机、舰船惯性导航系统	0.001 ~ 0.1
战略导弹、巡航导弹惯性制导系统	0.000 5 ~ 0.01
航空母舰、核潜艇惯性导航系统	0.000 1 ~ 0.001

此外，还有表征陀螺漂移长期稳定性的一种随机漂移率，叫作漂移不定性或逐次漂移率。漂移不定性反映了陀螺仪在相同条件下，在规定时间逐次测试中，其漂移率的变化情况。它用规定若干次测试，按每次测试规定的时间，求得各次漂移平均值的标准偏差来表示。根据测试的时间间隔，逐次漂移率又分为逐日漂移率、逐月漂移率和逐年漂移率。

3.6.2　陀螺漂移数学模型的分类

造成陀螺漂移的因素很多。总括来看，其漂移误差源有两个方面：一方面是内部原因，即陀螺仪本身原理、结构和工艺不尽完善而形成的各种干扰力矩；另一方面是外部原因，即运载体的线运动和角运动形成的各种干扰力矩。但这些外因仍然是通过内因而起作用的。例如，在线运动条件下之所以形成干扰力矩，是因为陀螺仪本身的质量不平衡、结构弹性变形和非等弹性的缘故；又如，在角运动条件下之所以形成干扰力矩，是因为陀螺仪工作于闭环状态，而其本身又具有转动惯量和非等惯性的缘故。

运载体的线运动和角运动参数范围随运载体不同而异。表 3-2 中所列为近代歼击机的线运动和角运动参数范围。研究运载体作线运动和角运动情况下陀螺仪的漂移具有重要意义，因为它反映了陀螺仪在实际使用条件下的精度。一般来说，这类漂移是系统性的或有规律的，它可以用确定性的函数来进行描述。另有一类漂移则是随机性的，它无法用确定性的函数来进行描述。但对这类漂移，可以借助数理统计方法找出它的统计规律，并采用统计函数来进行描述。

表 3-2 近代歼击机线运动及角运动参数范围

运动参数		较低数值	典型数值	较高数值
线加速度（三轴）		$\pm 5g$	$\pm 10g$	$\pm 15g$
角速度	横滚	$\pm 100°/s$	$\pm 200°/s$	$\pm 500°/s$
	俯仰	$\pm 40°/s$	$\pm 80°/s$	$\pm 120°/s$
	航向	$\pm 40°/s$	$\pm 80°/s$	$\pm 120°/s$
角加速度（三轴）		$\pm 500°/s^2$	$\pm 1\ 000°/s$	$\pm 1\ 500°/s$

描述陀螺漂移规律的数学表达式，称为陀螺漂移数学模型。依据在不同条件下陀螺漂移与有关参数之间的关系，陀螺漂移数学模型通常分为以下三类：

（1）静态漂移数学模型

静态漂移数学模型是指在线运动条件下，陀螺漂移与加速度或比力之间关系的数学表达式。静态漂移数学模型一般具有三元二次多项式的结构形式。

（2）动态漂移数学模型

动态漂移数学模型指在角运动条件下陀螺漂移与角速度、角加速度之间关系的数学表达式。动态漂移数学模型一般也具有三元二次多项式的结构形式。

（3）随机漂移数学模型

引起陀螺漂移的诸多干扰因素是带有随机性的，陀螺漂移实际上是一个随机过程。即使漂移测试的条件不变，所得的数据也将是一个随机时间序列。描述该随机时间序列统计相关性的数学表达式，即为陀螺随机漂移数学模型。它通常采用 AR 或 ARMA 模型来拟合。

当陀螺仪在平台式惯导系统中应用时，陀螺仪安装在平台上，用来敏感平台的角偏移，运动体线运动引起的陀螺漂移将造成平台的稳定误差。当陀螺仪在捷联式惯导系统中应用时，陀螺仪直接与运载体固连，用来敏感运载体的角速度或角位移，运载体运动引起的陀螺漂移将造成角速度或角位移的测量误差。这些最终都导致惯导系统的定位误差。因此，无论是平台式还是捷联式惯导系统，都需要建立陀螺静态漂移数学模型，并设法在系统中进行补偿。

但在平台式惯导系统中，平台的环架系统对运载体的角运动起隔离作用，安装在平台上的陀螺仪不参与运载体的角运动，因而不必考虑它的动态漂移数学模型。而在捷联式惯导系统中，当采用速率陀螺仪测量运载体的角速度时，运载体的角运动将直接作用于陀螺仪而引起漂移，这将造成角速度的测量误差，最终也导致惯导系统的定位误差。因此，对于捷联式惯导系统，除了需要建立陀螺静态漂移数学模型外，还需要建立陀螺动态漂移数学模型。

陀螺随机漂移是惯导系统的主要误差源之一。为了减小陀螺随机漂移对惯导系统精度的影响，其有效可行的办法是采用卡尔曼滤波技术。在这种情况下，就需要建立陀螺随机漂移数学模型。

可见，陀螺仪总的漂移误差可看成由三部分组成：一部分是由线运动引起的静态误差，另一部分是由角运动引起的动态误差，第三部分是由随机干扰因素引起的随机误差。其总漂移速率可表示为

陀螺仪总漂移速率 = 静态漂移速率 + 运动漂移速率 + 随机漂移速率

陀螺漂移降低到一定量级之后，想要再进一步减小，往往要付出很大的代价，甚至难以办到。故在惯性系统的应用中，一方面要求陀螺漂移应在许可的范围内，另一方面还要根据所建立的数学模型来进行补偿，以减小陀螺漂移对系统精度的影响。可见，建立陀螺漂移数学模型并设法在惯性系统中进行漂移补偿，是惯性技术领域当中必须解决的一个重要课题。

建立陀螺漂移数学模型有两种方法。一种是解析法，即根据陀螺仪的工作原理、具体结构和引起漂移的物理机制，用解析的方法导出它的漂移数学模型(这样得到的模型又称物理模型)。另一种是试验法，即设计一种试验方案能够激励各种因素引起的陀螺漂移，以试验取得的数据为依据，通过数学处理来导出它的漂移数学模型。

解析法得到的陀螺漂移数学模型其物理概念清晰，这是因为所有的漂移系数都可由陀螺仪的结构参数来表示，有明确的物理意义与之对应；但在推导时不可避免地要作某些条件假设，因而这种数学模型总有一定程度的近似性，有时不能真实地描述出陀螺漂移。试验法受人们主观认识的影响较小，在工程实践中也常被应用；但它必须具备精确的测试手段，否则也难以真实地反映出陀螺漂移。

以上两种建模方法各有其优缺点，究竟采用何种方法建立陀螺仪的误差数学模型，要根据实际问题来考虑。一般地说，在研究确定性误差分量时，采用分析的方法建模；在研究随机性误差分量时，采用试验的方法建模。

3.6.3　陀螺仪的数学模型

1. 静态数学模型

单自由度陀螺(或二自由度陀螺仪的 x 测量轴) 的静态数学模型为

$$Y_A(x) = K_0 + K_x A_x + K_y A_y + K_z A_z + K_{xx} A_x^2 + K_{yy} A_y^2 + K_{zz} A_z^2 + K_{xy} A_x A_y + K_{yz} A_y A_z + K_{xz} A_x A_z + E_x \tag{3.22}$$

式中，$Y_A(x)$ 为沿 x 轴的陀螺漂移速率，°/h；A_x，A_y，A_z 分别是沿陀螺 x，y，z 轴的加速度，g；K_0 是与加速度无关的漂移速率，°/h；K_x，K_y，K_z 为与加速度一次方有关的漂移系数，°/(h/g)；K_{xx}，K_{yy}，K_{zz} 为与加速度二次方项有关的漂移系数，°/(h/g^2)；K_{xy}，K_{yz}，K_{zx} 为与加速度交叉乘积有关的漂移系数，°/(h/g^2)；E_x 为陀螺仪的随机误差，由模型中未考虑的因素所造成的漂移率。

对陀螺仪来说，静态数学模型的各项均为误差项。

类似地也有二自由度陀螺仪静态数学模型。

2. 动态数学模型

单自由度陀螺(或二自由度陀螺仪的 x 测量轴) 的动态数学模型为

$$Y_B(x)=D_0+D_1\dot{\omega}_x+D_2\dot{\omega}_y+D_3\dot{\omega}_z+D_4\omega_x\omega_y+D_5\omega_x\omega_z+D_6\omega_x^2+ D_7\omega_x^3+D_8\omega_x^2\omega_y+D_9\omega_x^2\omega_z+D_{10}\omega_x^2\omega_y+Y_A(x) \tag{3.23}$$

式中，ω_x，ω_y，ω_z，$\dot{\omega}_x$，$\dot{\omega}_y$，$\dot{\omega}_z$ 分别为对应惯性空间沿输入轴、输出轴、自转轴的角速度(rad/s) 和角加速度(rad/s^2)；D_0 是与载体无关的漂移项，D_1，D_2，D_3 是与载体角速度一次方有关的项，其余均为与载体角速度二次方、三次方及交叉乘积有关的项，D_1 为陀螺仪刻度系数，其余系数均为误差系数，对应项均为误差。

显而易见，在平台式惯导系统中，可不考虑陀螺仪的动态数学模型。这是因为平台起到了隔离陀螺仪与角运动的关系，陀螺仪空间位置及加速度作用方向改变不大。而对捷联式惯导系统中用的陀螺仪，必须建立其动态数学模型，采用补偿技术，依据动态模型来进行补偿，提高陀螺仪的精度。

3. 随机数学模型

陀螺漂移是随机函数，它由噪声等因素引起。由于它是随时间不定变化的，因而很难用一个固定的数学表达式来概括描述。通常根据批量生产的陀螺仪进行抽样试验。将大量的试验数据进行统计特性分析计算，找出方差及相关函数，用来表述其随机过程，它就代表该批量陀螺仪的随机漂移。在惯导系统中用卡尔曼滤波技术来减小随机漂移的影响。

随机漂移补偿后，还有剩余误差，而且可能变化，因而漂移稳定性也是重要精度指标。

思考与练习

3.1　什么是陀螺？ 什么是陀螺仪？陀螺仪的自由度如何确定？

3.2　二自由度转子陀螺仪的基本特性是什么？

3.3　二自由度转子陀螺仪产生进动的原因是什么？

3.4　如何理解转子陀螺仪的定轴性？试举例说明。

3.5　单自由度转子陀螺仪的基本特性是什么？

3.6　一个二自由度转子陀螺仪，若绕其内框轴的进动角速度为 6°/min，陀螺转子的角动量为 $H=0.5\mathrm{kg}\cdot\mathrm{m}^2/\mathrm{s}$，求作用在外框轴的外力矩大小。

3.7　什么是转子陀螺仪的表观运动？表观运动的方向如何确定？

3.8　什么是转子陀螺仪的漂移和漂移率？漂移率的大小如何计算？

3.9　转子陀螺仪的实际漂移率通常由几部分组成？陀螺仪漂移数学模型通常可分为哪几种类型？这几种漂移数学模型又分别是如何定义的？

3.10　对于动量矩为 $H=0.36\mathrm{kg}\cdot\mathrm{m}^2/\mathrm{s}$ 的转子陀螺仪，若要求陀螺仪的漂移率 $\omega_\mathrm{d}\leqslant 0.01(°/\mathrm{h})$，那么陀螺仪受到的干扰力矩应满足什么条件？

第 4 章　新兴陀螺仪与陀螺定向装置

4.1　概　　述

陀螺仪是测量物体转动角度或角速度的仪器，主要用于导航、姿态控制等，在航空、航天、航海、自动控制和智能机器等领域获得了广泛应用。按陀螺仪的发展历程，大致可以分为转子式陀螺、光学陀螺以及微机械振动式陀螺三个发展阶段。

前一章讲述的转子式陀螺仪，它是根据角动量守恒原理制成的。由于转轴与框架之间不可避免存在摩擦力，限制了转子陀螺仪精度的提高，由此相继出现了多种支撑方式的陀螺仪，如气浮陀螺仪、液浮陀螺仪、磁浮陀螺仪和静电悬浮陀螺仪等，转子陀螺仪的测量精度得到显著提高。静电悬浮陀螺仪是目前精度最高的陀螺仪。但由于其结构复杂，尤其是高昂的价格限制了其大规模的应用。

光学陀螺仪是基于 Sagnac 效应而发展起来的一种光电式惯性敏感仪器，它无需机电陀螺所必需的高速转子，性价优势相当明显，是新一代高灵敏度、高精度、高可靠性、大动态范围的惯性测量器件。光学陀螺分为激光陀螺仪和光纤陀螺仪两大类。

1960 年激光器问世之后，美国和欧洲各国竞相开展激光陀螺仪研制工作。1963 年，美国斯佩里公司首先做出了激光陀螺仪（Ring Laser Gyro，RLG）的实验装置。1966 年美国霍尼威尔公司开始使用石英作腔体，并研究出交变机械抖动偏频法，使这项技术有了实用的可能。自从 1975 年激光陀螺在战术飞机上试飞成功后，各国都开始竞相发展激光陀螺，从而使激光陀螺迅速进入实用阶段。经过几十年的发展和完善，激光陀螺捷联惯导系统已在军用、民用方面得到了广泛应用。目前，国外激光陀螺的最高水平已达到零偏值为 $0.000\ 15^{\circ}/h$，输入速率动态范围为 $\pm 1\ 500^{\circ}/h$。

与机电陀螺相比，激光陀螺具有以下显著特点：

① 性能稳定，抗干扰能力强，环境适应性好；

② 具有高稳定度的标度因数，标度因数线性度小于 10^{-6}；

③ 动态范围宽；

④ 可靠性高，寿命长，平均无故障时间（MTBF）高于 10^{4} h；

⑤ 对加速度和振动不敏感，抗冲击过载能力强；

⑥ 无须预热启动，准备时间短，启动速度快；

⑦ 动态误差小，数字化输出，便于与计算机连接；

⑧ 对于同样的精度和性能要求，激光陀螺的成本比机电陀螺低。

激光陀螺是第一代光学陀螺，由于采用短波长的激光，对反射镜等器件的工艺要求较高，因而成本较高。另外，激光陀螺的不足之处是在低速时存在着闭锁现象。为了克服上述问题，1976 年，美国 Utah 大学的 Vali 和 R. W. Shorthill 提出了光纤陀螺(Fiber Optic Gyro，FOG)的概念。它标志着第二代光学陀螺 —— 光纤陀螺的诞生。光纤陀螺一问世，就以其明显的优点以及诱人的前景，引起了世界上许多国家大学和科研机构的普遍重视，发展相当迅速。光纤陀螺的角速度测量精度已从最初的 15°/h 提高到现在的优于0.001°/h 的量级，并在航空航天、武器导航、机器人控制、石油钻井及雷达等领域获得了较为广泛的应用。

光纤陀螺的主要特点：

① 零部件少，具有较强的耐冲击和抗加速度的能力；

② 绕制的光纤增长了激光束的检测光路，使检测灵敏度和分辨率比激光陀螺仪提高了好几个数量级，从而有效地克服了激光陀螺仪的闭锁问题；

③ 无机械传动部件，不存在磨损问题，因而寿命长；

④ 相干光束的传播时间极短，原理上可瞬时启动；

⑤ 具有较宽的动态范围；

⑥ 结构简单，价格低，体积小，质量轻。

光纤陀螺的工作原理与激光陀螺相同，检测角速度的传感器和检测光源都是激光源。它们采用 Sagnac 干涉原理，利用同一波长的光束在闭合路径中沿顺时针、逆时针两个方向行进的光程差，测出相对于惯性空间的旋转角速率。不同点是，光纤陀螺是将 200 ～ 2 000m 的光纤绕制成直径为 10 ～ 60cm 的圆形光纤环，加长了激光束的检测光路，使检测灵敏度和分辨率比激光陀螺提高了几个数量级，有效地克服了激光陀螺的闭锁现象。另外，与激光陀螺相比，光纤陀螺不需要光学镜的高精度加工、光腔的严格密封和机械偏频技术，易于制造，成本低。

传统的陀螺仪由于其高昂的价格、相对较大的体积，限制了其应用范围，尤其在需要低成本的民用领域。MEMS(Micro Electro - Mechanical Systems) 即微电子机械系统技术的兴起，使体积小、功耗低、成本低的微机电陀螺仪(MEMS 陀螺仪) 变为现实，并得到了迅速的发展，也使微机电陀螺仪的发展进入了新阶段。微机电陀螺仪是利用哥氏效应来检测角速度的。目前，微机电陀螺仪的发展方兴未艾，各种结构、检测方式以及加工手段的 MEMS陀螺仪也不断出现，精度也不断提高。

微机电陀螺仪的飞速发展，与其众多的优点是分不开的：可大批量生产，产量高、成本低；尺寸小，便于把电子线路集成在同一硅片上，从而降低噪声影响，提高抗干扰能力；机械性能好。单晶硅材料内部没有颗粒层，断裂点高；硅无磁性，抗电磁干扰能力强；硅迟滞小，从而使器件响应速度快，工作频带宽；功耗低，既可开环工作又可闭环工作。

另外，近年来，许多创新概念的陀螺技术也在不断涌现中。

4.2 Sagnac 效应

1913 年,法国物理学家 M. Sagnac 提出了采用光学方法测量角速度的原理,称为 Sagnac 效应,这一现象可由如图 4-1 所示的环形干涉仪来解释。

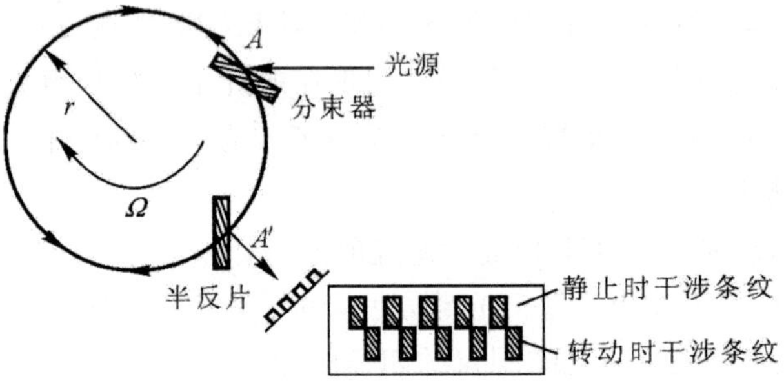

图 4-1 Sagnac 环形干涉仪

由光源发出的光经过分束器在 A 点被分解为沿顺、逆时针方向传播的两束光进入环形腔体。如果腔体相对惯性空间没有转动,则两束光在环路内绕一圈的光程是相等的,所需的时间为

$$t=\frac{2\pi r}{c} \tag{4.1}$$

式中,r 为环路的半径;c 为光速。

当腔体以角速度 Ω 绕垂直于光路平面的中心轴线旋转时,从 A 点出发的两束反向传播光束在环路内绕一圈的光程不再相同,因为光束出发的原始位置 A 点已沿顺时针方向移动到 A' 点了。

因此,沿顺时针方向传播的光束绕行一圈回到环路坐标系原处所需时间为

$$t^{+}=\frac{2\pi r+r\Omega t^{+}}{c} \tag{4.2}$$

而沿逆时针方向传播的光束再次回到原处所需时间为

$$t^{-}=\frac{2\pi r-r\Omega t^{-}}{c} \tag{4.3}$$

将式(4.2)与式(4.3)联立,可得

$$\Delta t=t^{+}-t^{-}=\frac{4\pi r^{2}\Omega}{c^{2}-r^{2}\Omega^{2}} \tag{4.4}$$

考虑到$(r\Omega)^{2}\ll c^{2}$,有

$$\Delta t\approx\frac{4\pi r^{2}\Omega}{c^{2}} \tag{4.5}$$

则顺时针、逆时针传播光束在环路内绕行一圈的光程差为

$$\Delta L = c\Delta t = \frac{4\pi r^2 \Omega}{c} = \frac{4S\Omega}{c} \tag{4.6}$$

式中，$S = \pi r^2$ 为环形光路所围面积。

图 4-1 中，顺、逆光束在环路内传播一周后通过半反片发生干涉，形成干涉条纹。光程差改变一个波长时，干涉条纹就移动一个条纹间距。由式(4.6)可知，光程差与腔体转动角速度成正比，因此干涉条纹的移动速度也与腔体转动角速度成正比，这一现象被称为 Sagnac 效应。式(4.6)是从圆形环路推导得出的，但可证明对任意形状的环路(如矩形、三角形等)都是正确的。

因此得出结论：在任意几何形状的闭合光路中，从某一观察点发出的一对光波沿相反方向运行一周后又回到该观察点时，这对光波的相位(或经过的光程)将根据该闭合环形光路相对于惯性空间的旋转情况而不同，其相位差(光程差)的大小与闭合光路的旋转角速率成正比。

式(4.6)说明两束光的光程差与干涉仪相对惯性坐标系的转动角速度 Ω 成正比，只要测出光程差，就能测得 Ω。

1925 年，麦克尔逊(Michelson)与盖勒(Gale)根据上述原理用矩形环路干涉仪测定了地球转动角速度。这个环形腔的面积为 $600 \times 300\ \text{m}^2 = 1.8 \times 10^9\ \text{cm}^2$，当 $\Omega = 15°/\text{h}$(地球自转角速度转化为 rad/s)时，可得

$$\Delta L = 0.174\mu \approx \frac{\lambda}{4} \tag{4.7}$$

式中，$\lambda = 0.7\mu$。

众所周知，光程差每差一个波长，干涉条纹就移动一个，以上结果说明只移动了 1/4 个条纹，这样的灵敏度是很差的。因此，Sagnac 干涉仪无法得到实用。

直到激光出现(1960 年)以后，使用环形谐振腔和频差技术或使用光导纤维和相敏技术大大提高了灵敏度，才使 Sagnac 效应从原理进入实用，前一途径用于激光陀螺，后一途径用于光纤陀螺。

4.3　激光陀螺仪

4.3.1　激光陀螺的工作原理

直到激光出现以后，把激光增益引入环形腔，做成激光振荡器，才极大地提高了对转动角速度测量的灵敏度，这种装置就是激光陀螺。

图 4-2 所示为带增益管的三角形谐振腔，增益管内是通电激发的氦-氖气体，它是激发能

源，因此谐振腔是有源腔。其中 M_1，M_2 是具有高反射率的多层介质平面膜片，M_3 是高反射率球面片，M_4 是具有高透射率的多层介质膜增透片。在通以适当的电流以后增益管处于受激状态。调整环路，并使光子靠近增益毛细管中心轴通过，则光子绕一圈后仍回到原处。端面镜片 M_4 使经过它的光子变成线偏振光，因此，光子绕一圈回原处相位差是 2π 的整数倍，各圈激发产生的光子同相位，叠加结果才使光强极大地加强而产生激光。

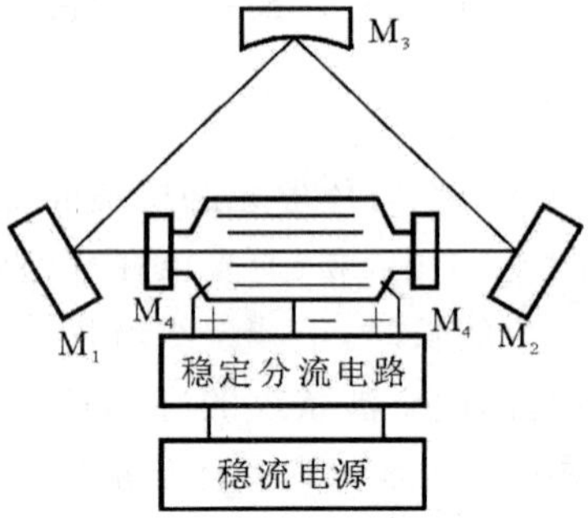

图 4－2　激光陀螺谐振腔示意图

与 Sagnac 干涉仪相似，在环形谐振腔中产生相反方向沿环路传播的两束激光，它们以同一频率沿顺时针和逆时针绕行环路。激光振荡频率为

$$\nu = q\,\frac{c}{2\pi r}$$

式中，q 为任意整数；$2\pi r$ 为激光谐振腔中来回一次的光程。对环形谐振腔来说，$2\pi r$ 应该用激光沿环路传播一周光程 L 来代替，则有

$$\nu = q\,\frac{c}{L} \tag{4.8}$$

当谐振腔在环路平面内以角速度 Ω 转动时，两相反方向传播的激光束的光程不同，这两束激光的谐振频率也就不同，产生一个频率差。以 ν_{CW}，L_{CW} 和 ν_{CCW}，L_{CCW} 分别表示顺时针和逆时针方向激光束的频率和光程，则

$$\left.\begin{aligned} \nu_{CW} &= q\,\frac{c}{L_{CW}} \\ \nu_{CCW} &= q\,\frac{c}{L_{CCW}} \end{aligned}\right\} \tag{4.9}$$

两激光束的频率之差 $\Delta\nu$ 称为频差，且

$$\Delta\nu = |\nu_{CW} - \nu_{CCW}| = \left| qc\left(\frac{1}{L_{CW}} - \frac{1}{L_{CCW}}\right) \right| = qc\,\frac{\Delta L}{L_{CW}L_{CCW}}$$

式中，ΔL 为两激光束在谐振腔中传播一周的光程差。由上式可得

$$\frac{\Delta\nu}{\nu} = \frac{qc\,\Delta L}{\nu L_{CW}L_{CCW}}$$

将式(4.8)代入上式得

$$\frac{\Delta\nu}{\nu} = L\,\frac{\Delta L}{L_{CW}L_{CCW}}$$

因为　　$\Delta L = L_{CW} - L_{CCW}，\quad L_{CW} = L + \dfrac{\Delta L}{2}，\quad L_{CCW} = L - \dfrac{\Delta L}{2}$

所以代入得

$$\frac{\Delta\nu}{\nu}=L\frac{\Delta L}{L^2-\frac{(\Delta L)^2}{4}}$$

由于 $L^2 \gg \frac{(\Delta L)^2}{4}$，因而可得

$$\frac{\Delta\nu}{\nu}=\frac{\Delta L}{L} \tag{4.10}$$

将式(4.6) 代入式(4.10)，可得

$$\Delta\nu=\frac{4S}{L\lambda}\Omega \tag{4.11}$$

式中，S 和 L 分别为环形谐振腔光路包围的面积和周长；λ 是谐振腔静止时激光的波长。它们均是常数，因此频差 $\Delta\nu$ 与 Ω 成正比，即

$$\Delta\nu=K\Omega \tag{4.12}$$

式中，$K=\frac{4S}{L\lambda}$，称为激光陀螺的标度因数。对周长 $L=400\text{mm}$ 的正三角形环路来说，波长用 $\lambda=0.632\ 8\mu$，可得

$$K=\frac{4S}{L\lambda}=2\ 120\text{Hz}/(°/\text{s}) \tag{4.13}$$

因此，测出频差 $\Delta\nu$ 就可算出角速度 Ω。

将式(4.11) 两边对时间 t 积分一次，可得拍频振荡周期数 N，它与转角成正比：

$$N=\int_0^t\Delta\nu\,\mathrm{d}t=\frac{4S}{L\lambda}\theta \tag{4.14}$$

用电子线路将每个振荡周期变成一个脉冲，通过检测 N 来求得 θ。如图 4-3 所示为测量角速度和角度的框图。

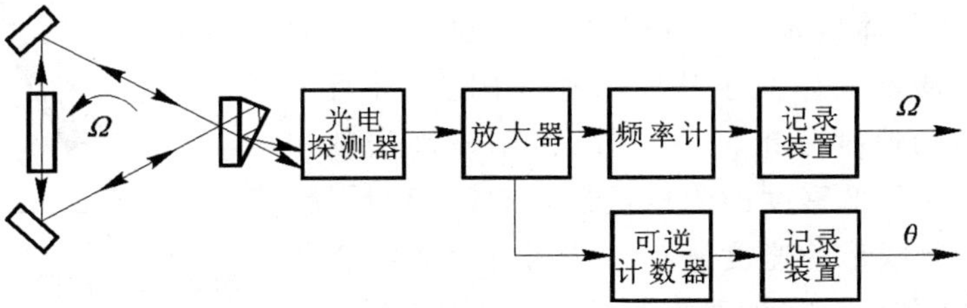

图 4-3　激光陀螺测量角速度和角度框图

式(4.13) 的标度因数也可使用其他单位，例如：

$$\frac{4S}{L\lambda}=2.12\times10^3\,\text{Hz}/(°/\text{s})=2.12\times10^3\,\text{pulse}/°=0.591\text{Hz}/(°/\text{h})=0.591\text{Hz}/(''/\text{s})=$$
$$0.591\text{pulse}/''=7.66\times10^5\text{ 脉冲 / 整周}$$

用上式规格的标度因数和地球自转角速度，求得

$$\Delta\nu = 0.591 \times 15 = 8.865\ \text{Hz}$$

这个数字可用仪器准确地测出，它是一个不小的值，仪器可以敏感到 0.005 Hz 以下。由此可见，一个周长为 40 cm 的激光陀螺比一个巨大的 $600 \times 300\ \text{m}^2$ 的环形干涉仪灵敏得多。

用频差与用光程差两种测量方法在灵敏度上的巨大区别，可从式(4.11) 与式(4.6) 直接比较得出。频差以 Hz 为单位(易准确到 0.1 Hz，实际上可准确到 0.005 Hz)，光程差以波长 λ 为单位(每个 λ 移动一个条纹，可估算到 $\lambda/10$)，得

$$\frac{\Delta\nu}{\frac{\Delta L}{\lambda}} = \frac{c}{L} = \frac{3 \times 10^8}{0.4} = 7.5 \times 10^8$$

可见灵敏度差别非常大，使用频差方法需要谐振腔。

4.3.2 激光陀螺的基本误差

激光陀螺的工作原理与机械陀螺有着根本的区别，因此两者的误差源亦完全不同。激光陀螺与普通的机电陀螺相比，它对许多误差源不敏感，如 g 和 g^2 效应、交叉耦合效应等，但它也带来了一些新的误差源。

1. 零偏误差

激光陀螺的零偏是指在输入角速度为零时激光陀螺仪的频差输出。一般用输出脉冲频率的平均值折合成输入角速度的大小来表示，其单位为 °/h。零偏本身是变化的，带有随机性质，它是衡量激光陀螺精度的一个重要指标。

产生零偏的原因很复杂，其主要原因是所谓的朗谬尔流效应。一方面，当气体激光器用直流电压激励时，直流放电的电子通过轰击激活气体原子从阴极流向阳极，并且沿截面具有近似均匀的速度分布。另一方面，阳极高密度积聚的激活气体原子又从低密度的阴极扩散，形成一种反流，并且沿截面具有抛物线形的速度分布。这两种分布综合作用，结果便形成朗谬尔流。在朗谬尔流的影响下，使两束相反方向传播的激光束在工作物质中的折射率不同，导致两束光绕行一周的光程不同，从而产生频差输出，这就是朗谬尔流效应引起的零偏误差。补偿朗谬尔流效应的方法就是在谐振腔中对称设置两个放电管，如图 4-4 所示。由于朗谬尔流是对称的，从原理上说，它们对绕行一周激光的影响彼此抵消。但实际上，由于制造误差，两边朗谬尔流不可能完全对称。

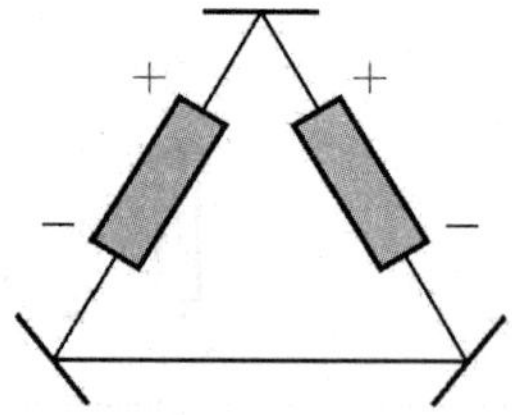

图 4-4 朗谬尔流效应补偿方法

“+”与“−”表示放电管的极性

此外，由多模耦合效应引起的非单模工作状态、沿激光管壁的温度梯度、自锁区不稳以及外界磁场也会造成零偏。

2. 标度因数误差

标度因数误差是指标度因数的实际值相对标称值的变化。在同一角速度输入之下，如果标度因数变化，将引起输出频差的变化，从而导致激光陀螺的测量误差。标度因数误差主要是由活性介质反常色散引起的模牵引效应和模排斥效应引起的。这种效应使得激光气体的折射率发生变化，导致输出频差 $\Delta\nu$ 发生变化，并且变化量与输入角速度 Ω 成比例，因此它的影响可归结为标度因数 K 的变化。在高精度激光陀螺中，须对反常色散的影响加以控制。

要保持标度因数不变，关键是要保持谐振腔形状和尺寸的稳定性，采用低膨胀系数材料做腔体，采用程长控制装置在一定温度变化范围内保持标度因数的稳定性。但在实践中，当温度发生较大变化时，程长控制系统不能完全补偿温度变化造成的程长改变，这时就必须以纵模跳模来适应较大的程长改变，跳模期间激光陀螺的测量误差较大。

3. 闭锁误差

闭锁效应主要是由沿相反方向传播的两束光之间的相互耦合引起的。在激光陀螺仪环形谐振腔中，用反射镜实现光束在环路中绕行，然而再好的反射镜也不可能做到完全反射，总存在着各个方向的散射，其中一部分将沿原来方向散射，这样，顺时针方向传播的光束的反向散射，正好耦合到逆时针方向传播的光束中去；反之亦然。由于两束光之间相互耦合，能量相互渗透，当它们的频差小到一定程度时，这两束光的频率就会被牵引至同步，以致引起输出信号闭锁。

消除闭锁效应的最直接途径是改善反射镜的制造工艺，提高反射镜的质量，减小散射。但事实证明激光反射镜的制造工艺受工业基础的限制，在一定的时期内不可能一下提高到理想的水平，而且更不可能做到 100% 反射率的反射镜。实践证明，采用偏频技术，即使激光陀螺的工作点远离锁区或大部分时间位于锁区之外，也能够有效地克服锁区产生的影响。

缩小锁区、消除锁区及采用各种偏频方法克服锁区的影响是研制激光陀螺最关键的技术。

4.3.3　激光陀螺的偏频技术

1. 恒速偏频

这种方法是人为地给激光陀螺的输入轴加一个大的恒定转速 $\Omega_{偏}$，$\Omega_{偏}$ 远大于锁区阈值 Ω_L。当外界输入速率 $\Omega_{转}$ 时，总的转速为 $\Omega=\Omega_{偏}+\Omega_{转}$，只要满足 $|\Omega|\geqslant|\Omega_L|$，$\Omega$ 就远离锁区的

线性段，如图 4－5 所示。只要测得频差 $\Delta\nu_{偏}+\Delta\nu_{转}$，减去 $\Delta\nu_{偏}$ 便得到 $\Delta\nu_{转}$，根据式(4.11)即可确定 $\Omega_{转}$。所加的恒定偏频可以用机械转动或等效转动的磁光效应来实现，这种偏频技术对恒定转速的稳定性要求苛刻，目前已极少研究。

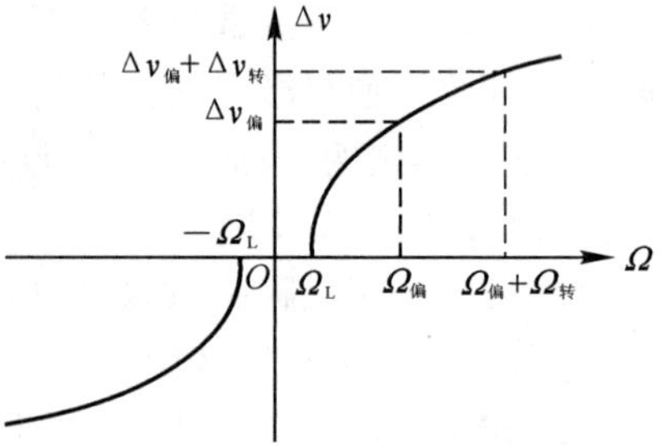

图 4－5 恒定偏频输入-输出特性

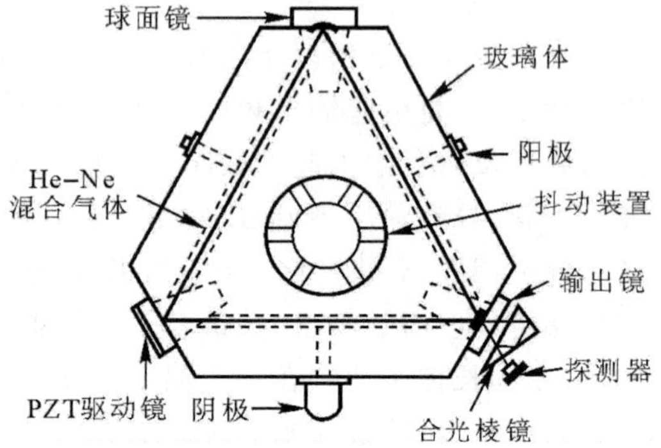

图 4－6 机械抖动激光陀螺结构图

2. 抖动偏频

抖动偏频是给激光陀螺加一机械抖动，使激光陀螺腔体绕陀螺敏感轴作小角度的周期振动。采用这种偏频方案的激光陀螺结构如图 4－6 所示。

机械抖动偏频信号采用得最多且最易实施的是正弦抖动信号，即抖动角速度为

$$\Omega_{偏}=\Omega_{d}\sin(\omega_{d}t) \tag{4.15}$$

式中，Ω_d 为抖动峰值速率；ω_d 为抖动角速率。

在该偏频方案中，采用抖动机构使谐振腔产生正弦变化的角速度，从而减小激光陀螺处于闭锁区的时间，其工作原理如图 4－7 所示。设计中 Ω_d 远大于闭锁阈值 Ω_L，使过锁区时间减小到陀螺精度要求的程度。由于偏频量 Ω_d 正负交替变化，经一个周期后偏频对脉冲计数的影响可正负相消，因此降低了对偏频系统稳定性的要求。

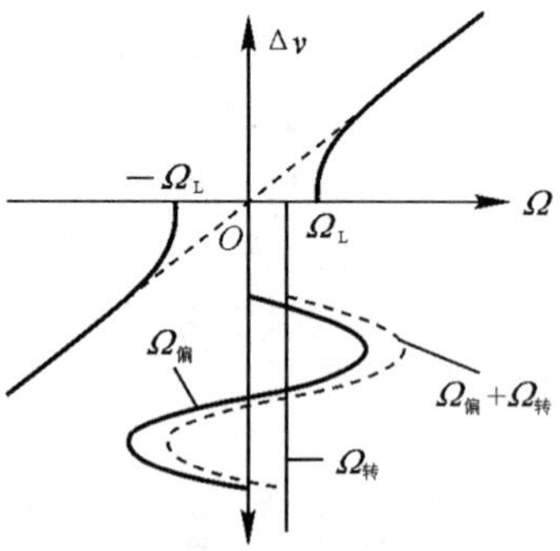

图 4－7 抖动偏频的作用原理

采用机械抖动偏频的激光陀螺的输入-输出特性曲线如图 4－8 所示，图中虚线部分为理想情况的特性曲线。可以看出加入抖动后，闭锁区消失，输入与输出基本成线性关系。虽然标度因数与理想情况相比略微偏大且出现了非线性，但分析结果表明，加入抖动偏频后的标度因数相对误差 $\Delta K/K$ 只在10^{-6} 数量级上，如图 4－9 所示，在导航级精度容许的范围内。

虽然机械抖动偏频是解决激光陀螺闭锁效应比较有效的方法，但是由于采用正弦波形的

抖动速度，因此在每个抖动周期内总有一段时间激光陀螺是处于锁区中，这时如果有小于闭锁阈值的角速度输入，陀螺将没有频差输出，即输出信号随机性地丢失，从而造成随机性的误差。为了克服这种现象，可以在抖动驱动幅度或抖动频率中增加随机噪声，从而消除附加锁区，但同时会使输出增加随机误差。

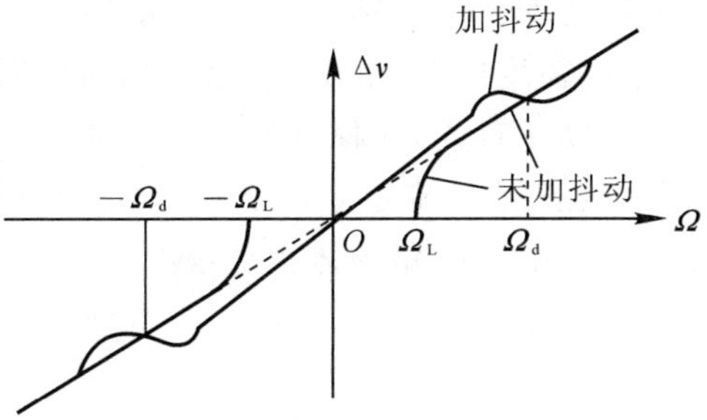

图 4-8　抖动偏频的输入-输出特性曲线

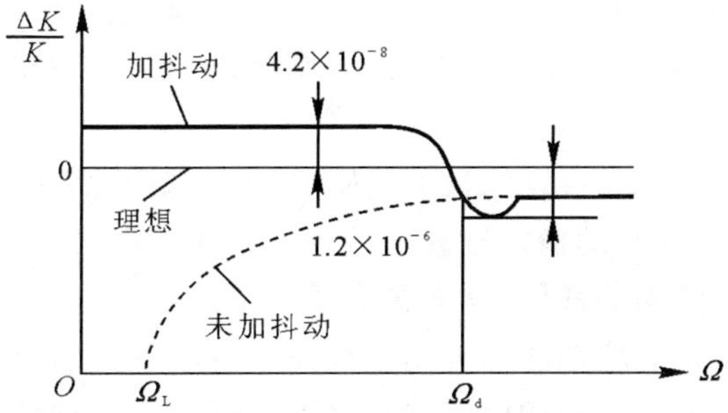

图 4-9　抖动偏频下的标度因数线性度

$\Omega_L = 300°/h$；$\Omega_d = 56°/h$；K— 理想标度因数；ΔK— 抖动与理想情况下标度因数差

目前，抖动偏频技术应用非常广泛。激光陀螺是捷联系统的理想惯性敏感器件，为了满足捷联惯导系统体积小、质量小的特点，由机械抖动偏频激光陀螺构成的三轴测量单元通常采用三轴整体式结构。这种结构方案是在一块腔体材料中加工出 3 个谐振腔，3 个谐振腔的敏感轴相互垂直，且 3 个敏感轴共用 1 个抖动机构。三轴整体式机械抖动激光陀螺具有体积小、质量小、结构简单及对准稳定性好等优点，因此应用比较普遍。

3. 速率偏频

速率偏频的实质是交变的恒定偏频，即将恒速偏频和交变偏频融为一体的产物。它将激光陀螺安装在高精度速率偏频台上，通过转台的大幅度周期性正反方向旋转，产生近似方波的恒定偏频速率而实现激光陀螺的偏频调制。这种方式使工作点由闭锁区迁移到灵敏度较高的线性区间上，正偏置工作半个周期，再负偏置工作半个周期，而且能够加长周期时间，减少过锁区出现的次数。因此，速率偏频一方面能够使激光陀螺长时间工作在锁区阈值以外并以极大速度穿过锁区，大大地减小了锁区随机游走误差；另一方面正反周期运动对激光陀螺形成交变作用，理论上正负抵消，均值为零。

这种偏频技术由于折中了恒速偏频不过锁区和抖动偏频抵消误差的优点，因此比其他偏频技术更具潜力，目前世界上超高精度的激光陀螺惯导系统均采用速率偏频技术。但是，速率偏频的实现在技术上具有很大难度。首先，应保证机械转台加工精度，尽量减小转轴的径向跳动；其次，对转台控制系统的要求也很高，转台应实现较高的速率平稳性、较短的换向时间和准确的换向位置；同时，要求转台以及电子线路的体积应小型化。

4. 四频差动

四频差动激光陀螺的工作原理是，在一个腔体中，运行着两对正交偏振态的顺时针、逆时针方向的光束，从而构成两个激光陀螺信号(每一对组成一个双频单陀螺)，并且它们的偏频量 $\Omega_{偏}$ 是一样的，当有输入转速 $\Omega_{转}$ 时，其中一个陀螺的输出是 $\Omega_{偏}+\Omega_{转}$，而另一个陀螺的输出是 $\Omega_{偏}-\Omega_{转}$，这样将两个陀螺的输出频差进行差动，则可以消去偏频量和锁区项，获得正比于转速 $\Omega_{转}$ 的频差信号，即

$$\Delta\nu = K(\Omega_{偏}+\Omega_{转}) - K(\Omega_{偏}-\Omega_{转}) = 2K\Omega_{转} \tag{4.16}$$

由于偏频量被消去，因此它的稳定性就不重要了。此外，由式(4.16)可以看出，四频差动激光陀螺的标度因数是单陀螺的两倍，从而提高了灵敏度。

图 4-10 所示为四频差动陀螺的示意图。环路中的水晶片有旋光效应，可以抑制线偏振光，产生左旋、右旋圆偏振光。一对顺时针、逆时针方向的左旋圆偏振光组成左旋单陀螺信号，同样，一对顺时针、逆时针方向的右旋圆偏振光组成右旋单陀螺信号。法拉第室(由磁环套着的光学玻璃片构成)通过法拉第磁光效应产生与转动效果相同的偏频量 $\Omega_{偏}$。水晶片与法拉第室的结合得到了两个单陀螺和相同的偏频量 $\Omega_{偏}$，实现了四频差动陀螺。

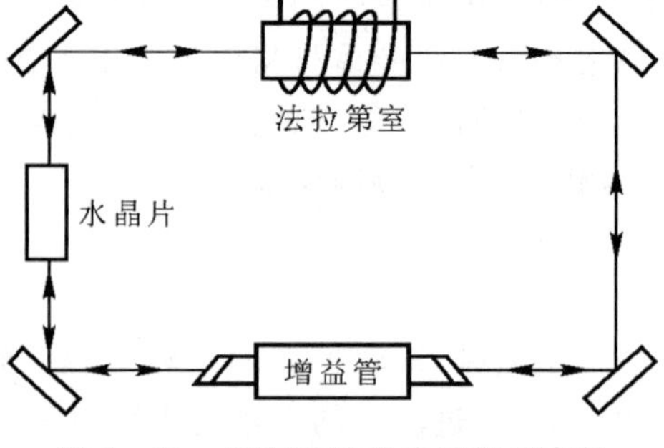

图 4-10　四频差动激光陀螺示意图

与单陀螺相比，四频差动陀螺的主要优点是，使用恒定偏频，不过锁区；使用法拉第效应，容易得到很大的偏频量，且偏频不稳定性的影响可以消除；精度比双频单陀螺高；动态范围大，标度因数的线性度也好。理论上，四频差动技术是非常理想的，但实际上却存在一定的难度。四频差动陀螺的缺点是腔内元件多、损耗较大、规格不易缩小，由于损耗大，量子噪声引起的零漂略大于单陀螺。此外，它的增益管对纵磁场很敏感，必须进行严格磁屏蔽，但是加磁屏蔽罩后的封装工艺较困难。

4.4　光纤陀螺仪

4.4.1　基本工作原理

光纤是利用光的全反射原理而做成的一种光导纤维。光纤陀螺的基本原理与萨格奈克(Sagnac)干涉仪相似，其基本光路系统如图 4－11 所示，由长度为 L 的光纤线圈(光纤缠绕在半径为 r 的环上)代替 Sagnac 干涉仪中圆形光路部分而构成。激光陀螺通过检测正反向传播的两束光的频差来获得转动角速度，而光纤陀螺是通过监测正反向的两束光的相位差来确定转动角速度的。就光纤陀螺仪基本原理而论，它仍是一种由单模光纤作光通路的 Sagnac 干涉仪。

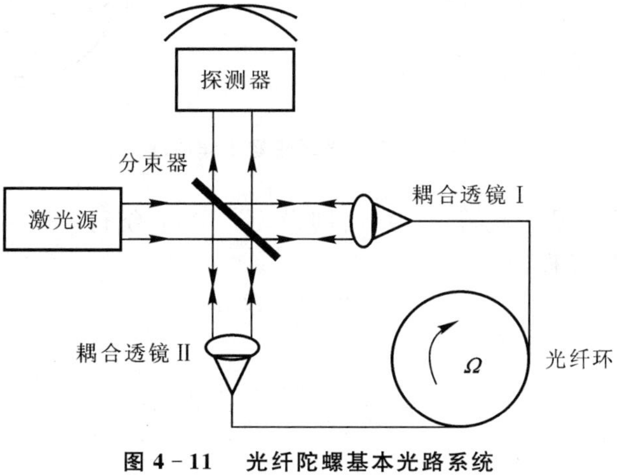

图 4－11　光纤陀螺基本光路系统

光源发出的光经分束器分为两束，这两束光分别从光纤线圈两端耦合进入光纤传感线圈，沿顺时针方向及逆时针方向传输，然后在分束器处汇合，并且产生干涉。如果光纤线圈处在静止状态，那么从光纤线圈两端出来的两束光的相位差为零。如果光纤线圈以角速度 Ω 绕其中心轴线作旋转运动，那么这两束光会由于 Sagnac 效应而产生相位差。

光纤陀螺仪的工作原理可以由图4-12(a)所示的圆形环路干涉仪来说明。该干涉仪由光源、分束板、反射镜和光纤环组成。光在 A 点入射,并被分束板分成等强的两束。反射光a进入光纤环,沿着圆形环路逆时针方向传播。透射光b被反射镜反射回来后又被分束板反射,进入光纤环,沿着圆形环路顺时针方向传播。这两束光绕行一周后,在分束板汇合。

先不考虑光纤芯层折射率的影响,即认为光是在折射率为1的媒质中传播的。当干涉仪相对惯性空间无旋转时,相反方向传播的两束光绕行一周的光程相等,都等于圆形环路的周长,即

$$L_a = L_b = L = 2\pi R$$

两束光绕行一周的时间也相等,都等于光程 L 除以真空中的光速 c,即

$$t_a = t_b = \frac{L}{c} = \frac{2\pi R}{c} \tag{4.17}$$

当干涉仪绕着与光路平面相垂直的轴以角速度 ω(设为逆时针方向)相对惯性空间旋转时(见图4-12(b)),由于光纤环和分束板均随之转动,相反方向传播的两束光绕行一周的光路就不再相等,时间也不再相等了。

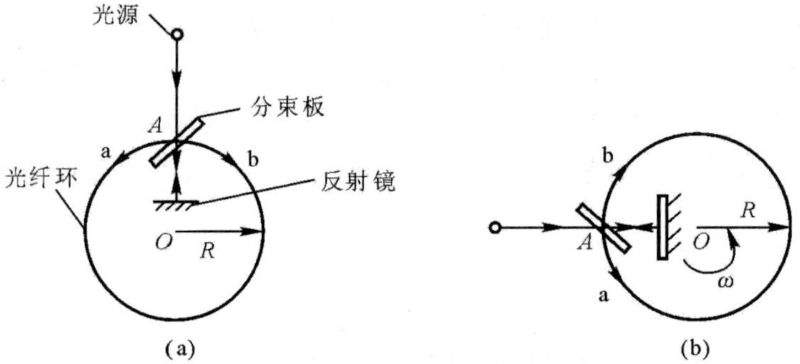

图4-12 光纤陀螺工作原理

逆时针方向传播的光束a绕行一周的时间设为 t_a,当它绕行一周再次到达分束板时多走了 $R\omega t_a$ 的距离,其实际光程为

$$L_a = 2\pi R + R\omega t_a$$

那么这束光绕行一周的时间为

$$t_a = \frac{L_a}{c} = \frac{2\pi R + R\omega t_a}{c}$$

由此得

$$t_a = \frac{2\pi R}{c - R\omega} \tag{4.18}$$

顺时针方向传播的光束b绕行一周的时间设为 t_b,当它绕行一周再次到达分束板时少走了 $R\omega t_b$ 的距离,其实际光程为

$$L_b = 2\pi R - R\omega t_b$$

那么这束光绕行一周的时间为

$$t_b = \frac{L_b}{c} = \frac{2\pi R - R\omega t_b}{c}$$

由此可得

$$t_b = \frac{2\pi R}{c + R\omega} \tag{4.19}$$

相反方向传播的两束光绕行一周到达分束板的时间差为

$$\Delta t = t_a - t_b = \frac{4\pi R^2}{c^2 - (R\omega)^2}\omega$$

这里 $c^2 \gg (R\omega)^2$，因此上式可近似为

$$\Delta t = \frac{4\pi R^2}{c^2}\omega \tag{4.20}$$

两束光绕行一周到达分束板的光程差则为

$$\Delta L = c\Delta t = \frac{4\pi R^2}{c}\omega \tag{4.21}$$

这表明两束光的光程差 ΔL 与输入角速度 ω 成正比。实际式(4.21)中的 πR^2 代表了圆形环路的面积，如用符号 S 表示，则式(4.21)显然与式(4.11)完全一致。

光纤芯层材料的主要成分是石英，其折射率为 1.5 ～ 1.6。设折射率为 n，当干涉仪无转动时，两束光的传播速度均为 c/n。当有角速度 ω(设为逆时针方向)输入时，两束光的传播速度不再相等。根据洛仑兹-爱因斯坦速度变换式，可得逆、顺时针传输的光的传播速度分别为

$$\left.\begin{aligned} c_a &= \frac{c/n + R\omega}{1 + R\omega/(nc)} \\ c_b &= \frac{c/n - R\omega}{1 - R\omega/(nc)} \end{aligned}\right\} \tag{4.22}$$

此时，光束 a，b 绕行一周的时间 t_a 和 t_b 应分别满足下列关系：

$$\left.\begin{aligned} t_a &= \frac{2\pi R + R\omega t_a}{c_a} = \frac{2\pi R + R\omega t_a}{\dfrac{c/n + R\omega}{1 + R\omega/(nc)}} \\ t_b &= \frac{2\pi R - R\omega t_b}{c_b} = \frac{2\pi R - R\omega t_b}{\dfrac{c/n - R\omega}{1 - R\omega/(nc)}} \end{aligned}\right\} \tag{4.23}$$

由式(4.23)得

$$\left.\begin{aligned} t_a &= \frac{2\pi R(nc + R\omega)}{c^2 - (R\omega)^2} \\ t_b &= \frac{2\pi R(nc - R\omega)}{c^2 - (R\omega)^2} \end{aligned}\right\} \tag{4.24}$$

不难发现，此情况下相反方向传播的两束光绕行一周的时间差 Δt 及光程差 ΔL，与真空中

的情况完全相同，即与光的传播媒质的折射率无关。

光纤陀螺仪可以说直接继承了萨格奈克干涉仪的原理，通过测量两束光之间的相位差即相移来获得被测角速度。两束光之间的相移 $\Delta\varphi$ 与光程差 ΔL 有以下关系：

$$\Delta\varphi=\frac{2\pi}{\lambda}\Delta L \tag{4.25}$$

式中，λ 为光源的波长。将式(4.21)代入式(4.25)，并考虑光纤环的周长 $l=2\pi R$，可得两束光绕行一周再次汇合时的相移为

$$\Delta\varphi=\frac{4\pi Rl}{c\lambda}\omega \tag{4.26}$$

以上是单匝光纤环的情况。光纤陀螺仪采用的是多匝光纤环(设为 N 匝)，两束光绕行 N 周再次汇合时的相移应为

$$\Delta\varphi=\frac{4\pi RlN}{c\lambda}\omega \tag{4.27}$$

由于真空中光速 c 和圆周率 π 均为常数，且光源发光的波长 λ 及光纤线圈的半径 R、匝数 N 等结构参数均为定值，因此光纤陀螺仪的输出相移 $\Delta\varphi$ 与输入角速度 ω 成正比，即

$$\Delta\varphi=K\omega \tag{4.28}$$

式中，K 为光纤陀螺标度因数，计算式为

$$K=\frac{4\pi RlN}{c\lambda} \tag{4.29}$$

式(4.29)表明，在光纤线圈半径一定的条件下，可以通过增加线圈的匝数即增加光纤的总长度来提高测量的灵敏度。由于光纤的直径很小，虽然长度很长，但是整个仪表的体积仍然可以做得很小，例如光纤长度为 500 ～ 2 500 m 的陀螺装置其直径仅 10 cm 左右。但光纤长度也不能无限地增加，因为光纤具有一定的损耗，典型值为 1 dB/km，而且光纤越长，系统保持其互易性越困难，所以光纤长度一般不超过 2 500 m。

4.4.2 光路的互易性及非互易性误差

由前述可知，利用环形干涉仪可实现 Sagnac 效应，通过测量 Sagnac 相位差可以获得输入角速度。在输入角速度为零时，两束干涉光波之间的相位差应为零，这需要光路结构具有互易性(Reciprocity)。互易性表示两束光波之间传播的互换性，用来描述从一个公共输入 / 输出端口进入干涉仪的传播光波不产生寄生相位差的光路特性。

在光纤陀螺中，互易性是指两相向传播的光波经过闭合光路后，传播解是互易的，它们具有相同的相位延迟和功率衰减。即从一个输入端口(见图 4-11)进入闭合环路的两束光波沿相反方向传播后返回到该端口，两束光波的幅度、相位和偏振仍相同。因此互易性是光波在光路中传播产生的，是光纤陀螺发展中为了控制误差而追求的，是光纤陀螺光路不断优化的

结果。

光路的互易性是光纤陀螺实现高精度角速率测量的基础。基于 Sagnac 干涉仪的光纤陀螺光路中相向传播的光波沿着数百米以上的光纤传播后才产生干涉，光路传播引起的相移（相位累积值）达到 $10^{8} \sim 10^{10}$ rad，而相位差的检测精度需要达到 $10^{-8} \sim 10^{-6}$ rad，相位的相对检测精度达到 $10^{-18} \sim 10^{-14}$ rad。因此，在整个光路中任何地方的任何因素对相向传播两束光波的不一致作用都可能导致陀螺误差。光纤陀螺的互易性包括光路结构、光电子器件的互易性以及信号调制和外部因素对光路互易性的影响。

① 光路的互易性首先是光路结构的互易性。光路结构保证了光源发出的光波从敏感线圈的互易端口进入，并从互易端口出来再到达探测器。这个结构还应该是最简单的结构，避免复杂的光路引入更多的误差。

② 光电子器件的互易性也很重要。光路的互易性需要其中的偏振器、滤波器和分束器加以保证。最常用的陀螺光路中，Y 波导和光纤线圈对光路的互易性至关重要，Y 波导既保证了输入、输出端口的互易性，也保证了偏振互易性，单模光纤线圈则保证了单模互易性。但在实际工程中由于器件的不理想，器件的互易性也不理想，会产生误差，如 Y 波导消光比不高和保偏光纤线圈偏振保持能力低都会引起偏振误差。

提高保偏光纤及所绕制的光纤线圈的偏振保持能力、减小光纤线圈的应力和非对称性以及纤芯的扭转、提高 Y 波导的偏振抑制能力，是减小光路非互易性误差的主要途径。

③ 信号调制对互易性的影响。光纤陀螺中需要进行相位的偏置调制和反馈调制，如果调制频率和线圈的本征频率不完全相同，则相位调制在解调周期内会产生非互易相位误差。

④ 外界因素对互易性的影响。外界因素大多对光路中光波参数有影响，间接地造成非互易性误差，如各种物理场对陀螺的影响。光纤陀螺可以通过提高光路的稳定性，尤其是在物理场下的稳定性，来提高它在物理场中的性能。

4.4.3　光路系统的基本组成

如上所述，构成一个光纤陀螺的光路系统，应满足 Sagnac 干涉仪工作条件和光路互易性条件，并采取灵敏度最佳化方法。也就是说，构成的光纤干涉仪光路系统达到互易性要求之后，还要求系统具有偏置和调制器，以实现非互易相移的测量。因此，光纤陀螺的光路系统，除包括光源、光检测器、偏振器和传感光纤线圈外，还应包括两个分束器和装在闭合光路一端的调制器。这种干涉仪是非理想情况下保证系统互易工作最基本条件的简单结构，故通常称之为“最简结构干涉仪”。图 4－13 所示是一种典型的“最简结构干涉仪”。

最简结构光纤陀螺的光路系统是研究光纤陀螺的基础，要实现高精度，则要在最简结构基础上采取一系列其他措施，以获得较大的信噪比。

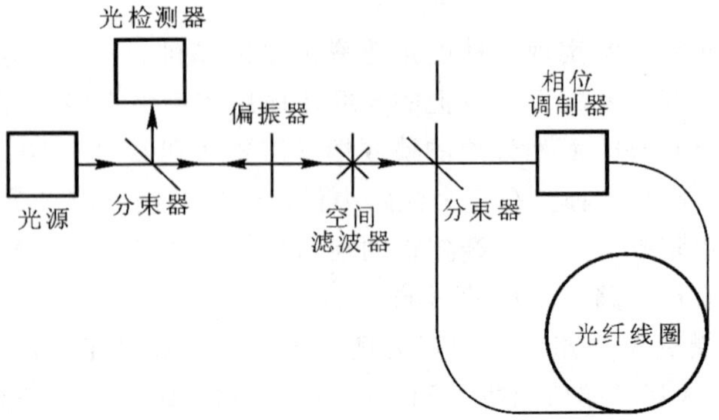

图 4-13 Sagnac 干涉仪的最简结构

4.4.4 光路系统的分类

1. 全光纤陀螺

所谓全光纤陀螺是相对分立光学元件而言，它是指构成光纤陀螺光路的所有器件都由光纤构成，并串接在一根光纤上，即由光源到光检测器组成一个光纤闭环光路。图 4-14 所示为全光纤陀螺的光路构成。为使此光路满足上述光路构成条件，即保证顺、逆时针传播的光以同一模式、经由同样光路传播，光路系统中采用了两个定向耦合器和保偏光纤圈，并引入偏振器以抑制偏振态变化引起的输出漂移。

全光纤陀螺可通过器件的高性能获得较高的整体性能，但工艺复杂，难度大，需要大量的光纤焊接和耦合对准。目前还找不到一种线性、宽频带的光纤调制器，从而难以实现光纤陀螺大动态范围的测量，使得其应用领域的扩展受到限制。

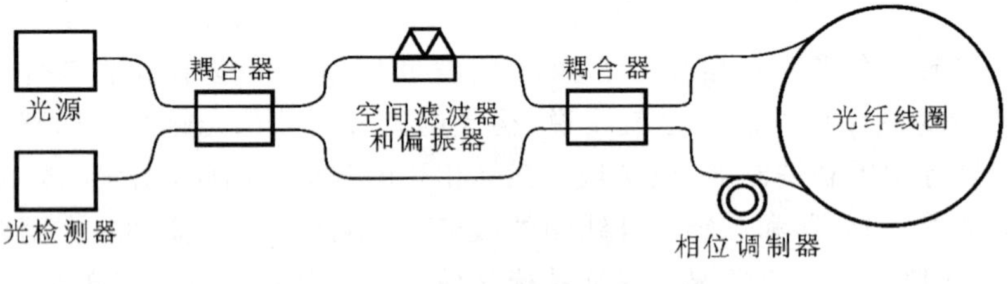

图 4-14 全光纤陀螺光路系统图

2. 集成光学光纤陀螺

图 4-15 所示为集成光学光纤陀螺光路系统，它利用集成光学波导技术，将光纤陀螺用的

功能器件(包括分光束器、偏振器和调制器)都集成在一块铌酸锂波导芯片上,使光纤陀螺的光路系统简化成由光源、光检测器、光纤线圈及波导芯片构成。它不仅为陀螺光路器件的密集和小型化提供了前提,而且在芯片上引入一个宽频带的电光调制器,通过可变周期 T 的锯齿波驱动,产生非互易相移直接补偿转动引起的相移,实现光学闭环,成为提高光纤陀螺标度因数稳定性和动态范围的主要技术手段。

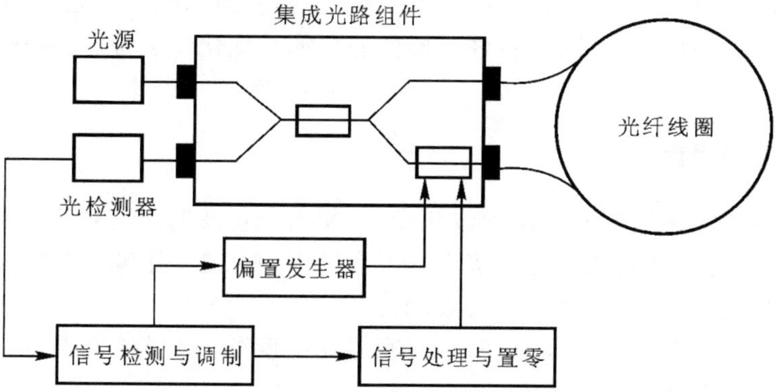

图 4-15　集成光学光纤陀螺光路系统图

3. 谐振腔型光纤陀螺

利用单模光纤构成环形谐振腔,通过检测光纤谐振腔中沿顺、逆时针传播的两光束之间由转动引起的谐振频差,实现转动速率的测量,即构成谐振腔型光纤陀螺。在该陀螺中,为了抵消谐振腔随温度变化和机械变化带来的影响,必须采用顺、逆时针传播的两路光,图 4-16 所示为谐振腔型光纤陀螺的基本光路系统。此外,还应采取各种措施抑制噪声,提高零点稳定性。

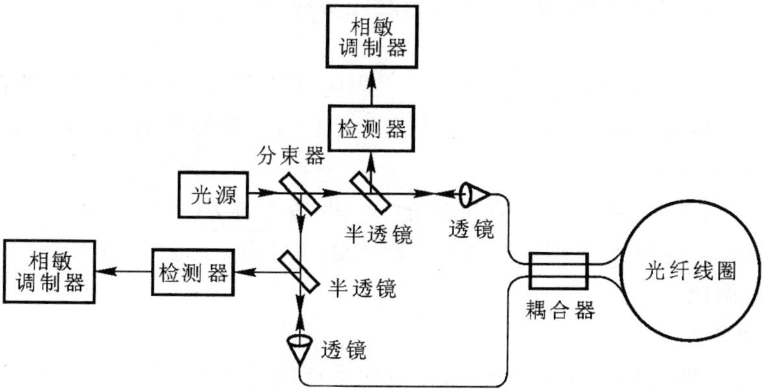

图 4-16　谐振腔型光纤陀螺仪光路系统图

4.4.5 误差来源及抑制措施

理想的互易特性是实现光纤陀螺高灵敏度、高精确度的关键。但在实际的光纤陀螺中，影响互易特性的因素很多，构成光纤陀螺的每个元件都是噪声源，而且存在各种各样的寄生效应，它们都将引起陀螺输出漂移和标度因数的不稳定性，从而影响光纤陀螺的性能。为了提高光纤陀螺的灵敏度和使用特性，除了各种元器件的选择及优化组装外，对系统中各种噪声源的抑制也是一大关键。

1. 光源和探测器噪声

光源是干涉仪的关键组件。光源的波长变化、频谱分布及输出光功率的波动，将直接影响干涉的效果。另外，返回到光源的光直接干扰了它的发射状态，引起二次激发，并与信号产生二次干涉，从而引起发射光强度和波长的波动。

探测器是检测干涉总效果的器件，除了探测器灵敏度外，调制频率噪声、前置放大噪声和散粒噪声都是它的主要噪声源。

光源噪声、探测器噪声等因素都将造成光纤陀螺的随机游走。为了减小上述噪声影响，除采用低损耗保偏光纤和输出功率高的光源外，还应改进光源的噪声特性及研制出高量子效率的探测器，以最大限度地抑制光纤陀螺内部产生的有害噪声。

2. 光纤线圈噪声

来自光纤线圈的噪声是光纤陀螺最大的噪声源。光纤线圈是敏感 Sagnac 相移的传感元件，同时又对各种物理量极为敏感。光纤的克尔效应、后向瑞利散射、法拉第效应与双折射效应都将使光纤线圈传输的光信息发生变化，引起陀螺噪声。

(1) 克尔效应

克尔(Kerr) 效应是一种非线性光学效应。当陀螺光纤环中两束反向传输光波的功率不同时，会引起各自传播常数的不同，从而导致非互易相位误差寄生在 Sagnac 相移中，对光纤陀螺的零偏稳定性产生影响。

可以采用下列方法限制克尔效应带来的误差：适当减小光功率密度；利用宽频谱光源 SLD(超发光二极管)；确保光纤环耦合器(或 Y 分支) 的 3dB 分光；改进 $NiNbO_3$ 集成光路的制作工艺，降低插入损耗。

(2) 后向瑞利散射

瑞利(Rayleigh) 散射归因于光纤内部介质密度或应力不均匀而导致折射率的不均匀性。位于光纤环中心一段长度为 L_c(光源相干长度) 的光纤产生的瑞利散射波和主波干涉，将引起不可忽略的漂移量，影响光纤陀螺的零偏稳定性。另外，光纤环中位置相互对称的两段光纤产生的散射波相互干涉，将产生二阶噪声。

抑制瑞利散射噪声的方法有多种，例如采用 SLD 等低相干性光源；采取适当的相位调制技术，即合理选择相位调制的幅度和频率；控制光束的偏振态及耦合器的耦合效率，平衡散射光的强度；降低光纤损耗。

(3) 法拉第磁场效应

光纤陀螺中光波的偏振状态受地磁场的影响而变化，这种变化与光的传播方向有关，称之为法拉第(Faraday)效应。法拉第效应造成光路的非互易，产生一个大约 10°/h 的角速度漂移误差。

采用保偏光纤(高双折射光纤)可以有效降低地磁场引起的漂移误差。对于高精度光纤陀螺而言，还需要通过提高光纤的均匀度、对光纤环施加磁屏蔽等措施以进一步降低法拉第效应误差。

(4) 双折射效应

光纤的双折射效应主要指光纤在应力作用下引起传输偏振态变化，造成干涉信号波动，使陀螺产生漂移。通常采用保偏光纤绕制光纤线圈，并在光纤光路中引入高消光比的偏振器或偏振控制器，可较好地解决双折射效应问题。

3. 光路器件噪声

为了构成光纤干涉光路、保证光路互易性以及灵敏度的最优化，在光路中引入了各种器件。然而，由于这些器件的性能不佳以及器件引入后与光纤的对接所带来的光轴不对准、接点缺陷引起的附加损耗和散射等，将产生破坏互易性的新因素。光路器件噪声中，比较主要的是偏振噪声和调制误差。

(1) 偏振噪声

在光纤陀螺中，偏振器的不理想、光纤线圈的偏振交扰以及其他器件的偏振波动效应等对光纤陀螺的零偏稳定性影响很大。可采取下列措施降低偏振噪声：提高偏振器消光比，降低保偏光纤和其他光学元件的偏振交扰；使光学元件采用统一的保偏尾纤，改善保偏光纤准直连接的精度；在光路中对光波进行精确的偏振控制。

(2) 调制误差

相位调制器可能造成光束的偏振态发生变化，即光束的偏振态也被调制。由于偏振器的作用，偏振态的变化将导致光路中的传输损耗增大，造成调制损耗。此外，在相位调制器中，还存在调制波形的畸变。调制损耗和波形畸变所造成的误差统称为调制误差。为了减小调制误差，必须保证调制频率尽量接近光纤环本征频率 $\omega=\pi/\tau_D$。其中，τ_D 为光纤的延时(也称光纤的渡越时间)。相位调制器的调制波形畸变要小于 $-80\sim-60$dB。

4. 温度误差

温度是引起系统漂移的重要原因。对于高灵敏度的光纤陀螺而言，克服温度的影响尤为重要。光纤线圈周围的温度场对光纤线圈的作用是不均匀的，这种作用的不均匀性常引起非互易相移的随机漂移。为减小温度引起的漂移误差,要采用温度系数小的光纤和被覆材料,并将光纤环精确绕成与中心对称;须对光纤线圈进行恒温处理,如用铅箔进行屏蔽并进行适当的温度补偿等。

另外,光纤陀螺中的光源和探测器的特性也受温度变化的影响。SLD 光源是对温度敏感的器件,它的输出功率随温度变化很大,这种波动是引起光纤陀螺仪漂移的主要原因。另外温度上升会使 SLD 输出的中心波长向长波方向移动,这种变化将影响闭环标度因数的稳定性。温度的变化会影响光电探测器的实际增益、暗电流噪声和负载电阻的热噪声,这些影响与光纤陀螺仪的漂移有较强的相关性。

4.5 微机电陀螺仪

4.5.1 微机电陀螺仪概述

20 世纪 80 年代初,在微米 / 纳米(分别为10^{-6} / 10^{-9} m 量级) 这一前沿技术背景下,微机电系统得到了人们的广泛关注,惯性技术领域也经历着一场深刻的革命。微机电系统是电子和机械元件相结合的微装置或系统,采用与集成电路(IC) 兼容的批加工技术制造,尺寸可在毫米到微米量级范围内变化,功能上则结合了传感和执行功能,并可进行运算处理。微机电陀螺仪是利用微机电技术制作的陀螺仪,它的出现是微机电技术中具有代表性的一项重大成果,更带来了惯性技术领域的一次新变革。它是通过采用半导体生产中成熟的沉积、蚀刻和掺杂等工艺,将机械装置和电子线路集成在微小的硅芯片上来完成的,最终形成一种集成电路芯片大小的微型陀螺仪。

与现有机械转子式陀螺仪或光学陀螺仪相比,微机电陀螺仪主要特征有体积和能耗小;成本低廉,适合大批量生产;动态范围大,可靠性高,可用于恶劣力学环境;准备时间短,适合快速响应;中低精度,适合短时应用或与其他系统组合应用。

微机电陀螺仪是基于哥氏效应工作的,质量块在激励力的作用下在某一轴向产生振动(参考振动),当质量块绕其中心轴(也称为输入轴) 旋转时,在与振动轴、角速度输入轴正交的另一方向(也称为输出轴) 就会产生哥氏力,哥氏力的大小与振动速度、输入角速度乘积成正比,检测出哥氏力的大小和方向就可以检测出输入角速度的大小和方向。微机电陀螺仪种类众多,目前大部分都利用振动元件来敏感旋转运动。振动式微机械陀螺仪按振动结构、材料、驱动方式、检测方式、工作模式和加工方式等方式进行划分,可以分为以下几种类型。

(1) 振动结构:可分为线振动结构和角振动结构,常用的包括振梁结构、双框架结构、平面对称结构、横向音叉结构、梳状音叉结构和梁岛结构等。音叉式结构是典型的利用线振动来产生陀螺效应的;双框架结构是典型的利用角振动来产生陀螺效应的。

(2) 材料：可分为硅材料和非硅材料。其中，在硅材料陀螺仪中又可以分成单晶硅陀螺仪和多晶硅陀螺仪；在非硅材料中包括石英材料陀螺仪和其他材料陀螺仪。

(3) 驱动方式：可分为静电驱动式、电磁驱动式和压电驱动式等。

(4) 检测方式：可分为电容性检测、压阻性检测、压电性检测、光学检测和隧道效应检测。

(5) 工作方式：可分为速率陀螺仪和速率积分陀螺仪。

(6) 加工方式：可分为体微机械加工、表面机械加工和 LIGA 加工方式等。

目前，微机电陀螺仪与液浮、气浮机械陀螺和激光、光纤等光学陀螺相比，在性能方面还有差距，还处于中、低精度的范畴，但其性能发展迅速。据预测，微机电陀螺仪的性能极限为 0.01°/h。可以预见，随着微机电陀螺仪性能的不断提高，它们将会投入到更多的军事和商业应用中。

4.5.2　微机电陀螺仪工作原理

目前大部分微机电陀螺仪都采用振动式结构。现在用图 4 - 17 来解释振动陀螺的工作原理。质量块 P 固连在旋转坐标系的 xOy 平面，假定其沿 x 轴方向以相对旋转坐标系的速度 $\boldsymbol{V}$ 运动，旋转坐标系绕 z 轴以角速度 $\boldsymbol{\omega}$ 旋转。因哥氏效应产生的作用在质量块 P 上的哥氏力为

$$\boldsymbol{F}_{\text{cor}} = 2m(\boldsymbol{V} \times \boldsymbol{\omega})$$

式中，m 为质量块 P 的质量。可以看出哥氏力 F_{cor} 直接与作用在质量块 P 上的输入角速度成正比，并会引起质量块在 y 轴方向的位移，获得该位移的信息也即获得输入角速度的信息。

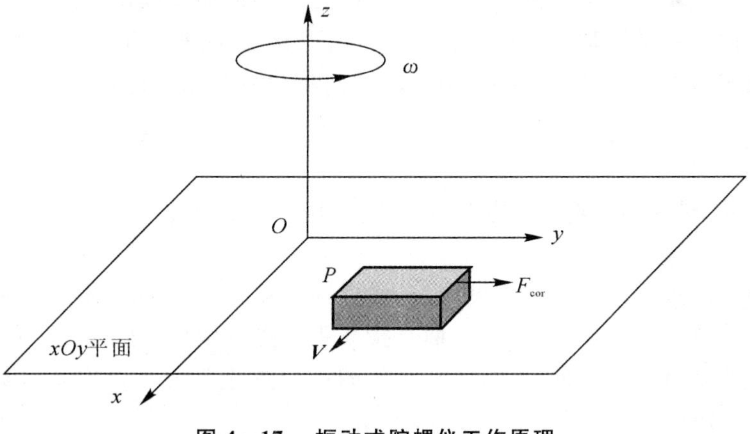

图 4 - 17　振动式陀螺仪工作原理

概而言之，振动陀螺的振动部件受到驱动而工作在第一振动模态(又称驱动模态，如图中质量块 P 沿 x 轴运动)，当与第一振动模态垂直的方向有旋转角速度输入时(如图沿 z 轴的旋转角速度)，振动部件因哥氏效应产生了一个垂直第一振动模态的第二振动模态(又称敏感模

态,如图质量块沿 y 轴产生的位移),该模态直接与旋转角速度成正比。各类不同结构形式的振动陀螺实际上都是运用了这种工作原理。

图 4-18 所示为采用双端音叉式结构的振动陀螺仪工作原理框图。

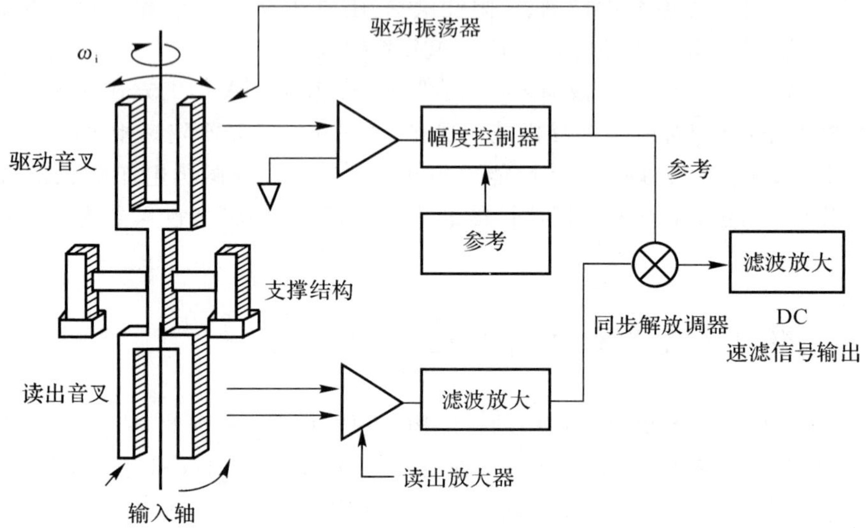

图 4-18 双端音叉式振动陀螺仪工作原理框图

驱动音叉被激励以其自然频率左右振动,当振动元件绕其垂直轴旋转时,音叉受到哥氏力的作用产生一个垂直于音叉平面的振动,这个哥氏力运动传递到读出音叉,使读出音叉垂直于音叉平面振动。读出音叉振动的幅度正比于驱动音叉运动的速度和外加角速度,通过制作在该音叉上的电极来检测,被检测的信号经过放大、同步检波和滤波得到一个正比于输入角速度的直流电压输出。

4.5.3 微机电陀螺仪的微弱信号检测方式

微机电陀螺仪的关键技术主要有两个:一是微加工技术;二是微弱信号的检测技术。由于微机电陀螺仪在检测方向的振动很微弱,而且检测手段受到微机电陀螺仪空间大小的限制,因而振动检测方式非常重要。目前,微机电陀螺仪的检测方式主要有电容式、压电式、压阻式以及隧道式等,现在逐一加以介绍。

1. 电容检测方式

电容检测式微机电陀螺仪直接检测在振动方向上的振动位移。在陀螺仪中固定一极板,同时在振动弹性体垂直检测振动方向的表面上制作随弹性体振动的极板,通过检测两极板间

的电容变化得出弹性体的振动位移。两极板间的电容为

$$C=\frac{\varepsilon S}{4k\pi d} \tag{4.30}$$

式中，ε 为介质介电常量；d 为极板间距；S 为极板的有效面积；k 为静电力常量。测量出电容的变化，根据式(4.30)就可以得出极板间距的变化，从而得出弹性体的振动位移。

电容检测式微机电陀螺仪一般不需要额外的加工步骤就能制造出电容器，具有温度漂移小、灵敏度高和稳定性高等优点。但是由于检测质量微小，产生的哥氏惯性力很微弱，这使得极板间距变化非常微小，导致电容的变化量也非常微小，因此输出电压很小；并且当检测扭转振动时，极板间距和极板的有效面积都会发生变化，从而影响测试精度。

2. 压电检测方式

压电检测方式是利用扩散在弹性体上的压电晶体的压电效应检测出弹性体在检测方向上振动所对应的应力，从而检测出在检测方向上的振动来测量角速度的。当仅考虑一个方向存在应力时的压电方程，并结合电容和电量的关系可得

$$U=\frac{d\sigma}{C} \tag{4.31}$$

式中，σ 为沿晶轴 z 方向施加的应力；d 为压电系数；U 为压电晶体端的电压；C 为压电晶体的等效电容。

从式(4.31)可知，如果测量出压电晶体两端的电压，就可以得到晶体内部应力的大小，从而计算出弹性体检测方向的振幅，进而得出被测物体的角速度。压电检测式微机电陀螺仪具有体积小、动态范围宽等优点。但是由于压电系数受温度影响大，导致该类型陀螺仪的温度漂移大，需要进行温度补偿，增加了制作工艺的难度。

3. 压阻检测方式

当微机电陀螺仪工作时，分布在检测方向的压阻条随着弹性体的振动其内部应力改变。由于压阻效应，压阻条的阻值将会发生改变。通过适当的外部电路将电阻变化转化成电压就能够测量出角速度的大小。压阻式微机电陀螺仪具有固有频率高、动态响应快和体积小等特点。根据压阻效应，电阻的变化率为

$$\frac{\Delta R}{R}=\pi\sigma \tag{4.32}$$

式中，π 为压阻系数；σ 为应力。从式(4.32)可以看出，材料的压阻系数直接影响该检测方式微机电陀螺仪的测量精度，但是由于材料的压阻系数比较小，且受环境温度影响较大，因而基于压阻效应的微机电陀螺仪灵敏度比较低，温度漂移比较明显。

4. 隧道检测方式

隧道检测式微机电陀螺仪是近年发展起来的一种新型微陀螺仪，它利用隧道电流对位移变化的敏感性来检测角速度。在隧道间距很小时，隧道电流与隧道间距的关系为

$$\Delta I=\frac{\alpha\sqrt{\varphi}V}{R}d \tag{4.33}$$

式中，ΔI 为隧道电流；α 为常数；φ 为隧道有效势垒高度；d 为隧道电极的间距；V 为偏置电压；R 为隧道结等效电阻。可以近似认为，电流变化量与隧道间距变化量成线性关系，只要检测出电流变化量的大小，就能够测量出隧道间距变化量的大小，从而测量出角速度的大小。

4.6 新概念陀螺仪

在过去的几十年里，许多创新性技术在陀螺应用领域也得到了理论和实验的探索。通常情况下，由于这些技术不仅复杂，而且代价昂贵，所以只将它们应用于特定的科学领域，如大地测量学和广义相对论导等的研究中。本节将对几个角速率测量中最有发展前景的新概念陀螺仪技术进行简要的介绍和阐述。

4.6.1 核磁共振陀螺仪

一些同位素的原子核具有非零的总自旋角动量和一个与角动量平行的磁矩。如果这些原子核存在于一个与该磁矩不平行的外部磁场中，那么自转轴就会绕外磁 $\boldsymbol{B}_0$ 方向产生进动，该进动就是拉莫尔进动，其特征频率计算公式为

$$\omega_{\mathrm{NMR}}=\gamma_g B_0 \tag{4.34}$$

式中，γ_g 是回旋磁比，即转动力矩和磁矩之间的比率，取决于特定的同位素；频率 ω_{NMR} 是核磁共振(NMR) 频率，该频率可以通过很多技术来测量，光学方法就是其中之一。

单核磁矩的幅值特别小，在热平衡的条件下，可在原子系统中建立一随机磁矩方向。可用不同的技术确定一组原子中沿特定方向上主要核磁矩的方向。在这样的情况下，可观测拉莫尔进动，测量出 NMR 频率。

NMR 频率可敏感转动，因此 NMR 陀螺仪的原理就是测量由转动引起的 NMR 频移。由于 NMR 频率取决于所用磁场，所以在 NMR 陀螺仪中至少采用两种具备不同 γ_g 的旋转运动来抵消 NMR 频率对应用磁场的依赖。

核磁共振陀螺仪的基本结构如图 4-19 所示。该传感器敏感绕 z 轴的旋转，它的主要器件是 NMR 核，包括铷蒸夕、^{129}Xe 和 ^{83}Kr、光源、光电检测器、一组磁屏蔽装置和一组磁场线圈。

磁屏蔽装置是用来防止外界的磁场对磁场线圈产生磁场扰动，这些线圈产生一个沿 z 轴的直流磁场及两个沿 x 轴和 y 轴的交流磁场。

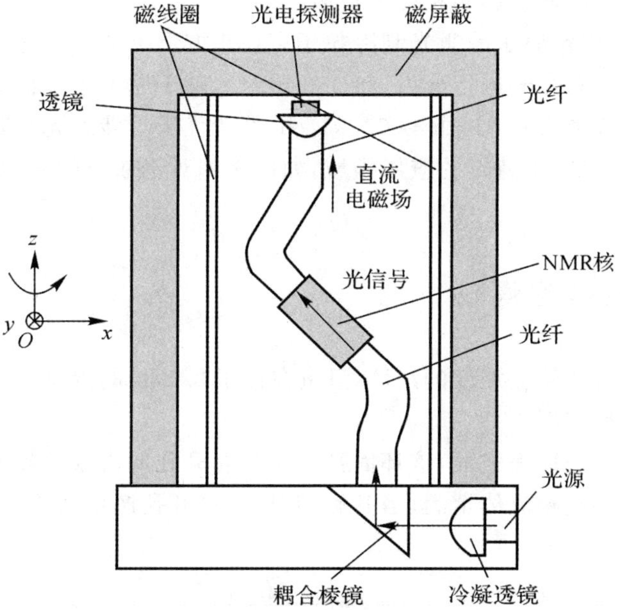

图 4-19　核磁共振陀螺仪的结构

NMR 单元采用圆偏振光信号，该信号中沿 z 轴的分量，使铷原子核磁沿直流磁场形成阵列。根据旋转交换过程，铷原子核磁矩被传递给 ^{129}Xe 原子和 ^{83}Kr 原子。当沿着两个方向上的交流磁场与直流磁场正交时，^{129}Xe 和 ^{83}Kr 旋转轴的拉莫尔进动就会产生。

近年来，一种 K-^{3}He 陀螺仪已得到实验验证，该陀螺仪采用拉莫尔进动的光学激励，同时具有光学检测仪来观测转动引起的 NMR 频移。这类陀螺仪分辨率的范围在(0.1～0.01)°/h 之间，与氦-氖环形激光陀螺仪和干涉式光纤陀螺仪的分辨率大致相同。

由于核磁共振陀螺仪是一种复杂且昂贵的设备，同时其小型化很难实现，因此现阶段，在高精度陀螺仪市场中，这类陀螺仪仍无法与其他陀螺仪相抗衡。

4.6.2　原子干涉陀螺仪

萨格纳克效应不仅适用于光子，而且适用于其他大质量粒子，如原子、中子和电子。在旋转干涉仪中，两个反向传播原子束之间的相移 $\Delta\varphi_a$ 的计算公式为

$$\Delta\varphi_a = 2\,\frac{m}{h}(\Omega A) \tag{4.35}$$

式中，h 是简化的普朗克常量；m 是粒子质量；Ω 是干涉仪的角速率；A 是粒子束反向传播路径面积。通过比较具有相同面积的原子干涉仪和光学干涉仪，可知原子干涉仪中由旋转产生的相移比光学干涉仪中由旋转引起的相移大很多。

这类陀螺仪中，两束铯原子的激光制冷粒子束在正方形干涉仪中进行传播，干涉仪中的粒子束被喇曼跃迁激发的双光子进行分束、转向和重组。基于原子干涉仪的陀螺仪非常复杂，造价昂贵。其分辨率的范围为 0.01°/h ～ 0.001°/h，性能优于干涉式光纤陀螺仪和氦-氖环形激光陀螺仪。因此，它仅局限于特定的应用领域，如广义相对论效应的实验证明或需要一些突出性能的工作场合。

4.6.3 超流体陀螺仪

超流体是指不具备任何黏滞度的液体，^{4}He 在低于 2.17K 的温度下以超流体的形式存在，这是超流体的一个典型实例。

超流体陀螺仪由一个环面组成，该环面被一个具有开孔的内壁分隔开，开孔的有效宽度为 l（见图 4-20）。该环面被超流体填满，当其旋转时，通过开孔产生逆流。流过开孔的超流体速度的计算公式为

$$v_{ap} = -2\frac{\Omega A_t}{l} \tag{4.36}$$

式中，A_t 是超流体环面旋转的面积；Ω 是环面旋转角速率。通过监测开孔超流体的速度就能估计出环面运动的角速率。

该类陀螺仪最主要优点是其具有长时间的稳定性。

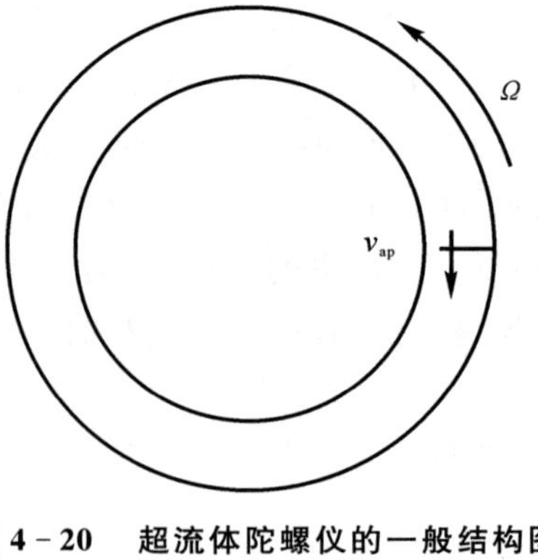

图 4-20 超流体陀螺仪的一般结构图

4.7 陀螺定向装置

4.7.1 陀螺地平仪

主轴始终沿着地垂线的陀螺仪称为陀螺地平仪。陀螺地平仪是利用陀螺仪特性测量载体俯仰和倾侧姿态角的仪表。例如，为了在飞行器上测量飞行姿态，必须在飞行器上建立一个地垂线或地平面基准。利用陀螺仪的定轴性，使转子轴稳定在地垂线上就可以得到这一基准。但是陀螺仪不能自动找到地垂线使转子轴稳定在地垂线上，而且由于内、外环轴上的摩擦力矩使陀螺仪转子轴产生漂移，因此必须解决陀螺仪转子轴能自动找到地垂线而且始终稳定在地垂线上的方法。

摆具有敏感地垂线的特性，但受到加速度干扰时会产生很大的误差。如果将陀螺仪与摆式敏感元件结合在一起，就可以解决上面的问题。陀螺地平仪就是陀螺仪与摆结合在一起的仪表。它以陀螺仪为基础，用摆式敏感元件和力矩器组成的修正装置对陀螺仪进行修正，使陀螺仪的转子轴精确而稳定地重现地垂线。

图 4-21 是飞机上陀螺地平仪的结构原理图。陀螺地平仪由双自由度陀螺仪、摆式敏感元件、力矩器和指针刻度盘等组成。

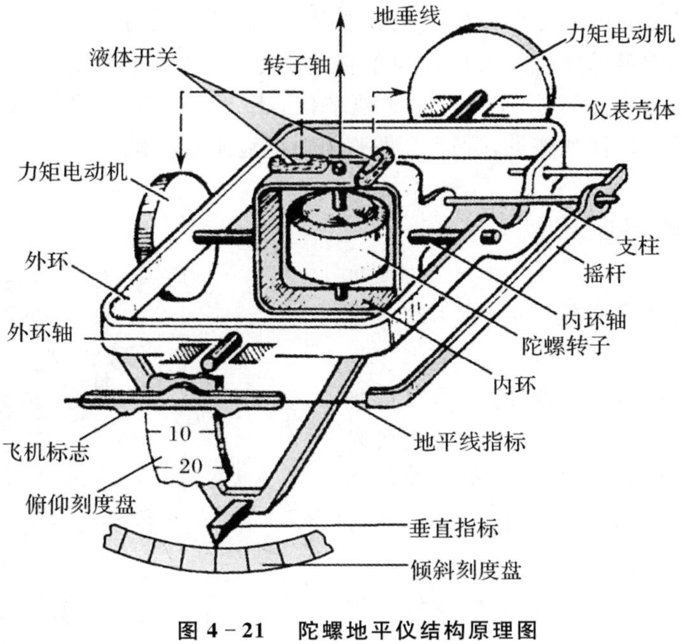

图 4-21　陀螺地平仪结构原理图

陀螺外环轴平行于飞机纵轴安装。飞机俯仰或倾侧时,仪表壳体随之转动,而陀螺自转轴仍然重现地垂线,通过指示机构中飞机标志相对地平线的位置,直观而形象地显示出飞机的姿态。

装在陀螺仪内环轴上的液体开关是一种摆式敏感元件,是具有摆的特性和电路开关特性的气泡水准仪。密封容器内装有特殊导电液体并留有气泡,还装有相互绝缘的电极。液体开关感受陀螺仪转子轴相对地垂线的偏差,并将它变成电信号,经放大器放大后分别送给装在内、外环轴上的力矩器(力矩马达),产生修正力矩,使陀螺仪转子轴始终沿地垂线方向。修正系统,采用交差修正方式:主轴相对地垂线绕内环轴有偏角时,在外环轴施加修正力矩,反之亦然。

修正速度一般为每分钟几度。由于缓慢修正,当飞机加速度干扰引起液体开关的液面倾斜时,在短时间内错误修正仅引起自转轴偏离地垂线一个很小的角度。而且,当飞机线加速度或盘旋角速度超过一定值时,会自动切断相应的修正电路,以消除错误修正,提高抗干扰能力。仪表启动前陀螺自转轴处于随意位置,为使自转轴快速重现地垂线,启动时可加大修正力矩或靠锁定装置把自转轴锁在地垂线方向上。

为了防止俯仰角为 90° 时外环轴与自转轴重合而使陀螺仪表失去正常工作条件,歼击机地平仪中增设了随动环,将陀螺转子和内外环都安装在随动环上,而随动环轴平行于飞机的纵轴安装。飞机作任何姿态的机动飞行,随动环都能保证自转轴、内环轴和外环轴三者正交,从而使俯仰角和倾侧角的显示范围均可达到 360°。

陀螺地平仪分为直读式与远读式两种。直读式直接通过表的指示机构表示飞机姿态。远读式通过装在陀螺仪上的传感元件输出飞机姿态信号,由远距传输系统送到地平指示器进行显示。这种带有信号传感元件的陀螺仪称为垂直陀螺,它作为姿态传感器可向各机载系统提供飞机俯仰和倾侧角信号。歼击机用直读式地平仪,当飞机爬升时,飞机标志移到地平线下方,俯冲时则相反,不符合直观感觉,远读式地平仪则能克服这一缺点。

4.7.2 陀螺寻北仪

主轴水平并指某确定方位(如北向)的陀螺仪称为陀螺方位仪。

自由陀螺可短时作为方位仪使用,也可以加方位修正系统,其敏感元件是磁针,因而构成陀螺磁罗盘,其结构如图 4-22 所示。由于磁针指北性能易受干扰,陀螺磁罗盘主要用于方位精度要求不高的场合。

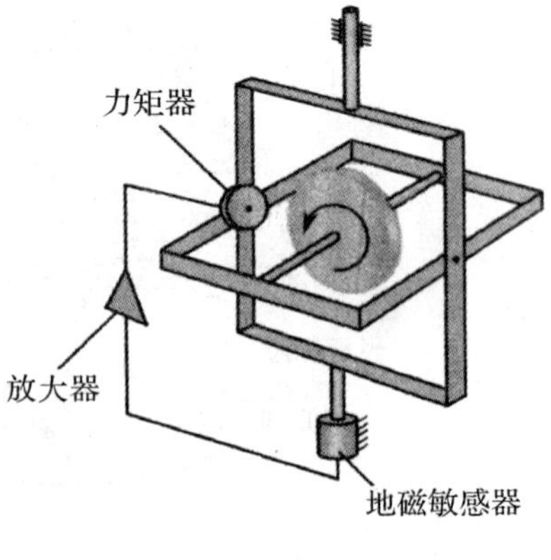

图 4-22 陀螺磁罗盘示意图

现在介绍能快速指向北向方位的高精度惯

性仪器 —— 陀螺寻北仪。

陀螺寻北仪也称为陀螺罗经(Gyro - Compass)，是能自动指北的陀螺仪器。

经典陀螺寻北仪的原理是由于地球自转，地球上(北半球)的北向不断西偏。如果赋予陀螺下摆性，并将主轴抬高一小角 β^*(一般为几个角分)，则在重力矩作用下，主轴向西进动，并将追上北向而永远指向北，其过程如图 4-23 所示。抬高角的最佳值 β^* 是依靠地平面的“西升东落”效应而自动达到的。

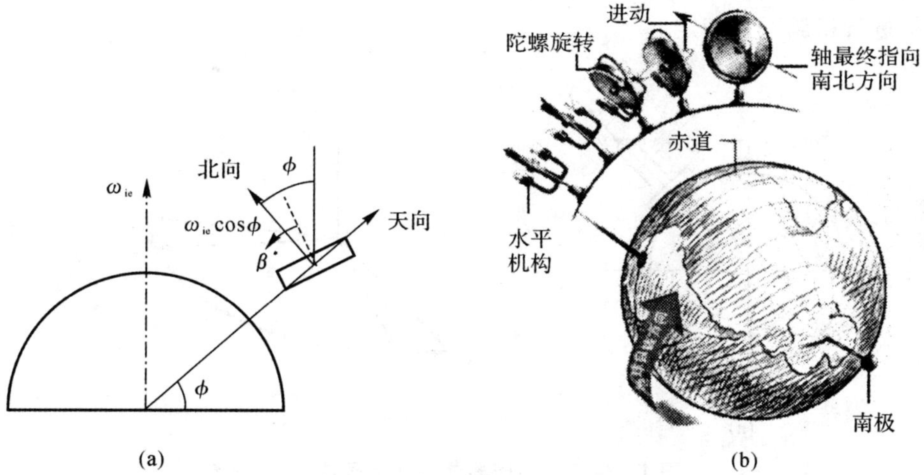

图 4-23　经典陀螺寻北仪示意图

1. 单轴速率陀螺寻北仪基本原理

下面以单轴陀螺寻北仪为例阐述寻北仪的工作原理。由于寻北方案和解算方式的不同，根据陀螺仪的基准面是否水平，介绍了理想情况下的二位置寻北方案、四位置寻北方案和连续转动寻北方案，以及非理想情况下(即基准面倾斜)寻北方案。

在实际工程应用中，虽然陀螺寻北解算的方式各有不同，但其基本原理都是一样的。假定陀螺的敏感轴在水平面内，且与载体纵轴方向一致。它通过敏感地球自转角速度在地理坐标系中的水平分量，便可以解算出载体纵轴向与真北的夹角或直接确定北向所在的方位。即取陀螺坐标系为 $Oxyz$，取当地地理坐标系 $OENU$ 为参考坐标系，xOy 与 EON 平面重合(采用水平调节方法实现)，Oy 与 ON(Ox 与 OE)之间错开了 ψ 角，ψ 称为偏北角，即陀螺敏感轴正向与真北方向的夹角，如图 4-24 所示。

在地球上任一纬度 ϕ，如图 4-24 所示，陀螺相对惯性空间的输出表达式为

$$\omega(t)=\omega_{ie}\cos\phi\cos\psi+\varepsilon(t) \tag{4.37}$$

式中，ω_{ie} 为地球相对惯性空间的自转角速度矢量，平行地轴，北向为正；$\varepsilon(t)$ 为陀螺的漂移，包

含陀螺常值漂移、周期噪声和随机干扰信号等。

从式(4.37)可见,已知纬度 ϕ,就可从陀螺相对惯性空间的输出中求出 ψ,即算出载体纵轴向与真北的夹角或直接通过仪表确定北向所在的方位。

(1) 理想情况下二位置、四位置寻北法

如图 4-25 所示,将陀螺固定在可转动台面(例如转台)上,理想情况下,转台台面平行于水平面(可通过转台再平衡控制回路实现),且隔离环境的震动(通过实验室地基实现)。陀螺输入轴 Oy 与转台台面平行,即输入轴平行于水平面。调平机构采用可以调节平台升降的三个脚螺旋机构进行粗调平及锁定。

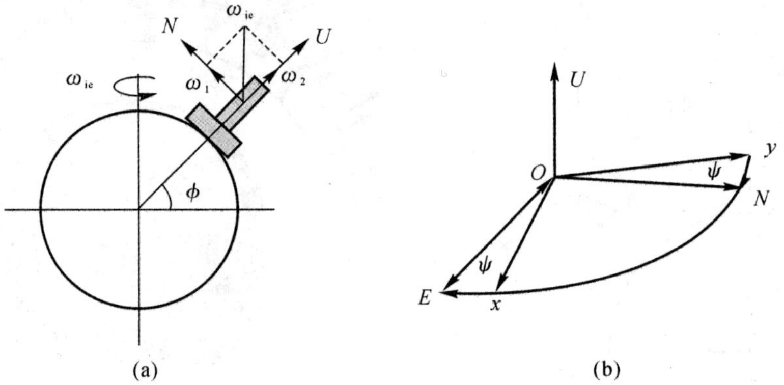

图 4-24 光纤陀螺寻北仪原理图

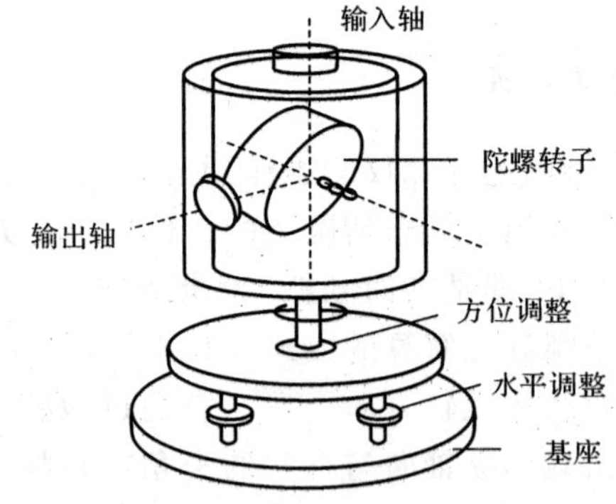

图 4-25 理想情况寻北实验系统

在实验室条件下或者一些对寻北精度要求不高的工程应用中,为了减少寻北解算的计算量,保证寻北解算的实时性,通常采用二位置寻北法。

令陀螺仪从位置 1 精确地旋转 180°,达到位置 2,这时地球分量的输入就改变了正负号,而陀螺仪的常值项漂移在短时间内的变化忽略不计,把位置 1、位置 2 的值相减,就得到地速的输入，从而求出陀螺敏感轴与北向的夹角，就是二位置寻北的基本原理。其具体描述如下：

当在位置 1 时，有

$$\omega_1 = \omega_{ie}\cos\phi\cos\psi + \varepsilon_1(t)$$

当在位置 2 时，有

$$\omega_2 = -\omega_{ie}\cos\phi\cos\psi + \varepsilon_2(t)$$

如果采用低通滤波，把陀螺输出信号中的高频噪声滤掉，短时间内，有

$$\varepsilon_1(t) \approx \varepsilon_2(t) = \varepsilon_d$$

ε_d 为陀螺的零偏，则

$$\omega_1 - \omega_2 = 2\omega_{ie}\cos\phi\cos\psi$$

由上式解算出陀螺敏感轴与真北方向的夹角为

$$\psi = \arccos\left(\frac{\omega_1 - \omega_2}{2\omega_{ie}\cos\phi}\right) \tag{4.38}$$

在上面的处理中消除了陀螺常值漂移，极大地降低了对陀螺精度的要求。同时可用反馈环旋转陀螺使信号差为零，此时陀螺转过的角度就是敏感轴的初始方向与真北的夹角。

四位置寻北方案是将转台精确转动到四个特定位置：ψ，$\psi+90°$，$\psi+180°$，$\psi+270°$，得出表达式为

$$\psi_1 = \arccos\left(\frac{\omega_1 - \omega_3}{2\omega_{ie}\cos\phi}\right)$$

$$\psi_2 = \arccos\left(\frac{\omega_2 - \omega_4}{2\omega_{ie}\cos\phi}\right)$$

由于各种误差源的作用，陀螺测量误差在圆周内引起的寻北误差并不相同，即在圆周上的不同点寻北精度不同。因而采用取加权平均值的方法来得出较精确的偏北角为

$$\psi = \psi_1\sin^2\psi_1 + \psi_2\cos^2\psi_2$$

(2) 理想情况下的连续转动寻北法

连续转动寻北法将静态测量问题转化为动态测量问题。对于光纤速率陀螺，通过人为引入的连续转动对陀螺信号进行周期调制，减小光纤陀螺低频随机漂移误差的影响。通过对旋转转台各位置进行采样，对数据进行最小二乘处理，即可找到编码器零位（初始方位）与地理北向的夹角，即真北方向，达到寻北目的。

将光纤陀螺垂直安装在转台上，使其敏感轴与转台台面平行。稳速电路控制力矩电动机带动转台绕 Oz 恒稳旋转，转速为 Ω。CPU 在时序控制下以编码器零位信号启动对光纤陀螺及编码器各位置信号同步采样，这样光纤陀螺输入轴能在各个方向测量地球角速度的水平分量 $\omega_{ie}\cos\phi$。测量结果为正弦信号，其中零值对应于东向和西向，峰值对应于南向和北向。单片机对采集的数据进行滤波处理，并通过解算得出真北向方位。

光纤陀螺的实际输出为

$$\omega(t) = (\omega_{ie}\cos\phi)\cos(\psi + \Omega t) + \varepsilon(t) \tag{4.39}$$

在同一周期中取 n 个位置，光纤陀螺输出的数学模型为

$$\omega_i=\omega(i)=\omega_{ie}\cos\phi\cos(\psi+\alpha_i)+\varepsilon(t)=A\cos\alpha_i-B\sin\alpha_i+\varepsilon(t),\quad i=1,2,\cdots,n \tag{4.40}$$

式中，$\alpha_i=\Omega t_i$，$A=\omega_{ie}\cos\phi\cos\psi$，$B=\omega_{ie}\cos\phi\sin\psi$。

进行最小二乘参数估计，则可求出 A 和 B 的估计值为

$$A=\frac{\sum_{i=1}^{n}\sin^2\alpha_i\sum_{i=1}^{n}\omega_i\cos\alpha_i-\sum_{i=1}^{n}\sin\omega_i\sum_{i=1}^{n}\sin\alpha_i\cos\alpha_i}{\sum_{i=1}^{n}\sin^2\alpha_i\sum_{i=1}^{n}\cos^2\alpha_i-\left(\sum_{i=1}^{n}\sin\alpha_i\cos\alpha_i\right)^2} \tag{4.41a}$$

$$B=\frac{\sum_{i=1}^{n}\cos^2\alpha_i\sum_{i=1}^{n}\omega_i\sin\alpha_i-\sum_{i=1}^{n}\cos\alpha_i\sum_{i=1}^{n}\sin\alpha_i\cos\alpha_i}{\sum_{i=1}^{n}\sin^2\alpha_i\sum_{i=1}^{n}\cos^2\alpha_i-\left(\sum_{i=1}^{n}\sin\alpha_i\cos\alpha_i\right)^2} \tag{4.41b}$$

因此，北向方位角的估计值为

$$\psi=\arctan\left(\frac{B}{A}\right) \tag{4.42}$$

可见，对于连续转动寻北法和多位置寻北法，当转台水平时是不需要纬度信息的。

连续转动寻北法和采用多位置寻北方法的优点是：通过多个位置上的静止采样可以准确估计出陀螺的实时零偏，陀螺引入的测量误差将只有寻北过程短时间（小于或等于 5min）内的随机漂移，而且还可以通过对各阶时漂系数的估计进一步减小其测量误差，因此多位置寻北方法的寻北精度一般高于其他寻北方法，在实际工程系统中得到了广泛的应用。其缺点是：组合在寻北过程中要进行多位置转动，因此需要添加转动机构。由于采用光电测量装置会增加机构复杂程度和增大控制难度，因此一般采用电动机粗略控制转动角度，组合自身完成姿态测量的工作，因此各位置间的相对角度测量是否准确也会直接引入误差。

（3）非理想情况下的连续转动寻北法

非理想情况下（即基准面倾斜情况），单轴光纤陀螺寻北系统基本结构如图 4－26 所示，由一个单轴陀螺和一个加速度计及支撑环组成测量组合体。为简述方便，图 4－27 中由转台实现支撑环。加速度计用于对台面的倾斜进行补偿解算。

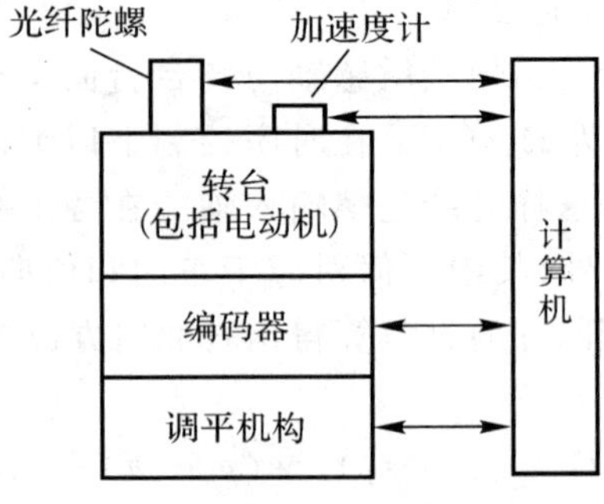

图 4－26　非理想情况寻北的试验系统

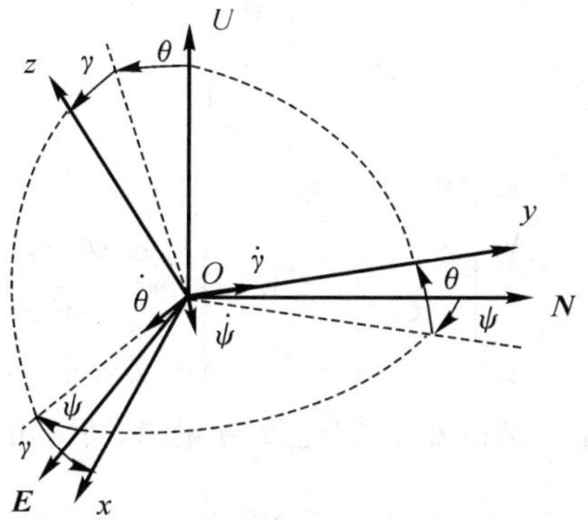

图 4-27　陀螺坐标系和地理坐标系之间的角度关系

当陀螺的安装平面 $Oxyz$ 不在水平面内时，陀螺坐标系 $Oxyz$ 与地理坐标系 $OENU$ 各自三个轴都不重合。解析寻北测量就需要进行多次投影计算，还要考虑消除地球自转角速度的垂直分量。

将载体坐标系视为陀螺坐标系 $Oxyz$，如图 4-27 所示，可写为

$$\boldsymbol{C}_{\mathrm{t}}^{\mathrm{b}}=\begin{bmatrix}\cos\gamma & 0 & -\sin\gamma\\ 0 & 1 & 0\\ \sin\gamma & 0 & \cos\gamma\end{bmatrix}\begin{bmatrix}1 & 0 & 0\\ 0 & \cos\theta & \sin\theta\\ 0 & -\sin\theta & \cos\theta\end{bmatrix}\begin{bmatrix}\cos\psi & -\sin\psi & 0\\ \sin\psi & \cos\psi & 0\\ 0 & 0 & 1\end{bmatrix}=$$

$$\begin{bmatrix}\sin\psi\sin\theta\sin\gamma+\cos\psi\cos\gamma & \cos\psi\sin\theta\sin\gamma-\sin\psi\cos\gamma & -\cos\theta\sin\gamma\\ \sin\psi\cos\theta & \cos\psi\cos\theta & \sin\theta\\ -\sin\psi\sin\theta\cos\gamma+\cos\psi\sin\gamma & -\cos\psi\sin\theta\cos\gamma-\sin\psi\sin\gamma & \cos\theta\cos\gamma\end{bmatrix}\tag{4.43}$$

地球自转角速度在地理坐标系 $OENU$ 中各轴上的分量可表示为

$$\boldsymbol{\omega}_{\mathrm{ie}}^{\mathrm{t}}=\begin{bmatrix}0\\ \omega_{\mathrm{ie}}\cos\phi\\ \omega_{\mathrm{ie}}\sin\phi\end{bmatrix}\tag{4.44}$$

输入轴为 Oy 的单轴光纤陀螺仪对于其正交轴上的运动不敏感，在 $Oxyz$ 系 Oy 轴所敏感到的地球自转角速度为

$$\omega(t)=\boldsymbol{C}_{\mathrm{t}}^{\mathrm{b}}\boldsymbol{\omega}_{\mathrm{ie}}^{\mathrm{t}}\begin{bmatrix}0\\ 1\\ 0\end{bmatrix}=\omega_{\mathrm{ie}}\cos\phi\cos\psi\cos\theta-\omega_{\mathrm{ie}}\sin\phi\sin\theta+\varepsilon(t)\tag{4.45}$$

对 $\varepsilon(t)$ 的补偿可按前述二位置测量法和连续旋转法等。但角 θ 还必须进行补偿，才能从 $\omega(t)$ 中解出 ψ。实际上 θ 是安装平面上 xOy 相对当地水平面绕东西轴向的倾斜角，即台面俯仰(纵摇)角，可以通过加速度计的测量值计算出来。

重力加速度矢量在地理坐标系中的分量可表示为

$$\boldsymbol{A}^{\mathrm{t}} = \begin{bmatrix} 0 \\ 0 \\ -g \end{bmatrix} \tag{4.46}$$

重力加速度矢量在陀螺坐标系中的分量为

$$\boldsymbol{A} = \begin{bmatrix} A_x \\ A_y \\ A_z \end{bmatrix} = \boldsymbol{C}_{\mathrm{at}}^{\mathrm{b}} \begin{bmatrix} 0 \\ 0 \\ -g \end{bmatrix} = \begin{bmatrix} g\cos\theta\sin\gamma \\ -g\sin\theta \\ -g\cos\theta\cos\gamma \end{bmatrix} \tag{4.47}$$

测出在陀螺安装平面上沿 y 轴的重力加速度分量 A_y 后，可求出

$$\theta = \arcsin\frac{A_y}{g} \tag{4.48}$$

通过加速度计的输出补偿倾斜角 θ，即加速度计在系统中的作用就是一个测量台面俯仰（纵摇）角 θ 的摆。

在加速度计的输出信号中，除重力加速度分量外，同样包含加速度计零位误差、周期惯性技术噪声和随机干扰信号等，也通过二位置测量法和连续旋转法等消除加速度计零偏的影响，得到重力加速度分量的估计值。

单轴光纤陀螺作为一种角速率传感器，对于其正交轴上的运动不敏感，因此非常适用于寻北。

当然，按上述原理用双轴陀螺仪组成的寻北仪，融合双轴向的地球自转角速度分量的信息，可更精确估计出偏北角。

2. 捷联陀螺寻北仪基本原理

上述单轴陀螺寻北仪需要一个可转动并调水平（理想寻北需要精确调平，非理想寻北也需要调平）的基准台面，属于平台式寻北仪。

如图 4-28 所示，捷联式寻北仪一般由两三个捷联单轴陀螺（或一两个双轴陀螺）和两个单轴加速度计组成，例如用两个摆式加速度计和一个动力调谐陀螺仪组成。整个装置或装置中所有元部件直接“捆绑”在载体上。可长期工作于复杂的动态环境之下，可靠性高，结构紧凑，质量轻，功耗低，无须维护。

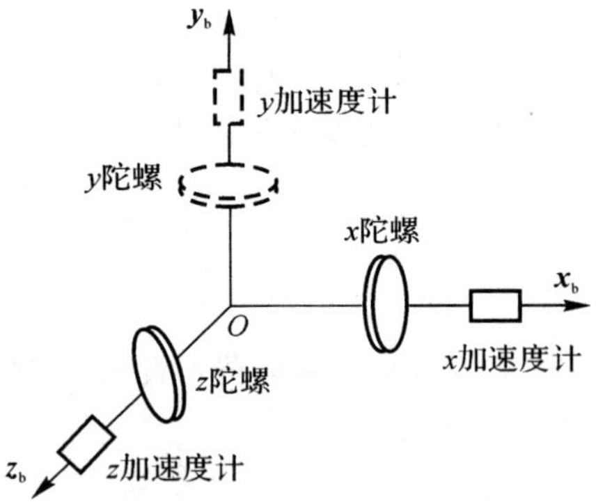

图 4-28　捷联式寻北仪

下面介绍由一个双轴速率陀螺仪和两个加速度计组成的捷联式寻北仪的工作原理。

取参考系为“东北天”地理坐标系 $OENU$。两个加速度计的输入轴与陀螺的两根输入轴平行，并分别平行于载体坐标系 Ox_b 和 Oy_b 轴。数据采集系统采集陀螺仪和加速度计的信号

送入计算机进行寻北解算，输出航向角 ψ，俯仰角 θ 和横滚角 γ。地球自转角速度在载体坐标系各坐标轴上的投影为

$$\boldsymbol{\omega}_{ie}^{b}=\begin{bmatrix}\omega_{iex}\\ \omega_{iey}\\ \omega_{iez}\end{bmatrix}=\boldsymbol{C}_{t}^{b}\omega_{ie}^{t}=\begin{bmatrix}\sin\psi\sin\theta\sin\gamma+\cos\psi\cos\gamma & \cos\psi\sin\theta\sin\gamma-\sin\psi\cos\gamma & -\cos\theta\sin\gamma\\ \sin\psi\cos\theta & \cos\psi\cos\theta & \sin\theta\\ -\sin\psi\sin\theta\cos\gamma+\cos\psi\sin\gamma & -\cos\psi\sin\theta\cos\gamma-\sin\psi\sin\gamma & \cos\theta\cos\gamma\end{bmatrix}\cdot$$

$$\begin{bmatrix}0\\ \omega_{ie}\cos\phi\\ \omega_{ie}\sin\phi\end{bmatrix}=\begin{bmatrix}(\cos\psi\sin\theta\sin\gamma-\sin\psi\cos\gamma)\cos\phi-\cos\theta\sin\gamma\sin\phi\\ \cos\psi\cos\theta\cos\phi+\sin\theta\sin\phi\\ -(\cos\psi\sin\theta\cos\gamma-\sin\psi\sin\gamma)\cos\phi+\cos\theta\cos\gamma\sin\phi\end{bmatrix}\omega_{ie} \tag{4.49}$$

重力加速度矢量在载体坐标系中的分量为

$$\boldsymbol{A}^{b}=\begin{bmatrix}A_x\\ A_y\\ A_z\end{bmatrix}=\boldsymbol{C}_{t}^{b}\begin{bmatrix}0\\ 0\\ g\end{bmatrix}=\begin{bmatrix}g\cos\theta\sin\gamma\\ -g\sin\theta\\ -g\cos\theta\cos\gamma\end{bmatrix} \tag{4.50}$$

由式(4.49)和式(4.50)可得

$$\theta=\arcsin\frac{A_y}{g} \tag{4.51a}$$

$$\gamma=-\arcsin\frac{A_x}{g\cos\theta} \tag{4.51b}$$

$$\psi=-\arctan\left[\frac{\omega_{iex}\cos\theta-\omega_{iey}\sin\gamma\sin\theta+\omega_{ie}\sin\gamma}{(\omega_{iey}-\omega_{ie}\sin\theta)\cos\gamma}\right] \tag{4.51c}$$

如图 4-29 所示，式(4.51a)～式(4.51c)中，ω_{iex} 和 ω_{iey} 为陀螺在载体系的输出，A_x 和 A_y 为加速度计在载体系的输出。通过双位置法测量可以消除陀螺常值漂移以及加速度计零偏的影响。为进一步提高寻北精度，则必须采用滤波或系统辨识的方法消除周期噪声和由外部基扰动等引起的随机干扰信号。

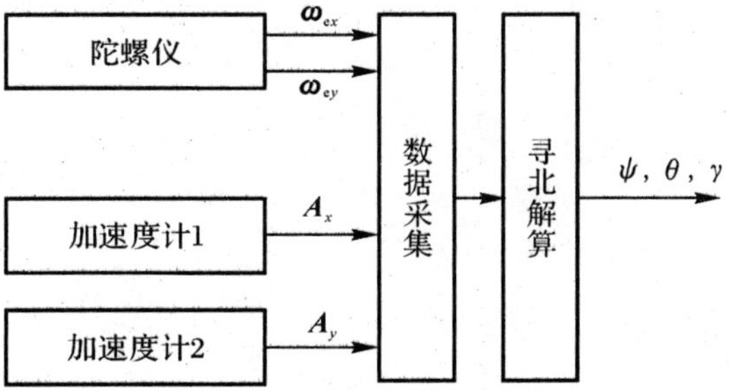

图 4-29　捷联式寻北解算

捷联式寻北仪不仅能提供载体的偏北角 ψ，而且能提供其俯仰角 θ 和横滚角 λ，以及加速度信号。

思考与练习

4.1 与机电陀螺相比，光学陀螺具有哪些特点？

4.2 什么是Sagnac效应？

4.3 简述激光陀螺的基本工作原理及其主要误差源。

4.4 简述光纤陀螺的基本工作原理，画出光纤陀螺的基本光路系统，并分析其主要误差来源及抑制方法。

4.5 什么是光路的互易性与非互易性误差？

4.6 简述微机电陀螺仪的工作原理、分类及其主要特点。

4.7 简述核磁共振陀螺仪、原子干涉陀螺仪、超流体陀螺仪3种新概念陀螺仪的工作原理及主要特点。

4.8 分析说明陀螺地平仪是如何确定地平（或地垂线）的。

4.9 分析说明陀螺寻北仪确定并保持指北方向的原理。

第5章　加速度计

5.1　概　　述

加速度计是惯性导航和惯性制导系统的重要敏感元件，它输出与运载体(飞机、导弹、舰船等)的运动加速度成比例的信号。前面已经指出，惯性导航系统依靠安装在稳定平台上的加速度计来测量载体的加速度，然后对加速度积分一次获得运动速度，再积分一次即可获得载体的位置信息。由此可见，加速度计的测量精度对惯性导航系统的定位精度有着直接的影响，加速度计同陀螺一样都是惯性导航系统最关键的部件，因此对其精度指标提出了相当高的要求。

在惯性导航中已经得到实际应用的加速度计的类型很多。例如，从所测加速度的性质来分，有线加速度计、摆式加速度计；从测量加速度的原理和工作方式来分，有摆式加速度计、石英振梁加速度计、压电加速度计、压阻式加速度计和振弦加速度计等；从支撑方式来分，有液浮加速度计、挠性加速度计、宝石轴承加速度计、静电加速度计以及气浮、磁悬浮或静电悬浮加速度计等；从输出信号来分，有加速度计、积分加速度计和双重积分加速度计等。这些不同结构形式的加速度计，各有特点，可根据任务使命的要求选用不同的类型。

本章主要介绍三种常用的加速度计 —— 液浮摆式加速度计、挠性加速度计以及硅微机械加速度计的工作原理及其结构组成。最后，还将介绍加速度计的数学模型和试验方法。

5.2　液浮摆式加速度计

30多年前，将液体悬浮技术成功地应用于摆式加速度计与单自由度积分陀螺仪，是惯性导航技术发展史上的一个重要里程碑。20世纪60年代，液浮惯性器件已发展到成熟阶段，各种类型的液浮摆式加速度计大量地应用于各种惯性导航与制导系统中，目前作为一种典型的加速度计仍在不断发展和应用。

众所周知，由于轴承有较大的摩擦力矩，用它来支撑加速度计的摆或标定质量就限制了仪表的灵敏度；只有当输入加速度大于一定量值时，作用在摆上的惯性力矩才能克服轴承的摩擦力矩，使摆开始旋转。例如，一个摆性为1g·cm的摆，为使其测量加速度达到$1\times10^{-5}g$，则摆支撑中的摩擦力矩要低于0.01dyn·cm①。显然，这是任何精密仪表轴承无法达到的。除了静摩擦，在轴承中还存在着动摩擦，作为干扰，一般具有非线性及随机性质。为了提高摆式加速

① $1\text{dyn}=10^{-5}\text{N}$。

度计的精度，发展了各种支撑技术，例如静压气体悬浮、静电悬浮以及下面将要介绍的液体悬浮及挠性支撑等技术。

5.2.1 液浮摆式加速度计的工作原理

液浮摆式加速度计的原理示意图如图 5-1 所示。为了减小摆组件支撑轴上的摩擦力矩，并得到所需的阻尼，将摆组件悬浮在液体中。摆组件的重心 C_M 和浮心 C_B 位于摆组件支撑轴即输出轴 OA 的两侧。C_M，C_B 的连线与摆组件的支撑轴垂直，称为摆性轴 PA。而同摆性轴 PA 及输出轴 OA 垂直的轴，称为输入轴 IA。IA，OA 及 PA 三轴共交于一点 O，构成一个右手坐标系，称为摆组件坐标系。

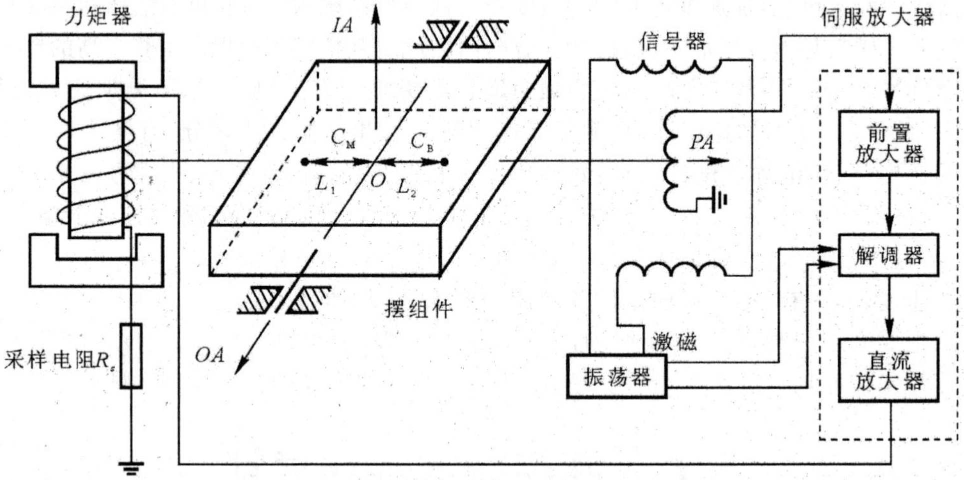

图 5-1 液浮摆式加速度计原理示意图

首先来看一下液浮摆式加速度计中有关“摆性”的概念。当有单位重力加速度 g 沿输入轴 IA 作用在摆组件上时，绕输出轴 OA 所产生的摆力矩 $\boldsymbol{M}_p$ 由重力矩及浮力矩组成(见图 5-2)：

$$\boldsymbol{M}_p = \boldsymbol{G}L_1 + \boldsymbol{F}L_2 \tag{5.1}$$

式中，$\boldsymbol{G}$ 为作用在重心 C_M 上的摆组件重力；$\boldsymbol{F}$ 为作用在浮心 C_B 上的摆组件浮力；L_1，L_2 分别为摆组件的重心和浮心至输出轴 OA 的距离。

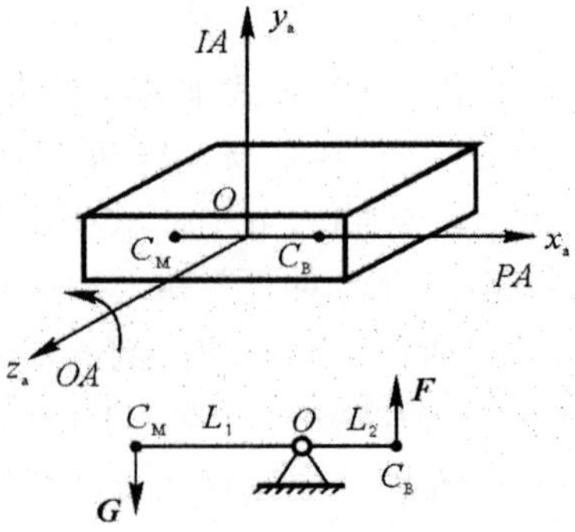

图 5-2 摆组件的摆性

在液浮摆式加速度计中，摆组件的摆性由下式表示，有

$$P = mL = \frac{GL_1 + FL_2}{g} \tag{5.2}$$

式中，L 为摆组件的等效摆臂。当摆组件的浮力 F 与重力 G 相等时，等效摆臂 L 等于重心与浮心之间的距离 (L_1+L_2)。摆性的单位通常采用 g·cm。

例如，有一摆组件，其摆性 $P=1.5$ g·cm，摆质量 $m=5$ g，则可计算出重心与浮心间的距离为

$$L=L_1+L_2=\frac{P}{m}=\frac{1.5}{5}=0.3\ \text{cm}$$

当沿仪表的输入轴有加速度输入时，加速度通过摆性将产生摆力矩作用在摆组件上，使它绕输出轴转动。摆组件绕输出轴相对壳体的偏转角 θ 由信号器敏感，其输出为与偏转角成比例的电压信号 $u=k_u\theta$（k_u 为信号器的放大系数）。该电压输入到伺服放大器，其输出为与电压成比例的电流信号 $i=k_a\theta$（k_a 为放大器的放大系数）。该电流输给力矩器，产生与电流成比例的力矩 $M=k_m i$（k_m 为力矩器的力矩系数）。这一力矩绕输出轴作用在摆组件上，在稳态时它与摆力矩相平衡。此时力矩器的加矩电流便与输入加速度成比例，通过采样电阻则可获得与输入加速度成比例的电压信号。

由信号器、伺服放大器和力矩器所组成的回路，通常称为力矩再平衡回路。所产生的力矩通常称为再平衡力矩，其表达式为

$$M=k_m i=k_a k_m u=k_u k_a k_m\theta \tag{5.3}$$

式中，三个系数的乘积 $k_u k_a k_m$ 即为再平衡回路的增益。

现在列写液浮摆式加速度计的运动方程式。设壳体坐标系为 $Ox_b y_b z_b$，摆组件坐标系为 $Ox_a y_a z_a$，其中 Ox_a 轴与摆轴 PA 重合，Oy_a 轴与输入轴 IA 重合。假设摆组件绕输出轴相对壳体有偏转角 θ，即摆组件坐标系相对壳体坐标系有一偏转角 θ（见图5-3），并设加速度在壳体坐标系各轴上的分量为 A_i，A_o 和 A_p。这时，加速度在摆组件坐标系中的分量 A'_i，A'_o 和 A'_p 可通过方向余弦矩阵变换得到，即

$$\begin{bmatrix}A'_i\\A'_o\\A'_p\end{bmatrix}=\begin{bmatrix}\cos\theta & 0 & -\sin\theta\\0 & 1 & 0\\\sin\theta & 0 & \cos\theta\end{bmatrix}\begin{bmatrix}A_i\\A_o\\A_p\end{bmatrix}=\begin{bmatrix}A_i\cos\theta-A_p\sin\theta\\A_o\\A_i\sin\theta+A_p\cos\theta\end{bmatrix}$$

显然，沿输入轴作用的加速度为

$$A'_i=A_i\cos\theta-A_p\sin\theta \tag{5.4}$$

由此可知，若摆组件的偏转角 θ 较大时，不仅会降低所要测量加速度 A_i 的灵敏度，而且还会敏感正交加速度分量 A_p，通常称此为加速度计的交叉耦合效应。

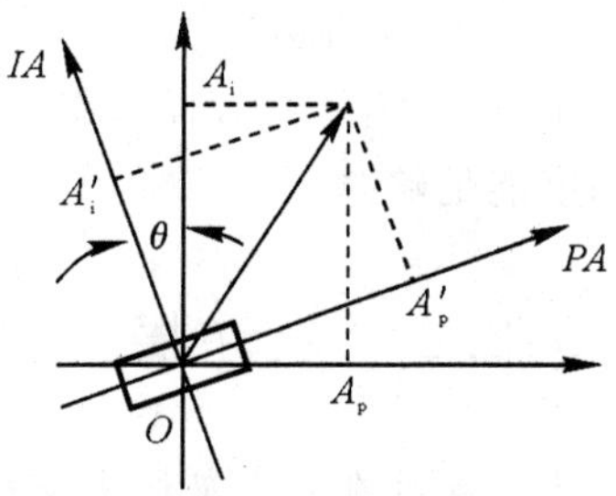

图5-3　摆组件有偏角时的坐标关系

在液浮摆式加速度计中，是由力矩再平衡回路所产生的力矩来平衡加速度所引起的摆力矩。在这种闭路工作状态下，摆组件的运动方程式为

$$I\ddot{\theta} + D\dot{\theta} + k_u k_a k_m \theta = P(A_i \cos\theta - A_p \sin\theta) + M_d \tag{5.5}$$

再平衡回路应具有足够高的增益，使摆组件的偏转角 θ 足够小，以减少交叉耦合误差。在 θ 为小量角的情况下，式(5.5)可简化为

$$I\ddot{\theta} + D\dot{\theta} + k_u k_a k_m \theta = P(A_i - A_p \theta) + M_d \tag{5.6}$$

式中，I 为摆组件绕输出轴的转动惯量；D 为摆组件的阻尼系数；M_d 为绕输出轴作用在摆组件上的干扰力矩。

根据液浮摆式加速度计的工作原理，可以画出它的框图如图 5-4 所示。

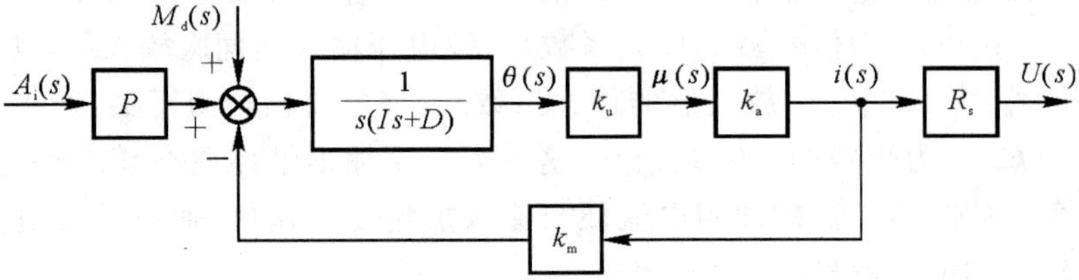

图 5-4　液浮摆式加速度计的框图

从图中可以得出，输出电压 U 和摆组件偏转角 θ 对输入加速度 A_i 的响应函数分别为

$$\frac{U(s)}{A_i(s)} = \frac{R_s k_u k_a P}{Is^2 + Ds + k_u k_a k_m} \tag{5.7}$$

$$\frac{\theta(s)}{A_i(s)} = \frac{P}{Is^2 + Ds + k_u k_a k_m} \tag{5.8}$$

若输入为阶跃常值加速度，则稳态时分别有

$$U = \frac{PR_s}{k_m} A_i = K_A A_i \tag{5.9}$$

$$\theta = \frac{P}{k_u k_a k_m} A_i = K_B A_i \tag{5.10}$$

式中，$K_A = PR_s / k_m$ 表示沿仪表输入轴作用单位重力加速度时所输出的电压，其典型数值为 $1\text{V}/g$；$K_B = P/(k_u k_a k_m)$ 表示单位重力加速度输入时所引起的摆组件的稳态偏转角，其典型数值为 $0.5 \times 10^{-5}\,\text{rad}/g$。

很显然，为了有效地抑制加速度计的交叉耦合效应，希望闭环角弹性足够低，即希望闭环角刚度能足够高。

5.2.2　液浮摆式加速度计的结构组成

为了保证在悬浮液体中获得足够的浮力及稳定的摆性，以防止重心及浮心漂移，摆组件结构一般均设计成具有不平衡质量的圆柱体或长方体，并设有专门的中心微调机构。还应保证足够的结构稳定性及密封性，严防液体渗入摆组件中或从摆组件内向液体漏出气体。为此，摆

组件材料通常采用铝镁合金或铍，在装配过程中采用良好的胶接密封工艺，并在仪表充油前对摆组件仔细地进行检漏。

摆组件相对壳体的支撑和定心，可采用磁悬浮支撑或宝石轴承。磁悬浮支撑定心精度高，且可完全消除摆组件与壳体的任何接触，但增加了仪表结构的复杂性。目前大多还是采用宝石轴承。

在摆组件中确保重心与浮心连线同支撑轴线正交是异常重要的。因为若两者不正交，在液体密度随温度变化时，摆组件的质量 m 将与其所排开的液体质量 m' 不相等，在侧向加速度 A_p 作用下，将产生绕输出轴的干扰力矩。如图 5－5 所示，若摆组件重心 C_M 和浮心 C_B 的连线相对支撑轴线的偏离为 L_0，则干扰力矩为 $\Delta M=(m-m')A_pL_0$，此力矩称为交耦力矩。为消除交耦力矩，在摆组件上一般均设有适当的调整机构，如调整螺钉，用来调整重心、浮心连线与支撑轴线正交。

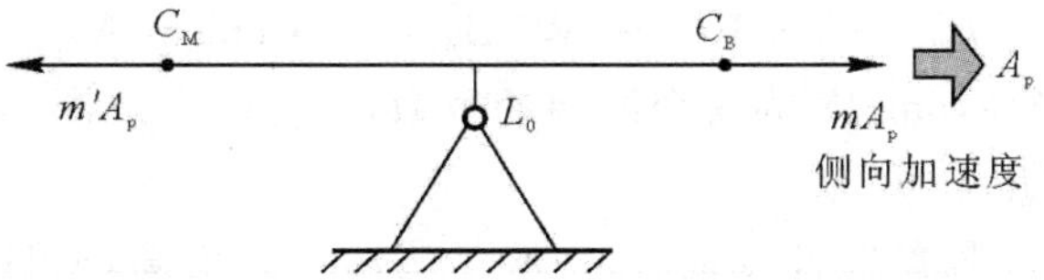

图 5－5　交耦力矩

液浮摆式加速度计的悬浮液体不仅为摆组件提供了所需的浮力，而且还为改善仪表动态品质提供了所需的阻尼。因此，悬浮液体的优劣以及仪表充液工艺水平是决定整个加速度计静、动态性能的关键因素。液浮摆式加速度计对浮液物理性能和化学性能的要求，是与液浮陀螺仪相同的。目前常用氟油（聚三氟氯乙烯）作为浮液。为获得良好的充液质量，保证在充液后仪表内部残存气泡所形成的干扰低于加速度计的灵敏度，应采取严格的充液工艺，包括高质量真空系统的应用、仪表烘烤、检漏及预真空等。

用以产生再平衡力矩的力矩器，通常采用永磁式力矩器（见图 5-6）。一对力矩器对称配置在摆组件支撑轴的两侧，处于推挽方式工作。力矩器的线圈安装在摆组件上，该线圈置于压在壳体上的两个圆柱形永久磁铁所建立的气隙磁场中。当有直流电流通过线圈时，线圈将受到沿磁铁纵轴方向的力，力的大小与方向取决于电流的大小与方向。两个力矩器的线圈串联反接（见图 5－7），保证了磁场作用在两个线圈力的方向相反，从而形成绕支撑轴的力矩。

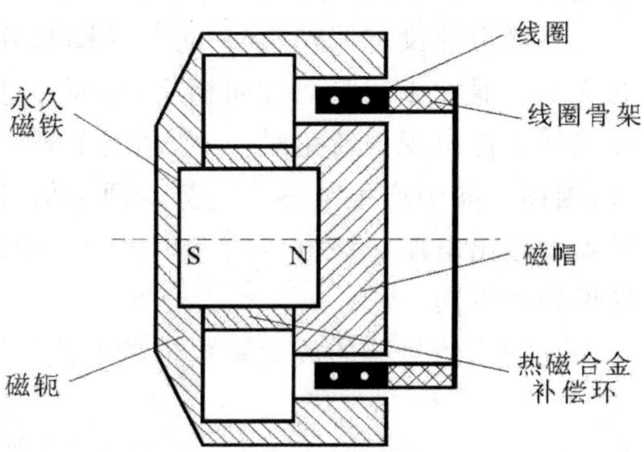

图 5－6　永磁式力矩器

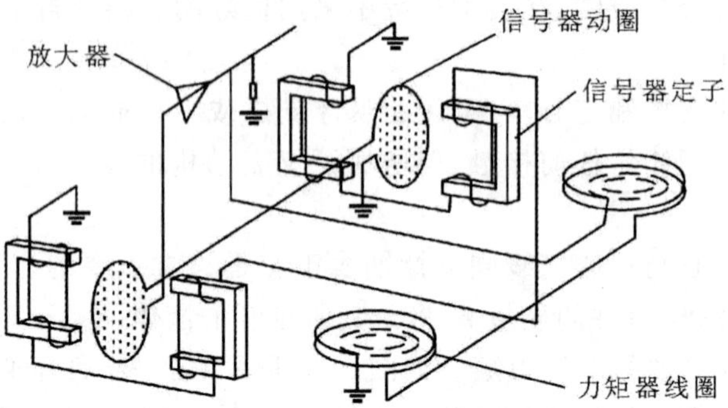

图 5-7 力矩器与信号器的电气联系

若两个力矩器的结构参数相同，则推挽方式工作时的力矩系数可按下式计算：

$$k_{\mathrm{m}}=(2\times10^{-4})\pi rWLB_{\delta}\quad(\mathrm{N\cdot cm/mA})\tag{5.11}$$

式中，r 为线圈的平均半径，cm；W 为每个线圈的匝数；L 为两个线圈的中心距离，cm；B_{δ} 为工作气隙中平均磁感应强度，10^{-4} T。

这种永磁式类型力矩器的线性度很高，一般可达10^{-4} 或更高，而且零力矩（即线圈中无电流时的力矩）极小。但它的力矩系数受永磁材料（一般采用铝镍钴合金）温度系数的影响，而具有负的温度系数。

作为检测摆组件相对仪表壳体绕输出轴偏转角的信号器，大多采用动圈式信号器（见图 5-7）。为了提高信号器的放大系数，一般成对使用。一对信号器对称配置在摆组件支撑轴的两侧。信号器的动圈安装在摆组件上，动圈平面垂直于支撑轴即输出轴，以保证信号器只敏感摆组件绕输出轴的角位移，而不敏感沿输出轴的线位移。信号器定子安装在仪表壳体上，每个定子有两对激磁线圈，分别绕在两个铁氧磁芯上；在交流电源（10 ～ 50kHz）激励下，这两对激磁线圈在气隙中所产生的交变磁通大小相等而方向相反。

当摆组件没有偏转角时，每个动圈都处在各自两对激磁线圈的磁场中；由于两对激磁线圈的交变磁通大小相等而方向相反，因而穿过动圈的差值磁通为零，动圈中的感应电势也为零。而当摆组件出现偏转角时，一个动圈上升，另一个动圈下降；这时每个动圈中都有差值磁通穿过，因而动圈中产生了感应电势。两个信号器动圈绕组异名端相连，感应电势相叠加，形成信号器的输出电压。该电压的大小表示了摆组件偏转角的大小，而该电压的相位则表示了摆组件偏转的方向。

动圈式信号器的放大系数可按下式计算：

$$k_{\mathrm{u}}=\frac{1}{2}\frac{W_2}{W_1}\frac{L}{kb}u_{\mathrm{B}}\quad(\mathrm{V/rad})\tag{5.12}$$

式中，W_1 为每个激磁线圈的匝数；W_2 为动圈匝数；L 为动圈中心至转轴的距离，cm；b 为铁芯磁极宽度，cm；k 为考虑边缘磁通的凸起系数，根据经验，$k=1.5\sim2$；u_{B} 为激磁电压，V。

这种动圈式信号器的灵敏度极高，其典型数值为 50V/rad 或 0.24mV/″①。它的缺点是易受恒定磁场或交变磁场影响，引起零位信号增大、波形失真，故应特别注意信号器的磁屏蔽问题。另外，信号器输出中的正交分量应予以控制，虽然它基本上是固定的，并不影响回路的性能，但若正交分量过大，会使伺服放大器线性范围变小而过早饱和。

理想的加速度计的输出特性应很少或不受温度变化的影响。但是，力矩器永久磁铁具有 $(1\sim2)\times10^{-4}$℃$^{-1}$ 的负温度系数，悬浮液体的密度亦有约 7×10^{-4}℃$^{-1}$ 的负温度系数。虽然它们都较小，但对于线性度优于 2×10^{-5} 的加速度计来说是不能忽略的，故必须采取温度补偿措施并进行精确的温度控制，温控精度一般为 $0.5\sim1$℃。此外，在加速度计的结构中通常都设置有膜盒元件，以便在环境（包括使用、运输及储存环境）温度变化的条件下，补偿悬浮液体的体积变化。

5.3　挠性加速度计

5.3.1　挠性加速度计的工作原理

挠性加速度计也是一种摆式加速度计，它与液浮加速度计的主要区别在于，它的摆组件不是悬浮在液体中，而是弹性地连接在某种类型的挠性支撑上。挠性支撑消除了轴承的摩擦力矩，当摆组件的偏转角很小时，由此引入的微小的弹性力矩往往可以忽略。

挠性加速度计有不同的结构类型，图 5-8 所示为其中一种。摆组件的一端通过挠性支撑固定在仪表壳体上，另一端可相对输出轴转动。信号器动圈和力矩器线圈固定在摆组件上，信号器定子和力矩器磁钢与仪表壳体相固连。

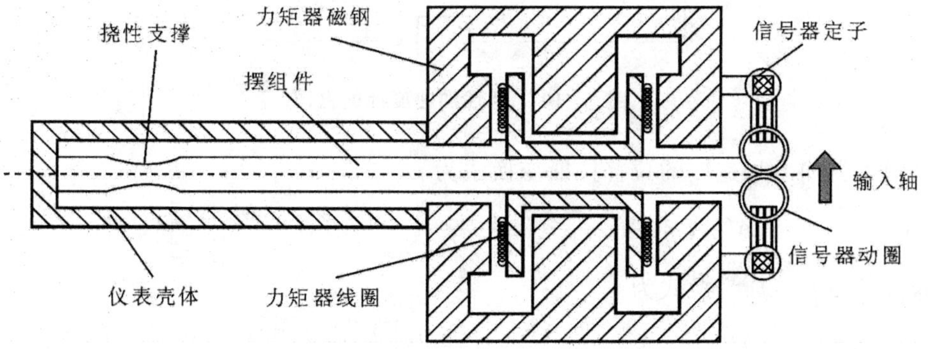

图 5-8　挠性加速度计结构示意图

① $1''=1°/3\,600$。

在挠性加速度计中，由于挠性支撑位于摆组件的端部，所以摆组件的重心 C_M 远离挠性轴。挠性轴就是输出轴 OA，摆的重心 C_M 至挠性轴的垂线方向为摆性轴 PA，而与 PA 轴和 OA 轴正交的轴为输入轴 IA，它们构成右手坐标系(见图 5-9)。

当有单位重力加速度 $\boldsymbol{g}$ 沿输入轴 IA 作用时，绕输出轴 OA 产生的摆力矩等于重力矩，当仪表内充有阻尼液体时，摆力矩等于重力矩与浮力矩之差。假设浮心 C_B 位于摆性轴上，则摆组件的摆性为

$$P = mL = \frac{\boldsymbol{G}L_1 - \boldsymbol{F}L_2}{\boldsymbol{g}} \tag{5.13}$$

式中，$\boldsymbol{G}$，$\boldsymbol{F}$ 分别为摆组件的重力和浮力；L_1，L_2 分别为摆组件的重心和浮心至输出轴 OA 的距离。

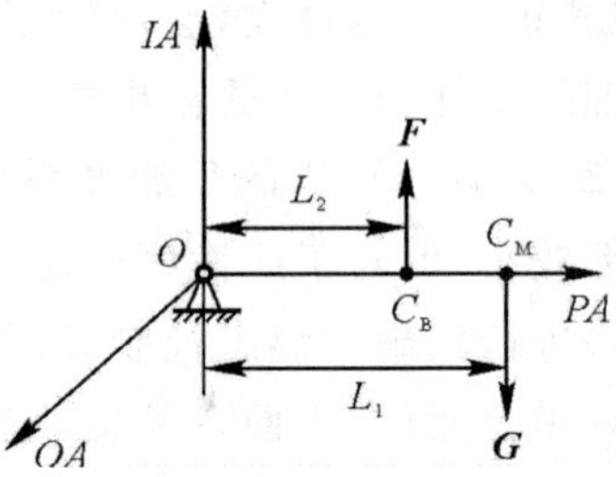

图 5-9 挠性加速度计的摆组件坐标系

在挠性加速度计中，同样是由力矩再平衡回路所产生的力矩来平衡加速度所引起的摆力矩；而且为了抑制交叉耦合误差，力矩再平衡回路同样必须是高增益的。作用在摆组件上的力矩，除了液浮摆式加速度计中所提到的各项力矩外，这里多了一项力矩，即当摆组件出现偏转角时挠性支撑所产生的弹性力矩。因此，挠性加速度计在闭路工作条件下，摆组件的运动方程式为

$$I\ddot{\theta} + D\dot{\theta} + (B + k_u k_a k_m)\theta = P(A_i - A_p\theta) + M_d \tag{5.14}$$

式中，B 为挠性支撑的角刚度，其余符号代表的内容与前相同。

根据挠性加速度计的工作原理，可以画出它的框图如图 5-10 所示。

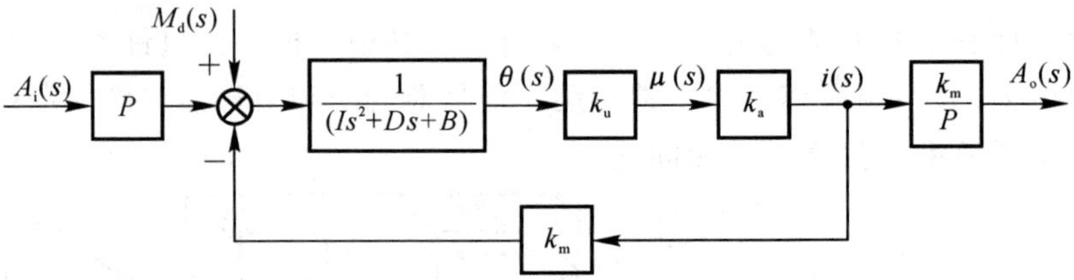

图 5-10 挠性加速度计的框图

从该图可得输出加速度的拉普拉斯变换式为

$$A_o(s) = \frac{k_u k_a k_m}{Is^2 + Ds + B + k_u k_a k_m}\left[A_i(s) + \frac{M_d(s)}{P}\right] \tag{5.15}$$

加速度误差的拉普拉斯变换式为

$$\Delta A(s) = A_i(s) - A_o(s) = \frac{(Is^2 + Ds + B)A_i(s) + (k_u k_a k_m / P)M_d(s)}{Is^2 + Ds + B + k_u k_a k_m} \tag{5.16}$$

摆组件偏转角的拉普拉斯变换式为

$$\theta(s)=\frac{PA_i(s)+M_d(s)}{Is^2+Ds+B+k_uk_ak_m} \tag{5.17}$$

当输入加速度和干扰力矩为常值时，由式(5.16)可得稳态时加速度误差的表达式为

$$\Delta A=\frac{1}{1+K}A_i+\frac{K}{1+K}\frac{M_d}{P} \tag{5.18}$$

式中，K 为回路的开环增益，$K=k_uk_ak_m/B$。由上式可见，为了提高加速度计的测量精度，回路的开环增益应适当增大，而干扰力矩应尽量降低。

【例5-1】 设输入加速度 $A_i=5g$，加速度测量误差 $\Delta A\leqslant 1\times10^{-5}g$，则根据式(5.18)可估算出回路最小开环增益为

$$K_{\min}\approx\frac{A_i}{\Delta A}=\frac{5}{1\times10^{-5}}=5\times10^5$$

当输入加速度和干扰力矩为常值时，由式(5.17)可得稳态时摆组件偏转角的表达式为

$$\theta=\frac{PA_i+M_d}{B+k_uk_ak_m}=\frac{PA_i+M_d}{B(1+K)} \tag{5.19}$$

若不考虑干扰力矩，并利用式(5.18)的关系，则有

$$\theta=\frac{P}{B}\Delta A \tag{5.20}$$

由此看出，摆组件的稳态偏转角与加速度测量误差成比例。为了限制交叉耦合误差，希望摆组件的偏转角应尽量小一些。通常，θ/A_i 的典型数值为 $0.5\times10^{-5}\,\mathrm{rad}/g$，即约为 $1''/g$。

【例5-2】 设摆组件的摆性 $P=2\ \mathrm{g\cdot cm}$，挠性支撑的角刚度 $B=7.84\times10^{-5}\ \mathrm{N}$，加速度测量误差 $\Delta A=1\times10^{-5}g$，则根据式(5.20)可计算出摆组件的稳态偏转角应满足

$$\theta=2.5\times10^{-5}\,\mathrm{rad}\approx5''$$

5.3.2　挠性加速度计的结构组成

挠性支撑实质上是由弹性材料制成的一种弹性支撑，它在仪表敏感轴方向上的刚度很小，而在其他方向上的刚度则较大。

适于制造挠性支撑的材料，一般应具有如下物理性能：弹性模量低，以获得低刚度的挠性支撑；强度极限高，以便在过载情况下，挠性支撑具有足够的强度；疲劳强度高，特别是在采用数字再平衡回路时，摆组件可能经常处于高频振荡状态，因此疲劳强度对保证仪表具有高的工作可靠性是非常重要的；加工工艺性好。

挠性支撑是挠性加速度计中的关键零部件，它的尺寸小，而几何形状精度和表面粗糙度的要求却很高。

摆组件由支架、力矩器线圈及信号器动圈组成。它通过挠性支撑与仪表壳体弹性连接。为了提高信号器的放大系数和分辨率，它的动圈通常被胶接在摆的顶部。一对推挽式力矩器

线圈也固定在摆的顶部或中部，以获得较大的力矩系数。在采用单个挠性杆或簧片的结构中，摆支架为一细长杆；而在采用成对挠性杆的结构中，摆支架一般为三角形架。

为了提供仪表需要的摆性，应仔细地设计摆组件的重心。仪表内可以不充油，成为干式仪表，也可充具有一定黏度的液体（例如硅油），以提供适当的阻尼，获得良好的动特性。

挠性加速度计中所采用的力矩器和信号器，与液浮加速度计所采用的基本上相同。为了使仪表的标度因数不受环境温度变化的影响，也像液浮加速度计一样，必须对仪表进行精确的温度控制，以使阻尼液体内密度、黏度、摆组件重心的位置以及力矩器磁场受温度变化的影响减至最小。

5.4 硅微机电加速度计

硅微机电加速度计（Micromachined Silicon Accelerometer）是微机电系统（Micro－Electro－Mechanical Systems，MEMS）技术最成功的应用领域之一。目前，已发展了多种类型的硅微机电加速度计：按敏感信号方式分类，可分为硅微电容式加速度计和硅微谐振式加速度计等；按结构形式分类，可分为硅微挠性梳齿式电容加速度计、硅微挠性“跷跷板”摆式加速度计、硅微挠性“三明治”式加速度计和硅微静电悬浮式加速度计。

5.4.1 硅微电容式加速度计

硅微电容式加速度计是一种比较常用的加速度传感器。根据电容效应原理，它是利用质量块移动时与固定电极间距离的改变来检测加速度的变化，具有分辨率高、动态范围大和温度特性好等优点。

梳齿式硅微电容加速度计，顾名思义，其活动电极呈梳齿状，又称叉指式电容加速度传感器。梳齿式结构是目前MEMS工艺最成熟的一种结构，实现相对简单。因此，本节以梳齿式硅微电容加速度计为例介绍其结构和工作原理。

梳齿式硅微电容加速度计的活动敏感质量元件是一个H形的双侧梳齿结构，相对于固定敏感质量元件的基片悬空并与基片平行，与两端挠性梁结构相连，并通过立柱固定于基片上。每个梳齿由中央质量杆（齿梳）向两侧伸出，称为动齿（动指），构成可变电容的一个活动电极，而直接固定在基片上的为定齿（定指），构成可变电容的一个固定电极。定齿、动齿交错配置形成差动电容。这种梳齿结构设计，主要是为了增大重叠部分的面积，获得更大的电容。

按照定齿的配置可以分为定齿均匀配置梳齿电容加速度计和定齿偏置结构的梳齿电容加速度计；按照加工方式的不同可分为表面加工梳齿式电容加速度计和体硅加工梳齿式电容加速度计。表面加工梳齿式电容加速度计是一种最典型的硅材料线加速度计，有开环控制和闭环控制两种类型，现在多采用闭环控制。这种加速度计的结构加工工艺与集成电路加工工艺兼容性好，可以将敏感元件和信号调理电路用兼容的工艺在同一硅片上完成，实现整体集成。表面加工定齿均匀配置梳齿式微加速度计的一般结构如图5-11所示。其结构部分包括一个由齿枢、多组活动梳齿和折叠梁构成的敏感质量元件，多组固定梳齿和基片；活动梳齿由齿枢向两侧伸出，形成双侧梳齿式结构，该齿枢两端的折叠梁固定在基片上，使齿枢、活动梳齿相对基片悬空平行设置；固定梳齿为直接固定在基片上的多组单侧梳齿式结构，每组定齿由一个Π形齿和两个L形齿组合而成，每个动齿与一个Π形定齿和一个L形定齿交错等距离配置，形成差动结构。该方案的主要优点在于可以节省管芯版面尺寸，这对于表面加工的微机械传感器是较适用的。但是，由于表面加工得到的梳齿式结构测量电容偏小，影响了梳齿式微机械传感器分辨率和精度的进一步提高，横向交叉耦合误差也较大。

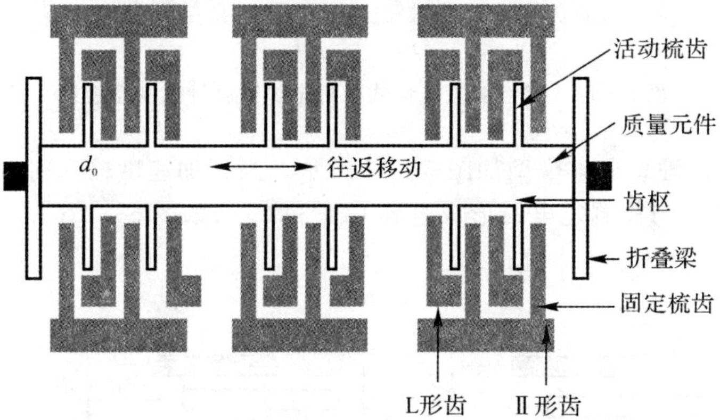

图5-11　定齿均匀配置梳齿式微机电加速度计结构示意图

为了提高微机电传感器的分辨率和精度，用体硅加工代替表面加工是一条有效的途径。图5-12是一种采用定齿偏置的梳齿式体硅加工微机械结构示意图。其结构与定齿均匀配置梳齿电容加速度计的最主要区别在于，敏感质量元件的每个活动梳齿与其相邻的两定齿之间距离不等，例如距离比例为1∶10，且形成以齿枢中点对称分布，敏感距离小的一侧形成主要的电容量，距离大的一侧的电容量可近似忽略。若干对动齿和定齿形成总体差动检测电容和差动加力电容。

定齿偏置结构最重要的优点就是键合块少、单块键合面积大，大大降低了键合难度，且键合接触电阻小而均匀。对于定齿均置结构，每一个动齿两边的定齿为不同极性，由于引线的关系，都要单独键合，键合强度小，对于体硅加工由于质量较大很容易脱落；而定齿偏置结构中心线左侧为一种电极，中心线右侧为另一种电极，故可采用数个定齿合在一起键合，大大提高了成品率。此外，定齿偏置结构明显减少了均置方案所必需的许多内部电极和引线。这样，一方面避免了电极、引线间的分布电容及电信号的干扰；另一方面，减少了引线输出数目，降低了引线键合的工作量。定齿偏置结构敏感轴方向的尺寸大于定齿均置结构，而均置结构的定齿通常较长，以满足均置结构的电容及键合面积。

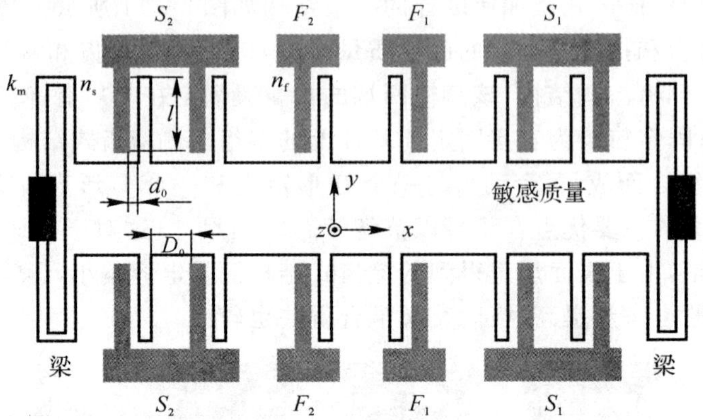

图 5-12 定齿偏置梳齿式微机电加速度计结构示意图

微机械敏感结构理想电学模型如图 5-13 所示。当无加速度输入时，质量片(动片)位于平衡位置，检测动电极与检测定电极形成电容 C_{S10} 和 C_{S20}，如图 5-13(a) 所示。理想状态下，动片位于正中间，$C_{S10}=C_{S20}$。

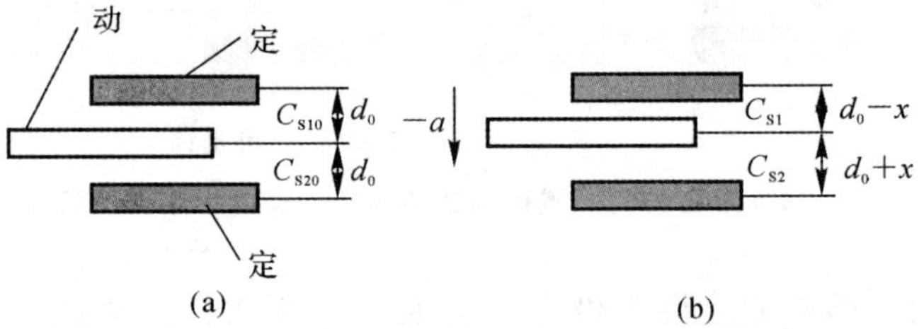

图 5-13 微机械敏感结构的理想电学模型

(a) 没有加速度输入； (b) 有加速度输入

当有加速度 $-a$ 输入时，动齿有微小位移 x，如图 5-13(b) 所示，则有

$$C_{S1}=2n_1\frac{\varepsilon_0\varepsilon A}{d_0-x} \tag{5.21}$$

$$C_{S2}=2n_1\frac{\varepsilon_0\varepsilon A}{d_0+x} \tag{5.22}$$

对式(5.21) 和式(5.22) 进行泰勒展开，并定义初始名义敏感电容 C_{S0}，有

$$C_{S1}=C_{S0}\left[1+\frac{x}{d_0}+\left(\frac{x}{d_0}\right)^2+\left(\frac{x}{d_0}\right)^3+\cdots\right] \tag{5.23}$$

$$C_{S2}=C_{S0}\left[1-\frac{x}{d_0}+\left(\frac{x}{d_0}\right)^2-\left(\frac{x}{d_0}\right)^3+\cdots\right] \tag{5.24}$$

这时，C_{S1}，C_{S2} 间形成差动电容 ΔC，有

$$\Delta C = C_{S1} - C_{S2} = 2C_S\left[\frac{x}{d_0} + \left(\frac{x}{d_0}\right)^3 + \cdots\right] \tag{5.25}$$

如果 x 远小于 d_0，则 x/d_0 的高次项可以忽略，有

$$\Delta C = \frac{2C_{S0}}{d_0}x \tag{5.26}$$

式(5.26)表明由于输入加速度造成的动片微小位移 x 可转化为差动电容变化，且当 $x \ll d_0$ 时，差动电容的变化量与 x 成近似线性关系。另外，设悬臂梁的机械刚度为 K_m，动片质量为 m，则当有加速度 a 输入时，将形成如下平衡：

$$K_m x = ma \tag{5.27}$$

将式(5.27)代入式(5.26)，得

$$\Delta C = \frac{2mC_{S0}}{K_m d_0}a \tag{5.28}$$

式(5.28)表明差动电容的变化量 ΔC 与输入加速度信号 a 成正比。因此，只要能够测量出这个微小的电容量变化，就可以得知输入加速度的大小。

载体感受的加速度反映为梳齿式电容的变化，测出电容的变化量即对应感受到的加速度。图 5－14 为电容式开环微机电加速度计示意图。其中，u_s 为微机电加速度计载波，C_{S1} 和 C_{S2} 是一对检测差动电容，m 为微结构敏感质量，b 为微结构机械阻尼系数，k 为微结构折叠梁弹性刚度，a 为感受到的加速度，x 为感受加速度时敏感质量相对壳体的位移量，u_{out} 为加速度计输出。

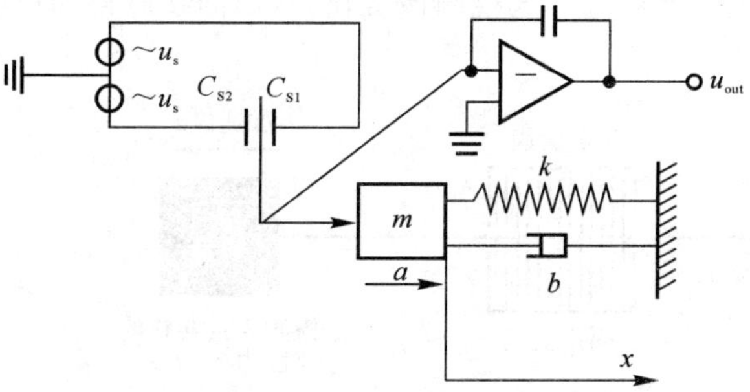

图 5－14　电容式开环微机电加速度计示意图

如果加静电反馈，便可组成力反馈闭环微机电加速度计，图 5－15 为电容式闭环微机电加速度计示意图。其中，u_s 是微机电加速度计载波，C_{S1} 和 C_{S2} 是一对检测差动电容，C_{f1} 和 C_{f2} 是一对加力差动电容，u_1 和 u_2 是反馈电压，f_e 是反馈力，m 为微结构敏感质量，b 为微结构机械阻尼系数，k 为微结构折叠梁弹性刚度，a 为感受到的加速度，x 为感受加速度时敏感质量相对壳体的位移量，u_{out} 为加速度计输出。差动电容由载波信号激励，输出的电压经过放大和相敏解

调作为反馈信号加给力矩器电容极板，产生静电力，使得极板回到零位附近。加在力矩器电容极板上的平衡电压和被测加速度成线性关系。

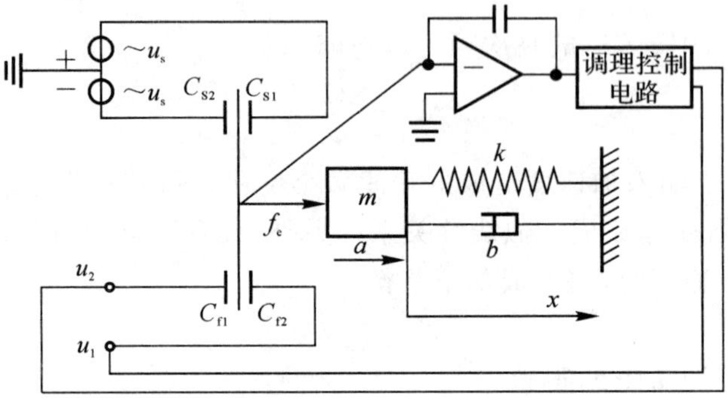

图 5-15　电容式闭环微机电加速度计示意图

5.4.2　硅微谐振式加速度计

1. 工作原理

硅微谐振式加速度计是力敏感类微机械加速度计的一种，其基本工作原理可由图 5-16 说明：检测质量 M_P 将沿敏感方向的加速度 a 转化为惯性力 $\boldsymbol{P}$ 施加于振梁的轴向，导致振梁谐振频率的改变，可通过梳齿电容等方式检测该变化，从而间接测得加速度。

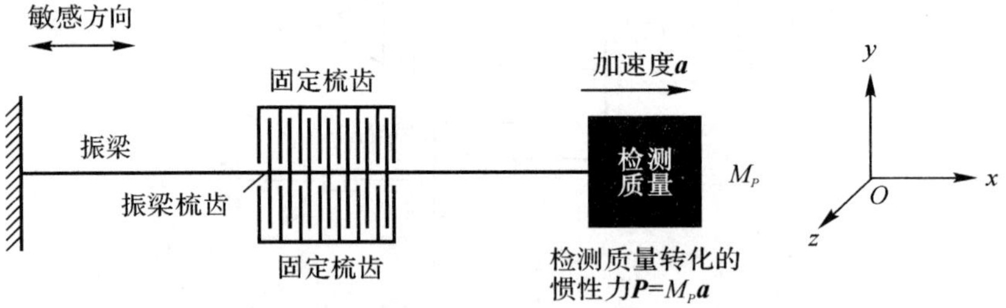

图 5-16　硅微谐振式加速度计工作原理示意图

硅微谐振式加速度计由于直接输出频率信号（一种准数字信号，不需要经过 A/D 转换而直接进入数字电路系统），在信号传输与处理过程中，不易出现误差，且不易受环境噪声影响，因此易于实现高精度测量。

硅微谐振式加速度计通常设计成差动结构，如图 5-17 所示。振动梁由硅或石英晶体材料制作，通过静电或压电作用等方式以谐振频率产生振动。双边梁在振动驱动模式下振动。

当加速度形成的惯性力加在梁上时，输入加速度将引起振梁张力的变化，从而引起振动梁的谐振频率发生变化，一边振动梁谐振频率增加，而另一边振动梁则频率减小，通过信号处理其差动频率，便可得到输入加速度的大小。

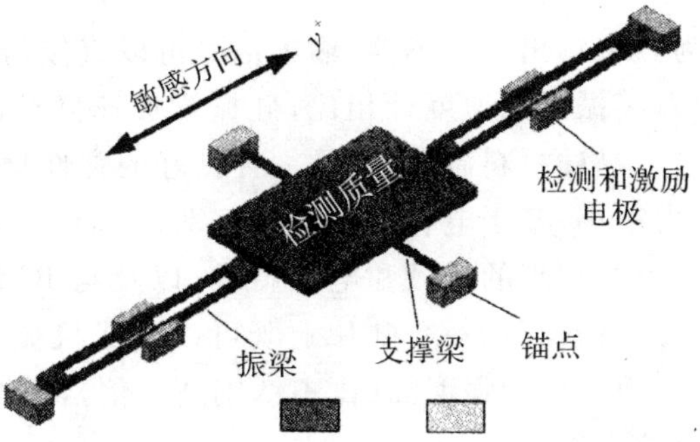

图 5－17　硅微谐振式加速度计原理框图

加速度作用于质量块上，使得左右两边的双端音叉结构分别受到拉力和压力，则谐振梁的谐振频率将会发生变化，其关系式为

$$f = f_0 \sqrt{1 + \frac{l^2}{\pi^2 EI} F} \tag{5.29}$$

式中

$$f_0 = \frac{30}{2\pi l^2} \sqrt{\frac{EI}{\rho S}}$$

这样，通过检测频率的变化，可以得到加速度的变化，即

$$f(P) = f_0 \sqrt{1 + \left(\frac{1}{2\pi}\right)^2 \frac{A m_P l^2 g_N a}{2EI}} \tag{5.30}$$

图 5－18 为使用双端音叉结构的谐振加速度计输入输出关系图。

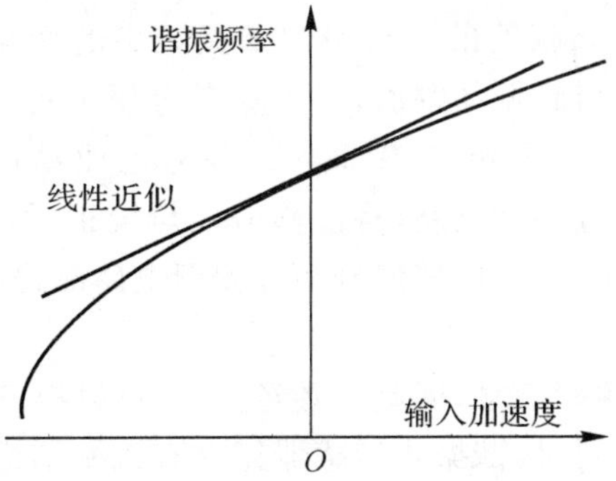

图 5－18　使用双端音叉结构的谐振加速度计输入输出关系图

硅振梁加速度计是依靠机械谐振原理工作的惯性仪表，硅质量块敏感到的加速度对谐振梁施加轴向应力，引起谐振器的谐振频率发生变化，经过位移检测电路和稳幅控制电路进入驱动电路，对谐振梁施加驱动力，从而通过测频电路测量频率变化，即可敏感轴向输入加速度的大小。

由于硅振梁加速度计为频率输出式传感器，输出信号可以直接与数字信号处理器件通信，而无须进行模/数转换。与石英振梁加速度计相比，硅振梁加速度计的优越性主要体现在：硅加速度计采用半导体器件级单晶硅材料制造，它是一种良好的弹性材料；硅工艺能够制造微小尺寸的谐振子组件，封装应力很小；基于电容的静电谐振驱动和检测，与压电石英晶体相比具有更大的设计灵活性。硅具有更理想的机械和电子特性，以及与 IC 制造工艺的兼容性，使之成为加速度计敏感结构的热选材料。在一个硅片上既可以完成机械加工，又可以完成电子线路的集成，集成度高，尺寸小，而且硅的强度高（比不锈钢高 3 倍），弹性变形小，抗过载能力强，可以在恶劣环境下长期稳定地工作。

根据测量方式，硅振梁加速度计可以分为单轴硅振梁加速度计和双轴硅振梁加速度计；根据检测和激励机制，硅振梁加速度计可以分为静电激励与电容检测式、电热激励与压阻检测式，以及光热激励与光检测式等。

2. 系统组成

硅振梁加速度计主要由谐振器、位移检测电路、电压稳幅电路、测频电路和驱动放大电路组成。谐振器由质量块、振动梁、驱动电极和检测电极组成；位移检测电路测量谐振梁的振动位移；幅值测量电路和校正网络电路完成稳幅控制；测频电路测量位移信号振动的频率从而感知输入加速度的变化。

如图 5 - 19 所示，谐振器 A 和 B 在驱动电路作用下产生谐振，当检测质量在 y 轴正方向感受输入加速度时，敏感质量形成的惯性力对谐振梁 A 产生拉伸力，而对谐振梁 B 产生压缩力，从而引起谐振器 A 的谐振频率增大，而谐振器 B 的谐振频率减小。通过位移检测电路得到振动的位移信息，由于谐振梁幅值的波动引起谐振频率的变化，因此驱动电压需要稳幅控制。首先，通过幅值测量电路得到振动幅值，再与参考电压进行比较，经过校正网络反馈至驱动端，由于电容式振梁器存在 90°的相移，因而位移信号与驱动信号存在 90°的相移。在进入驱动电路前，位移信号需要经过移相电路，将位移信号与校正后的信号叠加后，再经过放大对驱动梳齿施加驱动激励。与此同时，位移信号经过测频电路测得频率的变化，从而敏感输入加速度的大小。

谐振式传感器的输出是频率信号，因此不必经过 A/D 转换就可以方便地与微型计算机连接，组成高精度的测控系统。同时，谐振式传感器还具有机械结构牢固、精度高、稳定性好和灵敏度高等特点，是一种很有应用前景的传感器。

从加速度计的性能及其应用情况可知，其发展趋势必然是高精度、微型化、集成化和数字化。微机电加速度计和集成光学加速度计，由于其在成本、尺寸和质量等方面具有潜在优势，将会得到迅速发展，尤其在中低性能的应用领域必将取代传统类型的加速度计，而部分高性能领域未来也将逐步被微机电加速度计所替代。

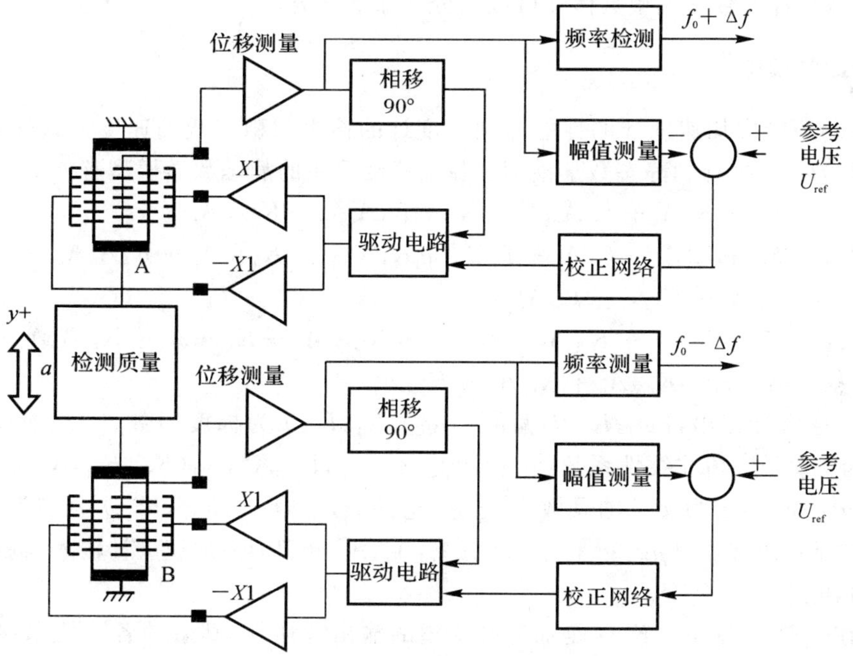

图 5－19　硅振梁加速度计组成原理框图

5.5　加速度计的数学模型

惯性导航系统目前广泛应用于各种导航、制导与控制（例如导弹的制导、飞机的导航及人造卫星的姿态控制）等领域。在各种任务中，系统的精度在很大程度上依赖于其中惯性器件即陀螺仪及加速度计的精度。因此，不断发展各种新型仪表，减小仪表的误差来源，努力提高仪表的精度，一直是惯性器件的主要发展方向之一，也是当前各种惯导系统发展的迫切需要。然而在任何实际的惯性器件中，客观上存在着各种误差源（例如原理误差、结构误差、工艺误差等），通常它们对仪器性能的影响是不同的。通过大量实践，工程技术人员逐渐认识到精细地研究惯性器件误差源，以及其对惯性器件性能影响的表达形式，具有极其重要的意义。这种在特定环境下，描写惯性器件性能的数学表达式，就称为惯性器件的数学模型。

在本节中，将讨论加速度计数学模型的分类、研究数学模型的意义，以及建立数学模型的一般方法等几方面的内容。

5.5.1 数学模型的分类

惯性加速度计的数学模型具体地可以划分为如下三类。

1. 静态数学模型

在线运动环境中加速度计的性能即加速度计的输出与稳态线加速度输入间的依赖关系$Y=f(\overline{A})$，称为加速度计的静态数学模型。目前广泛采用的静态数学模型有如下三种形式：

模型 A：$Y=K_0+K_1A_i+K_2A_i^2+K_3A_i^3+K_4A_iA_o+K_5A_iA_p$

模型 B：$Y=K_0+K_1A_i+K_2A_i^2+K_3A_i^3+K_4A_iA_o+K_5A_iA_p+K_6A_oA_p+K_7A_o+K_8A_p+K_9A_p^2$

模型 C：$Y=K_0+K_{\mathrm{I}}A_i+K_{\mathrm{II}}A_i^2+K_{\mathrm{III}}A_i^3+K_{io}A_iA_o+K_{ip}A_iA_p+K_{po}A_pA_o+K_{oo}A_o^2+K_{ooo}A_o^3+K_{pp}A_p^2+K_{ppp}A_p^3$

式中，Y 为加速度计输出，$[g]$；K_0 为偏值，$[\mu g]$；$K_1(K_{\mathrm{I}})$ 为标度因数，$[g/g]$；K_2，$K_3(K_{\mathrm{II}}$，$K_{\mathrm{III}})$ 分别为二阶及三阶非线性系数，$[\mu g/g^2][\mu g/g^3]$；K_4，K_5，$K_6(K_{io}$，K_{ip}，$K_{po})$ 为交叉耦合系数，$[\mu g/g^2]$；K_7，K_8 为交叉轴灵敏度，$[\mu g/g]$；$K_9(K_{oo}$，K_{ooo}，K_{pp}，$K_{ppp})$ 分别为交叉轴灵敏度二阶、三阶非线性系数，$[\mu g/g^2][\mu g/g^3]$；A_i，A_o，A_p 分别为沿加速度计输入、输出轴及摆轴作用的比力，$[g]$。

显然，在模型中，除 $K_1(K_{\mathrm{I}})$ 是加速度希望的输出特性外，其余的各项均系误差项，各模型的区别仅在于考虑的各误差项繁简不一。

如果加速度计在平台式惯导系统中应用，平台隔离了加速度计与运载体的角运动，上述误差数学模型即表示加速度计的数学模型。但在无平台的捷联式惯导系统中，加速度计除承受惯性空间线运动外，还得承受相对惯性空间的角运动，因此还必须用动态误差数学模型来表征其误差。

2. 动态数学模型

在角运动环境中，加速度计的性能即加速度计输出与角速度、角加速度输入间的依赖关系，$Y=f(\boldsymbol{\omega},\dot{\boldsymbol{\omega}})$，称为加速度计的动态数学模型。目前广泛采用的动态模型具有以下形式：

$$Y=D_1\dot{\omega}_i+D_2\dot{\omega}_o+D_3\dot{\omega}_p+D_4\omega_i^2-D_5\omega_p^2+D_6\omega_i\omega_o+D_7\omega_i\omega_p+D_8\omega_o\omega_p+D_9\dot{\omega}_o\omega_i^2-D_{10}\dot{\omega}_o\omega_p^2$$

式中，ω_i，ω_o，ω_p 分别为加速度计壳体相对惯性空间绕其输入轴、输出轴及摆轴的角速度，rad/s；$\dot{\omega}_i$，$\dot{\omega}_o$，$\dot{\omega}_p$ 分别为加速度计壳体相对惯性空间绕其输入轴、输出轴及摆轴的角加速度，rad/s^2；

显然，动态数学模型中的各项均为误差项。

3. 随机数学模型

加速度计的随机数学模型是指加速度计输出与随机误差源之间的关系。在上述静态和动态模型中，各系数一般都是有明确物理意义的，因而所产生的误差是确定的、可预测的；而各种不可预测的环境或仪表内部的随机因素(例如温度、磁场、电源、仪表内部的导电装置、接触摩擦、应力变化等）所引起的加速度计输出误差是与运动无关的，其本质上是随机的。应用随机过程的理论和实践研究可以建立某种形式的加速度计统计误差模型。

不同类型的加速度计中，其性能指标也会有不同。在摆式加速度计中，其性能有如下几方面：

摆性：检测质量与质量中心到转轴距离的乘积，单位为 g・cm。

偏值：当没有加速度作用时加速度计的输出量，单位为 g。

分辨率：指加速度计给出可靠输出时，最小的加速度输入值，单位为 g。

阈值：加速度计有输出(但不一定可靠）时最小的加速度输入值，单位为 g。

量程：最大输入极限与最小输入极限的差值，单位为 g。

灵敏度：输出量对不希望有的输入量的比值。

稳定性：某种结构或性能系数保持不变能力的一种量度。

重复性：加速度计在相同的输入和环境条件下，能够重复产生某一输出或特性的能力。

5.5.2　研究数学模型的意义

有关加速度计数学模型的理论及实验研究，日益受到惯性工程技术人员的普遍重视，其重要性主要表现在如下几个方面：

① 建立精确的数学模型，分析各模型系数的大小及其稳定性，可为改善加速度计的设计、生产及故障诊断提供重要的依据。这是因为各模型系数一般均与有关仪表的结构参数有着确定的联系。此外，可为发展新型仪表，特别是为发展在捷联环境中工作的加速度计提供新的设计思想。

② 根据实际性能的数学模型，可以发展相应的误差补偿技术。也就是说，若将仪表工作环境的运动规律作用于数学模型上，便可实时地计算出该环境所引起的仪表误差。因此，若在系统的导航计算机中，从加速度计的输出中补偿掉这部分误差后，再作用于导航方程，则可大大提高加速度计的精度。特别是对于高性能的惯性定位及测量系统，以及捷联式惯导系统必须要求惯性器件具有优良的模型精度与稳定性，并采取适当的动静态误差补偿技术。这是整个系统获得良好性能不可缺少的手段之一。

③ 利用飞行模拟技术和惯性器件的数学模型，可在实验室的数字计算机上模拟整个惯导系统。例如，在捷联式惯导系统的飞行模拟实验中(见图 5－20)，飞行器沿预定飞行路线的运

动,变换为相对惯性空间的运动($\boldsymbol{\omega}$,$\boldsymbol{a}$)作用在惯性器件的数学模型上,而该模型的输出相当于陀螺和加速度计的实际输出。它作为飞行器惯性运动的测量值作用在导航系统的数学模型上,将预定的飞行器轨迹与导航系统解出的信息(例如位置、速度等)进行比较,便可获得系统的导航误差。

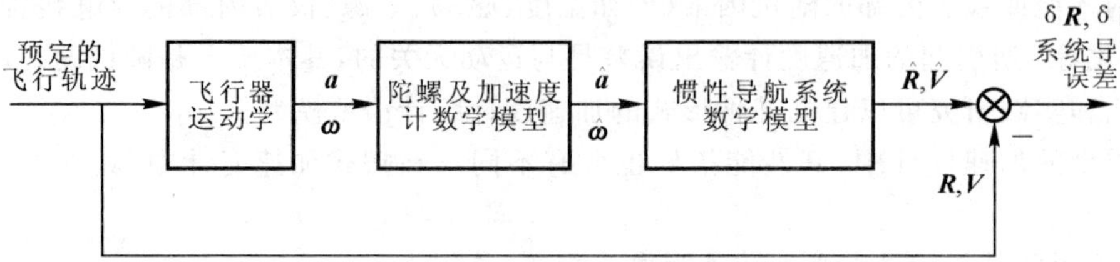

图 5-20　计算机上的模拟原理

5.5.3　建立数学模型的方法

1. 解析方法

这是根据加速度计的力学原理及实际结构,用解析方法建立的加速度计在线运动和角运动作用下的静态和动态数学模型,这种数学模型的特点是物理概念清晰,但是在某些简化条件的假设下,可能会有某种程度的近似性,且通常只是给出模型的一般形式,需要通过实验才能确定精确的数学模型系数。然而,数学模型的解析形式是研究和应用数学模型的重要理论基础。

2. 实验研究方法

实验研究是首先假定出加速度计静态和动态数学模型的某种数学形式(可暂不考虑该模型的物理概念),然后设计一种实验方案,选择一组能激励模型中全部各项的静态和动态输入,采集并处理加速度计输出的实验数据,从中识别所假设的模型,并估计出模型系数及误差(见图5-21)。

首先应根据任务的环境及仪表的特点,确定所需加速度计数学模型的具体形式。例如,对于民航飞机的惯导系统,由于平台隔离了飞机的角运动,而过载亦不大,因此,加速度计在这种环境中不需要进行动态误差补偿,就是静态模型也不需要很复杂。例如在模型 A 中仅考虑到包括二阶非线性的前三项是允许的,因此,不需要做动态模型实验及高 g 加速度的静态模型实验。再例如高精度的测地惯性系统,对其中具有高灵敏度($1\mu g$)的加速度计,应考虑相当完善复杂的静态数学模型及随机数学模型。因此,所选用的实验方法亦应有相应的精度。在这种情况下,选用地球重力场实验法(精度 $10\mu g$)是不适宜的。对于捷联式惯导系统,由于惯性器件是直接固定在运动体上,因而静动态的误差补偿都是需要的,而相应模型的复杂程度,则应依据具体运动体的机动性及任务而定。

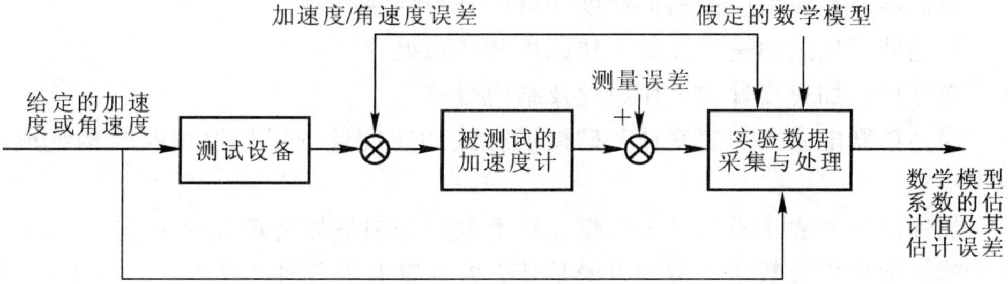

图 5-21　实验法建模过程

3. 模拟研究方法

为了考察惯性器件对惯导系统性能的影响,或根据给定的导航系统确定任务所需要的惯性器件的数学模型及相应的误差补偿技术,可在实验室中的计算机上进行广泛灵活的模拟研究(见图 5-22)。

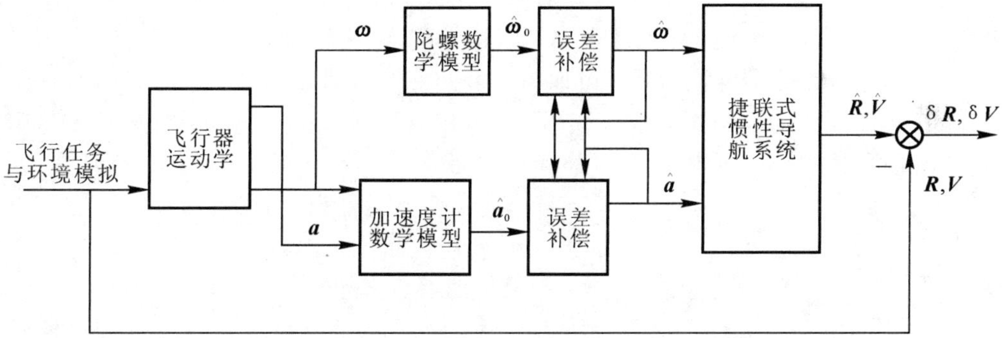

图 5-22　计算机上的模拟研究过程

应该指出,由于完全真实地模拟飞行器在地球重力场中六自由度惯性运动是很困难的,很多实际随机环境的影响可能没有考虑。因此,最终应对实际系统进行大量的飞行试验,用以验证并考核惯性器件的精度及可靠性,进一步完善模型,直至获得预期的结果,这样才能获得惯性器件(陀螺及加速度计)数学模型的最终形式。

思考与练习

5.1 惯性导航系统中应用的加速度计可以分为哪些类型?

5.2 简述液浮摆式加速度计的工作原理及结构组成。

5.3 简述挠性加速度计的工作原理及结构组成。

5.4 简述硅微电容式加速度计和硅微谐振式加速度计的工作原理及结构组成,并分析其发展优势。

5.5 加速度计的数学模型可分为哪几种类型?分别是如何定义的?

5.6 建立加速度计数学模型的目的是什么?通常有哪几种方法?

第6章　平台式惯性导航系统

6.1　概　　述

惯性导航系统是一种不依赖于任何外部信息，也不向外部辐射能量的自主式导航系统，这就决定了惯导系统具有其他导航系统无法比拟的优异特性。首先，它的工作不受外界电磁干扰的影响，也不受电磁波传播所要求的工作环境限制（可全球运行），这就使它不但具有很好的隐蔽性，而且其工作环境不仅包括空中、地球表面，还可以在水下，这对军事应用来说有很重要的意义。其次，它除了能够提供载体的位置和速度数据外，还能给出航向和姿态角数据，因此惯导系统所提供的导航与制导数据十分完善。此外，惯导系统又具有数据更新率高、短期精度和稳定性好的优点。所有这些使惯性导航系统在军事以及民用领域中发挥着越来越大的作用。目前，在各类飞机（包括预警机、战略轰炸机、运输机、战斗机等）、航天器、导弹、水面船只、航母和潜艇上普遍装备有惯导系统，甚至有些坦克、装甲车以及多种地面车辆也装备了惯导系统；另外，惯导系统在石油钻井、大地测量、航空测量与摄影以及移动机器人等领域也得到了广泛应用。

在学习了前几章有关知识的基础上，先概要介绍一下惯性导航系统的基本工作原理和技术特点。

惯性导航系统的基本工作原理可简要地表述为：根据牛顿定律，利用一组加速度计连续地进行测量，而后从中提取运动载体相对某一选定的导航坐标系（可以是人工建立的物理平台，也可以是计算机存储的数学平台）的加速度信息；通过一次积分运算（载体初始速度已知）便得到载体相对导航坐标系的即时速度信息；再通过一次积分运算（载体初始位置已知）便又得到载体相对导航坐标系的即时位置信息。对于地表附近的运动载体，例如飞机，如果选取当地地理坐标系作为导航坐标系，则上述速度信息的水平分量就是飞机的地速 $\boldsymbol{v}$，上述的位置信息将换算为飞机所在处的经度 λ、纬度 L 以及高度 h。此外，借助于已知导航坐标系，通过测量或计算，还可得到载体相对当地地理坐标系的姿态信息，即航向角、俯仰角和倾斜角。于是，通过惯性导航系统的工作，便可即时地提供全部导航参数。

然而，要想在工程上实现这样一套惯性导航系统，绝不是一件轻而易举的事。至少要解决以下几个方面的问题：

第一，必须采用一组高精度的加速度计作为测量元件。

惯性导航的基本原理决定它必须利用加速度计从测量载体的加速度开始，经过两次积分运算才能求得载体的位置。这样，如果不加任何调整，则加速度计测量的常值误差将会造成随时间的二次方增长的位置误差。为此，对加速度计的精度提出很高的要求。如果把1.85km/h(1σ)作为惯导系统导航精度最基本的要求，那么，对加速度计测量加速度的偏值稳定性的要求应在($10^{-6}\sim10^{-5}$)g 的量级(g 为重力加速度)。

第二，必须依靠一组高性能的陀螺仪来模拟一个稳定的导航坐标系。

由于载体的加速度、速度和空间位置都是矢量，因此首先必须明确它是相对哪个坐标系的；其次，矢量的运算只有分解到该坐标系的三个轴上才能进行。这就是为什么必须在载体内部建立一个稳定的导航坐标系的原因。导航坐标系可以选择为某种惯性坐标系，也可以选择为当地地理坐标系，当然还有其他各种方案。显然，在运动载体上实现独立而稳定的导航坐标系，最合理的方案之一就是采用陀螺稳定平台。如果在陀螺仪的控制轴上不施加任何控制力矩，则平台将处于几何稳定状态，可用来模拟某一惯性坐标系；而如果在陀螺仪的控制轴上施加适当的控制力矩，则平台将处于空间积分状态，可用来跟踪模拟某一动坐标系(如当地地理坐标系)。问题在于，不论何种情况，围绕陀螺仪的控制轴总难免存在一定的干扰力矩，从而引起平台发生所不希望的漂移转动，其结果是模拟坐标系不断地偏离真正的导航坐标系，从而给整个导航计算带来严重的误差。为此，对陀螺仪的性能提出很高的要求。

对于上述的导航精度，要求陀螺仪漂移的偏值稳定性应在0.01rad/h(1σ)的量级。

第三，必须有效地将运动加速度和重力加速度分离开，并补偿掉其他不需要的加速度分量。

就加速度计的工作原理而言，它并不能区别所测的是运动加速度还是重力加速度；在运动加速度中混杂的其他分量，如随地球一起转动引起的哥氏加速度等同样也不能区别。以航空导航为例，必须从加速度计的测量值中提取出纯粹的飞机的水平加速度分量再加以积分，才能得到飞机的水平速度，再对水平速度进行积分和转换，才能得到飞机所在处的经度和纬度。在高度的计算中同样也不能混杂有水平加速度分量。这里的主要矛盾是如何有效地将运动加速度和重力加速度分离开。这可以有两种途径。一是通过计算对重力加速度分量进行直接补偿，这就必须引入一个相当复杂的重力场模型，并根据已经算出的位置信息进行反馈式的计算或补偿。这种方案要求的计算量很大，计算速度很高，事实上是在高速电子计算机问世后才得以实现的。另一种途径是用陀螺平台跟踪一个当地水平坐标系(包括地理坐标系)，使两个水平加速度计的测量轴与台面重合，这样便可避免感受重力从而间接地补偿掉重力加速度分量。这种方案的计算量显然要小得多。不过，使平台精确跟踪当地地平面(水平面)或真垂线(水平面的法线)也并非一件容易的事。由于平台也须借助水平加速度计来感受台体倾斜时的重力分量，再将它变成相应的控制信号加给陀螺仪控制平台返回地平位置或垂线位置，因此，当载体具有水平加速度时，控制信号使平台跟踪的将不是当地真垂线而是表观垂线(即虚假垂线)，结果使平台偏离了真正的导航坐标系。解决这个问题所依据的是舒勒原理。在平台实现了舒勒调谐之后，问题并未全部解决，它要求平台的初始方位必须严格对准，否则，这种初始偏差将以84.4 min的周期进行振荡，同样形成严重的误差。因此，平台工作前的初始对准也是必须解决的重要问题。

第四，必须建立全面细致的计算和补偿网络，采用的计算装置要有足够高的计算精度和运算速度。

导航计算是一个复杂的过程，主要包括以下几个方面的计算：

① 从加速度信息到位置信息的两次积分运算。

② 为提取信息而进行的补偿运算。例如，从加速度计的测量值中补偿掉载体作曲线运动时的部分向心加速度及哥氏加速度，就需要先对这些加速度进行计算，而且在计算中又须引入后面已经算得的某些参数，如载体的地速、转弯角速度和当地纬度等。显然，这种运算具有反馈的性质。

③ 线量转换到角量的运算。如将载体沿导航坐标系三个轴的速度分量转换为绕三个轴的角速度分量，须分别除以相应的曲率半径，这种运算往往也具有反馈性质。

④ 方向余弦矩阵的计算，即完成各有关坐标系间的坐标转换。这种计算不仅工作量大，而且也具有反馈的性质。

⑤ 对陀螺仪和加速度计的常值和随机误差进行统计计算，以作为下次工作补偿的依据。

由此可见，为能正确地设计导航计算网络，需要有一个全面正确的计算流程图，而形成流程图的依据乃是联系各个运动参量的力学方程组，称为机械编排方程。在研究某一种方案的惯导系统时，首先要列出它的机械编排方程，这是分析和设计惯导系统的基础。由于导航计算具有即时性和反馈性以及参量数值大小悬殊的特点，因此要求采用的计算装置必须具有足够高的精度和运算速度。

一个惯性导航系统通常由惯性测量装置、专用计算机、控制显示器等几大部分组成。惯性测量元件包括加速度计和陀螺仪。3 个加速度计用来感测载体沿导航坐标系 3 个轴向的线加速度，2 个或 3 个陀螺仪用来感测载体绕 3 个轴的转动以构成一个物理平台或“数学平台”，专用计算机完成导航运算，即时地提供导航参数。控制显示器即系统的工作终端。

按惯性测量装置在载体上的安装方式，可分为平台式惯性导航系统和捷联式惯性导航系统。在平台式惯导中，以实体的陀螺稳定平台确定的平台坐标系来精确地模拟某一选定的导航坐标系，从而获得所需的导航数据；在捷联式惯导中则通过计算机实现的数学平台来替代实体平台，这样带来的好处是可靠性高、体积小和价格便宜。

6.2　平台式惯性导航系统的基本原理

导航系统在工作过程中，需要计算出一系列的导航参数，如载体的位置（经度和纬度）、载体的地速和高度、载体的航向角和姿态角等。平台式惯性导航系统通过加速度计测量的载体加速度信息和平台框架上取得的载体的姿态角信息，就可以计算出全部的导航参数。

由于惯性导航的基本原理是通过对载体加速度的测量，将加速度积分计算出载体的速度，再由速度积分算得载体相对于地球的位置，而载体在空中是任意运动的，因此既要测得载体加速度的大小，还必须确定加速度的方向。通过惯导平台模拟一个选定的导航坐标系（$Ox_ny_nz_n$），如果沿平台坐标系三个轴上各安装一个加速度计，就可以测得载体加速度的三个分量。可见，惯导平台使得载体的加速度 **a** 分解在一个已知的导航坐标系中，再根据导航坐标系与地球坐标系（$Ox_ey_ez_e$）的关系就可以计算出导航参数。

设定平台坐标系为 $Ox_py_pz_p$。下面先用一种简单的假设情况来说明惯导系统的组成和工作原理。载体沿地球表面飞行。设地球为理想球体且相对于惯性空间不旋转，平台的两个轴稳定在当地水平面里，并使 Ox_p 轴指东，Oy_p 轴指北，如图 6-1 所示。

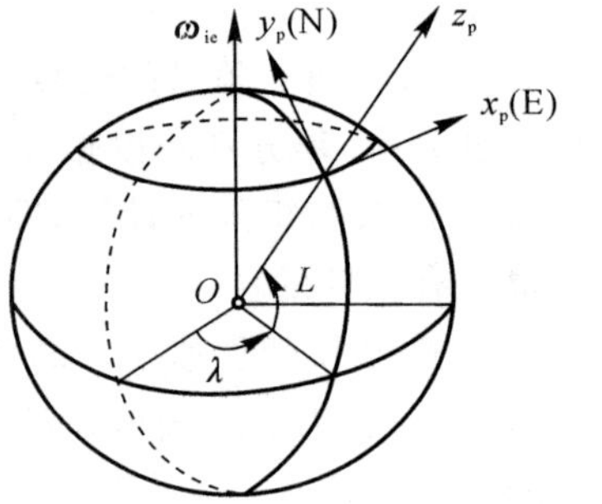

图 6-1 平台坐标系和地理坐标系

沿 Ox_p 轴安装东向加速度计 A_E，沿 Oy_p 轴安装北向加速度计 A_N。由于假定地球是理想球体而且不旋转，因而在 A_E 和 A_N 的测量值中既不含有重力加速度分量，也不含有哥氏加速度分量。它们测得的是纯粹的载体相对于当地地理坐标系的水平加速度分量 a_E，a_N。由此可算出载体的地速分量（即相对于地表运动速度的水平分量）为

$$\left.\begin{aligned} v_N &= \int a_N \mathrm{d}t + v_{N0} \\ v_E &= \int a_E \mathrm{d}t + v_{E0} \end{aligned}\right\} \tag{6.1}$$

式中，v_{N0}，v_{E0} 分别为载体北向及东向的初始速度。根据地理坐标系的定义，可求得载体的经度 λ 和纬度 L，即求得载体位于地表的位置，有

$$\left.\begin{aligned} L &= \int \frac{v_N}{R} \mathrm{d}t + L_0 \\ \lambda &= \int \frac{v_E}{R} \sec L \mathrm{d}t + \lambda_0 \end{aligned}\right\} \tag{6.2}$$

式中，R 为地球半径；L_0 和 λ_0 为载体的初始纬度和初始经度。图 6-2 为惯导系统简单的原理框图。

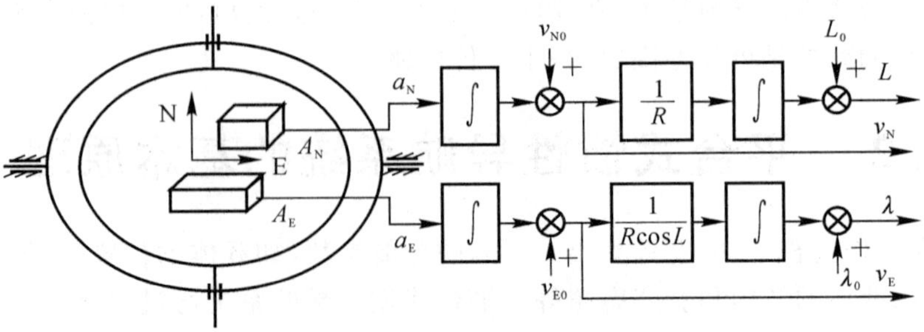

图 6-2 惯导系统简单的原理框图

实际上地球相对于惯性空间是转动的,因而在地表任何一点的水平坐标系也是一起转动的。如果选定某种坐标系作为导航坐标系,就必须给平台上的陀螺仪施加相应的指令信号,以使平台按规定的角速度转动,从而精确地跟踪所选定的导航坐标系。指令角速度可分为三个轴上的指令角速率,分别以控制信号的形式施加给相应陀螺上的控制轴。当然,指令角速率的信号须由载体的运动信息经计算机解算后提供。这样就组成了平台的控制回路。

图 6-3 为惯导系统各组成部分相互关系的示意图。

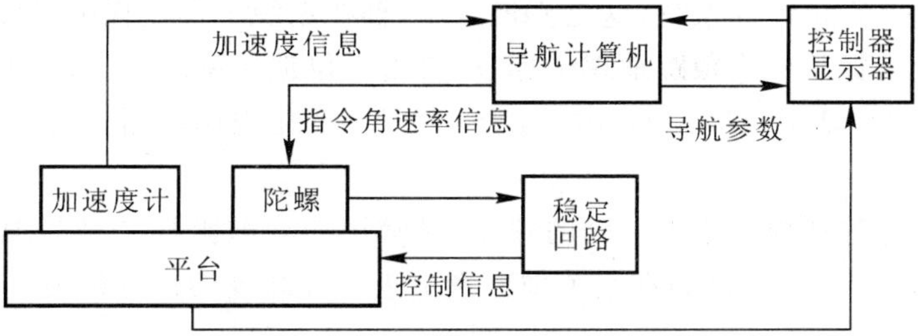

图 6-3　惯导系统各组成部分示意图

由图6-3可见,一组加速度计安装在惯导系统平台上,为导航计算机的计算提供加速度信息。导航计算机根据加速度信息和由控制台给定的初始条件进行导航计算,得出载体的运动参数及导航参数,一方面送去显示器显示,另一方面形成对平台的指令角速率信息施加给平台上的一组陀螺仪,再通过平台的稳定回路控制平台精确跟踪选定的导航坐标系。此外,从平台框架轴上的同步器(角传感器)可以提取载体的姿态信息送给显示器显示。

系统各部分之间信号的传递关系已由图中的连线表示清楚。应特别注意到,由加速度计向导航计算机提供加速度信息,再由计算机向陀螺输送指令角速率信息,这样所构成的闭环大回路,其作用正是保证平台精确稳定地跟踪导航坐标系,而条件则是回路参数必须满足舒勒调谐的要求以及精确的初始对准。

由此可见,一个惯导系统主要包括以下几部分:

(1) 加速度计

加速度计是用来测量载体运动加速度的。

(2) 惯导平台

该平台模拟一个导航坐标系,是加速度计的安装基准。另外,平台还可以提供载体的姿态信息。

(3) 导航计算机

计算机完成导航参数的计算,给出控制平台运动的指令角速率信息。

(4) 控制器

控制器给出初始条件及系统需要的其他参数。

(5) 显示器

显示器用来显示导航参数。

平台式惯导系统按所选用的导航坐标系可分为以下几种：

(1) 当地水平面惯导系统

这种系统的导航坐标系是当地水平坐标系，即平台坐标系的两个轴 Ox_p，Oy_p 保持在水平面内，Oz_p 轴为地垂线方向。由于 Ox_p，Oy_p 轴在水平面内可指向不同的方位，因此这种导航系统又分为两种：指北方位惯导系统，这是 Ox_p，Oy_p 轴在系统工作过程中，始终指向地理东向和北向，也就是平台坐标系始终跟踪地理坐标系；自由方位惯导系统，在系统工作过程中，平台的 Oy_p 轴与地理北向夹某个角度 $\alpha(t)$，由于 $\alpha(t)$ 有多种变化规律，因此又有自由方位、游动方位等的区分。

对于像飞机、舰船等在地表附近运动的载体，最常用的导航坐标系是当地水平坐标系，特别是当地地理坐标系 $Ox_ty_tz_t$，因为在这个坐标系上进行经纬度的计算最为直接和简单。

(2) 空间稳定惯导系统

这种系统的导航坐标系是惯性坐标系。理想情况下，平台坐标系 $Ox_py_pz_p$ 相对于惯性坐标系无转动。它有一个三轴陀螺稳定平台，此平台相对惯性空间稳定，它是利用陀螺仪在惯性空间保持方向不变的定轴性，通过三套随动系统而实现的。在稳定平台上装有三个相互垂直的加速度计。由于惯性平台相对于惯性空间没有转动角速度，因此加速度计的输出信号不必消除有害加速度。但是，由于平台稳定在惯性空间，在不同位置下重力场矢量发生变化，这样加速度计的输出信号内将包含重力加速度的分量，因而必须时刻对重力加速度分量进行补偿，然后进行积分才能得到速度和位置坐标。由于加速度计测得的是惯性坐标系内的加速度信息，所得速度和位置是相对惯性坐标系的，而通常导航定位是相对地球表面的，因而必须进行坐标转换，才能得到相对地球表面的速度和经纬度位置信息。

这种由陀螺稳定平台、加速度计和计算机组成的系统，根据加速度计输出信号，经过计算机分析计算才能求得运载体的速度及位置参数，故一般称为解析式惯导系统。这种惯导系统需要解决重力加速度修正、坐标转换等问题。

对于像洲际导弹、运载火箭和宇宙探测器等远离地表飞行的载体，用惯性坐标系来确定它们的位置更为方便合理。因此，导航坐标系一般选用地心惯性坐标系 $Ox_iy_iz_i$。

由于载体在空间作任意运动，要测出载体的位置和有关参数，惯导系统必须具有三个通道与三维空间相对应。如图 6-4 所示的惯导平台是由三个单自由度的陀螺仪组成的三轴平台。平台坐标系 $Ox_py_pz_p$ 所跟踪的导航坐标系具体选为当地地理坐标系 $Ox_ty_tz_t$。在平台上沿三个平台轴线分别安装 A_x，A_y 和 A_z，可以测量沿平台轴的比力分量 f_x^t，f_y^t，f_z^t，此信号输给导航计算机，经过计算和补偿，最后可求得载体的即时地速、即时位置等导航参数。

当地理坐标系相对惯性空间有转动角速度 $\boldsymbol{\omega}_{it}$ 时，它的三个分量为 ω_{itx}^t，ω_{ity}^t，ω_{itz}^t。平台坐标系欲跟踪当地地理坐标系，自身相对惯性空间也得有一转动角速度 $\boldsymbol{\omega}_{ip}$，它的三个分量为

ω_{ipx}^{p}，ω_{ipy}^{p}，ω_{ipz}^{p}。当两个坐标系达到重合时，显然有 $\omega_{ipx}^{p}=\omega_{itx}^{t}$，$\omega_{ipy}^{p}=\omega_{ity}^{t}$，$\omega_{ipz}^{p}=\omega_{itz}^{t}$。实际上角速度的上标 p 和 t 也是完全等同的。计算机的作用是由 $\boldsymbol{\omega}_{it}$ 算出三个分量，变成电信号后施加给平台上相应的三个陀螺控制轴上的力矩器（用 T 表示），使平台的角速度 $\boldsymbol{\omega}_{ip}$ 和 $\boldsymbol{\omega}_{it}$ 完全相等。称 $\boldsymbol{\omega}_{ip}$ 为系统对平台的指令角速度，三个分量为系统对平台的三个指令角速率。计算机还要完成导航参数的计算，结果送往控制台上的显示器加以显示。另外，可以通过控制台向计算机提供运动参数的初始值及某些已知数据。

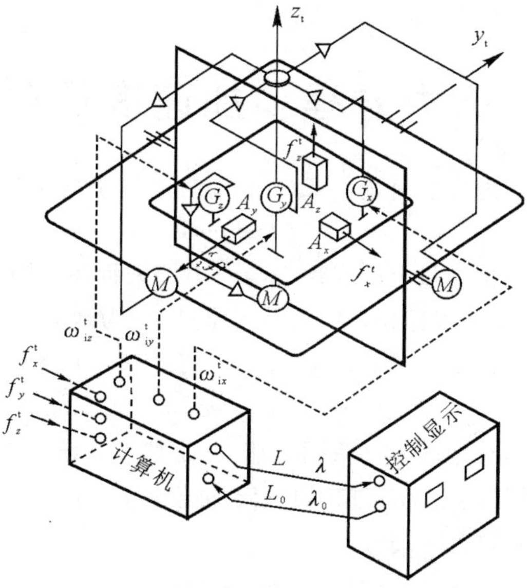

图 6－4　平台式惯导系统的组成结构图

在平台的三个框架轴上装有同步器，输出相应的转角信号，提供测定的载体姿态角和航向角。

也可以用二自由度陀螺组成惯导系统，一个陀螺可以控制两个平台轴，因此两个陀螺就有一根测试轴多余，此多余测试轴可用于电路自锁或安排其他用途。不同方案的惯导系统，其结构组成是相似的。因为不同的方案只是所选用的导航坐标系不同，这使平台的指令角速度和导航参数的计算方程不相同，即力学编排方程不同。当然对元部件的要求也可能有所不同。

在各种元部件齐备以后，作为惯导系统所要解决的基本问题有以下几方面：

① 大部分惯导系统的导航坐标系采用的是当地水平面坐标系，即平台需要不断跟踪当地水平面。如果平台相对水平面偏斜一个小角度，则地球重力场将产生一个重力加速度分量作用在加速度计上，加速度计敏感并输出此值，造成系统误差。因此需要了解应用舒勒原理如何使平台精确跟踪地平面的问题。

② 加速度计输出的测量值除了载体相对地球的加速度外还包含了重力加速度及哥氏加

速度等。而导航解算需要的是载体相对地球的加速度，因此将其他加速度称为有害加速度，在运算过程中应该消除有害加速度。

③ 惯导系统中高度通道是不稳定的，因此需要解决如何利用外部信息对高度通道的阻尼进行调整的问题。

④ 惯导系统在进入导航状态之前，首先需要给定初始条件，因此要解决初始条件的精确给定和平台初始方位的精确对准问题。

这些问题后面将分别进行讨论。

6.3 比力方程和加速度信息的提取

在本书第 2 章已对比力作过讨论。式(2.89) 为比力 $\boldsymbol{f}$ 的定义，即

$$\boldsymbol{f}=\boldsymbol{a}-\boldsymbol{G} \tag{6.3}$$

比力定义为作用在单位质量上的惯性力与引力的矢量和。因此比力与加速度有相同的量纲。若选取地球坐标系(用 e 来标识)$O_e x_e y_e z_e$(原点 O_e 为地心，$O_e z_c$ 轴为地轴，$O_e x_e$，$O_e y_e$ 轴处于赤道平面内) 为动坐标系。按照式(2.98)，可将式(6.3) 分解为

$$\boldsymbol{f}=\dot{\boldsymbol{v}}_{ep}+(2\boldsymbol{\omega}_{ie}+\boldsymbol{\omega}_{ep})\times\boldsymbol{v}_{ep}-\boldsymbol{g} \tag{6.4}$$

式中，$\dot{\boldsymbol{v}}_{ep}$ 为平台(载体) 相对地球坐标系的加速度，是惯导系统所要提取的信息；$2\boldsymbol{\omega}_{ie}\times\boldsymbol{v}_{ep}$ 是载体的相对速度 $\boldsymbol{v}_{ep}$ 与牵连角速度 $\boldsymbol{\omega}_{ie}$ 引起的哥氏加速度；$\boldsymbol{\omega}_{ep}\times\boldsymbol{v}_{ep}$ 为法向加速度；而 $\boldsymbol{g}$ 为重力加速度，式(2.94) 给出了它的表达式为

$$\boldsymbol{g}=\boldsymbol{G}-\boldsymbol{\omega}_{ie}\times(\boldsymbol{\omega}_{ie}\times\boldsymbol{R}) \tag{6.5}$$

式中，$\boldsymbol{G}$ 为引力加速度；$\boldsymbol{\omega}_{ie}$ 为地转加速度；$\boldsymbol{R}$ 为地球半径矢量。

可将式(6.4) 写成如下形式，有

$$\dot{\boldsymbol{v}}_{ep}=\boldsymbol{f}-[(2\boldsymbol{\omega}_{ie}+\boldsymbol{\omega}_{ep})\times\boldsymbol{v}_{ep}-\boldsymbol{g}]=\boldsymbol{f}-\boldsymbol{a}_B \tag{6.6}$$

式(6.6) 说明，必须从测得的比力 $\boldsymbol{f}$ 中补偿掉有害加速度 $\boldsymbol{a}_B$，才能提取出载体的运动加速度 $\dot{\boldsymbol{v}}_{ep}$。$\boldsymbol{a}_B$ 中又包含两部分，一部分是重力加速度 $\boldsymbol{g}$，另一部分中包含哥氏加速度和法向加速度。若将式(6.6) 中的各个矢量，用它们各自在平台坐标系中的分量列矩阵来表示，则为

$$\dot{\boldsymbol{v}}_{ep}^p=\boldsymbol{f}^p-(2\boldsymbol{\omega}_{ie}^p+\boldsymbol{\omega}_{ep}^p)\times\boldsymbol{v}_{ep}^p+\boldsymbol{g}^p \tag{6.7}$$

式中

$$\dot{\boldsymbol{v}}_{ep}^p=\begin{bmatrix}\dot{v}_{epx}^p\\ \dot{v}_{epy}^p\\ \dot{v}_{epz}^p\end{bmatrix},\quad \boldsymbol{f}^p=\begin{bmatrix}f_x^p\\ f_y^p\\ f_z^p\end{bmatrix}$$

$$\boldsymbol{\omega}_{ie}^p=\begin{bmatrix}\omega_{iex}^p\\ \omega_{iey}^p\\ \omega_{iez}^p\end{bmatrix},\quad \boldsymbol{\omega}_{ep}^p=\begin{bmatrix}\omega_{epx}^p\\ \omega_{epy}^p\\ \omega_{epz}^p\end{bmatrix}$$

$$
\boldsymbol{v}_{\mathrm{ep}}^{\mathrm{p}}=\begin{bmatrix} v_{\mathrm{ep}x}^{\mathrm{p}} \\ v_{\mathrm{ep}y}^{\mathrm{p}} \\ v_{\mathrm{ep}z}^{\mathrm{p}} \end{bmatrix},\quad \boldsymbol{g}^{\mathrm{p}}=\begin{bmatrix} g_x^{\mathrm{p}} \\ g_y^{\mathrm{p}} \\ g_z^{\mathrm{p}} \end{bmatrix}
$$

这样就把矢量方程式(6.6)分解成为沿平台系三个轴向的分量方程组。下面来考查平台系模拟不同的坐标系对排除有害加速度的影响将起什么作用。

如果使平台系精确跟踪一个当地水平面坐标系，则有

$$
\boldsymbol{g}^{\mathrm{p}}=\begin{bmatrix} g_x \\ g_y \\ g_z \end{bmatrix}=\begin{bmatrix} 0 \\ 0 \\ -g \end{bmatrix} \tag{6.8}
$$

即在 x 通道和 y 通道里的水平加速度计将感受不到重力加速度，而在 z 通道即高度通道里将感受到全部重力加速度 $\boldsymbol{g}$。这样就从两个水平通道里把重力加速度完全分离出来。至于其他那些不需要的哥氏加速度和法向加速度，三个通道都有，不可能用几何方法进行分离，还得靠计算补偿。

如果平台系跟踪的是以地心为原点的惯性坐标系 $O_ix_iy_iz_i$，那么一般地说，三个通道都不可能避开重力加速度分量，而且三个分量还是时间的函数，即

$$
\boldsymbol{g}^{\mathrm{p}}=\begin{bmatrix} g_x \\ g_y \\ g_z \end{bmatrix}=\begin{bmatrix} g_x(t) \\ g_y(t) \\ g_z(t) \end{bmatrix} \tag{6.9}
$$

这时只能用计算补偿的方法来排除有害加速度。根据需要，将从式(6.3)出发重新推导补偿计算的方程。

6.4　惯导平台的水平控制回路及其舒勒调谐的实现

当地水平面惯导系统中有两个水平通道，工作原理相同。下面用一个单通道的惯导系统来说明问题。

设载体在地球表面沿子午线向北航行，高度不变而且可略。地球为理想球体且无转动。载体可以俯仰，但无横滚和偏航。平台装在载体上并已初始对准。平台轴 Ox_{p} 水平指东为正，它是平台唯一的转动轴。Oy_{p} 轴水平指北为正。在平台上安装一个加速度计 A_{N} 和一个速率积分陀螺 G_{E}。陀螺 G_{E} 的输入轴(敏感角速率)沿 Ox_{p} 方向，控制轴(施加指令力矩)和转子自转轴垂直于输入轴。加速度计的输入轴(敏感线加速度)沿 Oy_{p} 方向。再加上计算回路就组成一个单通道惯导系统，如图 6-5 所示。在航行过程中要求平台 Oy_{p} 轴始终水平指北，即平台保持水平。图 6-6 所示为在子午面里，平台法线绕 Ox_{p} 轴跟踪当地垂线的情形。

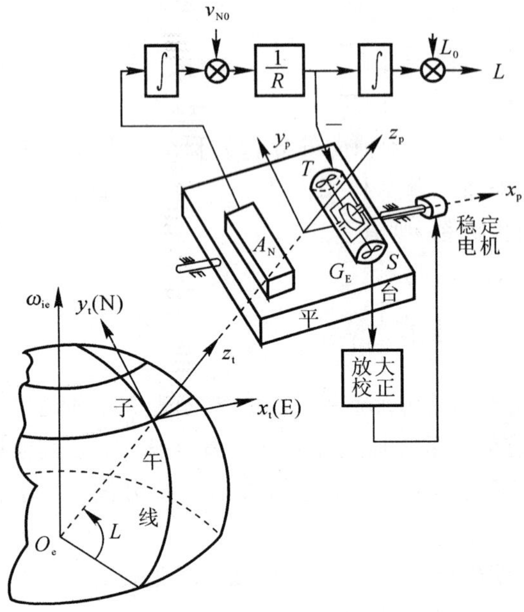

图 6-5 单通道的惯导系统

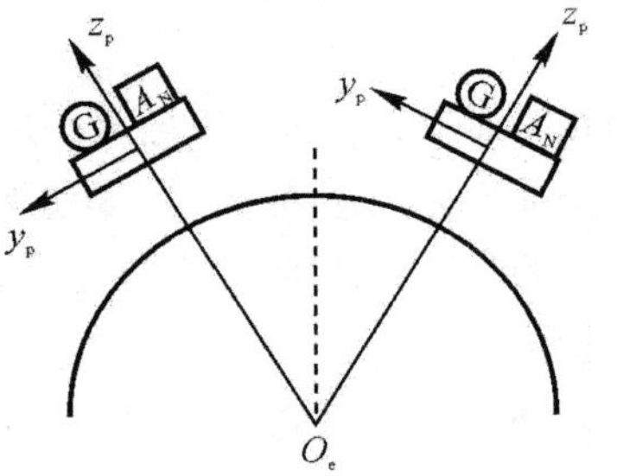

图 6-6 平台跟踪地垂线

先来看由加速度计 A_N 到计算回路再到陀螺控制轴上的力矩器 T 这一段信息的传递过程。当载体以加速度 a_N 沿子午线向北航行时，当地垂线的方向不断发生变化，变化的瞬时角速率为 $-v_N/R$。v_N 是由 a_N 引起的载体的即时速度，R 为地球半径，负号则表示载体是绕 Ox_p 轴的负向转动。为了使平台(法线) 能够跟踪地垂线的变化，计算机应向陀螺提供相同的指令角速率信息 $\omega_{ipx}^{p}=-v_N/R$，此信息以电信号的形式加给陀螺控制轴上的力矩器 T。

具体的传递环节是加速度计 A_N 以传递系数 k_a 敏感加速度 a_N，并将其变成相应的电信号送给计算回路中的积分器。积分器的传递系数为 k_u，信号被积分一次再加上载体的初始速率信号($v_{N0}k_ak_u$) 便得到载体的即时速率 v_N 的电信号。再由计算机将其除以地球半径 R，就变为由载体 v_N 引起的当地垂线在空间的转动角速率信号。此信号一方面送去进行第二次积分以求出载体所在的纬度 L，同时，将它作为对平台的指令角速率 ω_{ipx}^{p} 的信号，以电流 I 的形式送至陀螺力矩器 T 以产生要求的控制力矩。电信号的接法要保证指令角速率信号为负值。采用算子 s 可画出这一段信息传递的框图，如图 6-7 所示。

再来看由陀螺施矩到使平台跟踪地垂线的信息传递过程。指令信号电流 I 加给陀螺力矩器 T，力矩器的传递系数为 k_c，将信号电流变为相应的控制力矩而使陀螺发生进动，进动角速率等于控制力矩除以陀螺自转动量矩 H，数值上应等于 ω_{ipx}^{p}。因此，力矩器与陀螺的总传递系数为 k_c/H。需要指出的是，陀螺实际上是携带着整个平台一起进动，而这一点正是由平台的稳定回路来保证的。由于稳定回路快速的过渡过程对缓慢的进动运动没有什么影响，因而可以将整个稳定回路简化为传递系数为1的环节，即从框图中消失。由指令角速率信号电流 I 到平台相对惯性空间的绝对转角 Φ_a 的过程如图 6-8 所示。

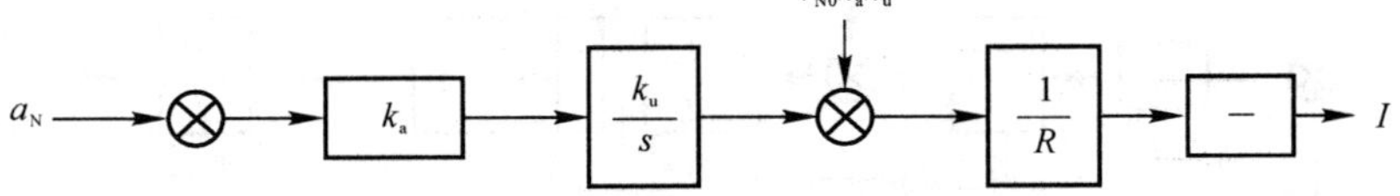

图 6-7　产生指令角速率电流信号的过程

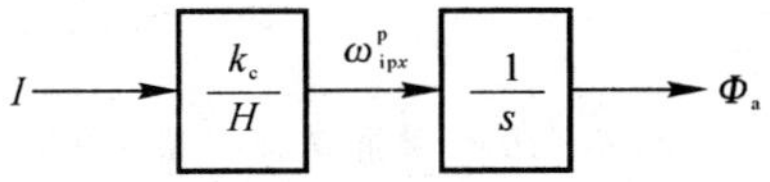

图 6-8　由指令信号到平台转角的过程

最后再来看当地垂线在空间的转动以及重力加速度 g 在水平控制回路里起什么作用。设当地垂线绕 Ox_p 轴的初始转角和角速度均为零，当载体有北向加速度 a_N 时，引起当地垂线绕 Ox_p 轴的绝对转角 Φ_b 为

$$\Phi_b=\int_0^t\left(-\frac{v_N}{R}\right)dt=-\frac{1}{R}\int_0^t\left[\int_0^t a_N dt\right]dt \tag{6.10}$$

平台在指令信号作用下的绝对转角 Φ_a 将和当地垂线的绝对转角 Φ_b 发生比较。如果平台法线相对当地垂线的起始偏角 $\Phi_{x0}=0$，则当平台法线 Oz_p 与当地垂线 Oz_t 达到重合一致时有

$$\Phi_x=\Phi_a-\Phi_b+\Phi_{x0}=\Phi_a-\Phi_b=0 \tag{6.11}$$

这时，平台将始终保持在当地水平面内，因而重力加速度 g 不会被加速度计 A_N 所敏感，即对回路无影响，这正是所希望的。但实际系统的工作总存在一定误差，Φ_x 不可能绝对为零，这时 A_N 感受到的比力 f_y 应为

$$f_y=a_N+g\sin\Phi_x\approx a_N+g\Phi_x \tag{6.12}$$

相应的几何关系如图 6-9 所示。

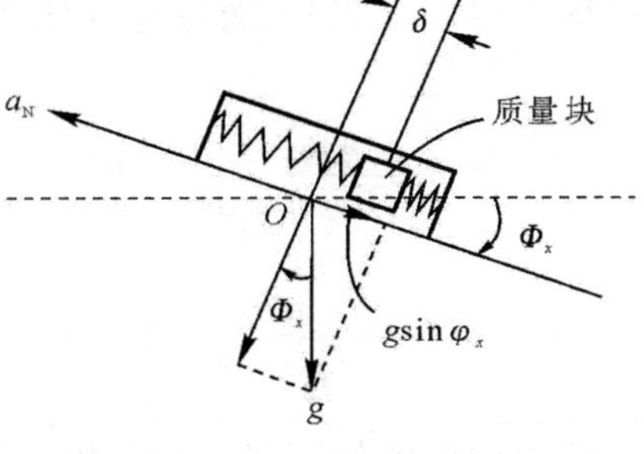

图 6-9　加速度计敏感比力值

根据以上各式不难作出整个水平控制回路的框图，如图 6-10 所示。

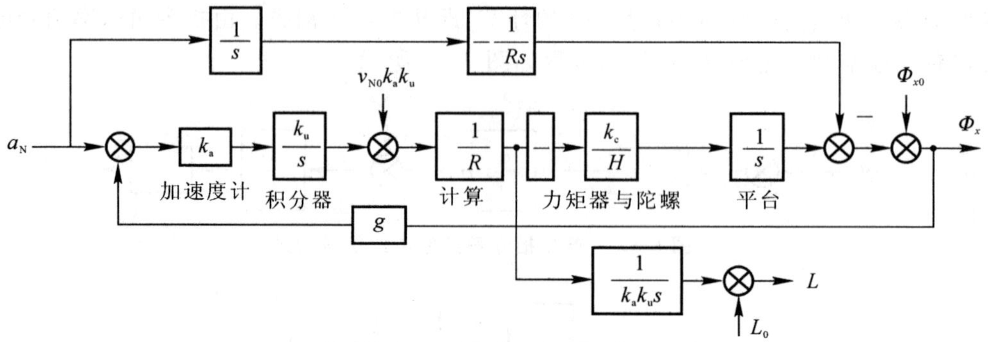

图 6-10 单通道惯导系统框图

由图 6-10 可以看到，当载体有加速度 a_N 时，两条并联的前向回路，一个表示当地垂线自然地在空间转动，另一个代表平台自动地跟踪转动。如果两者不完全一致，将产生偏差角 Φ_x，通过重力加速度 g 反馈到加速度计的输入端，形成闭环回路。这是一个负反馈系统。可以把两条并联的前向回路里的负号移到反馈回路里，就可以看得更清楚，如图 6-11 所示。图中设 $v_{N0}=0$，$\Phi_{x0}=0$，且略去了导航计算。

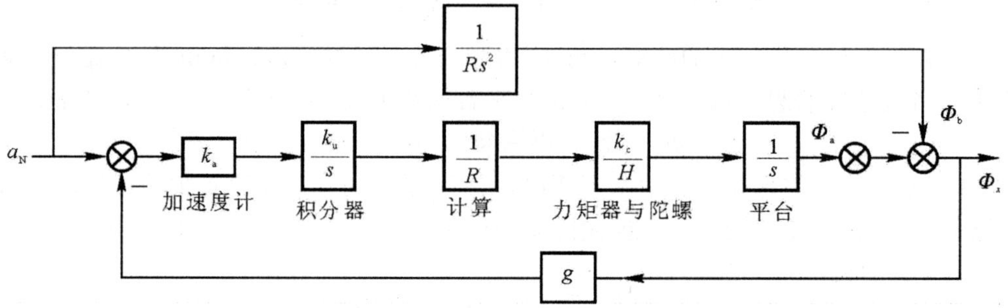

图 6-11 平台水平控制回路框图

由平台水平控制回路的框图可以看出，如果通过设计使两个并联的前向回路的传递函数完全相等，即满足

$$\frac{k_a k_u k_c}{RHs^2}=\frac{1}{Rs^2} \tag{6.13}$$

亦即

$$\frac{k_a k_u k_c}{H}=1 \tag{6.14}$$

则无论加速度 a_N 为何值，两条前向回路的作用将始终互相抵消，恒有 $\Phi_a-\Phi_b=0$，只要严格初始对准使 $\Phi_{x0}=0$，则平台将始终跟踪当地水平面，反馈回路将不起作用。这实际上是实现了对干扰量 a_N 的不变性原理，从而使系统方框图变为图 6-12 所示的形式。

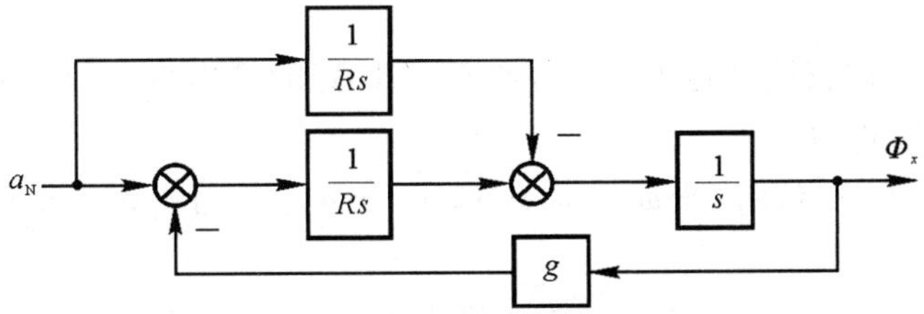

图 6-12　实现舒勒调谐后的框图

下面来证明，上述不变性原理的设计，本质上就是使平台实现舒勒调谐。

由图 6-12 可求得 Φ_x 的表达式为

$$\dot{\Phi}_x=(a_N-g\Phi_x)\frac{1}{Rs}-a_N\frac{1}{Rs}=-\frac{g}{R}\frac{\Phi_x}{s}+a_N\left(\frac{1}{Rs}-\frac{1}{Rs}\right)=-\frac{g}{R}\frac{\Phi_x}{s}\tag{6.15}$$

于是可得系统的微分方程为

$$\ddot{\Phi}_x+\frac{g}{R}\Phi_x=0\tag{6.16}$$

显然这是一个二阶无阻尼振荡系统，系统的固有频率 ω_s 为

$$\omega_s=\sqrt{\frac{g}{R}}\tag{6.17}$$

而这正是在第 2 章讨论过的舒勒频率，相应的振荡周期 T 等于 84.4min。式(6.14) 就是平台水平控制回路的舒勒调谐条件。

众所周知，一个简单的物理摆要实现舒勒调谐，必须要完成精确而细微的质心位置控制，而这实际上是办不到的。只是到了惯性平台出现后，舒勒调谐才变得比较容易实现。根据式(6.14)，陀螺自转动量矩 H 可以有很高的稳定性，而三个传递系数 k_a，k_u，k_c 的联合调整比质心位置的控制就要方便多了。

舒勒摆原理及实现方法对于平台惯导系统比较形象与直观；而对于后面将要介绍的捷联惯导系统，由于加速度计与陀螺都是沿机体坐标系安装的，数学平台的作用是靠计算机来完成的，因此舒勒摆的原理也就全部隐含在计算机之中了，这一点在讨论捷联系统的初始对准与误差分析时便可进一步看出。

6.5　惯导系统中的高度计算

6.5.1　惯导高度通道的问题

由于一般惯导系统都采用水平坐标系作为导航坐标系，因而就以此为例来说明高度通道

的问题。

沿平台 Oz_p 轴正向安装加速度计 A_z，加速度计 A_z 的输出为 f_z^p。f_z^p 可由式(6.7)求出。将式(6.7)写成分量形式为

$$f_z^p = \dot{v}_z^p - [(2\omega_{iey} + \omega_{epy})v_x - (2\omega_{iex} + \omega_{epx})v_y] + g = \dot{v}_z^p - a_{Bz} + g \tag{6.18}$$

则

$$\dot{v}_z^p = f_z^p + a_{Bz} - g \tag{6.19}$$

g 是随高度而变化的，下面推导其表达式。设地球为不自转的球体，则地球表面重力加速度 g_0 为

$$g_0 = K\frac{M}{R^2} \tag{6.20}$$

式中，M 为地球质量。

离地球表面高度为 h 处的重力加速度为

$$g = K\frac{M}{(R+h)^2} \tag{6.21}$$

由式(6.20)、式(6.21)可得

$$g = g_0\frac{R^2}{(R+h)^2} \tag{6.22}$$

当 $h \ll R$ 时，式(6.22)近似为

$$g = g_0\left(1 - \frac{2h}{R}\right) \tag{6.23}$$

由式(6.19)和式(6.23)，可画出高度通道的原理图如图 6-13 所示。

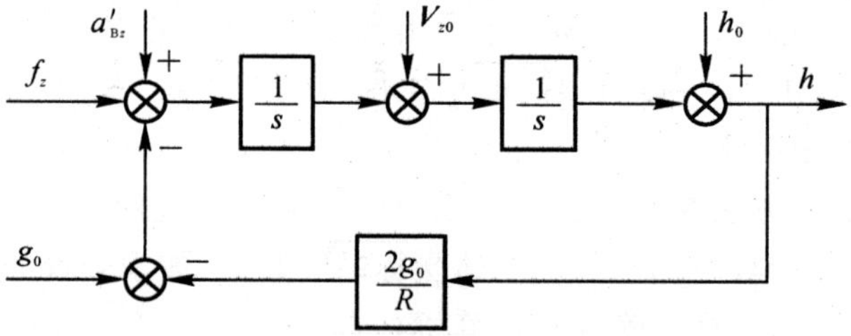

图 6-13　纯惯性高度通道

由图 6-13 可知，在略去有害加速度 a_{Bz} 时，有关系式

$$\ddot{h} = f_z^p - g = f_z^p - g_0 + \frac{2g_0}{R}h \tag{6.24}$$

或表示为

$$\ddot{h} - \frac{2g_0}{R}h = f_z^p - g_0 \tag{6.25}$$

这个二阶微分方程的特征方程为

$$s^2-\frac{2g_0}{R}=0$$

$$\left(s+\sqrt{\frac{2g_0}{R}}\right)\left(s-\sqrt{\frac{2g_0}{R}}\right)=0 \tag{6.26}$$

闭环系统特征式有一个正根，因此，这样的闭环系统是一个不稳定的发散系统。对应特征方程的齐次解为

$$h(t)=A_1\mathrm{e}^{\sqrt{\frac{2g_0}{R}}t}+A_2\mathrm{e}^{-\sqrt{\frac{2g_0}{R}}t} \tag{6.27}$$

当给定初始条件为 $t=0$ 时，有

$$h_0=\Delta h_0,\quad \dot{h}_0=0$$

则式(6.27)变为

$$h(t)=\frac{1}{2}\left(\mathrm{e}^{\sqrt{\frac{2g_0}{R}}t}+\mathrm{e}^{-\sqrt{\frac{2g_0}{R}}t}\right)\Delta h_0 \tag{6.28}$$

当 Δh_0 分别为 2m，5m，10m 和 15m 时，经过 1h 产生的高度误差如图 6-14 所示。

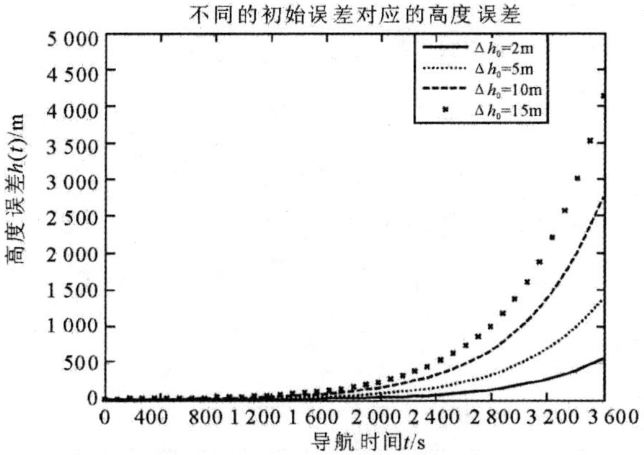

图 6-14　高度通道误差

可以看出，由于高度通道是发散的，因而一般不采用单纯的对垂直加速度计输出进行积分来获得高度，可以使用高度计(气压式高度表、无线电高度表、大气数据系统等)的信息对惯导系统的高度通道进行阻尼修正，就是将这些高度表的信息与惯导高度进行组合，构成混合高度系统来测量高度。它比仅用气压高度表或无线电高度表单独测高要精确得多。低空飞行、侦察、下滑着陆等都要有准确的高度，因此这种混合高度测量的方法是十分重要的。

6.5.2　二阶阻尼回路

在高度和垂直速度的测量中，气压式高度表有较大的惯性，因而瞬时高度和垂直速度的精

度会受到影响。而惯性系统测量高度的误差是以指数形式增长的，因此，用气压式高度表或无线电式高度表的信息对惯性高度系统进行阻尼，可得到品质较好又不随时间发散的组合高度系统。图 6-15 所示是常用的二阶阻尼回路。

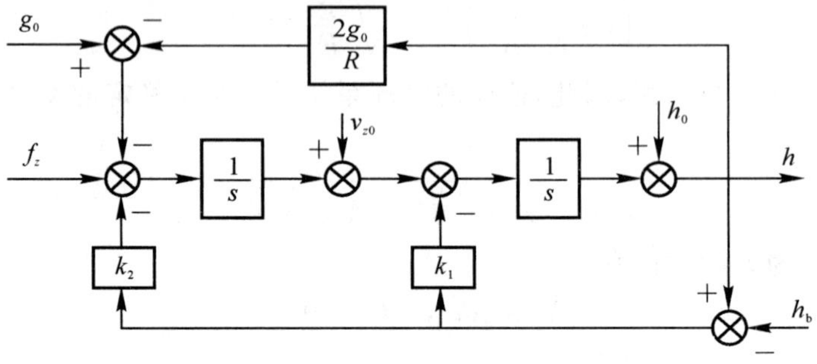

图 6-15　垂直通道二阶阻尼回路

h_b— 高度表测量的高度； h_0, v_{z0}— 初始高度和初始垂直速度； k_1, k_2— 传递系数

按照图 6-15 所示可得到系统的方程式为

$$s\dot{h}=-k_2h+\frac{2g_0}{R}h+f_z-g_0+k_2h_b$$

$$sh=v_z-k_1h+k_1h_b \tag{6.29}$$

写成矩阵形式为

$$\begin{bmatrix} s & k_2-\frac{2g_0}{R} \\ -1 & s+k_1 \end{bmatrix}\begin{bmatrix} \dot{h} \\ h \end{bmatrix}=\begin{bmatrix} f_z-g_0+k_2h_b \\ k_1h_b \end{bmatrix} \tag{6.30}$$

特征方程为

$$s(s+k_1)+k_2-\frac{2g_0}{R}=0 \tag{6.31}$$

显然，这是一个二阶系统，因此称为二阶混合高度系统。该系统可以自由选择的系数有 k_1 和 k_2，通过选择不同的系数，就可以得到不同的系统特性，如图 6-16 所示。

下面再来分析在常值误差源条件下二阶混合高度系统的稳态误差。由图 6-15 可得垂直通道二阶阻尼回路的传递函数为

$$h(s)=\frac{1}{G(s)}f_z(s)+\frac{sk_1+k_2}{G(s)}h_b(s)+\frac{s^2}{G(s)}\Delta h_0(s) \tag{6.32}$$

式中

$$G(s)=s^2+k_1s+k_2-2g_0/R$$

稳态误差为

$$h_{es}=\frac{1}{k_2-2\frac{g_0}{R}}\Delta f_z+\frac{k_2}{k_2-2\frac{g_0}{R}}\Delta h_b \tag{6.33}$$

由式(6.32)可知，组合高度 h 的值，不仅与垂直加速度计的测量值 f_z 有关，还与气压高度表或无线电高度表的测量值 h_b 有关；但垂直加速度计输出中的低频误差部分，气压高度表或无线电高度表输出中的高频误差部分都得到了衰减或滤除。只要合理选择 k_1，k_2 这 2 个参数的值，仅从稳态误差考虑，此时二阶混合高度系统的输出误差 Δh 由加速度计的测量误差 Δf_z 及气压高度或无线电高度的测量误差 Δh_b 决定。

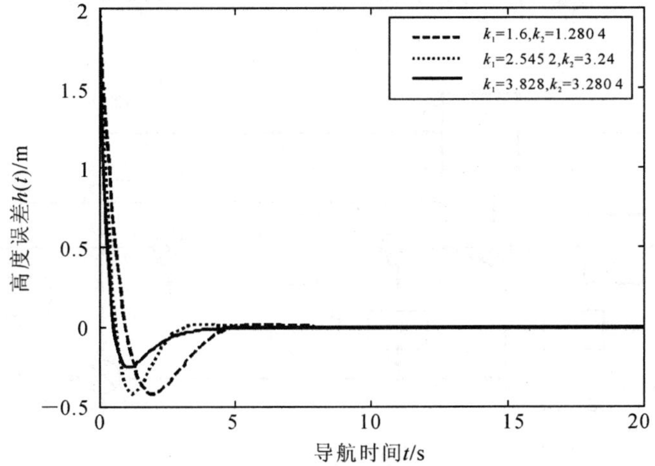

图 6-16　不同阻尼系数所对应的高度误差

由图 6-16 可知，加入二阶阻尼的混合测高系统的高度通道不再发散，可在 20s 内达到稳态。合理调节阻尼系数 k_1，k_2 可以提高系统的快速性和减小稳态误差。取 $k_1=3.828$，$k_2=3.280\ 4$，当初始高度误差 Δh_0 分别为 2m，5m，10m 和 15m 时，经过 20s 产生的高度误差如图 6-17 所示。

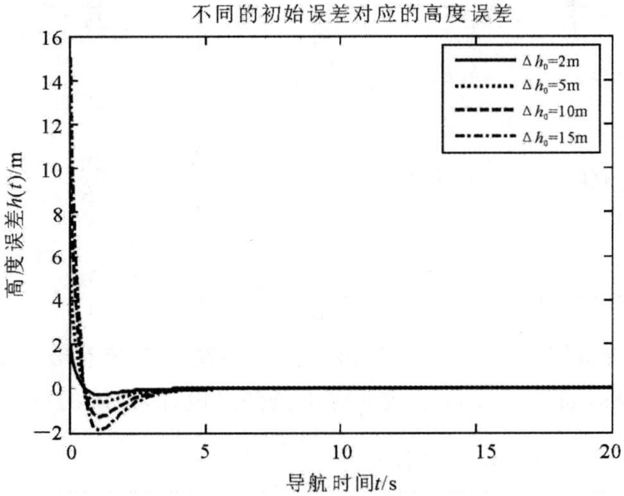

图 6-17　二阶阻尼混合测高系统的高度误差

由图 6-17 可知，初始高度误差越大，系统的超调量和调节时间就越大，但初始高度误差并不影响系统的稳态误差，二阶阻尼系统的高度误差仍可在 20s 内达到 7.76×10^{-4} m。

6.5.3 三阶阻尼回路

为了减小惯性测量误差的影响和得到更好的系统特性，还可以采用三阶阻尼回路，如图 6-18 所示。

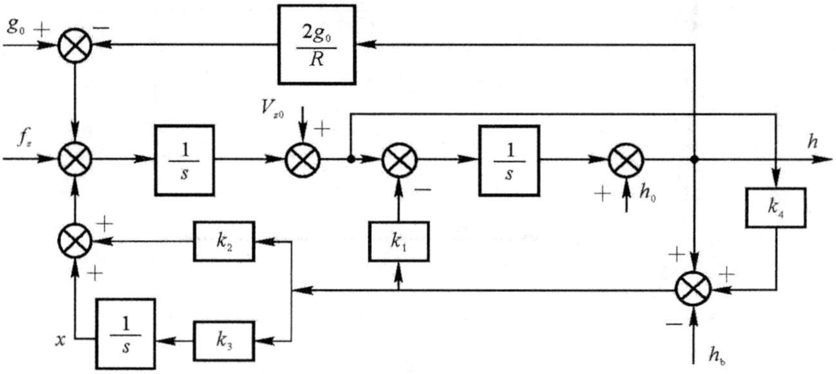

图 6-18 垂直通道三阶阻尼回路

由图 6-18 可得

$$\begin{bmatrix} s+k_1 & k_1k_4-1 & 0 \\ k_2-\dfrac{2g_0}{R} & k_2k_4+s & 1 \\ -k_3 & -k_3k_4 & s \end{bmatrix}\begin{bmatrix} h \\ \dot{h} \\ x \end{bmatrix}=\begin{bmatrix} k_1 \\ k_2 \\ -k_3 \end{bmatrix}h_b+\begin{bmatrix} 0 \\ f_z-g_0 \\ 0 \end{bmatrix} \tag{6.34}$$

系统的特征方程为

$$(s+k_1)\left[s(k_2k_4+s)+k_3k_4\right]-(k_1k_4-1)\left[s\left(k_2-\frac{2g_0}{R}\right)+k_3\right]=0 \tag{6.35}$$

展开得

$$s^3+(k_1+k_2k_4)s^2+\left[k_3k_4+\frac{2g_0}{R}k_1k_4+k_2-\frac{2g_0}{R}\right]s+k_3=0 \tag{6.36}$$

显然，这是一个三阶系统，因此称为三阶混合高度系统。系统参数可按性能要求来选取，一般取 k_4 为 0.5～0.8s，如果 k_1，k_2，k_3 按照等根条件来设计，系统的特征方程为

$$\left(s+\frac{1}{\tau}\right)^3=0 \tag{6.37}$$

对应系数相等，可求得

$$\left.\begin{aligned} k_3 &= \frac{1}{\tau^3} \\ k_1 + k_2 k_4 &= \frac{3}{\tau} \\ k_2 + k_3 k_4 + (1 + k_1 k_4)\frac{2g_0}{R} &= \frac{3}{\tau^2} \end{aligned}\right\} \tag{6.38}$$

解之得

$$\left.\begin{aligned} k_3 &= \frac{1}{\tau^3} \\ k_2 &= \frac{k_4 - 3\tau + \frac{2g_0}{R}(3\tau^2 k_4 - \tau^3)}{\left(\frac{2g_0}{R}k_4{}^2 - 1\right)\tau^3} \\ k_1 &= \frac{\frac{2g_0}{R}k_4\tau^3 - 3\tau^2 + 3k_4\tau - k_4{}^2}{\left(\frac{2g_0}{R}k_4{}^2 - 1\right)\tau^3} \end{aligned}\right\} \tag{6.39}$$

下面再来分析在常值误差源条件下三阶混合高度系统的稳态误差。由图 6－18 可得组合高度为

$$h(s) = \frac{s}{G(s)}f_z(s) + \frac{(k_1 + k_2 k_4)s^2 + (k_2 + k_3 k_4)s + k_3}{G(s)}h_{\mathrm{b}}(s) + \frac{s^3}{G(s)}\Delta h_0(s) \tag{6.40}$$

式中　$G(s) = s^3 + (k_1 + k_2 k_4)s^2 + \left(k_3 k_4 + \frac{2g_0}{R}k_1 k_4 + k_2 - \frac{2g_0}{R}\right)s + k_3$

稳态误差为

$$h_{\mathrm{es}} = \Delta h_{\mathrm{b}} \tag{6.41}$$

事实上，只要在图 6－15 所示的二阶混合高度回路中，加入积分环节 s^{-1} 及系数 k_3 便可构成一个三阶系统。式(6.41) 表明，只要合理选择 k_1，k_2，k_3 三个参数的值，仅从稳态误差考虑，此时混合高度系统的输出误差 Δh 仅取决于气压高度表或无线电高度表的测量误差 Δh_{b}。通过选择不同的阻尼系数 k_1，k_2，k_3，就可以得到不同的系统特性，如图 6－19 所示。

由图 6－19 可知，增大 k_1 和 k_2 可以减小系统的调节时间，同时减小 k_3 可以减小超调量。取 $k_1 = 10.363$，$k_2 = 14.997\,3$，$k_3 = 3.089$，当初始高度误差 Δh_0 分别为 2m，5m，10m 和 15m 时，经过 20s 产生的高度误差如图 6－20 所示。

由图 6－20 可知，三阶阻尼混合测高系统较二阶阻尼系统提高了系统的快速性和稳态精度，当初始高度误差 $\Delta h_0 = 15$ m 时，经过 20 s 产生的高度通道的稳态误差为 6.52×10^{-4} m。

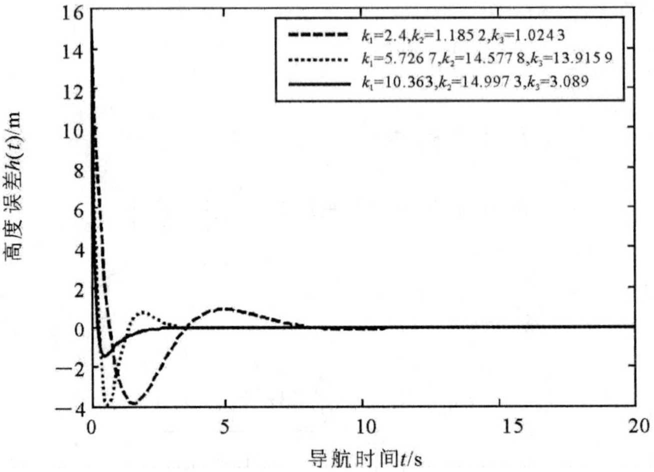

图 6-19 不同阻尼系数所对应的高度误差

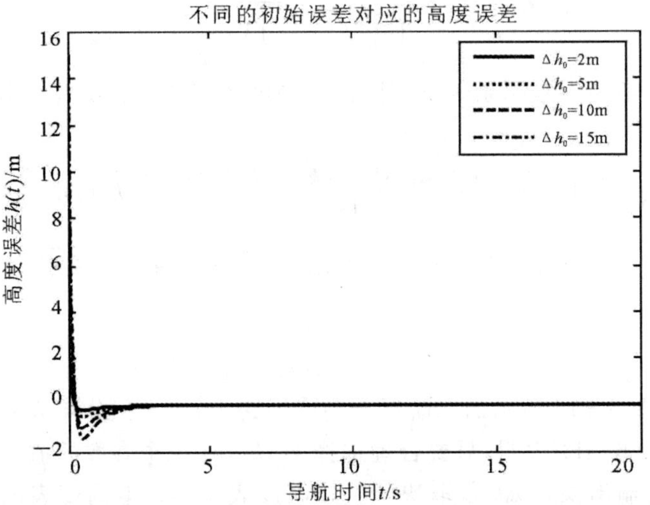

图 6-20 未加 k_4 的三阶阻尼混合测高系统的高度误差

为了进一步提高系统的稳态精度，如图 6-18 所示，传递系数 k_4 将垂直速度的值引入反馈回路，这样不仅增加了系统设计的灵活性，而且合理选择 k_4 的值可以得到更好的系统特性，有利于进一步减小误差。取 $k_4=0.6$，如图 6-18 所示对应的三阶阻尼回路的阶跃响应如图 6-21 所示。

由图 6-21 可知，加入 k_4 后系统的超调量和调节时间均减小，极大地改善了系统的动态性能。取 $k_1=1.095$，$k_2=0.675$，$k_3=0.125$，$k_4=0.6$，当初始高度误差 Δh_0 分别为 2m，5m，10m

和 15m 时，经过 20s 产生的高度误差如图 6 - 22 所示。

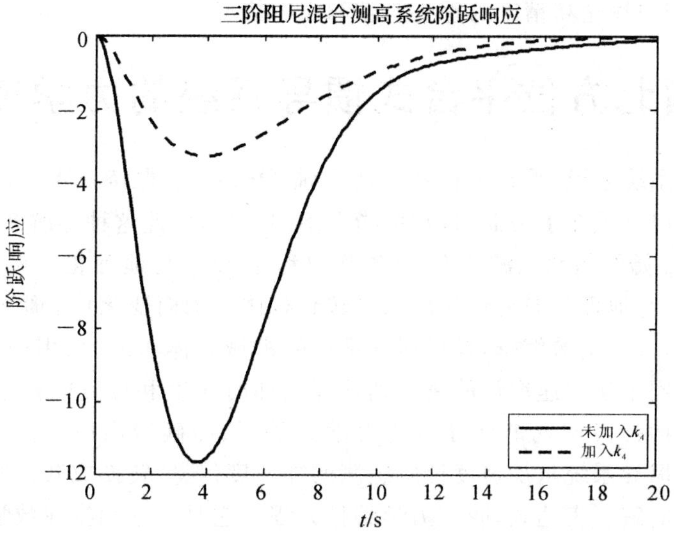

图 6 - 21　三阶阻尼高度通道的阶跃响应

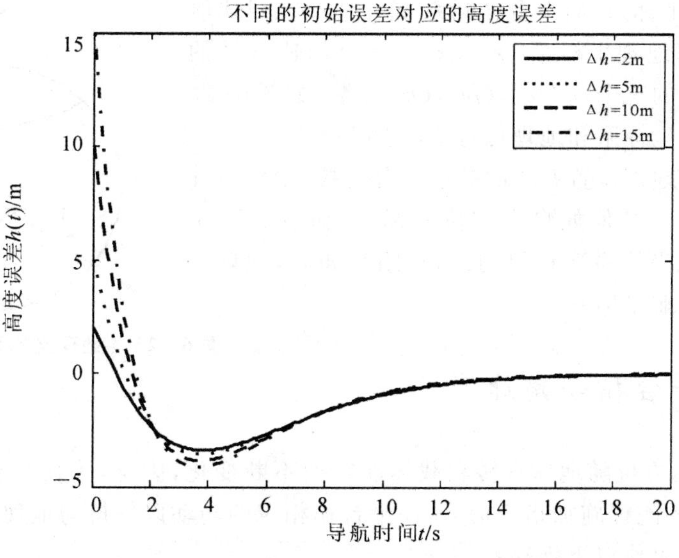

图 6 - 22　加入 k_4 的三阶阻尼混合测高系统的高度误差

由图 6 - 22 可知，将垂直速度引入三阶阻尼反馈回路，使得系统能更好地跟随气压高度表或大气数据系统的高度测量值，当初始高度误差 $\Delta h_0 = 15\text{m}$ 时，经过 20s 产生的高度通道的稳态误差为3.58×10^{-6} m。

在具体实施混合高度的方案中，有多种不同的形式。如有的飞机上将惯导系统输出的垂直加速度送入大气数据系统，由该系统利用其测得的气压高度与惯性垂直加速度构成三阶系统，就可以向有关用户输送高精度的垂直速度和高度信息。

6.6 指北方位平台式惯导系统的力学编排方程

对平台式惯导系统来说，平台坐标系的两个轴 Ox_p，Oy_p 保持在水平面内，Oz_p 轴沿地垂线方向，由于 Ox_p，Oy_p 虽在水平面内，却可指向不同方位，因此这种导航系统又可分为指北方位（工作过程中 Oy_p 始终指北）、游动方位（工作过程中 Oy_p 与地理北向夹角随载体运动而变化）、自由方位（Oy_p 与地理北向夹角随地球自转和载体运动而变化）等惯导系统。

所谓力学编排，也叫机械编排，是指惯导系统的机械实体布局、采用的坐标系及解析计算方法的总和。它体现了从加速度计的输出到计算出即时速度和位置的整个过程。具体地讲，就是指以怎样的结构方案实现惯性导航的力学关系，从而确定出所需的各种导航参数及信息。这样就把描述惯导系统从加速度计所感测的加速度信息，转换成载体速度和位置变化，以及对平台控制规律的解析表达式，叫作力学编排方程。它是力学编排在数学关系上的体现。

所谓指北方位惯导系统，就是选择当地地理坐标系 $Ox_ty_tz_t$ 作为导航坐标系，而平台坐标系 $Ox_py_pz_p$ 在载体航行过程中始终跟踪地理坐标系 $Ox_ty_tz_t$。三个加速度计的敏感轴分别沿平台的三个轴 Ox_p，Oy_p，Oz_p 安装，如图 6-23 所示表示的是地理坐标系和地理位置 L,λ 的关系。

地理坐标系和地理位置 L,λ 的关系十分直接，给导航计算带来了很大方便。其他如自由方位坐标系、游动方位坐标系都是相对地理坐标系变化得到的，正因为如此，地理坐标系是最基本的导航坐标系。

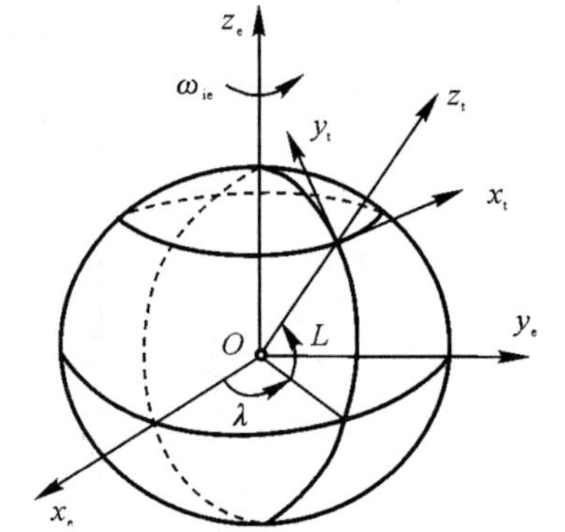

图 6-23 地理坐标系和地理位置 L,λ 的关系

6.6.1 平台指令角速度

地理坐标系的方位随地球自转和载体航行而不断变化，因此，为使平台系跟踪地理坐标系，就要给平台上的陀螺施加指令信号，使平台作相应的转动以保持与地理坐标系一致。加给平台的指令角速度可作以下推导：

地理坐标系相对于惯性坐标系的转动角速度在 t 系上的分量 $\boldsymbol{\omega}_{it}^t$ 可表示为

$$\boldsymbol{\omega}_{it}^t=\boldsymbol{\omega}_{ie}^t+\boldsymbol{\omega}_{et}^t \tag{6.42}$$

式中，$\boldsymbol{\omega}_{ie}^t$ 为地球自转角速度在 t 系上的分矢量；$\boldsymbol{\omega}_{et}^t$ 为地理系相对地球系的角速度在 t 系上的分量，它们分别为

$$\boldsymbol{\omega}_{\mathrm{ie}}^{\mathrm{t}}=\begin{bmatrix}\omega_{\mathrm{ie}x}^{\mathrm{t}}\\ \omega_{\mathrm{ie}y}^{\mathrm{t}}\\ \omega_{\mathrm{ie}z}^{\mathrm{t}}\end{bmatrix}=\begin{bmatrix}0\\ \omega_{\mathrm{ie}}\cos L\\ \omega_{\mathrm{ie}}\sin L\end{bmatrix} \tag{6.43}$$

$$\boldsymbol{\omega}_{\mathrm{et}}^{\mathrm{t}}=\begin{bmatrix}\omega_{\mathrm{et}x}^{\mathrm{t}}\\ \omega_{\mathrm{et}y}^{\mathrm{t}}\\ \omega_{\mathrm{et}z}^{\mathrm{t}}\end{bmatrix}=\begin{bmatrix}-\dfrac{v_{\mathrm{et}y}^{\mathrm{t}}}{R_{y\mathrm{t}}}\\ \dfrac{v_{\mathrm{et}x}^{\mathrm{t}}}{R_{x\mathrm{t}}}\\ \dfrac{v_{\mathrm{et}x}^{\mathrm{t}}}{R_{x\mathrm{t}}}\tan L\end{bmatrix} \tag{6.44}$$

式中，$v_{\mathrm{et}x}^{\mathrm{t}}$，$v_{\mathrm{et}y}^{\mathrm{t}}$ 分别为载体速度 $\boldsymbol{v}_{\mathrm{et}}$ 在 Ox_{t} 和 Oy_{t} 方向的分量；$R_{y\mathrm{t}}$ 为当地子午圈的主曲率半径；$R_{x\mathrm{t}}$ 为与子午圈垂直的当地卯酉圈的曲率半径，它们的表达式已由第 2 章式(2.57)、式(2.64)给出，按本章所用的符号可表示为

$$\begin{cases}R_{x\mathrm{t}}=R_{\mathrm{e}}(1+e\sin^2 L)\\ R_{y\mathrm{t}}=R_{\mathrm{e}}(1-2e+3e\sin^2 L)\end{cases}$$

式中，R_{e} 为地球赤道半径；e 为地球参考椭球的扁率；L 为当地地理纬度。

显然，施加给平台的指令角速度 $\boldsymbol{\omega}_{\mathrm{ip}}$ 应当就是地理坐标系的绝对角速度 $\boldsymbol{\omega}_{\mathrm{it}}$。而且，由于 p 系和 t 系是重合的，故角速度在两个坐标系上的投影完全是一回事，即

$$\boldsymbol{\omega}_{\mathrm{ip}}^{\mathrm{p}}=\begin{bmatrix}\omega_{\mathrm{ip}x}^{\mathrm{p}}\\ \omega_{\mathrm{ip}y}^{\mathrm{p}}\\ \omega_{\mathrm{ip}z}^{\mathrm{p}}\end{bmatrix}=\begin{bmatrix}\omega_{\mathrm{it}x}^{\mathrm{t}}\\ \omega_{\mathrm{it}y}^{\mathrm{t}}\\ \omega_{\mathrm{it}z}^{\mathrm{t}}\end{bmatrix}=\begin{bmatrix}-\dfrac{v_{\mathrm{et}y}^{\mathrm{t}}}{R_{y\mathrm{t}}}\\ \omega_{\mathrm{ie}}\cos L+\dfrac{v_{\mathrm{et}x}^{\mathrm{t}}}{R_{x\mathrm{t}}}\\ \omega_{\mathrm{ie}}\sin L+\dfrac{v_{\mathrm{et}x}^{\mathrm{t}}}{R_{x\mathrm{t}}}\tan L\end{bmatrix}=\boldsymbol{\omega}_{\mathrm{it}}^{\mathrm{t}} \tag{6.45}$$

将 $\boldsymbol{\omega}_{\mathrm{ip}}^{\mathrm{p}}$ 的三个分量计算形成的电信号分别送给平台上相应的陀螺力矩器，就能实现平台坐标系 p 系对地理坐标系 t 系的跟踪。

6.6.2　速度计算

指北方位惯导系统中，平台模拟地理坐标系，p 系与 t 系保持一致，因此上节的式(6.7) 中的平台坐标系用地理坐标系代替，得

$$\boldsymbol{V}^{\mathrm{t}}=\boldsymbol{f}^{\mathrm{t}}-(2\boldsymbol{\omega}_{\mathrm{ie}}^{\mathrm{t}}+\boldsymbol{\omega}_{\mathrm{ep}}^{\mathrm{t}})\times\boldsymbol{v}^{\mathrm{t}}+\boldsymbol{g}^{\mathrm{t}}$$

即

$$\begin{bmatrix}\dot{v}_x^t\\ \dot{v}_y^t\\ \dot{v}_z^t\end{bmatrix}=\begin{bmatrix}f_x^t\\ f_y^t\\ f_z^t\end{bmatrix}-\begin{bmatrix}0 & -(2\omega_{iez}^t+\omega_{etz}^t) & (2\omega_{iey}^t+\omega_{ety}^t)\\ (2\omega_{iez}^t+\omega_{etz}^t) & 0 & -(2\omega_{iex}^t+\omega_{etx}^t)\\ -(2\omega_{iey}^t+\omega_{ety}^t) & (2\omega_{iex}^t+\omega_{etx}^t) & 0\end{bmatrix}\begin{bmatrix}v_x^t\\ v_y^t\\ v_z^t\end{bmatrix}+\begin{bmatrix}0\\ 0\\ -g\end{bmatrix} \tag{6.46}$$

将式(6.43)、式(6.44)代入式(6.46)得

$$\left.\begin{aligned}\dot{v}_x^t&=f_x^t+\left(2\omega_{ie}\sin L+\frac{v_x^t}{R_{xt}}\tan L\right)v_y^t-\left(2\omega_{ie}\cos L+\frac{v_x^t}{R_{xt}}\right)v_z^t\\ \dot{v}_y^t&=f_y^t-\left(2\omega_{ie}\sin L+\frac{v_x^t}{R_{xt}}\tan L\right)v_x^t-\frac{v_y^t}{R_{yt}}v_z^t\\ \dot{v}_z^t&=f_z^t+\left(2\omega_{ie}\cos L+\frac{v_x^t}{R_{xt}}\right)v_x^t+\frac{v_y^t}{R_{yt}}v_y^t-g\end{aligned}\right\} \tag{6.47}$$

对于飞机和舰船来说，v_z^t 比 v_x^t，v_y^t 要小得多，可作为小量略去。高度通道另行计算，则式(6.47)可简化为

$$\left.\begin{aligned}\dot{v}_x^t&=f_x^t+\left(2\omega_{ie}\sin L+\frac{v_x^t}{R_{xt}}\tan L\right)v_y^t\\ \dot{v}_y^t&=f_y^t-\left(2\omega_{ie}\sin L+\frac{v_x^t}{R_{xt}}\tan L\right)v_x^t\end{aligned}\right\} \tag{6.48}$$

式中的有害加速度按式(6.6)的符号表示应为

$$\left.\begin{aligned}a_{Bx}&=-\left(2\omega_{ie}\sin L+\frac{v_x^t}{R_{xt}}\tan L\right)v_y^t\\ a_{By}&=\left(2\omega_{ie}\sin L+\frac{v_x^t}{R_{xt}}\tan L\right)v_x^t\end{aligned}\right\} \tag{6.49}$$

从加速度计测量值 f_x^t，f_y^t 中分别消去有害加速度，就可以得到 $\dot{v}_x^t$，$\dot{v}_y^t$，积分一次可以得到速度值为

$$\left.\begin{aligned}v_x^t&=\int_0^t\dot{v}_x^t\mathrm{d}t+v_{x_0}^t\\ v_y^t&=\int_0^t\dot{v}_y^t\mathrm{d}t+v_{y_0}^t\end{aligned}\right\} \tag{6.50}$$

载体在当地水平面(地平面)内的速度，即地速 v 为

$$v=\sqrt{(v_x^t)^2+(v_y^t)^2} \tag{6.51}$$

6.6.3 纬度、经度计算

载体所在位置的地理纬度 L 和经度 λ 可由下列方程求得：

$$\left.\begin{aligned}\dot{L}&=\frac{v_y^{\mathrm{t}}}{R_{y\mathrm{t}}}=-\omega_{\mathrm{et}x}^{\mathrm{t}}\\ \dot{\lambda}&=\frac{v_x^{\mathrm{t}}}{R_{x\mathrm{t}}\cos L}=\frac{\omega_{\mathrm{et}z}^{\mathrm{t}}}{\sin L}\end{aligned}\right\}\tag{6.52}$$

$$\left.\begin{aligned}L&=\int_0^t\frac{v_y^{\mathrm{t}}}{R_{y\mathrm{t}}}\mathrm{d}t+L_0\\ \lambda&=\int_0^t\frac{v_x^{\mathrm{t}}}{R_{x\mathrm{t}}}\sec L\mathrm{d}t+\lambda_0\end{aligned}\right\}\tag{6.53}$$

6.6.4　姿态角

由于平台坐标系是跟踪地理坐标系的，因而从平台框架的角度传感器(同步器)上就可以直接取得载体的航向角、俯仰角和横滚(倾斜)角信号。

6.6.5　系统原理图

综合以上讨论，可得指北方位惯导系统原理图，如图 6-24 所示。

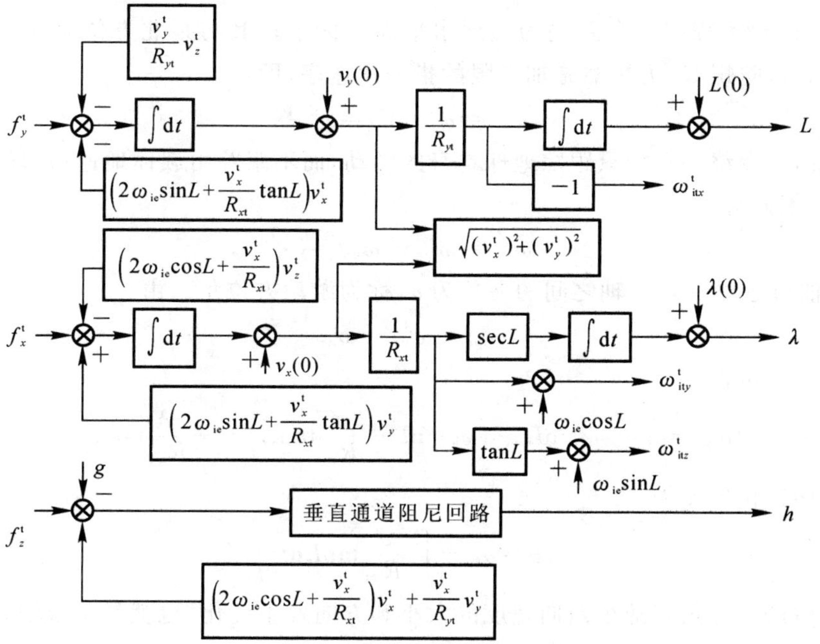

图 6-24　指北方位惯导系统原理框图

图6-24表明，由于平台坐标系是跟踪地理坐标系的，因此，加速度计输出的比力信号不用经过其他坐标系的变换就可以求得所需的导航参数。姿态角可以从平台框架上直接取得。计算过程中所用地球曲率半径是主曲率半径，计算量比较小，系统的计算比较简单，对计算机的要求不是很高，易于实现。在惯导系统发展初期就是使用指北方位系统的。

指北方位系统的主要问题是不适用于高纬度导航使用。当载体在 $L=70°\sim 90°$ 区域内飞行时，指令角速度 $\omega_{itz}^{t}=\omega_{ie}\sin L+\dfrac{v_x^t}{R_{xt}}\tan L$ 随纬度的增大而急剧增大，这时要求陀螺力矩器接受很大的指令电流，又要求平台以高角速度绕方位轴转动，这对陀螺力矩器和平台稳定回路的设计都带来了很大的困难。另一点是当载体在极区附近飞行时，计算机会因为计算 $\tan L$ 而溢出。因此，指北方位系统不能满足全球导航的要求。为了克服东向速度引起方位陀螺施矩所带来的问题，又出现了游动方位和自由方位惯导系统。

6.7 游动方位惯导系统的力学编排

6.7.1 定义

游动方位惯导系统的平台系仍为当地水平面坐标系。其与指北方位惯导系统的区别在于，这时只对方位陀螺 G_z 力矩器施加有限的指令角速率，即

$$\omega_{ipz}^{p}=\omega_{ie}\sin L=\omega_{iez}^{p} \tag{6.54}$$

这就是说，平台绕 Oz_p 轴只跟踪地球本身的转动，而不跟踪由载体地速引起的当地地理坐标系的转动。因此有

$$\omega_{epz}^{p}=\omega_{ipz}^{p}-\omega_{iez}^{p}=0 \tag{6.55}$$

设 Oy_p 轴与地理系 Oy_t 轴之间的夹角为 α，称为游动方位角。由

$$\omega_{tpz}^{p}=\omega_{ipz}^{p}-\omega_{itz}^{p} \tag{6.56}$$

再参照式(6.45)，可得

$$\omega_{tpz}^{p}=\dot{\alpha}=\omega_{ie}\sin L-\left(\omega_{ie}\sin L+\frac{v_x^t}{R_{xt}}\tan L\right)=-\frac{v_x^t}{R_{xt}}\tan L \tag{6.57}$$

因此，游动自由方位角 α 为

$$\alpha=\alpha_0-\int_0^t\frac{v_x^t}{R_{xt}}\tan L\mathrm{d}t \tag{6.58}$$

可见，平台的方位角将随东西向速度的大小和方向发生变化，也就是平台轴 Oy_p 与真北方向 Oy_t 之间的夹角是任意的，随 v_x^t 的大小和方向游动，如图6-25所示。

图6-25中游动方位惯导系统采用的导航坐标系 $Ox_py_pz_p$ 和地理坐标系 $Ox_ty_tz_t$ 的垂直

轴 Oz_p,Oz_t 相互重合,Ox_py_p 及 Ox_ty_t 均处于当地水平面内,但它们的水平轴之间有一个游动方位角 α,并规定 α 相对地理坐标系逆时针方向旋转为正。

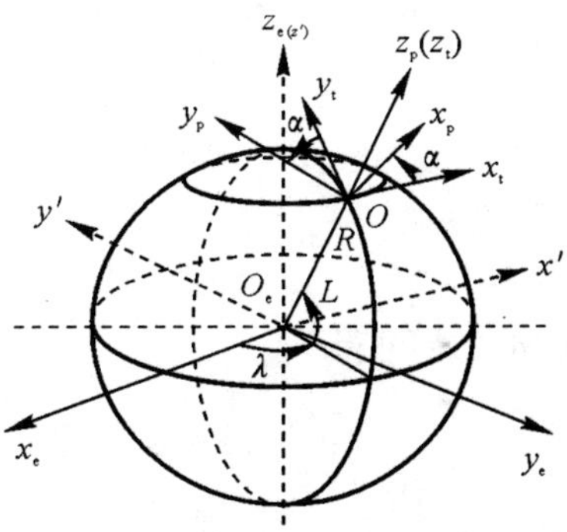

图 6-25　游动系与地理系的关系

6.7.2　方向余弦阵

由于平台系不再与地理系重合,因而导航参数的计算比较复杂。虽然平台上两个水平加速度分量经过积分可得速度,但为了进行 λ 和 L 的计算,需要将这两个速度分量分别投影在地理东向和北向。由于游动方位角 α 不知,而计算 α 角又须知道其他参数(如 L,λ 等),因此,只能利用各坐标系之间的方向余弦矩阵关系来求解导航参数,这是目前惯导系统中通用的计算方法。下面具体推导这个方向余弦阵。

如图 6-25 所示,以地球坐标系 $O_ex_ey_ez_e$ 为基准,绕 z_e 轴转($\lambda+90°$)角,得中间坐标系 $O_ex'y'z'$;然后,将原点由 O_e 平移至 O 点,再绕 Ox' 轴转($90°-L$)角,便与当地地理坐标系 $Ox_ty_tz_t$ 重合;最后,再绕 Oz_t 轴转动 α 角,就得到游动方位平台坐标系 $Ox_py_pz_p$。因此,平台坐标系 $Ox_py_pz_p$(p 系)和地球坐标系(e 系)之间的坐标转换关系可表示为

$$O_ex_ey_ez_e \xrightarrow[\lambda+90°]{\text{绕 } O_ez_e} O_ex'y'z' \xrightarrow[90°-L]{\text{绕 } Ox'} Ox_ty_tz_t \xrightarrow[\alpha]{\text{绕 } Oz_t} Ox_py_pz_p$$

也即

$$\begin{bmatrix} x_p \\ y_p \\ z_p \end{bmatrix} = \begin{bmatrix} \cos\alpha & \sin\alpha & 0 \\ -\sin\alpha & \cos\alpha & 0 \\ 0 & 0 & 1 \end{bmatrix} \begin{bmatrix} 1 & 0 & 0 \\ 0 & \sin L & \cos L \\ 0 & -\cos L & \sin L \end{bmatrix} \begin{bmatrix} -\sin\lambda & \cos\lambda & 0 \\ -\cos\lambda & -\sin\lambda & 0 \\ 0 & 0 & 1 \end{bmatrix} \begin{bmatrix} x_e \\ y_e \\ z_e \end{bmatrix} =$$

$$\begin{bmatrix} -\cos\alpha\sin\lambda-\sin\alpha\sin L\cos\lambda & \cos\alpha\cos\lambda-\sin\alpha\sin L\sin\lambda & \sin\alpha\cos L \\ \sin\alpha\sin\lambda-\cos\alpha\sin L\cos\lambda & -\sin\alpha\cos\lambda-\cos\alpha\sin L\sin\lambda & \cos\alpha\cos L \\ \cos L\cos\lambda & \cos L\sin\lambda & \sin L \end{bmatrix} \begin{bmatrix} x_e \\ y_e \\ z_e \end{bmatrix} =$$

$$\boldsymbol{C}_e^p \begin{bmatrix} x_e \\ y_e \\ z_e \end{bmatrix} \tag{6.59}$$

式中,$\boldsymbol{C}_e^p$ 即为 e 系对 p 系的方向余弦矩阵。矩阵元素可表示为

$$\boldsymbol{C}_e^p = \begin{bmatrix} C_{11} & C_{12} & C_{13} \\ C_{21} & C_{22} & C_{23} \\ C_{31} & C_{32} & C_{33} \end{bmatrix} \tag{6.60}$$

为了求解导航参数 L,λ,α,可比较式(6.59)和式(6.60),可知

$$\left.\begin{aligned}C_{13}&=\sin\alpha\cos L\\C_{23}&=\cos\alpha\cos L\\C_{31}&=\cos L\cos\lambda\\C_{32}&=\cos L\sin\lambda\\C_{33}&=\sin L\end{aligned}\right\}\tag{6.61}$$

由式(6.61)可得

$$\left.\begin{aligned}L&=\arcsin C_{33}\\\lambda&=\arctan\frac{C_{32}}{C_{31}}\\\alpha&=\arctan\frac{C_{13}}{C_{23}}\end{aligned}\right\}\tag{6.62}$$

式(6.62)的计算,均由反三角函数进行,得出的是反三角函数的主值。因此,需要按照 L,λ,α 的取值范围,得到其真值(实际值)。实际使用中,纬度 L 定义在$(-90°,+90°)$区间,经度 λ 定义在$(-180°,+180°)$区间,游动方位角 α 定义在$(0,360°)$区间。这样,L 的主值即为真值,而 λ 和 α 的真值还需通过一些附加的判别条件来决定其在哪个象限。

6.7.3 方向余弦阵的微分方程

方向余弦阵的微分方程的表示式推导如下:

方向余弦矩阵 $\boldsymbol{C}_{\mathrm{e}}^{\mathrm{p}}$ 是地球系对平台系的坐标变换矩阵,矩阵元素是转角 L,λ,α 的函数。在航行过程中三个转角都可能发生变化,因而矩阵 $\boldsymbol{C}_{\mathrm{e}}^{\mathrm{p}}$ 的各元素值也随之变化。因此,要求取各元素的值不能不涉及 $\boldsymbol{C}_{\mathrm{e}}^{\mathrm{p}}$ 的微分方程,也就是哥氏坐标转动定理的矩阵形式,有

$$\dot{\boldsymbol{C}}_{\mathrm{e}}^{\mathrm{p}}=\boldsymbol{\Omega}_{\mathrm{pe}}^{\mathrm{p}}\boldsymbol{C}_{\mathrm{e}}^{\mathrm{p}}\tag{6.63}$$

式中,$\boldsymbol{\Omega}_{\mathrm{pe}}^{\mathrm{p}}$ 为角速度 $\boldsymbol{\omega}_{\mathrm{pe}}^{\mathrm{p}}$ 的反对称矩阵,有

$$\boldsymbol{\Omega}_{\mathrm{pe}}^{\mathrm{p}}=\begin{bmatrix}0&-\omega_{\mathrm{pe}z}^{\mathrm{p}}&\omega_{\mathrm{pe}y}^{\mathrm{p}}\\\omega_{\mathrm{pe}z}^{\mathrm{p}}&0&-\omega_{\mathrm{pe}x}^{\mathrm{p}}\\-\omega_{\mathrm{pe}y}^{\mathrm{p}}&\omega_{\mathrm{pe}x}^{\mathrm{p}}&0\end{bmatrix}\tag{6.64}$$

为计算方便,将式(6.63)写为

$$\dot{\boldsymbol{C}}_{\mathrm{e}}^{\mathrm{p}}=-\boldsymbol{\Omega}_{\mathrm{ep}}^{\mathrm{p}}\boldsymbol{C}_{\mathrm{e}}^{\mathrm{p}}$$

将式(6.60)代入上式,且对于游动方位系统,由于仅补偿地球自转的垂直角速度 $\omega_{\mathrm{ie}}\sin L$,因而 $\omega_{\mathrm{ep}z}^{\mathrm{p}}=0$,则上式表示为分量形式为

$$\begin{bmatrix}\dot{C}_{11}&\dot{C}_{12}&\dot{C}_{13}\\\dot{C}_{21}&\dot{C}_{22}&\dot{C}_{23}\\\dot{C}_{31}&\dot{C}_{32}&\dot{C}_{33}\end{bmatrix}=-\begin{bmatrix}0&0&\omega_{\mathrm{ep}y}^{\mathrm{p}}\\0&0&-\omega_{\mathrm{ep}x}^{\mathrm{p}}\\-\omega_{\mathrm{ep}y}^{\mathrm{p}}&\omega_{\mathrm{ep}x}^{\mathrm{p}}&0\end{bmatrix}\begin{bmatrix}C_{11}&C_{12}&C_{13}\\C_{21}&C_{22}&C_{23}\\C_{31}&C_{32}&C_{33}\end{bmatrix}\tag{6.65}$$

展开式(6.65),可得 9 个微分方程：

$$\left.\begin{aligned}\dot{C}_{11}&=-\omega_{epy}^{p}C_{31}\\\dot{C}_{12}&=-\omega_{epy}^{p}C_{32}\\\dot{C}_{13}&=-\omega_{epy}^{p}C_{33}\\\dot{C}_{21}&=\omega_{epx}^{p}C_{31}\\\dot{C}_{22}&=\omega_{epx}^{p}C_{32}\\\dot{C}_{23}&=\omega_{epx}^{p}C_{33}\\\dot{C}_{31}&=\omega_{epy}^{p}C_{11}-\omega_{epx}^{p}C_{21}\\\dot{C}_{32}&=\omega_{epy}^{p}C_{12}-\omega_{epx}^{p}C_{22}\\\dot{C}_{33}&=\omega_{epy}^{p}C_{13}-\omega_{epx}^{p}C_{23}\end{aligned}\right\}\tag{6.66}$$

解上述方向余弦元素的微分方程,需要知道初始条件 $C_{ij}(0)$ 及平台相对地球转动的角速度分量 ω_{epx}^{p},ω_{epy}^{p}。

其中,初始条件 $C_{ij}(0)$ 可直接将已知的 L_0,λ_0 及对准结束后的 α_0 代入式(6.59)得到。例如：

$$\left.\begin{aligned}&C_{11}(0)=-\cos\alpha_0\sin\lambda_0-\sin\alpha_0\sin L_0\cos\lambda_0\\&\cdots\cdots\\&C_{33}(0)=\sin L_0\end{aligned}\right\}\tag{6.67}$$

通常,精确的地理纬度和经度初始信息,经控制显示器输入到计算机,作为计算导航参数的初值 L_0,λ_0。

至于 ω_{epx}^{p},ω_{epy}^{p},则利用测得的 v_{epx}^{p},v_{epy}^{p} 转换为 v_{etx}^{t},v_{ety}^{t} 及 ω_{etx}^{t},ω_{ety}^{t} 后,由矩阵转换关系求出。

6.7.4　角速度 $\boldsymbol{\omega}_{ep}^{p}$ 的计算

(1) 由 $\boldsymbol{v}_{ep}^{p}$ 求平台相对地球转动角速度 $\boldsymbol{\omega}_{ep}^{p}$

由于地理系与游动方位平台系之间,仅差一个游动方位角 α,因此两个坐标系之间的转换关系式可以表示为

$$\begin{bmatrix}v_{etx}^{t}\\v_{ety}^{t}\end{bmatrix}=\begin{bmatrix}\cos\alpha&-\sin\alpha\\\sin\alpha&\cos\alpha\end{bmatrix}\begin{bmatrix}v_{epx}^{p}\\v_{epy}^{p}\end{bmatrix}$$

或

$$\left.\begin{aligned}v_{etx}^{t}&=v_{epx}^{p}\cos\alpha-v_{epy}^{p}\sin\alpha\\v_{ety}^{t}&=v_{epx}^{p}\sin\alpha+v_{epy}^{p}\cos\alpha\end{aligned}\right\}\tag{6.68}$$

据此,可以写出在地理系的角速度表示式为

$$\left.\begin{aligned}\omega_{etx}^{t} &= -\frac{v_{ety}^{t}}{R_{yt}} \\ \omega_{ety}^{t} &= \frac{v_{etx}^{t}}{R_{xt}}\end{aligned}\right\} \tag{6.69}$$

同样，根据地理系和游动系的关系阵，并将式(6.68)代入式(6.69)，得

$$\begin{bmatrix}\omega_{epx}^{p} \\ \omega_{epy}^{p}\end{bmatrix} = \begin{bmatrix}\cos\alpha & \sin\alpha \\ -\sin\alpha & \cos\alpha\end{bmatrix}\begin{bmatrix}\omega_{etx}^{t} \\ \omega_{ety}^{t}\end{bmatrix} = \begin{bmatrix}\cos\alpha & \sin\alpha \\ -\sin\alpha & \cos\alpha\end{bmatrix}\begin{bmatrix}-\dfrac{v_{epx}^{p}\sin\alpha + v_{epy}^{p}\cos\alpha}{R_{yt}} \\ \dfrac{v_{epx}^{p}\cos\alpha - v_{epy}^{p}\sin\alpha}{R_{xt}}\end{bmatrix} \tag{6.70}$$

展开式(6.70)的右端，并整理，得

$$\begin{bmatrix}\omega_{epx}^{p} \\ \omega_{epy}^{p}\end{bmatrix} = \begin{bmatrix}-\left(\dfrac{1}{R_{yt}} - \dfrac{1}{R_{xt}}\right)\sin\alpha\cos\alpha & -\left(\dfrac{\cos^2\alpha}{R_{yt}} + \dfrac{\sin^2\alpha}{R_{xt}}\right) \\ \dfrac{\sin^2\alpha}{R_{yt}} + \dfrac{\cos^2\alpha}{R_{xt}} & \left(\dfrac{1}{R_{yt}} - \dfrac{1}{R_{xt}}\right)\sin\alpha\cos\alpha\end{bmatrix}\begin{bmatrix}v_{epx}^{p} \\ v_{epy}^{p}\end{bmatrix} \tag{6.71}$$

令式(6.71)中

$$\left(\frac{1}{R_{yt}} - \frac{1}{R_{xt}}\right)\sin\alpha\cos\alpha = \frac{1}{\tau_a} \tag{6.72}$$

$$\left.\begin{aligned}\frac{\cos^2\alpha}{R_{yt}} + \frac{\sin^2\alpha}{R_{xt}} &= \frac{1}{R_{yp}} \\ \frac{\sin^2\alpha}{R_{yt}} + \frac{\cos^2\alpha}{R_{xt}} &= \frac{1}{R_{xp}}\end{aligned}\right\} \tag{6.73}$$

其中

$$\frac{1}{R_{yt}} = \frac{1}{R_e}(1 + 2e - 3e\sin^2 L) \tag{6.74}$$

$$\frac{1}{R_{xt}} = \frac{1}{R_e}(1 - e\sin^2 L) \tag{6.75}$$

将式(6.72)及式(6.73)代入式(6.71)，得平台相对地球运动的角速度方程为

$$\begin{bmatrix}\omega_{epx}^{p} \\ \omega_{epy}^{p}\end{bmatrix} = \begin{bmatrix}-\dfrac{1}{\tau_a} & -\dfrac{1}{R_{yp}} \\ \dfrac{1}{R_{xp}} & \dfrac{1}{\tau_a}\end{bmatrix}\begin{bmatrix}v_{epx}^{p} \\ v_{epy}^{p}\end{bmatrix} = \boldsymbol{C}_a\begin{bmatrix}v_{epx}^{p} \\ v_{epy}^{p}\end{bmatrix} \tag{6.76}$$

式中，$\boldsymbol{C}_a$ 称为曲率阵；R_{xp}，R_{yp} 称为游动方位系统等效曲率半径；τ_a 称为扭曲曲率。

(2) 用方向余弦元素表示$\boldsymbol{\omega}_{ep}^{p}$

将式(6.76)和式(6.67)代入式(6.66)，可以解出方向余弦元素的微分方程。但为了简化方程表达式，可先将式(6.76)中的 τ_a，R_{xp}，R_{yp} 直接用方向余弦元素表示。

由式(6.59)可知

$$\left.\begin{aligned} C_{13} &= \sin\alpha\cos L \\ C_{23} &= \cos\alpha\cos L \\ C_{33} &= \sin L \end{aligned}\right\} \tag{6.77}$$

并由此可导出

$$\left.\begin{aligned} \sin^2\alpha &= \frac{C_{13}^2}{\cos^2 L} = \frac{C_{13}^2}{C_{13}^2 + C_{23}^2} \\ \cos^2\alpha &= \frac{C_{23}^2}{\cos^2 L} = \frac{C_{23}^2}{C_{13}^2 + C_{23}^2} \\ \sin\alpha\cos\alpha &= \frac{C_{13}C_{23}}{\cos^2 L} = \frac{C_{13}C_{23}}{C_{13}^2 + C_{23}^2} \end{aligned}\right\} \tag{6.78}$$

将式(6.78)、式(6.74) 和式(6.75) 代入式(6.72)、式(6.73)，并将其中 $\sin L$ 用 C_{33} 代换，得

$$\left.\begin{aligned} \frac{1}{\tau_a} &= \frac{2e}{R_e}C_{13}C_{23} \\ \frac{1}{R_{xp}} &= \frac{1}{R_e}(1 - eC_{33}^2 + 2eC_{23}^2) \\ \frac{1}{R_{yp}} &= \frac{1}{R_e}(1 - eC_{33}^2 + 2eC_{13}^2) \end{aligned}\right\} \tag{6.79}$$

将式(6.79) 代入式(6.76)，得

$$\begin{bmatrix} \omega_{epx}^p \\ \omega_{epy}^p \end{bmatrix} = \begin{bmatrix} -\dfrac{2e}{R_e}C_{13}C_{23} & -\dfrac{1}{R_e}(1 - eC_{33}^2 + 2eC_{23}^2) \\ \dfrac{1}{R_e}(1 - eC_{33}^2 + 2eC_{13}^2) & \dfrac{2e}{R_e}C_{13}C_{23} \end{bmatrix} \begin{bmatrix} v_{epx}^p \\ v_{epy}^p \end{bmatrix} \tag{6.80}$$

由式(6.80) 可知，要解算出$\boldsymbol{\omega}_{ep}^p$，除了要知道方向余弦元素 C_{ij} 外，还要先求出速度$\boldsymbol{v}_{ep}^p$。

6.7.5　速度$\boldsymbol{v}_{ep}^p$ 的计算

根据惯性导航的基本方程式(6.4)，写出在游动方位平台系上的形式为

$$\dot{\boldsymbol{v}}_{ep}^p = \boldsymbol{f}^p - (2\boldsymbol{\omega}_{ie}^p + \boldsymbol{\omega}_{ep}^p) \times \boldsymbol{v}_{ep}^p + \boldsymbol{g}^p$$

表示成速度方程分量形式为

$$\begin{bmatrix} \dot{v}_{epx}^p \\ \dot{v}_{epy}^p \\ \dot{v}_{epz}^p \end{bmatrix} = \begin{bmatrix} f_x^p \\ f_y^p \\ f_z^p \end{bmatrix} - \begin{bmatrix} 0 & -(2\omega_{iez}^p + \omega_{epz}^p) & 2\omega_{iey}^p + \omega_{epy}^p \\ 2\omega_{iez}^p + \omega_{epz}^p & 0 & -(2\omega_{iex}^p + \omega_{epx}^p) \\ -(2\omega_{iey}^p + \omega_{epy}^p) & 2\omega_{iex}^p + \omega_{epx}^p & 0 \end{bmatrix} \begin{bmatrix} v_{epx}^p \\ v_{epy}^p \\ v_{epz}^p \end{bmatrix} + \begin{bmatrix} 0 \\ 0 \\ -g \end{bmatrix} \tag{6.81}$$

根据式(6.54) 和式(6.77)，式(6.81) 中有

$$\left.\begin{aligned}\omega_{\mathrm{ep}x}^{\mathrm{p}}&=0\\ \omega_{\mathrm{ie}x}^{\mathrm{p}}&=\omega_{\mathrm{ie}}\sin\alpha\cos L=\omega_{\mathrm{ie}}C_{13}\\ \omega_{\mathrm{ie}y}^{\mathrm{p}}&=\omega_{\mathrm{ie}}\cos\alpha\cos L=\omega_{\mathrm{ie}}C_{23}\\ \omega_{\mathrm{ie}z}^{\mathrm{p}}&=\omega_{\mathrm{ie}}\sin L=\omega_{\mathrm{ie}}C_{33}\end{aligned}\right\}\tag{6.82}$$

将式(6.82)代入式(6.81)得

$$\left.\begin{aligned}\dot{v}_{\mathrm{ep}x}^{\mathrm{p}}&=f_x^{\mathrm{p}}+2\omega_{\mathrm{ie}}C_{33}v_{\mathrm{ep}y}^{\mathrm{p}}-(2\omega_{\mathrm{ie}}C_{23}+\omega_{\mathrm{ep}y}^{\mathrm{p}})v_{\mathrm{ep}z}^{\mathrm{p}}\\ \dot{v}_{\mathrm{ep}y}^{\mathrm{p}}&=f_y^{\mathrm{p}}-2\omega_{\mathrm{ie}}C_{33}v_{\mathrm{ep}x}^{\mathrm{p}}+(2\omega_{\mathrm{ie}}C_{13}+\omega_{\mathrm{ep}x}^{\mathrm{p}})v_{\mathrm{ep}z}^{\mathrm{p}}\\ \dot{v}_{\mathrm{ep}z}^{\mathrm{p}}&=f_z^{\mathrm{p}}+(2\omega_{\mathrm{ie}}C_{23}+\omega_{\mathrm{ep}y}^{\mathrm{p}})v_{\mathrm{ep}x}^{\mathrm{p}}-(2\omega_{\mathrm{ie}}C_{13}+\omega_{\mathrm{ep}x}^{\mathrm{p}})v_{\mathrm{ep}y}^{\mathrm{p}}-g\end{aligned}\right\}\tag{6.83}$$

与前述指北方位惯导系统一样，若将高度变化率 $v_{\mathrm{ep}z}^{\mathrm{p}}$ 作为小量略去，则式(6.83)可简化为

$$\left.\begin{aligned}\dot{v}_{\mathrm{ep}x}^{\mathrm{p}}&=f_x^{\mathrm{p}}+2\omega_{\mathrm{ie}}C_{33}v_{\mathrm{ep}y}^{\mathrm{p}}\\ \dot{v}_{\mathrm{ep}y}^{\mathrm{p}}&=f_y^{\mathrm{p}}-2\omega_{\mathrm{ie}}C_{33}v_{\mathrm{ep}x}^{\mathrm{p}}\end{aligned}\right\}\tag{6.84}$$

6.7.6 施加给平台的指令角速度 $\boldsymbol{\omega}_{\mathrm{ip}}^{\mathrm{p}}$

为了使平台跟踪游动方位坐标系，必须不断地给平台施加指令角速度 $\boldsymbol{\omega}_{\mathrm{ip}}^{\mathrm{p}}$，使平台进动。已知指令角速度可表示成如下关系式：

$$\boldsymbol{\omega}_{\mathrm{ip}}^{\mathrm{p}}=\boldsymbol{\omega}_{\mathrm{ie}}^{\mathrm{p}}+\boldsymbol{\omega}_{\mathrm{ep}}^{\mathrm{p}}$$

对游动方位惯导系统有

$$\boldsymbol{\omega}_{\mathrm{ie}}^{\mathrm{p}}=\begin{bmatrix}\omega_{\mathrm{ie}}\cos L\sin\alpha\\ \omega_{\mathrm{ie}}\cos L\cos\alpha\\ \omega_{\mathrm{ie}}\sin L\end{bmatrix}=\begin{bmatrix}\omega_{\mathrm{ie}}C_{13}\\ \omega_{\mathrm{ie}}C_{23}\\ \omega_{\mathrm{ie}}C_{33}\end{bmatrix}$$

$$\boldsymbol{\omega}_{\mathrm{ep}}^{\mathrm{p}}=\begin{bmatrix}\omega_{\mathrm{ep}x}^{\mathrm{p}}\\ \omega_{\mathrm{ep}y}^{\mathrm{p}}\\ 0\end{bmatrix}$$

因此，平台三个轴对应的指令角速率分量为

$$\left.\begin{aligned}\omega_{\mathrm{ip}x}^{\mathrm{p}}&=\omega_{\mathrm{ie}}C_{13}+\omega_{\mathrm{ep}x}^{\mathrm{p}}\\ \omega_{\mathrm{ip}y}^{\mathrm{p}}&=\omega_{\mathrm{ie}}C_{23}+\omega_{\mathrm{ep}y}^{\mathrm{p}}\\ \omega_{\mathrm{ip}z}^{\mathrm{p}}&=\omega_{\mathrm{ie}}C_{33}\end{aligned}\right\}\tag{6.85}$$

6.7.7 系统原理框图

图 6-26 为采用方向余弦法的游动方位惯导系统的原理框图。高度通道省略未画，两个水平通道实际上是交联在一起的。核心问题是方向余弦矩阵 $\boldsymbol{C}_{\mathrm{e}}^{\mathrm{p}}$ 的计算。算出的有关元素 C_{ij} 一

方面用来求取导航参数 L,λ 及 α，同时还反馈到曲率矩阵 $\boldsymbol{C}_\alpha$ 不断更新它的元素值，此外还用来提供 $\boldsymbol{\omega}_{ie}$ 的三个分量。由曲率阵的输出加上 ω_{epz}^p，便构成了 $\boldsymbol{\omega}_{ep}^p$，从而给求解出 $\boldsymbol{C}_e^p$ 提供随着载体运动不断变化的反对称矩阵 $-\boldsymbol{\Omega}_{ep}^p$，经即时解算得出有关矩阵元素 C_{ij} 的即时值，从而也就获得了导航参数的即时值。计算机求解方向余弦的步长越短，求得的即时值越精确。显然这对计算机的计算量、运算速度及精度的要求比指北方位系统要高得多。

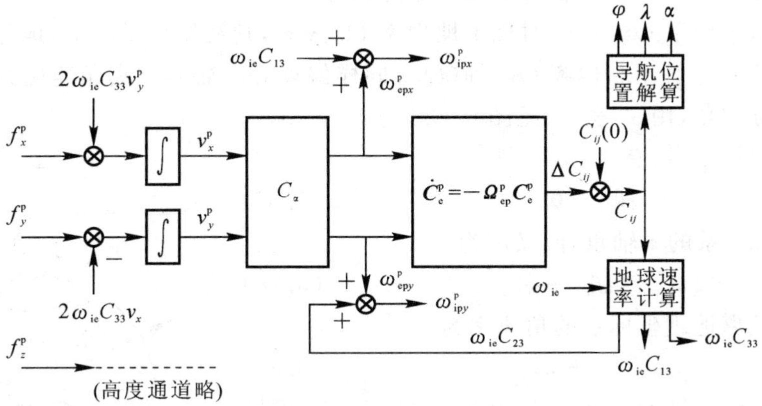

图 6-26　游动方位平台惯导系统原理框图

游动方位系统虽在陀螺 G_z 上加有指令信号，但由于指令角速度 ω_{ipz}^p 很小，因此也不会发生指北方位系统在高纬度区航行时所遇到的问题。与指北方位惯导系统相比，游动方位系统可以实现全球导航。因为对平台方位陀螺只施加补偿地球转动角速度的垂直分量 $\omega_{ie}\sin L$，即使 $L=90°$，指令速度 $\omega_{ipz}^p=15°/\text{h}$ 时，也不会给方位陀螺力矩器的设计和平台方位稳定回路的设计带来困难。游动方位系统还有一个优点就是方位对准相对指北方位系统不需要转动台体，加速了对准过程。与后面要介绍的自由方位系统比较，其计算量又较小。正因如此，游动方位惯导系统得到了相当广泛的应用。

游动方位惯导系统的缺点是，由平台可以直接输出俯仰和倾斜角信息，但不能输出飞机的航向信息，只能由平台方位轴直接输出平台方位轴与飞机纵轴之间的夹角 φ_{bp}。它同平台方位轴与真北方向之间的游动方位角 α、飞机纵轴与真北方向之间的航向角 φ 之间的关系(见图 6-27) 为

$$\varphi=\varphi_{bp}-\alpha \tag{6.86}$$

要想了解飞机航向角必须经过式(6.86) 的计算。

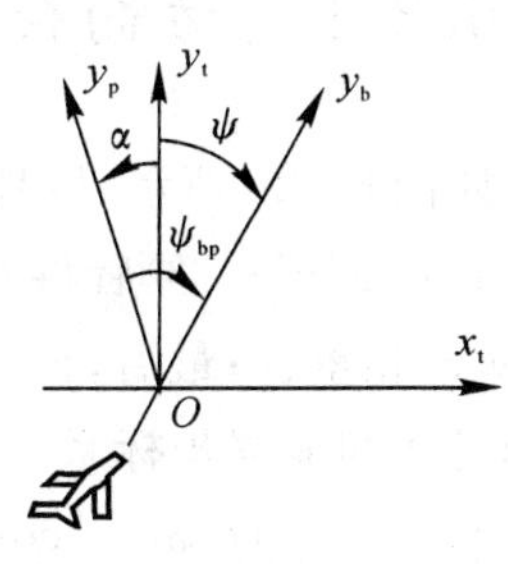

图 6-27　游动方位航向计算

6.8 自由方位惯导系统及其机械编排

自由方位惯导系统采用的导航坐标系仍为一个水平坐标系。Ox_p和Oy_p始终处于当地水平面内，但在方位上相对惯性空间保持稳定。这就是说，在工作过程中系统对方位陀螺G_z不加任何指令信号。平台绕Oz_p轴处于几何稳定状态。

如果一开始平台系$Ox_py_pz_p$对准了地理系$Ox_ty_tz_t$，则在航行过程中，地球自转及载体的地速将使平台的Oy_p轴不断偏离Oy_t轴（Ox_p同样偏离Ox_t轴），偏离角速度为ω_{tpz}^t，所形成的夹角称为自由方位角，用α_f表示（见图 6-28）。

对于自由方位平台，有

$$\omega_{ipz}^p = 0 \tag{6.87}$$

由于 p 系和 t 系的 z 轴重合，又因为

$$\omega_{ipz}^t = \omega_{itz}^t + \omega_{tpz}^t \tag{6.88}$$

故平台绕 z 轴偏离地理坐标系的角速率为

$$\omega_{tpz}^t = -\omega_{itz}^t \tag{6.89}$$

这实际上是平台绕 z 轴的表观（视）运动，由式（6.45）可知 ω_{itz}^t 的表达式，故得

$$\omega_{tpz}^t = -\left(\omega_{ie}\sin L + \frac{v_x^t}{R_{xt}}\tan L\right) \tag{6.90}$$

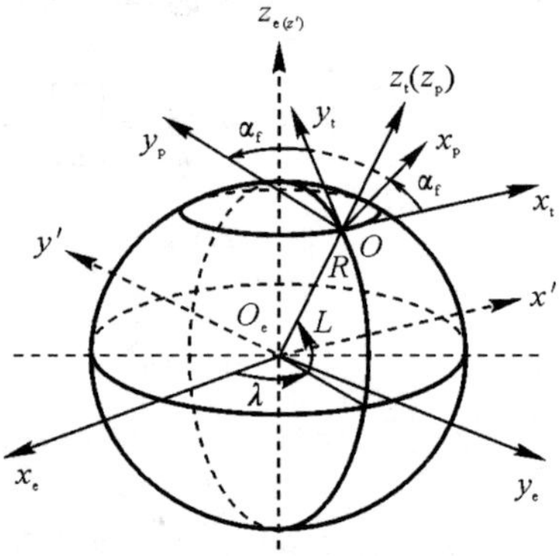

图 6-28 自由方位平台坐标系

考虑到 ω_{tpz}^t 也就是$\dot{\alpha}_f$，故自由方位角为

$$\alpha_f = \alpha_{f0} - \int_0^t \left(\omega_{ie}\sin L + \frac{v_x^t}{R_{xt}}\tan L\right)\mathrm{d}t \tag{6.91}$$

可见，自由方位惯导系统与游动方位系统区别不大。可以在前述游动方位系统的基础上列写自由方位系统的机械编排方程。

6.8.1 方向余弦矩阵

如图 6-28 所示，以地球坐标系$O_ex_ey_ez_e$为起始位置，先绕O_ez_e轴转$(\lambda+90°)$，得一中间坐标系$O_ex'y'z'$；然后将原点由O_e平移至O点，再绕Ox'轴转$(90°-L)$，便与当地地理坐标系$Ox_ty_tz_t$相重合；最后，再绕Oz_t轴转α_f角，就得到自由方位的平台坐标系$Ox_py_pz_p$。平台坐标系（p 系）和地球坐标系（e 系）之间的坐标变换关系由下式表示：

$$\begin{bmatrix} x_p \\ y_p \\ z_p \end{bmatrix} = \begin{bmatrix} \cos\alpha_f & \cos\alpha_f & 0 \\ -\sin\alpha_f & \cos\alpha_f & 0 \\ 0 & 0 & 1 \end{bmatrix} \begin{bmatrix} 1 & 0 & 0 \\ 0 & \sin L & \cos L \\ 0 & -\cos L & \sin L \end{bmatrix} \begin{bmatrix} -\sin\lambda & \cos\lambda & 0 \\ -\cos\lambda & -\sin\lambda & 0 \\ 0 & 0 & 1 \end{bmatrix} \begin{bmatrix} x_e \\ y_e \\ z_e \end{bmatrix} =$$

$$\begin{bmatrix} -\cos\alpha_f\sin\lambda-\sin\alpha_f\sin L\cos\lambda & \cos\alpha_f\cos\lambda-\sin\alpha_f\sin L\sin\lambda & \sin\alpha_f\cos L \\ \sin\alpha_f\sin\lambda-\cos\alpha_f\sin L\cos\lambda & -\sin\alpha_f\cos\lambda-\cos\alpha_f\sin L\sin\lambda & \cos\alpha_f\cos L \\ \cos L\cos\lambda & \cos L\sin\lambda & \sin L \end{bmatrix}\begin{bmatrix} x_e \\ y_e \\ z_e \end{bmatrix}=$$

$$\boldsymbol{C}_e^p\begin{bmatrix} x_e \\ y_e \\ z_e \end{bmatrix} \tag{6.92}$$

矩阵元素可表示为

$$\boldsymbol{C}_e^p=\begin{bmatrix} c_{11} & c_{12} & c_{13} \\ c_{21} & c_{22} & c_{23} \\ c_{31} & c_{32} & c_{33} \end{bmatrix} \tag{6.93}$$

与导航计算有关的元素为

$$\left.\begin{aligned} c_{13}&=\sin\alpha_f\cos L \\ c_{23}&=\cos\alpha_f\cos L \\ c_{31}&=\cos L\cos\lambda \\ c_{32}&=\cos L\sin\lambda \\ c_{33}&=\sin L \end{aligned}\right\} \tag{6.94}$$

于是可得

$$\left.\begin{aligned} L&=\arcsin c_{33} \\ \lambda&=\arctan\frac{c_{32}}{c_{31}} \\ \alpha_f&=\arctan\frac{c_{13}}{c_{23}} \end{aligned}\right\} \tag{6.95}$$

6.8.2　求取方向余弦矩阵 $\boldsymbol{C}_e^p$

方向余弦矩阵 $\boldsymbol{C}_e^p$ 是地球系对平台系的坐标变换矩阵，矩阵元素是转角 L,λ,α_f 的函数。在航行过程中三个转角都可能发生变化，因而矩阵 $\boldsymbol{C}_e^p$ 的各元素值也要跟着变化。因此，要求取各元素值不能不涉及 $\boldsymbol{C}_e^p$ 的微分方程，也就是哥氏坐标转动定理的矩阵形式：

$$\dot{\boldsymbol{C}}_e^p=-\boldsymbol{\Omega}_{ep}^p\boldsymbol{C}_e^p \tag{6.96}$$

式中，$\boldsymbol{\Omega}_{ep}^p$ 为平台相对地球的角速度 $\boldsymbol{\omega}_{ep}^p$ 的反对称矩阵。将式(6.93)代入式(6.96)，即可表示为分量形式：

$$\begin{bmatrix} \dot{c}_{11} & \dot{c}_{12} & \dot{c}_{13} \\ \dot{c}_{21} & \dot{c}_{22} & \dot{c}_{23} \\ \dot{c}_{31} & \dot{c}_{32} & \dot{c}_{33} \end{bmatrix}=\begin{bmatrix} 0 & \omega_{epz}^p & -\omega_{epy}^p \\ -\omega_{epz}^p & 0 & \omega_{epx}^p \\ \omega_{epy}^p & -\omega_{epx}^p & 0 \end{bmatrix}\begin{bmatrix} c_{11} & c_{12} & c_{13} \\ c_{21} & c_{22} & c_{23} \\ c_{31} & c_{32} & c_{33} \end{bmatrix} \tag{6.97}$$

式(6.97)提供了以下9个微分方程：

$$\left.\begin{aligned}
\dot{c}_{11} &= \omega_{\mathrm{ep}z}^{\mathrm{p}} c_{21} - \omega_{\mathrm{ep}y}^{\mathrm{p}} c_{31} \\
\dot{c}_{21} &= -\omega_{\mathrm{ep}z}^{\mathrm{p}} c_{11} + \omega_{\mathrm{ep}x}^{\mathrm{p}} c_{31} \\
\dot{c}_{31} &= \omega_{\mathrm{ep}y}^{\mathrm{p}} c_{11} - \omega_{\mathrm{ep}x}^{\mathrm{p}} c_{21} \\
\dot{c}_{12} &= \omega_{\mathrm{ep}z}^{\mathrm{p}} c_{22} - \omega_{\mathrm{ep}y}^{\mathrm{p}} c_{32} \\
\dot{c}_{22} &= -\omega_{\mathrm{ep}z}^{\mathrm{p}} c_{12} + \omega_{\mathrm{ep}x}^{\mathrm{p}} c_{32} \\
\dot{c}_{32} &= \omega_{\mathrm{ep}y}^{\mathrm{p}} c_{12} - \omega_{\mathrm{ep}x}^{\mathrm{p}} c_{22} \\
\dot{c}_{13} &= \omega_{\mathrm{ep}z}^{\mathrm{p}} c_{23} - \omega_{\mathrm{ep}y}^{\mathrm{p}} c_{33} \\
\dot{c}_{23} &= -\omega_{\mathrm{ep}z}^{\mathrm{p}} c_{13} + \omega_{\mathrm{ep}x}^{\mathrm{p}} c_{33} \\
\dot{c}_{33} &= \omega_{\mathrm{ep}y}^{\mathrm{p}} c_{13} - \omega_{\mathrm{ep}x}^{\mathrm{p}} c_{23}
\end{aligned}\right\} \tag{6.98}$$

以上9个方程按顺序可分成3组，每组3个方程，可独立地解出3个矩阵元素。为求出3个导航参数，由式(6.95)可知，只须求出有关的5个矩阵元素即可。可取式(6.98)的后6个方程来求解。但 c_{31} 的求取须依靠其他条件，可采用方向余弦的正交条件作为补充方程：

$$c_{31} = c_{12}c_{23} - c_{22}c_{13} \tag{6.99}$$

为了求解微分方程，首先要知道初始条件 L_0，λ_0，α_{f0} 以确定有关元素的起始值，即

$$\left.\begin{aligned}
c_{12}(0) &= \cos\alpha_{\mathrm{f0}}\cos\lambda_0 - \sin\alpha_{\mathrm{f0}}\sin L_0\sin\lambda_0 \\
c_{22}(0) &= -\sin\alpha_{\mathrm{f0}}\cos\lambda_0 - \cos\alpha_{\mathrm{f0}}\sin L_0\sin\lambda_0 \\
c_{32}(0) &= \cos L_0\sin\lambda_0 \\
c_{13}(0) &= \sin\alpha_{\mathrm{f0}}\cos L_0 \\
c_{23}(0) &= \cos\alpha_{\mathrm{f0}}\cos L_0 \\
c_{33}(0) &= \sin L_0
\end{aligned}\right\} \tag{6.100}$$

这些初始值的精确性是实现精确导航计算的前提条件。

除了要满足初始条件外，还需要知道载体相对地球运动引起的角速度 $\boldsymbol{\omega}_{\mathrm{ep}}^{\mathrm{p}}$，它是由载体相对地球的速度 $\boldsymbol{v}_{\mathrm{ep}}^{\mathrm{p}}$ 形成的，$\boldsymbol{v}_{\mathrm{ep}}^{\mathrm{p}}$ 可根据比力信息求得。

6.8.3 求角速度 $\boldsymbol{\omega}_{\mathrm{ep}}^{\mathrm{p}}$

角速度 $\boldsymbol{\omega}_{\mathrm{ep}}^{\mathrm{p}}$ 在 p 系上的分量可表示为

$$\boldsymbol{\omega}_{\mathrm{ep}}^{\mathrm{p}} = \begin{bmatrix} \omega_{\mathrm{ep}x}^{\mathrm{p}} \\ \omega_{\mathrm{ep}y}^{\mathrm{p}} \\ \omega_{\mathrm{ep}z}^{\mathrm{p}} \end{bmatrix} \tag{6.101}$$

式中，$\omega_{\mathrm{ep}z}^{\mathrm{p}}$ 可根据自由方位系统的特点 $\omega_{\mathrm{ip}z}^{\mathrm{p}}=0$ 求得。因为

$$\omega_{\mathrm{ip}z}^{\mathrm{p}} = \omega_{\mathrm{ie}z}^{\mathrm{p}} + \omega_{\mathrm{ep}z}^{\mathrm{p}} = 0 \tag{6.102}$$

故有

$$\omega_{epz}^{p} = -\omega_{iez}^{p} = -\omega_{ie}\sin L = -\omega_{ie}c_{33} \tag{6.103}$$

根据精确导航的要求，将地球看成是一个参考椭球，则 ω_{epx}^{p}，ω_{epy}^{p} 的表达式可以写成

$$\begin{bmatrix}\omega_{epx}^{p}\\ \omega_{epy}^{p}\end{bmatrix} = \begin{bmatrix}-\dfrac{1}{\tau_f} & -\dfrac{1}{R_{yp}}\\ \dfrac{1}{R_{xp}} & \dfrac{1}{\tau_f}\end{bmatrix}\begin{bmatrix}v_x^p\\ v_y^p\end{bmatrix} = \boldsymbol{C}_f\begin{bmatrix}v_x^p\\ v_y^p\end{bmatrix} \tag{6.104}$$

式中，$\boldsymbol{C}_f$ 为曲率阵；τ_f 称为扭曲率，可根据$\dfrac{1}{\tau_f} = \left(\dfrac{1}{R_{yt}} - \dfrac{1}{R_{xt}}\right)\sin\alpha_f\cos\alpha_f$（$R_{xt}$，$R_{yt}$ 分别为地球的两个主曲率半径）求得；R_{xp}，R_{yp} 称为自由方位等效曲率半径，其表达式为

$$\left.\begin{aligned}\frac{1}{R_{xp}} &= \frac{\sin^2\alpha_f}{R_{yt}} + \frac{\cos^2\alpha_f}{R_{xt}}\\ \frac{1}{R_{yp}} &= \frac{\cos^2\alpha_f}{R_{yt}} + \frac{\sin^2\alpha_f}{R_{xt}}\end{aligned}\right\} \tag{6.105}$$

6.8.4　速度计算

已知

$$\dot{\boldsymbol{v}}_{ep}^{p} = \boldsymbol{f}^{p} - (2\boldsymbol{\omega}_{ie}^{p} + \boldsymbol{\omega}_{ep}^{p}) \times \boldsymbol{v}_{ep}^{p} + \boldsymbol{g}^{p} \tag{6.106}$$

式中，$\boldsymbol{\omega}_{ie}^{p} = \boldsymbol{C}_e^p\boldsymbol{\omega}_{ie}^{e}$，即

$$\begin{bmatrix}\omega_{iex}^{p}\\ \omega_{iey}^{p}\\ \omega_{iez}^{p}\end{bmatrix} = \begin{bmatrix}c_{11} & c_{12} & c_{13}\\ c_{21} & c_{22} & c_{23}\\ c_{31} & c_{32} & c_{33}\end{bmatrix}\begin{bmatrix}0\\ 0\\ \omega_{ie}\end{bmatrix} \tag{6.107}$$

将式(6.103)、式(6.104) 以及式(6.107) 代入式(6.106)，可以得到

$$\left.\begin{aligned}\dot{v}_x^p &= f_x^p - (2\omega_{ie}c_{33} + \omega_{epy}^{p})v_x^p + \omega_{ie}c_{33}v_y^p\\ \dot{v}_y^p &= f_y^p + (2\omega_{ie}c_{13} + \omega_{epx}^{p})v_z^p - \omega_{ie}c_{33}v_x^p\\ \dot{v}_z^p &= f_z^p + (2\omega_{ie}c_{23} + \omega_{epy}^{p})v_x^p - (2\omega_{ie}c_{13} + \omega_{epx}^{p})v_y^p + g\end{aligned}\right\} \tag{6.108}$$

6.8.5　平台指令角速度

平台指令角速度在 p 系上的分量为

$$\boldsymbol{\omega}_{ip}^{p} = \boldsymbol{\omega}_{ie}^{p} + \boldsymbol{\omega}_{ep}^{p} \tag{6.109}$$

根据式(6.102) 和式(6.107)，可得

$$\left.\begin{aligned}\omega_{\mathrm{ip}x}^{\mathrm{p}}&=\omega_{\mathrm{ie}}c_{13}+\omega_{\mathrm{ep}x}^{\mathrm{p}}\\\omega_{\mathrm{ip}y}^{\mathrm{p}}&=\omega_{\mathrm{ie}}c_{23}+\omega_{\mathrm{ep}y}^{\mathrm{p}}\\\omega_{\mathrm{ip}z}^{\mathrm{p}}&=0\end{aligned}\right\}\tag{6.110}$$

6.8.6 系统原理框图

图 6-29 为采用方向余弦法的自由方位惯导系统的原理框图。

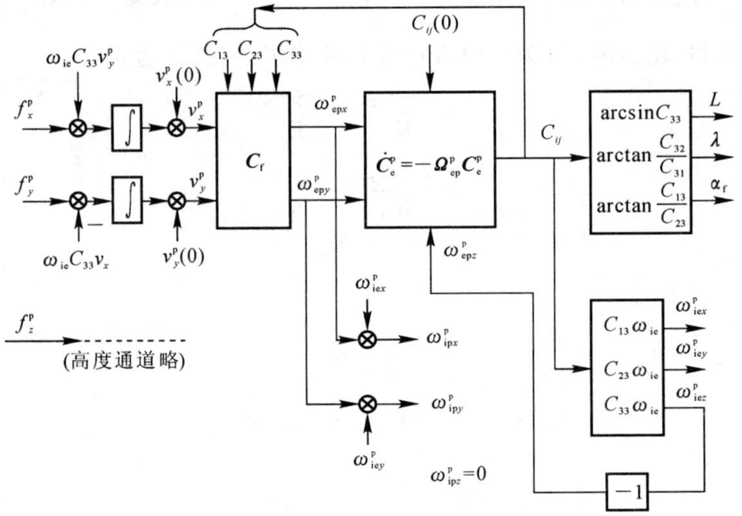

图 6-29 自由方位惯导系统原理框图

6.8.7 自由方位惯导的特点

由于方位陀螺不施加任何指令角速度，因而解决了在极区使用的问题；同时可以避免方位陀螺的施矩误差(标度因数误差)，有利于系统精度的提高。缺点是自由方位角 $\dot{\alpha}_f$ 的计算较复杂，因它随飞机不断变化，不能直接得到飞机的真航行信号，且计算量大，对计算机的容量及速度要求更高。

综上所述，不论指北方位、游动方位还是自由方位惯导系统，其共性是平台都保持在水平面内，可以直接输出俯仰、倾斜信号。各种方案不同之处在于方位陀螺施加的指令角速度不同，或者说平台系相对地理系的偏离角速度不同，上述三种方案分别为 0，$\dot{\alpha}$ 和 $\dot{\alpha}_f$。在考虑具体方案时，应当首先确定平台方位轴的指令角速度，这是确定力学编排方案的重点。然后将惯导系统的基本方程式分解在平台坐标系上，从而可得到加速度的标量方程，进一步经积分运算可得速度。其他参数的确定，还须引入方向余弦阵进行计算。

思考与练习

6.1　说明平台式惯性导航系统的基本结构、工作原理及主要特点。

6.2　在工程要上实现一套惯性导航系统，需要首先解决哪几方面的主要问题？

6.3　惯性导航系统主要由哪几部分组成？画出惯性导航系统各部分组成的示意图。

6.4　根据所选用导航坐标系的不同，平台式惯导系统可分为哪些类型？

6.5　设载体在地球表面沿纬线向东飞行，高度不变，分析说明惯导平台跟踪地垂线的过程。

6.6　说明纯惯导高度通道为什么是不稳定的发散系统？通常是采用什么方法来克服惯导高度通道的发散现象？

6.7　分析指北方位惯导系统的优缺点。

6.8　说明指北方位、自由方位和游动方位三种平台式惯导系统的区别与联系。

第7章　惯性导航系统误差方程与初始对准

7.1　惯导系统的误差源

前面在分析惯导系统的工作原理时，把它看成是一个理想系统。譬如，认为平台坐标系完全准确地模拟了地理坐标系，而实际上这是不可能的，因为惯导系统无论在元器件特性、结构安装或其他工程环节都不可避免地存在误差。这些误差因素称为误差源，大体上可分为以下几类：

① 元件误差。主要有陀螺仪漂移、指令速率的标度因数误差、加速度计的零位偏差和标度因素误差以及电流变换装置的误差等。

② 安装误差。主要指加速度计和陀螺仪安装到平台台体上的安装误差。

③ 初始条件误差。包括平台的初始误差以及计算机在解算方程时的初始给定误差。

④ 原理误差，也叫编排误差。这是由于力学编排中数学模型的近似、地球形状差别和重力异常等引起的误差。例如，用旋转椭球体近似作为地球的模型造成的误差，有害加速度补偿忽略二阶小量造成的误差，力学编排时忽略高度通道项造成的误差等。

⑤ 计算误差。由于导航计算机的字长限制和量化器的位数限制等所造成的误差。

⑥ 运动干扰。主要是振动和冲击造成的误差。

⑦ 其他误差。如组成惯导系统的电子组件相互之间干扰造成的误差以及其他已知或未知的误差源。

此外，在误差分析的方法上作以下考虑：

① 误差分析的目的是定量地估算惯导系统测算结束时的准确程度。正确的地理位置由当地地理坐标系来量取，而实际的测算结果是由系统计算得出的。为了研究两者的偏差，形象地引入了一个计算机坐标系(用 c 来标识)，即将 c 系和 t 系作比较，从而定义出各种误差量。

② 根据一般情况，所有误差源均可看成是对理想特性的小扰动，因而各个误差量都是对系统的一阶小偏差输入量。在推导各误差量之间的关系时，完全可以取一阶近似而忽略二阶以上的小量。

③ 误差分析要求首先建立误差方程，即反映各误差量之间有机联系的方程，而这种方程只能依据系统的机械编排方程通过微分处理来求取。

7.2　真坐标系、平台坐标系和计算机坐标系

为了便于分析惯性导航系统的误差，引进了三套坐标系，即真坐标系、平台坐标系和计算机坐标系。这三套坐标系在误差分析中起着相当重要的作用。弄清这三套坐标系的物理意义及其相互关系十分必要。下面直接从物理概念出发来建立这三套坐标系。

前面说过，指北方位惯导系统的力学编排方程是在地理坐标系内解算的，而地理坐标系又是随着载体的运动而变化的一个坐标系。根据地理坐标系的定义可知，只要把它的坐标原点定下来，这个坐标系也就定了。对地球表面某点 P 而言，规定了一个在 P 点的地理坐标系，把它叫作真地理坐标系，简称真坐标系。理想的指北方位惯导系统的陀螺稳定平台是模拟这个真坐标系的。但是，由于系统中存在着各种误差源的干扰，稳定平台所模拟的地理坐标系不可能严格重合于真坐标系，为了区别平台模拟的地理坐标系和真坐标系，把由陀螺稳定平台实际建立的坐标系称之为平台坐标系。从上述说明可以看出，真坐标系是人们在地球上规定的一个基准坐标系，它是一个客观的参考坐标系，而平台坐标系则是由物理实体建立起来的一个实际基准，惯性元件加速度计实际上是被放在平台坐标系内进行工作的，在不计安装误差时，它的敏感轴方向与平台坐标系各轴方向重合。

另外，载体的位置是由导航计算机解算出来的，一般说来，由于系统误差源的存在，计算的载体位置和实际的载体位置是不一致的。通常把以计算位置为坐标原点规定的当地地理坐标系叫作计算机坐标系。计算机坐标系完全是为分析问题方便人为规定的一个虚设坐标系，它不像真坐标系和平台坐标系那样明显而直观。为了区别这三套坐标系，分别用下标 t，p，c 来表示真坐标系、平台坐标系和计算机坐标系。

如图 7－1 所示，由地理纬度 L 和经度 λ 所确定的当地地理坐标系 $Ox_ty_tz_t$，与由计算纬度 L_c 和经度 λ_c 所确定的计算机坐标系 $Ox_cy_cz_c$（它是计算机所认为的当地地理坐标系）一般来说是不重合的，它们之间存在着小角度的位置偏差。另外，以指北方位惯导系统为例，其平台坐标系 p 与地理坐标系 t 一般来说也存在着小角度的位置偏差。至于 p 系与 c 系之间存在着小角度的位置偏差，也是不言而喻的。

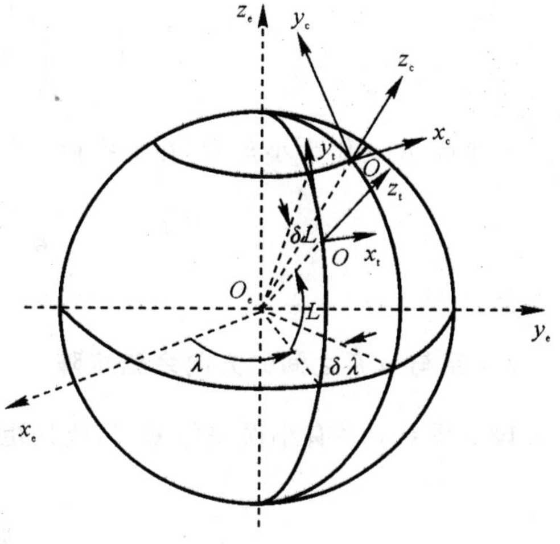

图 7－1　地理坐标系与计算机坐标系

1. t 系与 c 系之间的方向余弦矩阵

先定义纬度误差量 $\delta L = L_c - L$，经度误差量 $\delta\lambda = \lambda_c - \lambda$。这种误差使 t 系与 c 系之间存在着小

偏差矢量角：

$$\boldsymbol{\theta}^{\mathrm{t}}=\begin{bmatrix}\theta_x\\ \theta_y\\ \theta_z\end{bmatrix} \tag{7.1}$$

显然有如下关系：

$$\begin{bmatrix}\theta_x\\ \theta_y\\ \theta_z\end{bmatrix}=\begin{bmatrix}-\delta L\\ \delta\lambda\cos L\\ \delta\lambda\sin L\end{bmatrix} \tag{7.2}$$

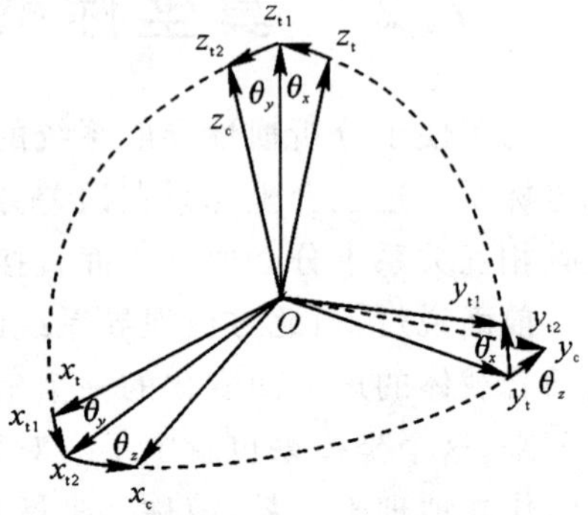

图 7-2 由 t 系到 c 系的转动关系

如图 7-2 所示，设 t 系与 c 系一开始是重合的；然后 c 系先绕 Ox_{t} 轴转 θ_x，得 $Ox_{\mathrm{t1}}y_{\mathrm{t1}}z_{\mathrm{t1}}$ 系；再绕 Oy_{t1} 转 θ_y，得 $Ox_{\mathrm{t2}}y_{\mathrm{t2}}z_{\mathrm{t2}}$ 系；最后绕 Oz_{t2} 转 θ_z，便得到计算机坐标系 $Ox_{\mathrm{c}}y_{\mathrm{c}}z_{\mathrm{c}}$。即有

$$\boldsymbol{C}_{\mathrm{t}}^{\mathrm{c}}=\boldsymbol{C}_{\mathrm{t2}}^{\mathrm{c}}\boldsymbol{C}_{\mathrm{t1}}^{\mathrm{t2}}\boldsymbol{C}_{\mathrm{t}}^{\mathrm{t1}}=\begin{bmatrix}\cos\theta_z & \sin\theta_z & 0\\ -\sin\theta_z & \cos\theta_z & 0\\ 0 & 0 & 1\end{bmatrix}\begin{bmatrix}\cos\theta_y & 0 & -\sin\theta_y\\ 0 & 1 & 0\\ \sin\theta_y & 0 & \cos\theta_y\end{bmatrix}\begin{bmatrix}1 & 0 & 0\\ 0 & \cos\theta_x & \sin\theta_x\\ 0 & -\sin\theta_x & \cos\theta_x\end{bmatrix} \tag{7.3}$$

在小角度条件下，取一阶近似值，有

$$\left.\begin{aligned}&\cos\theta_x=\cos\theta_y=\cos\theta_z=1\\ &\sin\theta_x=\theta_x\\ &\sin\theta_y=\theta_y\\ &\sin\theta_z=\theta_z\end{aligned}\right\} \tag{7.4}$$

代入式(7.3)，得

$$\boldsymbol{C}_{\mathrm{t}}^{\mathrm{c}}=\begin{bmatrix}1 & \theta_z & -\theta_y\\ -\theta_z & 1 & \theta_x\\ \theta_y & -\theta_x & 1\end{bmatrix} \tag{7.5}$$

不难证明，θ 作为小角度，在 t 系和 c 系上的投影是相等的，即有

$$\boldsymbol{\theta}^{\mathrm{t}}=\boldsymbol{\theta}^{\mathrm{c}}=\begin{bmatrix}\theta_x\\ \theta_y\\ \theta_z\end{bmatrix} \tag{7.6}$$

2. c 系与 p 系之间的方向余弦矩阵

设 p 系对 c 系有小误差角 $\boldsymbol{\psi}$，写成列矩阵为

$$\boldsymbol{\psi}=\begin{bmatrix}\psi_x\\ \psi_y\\ \psi_z\end{bmatrix} \tag{7.7}$$

同理，可得

$$\boldsymbol{C}_{\mathrm{c}}^{\mathrm{p}}=\begin{bmatrix}1 & \psi_z & -\psi_y\\ -\psi_z & 1 & \psi_x\\ \psi_y & -\psi_x & 1\end{bmatrix} \tag{7.8}$$

3. t 系与 p 系之间的方向余弦矩阵

设 p 系对 t 系有小误差角 $\boldsymbol{\phi}$，写成列矩阵为

$$\boldsymbol{\phi}=\begin{bmatrix}\phi_x\\ \phi_y\\ \phi_z\end{bmatrix} \tag{7.9}$$

同理，相应的方向余弦矩阵为

$$\boldsymbol{C}_{\mathrm{t}}^{\mathrm{p}}=\begin{bmatrix}1 & \phi_z & -\phi_y\\ -\phi_z & 1 & \phi_x\\ \phi_y & -\phi_x & 1\end{bmatrix} \tag{7.10}$$

4. c 系、t 系和 p 系三者的关系

由三个坐标轴的转动关系可知，p 系对于 t 系的误差角可分解为 p 系对 c 系的误差角再加上 c 系对 t 系的误差角。此种关系通过方向余弦矩阵看得更清楚，即

$$\boldsymbol{C}_{\mathrm{t}}^{\mathrm{p}}=\boldsymbol{C}_{\mathrm{c}}^{\mathrm{p}}\boldsymbol{C}_{\mathrm{t}}^{\mathrm{c}} \tag{7.11}$$

将式(7.11) 展开，得

$$\begin{bmatrix}1 & \phi_z & -\phi_y\\ -\phi_z & 1 & \phi_x\\ \phi_y & -\phi_x & 1\end{bmatrix}=\begin{bmatrix}1 & \psi_z & -\psi_y\\ -\psi_z & 1 & \psi_x\\ \psi_y & -\psi_x & 1\end{bmatrix}\begin{bmatrix}1 & \theta_z & -\theta_y\\ -\theta_z & 1 & \theta_x\\ \theta_y & -\theta_x & 1\end{bmatrix}=$$

$$\begin{bmatrix}1 & (\psi_z+\theta_z) & -(\psi_y+\theta_y)\\ -(\psi_z+\theta_z) & 1 & (\psi_x+\theta_x)\\ (\psi_y+\theta_y) & -(\psi_x+\theta_x) & 1\end{bmatrix} \tag{7.12}$$

即

$$\boldsymbol{\phi}=\boldsymbol{\psi}+\boldsymbol{\theta} \tag{7.13}$$

式(7.13) 的意义在于，通过引入计算机坐标系，把平台系相对于地理系的误差角 $\boldsymbol{\phi}$ 分成了两部分。一部分是计算机系相对地理系的误差角 $\boldsymbol{\theta}$，它主要反映了导航参数误差 δL 及 $\delta\lambda$，这种误差通过给平台的指令角速率转化为平台误差角的一部分。另一部分是平台系相对计算机系的误差角 $\boldsymbol{\psi}$，它主要反映了陀螺平台自身的漂移角速度 $\boldsymbol{\varepsilon}$ 以及施矩轴线偏离了正确位置所造成的平台误差角。

7.3　系统误差方程的建立

7.3.1　误差量定义

$$\left.\begin{aligned}\delta L &= L_c - L\\ \delta\lambda &= \lambda_c - \lambda\\ \delta v_x &= v_x^c - v_x^t\\ \delta v_y &= v_y^c - v_y^t\end{aligned}\right\}\tag{7.14}$$

式(7.14)为地理位置和速度误差量的定义式，也可称为这些导航参数(时间函数)的变分或一阶微分。至于平台系相对地理系的误差角分量，根据前面的定义可用 ϕ_x,ϕ_y,ϕ_z 来表示。

显然，与以上的误差量相对应的初始给定误差量 $\delta L_0,\delta\lambda_0,\delta v_{x0},\delta v_{y0},\phi_{x0},\phi_{y0},\phi_{z0}$ 以及各误差量的一阶导数 $\delta\dot{L},\delta\dot{\lambda},\delta\dot{v}_x,\delta\dot{v}_y,\dot{\phi}_x,\dot{\phi}_y,\dot{\phi}_z$ 等也同时得到了定义。

此外，用 ∇_x,∇_y 表示东向和北向加速度计的零偏误差，用 $\varepsilon_x,\varepsilon_y,\varepsilon_y$ 表示三个陀螺仪的干扰力矩引起的平台绕三个轴的漂移角速率。

7.3.2　误差传递方向

惯性平台的两个水平控制回路既有交联影响，同时又构成了一个大的闭环系统，因而误差量之间的相互影响也具有相同的特点。如图 7-3 所示是误差传递方向的示意图。

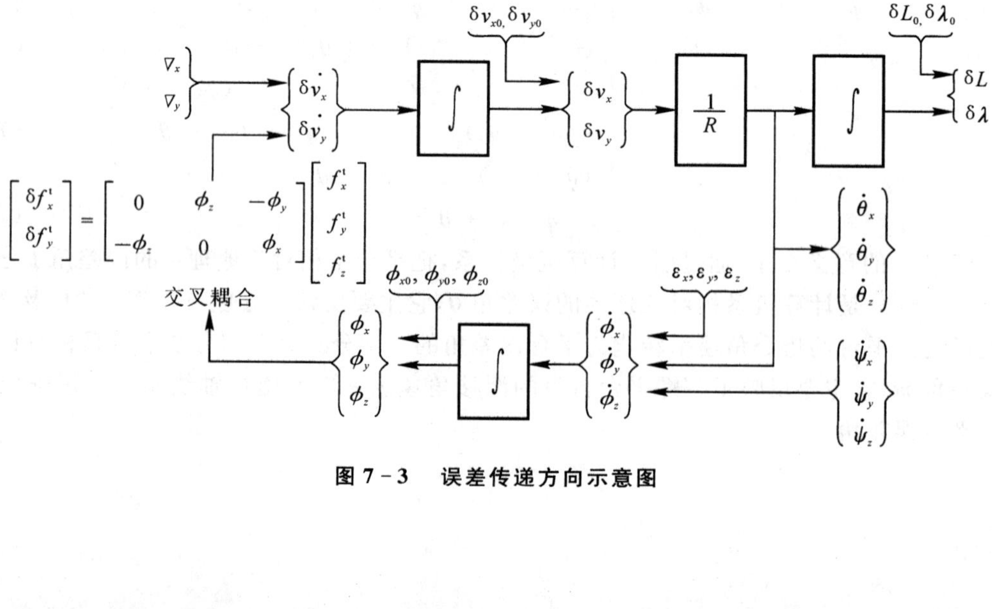

图 7-3　误差传递方向示意图

如图 7-3 所示，总体可把闭环系统分成三段：第一段由平台误差角速率 $\dot{\phi}_x,\dot{\phi}_y,\dot{\phi}_z$ 通过一次积分并加上初始偏差，形成平台误差角 ϕ_x,ϕ_y,ϕ_z，从而引起加速度测量的交叉耦合误差，再加上加速度计的零偏误差，最后形成加速度误差 $\delta\dot{v}_x,\delta\dot{v}_y$；第二段由 $\delta\dot{v}_x,\delta\dot{v}_y$ 通过一次积分并加上初始给定误差，形成速度误差 $\delta v_x,\delta v_y$，而后除以地球曲率半径，再通过一次积分并加上初始给定误差，最后形成导航位置误差 $\delta L,\delta\lambda$；第三段由 $\delta v_x/R,\delta v_y/R$ 构成对陀螺仪的指令角速率误差，再加上陀螺平台本身的漂移角速率 $\varepsilon_x,\varepsilon_y,\varepsilon_y$ 以及平台相对计算机坐标系的偏角 ψ_x,ψ_y,ψ_z 的影响，最终形成平台系相对地理系的误差角速率 $\dot{\phi}_x,\dot{\phi}_y,\dot{\phi}_z$，正好传递了一周。

可见，在建立系统的误差方程时，也可以分三段导出各误差量之间的函数关系，即速度误差方程、经纬度误差方程和平台误差方程。

7.3.3　建立误差方程的一般步骤

① 找到或建立有关参数的原始方程。如误差传递过程中的第一段(与 $\dot{v}_x,\dot{v}_y$ 有关)和第二段(与 $\dot{L},\dot{\lambda}$ 有关)都能从机械编排方程中找到。而第三段(与 $\dot{\phi}_x,\dot{\phi}_y,\dot{\phi}_z$ 有关)则已由上一小节导出有关方程。

② 将原始方程进行微分处理。先把原始方程中对地理系的参数改写成对计算机系的参数，使之成为计算机解算方程，然后进行误差量代换，如令 $L_c=L+\delta L,v_x^c=v_x^t+\delta v_x$，…… 展开后再和原始方程相减，略去二阶小量，经过必要的整理，即得到以误差量为基本参数的误差方程。

③ 三段误差方程的总和就是系统误差方程。可利用拉普拉斯变换将方程组表示成矩阵形式。

下面就以指北方位惯导系统为例来建立系统误差方程。

7.3.4　误差方程的建立

1. 速度误差方程

所谓速度误差是指导航计算机计算的载体速度与真实速度之差，而描述其变化的微分方程便是速度误差方程。

设导航计算机计算的载体相对地球的东向、北向速度分别为 v_{ecx}^c,v_{ecy}^c(简写为 v_x^c,v_y^c)，并用 $\delta v_x,\delta v_y$ 表示速度误差，对式(7.14)中速度误差的定义式

$$\left.\begin{aligned}\delta v_x&=v_x^c-v_x^t\\\delta v_y&=v_y^c-v_y^t\end{aligned}\right\}\tag{7.15}$$

两边求导数，得

$$\left.\begin{aligned}\delta\dot{v}_x &= \dot{v}_x^{c} - \dot{v}_x^{t}\\ \delta\dot{v}_y &= \dot{v}_y^{c} - \dot{v}_y^{t}\end{aligned}\right\} \tag{7.16}$$

对于指北方位惯导系统，不计高度通道，根据力学编排速度方程式(6.48)，可得

$$\left.\begin{aligned}\dot{v}_x^{t} &= f_x^{t} + \left(2\omega_{ie}\sin L + \frac{v_x^{t}}{R_{xt}}\tan L\right)v_y^{t}\\ \dot{v}_y^{t} &= f_y^{t} - \left(2\omega_{ie}\sin L + \frac{v_x^{t}}{R_{xt}}\tan L\right)v_x^{t}\end{aligned}\right\} \tag{7.17}$$

参照式(7.17)，则由导航计算机计算的速度方程应为

$$\left.\begin{aligned}\dot{v}_x^{c} &= f_x^{c} + \left(2\omega_{ie}\sin L_c + \frac{v_x^{c}}{R}\tan L_c\right)v_y^{c}\\ \dot{v}_y^{c} &= f_y^{c} - \left(2\omega_{ie}\sin L_c + \frac{v_x^{c}}{R}\tan L_c\right)v_x^{c}\end{aligned}\right\} \tag{7.18}$$

式中，用地球半径 R 代替了主曲率半径；f_x^c，f_y^c 是输出入计算机的比力信息。

如果加速度计的误差仅考虑零偏误差，则加速度计输出给计算机的比力 $\boldsymbol{f}^c$，应是平台上安装的加速度计感测的比力 $\boldsymbol{f}^p$ 与加速度计零偏误差 $\boldsymbol{\nabla}$之和，即

$$\boldsymbol{f}^c = \boldsymbol{f}^p + \boldsymbol{\nabla} = \boldsymbol{C}_t^p\boldsymbol{f}^t + \boldsymbol{\nabla} \tag{7.19}$$

将式(7.10) 代入式(7.19)，仅考虑 $\boldsymbol{f}^c$ 在水平面上的分量，则输给计算机的计算比力为

$$\begin{bmatrix} f_x^c \\ f_y^c \end{bmatrix} = \begin{bmatrix} 1 & \phi_z & -\phi_y \\ -\phi_z & 1 & \phi_x \end{bmatrix}\begin{bmatrix} f_x^t \\ f_y^t \\ f_z^t \end{bmatrix} + \begin{bmatrix} \nabla_x \\ \nabla_y \end{bmatrix} \tag{7.20}$$

即

$$\left.\begin{aligned}f_x^c &= f_x^t + \phi_z f_y^t - \phi_y f_z^t + \nabla_x\\ f_y^c &= f_y^t - \phi_z f_x^t + \phi_x f_z^t + \nabla_y\end{aligned}\right\} \tag{7.21}$$

将式(7.21) 代入式(7.18)，同时注意到

$$\left.\begin{aligned}L_c &= L + \delta L\\ \sin L_c &= \sin L + \cos L\delta L\\ \tan L_c &= \tan L + \sec^2 L\delta L\\ v_x^c &= v_x^t + \delta v_x\\ v_y^c &= v_y^t + \delta v_y\end{aligned}\right\} \tag{7.22}$$

再与原速度方程式(7.17) 相减，经整理即得指北方位惯导系统的速度误差方程：

$$\delta\dot{v}_x = \frac{v_y^t}{R}\tan L\delta v_x + \left(2\omega_{ie}\sin L + \frac{v_x^t}{R}\tan L\right)\delta v_y + \left(2\omega_{ie}\cos L v_y^t + \frac{v_x^t v_y^t}{R}\sec^2 L\right)\delta L +$$

$$\phi_z\left[\dot{v}_y^t + \left(2\omega_{ie}\sin L + \frac{v_x^t}{R}\tan L\right)v_x^t\right] -$$

$$\phi_y\left[\dot{v}_z^{\mathrm{t}}-\frac{(v_y^{\mathrm{t}})^2}{R}-\left(2\omega_{\mathrm{ie}}\cos L+\frac{v_x^{\mathrm{t}}}{R}\right)v_x^{\mathrm{t}}+g\right]+\nabla_x \tag{7.23a}$$

$$\begin{aligned}\delta\dot{v}_y=&-\left(2\omega_{\mathrm{ie}}\sin L+\frac{2v_x^{\mathrm{t}}}{R}\tan L\right)\delta v_x-\left(2\omega_{\mathrm{ie}}\cos L v_x^{\mathrm{t}}+\frac{(v_x^{\mathrm{t}})^2}{R}\sec^2 L\right)\delta L-\\&\phi_z\left[\dot{v}_x^{\mathrm{t}}-\left(2\omega_{\mathrm{ie}}\sin L+\frac{v_x^{\mathrm{t}}}{R}\tan L\right)v_y^{\mathrm{t}}\right]+\\&\phi_x\left[\dot{v}_z^{\mathrm{t}}-\frac{(v_y^{\mathrm{t}})^2}{R}-\left(2\omega_{\mathrm{ie}}\cos L+\frac{v_x^{\mathrm{t}}}{R}\right)v_x^{\mathrm{t}}+g\right]+\nabla_y\end{aligned} \tag{7.23b}$$

式(7.23) 中令 $v_x^{\mathrm{t}}=v_y^{\mathrm{t}}=v_z^{\mathrm{t}}=0$，$\dot{v}_x^{\mathrm{t}}=\dot{v}_y^{\mathrm{t}}=\dot{v}_z^{\mathrm{t}}=0$，便得到静基座条件下的速度误差方程：

$$\left.\begin{aligned}\delta\dot{v}_x&=2\omega_{\mathrm{ie}}\sin L\delta v_y-\phi_y g+\nabla_x\\\delta\dot{v}_y&=-2\omega_{\mathrm{ie}}\sin L\delta v_x+\phi_x g+\nabla_y\end{aligned}\right\} \tag{7.24}$$

由方程右端可见，影响速度误差的有三类因素：一是加速度计的零偏；二是由于平台相对水平面有倾斜，导致加速度计敏感一部分重力加速度；三是计算机在补偿加速度计输出量中的有害加速度时，把速度误差 δv_x，δv_y 的因素也带了进去。这三种影响在静基座方程中尤为明显。载体本无哥氏加速度，可是由于计算机算得了 δv_x，δv_y，结果进行了错误补偿，导致了误差项。

2. 经、纬度误差方程

指北方位系统的位置误差是指经度和纬度误差。

根据式(7.14) 中位置误差的定义式：

$$\left.\begin{aligned}\delta L&=L_{\mathrm{c}}-L\\\delta\lambda&=\lambda_{\mathrm{c}}-\lambda\end{aligned}\right\} \tag{7.25}$$

得到经、纬度误差方程为

$$\left.\begin{aligned}\delta\dot{L}&=\dot{L}_{\mathrm{c}}-\dot{L}\\\delta\dot{\lambda}&=\dot{\lambda}_{\mathrm{c}}-\dot{\lambda}\end{aligned}\right\} \tag{7.26}$$

将式(6.52) 中的主曲率半径换成地球半径 R，再按前述的求法即得

$$\left.\begin{aligned}\delta\dot{L}&=\frac{1}{R}\delta v_y\\\delta\dot{\lambda}&=\frac{\delta v_x}{R}\sec L+\frac{v_x}{R}\delta L\tan L\sec L\end{aligned}\right\} \tag{7.27}$$

令 $v_x=0$，便得到静基座经、纬度误差方程。式(7.27) 的第二式右端第二项消失。

3. 平台姿态误差方程

所谓平台误差角，就是平台系相对地理系之间的偏差角 $\boldsymbol{\phi}$。描述其变化的微分方程就是姿态误差方程。

根据 $\boldsymbol{\phi}$ 的定义，有

$$\boldsymbol{\phi}^{\mathrm{p}}=\boldsymbol{\omega}_{\mathrm{tp}}^{\mathrm{p}}=\boldsymbol{\omega}_{\mathrm{ip}}^{\mathrm{p}}-\boldsymbol{\omega}_{\mathrm{it}}^{\mathrm{p}}=\boldsymbol{\omega}_{\mathrm{ip}}^{\mathrm{p}}-\boldsymbol{C}_{\mathrm{t}}^{\mathrm{p}}\boldsymbol{\omega}_{\mathrm{it}}^{\mathrm{t}} \tag{7.28}$$

式中，$\boldsymbol{\omega}_{\mathrm{ip}}^{\mathrm{p}}$ 为平台相对惯性空间的转动角速度，它可以分为两部分，即导航计算机计算发出的指令角速度和平台的漂移角速度，即

$$\boldsymbol{\omega}_{\mathrm{ip}}^{\mathrm{p}}=\boldsymbol{\omega}_{\mathrm{c}}+\boldsymbol{\varepsilon} \tag{7.29}$$

将式(7.29)代入式(7.28)，有

$$\boldsymbol{\phi}^{\mathrm{p}}=\boldsymbol{\omega}_{\mathrm{c}}-\boldsymbol{C}_{\mathrm{t}}^{\mathrm{p}}\boldsymbol{\omega}_{\mathrm{it}}^{\mathrm{t}}+\boldsymbol{\varepsilon} \tag{7.30}$$

式中

$$\boldsymbol{\omega}_{\mathrm{c}}=\begin{bmatrix}\omega_x^{\mathrm{c}}\\ \omega_y^{\mathrm{c}}\\ \omega_z^{\mathrm{c}}\end{bmatrix}=\begin{bmatrix}-\dfrac{v_y^{\mathrm{c}}}{R}\\ \omega_{\mathrm{ie}}\cos L_{\mathrm{c}}+\dfrac{v_x^{\mathrm{c}}}{R}\\ \omega_{\mathrm{ie}}\sin L_{\mathrm{c}}+\dfrac{v_x^{\mathrm{c}}}{R}\tan L_{\mathrm{c}}\end{bmatrix}$$

$$\boldsymbol{\omega}_{\mathrm{it}}^{\mathrm{t}}=\begin{bmatrix}\omega_{\mathrm{it}x}^{\mathrm{t}}\\ \omega_{\mathrm{it}y}^{\mathrm{t}}\\ \omega_{\mathrm{it}z}^{\mathrm{t}}\end{bmatrix}=\begin{bmatrix}-\dfrac{v_y^{\mathrm{t}}}{R}\\ \omega_{\mathrm{ie}}\cos L+\dfrac{v_x^{\mathrm{t}}}{R}\\ \omega_{\mathrm{ie}}\sin L+\dfrac{v_x^{\mathrm{t}}}{R}\tan L\end{bmatrix}$$

将上述式子及式(7.10)代入式(7.30)，略掉二阶小量，便得到指北方位惯导系统的平台姿态误差方程为

$$\left.\begin{aligned}\dot{\phi}_x&=-\frac{\delta v_y}{R}+\phi_y\left(\omega_{\mathrm{ie}}\sin L+\frac{v_x^{\mathrm{t}}}{R}\tan L\right)-\phi_z\left(\omega_{\mathrm{ie}}\cos L+\frac{v_x^{\mathrm{t}}}{R}\right)+\varepsilon_x\\ \dot{\phi}_y&=\frac{\delta v_x}{R}-\omega_{\mathrm{ie}}\sin L\delta L-\phi_x\left(\omega_{\mathrm{ie}}\sin L+\frac{v_x^{\mathrm{t}}}{R}\tan L\right)-\phi_z\frac{v_y^{\mathrm{t}}}{R}+\varepsilon_y\\ \dot{\phi}_z&=\frac{\delta v_x}{R}\tan L+\delta L\left(\omega_{\mathrm{ie}}\cos L+\frac{v_x^{\mathrm{t}}}{R}\sec^2 L\right)+\phi_x\left(\omega_{\mathrm{ie}}\cos L+\frac{v_x^{\mathrm{t}}}{R}\right)+\phi_y\frac{v_y^{\mathrm{t}}}{R}+\varepsilon_z\end{aligned}\right\} \tag{7.31}$$

令 $v_x^{\mathrm{t}}=v_y^{\mathrm{t}}=0$，代入式(7.31)，得静基座条件下平台姿态误差方程为

$$\left.\begin{aligned}\dot{\phi}_x&=-\frac{\delta v_y}{R}+\phi_y\omega_{\mathrm{ie}}\sin L-\phi_z\omega_{\mathrm{ie}}\cos L+\varepsilon_x\\ \dot{\phi}_y&=\frac{\delta v_x}{R}-\omega_{\mathrm{ie}}\sin L\delta L-\phi_x\omega_{\mathrm{ie}}\sin L+\varepsilon_y\\ \dot{\phi}_z&=\frac{\delta v_x}{R}\tan L+\omega_{\mathrm{ie}}\cos L\delta L+\phi_x\omega_{\mathrm{ie}}\cos L+\varepsilon_z\end{aligned}\right\} \tag{7.32}$$

方程右端是引起平台误差角速率的误差项。按其性质可分为三类：一是陀螺平台的漂移

项；二是由平台误差角引起的交叉耦合误差项；三是由于导航参数误差引起的误差项。

还应指出，在静基座条件下，方程中的 δv_x，δv_y，δL 等并不一定为零。因为惯导系统的初始对准就有误差 ϕ_{x0}，ϕ_{y0}，ϕ_{z0}，加速度计的零偏也总是存在的，必然造成加速度误差 $\delta\dot{v}_x$，$\delta\dot{v}_y$，再通过积分运算就会产生 δv_x，δv_y 及 δL 等误差量，而这些误差量通过对平台的指令施矩，又会进一步影响平台的误差角速率。

7.4　系统误差分析

7.4.1　指北方位系统误差方程及框图

通常将各误差量对于各误差因素的响应形式称为误差传播特性。作为基本分析方法，这里只研究静基座条件下的情况。根据式(7.24)、式(7.27) 以及式(7.32)，可列出静基座条件下指北方位惯导系统误差方程组：

$$\left.\begin{aligned}
\delta\dot{v}_x &= 2\omega_{ie}\sin L\delta v_y - \phi_y g + \nabla_x \\
\delta\dot{v}_y &= -2\omega_{ie}\sin L\delta v_x + \phi_x g + \nabla_y \\
\delta\dot{L} &= \frac{1}{R}\delta v_y \\
\dot{\phi}_x &= -\frac{1}{R}\delta v_y + \phi_y\omega_{ie}\sin L - \phi_z\omega_{ie}\cos L + \varepsilon_x \\
\dot{\phi}_y &= \frac{1}{R}\delta v_x - \delta L\omega_{ie}\sin L - \phi_x\omega_{ie}\sin L + \varepsilon_y \\
\dot{\phi}_z &= \frac{1}{R}\tan L\delta v_x + \delta L\omega_{ie}\cos L + \phi_x\omega_{ie}\cos L + \varepsilon_z
\end{aligned}\right\} \tag{7.33}$$

$$\delta\dot{\lambda} = \frac{\sec L}{R}\delta v_x \tag{7.34}$$

从误差方程式(7.33)、式(7.34) 可以看出，除了经度误差外，其他误差相互影响。只要知道了 δv_x，再积分一次即可求得 $\delta\lambda$ 的特性，经度误差就可单独计算出来。因此，列写系统误差方程时，经度误差方程不在系统误差传递的闭环之内，其余方程构成了大的闭环。首先把式(7.33) 写成矩阵的形式为

$$
\begin{bmatrix} \delta\dot{v}_x \\ \delta\dot{v}_y \\ \delta\dot{L} \\ \dot{\phi}_x \\ \dot{\phi}_y \\ \dot{\phi}_z \end{bmatrix} = \begin{bmatrix} 0 & 2\omega_{ie}\sin L & 0 & 0 & -g & 0 \\ -2\omega_{ie}\sin L & 0 & 0 & g & 0 & 0 \\ 0 & \frac{1}{R} & 0 & 0 & 0 & 0 \\ 0 & -\frac{1}{R} & 0 & 0 & \omega_{ie}\sin L & -\omega_{ie}\cos L \\ \frac{1}{R} & 0 & -\omega_{ie}\sin L & -\omega_{ie}\sin L & 0 & 0 \\ \frac{\tan L}{R} & 0 & \omega_{ie}\cos L & \omega_{ie}\cos L & 0 & 0 \end{bmatrix} \times \begin{bmatrix} \delta v_x \\ \delta v_y \\ \delta L \\ \phi_x \\ \phi_y \\ \phi_z \end{bmatrix} + \begin{bmatrix} \nabla_x \\ \nabla_y \\ 0 \\ \varepsilon_x \\ \varepsilon_y \\ \varepsilon_z \end{bmatrix} \tag{7.35}
$$

对式(7.33)、式(7.34)进行拉普拉斯变换，得

$$
\begin{bmatrix} s\delta v_x(s) \\ s\delta v_y(s) \\ s\delta L(s) \\ s\phi_x(s) \\ s\phi_y(s) \\ s\phi_z(s) \end{bmatrix} = \begin{bmatrix} 0 & 2\omega_{ie}\sin L & 0 & 0 & -g & 0 \\ -2\omega_{ie}\sin L & 0 & 0 & g & 0 & 0 \\ 0 & \frac{1}{R} & 0 & 0 & 0 & 0 \\ 0 & -\frac{1}{R} & 0 & 0 & \omega_{ie}\sin L & -\omega_{ie}\cos L \\ \frac{1}{R} & 0 & -\omega_{ie}\sin L & -\omega_{ie}\sin L & 0 & 0 \\ \frac{\tan L}{R} & 0 & \omega_{ie}\cos L & \omega_{ie}\cos L & 0 & 0 \end{bmatrix} \times \begin{bmatrix} \delta v_x(s) \\ \delta v_y(s) \\ \delta L(s) \\ \phi_x(s) \\ \phi_y(s) \\ \phi_z(s) \end{bmatrix} + \begin{bmatrix} \delta v_{x0} \\ \delta v_{y0} \\ \delta L_0 \\ \phi_{x0} \\ \phi_{y0} \\ \phi_{z0} \end{bmatrix} + \begin{bmatrix} \nabla_x(s) \\ \nabla_y(s) \\ 0 \\ \varepsilon_x(s) \\ \varepsilon_y(s) \\ \varepsilon_z(s) \end{bmatrix} \tag{7.36}
$$

$$
s\delta\lambda(s) = \frac{\sec L}{R}\delta v_x(s) + \delta\lambda_0 \tag{7.37}
$$

图7-4所示是根据以上两式作出的系统误差框图。该图全面描述了误差源和误差量之间

的联系形式，在惯导系统的地面联调、误差分析以及初始对准中均具有重要的参考作用。

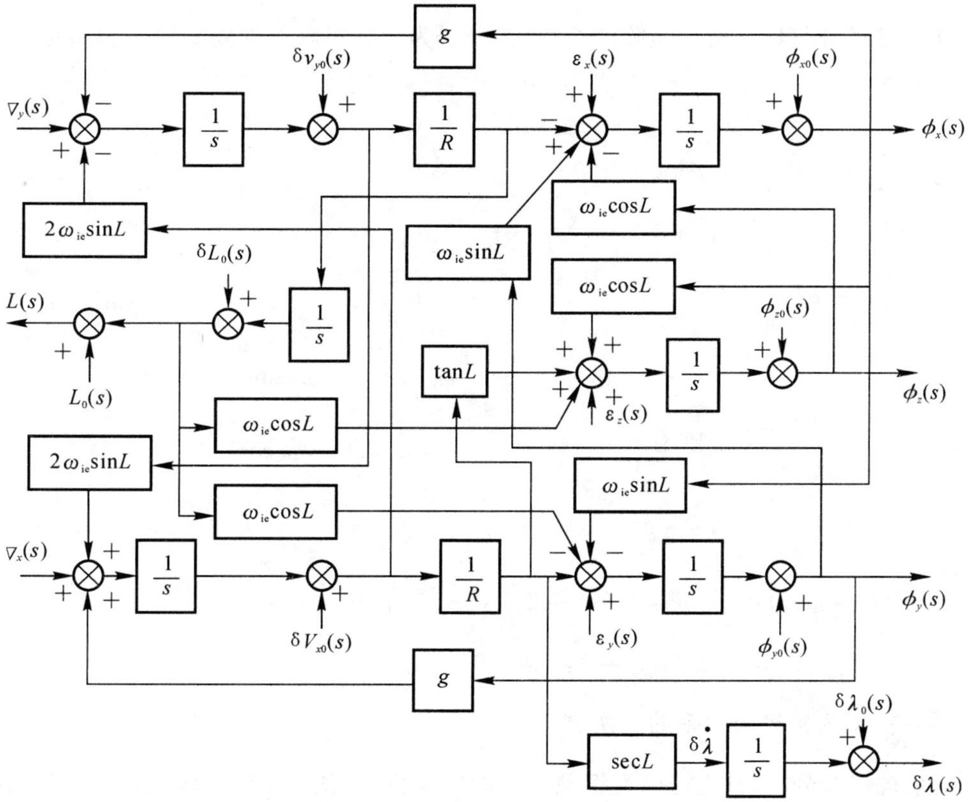

图 7－4　静基座条件下系统误差框图

7.4.2　系统误差特性

用列矩阵 $\boldsymbol{X}(t)$ 表示式(7.35) 中的误差列矢量，用 $\boldsymbol{F}$ 表示系数阵，用 $\boldsymbol{W}(t)$ 表示误差列矢量，于是该式可写成

$$\dot{\boldsymbol{X}}(t)=\boldsymbol{F}\boldsymbol{X}(t)+\boldsymbol{W}(t) \tag{7.38}$$

相应的拉普拉斯变换方程为

$$s\boldsymbol{X}(s)=\boldsymbol{F}\boldsymbol{X}(s)+\boldsymbol{X}_0+\boldsymbol{W}(s) \tag{7.39}$$

拉普拉斯变换方程的解为

$$\boldsymbol{X}(s)=(s\boldsymbol{I}-\boldsymbol{F})^{-1}[\boldsymbol{X}_0+\boldsymbol{W}(s)] \tag{7.40}$$

式中，$\boldsymbol{I}$ 为单位矩阵。

根据求逆公式，得

$$(s\boldsymbol{I}-\boldsymbol{F})^{-1}=\frac{\boldsymbol{N}(s)}{|s\boldsymbol{I}-\boldsymbol{F}|} \tag{7.41}$$

式(7.41)右端的分母即为特征矩阵的行列式，分子为特征矩阵的伴随矩阵。将特征行列式展开，得

$$\Delta(s)=|s\boldsymbol{I}-\boldsymbol{F}|=\begin{vmatrix} s & -2\omega_{ie}\sin L & 0 & 0 & g & 0 \\ 2\omega_{ie}\sin L & s & 0 & -g & 0 & 0 \\ 0 & -\frac{1}{R} & s & 0 & 0 & 0 \\ 0 & \frac{1}{R} & 0 & s & -\omega_{ie}\sin L & \omega_{ie}\cos L \\ -\frac{1}{R} & 0 & \omega_{ie}\sin L & \omega_{ie}\sin L & s & 0 \\ -\frac{\tan L}{R} & 0 & -\omega_{ie}\cos L & -\omega_{ie}\cos L & 0 & s \end{vmatrix}=$$

$$s^4(s^2+\omega_{ie}^2)+4\omega_{ie}^2\sin^2 L s^2(s^2+\omega_{ie}^2)+2\frac{g}{R^2}s^2(s^2+\omega_{ie}^2)+\frac{g^2}{R^2}(s^2+\omega_{ie}^2)=$$

$$(s^2+\omega_{ie}^2)\left(s^4+4\omega_{ie}^2\sin^2 L s^2+2\frac{g}{R}s^2+\frac{g^2}{R^2}\right)=$$

$$(s^2+\omega_{ie}^2)[s^4+2s^2(\omega_s^2+2\omega_{ie}^2\sin^2 L)+\omega_s^4] \tag{7.42}$$

式中，$\omega_s^2=\frac{g}{R}$，即为舒勒角频率的二次方。

作为系统误差分析，首先应研究误差方程的特征方程，从中了解系统的误差传播特性。指北方位系统误差方程的特征方程为

$$(s^2+\omega_{ie}^2)[s^4+2s^2(\omega_s^2+2\omega_{ie}^2\sin^2 L)+\omega_s^4]=0 \tag{7.43}$$

由

$$s^2+\omega_{ie}^2=0 \tag{7.44}$$

可得一组特征根

$$s_{1,2}=\pm j\omega_{ie} \tag{7.45}$$

式中，ω_{ie} 为地球自转角速率，简称地转频率，与其相应的振荡周期即为地转周期 T_e，则有

$$T_e=\frac{2\pi}{\omega_{ie}}=24\ \text{h}$$

可见惯导系统中有振荡周期为 24 h 的长周期。

再由式(7.43)中

$$s^4+2s^2(\omega_s^2+2\omega_{ie}^2\sin^2 L)+\omega_s^4=0 \tag{7.46}$$

因式(7.46)不能求得精确解析解，但考虑到 $\omega_s^2\gg\omega_{ie}^2$，因而式(7.46)可近似写成

$$[s^2+(\omega_s+\omega_{ie}\sin L)^2][s^2+(\omega_s-\omega_{ie}\sin L)^2]=0 \tag{7.47}$$

由此可得出另外两组近似解为

$$\left.\begin{aligned} s_{3,4} &\approx \pm \mathrm{j}(\omega_s+\omega_{ie}\sin L) \\ s_{5,6} &\approx \pm \mathrm{j}(\omega_s-\omega_{ie}\sin L) \end{aligned}\right\} \tag{7.48}$$

可见，系统的特征根全为虚根，说明系统为无阻尼振荡系统，振荡频率共有 3 个，分别为

$$\begin{cases} \omega_1=\omega_{ie} \\ \omega_2=\omega_s+\omega_F \\ \omega_2=\omega_s-\omega_F \end{cases}$$

式中，ω_{ie} 为自转角频率；ω_s 为舒勒角频率；$\omega_F(=\omega_{ie}\sin L)$ 为傅科角频率。后两个频率对应的周期分别为

$$T_s=\frac{2\pi}{\omega_s}=84.4\ \text{min}$$

$$T_F=\frac{2\pi}{\omega_F}=\frac{2\pi}{\omega_{ie}\sin L}=34\ \text{h}(\text{当 } L=45^\circ \text{ 时})$$

另外，式(7.48) 所示的 4 个根中还包含有角频率为 $\omega_s+\omega_{ie}\sin L$ 和 $\omega_s-\omega_{ie}\sin L$ 的两种振荡运动。但由于 $\omega_{ie}\sin L \ll \omega_s$，说明在系统误差量的表达式中将包含有两种频率相近的正弦分量的线性组合，即

$$x(t)=x_0\sin(\omega_s+\omega_{ie}\sin L)t+x_0\sin(\omega_s-\omega_{ie}\sin L)t=2x_0\cos(\omega_{ie}\sin L)t\sin\omega_s t$$

即产生一个角频率为 ω_s 的振荡，其幅值为 $2x_0\cos(\omega_{ie}\sin L)t$。这实际上相当于舒勒振荡的振幅受到傅科频率的调制。

综上分析可知，在惯导系统中有 3 种振荡周期：舒勒周期、地转周期和傅科周期。在惯性导航的误差传播特性中，将包含有3种可能的周期变化成分。首先是地转周期 T_e，它起因于地转造成的表观运动，体现为平台误差角引起的地转角速度分量的交叉耦合作用；舒勒周期 T_s 的起因是平台水平回路实现了舒勒调谐；至于傅科周期 T_F，则是由于补偿有害加速度引起的交叉耦合项带来的。若在速度误差方程中忽略 $2\omega_{ie}\sin L\delta v_y$ 及 $-2\omega_{ie}\sin L\delta v_x$ 项，则将不会出现傅科频率。这时系统的特征方程式(7.43) 变成如下形式：

$$(s^2+\omega_{ie}^2)(s^2+\omega_s^2)^2=0 \tag{7.49}$$

即只出现地转周期 T_e 和舒勒周期 T_s。

7.4.3　系统误差传播特性

1. 特征矩阵的逆矩阵的求取

通过求取系统误差方程的解析解和误差传播特性曲线可以看出特定的误差量对于特定误

差因素的响应形式。为使求解简单，但又不妨碍对解的主要特性的了解，下面进行系统分析时可以忽略由于补偿有害加速度而引入的交叉耦合项，也就是不考虑傅科周期的影响。

前面式(7.40)为系统的拉普拉斯变换解。其中的$(s\boldsymbol{I}-\boldsymbol{F})^{-1}$为特征矩阵的逆矩阵，是一个$6\times6$的方阵，若用$\boldsymbol{C}$表示，则有

$$\boldsymbol{C}=\begin{bmatrix}C_{11} & C_{12} & \cdots & C_{16}\\ C_{21} & C_{22} & \cdots & C_{26}\\ \vdots & \vdots & & \vdots\\ C_{61} & C_{62} & \cdots & C_{66}\end{bmatrix} \tag{7.50}$$

式中

$$\begin{cases}C_{11}\approx\dfrac{s}{s^2+\omega_s^2}\\ C_{12}\approx 0\\ C_{13}\approx\dfrac{gs\omega_{ie}\sin L}{(s^2+\omega_{ie}^2)(s^2+\omega_s^2)}\\ C_{14}\approx\dfrac{gs\omega_{ie}\sin L}{(s^2+\omega_s^2)(s^2+\omega_{ie}^2)}\\ C_{15}\approx-\dfrac{g(s^2+\omega_{ie}^2\cos^2L)}{(s^2+\omega_s^2)(s^2+\omega_{ie}^2)}\\ C_{16}\approx-\dfrac{g\omega_{ie}^2\sin L\cos L}{(s^2+\omega_s^2)(s^2+\omega_{ie}^2)}\end{cases}$$

$$\begin{cases}C_{21}\approx 0\\ C_{22}\approx\dfrac{s}{s^2+\omega_s^2}\\ C_{23}\approx-\dfrac{g\omega_{ie}^2}{(s^2+\omega_s^2)(s^2+\omega_{ie}^2)}\\ C_{24}\approx\dfrac{gs^2}{(s^2+\omega_s^2)(s^2+\omega_{ie}^2)}\\ C_{25}\approx\dfrac{gs\omega_{ie}\sin L}{(s^2+\omega_s^2)(s^2+\omega_{ie}^2)}\\ C_{26}\approx-\dfrac{gs\omega_{ie}\cos L}{(s^2+\omega_s^2)(s^2+\omega_{ie}^2)}\end{cases}$$

$$
\begin{cases}
C_{31} \approx 0 \\
C_{32} \approx \dfrac{1}{(s^2+\omega_s^2)R} \\
C_{33} \approx \dfrac{s(s^2+\omega_s^2+\omega_{ie}^2)}{(s^2+\omega_s^2)(s^2+\omega_{ie}^2)} \approx \dfrac{s}{s^2+\omega_{ie}^2} \\
C_{34} \approx \dfrac{s\omega_s^2}{(s^2+\omega_s^2)(s^2+\omega_{ie}^2)} \\
C_{35} \approx \dfrac{\omega_s^2\omega_{ie}\sin L}{(s^2+\omega_s^2)(s^2+\omega_{ie}^2)} \\
C_{36} \approx -\dfrac{\omega_s^2\omega_{ie}\cos L}{(s^2+\omega_s^2)(s^2+\omega_{ie}^2)}
\end{cases}
$$

$$
\begin{cases}
C_{41} \approx 0 \\
C_{42} \approx -\dfrac{1}{(s^2+\omega_s^2)R} \\
C_{43} \approx -\dfrac{s\omega_{ie}^2}{(s^2+\omega_s^2)(s^2+\omega_{ie}^2)} \\
C_{44} \approx \dfrac{s^3}{(s^2+\omega_s^2)(s^2+\omega_{ie}^2)} \\
C_{45} \approx \dfrac{s^2\omega_{ie}\sin L}{(s^2+\omega_s^2)(s^2+\omega_{ie}^2)} \\
C_{46} \approx -\dfrac{s^2\omega_{ie}\cos L}{(s^2+\omega_s^2)(s^2+\omega_{ie}^2)}
\end{cases}
$$

$$
\begin{cases}
C_{51} \approx \dfrac{1}{(s^2+\omega_s^2)R} \\
C_{52} \approx 0 \\
C_{53} \approx -\dfrac{s^2\omega_{ie}\sin L}{(s^2+\omega_s^2)(s^2+\omega_{ie}^2)} \\
C_{54} \approx -\dfrac{s^2\omega_{ie}\sin L}{(s^2+\omega_s^2)(s^2+\omega_{ie}^2)} \\
C_{55} \approx \dfrac{s(s^2+\omega_{ie}^2\cos^2 L)}{(s^2+\omega_s^2)(s^2+\omega_{ie}^2)} \\
C_{56} \approx \dfrac{s\omega_{ie}^2\sin L\cos L}{(s^2+\omega_s^2)(s^2+\omega_{ie}^2)}
\end{cases}
$$

$$\begin{cases} C_{61} \approx \dfrac{\tan L}{R(s^2+\omega_s^2)} \\ C_{62} \approx 0 \\ C_{63} \approx \dfrac{\omega_{ie}(s^2\cos L+\omega_s^2\sec L)}{(s^2+\omega_s^2)(s^2+\omega_{ie}^2)} \\ C_{64} \approx \dfrac{\omega_{ie}(s^2\cos L+\omega_s^2\sec L)}{(s^2+\omega_s^2)(s^2+\omega_{ie}^2)} \\ C_{65} \approx \dfrac{s(\omega_{ie}^2\sin L\cos L-\omega_s^2\tan L)}{(s^2+\omega_s^2)(s^2+\omega_{ie}^2)} \\ C_{66} \approx \dfrac{s(s^2+\omega_s^2+\omega_{ie}^2\sin^2 L)}{(s^2+\omega_s^2)(s^2+\omega_{ie}^2)} \approx \dfrac{s}{s^2+\omega_{ie}^2} \end{cases}$$

这样确定了逆阵的元素之后，分析系统误差传播特性就很方便了。

2. 陀螺漂移引起的系统误差

设陀螺漂移为常值误差。经度误差取决于东向速度误差，即

$$\delta\lambda(s)=\frac{\sec L}{Rs}\delta v_x(s)$$

考虑到这个关系，陀螺常值漂移引起的系统误差方程为

$$\begin{bmatrix}\delta v_x(s)\\ \delta v_y(s)\\ \delta L(s)\\ \delta\lambda(s)\\ \phi_x(s)\\ \phi_y(s)\\ \phi_z(s)\end{bmatrix}=\begin{bmatrix}C_{14} & C_{15} & C_{16}\\ C_{24} & C_{25} & C_{26}\\ C_{34} & C_{35} & C_{36}\\ \dfrac{\sec L}{Rs}C_{14} & \dfrac{\sec L}{Rs}C_{15} & \dfrac{\sec L}{Rs}C_{16}\\ C_{44} & C_{45} & C_{46}\\ C_{54} & C_{55} & C_{56}\\ C_{64} & C_{65} & C_{66}\end{bmatrix}\begin{bmatrix}\varepsilon_x(s)\\ \varepsilon_y(s)\\ \varepsilon_z(s)\end{bmatrix} \tag{7.51}$$

由于单位阶跃信号的拉普拉斯变换为 $1/s$，则 $\varepsilon_i(s)=\varepsilon_i/s(i=x,y,z)$，将其代入到式(7.51)中，求其拉普拉斯反变换，得解析表达式为

$$\begin{aligned}\delta v_x(t)=&\frac{g\sin L}{\omega_s^2-\omega_{ie}^2}\left[\sin(\omega_{ie}t)-\frac{\omega_{ie}}{\omega_s}\sin(\omega_s t)\right]\varepsilon_x+R\left[\frac{\omega_s^2-\omega_{ie}^2\cos^2 L}{\omega_s^2-\omega_{ie}^2}\cos(\omega_s t)-\right.\\ &\left.\frac{\omega_s^2\sin^2 L}{\omega_s^2-\omega_{ie}^2}\cos(\omega_{ie}t)-\cos^2 L\right]\varepsilon_y+\\ &R\sin L\cos L\left[\frac{\omega_s^2}{\omega_s^2-\omega_{ie}^2}\cos(\omega_{ie}t)-\frac{\omega_{ie}^2}{\omega_s^2-\omega_{ie}^2}\cos(\omega_s t)-1\right]\varepsilon_z\end{aligned} \tag{7.52a}$$

$$\delta v_y(t)=\frac{g}{\omega_s^2-\omega_{ie}^2}[\cos(\omega_{ie}t)-\cos(\omega_s t)]\varepsilon_x+\frac{g\sin L}{\omega_s^2-\omega_{ie}^2}\left[\sin(\omega_{ie}t)-\frac{\omega_{ie}}{\omega_s}\sin(\omega_s t)\right]\varepsilon_y-$$

$$\frac{g\cos L}{\omega_s^2-\omega_{ie}^2}\left[\sin(\omega_{ie}t)-\frac{\omega_{ie}}{\omega_s}\sin(\omega_s)t\right]\varepsilon_z \tag{7.52b}$$

$$\begin{aligned}\delta L(t)=&\frac{\omega_s^2}{\omega_s^2-\omega_{ie}^2}\left[\frac{1}{\omega_{ie}}\sin(\omega_{ie}t)-\frac{1}{\omega_s}\sin(\omega_s t)\right]\varepsilon_x-\\&\frac{\sin L}{R\omega_{ie}}\left[\frac{\omega_s^2}{\omega_s^2-\omega_{ie}^2}\cos(\omega_{ie}t)-\frac{\omega_{ie}^2}{\omega_s^2-\omega_{ie}^2}\cos(\omega_s t)-1\right]\varepsilon_y+\\&\frac{\cos L}{R\omega_{ie}}\left[\frac{\omega_s^2}{\omega_s^2-\omega_{ie}^2}\cos(\omega_{ie}t)-\frac{\omega_{ie}^2}{\omega_s^2-\omega_{ie}^2}\cos(\omega_s t)-1\right]\varepsilon_z\end{aligned} \tag{7.52c}$$

$$\begin{aligned}\delta\lambda(t)=&\frac{\tan L}{\omega_{ie}}\left[1-\frac{\omega_s^2}{\omega_s^2-\omega_{ie}^2}\cos(\omega_{ie}t)+\frac{\omega_{ie}^2}{\omega_s^2-\omega_{ie}^2}\cos(\omega_s t)\right]\varepsilon_x+\\&\left[\frac{\sec L(\omega_s^2-\omega_{ie}^2\cos^2 L)}{\omega_s(\omega_s^2-\omega_{ie}^2)}\sin(\omega_s t)-\frac{\omega_s^2\tan L\sin L}{\omega_{ie}(\omega_s^2-\omega_{ie}^2)}\sin(\omega_{ie}t)-t\cos L\right]\varepsilon_y+\\&\sin L\left[\frac{\omega_s^2}{\omega_{ie}(\omega_s^2-\omega_{ie}^2)}\sin(\omega_{ie}t)-\frac{\omega_{ie}^2}{\omega_{ie}(\omega_s^2-\omega_{ie}^2)}\sin(\omega_s t)-t\right]\varepsilon_z\end{aligned} \tag{7.52d}$$

$$\begin{aligned}\phi_x(t)=&\frac{1}{\omega_s^2-\omega_{ie}^2}[\omega_s\sin(\omega_s t)-\omega_{ie}\sin(\omega_{ie}t)]\varepsilon_x+\\&\frac{\omega_{ie}\sin L}{\omega_s^2-\omega_{ie}^2}[\cos(\omega_{ie}t)-\cos(\omega_s t)]\varepsilon_y-\\&\frac{\omega_{ie}\cos L}{\omega_s^2-\omega_{ie}^2}[\cos(\omega_{ie}t)-\cos(\omega_s t)]\varepsilon_z\end{aligned} \tag{7.52e}$$

$$\begin{aligned}\phi_y(t)=&\frac{\omega_{ie}\sin L}{\omega_s^2-\omega_{ie}^2}[\cos(\omega_s t)-\cos(\omega_{ie}t)]\varepsilon_x+\\&\left[\frac{\omega_s^2-\omega_{ie}^2\cos^2 L}{\omega_s(\omega_s^2-\omega_{ie}^2)}\sin(\omega_s t)-\frac{\omega_{ie}\sin^2 L}{\omega_s^2-\omega_{ie}^2}\sin(\omega_{ie}t)\right]\varepsilon_y+\\&\frac{\omega_{ie}\sin L\cos L}{\omega_s^2-\omega_{ie}^2}\left[\sin(\omega_{ie}t)-\frac{\omega_{ie}}{\omega_s}\sin(\omega_s t)\right]\varepsilon_z\end{aligned} \tag{7.52f}$$

$$\begin{aligned}\phi_z(t)=&\frac{\sec L}{\omega_{ie}}\left[1+\frac{\omega_{ie}^2\cos^2 L-\omega_s^2}{\omega_s^2-\omega_{ie}^2}\cos(\omega_{ie}t)+\frac{\omega_{ie}^2\sin^2 L\tan L}{\omega_s^2-\omega_{ie}^2}\cos(\omega_s t)\right]\varepsilon_x+\\&\frac{\omega_{ie}^2\sin L\cos L-\omega_s^2\tan L}{\omega_s^2-\omega_{ie}^2}\left[\frac{1}{\omega_{ie}}\sin(\omega_{ie}t)-\frac{1}{\omega_s}\sin(\omega_s t)\right]\varepsilon_y+\\&\left[\frac{\omega_s^2-\omega_{ie}^2\cos^2 L}{\omega_{ie}(\omega_s^2-\omega_{ie}^2)}\sin(\omega_{ie}t)-\frac{\omega_{ie}^2\sin^2 L}{\omega_s(\omega_s^2-\omega_{ie}^2)}\sin(\omega_s t)\right]\varepsilon_z\end{aligned} \tag{7.52g}$$

根据方程式(7.51)的解析表达式式(7.52a)～式(7.52g)可以看出：由于陀螺漂移引起的系统误差大都是振荡传播的误差，但对某些导航参数（速度、位置）及平台姿态产生了常值偏差，更为严重的是陀螺漂移引起了随时间积累的导航定位误差。东向陀螺漂移 ε_x 不引起随时间积累的误差。除了给经度及方位误差产生常值分量 $(\tan L)\varepsilon_x/\omega_{ie}$ 及 $\sec L\varepsilon_x/\omega_{ie}$ 外，其他均为振荡性误差。北向及方位陀螺漂移引起的系统误差是相似的，它们给纬度误差形成常值偏差

$(\sin L)\varepsilon_y/\omega_{ie}$ 及 $-\cos L\varepsilon_z/\omega_{ie}$。特别值得注意的是，$\varepsilon_y$ 及 ε_z 产生了随时间积累的误差项 $-t(\cos L)\varepsilon_y$ 及 $-t(\sin L)\varepsilon_z$。北向及方位陀螺漂移产生的平台姿态误差均为振荡性的。

从上面的分析可以看出，北向及方位陀螺漂移对系统误差影响比东向陀螺漂移大，好像可以降低对东向陀螺的要求，其实并不是这样。从初始对准原理可以看出，方位对准的精度主要取决于东向陀螺漂移的大小，$\phi_{z0}=\varepsilon_x/(\omega_{ie}\cos L)$。因此，三个陀螺漂移都是产生系统误差的关键性指标。要提高系统精度必须相应地提高陀螺漂移的指标。为了更具体、更形象地表示陀螺漂移对系统误差的影响，现在举例说明：

【例 7-1】 设东向、北向、方位三个方向的陀螺漂移 $\varepsilon_x,\varepsilon_y,\varepsilon_z$ 均等于 0.01°/h，忽略其他因素，在静基座条件下分别求其对经度误差 $\delta\lambda$ 的影响。

解 由式(7.52d)可知 ε_x 对 $\delta\lambda(t)$ 的影响为

$$\delta\lambda(t)=\left\{\frac{\tan L}{\omega_{ie}}[1-\cos(\omega_{ie}t)]-\frac{\omega_{ie}\tan L}{\omega_s^2-\omega_{ie}^2}[\cos(\omega_{ie}t)-\cos(\omega_s t)]\right\}\varepsilon_x \tag{7.53a}$$

ε_y 对 $\delta\lambda(t)$ 的影响为

$$\delta\lambda(t)=\left[\frac{\sec L(\omega_s^2-\omega_{ie}^2\cos^2 L)}{\omega_{ie}(\omega_s^2-\omega_{ie}^2)}\sin(\omega_s t)-\frac{\omega_s^2\tan L\sin L}{\omega_{ie}(\omega_s^2-\omega_{ie}^2)}\sin(\omega_{ie}t)-t\cos L\right]\varepsilon_y \tag{7.53b}$$

ε_z 对 $\delta\lambda(t)$ 的影响为

$$\delta\lambda(t)=\left[\frac{\omega_s^2\sin L}{\omega_{ie}(\omega_s^2-\omega_{ie}^2)}\sin(\omega_{ie}t)-\frac{\omega_{ie}^2\sin L}{\omega_s(\omega_s^2-\omega_{ie}^2)}\sin(\omega_s t)-t\sin L\right]\varepsilon_z \tag{7.53c}$$

根据式(7.53a)～(7.53c)可以作出 $\varepsilon_x,\varepsilon_y,\varepsilon_z$ 对 $\delta\lambda(t)$ 影响的曲线，如图 7-5 所示。

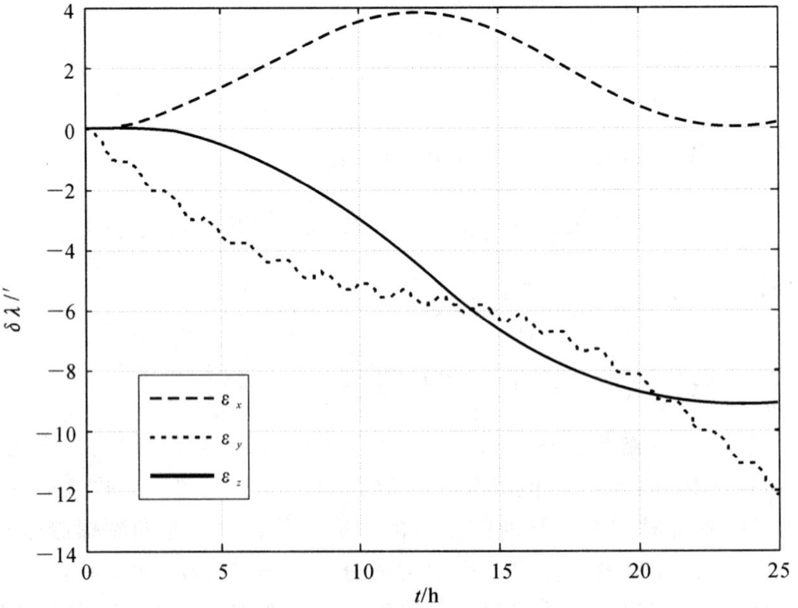

图 7-5 $\varepsilon_x,\varepsilon_y,\varepsilon_z$ 对 $\delta\lambda$ 的影响误差曲线

图 7－5 表明：ε_x，ε_y，ε_z 均对经度误差 $\delta\lambda(t)$ 有影响，其中 ε_x 对 $\delta\lambda(t)$ 的影响包含有地球自转周期、舒勒周期分量，ε_y，ε_z 对其影响除了包含有地球自转周期、舒勒周期分量外，还有随时间累积的分量。

3. 加速度计零偏引起的系统误差

设加速度计零偏为常值，则由零偏引起的系统误差方程为

$$\left.\begin{aligned}
\delta v_x(s) &= \frac{s}{s^2+\omega_s^2}\frac{\nabla_x}{s} \\
\delta v_y(s) &= \frac{s}{s^2+\omega_s^2}\frac{\nabla_y}{s} \\
\delta L(s) &= \frac{1}{(s^2+\omega_s^2)R}\frac{\nabla_y}{s} \\
\delta\lambda(s) &= \frac{\sec L}{(s^2+\omega_s^2)R}\frac{\nabla_x}{s} \\
\phi_x(s) &= -\frac{1}{(s^2+\omega_s^2)R}\frac{\nabla_y}{s} \\
\phi_y(s) &= \frac{1}{(s^2+\omega_s^2)R}\frac{\nabla_x}{s} \\
\phi_z(s) &= \frac{\tan L}{(s^2+\omega_s^2)R}\frac{\nabla_x}{s}
\end{aligned}\right\} \tag{7.54}$$

将式(7.54)进行拉普拉斯反变换，得

$$\left.\begin{aligned}
\delta v_x(t) &= \frac{\nabla_x}{\omega_s}\sin\omega_s t \\
\delta v_y(t) &= \frac{\nabla_y}{\omega_s}\sin\omega_s t \\
\delta L(t) &= \frac{\nabla_y}{g}(1-\cos\omega_s t) \\
\delta\lambda(t) &= \frac{\nabla_x\sec L}{g}(1-\cos\omega_s t) \\
\phi_x(t) &= -\frac{\nabla_y}{g}(1-\cos\omega_s t) \\
\phi_y(t) &= \frac{\nabla_x}{g}(1-\cos\omega_s t) \\
\phi_z(t) &= \frac{\nabla_x\tan L}{g}(1-\cos\omega_s t)
\end{aligned}\right\} \tag{7.55}$$

由式(7.55)可以清楚地看出，由 ∇_x，∇_y 产生的系统误差均为舒勒振荡分量，其中对位置和平台姿态具有常值分量误差。可以说平台姿态精度取决于加速度计零偏误差。现在举例说明：

【例 7-2】 设东向加速度计零偏误差为 $\nabla_x = 10^{-4}g$，在静基座条件下求其对平台误差角 ϕ_y 的影响。

解 由式(7.55)可知，东向加速度计零偏 ∇_x 引起的误差角 ϕ_y 为

$$\phi_y(t) = \frac{\nabla_x}{g}(1 - \cos\omega_s t) \tag{7.56}$$

根据式(7.56)可画出 ∇_x 对误差角 ϕ_y 的影响曲线，如图 7-6 所示。

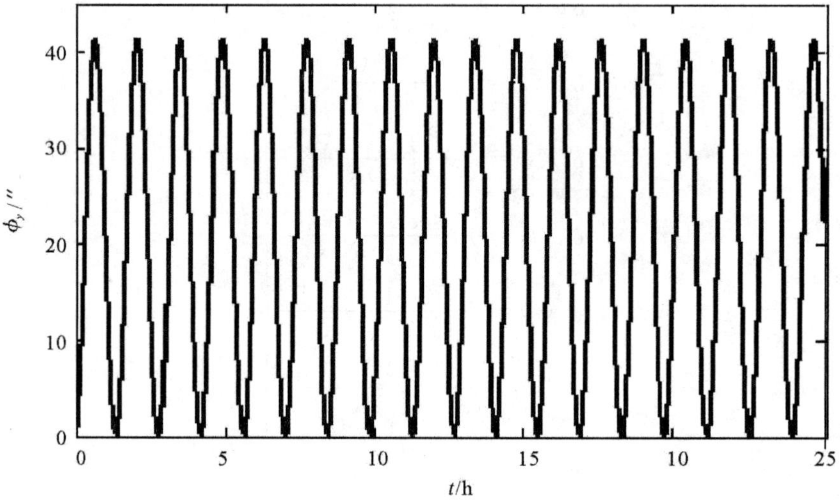

图 7-6 ∇_x 对误差角 ϕ_y 的影响曲线

图 7-6 表明：东向加速度计 ∇_x 对平台误差角 ϕ_y 的影响中包含了常值分量和舒勒振荡分量。

4. 起始误差对系统误差的影响

假设起始误差为 $\delta v_{x0}, \delta v_{y0}, \delta L_0, \phi_{x0}, \phi_{y0}, \phi_{z0}$。这里不考虑 $\delta\lambda_0$ 的影响，因为它在系统中处于开环状态，则误差阵为

$$\begin{bmatrix} \delta v_x(s) \\ \delta v_y(s) \\ \delta L(s) \\ \phi_x(s) \\ \phi_y(s) \\ \phi_z(s) \end{bmatrix} = \begin{bmatrix} C_{11} & C_{12} & \cdots & C_{16} \\ C_{21} & C_{22} & \cdots & C_{26} \\ \vdots & \vdots & & \vdots \\ C_{61} & C_{62} & \cdots & C_{66} \end{bmatrix} \begin{bmatrix} \delta v_{x0} \\ \delta v_{y0} \\ \delta L_0 \\ \phi_{x0} \\ \phi_{y0} \\ \phi_{z0} \end{bmatrix} \tag{7.57}$$

根据以上的推算过程可以预知，除 ϕ_{y0} 及 ϕ_{z0} 可以产生 $\delta\lambda$ 及 ϕ_z 的常值分量外，大部分产生

的系统误差都是振荡性误差。这是因为这些误差源比加速度计零漂及陀螺漂移误差源均低一阶次的缘故；而 δv_{x0}，δv_{y0} 引起的系统误差均为舒勒周期振荡分量，这从加速度计零漂引起的系统误差中可以知道。至于 δL_0，ϕ_{x0}，ϕ_{y0}，ϕ_{z0} 引起的系统误差的振荡周期包括舒勒周期分量及地球自转周期分量两部分，这从陀螺漂移引起的系统误差的特性可推知。下面举例分析起始误差对系统误差的影响。

【例 7-3】 设平台东向初始失准角 $\phi_{x0}=50''$、北向初始失准角 $\phi_{y0}=30''$、方位初始失准角 $\phi_{z0}=3'$，忽略其他因素，分别求其对平台姿态角误差 ϕ_y 的影响。

解　由式(7.57)知，由 ϕ_{x0} 引起的平台姿态角误差 ϕ_y 为

$$\phi_y(s)=C_{54}\phi_{x0}=\frac{-s^2\omega_{\text{ie}}\sin L}{(s^2+\omega_{\text{ie}}^2)(s^2+\omega_{\text{s}}^2)}\phi_{x0} \tag{7.58}$$

对式(7.58)求拉普拉斯反变换可得

$$\phi_y(t)=\frac{\omega_{\text{ie}}\sin L}{\omega_{\text{s}}^2-\omega_{\text{ie}}^2}[\omega_s\sin(\omega_s t)-\omega_{\text{ie}}\sin(\omega_{\text{ie}}t)]\phi_{x0} \tag{7.59}$$

由 ϕ_{y0} 引起的平台姿态角误差 ϕ_y 为

$$\phi_y(s)=C_{55}\phi_{y0}=\frac{s(s^2+\omega_{\text{ie}}^2\cos^2 L)}{(s^2+\omega_{\text{ie}}^2)(s^2+\omega_{\text{s}}^2)}\phi_{y0} \tag{7.60}$$

对式(7.60)求拉普拉斯反变换可得

$$\phi_y(t)=\left[\frac{\omega_{\text{ie}}^2\cos^2 L-\omega_{\text{s}}^2}{\omega_{\text{ie}}^2-\omega_{\text{s}}^2}\cos\omega_{\text{s}}t-\frac{\omega_{\text{ie}}^2\cos^2 L-\omega_{\text{ie}}^2}{\omega_{\text{ie}}^2-\omega_{\text{s}}^2}\cos\omega_{\text{ie}}t\right]\phi_{y0} \tag{7.61}$$

由 ϕ_{z0} 引起的平台姿态角误差 ϕ_y 为

$$\phi_y(s)=C_{56}\phi_{z0}=\frac{s\omega_{\text{ie}}^2\sin L\cos L}{(s^2+\omega_{\text{ie}}^2)(s^2+\omega_{\text{s}}^2)}\phi_{z0} \tag{7.62}$$

对式(7.62)求拉普拉斯反变换可得

$$\phi_y(t)=\frac{\omega_{\text{ie}}^2\cos L\sin L}{\omega_{\text{ie}}^2-\omega_{\text{s}}^2}[\cos(\omega_{\text{s}}t)-\cos(\omega_{\text{ie}}t)]\phi_{z0} \tag{7.63}$$

根据式(7.59)、式(7.61)和式(7.63)，可作出平台初始失准角 ϕ_{x0}，ϕ_{y0}，ϕ_{z0} 对平台误差角的影响曲线，如图 7-7 所示。

图 7-7 表明：ϕ_{x0}，ϕ_{y0}，ϕ_{z0} 对 ϕ_y 的影响均包含有地球自转周期分量和舒勒周期分量，且 ϕ_{y0} 对 ϕ_y 误差的影响最大。

【例 7-4】 设 $\delta L_0=30''$，忽略其他因素，求其对 δL 误差的影响。

解　由式(7.57)知，L_0 产生的 δL 误差可以表示为

$$\delta L(s)=C_{33}\delta L_0=\frac{s(s^2+\omega_{\text{s}}^2+\omega_{\text{ie}}^2)}{(s^2+\omega_{\text{s}}^2)(s^2+\omega_{\text{ie}}^2)}\delta L_0 \tag{7.64}$$

若考虑到 $\omega_{\text{s}}\gg\omega_{\text{ie}}$，则式(7.64)近似表示式为

$$\delta L(s)=C_{33}\delta L_0=\frac{s}{s^2+\omega_{\text{ie}}^2}\delta L_0 \tag{7.65}$$

其拉普拉斯反变换为

$$\delta L(t)=\delta L_0\cos\omega_{ie}t \tag{7.66}$$

式(7.66)表示的曲线如图 7-8 所示。

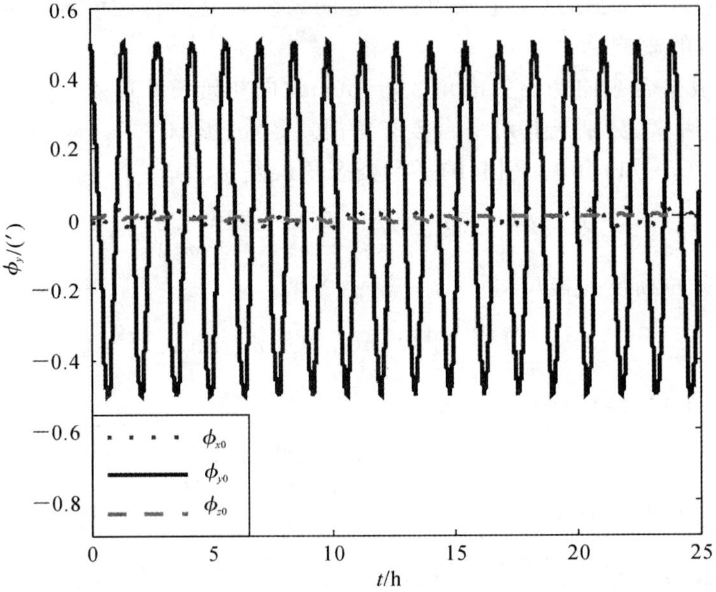

图 7-7 ϕ_{x0},ϕ_{y0},ϕ_{z0} 对误差角 ϕ_y 的影响曲线

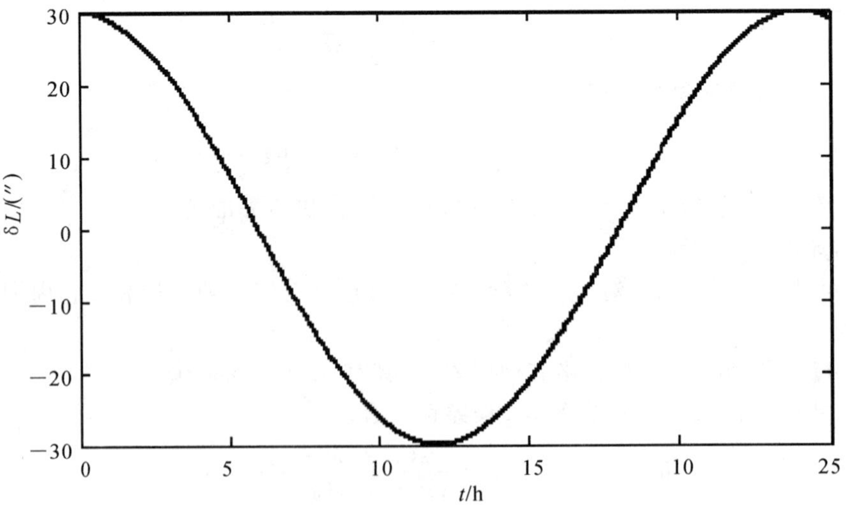

图 7-8 δL_0 对 δL 误差的影响曲线

由 δL_0 引起的 δL 误差基本上按地球周期振荡，而 $\delta\lambda_0$ 引起的 $\delta\lambda$ 误差则为简单的关系式 $\delta\lambda=\delta\lambda_0$。为什么同样都是导航定位初始误差，却引起了两种不相同的误差传播特性呢？这是因为前者工作在闭环状态，而后者工作在开环状态。

以上误差分析均没有考虑傅科周期的影响，这是因为在建立误差方程时忽略了哥氏加速度误差补偿交叉耦合项的缘故。实际系统中傅科周期的影响还是比较明显的，它对舒勒振荡分量起着调制作用。由于舒勒频率远大于傅科频率，即 $\omega_s \gg \omega_F(\omega_F=\omega_{ie}\sin L)$，因而系统中的两个振荡角频率 $\omega_s+\omega_F$，$\omega_s-\omega_F$ 非常接近。这样，在误差量的叠加分量中将会出现两个相近频率的线性组合，即

$$x(t)=x_0\sin(\omega_s+\omega_F)t+x_0\sin(\omega_s-\omega_F)t \tag{7.67}$$

将式(7.67)进行和差化积运算，得

$$x(t)=2x_0\cos\omega_F t\sin\omega_s t \tag{7.68}$$

这表明上述两种频率非常接近的振荡分量合成之后，会产生差拍现象。合成的结果是误差的舒勒周期分量的幅值受到傅科周期的调制。下面举例对其进行具体分析。

【例 7-5】 设平台起始失准角 $\phi_{x0}=25''$，忽略其他因素，分析在有傅科周期的影响下其对平台误差角 ϕ_x 误差的影响。

解　由式(7.68)可知，考虑到傅科周期，平台起始失准角 ϕ_{x0} 对 ϕ_x 的影响为

$$\phi_x(t)=2\phi_{x0}\cos(\omega_F)t\sin\omega_s t \tag{7.69}$$

式中，$\omega_F=\omega_{ie}\sin L$。

根据式(7.69)可画出 $\phi_x(t)$ 的误差传播特性曲线，如图 7-9 所示。

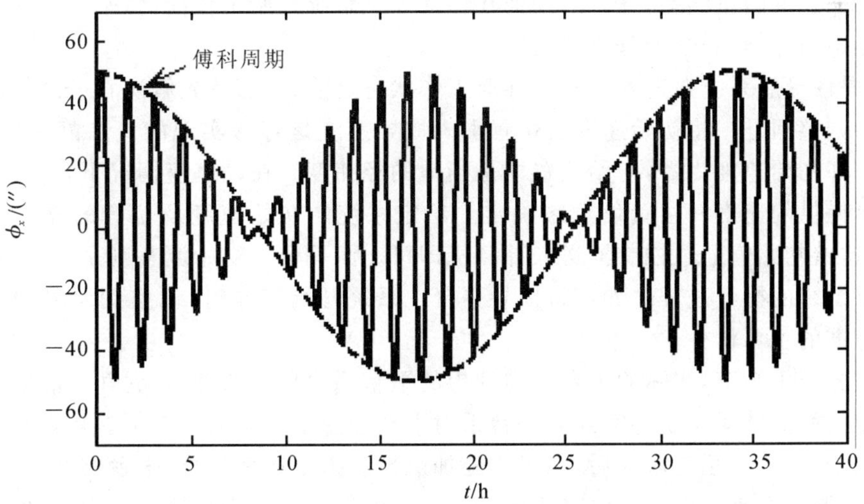

图 7-9　ϕ_{x0} 对误差角 ϕ_x 的影响曲线

图 7-9 说明系统误差中除了出现地球周期振荡分量和舒勒振荡分量外，还出现了付科周期分量，且它对 φ_{x0} 产生的正弦振荡的幅值 $\cos(\omega_{ie}\sin L)\phi_{x0}$ 起着余弦调制作用。

这里仅举一例说明系统中具体三个振荡周期特征的误差传播，其实这种情况在系统的位置误差及平台姿态误差中是普遍存在的。

综上所述，通过误差分析可以得出如下结论：陀螺漂移是产生误差最严重的误差源；北向及方位陀螺漂移将引起累积性误差；东向陀螺漂移只对纬度及平台方位误差产生常值偏差。加速度计主要产生平台姿态常值偏差。因此大体上说，导航定位误差主要由陀螺漂移产生，平台姿态误差主要由加速度误差产生。至于初始条件误差则引起振荡性误差。陀螺漂移及加速度计零漂引起的系统误差大部分属于振荡性误差。振荡周期有三个，其中傅科周期对舒勒周期分量进行调制。三个周期的概念在误差分析及实验中经常要用到。总之，陀螺和加速度计是惯导系统中的关键元件，尤其是陀螺指标更为重要。

本节没有涉及其他误差源的分析，如陀螺及加速度计刻度系数误差对系统误差的影响等。另外，没有作数值解，而是停留在误差分析方法的掌握上。解决问题的方法是十分重要的。

7.5 平台式惯导系统的初始对准

从惯性导航系统原理中知道，航行体的速度和位置是由测得的加速度积分而得来的。要进行积分运算必须知道初始条件，如初始速度和初始位置；另外，由于平台是测量加速度的基准，这就要求开始测量加速度时惯导平台应处于预定的导航坐标系内，否则将产生由于平台误差而引起的加速度测量误差。因此，如何在惯性导航系统开始工作前，将平台首先调整到预定的导航坐标系内，这是一个十分重要的问题。

可见，惯性导航系统在进入正常的导航工作状态之前，应当首先解决积分运算的初始条件及平台初始调整问题。将初始速度及位置引入惯导系统是容易实现的。在静基座情况下，这些初始条件即初始速度为零，初始位置即是当地的经纬度。在动基座情况下，这些初始条件一般应由外界提供的速度和位置信息来确定。给定系统的初始速度及位置的操作过程比较简单，只要将这些初始值通过控制器送入计算机即可。而平台的初始调整则是比较复杂的，它涉及整个惯导系统的操作过程。如何将惯导平台在系统开始工作时，调整到要求的导航坐标系内是初始对准的主要任务。

从误差分析中知道，实际的平台系与理想的平台系之间存在着误差角。希望这个误差角越小越好。初始对准就是要将实际的平台系对准在理想平台系的状态下。陀螺动量矩相对惯性空间有定轴性，平台系统启动后，如果不施加矩控制指令速率信号，平台便稳定在惯性空间，一般来说，它既不在水平面内又没有确定的方位。即便是相对于惯性空间而言，每次启动后平台相对惯性空间所处的位置也是随机的。可以想象，平台启动后实际的初始平台系和理想平台系之间的误差角一般来说是很大的，如果不进行平台对准，整个惯导系统是无法工作的。要想使整个惯导系统顺利地进入导航工作状态，从一开始就要调整平台使它对准在所要求的理想平台坐标系内。如指北方位平台，则应对准在地理坐标系内。由于元器件及系统存在误差，不可能使实际平台系与理想平台系完全重合，只能是接近重合。一般对准技术可使平台水平精度达到10″左右，方位精度达到2′～5′。作为初始对准除了精度要求外，对准速度也是一个非常重要的指标，特别是对于军用航行体更为重要。因此，对准的设计指标应包括精度和快速性两个方面。

平台对准的方法可分为两类。一是引入外部基准，通过光学或机电方法，将外部参考坐标系引入平台，平台对准外部提供的姿态基准方向；二是利用惯导系统本身的敏感元件——陀螺仪与加速度计测得的信号，结合系统作用原理进行自动对准，也就是自主式对准。

根据对准精度要求，把初始对准过程分为粗对准与精对准两个步骤。首先进行粗对准，这时缩短对准时间是主要的。要求尽快地将平台对准在一定精度范围之内，为下一步精对准提供一个良好的条件。完成粗对准之后，接着进行精对准。在精对准过程中提高对准精度是主要的。设计的主要指标是使平台精确地对准在要求的导航坐标系内，即要求实际平台系与理想平台系之间的偏差在要求的精度指标以内。精对准结束时的精度就是平台进入导航状态时的初始精度。一般在精对准过程中还要进行陀螺测漂和定标，以便进一步补偿陀螺漂移和标定力矩器的标度因数。

在精对准过程中，一般先进行水平对准，然后进行方位对准，以使系统有较好的动态特性。在水平对准的过程中方位陀螺不参加对准工作。在水平对准的基础上再进行方位对准。一般采用方位罗经对准方案，有时也采用计算方位对准的方法。粗对准容易实现，原理也比较简单。精对准实现起来比较困难，对准过程也比较复杂。

本章主要讲精对准。下面仍以指北方位惯导系统为例，分别讨论平台的各种初始对准方案。

7.5.1 静基座指北方位系统误差方程的简化

指北方位惯导系统在静基座下的误差方程式(7.33)中与平台有关的部分为

$$\left.\begin{aligned}
\delta\dot{v}_x &= 2\omega_{ie}\sin L\delta v_y - \phi_y g + \nabla_x \\
\delta\dot{v}_y &= -2\omega_{ie}\sin L\delta v_x + \phi_x g + \nabla_y \\
\dot{\phi}_x &= -\frac{1}{R}\delta v_y + \phi_y\omega_{ie}\sin L - \phi_z\omega_{ie}\cos L + \varepsilon_x \\
\dot{\phi}_y &= \frac{1}{R}\delta v_x - \delta L\cdot\omega_{ie}\sin L - \phi_x\omega_{ie}\sin L + \varepsilon_y \\
\dot{\phi}_z &= \frac{1}{R}\tan L\delta v_x + \delta L\cdot\omega_{ie}\cos L + \phi_x\omega_{ie}\cos L + \varepsilon_z
\end{aligned}\right\}\tag{7.70}$$

在进行初始对准时，设载体所在的地理位置已精确测得，于是可忽略式(7.70)中与δL有关的项；为分析简单，但又不影响误差振荡的特性，略去交叉耦合项$-2\omega_{ie}\sin L\delta v_x$和

$2\omega_{ie}\sin L\delta v_y$，这意味着忽略傅科周期对初始对准过程的影响。此时式(7.70) 可简化为

$$\left.\begin{aligned}\delta\dot{v}_x &= -\phi_y g + \nabla_x\\ \delta\dot{v}_y &= \phi_x g + \nabla_y\\ \dot{\phi}_x &= -\frac{1}{R}\delta v_y + \phi_y\omega_{ie}\sin L - \phi_z\omega_{ie}\cos L + \varepsilon_x\\ \dot{\phi}_y &= \frac{1}{R}\delta v_x - \phi_x\omega_{ie}\sin L + \varepsilon_y\\ \dot{\phi}_z &= \frac{\tan L}{R}\delta v_x + \phi_x\omega_{ie}\cos L + \varepsilon_z\end{aligned}\right\} \tag{7.71}$$

相应的图 7 - 4 可简化成如图 7 - 10 所示的形式。

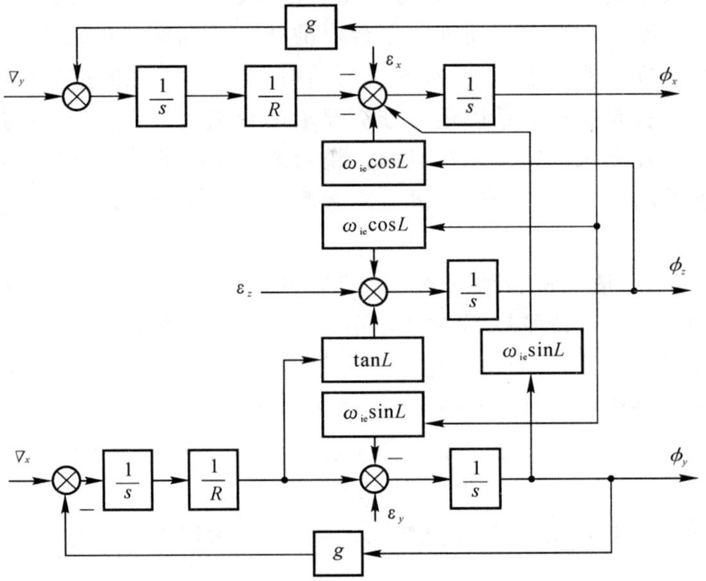

图 7 - 10 静基座下系统误差简化框图

由式(7.71) 和图 7 - 10 可以看出，水平姿态误差 ϕ_x，ϕ_y 和方位姿态误差 ϕ_z 之间，存在着交叉耦合影响，为避免这种影响，在实际初始对准时，可将水平对准与方位对准分开来进行。首先进行水平对准，由于在进行水平对准时，平台系的方位误差角 ϕ_z 比较大，交叉耦合项 $-\phi_z\omega_{ie}\cos L$ 对于北向加速度计和东向陀螺组成的水平通道的影响也比较大，因而不能忽略，可将其当作常值误差源来处理。这时方位陀螺自锁，即平台在方位上不转动，使之不参与水平对准工作，而后再进行方位对准。于是得到单独的水平姿态误差框图，如图 7 - 11 所示。

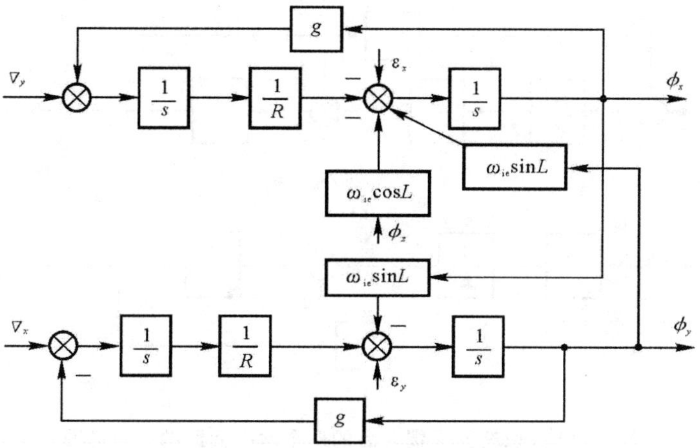

图 7-11　静基座下水平姿态误差框图

7.5.2　水平对准原理

对于当地的水平指北惯性导航系统，在初始对准之前，先做环架锁定，即利用环架同步器的输出直接驱动同轴上的力矩电动机，使各轴接近互相正交，且使处于倾倒状态平台被快速扶正。在平台被快速扶正后，用水平加速度计的输出控制横滚轴和俯仰轴的力矩电动机，驱动平台使水平加速度计的输出较小，这一过程即为水平粗对准，此时平台已接近水平。

惯导平台的水平对准，是以图 7-11 所示的水平姿态误差框图为基础进行的。从图中可以看出，平台的水平姿态误差角 ϕ_x，ϕ_y 通过地球自转角速度的垂直分量 $\omega_{ie}\sin L$ 而相互耦合。但经过水平粗对准之后，ϕ_x，ϕ_y 均为小量，它们之间的交叉耦合项误差比其他误差源的影响小，故可以忽略其交叉耦合的影响，从而得到两个独立的水平回路误差框图，如图 7-12 所示。与其对应的误差方程为

$$\left.\begin{aligned}\delta\dot{v}_y &= \phi_x g + \nabla_y \\ \dot{\phi}_x &= -\frac{1}{R}\delta v_y - \phi_z\omega_{ie}\cos L + \varepsilon_x\end{aligned}\right\} \tag{7.72}$$

$$\left.\begin{aligned}\delta\dot{v}_x &= -\phi_y g + \nabla_x \\ \dot{\phi}_y &= \frac{1}{R}\delta v_x + \varepsilon_y\end{aligned}\right\} \tag{7.73}$$

由图 7-12 可以看出，两个水平回路的形式十分相似。故下面仅以北向加速度计和东向陀螺组成的单轴水平回路来讨论水平初始对准问题。

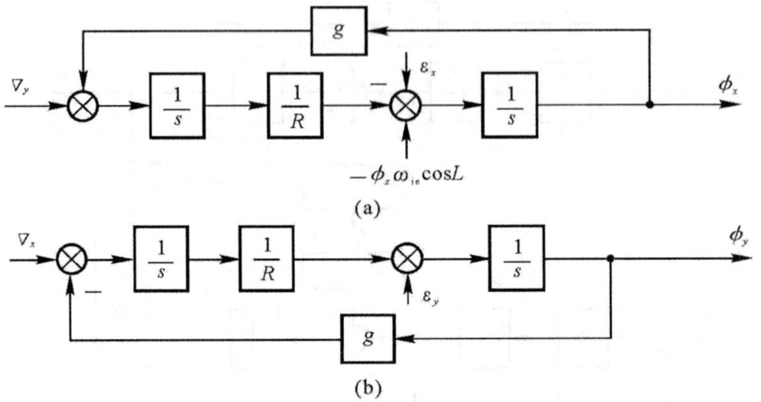

图 7-12　忽略交叉耦合后的两个水平回路的误差框图

如图 7-12(a) 所示，在静基座条件下，由于加速度计零偏 ∇_y 和平台姿态误差角 ϕ_x 的存在，北向加速度计有输出信号 $\delta\dot{v}_y=\phi_x g+\nabla_y$。该信号经积分器和除法器后，将产生误差角修正信号 $\dot{\phi}_x=-\delta v_y/R$ 并加给东向陀螺力矩器。在陀螺力矩器的控制下，平台产生进动，从而实现了减小平台姿态误差角 ϕ_x 的目的。

由图 7-12(a) 和北向加速度计的输出表达式可以看出，若 $\delta\dot{v}_y=0$，则 $\dot{\phi}_x=0$，ϕ_x 为常值，平台处于平衡位置。显然，要使 $\delta\dot{v}_y=0$，须使 $\phi_x=-\nabla_y/g$。当 $\phi_x=-\nabla_y/g$ 时，系统若能处于平衡状态，则平台就能对准到精度是 $\phi_x=-\nabla_y/g$ 的位置上。现在的问题是在上述情况下，系统能否处于平衡状态。下面从误差框图图 7-12 所示着手进行分析。

从图 7-12(a) 求出该水平对准回路的闭环传递函数为

$$A(s)=\frac{\frac{1}{Rs^2}}{1+\frac{g}{Rs^2}}=\frac{\frac{1}{R}}{s^2+\frac{g}{R}}=\frac{\frac{1}{R}}{s^2+\omega_s^2}$$

式中，$\omega_s=\sqrt{\frac{g}{R}}$ 为舒勒振荡角频率。

对应的系统特征式和特征根为

$$\Delta(s)=s^2+\omega_s^2,\quad s_{1,2}=\pm j\omega_s$$

这说明，该水平回路是一个二阶无阻尼振荡回路，平台姿态误差角 ϕ_x 将以 84.4min 的舒勒周期作等幅振荡，平台不能在 $\phi_x=-\nabla_y/g$ 的位置上稳定下来，如图 7-13 所示，这样也就无法完成水平初始对准任务。显然，只有给回路增加阻尼环节，才能使平台振荡衰减并收敛到平衡位置上。

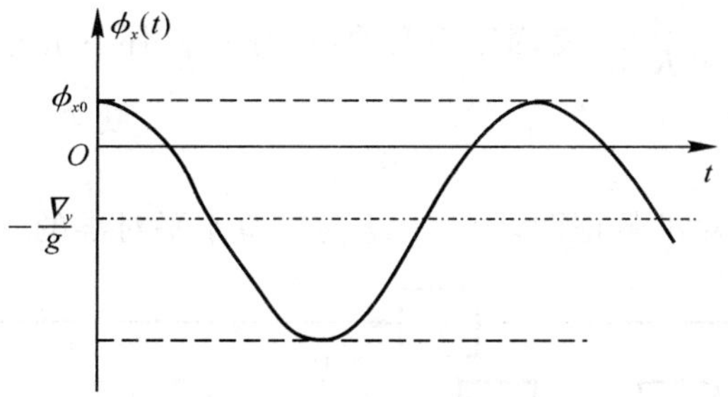

图 7-13　误差角的无阻尼舒勒振荡

从阻尼环节分析，若能将加速度的积分环节变为惯性环节，回路将处于阻尼工作状态。为达到此目的，可在回路中设置一个传递系数为 k_1 的环节，其输入信号取自积分环节的输出信号 δv_y，其输出信号 $k_1\delta v_y$ 反馈到加速度计的输出端。这样，原来的积分环节$\frac{1}{s}$就变为惯性环节$\frac{1}{s+k_1}$。图 7-14 是这种阻尼方案的框图。

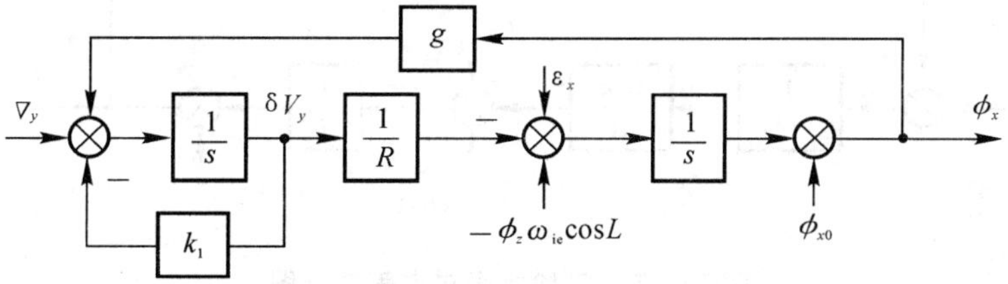

图 7-14　加阻尼的水平对准框图

图 7-14 中用一个传递系数为 k_1 的负反馈回路构成了对系统的阻尼，其特征方程为

$$\Delta(s)=s^2+k_1s+\omega_s^2=0 \tag{7.74}$$

从系统的特征方程可以清楚地看出，在增加 k_1 环节后，当 k_1 大于零时，回路由无阻尼振荡回路变为有阻尼振荡回路，能使平台的振荡幅度不断减小，趋于平衡位置。

加了阻尼 k_1 环节后水平对准回路的振荡过程如图 7-15 所示。

但是，阻尼环节并不能改变回路的固有频率 ω_s，阻尼振荡周期仍为 84.4min。这表明平台水平对准的速度非常缓慢。若存在较大的初始偏角，要使平台达到平衡，则需要花很长的时间，这样的对准回路是不能满足初始对准对快速性的要求的。

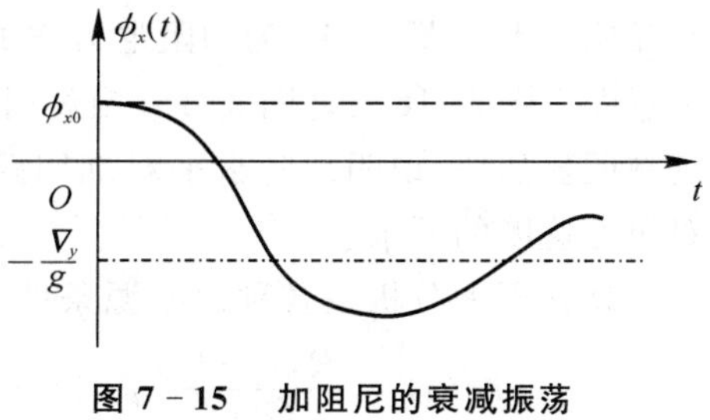

图 7-15　加阻尼的衰减振荡

为了提高对准速度，就必须加入某些环节改变振

荡的固有频率。因为$\omega_s=\sqrt{\dfrac{g}{R}}$，$g$是固定不变的，只有在$\dfrac{1}{R}$环节上并联一个$\dfrac{k_2}{R}$，则原来的$\dfrac{1}{R}$环节就变为了$\dfrac{1+k_2}{R}$。

图 7－16 为二阶水平对准的框图，图 7－17 为二阶水平对准的等效图。

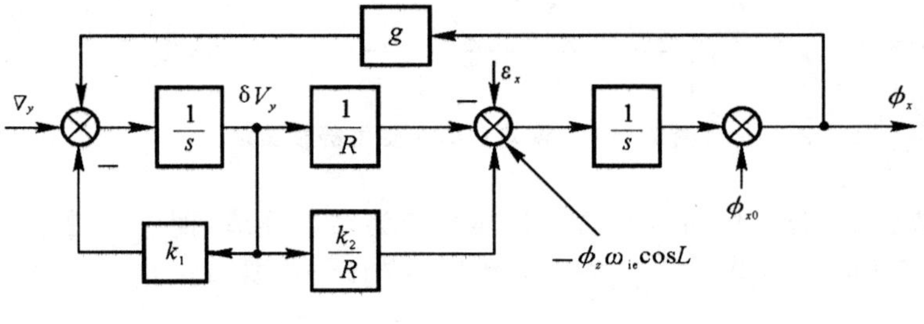

图 7－16　二阶水平对准方框图

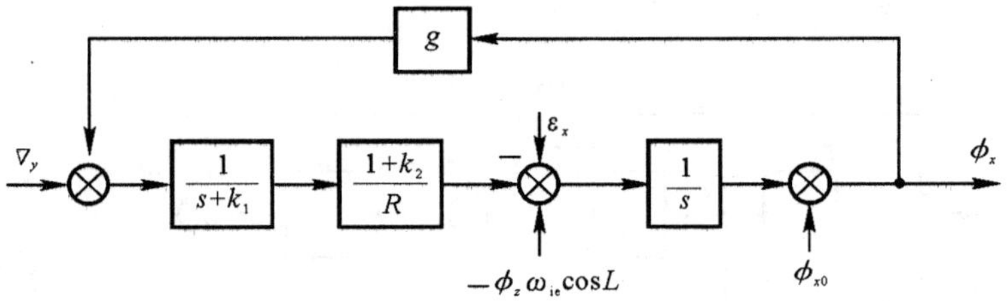

图 7－17　二阶水平对准等效框图

这时回路的特征方程为

$$\Delta(s)=s^2+k_1 s+(1+k_2)\omega_s^2=0 \tag{7.75}$$

不难看出，此时的水平对准回路已是一个典型的二阶振荡回路，它的振荡频率是$\omega_s\sqrt{1+k_2}$。该回路可以通过调整k_1来控制阻尼的大小；通过调整k_2来控制振荡频率的高低(振荡周期的长短)，以满足水平对准时的动态品质要求。图 7－18 为加阻尼方案的误差角衰减振荡示意图。图7－18较之图7－15，振荡周期明显缩短，振荡衰减明显加快，说明二阶水平对准回路已基本满足惯导对对准速度的要求。

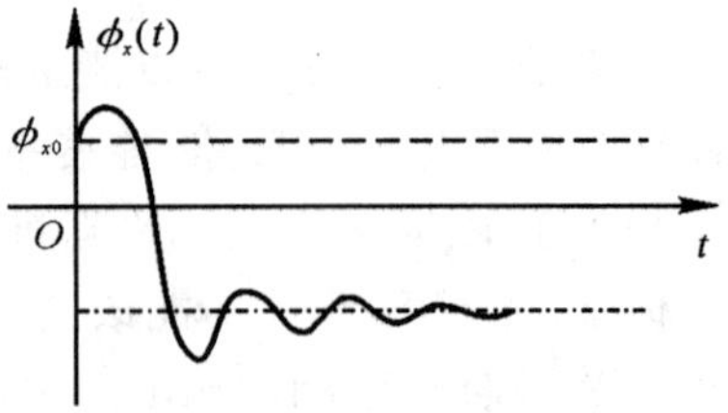

图 7－18　误差角的二阶阻尼衰减振荡

现在再来分析在各种误差源条件下二阶水平对回路的对准精度。由图 7－17 可求得

$$\phi_x(s)=\frac{sR(s+k_1)}{G(s)}\phi_{x0}(s)-\frac{1+k_2}{G(s)}\nabla_y(s)+\frac{(s+k_1)R}{G(s)}(\varepsilon_x-\phi_z\omega_{ie}\cos L) \tag{7.76}$$

式中，$G(s)=s(s+k_1)R+(1+k_2)g$。

假设 ε_x，∇_y，ϕ_z 和 ϕ_{x0} 均为常值，则平台绕东向轴的误差角可写为

$$\phi_x(s)=\frac{(s+k_1)[s\phi_{x0}+\varepsilon_x-\phi_z\omega_{ie}\cos L]-(1+k_2)\omega_s^2\dfrac{\nabla_y}{s}}{s(s+k_1)+(1+k_2)\omega_s^2} \tag{7.77}$$

根据终值定理可以得到平台绕东向轴的稳态误差为

$$\phi_x(\infty)=\lim_{s\to 0}s\phi_x(s)=\frac{k_1}{(1+k_2)\omega_s^2}(\varepsilon_x-\phi_z\omega_{ie}\cos L)-\frac{\nabla_y}{g} \tag{7.78}$$

结果表明：∇_y，ε_x，ϕ_z 均将引起平台的稳态误差。选择适当的 k_1，k_2，可以降低 ε_x，ϕ_z 对精度的影响，但不能彻底解决。为此又提出了三阶水平对准回路方案，如图 7－19 和图 7－20 所示。

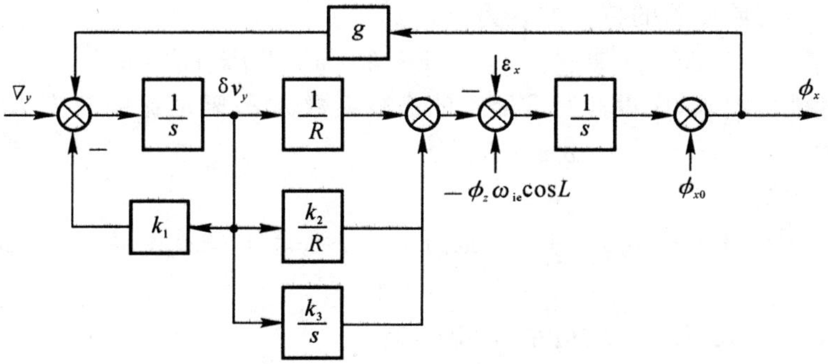

图 7－19　三阶水平对准原理

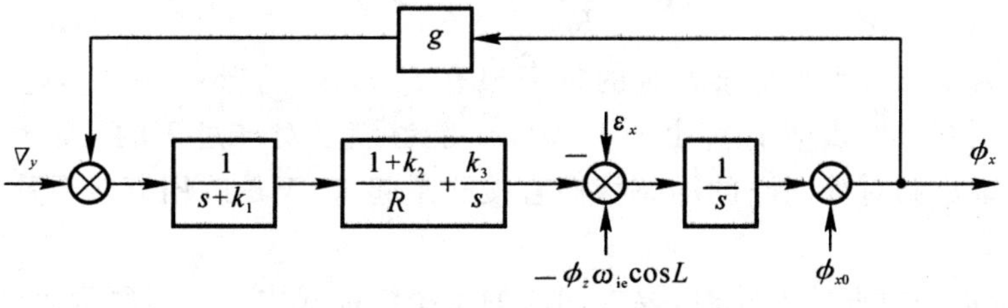

图 7－20　三阶水平对准等效框图

由图 7－20 可写出

$$\phi_x(s)=-\frac{(1+k_2)s+k_3R}{G(s)}\nabla_y(s)+\frac{Rs(s+k_1)}{G(s)}[\varepsilon_x(s)-\phi_z(s)\omega_{ie}\cos L]+\frac{Rs^2(s+k_1)}{G(s)}\phi_{x0}(s) \tag{7.79}$$

式中　$G(s)=Rs^2(s+k_1)+[(1+k_2)s+k_3R]g$

假设 ε_x，∇_y，ϕ_z 和 ϕ_{x0} 均为常值，则平台绕东向轴的误差角为

$$\phi_x(s)=-\frac{(1+k_2)s+k_3R}{G(s)}\frac{\nabla_y}{s}+\frac{Rs(s+k_1)}{G(s)}\frac{[\varepsilon_x-\varphi_z\omega_{\mathrm{ie}}\cos L]}{s}+\frac{Rs^2(s+k_1)}{G(s)}\frac{\phi_{x0}}{s} \tag{7.80}$$

根据终值定理可以得到平台绕东向轴的稳态误差为

$$\phi_x(\infty)=\lim_{s\to 0}s\phi_x(s)=-\frac{\nabla_y}{g} \tag{7.81}$$

由式(7.81)可见，若采用三阶水平对准回路进行水平对准，则平台的水平对准精度只与加速度计的零偏有关，而与陀螺仪的漂移 ε_x、交叉耦合误差 $\phi_z\omega_{\mathrm{ie}}\cos L$ 以及平台的初始水平姿态误差 ϕ_{x0} 无关。在惯导系统中平台的水平对准多采用此类方案。因此，加速度计成为水平对准的关键元件，一般要求加速度计的零偏不大于$10^{-5}g$。

由图 7-20 得三阶回路的特征方程为

$$\Delta(s)=s^3+k_1s^2+(1+k_2)\omega_{\mathrm{s}}^2s+Rk_3\omega_{\mathrm{s}}^2=0 \tag{7.82}$$

设根据快速性的要求，应设计对准回路的衰减系数为 σ，阻尼振荡频率为 ω_{d}，则特征方程的三个根分别为 $s_1=-\sigma$，$s_{2,3}=-\sigma\pm \mathrm{j}\omega_{\mathrm{d}}$。

故特征多项式为

$$\Delta(s)=(s+\sigma)(s+\sigma+\mathrm{j}\omega_{\mathrm{n}})(s+\sigma-\mathrm{j}\omega_{\mathrm{n}})=s^3+3\sigma s^2+(3\sigma^2+\omega_{\mathrm{d}}^2)s+\omega_{\mathrm{d}}^2\sigma+\sigma^2=0 \tag{7.83}$$

根据式(7.82)和式(7.83)对应系数相等，有

$$\left.\begin{aligned}k_1&=3\sigma\\k_2&=\frac{3\sigma^2+\omega_{\mathrm{d}}^2}{\omega_{\mathrm{s}}^2}-1\\k_3&=\frac{1}{R\omega_{\mathrm{s}}^2}(\omega_{\mathrm{d}}^2\sigma+\sigma^3)\end{aligned}\right\} \tag{7.84}$$

此式说明，为使三阶水平对准系统的特征根有 s_1，s_2，s_3 的形式，则 k_1，k_2，k_3 应满足式(7.84)的条件。设计的目的是使计算出的 k_1，k_2，k_3 能够满足对准过程的动态性要求。然而，阻尼振荡频率 ω_{d} 很难和对准回路的动态特性直接联系起来，于是改用衰减系数 σ 和阻尼比 ξ 来表示 k_1，k_2 和 k_3。

在设计三阶水平对准的回路时，要求回路的系统特征式中有一对复根，此复根可写为特征式为

$$s^2+2\sigma s+\sigma^2+\omega_{\mathrm{d}}^2=0 \tag{7.85}$$

假设此二阶系统为标准二阶系统，则对应的特征方程为

$$s^2+2\xi\omega_{\mathrm{n}}s+\omega_{\mathrm{n}}^2=0 \tag{7.86}$$

式中，ξ 称为阻尼比；ω_{n} 是系统的自然频率。

根据式(7.85)和式(7.86)的对应系数相等，有

$$\left.\begin{aligned}\xi &= \frac{\sigma}{\omega_n} \\ \omega_n^2 &= \sigma^2 + \omega_d^2\end{aligned}\right\} \tag{7.87}$$

由此可得

$$\omega_d = \sigma\sqrt{\frac{1-\xi^2}{\xi^2}} \tag{7.88}$$

将式(7.88)代入式(7.84)中,得到用阻尼比ξ和衰减系数σ表示的系统参数k_1,k_2和k_3分别为

$$\left.\begin{aligned}k_1 &= 3\sigma \\ k_2 &= \frac{\sigma^2}{\omega_s^2}\left(2+\frac{1}{\xi^2}\right)-1 \\ k_3 &= \frac{\sigma^2}{g\xi^2}\end{aligned}\right\} \tag{7.89}$$

根据对准要求的指标,找到合适的衰减系数σ和阻尼比ξ,就可以计算出k_1,k_2和k_3。根据式(7.83),它是一个线性非齐次三阶微分方程式,解有两部分,一是特解,即稳态解;二是齐次解。

由方程式(7.83)可得到ϕ_x的时间函数为

$$\phi_x(t) = \phi_{x0}\mathrm{e}^{-\sigma t}\left[\frac{1+\xi^2}{1-\xi^2}\cos\left(\sigma\sqrt{\frac{1-\xi^2}{\xi^2}}t\right)+\frac{\xi}{\sqrt{1-\xi^2}}\sin\left(\sigma\sqrt{\frac{1-\xi^2}{\xi^2}}t\right)-\frac{2\xi^2}{1-\xi^2}\right] \tag{7.90}$$

根据式(7.90),作出瞬态标准曲线,以σt为横坐标,$\frac{\phi_x}{\phi_{x0}}$为纵坐标,以ξ为参变量,得到三阶系统瞬态标准曲线图,如图 7-21 所示。

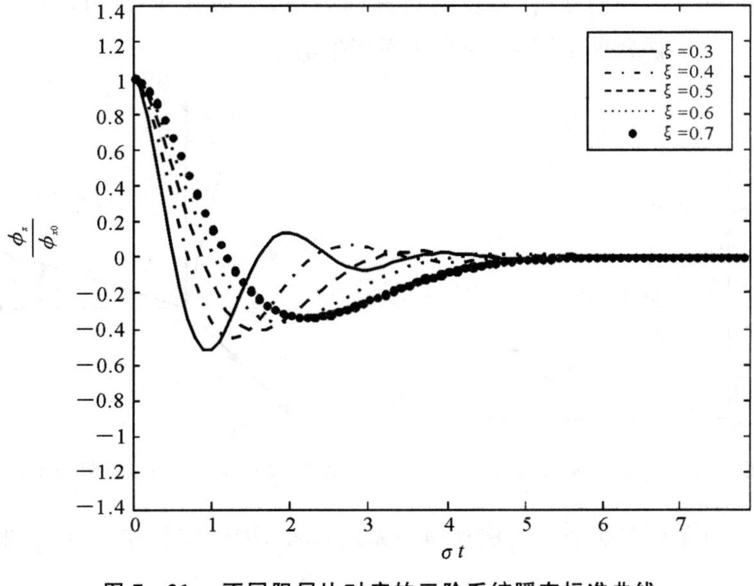

图 7-21　不同阻尼比对应的三阶系统瞬态标准曲线

有了瞬态标准曲线，就可以求出 σ 值，再根据对时间、阻尼系数 ξ 的具体要求，利用公式(7.89)就可以求出 k_1，k_2 和 k_3 了。

对于东向通道的分析过程与上述方法一致，在此不再赘述。采用三阶水平对准回路时，ϕ_y 所能达到的稳态值为

$$\phi_y(\infty)=\lim_{s\to 0}s\varphi_y(s)=-\frac{\nabla_x}{g}$$

通过对 ϕ_x，ϕ_y 稳态值的推导，可见水平对准的精度取决于水平加速度计的精度。

7.5.3 方位罗经对准原理

指北方位惯导系统方位对准的目的，是通过方位对准回路，将平台系的方位自动调整到真北方向（y_p 轴与地理系 y_t 轴重合）。平台的方位对准一般是在水平对准基础上进行的。

1. 罗经效应及方位罗经对准原理

由水平对准方程式(7-72)可知，在由北向加速度计和东向陀螺组成的水平对准回路中，存在一个交叉耦合项 $-\phi_z\omega_{ie}\cos L$，也就是说这个交叉耦合项对水平对准回路有影响。那么，这个交叉耦合项是如何产生的呢？它又是怎样影响水平对准回路的呢？下面的分析就回答这些问题。

如图 7-22 所示，地球自转角速度 $\boldsymbol{\omega}_{ie}$ 在地理坐标系 y_t 轴（真北方向）上的投影为 $\omega_{ie}\cos L$。当平台系与地理系之间存在方位误差角 ϕ_z 时，$\omega_{ie}\cos L$ 将在平台系 x_p 轴（东向轴）上产生分量 $\omega_{ie}\cos L\sin\phi_z$。因为 ϕ_z 在方位精对准前较小，一般在 1° 以内，所以 $\omega_{ie}\cos L\sin\phi_z\approx\phi_z\omega_{ie}\cos L$。可见，交叉耦合项是因 ϕ_z 的存在而产生的。

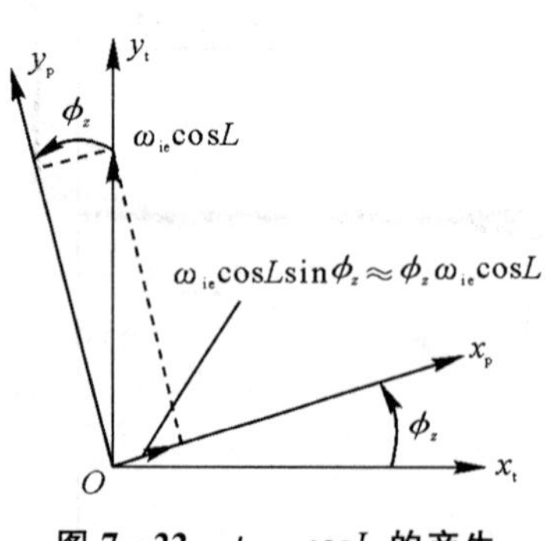

图 7-22 $\phi_z\omega_{ie}\cos L$ 的产生

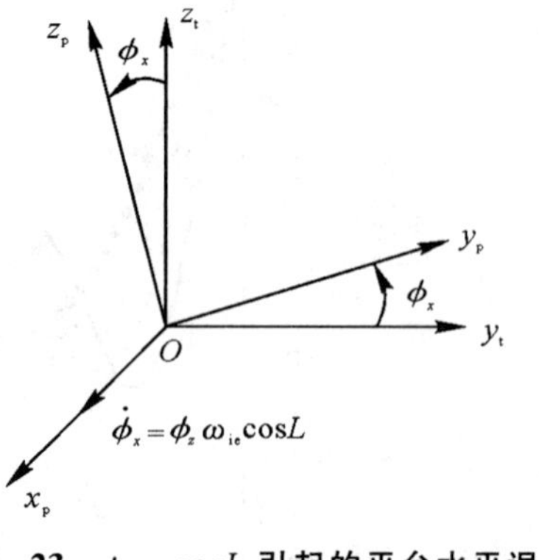

图 7-23 $\phi_z\omega_{ie}\cos L$ 引起的平台水平误差

由于平台 x_p 轴存在着这个交叉耦合项 $-\phi_z\omega_{ie}\cos L$，因而安装在平台 x_p 轴上的陀螺（东向

陀螺）将敏感它的大小，从而使陀螺进动，导致平台绕 x_p 轴转动，偏离水平面一个 ϕ_x 角，如图 7-23 所示。显然，这个交叉耦合项 $-\phi_z\omega_{ie}\cos L$ 对平台的影响，与东向陀螺的漂移 ε_x 对平台的作用是一样的，故将其称为等效东向陀螺漂移项。

上述分析说明，平台方位误差角 ϕ_z 通过交叉耦合项 $-\phi_z\omega_{ie}\cos L$ 和平台水平误差角 ϕ_x 紧密联系，平台方位误差角 ϕ_z 越大，则平台的水平误差角 ϕ_x 也越大，正是由于两者有着如此密切的对应关系，平台的方位对准才成为可能。平台方位误差角 ϕ_z 对惯导系统姿态的影响过程如图 7-24 所示。

图 7-24　ϕ_z 对惯导系统姿态影响过程示意图

因此，$-\phi_z\omega_{ie}\cos L$ 称为罗经项，$-\phi_z\omega_{ie}\cos L$ 这个交叉耦合项对惯导系统姿态的影响称为罗经效应；所谓的方位罗经对准就是利用罗经项 $-\phi_z\omega_{ie}\cos L$ 引起的加速度变化 $\phi_x g$，积分得到速度误差 δv_y，用回路反馈的方法控制平台绕方位轴旋转，使 ϕ_z 逐渐减小。

为说明方位罗经对准原理，根据水平回路的误差方程，将北向加速度计和东向陀螺组成的二阶水平对准回路与方位轴之间的关系用图 7-25 表示出来。

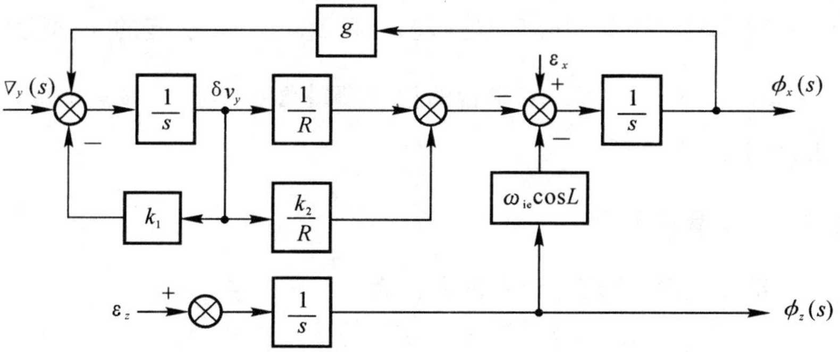

图 7-25　水平对准回路与方位轴的耦合关系

当平台的 y_p 轴和地理系 y_t 轴之间存在方位误差角 ϕ_z 时，通过罗经效应的作用，平台将绕 x_p 轴转动，产生水平倾斜角 ϕ_x；在平台倾斜的同时，北向加速度计将输出 $\phi_x g$，经积分后产生速度误差 δv_y。可见，δv_y 是 $\phi_z\omega_{ie}\cos L$ 的结果，或者说 δv_y 是平台方位误差角 ϕ_z 的一种表现。可以利用 δv_y 作为控制信号，设计一个控制环节 $K(s)$ 去控制方位陀螺，使方位误差角 ϕ_z 减小到所允许的范围内，这就是方位罗经对准原理。方位罗经对准原理方案如图 7-26 所示。

在方位罗经对准方案中，把从 ϕ_z 角开始，经过罗经效应 $\phi_z\omega_{ie}\cos L$ 影响的各个环节到 δv_y 输出，然后再经过方位控制环节 $K(s)$ 到方位陀螺，直到平台绕 z_p 轴反向转动 ϕ_z 角为止的这段回路，称为罗经回路。显然，这个罗经回路是一个闭环负反馈回路。

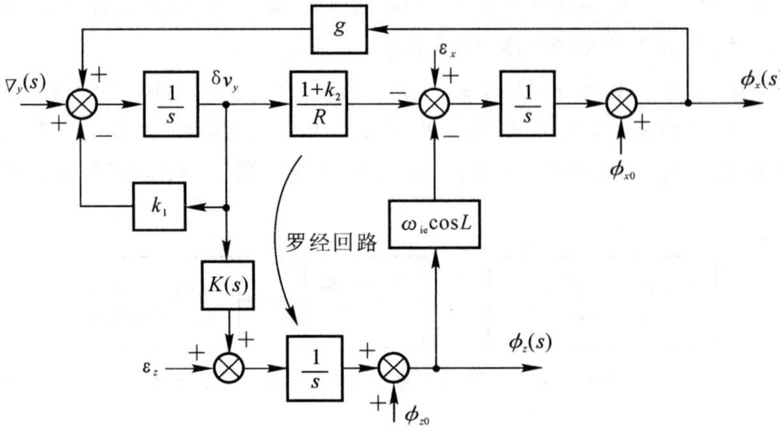

图 7-26 方位罗经对准原理框图

由方位罗经对准原理可知，方位罗经对准能够得以实现的关键是平台的水平误差角 ϕ_x 和方位误差角 ϕ_z 之间存在着联系，而这种联系只有在二阶水平对准回路中才会出现。因此，在方位罗经对准回路中，水平对准回路只能采用二阶水平对准回路，而不能采用三阶水平对准回路。因为三阶水平对准回路中的积分环节 $\frac{k_3}{s}$ 将 ε_x 和 $\phi_z\omega_{ie}\cos L$ 引起的 ϕ_x 抵消掉了，即在三阶回路中，$\phi_x(\infty)=\lim\limits_{s\to 0}s\phi_x(s)=-\nabla_y/g$，平台的稳态倾斜角 $\phi_x(\infty)$ 与 $\phi_z\omega_{ie}\cos L$ 没有关系，因而不能利用 δv_y 去控制 ϕ_z 角。

2. 方位对准方程及参数选择

由方位罗经对准原理图，列出方位对准方程为

$$\left.\begin{aligned}\delta\dot{v}_y&=\phi_x g+\nabla_y-k_1\delta v_y\\ \dot{\phi}_x&=-\frac{1+k_2}{R}\delta v_y-\phi_z\omega_{ie}\cos L+\varepsilon_x\\ \dot{\phi}_z&=\varepsilon_z+K(s)\delta v_y\end{aligned}\right\}\tag{7.91}$$

对式(7.91)进行拉普拉斯变换，并写成矩阵形式，有

$$\begin{bmatrix}s+k_1 & -g & 0\\ \frac{1+k_2}{R} & s & \omega_{ie}\cos L\\ -K(s) & 0 & s\end{bmatrix}\begin{bmatrix}\delta v_y\\ \phi_x\\ \phi_z\end{bmatrix}=\begin{bmatrix}\delta v_{y0}+\nabla_y(s)\\ \phi_{x0}+\varepsilon_x(s)\\ \phi_{z0}+\varepsilon_z(s)\end{bmatrix}\tag{7.92}$$

对式(7.92)进行变换，得

$$\begin{bmatrix}\delta v_y\\ \phi_x\\ \phi_z\end{bmatrix}=\begin{bmatrix}s+k_1 & -g & 0\\ \dfrac{1+k_2}{R} & s & \omega_{ie}\cos L\\ -K(s) & 0 & s\end{bmatrix}^{-1}\begin{bmatrix}\delta v_{y0}+\nabla_y(s)\\ \phi_{x0}+\varepsilon_x(s)\\ \phi_{z0}+\varepsilon_z(s)\end{bmatrix} \tag{7.93}$$

对式(7.93)作进一步推导,可得如下表达式:

$$\begin{bmatrix}\delta v_y\\ \phi_x\\ \phi_z\end{bmatrix}=\frac{1}{\Delta(s)^*}\begin{bmatrix}s^2 & gs & -g\omega_{ie}\cos L\\ -\dfrac{1+k_2}{R}s-\omega_{ie}\cos LK(s) & (k_1+s)s & -(k_1+s)\omega_{ie}\cos L\\ sK(s) & gK(s) & (k_1+s)s+\dfrac{1+k_2}{R}g\end{bmatrix}\begin{bmatrix}\delta v_{y0}+\nabla_y(s)\\ \phi_{x0}+\varepsilon_x(s)\\ \phi_{z0}+\varepsilon_z(s)\end{bmatrix} \tag{7.94}$$

式中

$$\Delta(s)^*=\begin{vmatrix}s+k_1 & -g & 0\\ \dfrac{1+k_2}{R} & s & \omega_{ie}\cos L\\ -K(s) & 0 & s\end{vmatrix}=s^3+k_1s^2+\omega_s^2(1+k_2)s+\omega_{ie}\cos L\cdot K(s)g \tag{7.95}$$

式(7.95)为方位对准特征式。设

$$K(s)=\frac{k_3}{\omega_{ie}\cos L(s+k_4)} \tag{7.96}$$

之所以将 $K(s)$ 设计成变系数环节,为的是使系统特征式不受 L 的影响而成为常系数方程。至于采用惯性环节 $\frac{1}{s+k_4}$ 是为了增强方位回路的滤波作用。将式(7.96)代入式(7.95),有

$$\Delta(s)^*=s^3+k_1s^2+\omega_s^2(1+k_2)s+\frac{k_3}{s+k_4}g \tag{7.97}$$

设 $\nabla_y,\varepsilon_x,\varepsilon_z$ 均为常值误差源,将其进行拉普拉斯变换,并和 $K(s)$ 表达式(7.96)一起代入式(7.94),得到 $\phi_z(s)$ 的表达式,利用终值定理,可求出方位稳态误差角 $\phi_z(\infty)$ 为

$$\phi_z(\infty)=\frac{\varepsilon_x}{\omega_{ie}\cos L}+\frac{(1+k_2)k_4}{Rk_3}\varepsilon_z \tag{7.98}$$

由式(7.98)可以看出,方位陀螺漂移 ε_z 的影响可通过合理选择回路参数 k_2,k_3,k_4 来减小,故影响方位误差角的主要因素是东向陀螺漂移 ε_x。所以在罗经法对准中,方位稳态误差角的极限精度可表示为

$$\phi_z(\infty)\approx\frac{\varepsilon_x}{\omega_{ie}\cos L} \tag{7.99}$$

由此可见,方位对准精度是和东向陀螺漂移紧密相关的。现在就式(7.99)所表达的物理意义加以说明。

如前所述，交叉耦合项 $-\phi_z\omega_{ie}\cos L$ 对平台的影响和东向陀螺漂移 ε_x 是等效的。如果 $\phi_z\omega_{ie}\cos L=\varepsilon_x$，则 $-\phi_z\omega_{ie}\cos L$ 对水平对准回路不起作用，方位误差角 $\phi_z=\dfrac{\varepsilon_x}{\omega_{ie}\cos L}$ 也将处于稳定平衡状态。例如 $\varepsilon_x=0.01°/\mathrm{h}$，则 $\phi_z(\infty)$ 将有 $2.3'\sim4.6'(L=0°\sim60°)$ 的稳态误差。因此，东向陀螺漂移 ε_x 直接影响方位罗经对准的精度。为提高方位对准精度，应在对准阶段测出 ε_x 并加以补偿。否则对准精度将受 ε_x 直接影响，且随纬度 L 的增高而明显下降。

同水平对准时一样，方位对准回路中的四个参数 k_1,k_2,k_3 和 k_4 也必须满足方位对准要求，同样存在这四个参数的选择问题。下面将从方位对准的特征式着手加以介绍。

由方位对准的特征式式(7.97)，可得系统的特征方程为

$$s^4+(k_1+k_4)s^3+[\omega_s^2(1+k_2)+k_1k_4]s^2+\omega_s^2(1+k_2)k_4s+k_3g=0 \tag{7.100}$$

令特征方程的根为

$$s_{1,2}=s_{3,4}=-\sigma\pm \mathrm{j}\omega_n$$

则与其对应的特征方程为

$$(s^2+2\sigma s+\sigma^2+\omega_n^2)^2=0$$

即

$$s^4+4\sigma s^3+(6\sigma^2+2\omega_n^2)s^2+(4\sigma^3+4\sigma\omega_n^2)s+(\sigma^4+2\sigma^2\omega_n^2+\omega_n^4)=0 \tag{7.101}$$

由自动控制原理知识可知，当系统阻尼比 $\xi=\dfrac{\sqrt{2}}{2}$ 时，系统的动态特性最优，这样由式(7.88)，可得 $\sigma=\omega_n$，于是式(7.101)可写成

$$s^4+4\sigma s^3+8\sigma^2s^2+8\sigma^3s+4\sigma^4=0 \tag{7.102}$$

根据式(7.100)与式(7.102)中的系数相等，可建立如下等式：

$$\left.\begin{aligned}&k_1+k_4=4\sigma\\&\omega_s^2(1+k_2)+k_1k_4=8\sigma^2\\&\omega_s^2(1+k_2)k_4=8\sigma^3\\&k_3g=4\sigma^4\end{aligned}\right\} \tag{7.103}$$

考虑到水平对准回路中的 $\dfrac{1}{s+k_1}$ 和在方位对准回路中的 $\dfrac{1}{s+k_4}$ 环节均为惯性环节，可选择 $k_1=k_4$，这样式(7.103)成为

$$\left.\begin{aligned}&k_1=k_4=2\sigma\\&k_2=\frac{4\sigma^2}{\omega_s^2}-1\\&k_3=\frac{4\sigma^4}{g}\end{aligned}\right\} \tag{7.104}$$

式(7.104)即为方位对准回路的参数选择公式。在根据方位对准的指标要求确定了 σ 值之后，回路的参数 k_1,k_2,k_3 和 k_4 也就随之确定了。

7.5.4　陀螺漂移的测定与方位计算法对准

由上述分析可知，要提高惯导平台的对准精度，必须将陀螺漂移测量出来。一般地说，陀螺漂移特性里含有常值分量和随机分量。然而，在不同时间里测得的常值分量数值也并不一样，这种变动可用偏值稳定性来衡量。实践表明，偏值稳定性的标准差在数值上比随机分量还要大一个量级，因而成为测漂和补偿的主要成分。当然，在较长的过程中把陀螺漂移作为常值处理是不符合实际的。但如能做到随时测定随时补偿，则在短时间内作常值处理就是合理的了，能使对准精度和导航精度都得以提高。

在实验室里进行陀螺漂移的测定，主要设备是伺服转台或静基座光学分度头，后者实际上把地球作为转台。对于组装好的惯导系统来说，平台本身就是一个很好的三轴伺服转台，在测漂中完全可以起到实验转台的作用。只要将设计好的测漂程序事先存储到计算机里，系统就能按程序自动测漂。

惯导系统自动测漂是在平台初始对准的基础上进行的。一般先对水平陀螺测漂，再对方位陀螺测漂。

1. 水平陀螺漂移的测定

两个水平对准回路的框图如图 7-27 所示。

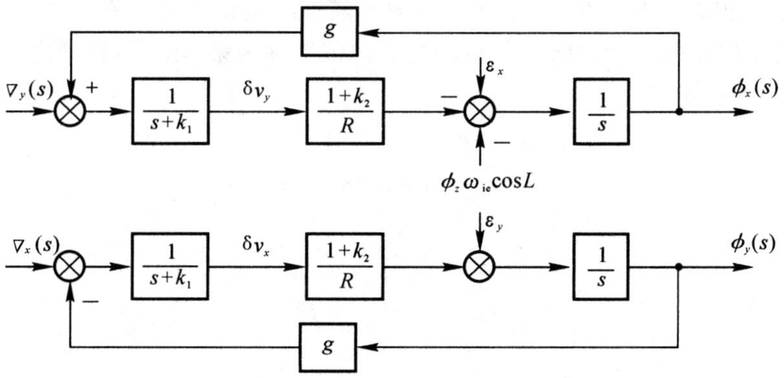

图 7-27　水平对准回路框图

由图 7-27 可写出下列方程：

$$\left.\begin{aligned}\dot{\phi}_x &= -\frac{1+k_2}{R}\delta v_y - \phi_z\omega_{ie}\cos L + \varepsilon_x \\ \dot{\phi}_y &= \frac{1+k_2}{R}\delta v_x + \varepsilon_y\end{aligned}\right\} \tag{7.105}$$

当对准结束时，平台处于稳态，即 $\dot{\phi}_x=\dot{\phi}_y=0$，式(7.105) 成为

$$\left.\begin{aligned}&-\frac{1+k_2}{R}\delta v_y-\phi_z\omega_{\mathrm{ie}}\cos L+\varepsilon_x=0\\&\frac{1+k_2}{R}\delta v_x+\varepsilon_y=0\end{aligned}\right\}\tag{7.106}$$

式中的 $\frac{1+k_2}{R}\delta v_y$，$\frac{1+k_2}{R}\delta v_x$ 是加速度误差 $\delta\dot{v}_y$，$\delta\dot{v}_x$ 经前向通道而形成的误差指令角速率，即

$$\left.\begin{aligned}\delta\omega_{xc}&=\frac{1+k_2}{R}\delta v_y\\\delta\omega_{yc}&=\frac{1+k_2}{R}\delta v_x\end{aligned}\right\}\tag{7.107}$$

$\delta\omega_{xc}$，$\delta\omega_{yc}$ 即为加到两个水平陀螺力矩器上的误差指令信号，可通过信号电流加以观测。由式(7.106) 和式(7.107) 可得

$$\left.\begin{aligned}\delta\omega_{xc}&=-\phi_z\omega_{\mathrm{ie}}\cos L+\varepsilon_x\\\delta\omega_{yc}&=-\varepsilon_y\end{aligned}\right\}\tag{7.108}$$

从式(7.108) 不难看出，在东向加速度计、北向陀螺组成的水平回路里，误差指令信号 $\delta\omega_{yc}$ 正好补偿了北向陀螺漂移，因而 ε_y 通过 $\delta\omega_{yc}$ 而得到测量。但是，在北向加速度计和东向陀螺所组成的水平回路里，ε_x 仍无法测得。这是因为罗经效应项 $-\phi_z\omega_{\mathrm{ie}}\cos L$ 中的 ϕ_z 是个未知数。

如果给方位陀螺加一控制信号，使平台逆时针转 90°，此时原来具有 ε_x 的东向陀螺处于北向，而具有 ε_y 的北向陀螺处于西向。将转动之前的位置称为第 1 位置，转动之后的位置称为第 2 位置，如图 7－28 所示。

$$\left.\begin{aligned}\delta\omega_{xc}^*&=\varepsilon_x^*\\\delta\omega_{yc}^*&=-\phi_z\omega_{\mathrm{ie}}\cos L-\varepsilon_y^*\end{aligned}\right\}\tag{7.109}$$

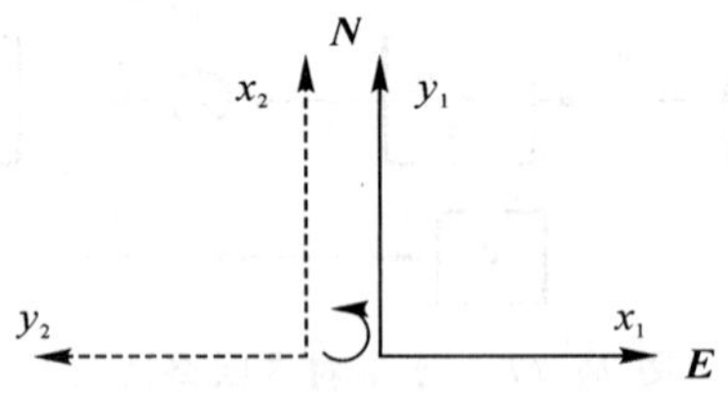

图 7－28 平台旋转的第 1 位置和第 2 位置

由于在北－西－天坐标系里测得的 ε_x^*，就是在东－北－天坐标系里测不出来的 ε_x，这样通过两个位置的测量，先后测得了 ε_y 和 ε_x。然后通过式(7.108) 的第一式，便可求得方位误差角 ϕ_z，即

$$\phi_z = \frac{\varepsilon_x - \delta\omega_{xc}}{\omega_{ie}\cos L} \tag{7.110}$$

既然知道了 ϕ_z，方位误差不难消除，因此这也是一种方位对准方案，称为方位计算对准法。

2. 方位陀螺漂移的测定

方位陀螺的漂移测定，必须使方位轴处于稳定平衡的状态才能进行。为此，应设计一个能使方位轴平衡的控制回路。由于方位陀螺属于高度通道，没有像水平回路那样的重力反馈，因而必须人为地构成闭环回路，如图 7-29 所示给出了这种方位控制回路的框图。

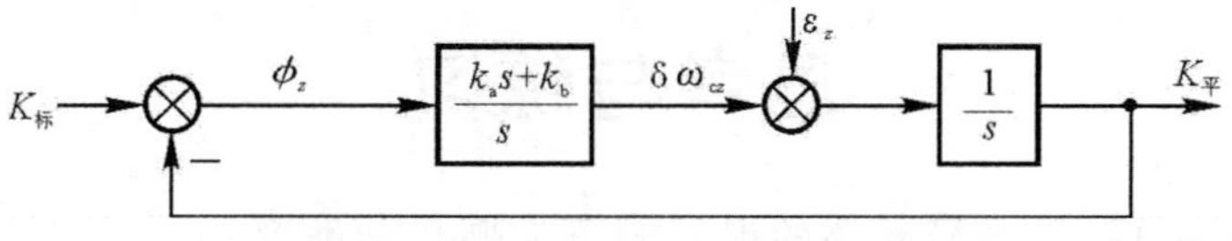

图 7-29　方位陀螺测漂控制回路框图

图 7-29 中的 $K_{标}$ 是由加到方位陀螺的施矩电流产生的平台绕方位轴的期望转角信号，施矩电流和施矩时间确定后，此转角信号也就确定，是一个作为基准的常量。$K_{平}$ 则是取自方位转角传感器的平台相对地理系的实际转角信号。它包含了由方位陀螺漂移 ε_z 所产生的误差角，将 $K_{平}$ 反馈回来与 $K_{标}$ 进行比较后的差角，即为方位误差角 ϕ_z。

方位误差角 ϕ_z，$K_{标}$，$K_{平}$ 之间的关系为

$$K_{平} = K_{标} + \phi_z \tag{7.111}$$

在图 7-29 中，$\frac{k_a s + k_b}{s}$ 是为使方位测漂控制回路满足动态特性要求而设计的环节，适当的选择 k_a 和 k_b。考虑到回路的动态品质，使 ϕ_z 可以达到系统的品质指标和性能满足方位陀螺测漂的要求。图 7-29 所示传递函数为

$$K_{平} = \frac{(k_a s + k_b) + s\varepsilon_x}{s^2 + k_a s + k_b} K_{标} \tag{7.112}$$

因此，系统的特征方程为

$$s^2 + k_a s + k_b = 0 \tag{7.113}$$

令其特征根为

$$s_1 = \sigma + j\omega_d, \quad s_2 = \sigma - j\omega_d$$

式中，$\omega_d = \sigma\sqrt{\frac{1-\xi^2}{\xi^2}}$；$\xi$ 为阻尼比；σ 为衰减系数；ω_d 为阻尼系数。

由特征根写出的特征方程与式(7.113) 比较系数，即可得到参数 k_a，k_b 的计算公式为

$$
\begin{aligned}
k_{\mathrm{a}} &= 2\sigma \\
k_{\mathrm{b}} &= \frac{\sigma^2}{\xi^2}
\end{aligned}
\tag{7.114}
$$

当系统处于稳态时，即 $\dot{K}_{平}=0$，有

$$
\delta\omega_{zc}=-\varepsilon_z \tag{7.115}
$$

于是通过观测 $\delta\omega_{zc}$ 可得到方位陀螺漂移 ε_z。

在以上的分析中，没有考虑平台的表观运动，认为已经被相应的指令信号消除。

最后还须提到的是，初始对准结束后，必须及时将有阻尼的对准回路转换到无阻尼的舒勒回路，以便系统进入正常的导航工作状态。

思考与练习

7.1　根据误差的成因，惯导系统的误差源分为哪几种类型？

7.2　如何建立惯导系统的误差方程？

7.3　以指北方位平台式惯导系统为例，画出其误差传递的方向示意图。

7.4　在惯导系统误差的传播过程中，包含有三种可能的振荡周期：舒勒周期、地转周期和傅科周期，分析说明这三种周期性成分是如何产生的。

7.5　平台式惯导系统开始工作时，为什么首先要进行初始对准？主要有哪些对准方法？

7.6　平台式惯导系统的自对准通常分为粗对准和精对准两个阶段，简要说明自对准的实施过程。

7.7　分析说明影响平台式惯导系统水平对准和方位对准精度的主要因素。

7.8　什么是罗经效应？分析说明如何利用罗经效应实现平台式惯导系统的方位对准。

第8章　捷联式惯性导航系统

前面已经介绍了平台式惯导系统的原理、力学编排、误差分析和初始对准等内容。在本章中将介绍另一类惯性导航系统，也就是捷联式惯性导航系统。

所谓捷联式惯性导航系统(Strapdown Inertial Navigation System，SINS)，是指将惯性元器件(陀螺仪和加速度计)直接安装在载体上的惯导系统。从结构上说，捷联式惯导系统与平台式惯导系统的主要区别，是去掉了实体的机械平台，代之以导航计算机中存储的“数学平台”来完成机械平台的功能。那么，“数学平台”是如何替代机械平台的功能，捷联惯导系统又是如何工作的呢？本章就来具体讨论这些问题。

8.1　捷联式惯导系统概述

8.1.1　捷联式惯导系统的基本原理

在前述的平台式惯导系统中，惯性平台成为系统结构的主体，其体积和质量约占整个系统的1/2，而安装在平台上的陀螺仪和加速度计却只占平台质量的1/7左右。而且，平台本身又是一个高精度且结构十分复杂的机电控制系统，它所需的加工制造成本大约要占整个系统费用的2/5。特别是由于结构复杂，故障率较高，因而惯导系统工作的可靠性受到很大影响。正是出于这方面的考虑，在发展平台式惯导系统的同时，人们就开始了对另一种惯导系统的研究，这就是捷联式惯导系统。

“捷联”的英文为“strapdown”，有“直接固联”的意思。捷联式惯导系统是指将惯性器件(陀螺仪和加速度计)直接安装在载体上的系统。从结构上说，捷联式惯导系统与平台式惯导系统的主要区别:去掉了实体的惯性平台而代之以存储在计算机里的“数学平台”。

下面就来讨论，取消了实体平台以后，将会出现什么问题，而“数学平台”又是怎么一回事。

捷联系统的加速度计组是直接安装在载体上的，三个加速度计的测量轴分别与载体坐标系的纵轴 Ox_b、横轴 Oy_b 以及竖轴 Oz_b 相重合。但是，载体坐标系 $Ox_by_bz_b$ 不能作为导航坐标系。

捷联系统的加速度计测得的比力分量为

$$f^{b}=\begin{bmatrix}f_x^{b}\\f_y^{b}\\f_z^{b}\end{bmatrix} \tag{8.1}$$

只有将 f^b 转换为 f^n，才能把载体的水平加速度和重力加速度分开，以进行有效的地表导航计算。这个功能本来是由实体的惯性平台承担的，现在则必须借助计算机来完成。由于

$$f^n=C_b^n f^b \tag{8.2}$$

因此计算机必须能实时地提供方向余弦矩阵 C_b^n，才能实时地把 f^b 转换为 f^n。而要提供随时间变化着的 C_b^n，又必须求解以下微分方程组：

$$\dot{C}_b^n=\Omega_{nb}^b C_b^n \tag{8.3}$$

在捷联式惯导系统中，还有 3 个单自由度陀螺仪也直接安装在载体上，它们的测量轴分别与载体坐标系 b 的 3 个轴相重合。这样，它们可以测得载体相对于惯性空间的角速度 ω_{ib}^b。只有通过下式才能将其转换为 ω_{nb}^n，即

$$\left.\begin{aligned}&\omega_{ib}^n=C_b^n\omega_{ib}^b\\&\omega_{nb}^n=\omega_{ib}^n-\omega_{in}^n=\omega_{ib}^n-(\omega_{ie}^n+\omega_{en}^n)\end{aligned}\right\} \tag{8.4}$$

式(8.4)中，要求提供 C_b^n，ω_{en}^n 及 ω_{ie}^n。而 C_b^n 正是求解式(8.4)所得出的结果，ω_{en}^n 则是后续计算中才能得到的导航系相对地球系的转动角速度(由它可求出载体地理位置)。这就充分体现了计算的反馈性质。图 8-1 所示为计算机求解方向余弦矩阵 C_b^n(又称为姿态矩阵)的计算流程。

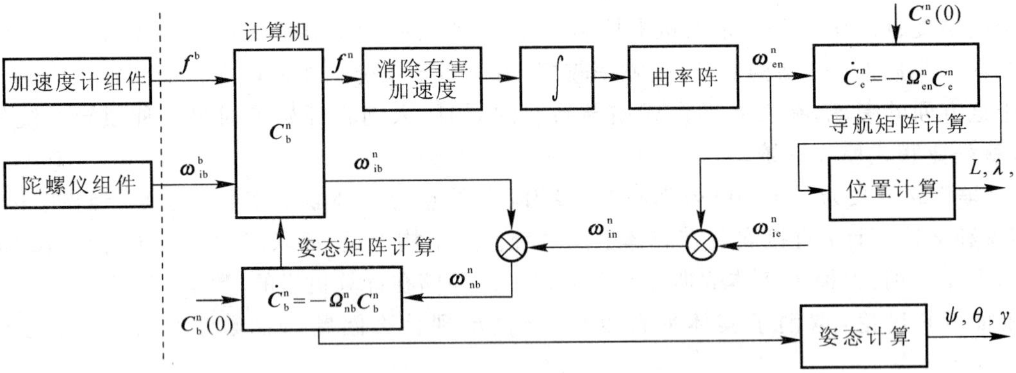

图 8-1 捷联惯导系统计算流程图

把图 8-1 与第 6 章的图 6-24 作一对照，就会明显地看出，正是依靠计算机对姿态矩阵的计算提供出 C_b^n 的即时值，才能顺利地由 f^b 得到 f^n，从而进行有效的导航计算。正是在这个意义上说，用计算机软件实现了一个“数学平台”并取代了原有的硬件(实体)平台。当然，如同在导航矩阵计算前必须提供初始矩阵 $C_e^n(0)$ 一样，在姿态矩阵计算之前，也必须提供初始矩阵

$\boldsymbol{C}_b^n(0)$，这些正是在系统的初始对准阶段所要完成的工作。

在研制捷联式惯导系统的过程中会遇到了两方面的技术难点。一是对惯性器件特别是陀螺仪的技术要求更加严格和苛刻，二是对计算机的计算速度和精度也提出了相当高的要求。

由于实体平台对惯性器件所起的运动隔离作用已不复存在，惯性器件将不得不在相当恶劣的环境下工作。要求陀螺仪能测量小至 0.01°/h，大至 400°/s 的转动角速度，其动态量程达 10^8。又由于陀螺仪是在力平衡状态下工作，因此力矩器可能要承受相当大的施矩电流，造成过大的功率消耗以至会使陀螺漂移显著增大。此外，载体的运动冲击和振动也将严重影响惯性器件的性能。因此，要求用于捷联系统的陀螺仪应具有很高的灵敏度和力矩刚度，并有相当宽的测量范围以及足够的抗冲击和耐旋转的能力。

由于工作条件恶劣，对陀螺仪和加速度计都必须建立相应的误差模型，并在工作中给以精确的补偿。另外，由于借助计算机实现了“数学平台”，因而所要求的软件比平台式系统多得多。特别是要实现实时运算，对运算精度和速度都有很高的要求。由于计算机性能的飞速提高，这方面的困难较之惯性器件的研制越来越容易解决。这也包括采用合理的算法，如四元数法在捷联系统求解矩阵中得到应用，使计算量减少许多。

综上所述，与平台式惯导系统相比，捷联式惯导系统有以下特点：

① 取消了实体平台，代之以大量的实时软件，大大降低了系统的体积、质量和成本。

② 取消了实体平台，减少了系统中的机电元件，而对加速度计和陀螺仪容易实现多余度配置方案，因此系统工作的可靠性大大提高。

③ 较平台系统维护简便，故障率低。

④ 由于动态环境恶劣，因而对惯性器件的要求比平台系统高，也没有平台系统标定惯性器件的方便条件。为此，器件要求有较高的参数稳定性。

捷联式惯导系统就其程序编排而言，可分为两种，一种是在惯性坐标系中求解导航方程式，另一种是在导航坐标系中求解导航方程式。这种情形是与平台式惯导系统相类似的。

8.1.2　惯性器件的误差补偿原理

对实际的惯性器件中客观存在的误差源(例如原理误差、结构误差、工艺误差等)，尤其是工作于捷联环境下的惯性器件，载体的复杂动态运动会激发出多种形式的误差。建立精确的惯性器件误差模型是实现有效误差补偿的依据，惯性器件误差补偿的结果将大大提高器件的测量精度，进而提高导航速度。根据有关报道，误差在(4 ～ 5)°/h 的陀螺，经过动静态误差补偿之后可达到 0.01°/h 的精度。因此，对惯性元件进行补偿与否成为影响系统高、低性能差别的主要因素。

惯性元件的动静态误差补偿工作须在确定了对应的误差模型的基础上进行。为了简化分析，将惯性元件的动、静态误差模型统称为加速度计的误差模型或陀螺的误差模型。在惯性元件的误差模型建立之后，这部分误差就已成为规律性的误差，就可通过计算机中的软件进行误差补偿，并将补偿后的信息作为参与惯导系统进行位置、速度和姿态解算的精确信息。

惯性器件的补偿原理如图 8－2 所示，图中$\boldsymbol{\omega}_{ib}$，$\boldsymbol{a}_{ib}$为机体相对惯性空间运动的角速度和比力；$\boldsymbol{\omega}_{ib}^{b\prime}$，$\boldsymbol{a}_{ib}^{b\prime}$为陀螺及加速度计输出的原始测量值；$\boldsymbol{\omega}_{ib}^{b}$，$\boldsymbol{a}_{ib}^{b}$为经误差补偿后的陀螺及加速度计的测量值；$\delta\boldsymbol{\omega}_{ib}^{b}$，$\delta\boldsymbol{a}_{ib}^{b}$为由误差模型计算软件输出的陀螺测量误差及加速度计测量误差的估计值。

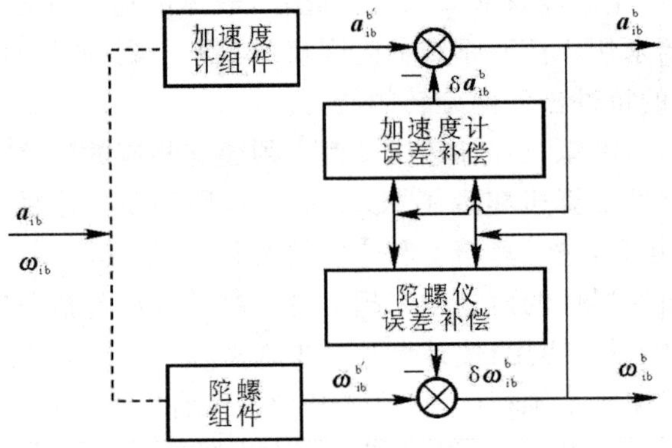

图 8－2　惯性器件补偿原理

经误差补偿，陀螺及加速度计的绝大部分动静态误差都可以得到补偿。显然，采用误差补偿后的$\boldsymbol{\omega}_{ib}^{b}$，$\boldsymbol{a}_{ib}^{b}$进行姿态、位置计算可大大提高导航精度。

8.1.3　捷联式惯导系统算法

捷联式惯导系统的算法是指从惯性器件的输出到给出需要的导航和控制信息所必须进行的全部计算内容和方法。计算的内容和要求，根据捷联式惯导应用要求的不同而有所不同。但一般来说，它包括下述内容。

（1）系统的启动和自检测

系统启动之后，各部分的工作是否正常，要通过自检测程序加以检测，其中包括电源、惯性器件、计算机及计算机软件。通过自检测，发现有不正常，则发出警告信息。

（2）系统的初始化

系统的初始化包括以下三项任务：

① 给定载体的初始位置和初始速度等初始信息。

② 进行初始对准。初始对准就是确定姿态矩阵的初始值，它是在计算机中用对准程序来完成的。

③ 惯性器件的校准。对陀螺的刻度系数进行标定，对陀螺漂移进行标定并补偿，对加速

度计也同样标定刻度系数。初始化过程中对惯性器件的校准是提高系统精度的重要保证。

(3) 惯性器件的误差补偿，这要通过专用的软件来实现

(4) 姿态矩阵的计算

(5) 导航参数的计算

(6) 制导和控制信息的提取

姿态信息既用来显示，也是控制系统中最基本的信息。此外，载体的角速度和线速度也都是载体需要的控制信息。这些信息可以从姿态矩阵元素和陀螺仪与加速度计的输出中提取。捷联式惯导系统算法流程如图 8-3 所示。

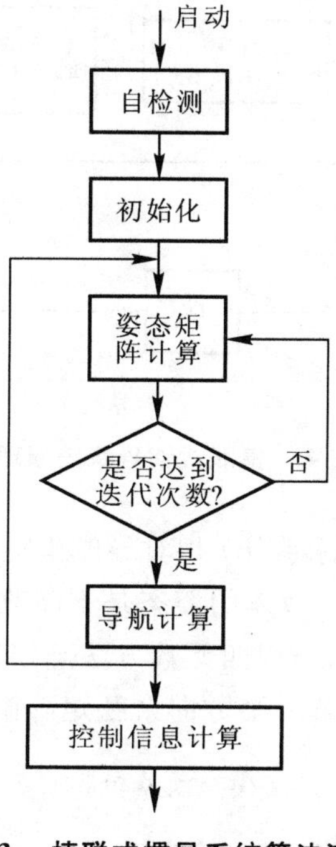

图 8-3　捷联式惯导系统算法流程图

捷联式惯导系统基本力学方程是两个矩阵微分方程(导航位置方程和姿态方程)。载体的位置和状态都是在不断改变的，因此，在解两个矩阵微分方程时要求提供相应的位置角速度和姿态速度方程。位置角速度是通过相对地球的线速度求得的；导航参数中速度也是经此求得的。而要得到相对地球的速度，需要在导航计算机中消除有害加速度，这就需要建立速度微分方程。速度是把载体系中测量的加速度转换到导航坐标系(“平台系”)积分而获得的。

可见，除导航位置方程和姿态方程这些基本力学方程外，与之有关的力学方程还有位置角速度方程、姿态角速度方程以及速度方程。

8.2　捷联式惯导系统的基本力学编排方程

8.2.1　捷联式惯导系统原理框图

基于捷联式惯导系统计算流程图(见图 8-1)，得到捷联式惯导系统的原理框图，如图 8-4 所示。

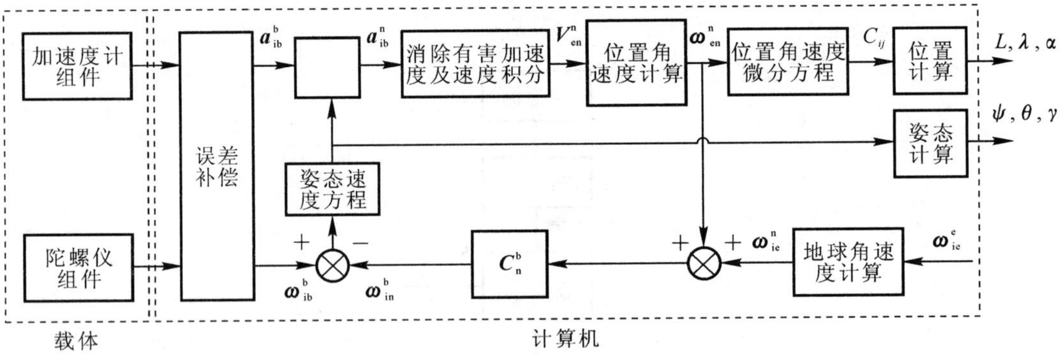

图 8-4　捷联式惯导系统原理框图

载体的姿态和航向可用载体坐标系(b)相对导航坐标系(n)的三次转动角确定，即用航向角 φ、俯仰角 θ 和滚转角 γ 确定。由于载体的姿态是不断改变的，因此，姿态矩阵 $\boldsymbol{C}_b^n$ 的元素是时间的函数。为随时确定载体的姿态，当用四元数方法确定姿态矩阵时，应解一个四元数运动学微分方程(若用方向余弦方法时，要解一个方向余弦矩阵微分方程)，即

$$\dot{\boldsymbol{\Lambda}}=\frac{1}{2}\boldsymbol{\Lambda}\boldsymbol{\omega}_{nb}^{b} \tag{8.5}$$

式中，$\boldsymbol{\omega}_{nb}^{b}$ 是姿态角速度。它与其他角速度的关系为

$$\boldsymbol{\omega}_{nb}^{b}=\boldsymbol{\omega}_{ib}^{b}-\boldsymbol{\omega}_{in}^{b}$$

得

$$\boldsymbol{\omega}_{nb}^{b}=\boldsymbol{\omega}_{ib}^{b}-\boldsymbol{C}_n^b\boldsymbol{\omega}_{in}^{n}=\boldsymbol{\omega}_{ib}^{b}-\boldsymbol{C}_n^b(\boldsymbol{\omega}_{ie}^{n}+\boldsymbol{\omega}_{en}^{n}) \tag{8.6}$$

式中，$\boldsymbol{\omega}_{ie}^{n}$ 为地球自转角速度，是已知的；$\boldsymbol{\omega}_{en}^{n}$ 为位置角速度，它可以经相对速度求得。

姿态角和航向角可以从姿态矩阵 $\boldsymbol{C}_b^n$ 中的相应元素求得。

加速度计组件输出量进行补偿后为 $\boldsymbol{a}_{ib}^{b}$，它是沿载体轴的加速度矢量，经 $\boldsymbol{C}_b^n$ 实现其从载体系(b)到导航系(n)的变换，得到导航系中的加速度 $\boldsymbol{a}_{ib}^{n}$。

相对速度 $\boldsymbol{V}_{en}^{n}$ 可以通过对相对加速度 $\boldsymbol{a}_{en}^{n}$ 积分得到。在导航系(n)里的加速度经过消除有

害加速度后可得到相对加速度$\boldsymbol{a}_{en}^{n}$。

载体的位置计算与相对速度亦即与位置角速度有关。

在获得相对速度的基础上，由于载体位置在不断地改变，为正确反映这种变化，需要求解方向余弦矩阵微分方程：

$$\dot{\boldsymbol{C}}_{e}^{n} = -\boldsymbol{\Omega}_{en}^{n}\boldsymbol{C}_{e}^{n} \tag{8.7}$$

由$\boldsymbol{C}_{e}^{n}$相应元素可求得载体位置。现在将按照上述说明的顺序进行讨论，并建立算式。

8.2.2　姿态方程

对于平台式惯导系统，由于惯性测量元件安装在物理平台的台体上，加速度计的敏感轴分别沿 3 个坐标轴的正向安装，测得载体的加速度信息就体现为比力在平台坐标系中的 3 个分量 f_x^p，f_y^p 和 f_z^p。如果使平台坐标系精确模拟某一选定的导航坐标系 $Ox_ny_nz_n$，也便得到了比力 f 在导航坐标系中的 3 个分量 f_x^n，f_y^n 和 f_z^n。对于捷联惯导系统，加速度计是沿载体坐标系 $Ox_by_bz_b$ 安装的，它只能测量沿载体坐标系的比力分量 f_x^b，f_y^b，f_z^b，因此需要将 f_x^b，f_y^b，f_z^b 转换成 f_x^n，f_y^n，f_z^n。实现由载体坐标系到导航坐标系坐标转换的方向余弦矩阵 $\boldsymbol{C}_b^n$ 又叫作捷联矩阵；由于根据捷联矩阵的元素可以单值地确定飞行器的姿态角，因此又可叫作飞行器姿态矩阵；由于姿态矩阵起到了类似平台的作用（借助于它可以获得 f_x^n，f_y^n，f_z^n），因此又可叫作“数学平台”。显然，捷联式惯导系统要解决的关键问题就是如何实时地求出捷联矩阵，即进行捷联矩阵的即时修正。下面就来讨论这方面的问题。

1. 捷联矩阵的定义

设机体坐标系 $Ox_by_bz_b$ 固联在机体上，其 Ox_b，Oy_b，Oz_b 轴分别沿飞机的横轴、纵轴与竖轴，如图 8－5 所示。选取游动方位系统作为导航坐标系（仍称 n 系）。于是实现由机体坐标系至导航坐标系坐标转换的捷联矩阵 $\boldsymbol{C}_b^n$ 应该满足矩阵方程：

$$\begin{bmatrix} x_n \\ y_n \\ z_n \end{bmatrix} = \boldsymbol{C}_b^n \begin{bmatrix} x_b \\ y_b \\ z_b \end{bmatrix} \tag{8.8}$$

捷联矩阵 $\boldsymbol{C}_b^n$ 求得后，沿机体坐标系测量的比力 $\boldsymbol{f}^b$ 就可以转换到导航坐标系上，得到 $\boldsymbol{f}^n$，从而便可以进行导航计算。

显然有

$$\boldsymbol{f}^n = \boldsymbol{C}_b^n \boldsymbol{f}^b \tag{8.9}$$

图 8－5 还示出了由导航坐标系至机体坐标系的转换关系。开始时，载体坐标系 $Ox_by_bz_b$ 与导航坐标系 $Ox_ny_nz_n$ 完全重合。$Ox_ny_nz_n$ 进行图中所示的三次旋转可以到达 $Ox_by_bz_b$ 的位

置，它可以通过下述顺序的三次旋转来表示：

$$x_n y_n z_n \xrightarrow[\psi_G]{\text{绕 } z_n \text{ 轴}} x'_n y'_n z'_n \xrightarrow[\theta]{\text{绕 } x'_n \text{ 轴}} x''_n y''_n z''_n \xrightarrow[\gamma]{\text{绕 } y''_n \text{ 轴}} x_b y_b z_b$$

式中，θ，γ 分别代表机体系的俯仰角和倾斜角；ψ_G 表示机体纵轴 y_b 的水平投影 y'_n 与游动方位坐标系 y_n 之间的夹角，即游动方位系统的航向角，称为格网航向角。由于 y_n(格网北) 与地理北向 y_t(真北) 之间相差一个游动方位角 α(见图 8-6)，因而 y'_n与 真北 y_t 之间的夹角即真航向角为

$$\psi = \psi_G - \alpha \tag{8.10}$$

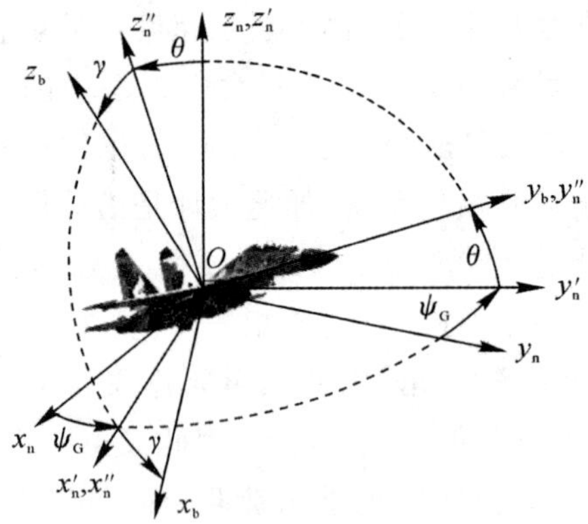

图 8-5 游动方位坐标系与机体坐标系之间的关系

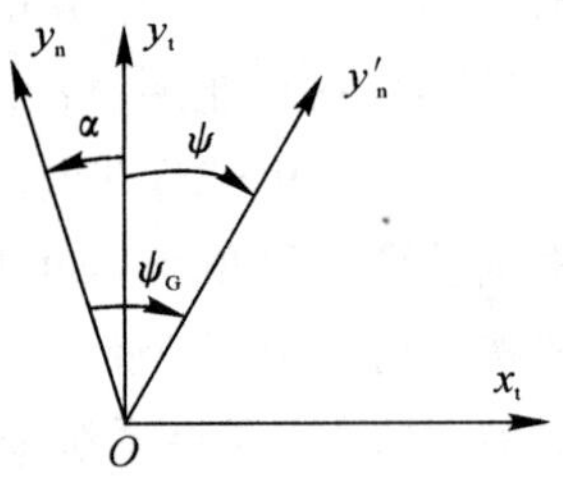

图 8-6 游动方位系统平台航向角 ψ 与 α，ψ_G 之间的关系

根据上述的旋转顺序，可以得到由导航坐标系到机体坐标系的转换关系，即

$$\begin{bmatrix} x_b \\ y_b \\ z_b \end{bmatrix} = \begin{bmatrix} \cos\gamma & 0 & -\sin\gamma \\ 0 & 1 & 0 \\ \sin\gamma & 0 & \cos\gamma \end{bmatrix} \begin{bmatrix} 1 & 0 & 0 \\ 0 & \cos\theta & \sin\theta \\ 0 & -\sin\theta & \cos\theta \end{bmatrix} \begin{bmatrix} \cos\psi_G & \sin\psi_G & 0 \\ -\sin\psi_G & \cos\psi_G & 0 \\ 0 & 0 & 1 \end{bmatrix} \begin{bmatrix} x_n \\ y_n \\ z_n \end{bmatrix} =$$

$$\begin{bmatrix} \cos\gamma\cos\psi_G - \sin\gamma\sin\theta\sin\psi_G & \cos\gamma\sin\psi_G + \sin\gamma\sin\theta\cos\psi_G & -\sin\gamma\cos\theta \\ -\cos\theta\sin\psi_G & \cos\theta\cos\psi_G & \sin\theta \\ \sin\gamma\cos\psi_G + \cos\gamma\sin\theta\sin\psi_G & \sin\gamma\sin\psi_G - \cos\gamma\sin\theta\cos\psi_G & \cos\gamma\cos\theta \end{bmatrix} \begin{bmatrix} x_n \\ y_n \\ z_n \end{bmatrix} \tag{8.11}$$

由式(8.8) 可得

$$\begin{bmatrix} x_b \\ y_b \\ z_b \end{bmatrix} = \boldsymbol{C}_n^b \begin{bmatrix} x_n \\ y_n \\ z_n \end{bmatrix} \tag{8.12}$$

对比式(8.11) 和式(8.12)，由于方向余弦矩阵 $\boldsymbol{C}_b^n$ 为正交矩阵，因而 $\boldsymbol{C}_b^n = [\boldsymbol{C}_n^b]^{-1} = [\boldsymbol{C}_n^b]^{\mathrm{T}}$，令

$$C_b^n = \begin{bmatrix} T_{11} & T_{12} & T_{13} \\ T_{21} & T_{22} & T_{23} \\ T_{31} & T_{32} & T_{33} \end{bmatrix} \tag{8.13}$$

于是

$$C_b^n = \begin{bmatrix} \cos\gamma\cos\psi_G - \sin\gamma\sin\theta\sin\psi_G & -\cos\theta\sin\psi_G & \sin\gamma\cos\psi_G + \cos\gamma\sin\theta\sin\psi_G \\ \cos\gamma\sin\psi_G + \sin\gamma\sin\theta\cos\psi_G & \cos\theta\cos\psi_G & \sin\gamma\sin\psi_G - \cos\gamma\sin\theta\cos\psi_G \\ -\sin\gamma\cos\theta & \sin\theta & \cos\gamma\cos\theta \end{bmatrix} \tag{8.14}$$

2. 由捷联矩阵确定飞行器的姿态角

由式(8.14)可以看出捷联矩阵(或姿态矩阵)C_b^n是ψ_G,θ,γ的函数。由C_b^n的元素可以单值地确定ψ_G,θ,γ,然后再由式(8.10)确定ψ,从而求得飞行器的姿态角。

由式(8.13)和式(8.14)可得ψ_G,θ,γ的主值为

$$\left.\begin{aligned} \theta_{主} &= \sin^{-1}(T_{32}) \\ \gamma_{主} &= \tan^{-1}\left(\frac{-T_{31}}{T_{33}}\right) \\ \psi_{G主} &= \tan^{-1}\left(\frac{-T_{12}}{T_{22}}\right) \end{aligned}\right\} \tag{8.15}$$

为了单值地确定ψ_G,θ,γ的真值,首先应给出它们的定义域。俯仰角θ的定义域为$(-90°,90°)$,倾斜角γ的定义域为$(-180°,180°)$,格网航向角ψ_G的定义域为$(0°,360°)$。

对式(8.15)进行分析可以看出,由于俯仰角θ的定义域与反正弦函数的主值域是一致的,因而θ的主值就是其真值;而倾斜角γ与格网航向角ψ_G的定义域与反正切函数的主值域不一致,因此,在求得γ及ψ_G的主值后还要根据T_{33}或T_{22}的符号来确定其真值。由于根据主值确定真值的方法与第6章中由位置矩阵C_e^p确定φ,λ,α的真值的方法相同,这里就不再赘述,而直接给出结果。于是,θ,γ,ψ_G的真值可表示为

$$\left.\begin{aligned} \theta &= \theta_{主} \\ \gamma &= \begin{cases} \gamma_{主}, & T_{33} > 0 \\ \gamma_{主} + 180°, & T_{33} < 0, \gamma_{主} < 0 \\ \gamma_{主} - 180°, & T_{33} < 0, \gamma_{主} > 0 \end{cases} \\ \psi_G &= \begin{cases} \psi_{G主}, & T_{22} > 0, \psi_{G主} > 0 \\ \psi_{G主} + 360°, & T_{22} > 0, \psi_{G主} < 0 \\ \psi_{G主} + 180°, & T_{22} < 0 \end{cases} \end{aligned}\right\} \tag{8.16}$$

ψ_G确定后,再由式(8.10):

$$\psi = \psi_G - \alpha$$

确定飞行器的航向角ψ。

由以上的分析可以看出,捷联式惯导系统可以精确地计算出飞行器的姿态角,而平台式惯导系统只能由平台框架之间的同步器拾取近似的姿态角,这是捷联系统的一大优点。

综上所述可以看出，捷联矩阵 C_b^n 有两个作用：其一是用它来实现坐标转换，将沿机体系安装的加速度计测量的比力转换到导航坐标系上；其二是根据捷联矩阵的元素确定飞行器的姿态角。

3. 姿态矩阵微分方程

C_b^n 元素是时间的函数。为求C_b^n 需要求解姿态微分方程

$$\dot{C}_b^n = C_b^n \Omega_{nb}^b \tag{8.17}$$

式中，Ω_{nb}^b 为姿态角速度$\omega_{nb}^b = [\omega_{nbx}^b \quad \omega_{nby}^b \quad \omega_{nbz}^b]^T$ 组成的反对称阵。将式(8.17) 展开，则有

$$\begin{bmatrix} \dot{T}_{11} & \dot{T}_{12} & \dot{T}_{13} \\ \dot{T}_{21} & \dot{T}_{22} & \dot{T}_{23} \\ \dot{T}_{31} & \dot{T}_{32} & \dot{T}_{33} \end{bmatrix} = \begin{bmatrix} T_{11} & T_{12} & T_{13} \\ T_{21} & T_{22} & T_{23} \\ T_{31} & T_{32} & T_{33} \end{bmatrix} \begin{bmatrix} 0 & -\omega_{nbz}^b & \omega_{nby}^b \\ \omega_{nbz}^b & 0 & -\omega_{nbx}^b \\ -\omega_{nby}^b & \omega_{nbx}^b & 0 \end{bmatrix} \tag{8.18}$$

可以看出，式(8.18) 对应 9 个一阶微分方程。只要给定初始值 $\psi_{G0}, \theta_0, \gamma_0$，在姿态角速度 ω_{nb}^b 已知的情况下通过求解，即可确定姿态矩阵C_b^n 中的元素值，进而确定飞行器的姿态角。

姿态矩阵C_b^n 不同于位置矩阵C_n^e，由于飞行器的姿态变化速率很快，其姿态变化速率可达400°/s甚至更高，绕3个轴的速率分量一般来讲都比较大，要解9个微分方程，并且要采用高阶积分算法才能保证精度。若采用四元数法，只要解 4 个微分方程，当然也要采用高阶积分算法。解矩阵微分方程的目的是求出 3 个姿态角。作为四元数法有 1 个余度，而方向余弦法则有 6 个余度。采用四元数效率更高些。但在根据 4 个四元数微分方程解出四元数后还要用代数方法推算方向余弦矩阵的有关元素。总的看来，捷联式姿态计算采用四元数比九元素方向余弦矩阵要好。因此，目前捷联式惯导系统姿态方程大多都采用四元数法求解，再利用四元数和方向余弦之间的关系，求解姿态矩阵C_b^n 中的元素值。

4. 四元数变换阵与方向余弦矩阵之间的关系

四元数理论是数学中的一个古老分支，早在 1843 年 B. P. 哈密尔顿就提出了四元数理论，其主要目的是研究空间几何。但是，在这个理论建立之后，长期没有得到实际应用，直到空间技术出现以后，特别是在捷联惯性技术出现之后，四元数理论才真正得到实际应用。

从四元数理论在捷联式惯导系统中的应用出发，本书将不加证明地给出四元数中的元与姿态矩阵中的元素之间的关系，以求得到捷联式惯导系统姿态矩阵中元素的解。

四元数是由一个实数单位 1 和三个虚数单位 $\mathbf{i}, \mathbf{j}, \mathbf{k}$ 组成的含有 4 个元的数，其表达式为

$$\boldsymbol{\Lambda} = \lambda_0 + \lambda_1 \mathbf{i} + \lambda_2 \mathbf{j} + \lambda_3 \mathbf{k} \tag{8.19}$$

一个坐标系相对另一个坐标系的转动可以用四元数唯一地表示出来。用四元数来描述机体坐标系相对游动方位坐标系的转动运动时，可得

$$\begin{bmatrix} x_n \\ y_n \\ z_n \end{bmatrix} = \begin{bmatrix} \lambda_0^2+\lambda_1^2-\lambda_2^2-\lambda_3^2 & 2(\lambda_1\lambda_2-\lambda_0\lambda_3) & 2(\lambda_1\lambda_3+\lambda_0\lambda_2) \\ 2(\lambda_1\lambda_2+\lambda_0\lambda_3) & \lambda_0^2-\lambda_1^2+\lambda_2^2-\lambda_3^2 & 2(\lambda_2\lambda_3-\lambda_0\lambda_1) \\ 2(\lambda_1\lambda_3-\lambda_0\lambda_2) & 2(\lambda_2\lambda_3+\lambda_0\lambda_1) & \lambda_0^2-\lambda_1^2-\lambda_2^2+\lambda_3^2 \end{bmatrix} \begin{bmatrix} x_b \\ y_b \\ z_b \end{bmatrix} \tag{8.20}$$

得

$$\boldsymbol{C}_b^n = \begin{bmatrix} \lambda_0^2+\lambda_1^2-\lambda_2^2-\lambda_3^2 & 2(\lambda_1\lambda_2-\lambda_0\lambda_3) & 2(\lambda_1\lambda_3+\lambda_0\lambda_2) \\ 2(\lambda_1\lambda_2+\lambda_0\lambda_3) & \lambda_0^2-\lambda_1^2+\lambda_2^2-\lambda_3^2 & 2(\lambda_2\lambda_3-\lambda_0\lambda_1) \\ 2(\lambda_1\lambda_3-\lambda_0\lambda_2) & 2(\lambda_2\lambda_3+\lambda_0\lambda_1) & \lambda_0^2-\lambda_1^2-\lambda_2^2+\lambda_3^2 \end{bmatrix} \tag{8.21}$$

四元数姿态矩阵式(8.21)与方向余弦矩阵式(8.14)是完全等效的，即对应元素相等，但其表达形式不同。显然，如果知道四元数$\boldsymbol{\Lambda}$的4个元，就可以求出姿态矩阵的9个元素，并构成姿态矩阵。反之，知道了姿态矩阵的9个元素，也可以求出四元数中的4个元。

由四元数姿态矩阵与方向余弦矩阵对应元相等，可得

$$\left.\begin{aligned} \lambda_0^2+\lambda_1^2-\lambda_2^2-\lambda_3^2 &= T_{11} \\ \lambda_0^2-\lambda_1^2+\lambda_2^2-\lambda_3^2 &= T_{22} \\ \lambda_0^2-\lambda_1^2-\lambda_2^2+\lambda_3^2 &= T_{33} \end{aligned}\right\} \tag{8.22}$$

对规范化的四元数，存在

$$\lambda_0^2+\lambda_1^2+\lambda_2^2+\lambda_3^2=1 \tag{8.23}$$

由式(8.22)和式(8.23)，可得

$$\left.\begin{aligned} \lambda_0 &= \pm\frac{1}{2}\sqrt{1+T_{11}+T_{22}-T_{33}} \\ \lambda_1 &= \pm\frac{1}{2}\sqrt{1+T_{11}-T_{22}-T_{33}} \\ \lambda_2 &= \pm\frac{1}{2}\sqrt{1-T_{11}+T_{22}-T_{33}} \\ \lambda_3 &= \pm\frac{1}{2}\sqrt{1-T_{11}-T_{22}+T_{33}} \end{aligned}\right\} \tag{8.24}$$

式(8.24)的符号可用如下方法确定。由式(8.21)非对角元素之差，有关系式

$$\begin{aligned} 4\lambda_0\lambda_1 &= T_{23}-T_{32} \\ 4\lambda_0\lambda_2 &= T_{31}-T_{13} \\ 4\lambda_0\lambda_3 &= T_{12}-T_{21} \end{aligned}$$

只要先确定λ_0的符号，则λ_1，λ_2和λ_3的符号可由上式确定，而λ_0的符号实际上是任意的，因为四元数的4个元同时变符号，四元数不变，由此取

$$\left.\begin{aligned} \mathrm{sign}\lambda_0 &= + \\ \mathrm{sign}\lambda_1 &= \mathrm{sign}(T_{23}-T_{32}) \\ \mathrm{sign}\lambda_2 &= \mathrm{sign}(T_{31}-T_{13}) \\ \mathrm{sign}\lambda_3 &= \mathrm{sign}(T_{12}-T_{21}) \end{aligned}\right\} \tag{8.25}$$

在捷联式惯导系统的计算过程中要用到四元数的初值，而在系统初始对准结束后，ψ_0（注意 $\psi=\psi_G-\alpha$）、θ_0 和 γ_0 是已知的，因而可以得到方向余弦矩阵。因此，要确定四元数 λ_0，λ_1，λ_2 和 λ_3 的初值，可以将已知的方向余弦矩阵代入式(8.24) 和式(8.25) 求出。

由四元数的元可以直接求出方向余弦矩阵的诸元，因而可以经四元数的元计算姿态和航向角，并可以不断更新姿态矩阵。这种不断更新反映了载体姿态的不断变化。

不言而喻，由于角速度$\boldsymbol{\omega}_{nb}^{b}$ 的存在，载体姿态在不断变化，因而四元数是时间的函数。为了确定四元数的时间特性，需要解四元数运动学微分方程。

5. 四元数微分方程

四元数运动学微分方程为

$$\dot{\boldsymbol{\Lambda}}=\frac{1}{2}\boldsymbol{\Lambda}\boldsymbol{\omega}_{nb}^{b} \tag{8.26}$$

正如前述，$\boldsymbol{\omega}_{nb}^{b}$ 是姿态矩阵速度，是可以通过测量和计算得到的。将式(8.26) 写成矩阵形式为

$$\begin{bmatrix}\dot{\lambda}_0\\ \dot{\lambda}_1\\ \dot{\lambda}_2\\ \dot{\lambda}_3\end{bmatrix}=\frac{1}{2}\begin{bmatrix}0 & -\omega_{nbx}^{b} & -\omega_{nby}^{b} & -\omega_{nbz}^{b}\\ \omega_{nbx}^{b} & 0 & \omega_{nbz}^{b} & -\omega_{nby}^{b}\\ \omega_{nby}^{b} & -\omega_{nbz}^{b} & 0 & \omega_{nbx}^{b}\\ \omega_{nbz}^{b} & \omega_{nby}^{b} & -\omega_{nbx}^{b} & 0\end{bmatrix}\begin{bmatrix}\lambda_0\\ \lambda_1\\ \lambda_2\\ \lambda_3\end{bmatrix} \tag{8.27}$$

在解式(8.27) 时，姿态矩阵速度$\boldsymbol{\omega}_{nb}^{b}$ 是要已知的，因此要建立姿态速度方程。捷联惯导系统的$\boldsymbol{\omega}_{nb}^{b}$ 可以利用陀螺测得的角速度$\boldsymbol{\omega}_{ib}^{b}$、位置角速度$\boldsymbol{\omega}_{en}^{n}$ 及已知的地球角速度$\boldsymbol{\omega}_{ie}^{e}$求取，由于

$$\boldsymbol{\omega}_{ib}^{b}=\boldsymbol{\omega}_{ie}^{b}+\boldsymbol{\omega}_{en}^{b}+\boldsymbol{\omega}_{nb}^{b} \tag{8.28}$$

因而

$$\boldsymbol{\omega}_{nb}^{b}=\boldsymbol{\omega}_{ib}^{b}-\boldsymbol{\omega}_{ie}^{b}-\boldsymbol{\omega}_{en}^{b} \tag{8.29}$$

式中，$\boldsymbol{\omega}_{ib}^{b}$ 为陀螺测得的载体坐标系相对惯性空间的角速度在载体系上的分量；$\boldsymbol{\omega}_{ie}^{b}$ 为地球自转角速度在载体系上的分量；$\boldsymbol{\omega}_{en}^{b}$ 为导航坐标系相对地球坐标系的角速度在载体系上的分量；$\boldsymbol{\omega}_{nb}^{b}$ 为载体坐标系相对导航坐标系的角速度在载体系上的分量。

考虑到$\boldsymbol{\omega}_{ie}^{b}$ 和$\boldsymbol{\omega}_{ie}^{e}$，$\boldsymbol{\omega}_{en}^{b}$ 和$\boldsymbol{\omega}_{en}^{n}$ 存在着如下关系，即

$$\left.\begin{aligned}\boldsymbol{\omega}_{ie}^{b}&=\boldsymbol{C}_{n}^{b}\boldsymbol{\omega}_{ie}^{n}=\boldsymbol{C}_{n}^{b}\boldsymbol{C}_{e}^{n}\boldsymbol{\omega}_{ie}^{e}\\ \boldsymbol{\omega}_{en}^{b}&=\boldsymbol{C}_{n}^{b}\boldsymbol{\omega}_{en}^{n}\end{aligned}\right\} \tag{8.30}$$

将式(8.30) 代入式(8.29)，可得

$$\boldsymbol{\omega}_{nb}^{b}=\boldsymbol{\omega}_{ib}^{b}-\boldsymbol{C}_{n}^{b}(\boldsymbol{\omega}_{ie}^{n}+\boldsymbol{\omega}_{en}^{n}) \tag{8.31}$$

式中，$\boldsymbol{\omega}_{en}^{n}$ 为位置角速度，它在位置方程中由位置角速度方程求得。

因为$\boldsymbol{C}_{n}^{b}$ 已经求出，$\boldsymbol{\omega}_{ie}^{e}=[0\quad 0\quad \omega_{ie}]^{T}$，所以

$$\boldsymbol{\omega}_{ie}^{n}=\boldsymbol{C}_{e}^{n}\boldsymbol{\omega}_{ie}^{e}=\begin{bmatrix}C_{11} & C_{12} & C_{13}\\ C_{21} & C_{22} & C_{23}\\ C_{31} & C_{32} & C_{33}\end{bmatrix}\begin{bmatrix}0\\ 0\\ \omega_{ie}\end{bmatrix}=\begin{bmatrix}C_{13}\omega_{ie}\\ C_{23}\omega_{ie}\\ C_{33}\omega_{ie}\end{bmatrix} \tag{8.32}$$

式中，$\boldsymbol{C}_{\mathrm{e}}^{\mathrm{n}}$ 是位置矩阵，它将在位置方程中求得。

由式(8.31) 和式(8.32) 可得姿态速度方程的矩阵形式为

$$\boldsymbol{\omega}_{\mathrm{nb}}^{\mathrm{b}}=\begin{bmatrix}\omega_{\mathrm{nb}x}^{\mathrm{b}}\\ \omega_{\mathrm{nb}y}^{\mathrm{b}}\\ \omega_{\mathrm{nb}z}^{\mathrm{b}}\end{bmatrix}=\begin{bmatrix}\omega_{\mathrm{ib}x}^{\mathrm{b}}\\ \omega_{\mathrm{ib}y}^{\mathrm{b}}\\ \omega_{\mathrm{ib}z}^{\mathrm{b}}\end{bmatrix}-\boldsymbol{C}_{\mathrm{n}}^{\mathrm{b}}\begin{bmatrix}C_{13}\omega_{\mathrm{ie}}+\omega_{\mathrm{en}x}^{\mathrm{n}}\\ C_{23}\omega_{\mathrm{ie}}+\omega_{\mathrm{en}y}^{\mathrm{n}}\\ C_{33}\omega_{\mathrm{ie}}+\omega_{\mathrm{en}z}^{\mathrm{n}}\end{bmatrix}\tag{8.33}$$

根据以上分析，现总结捷联式惯导系统姿态参数 $\psi_{\mathrm{G}},\theta,\gamma$ 的求解过程。首先，系统根据式(8.33) 求出姿态角速度 $\boldsymbol{\omega}_{\mathrm{nb}}^{\mathrm{b}}$，在此基础上利用式(8.27) 求出四元数中的元 $\lambda_0,\lambda_1,\lambda_2$ 和 λ_3，然后利用姿态矩阵和四元数中各对应项相等的原则得到姿态矩阵中的元素 $T_{11},\cdots,T_{33}$，最后根据式(8.15) 和式(8.16) 求出姿态参数。

8.2.3　导航位置方程

建立导航位置方程的目的，是为了确定载体的质心位置。由于所选导航坐标系的不同，因而载体质心位置的参数也略有不同，对指北方位系统是纬度 L 和经度 λ，而对于游动方位系统就是 L,λ 和游移方位角 α。下面介绍以游动方位系为导航坐标系的情况。

1. 游动方位系与地球系之间的方向余弦矩阵 $\boldsymbol{C}_{\mathrm{e}}^{\mathrm{n}}$

将地球系(e) x_{e} 轴和 y_{e} 轴固定在赤道平面内，且 x_{e} 轴正方向与零经线(零子午线) 一致。由图 8-7 可知，只要经过两次旋转，地球系(e) 便可到达地理系(t) 东-北-天位置。第一次绕 z_{e} 轴转$(90°+\lambda)$，第二次绕 x_{t}(东) 旋转$(90°-L)$。于是，方向余弦矩阵为

$$\boldsymbol{C}_{\mathrm{e}}^{\mathrm{t}}=\begin{bmatrix}-\sin\lambda & \cos\lambda & 0\\ -\sin L\cos\lambda & -\sin L\sin\lambda & \cos L\\ \cos L\cos\lambda & \cos L\sin\lambda & \sin L\end{bmatrix}\tag{8.34}$$

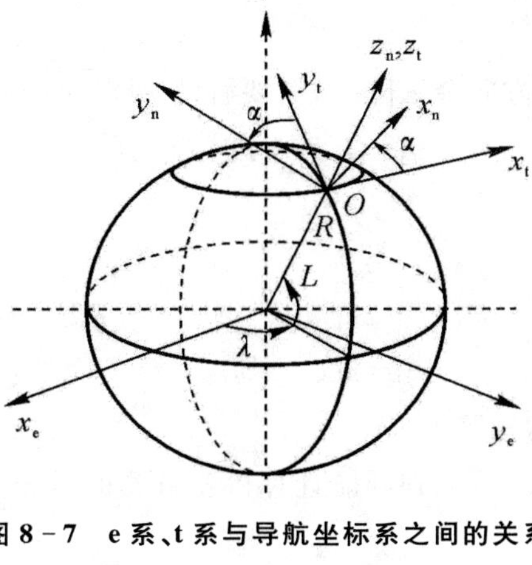

图 8-7　e 系、t 系与导航坐标系之间的关系

又因地理系(t)$Ox_ty_tz_t$ 与导航系(n)$x_ny_nz_n$ 之间仅差一个游动方位角 α,它们之间的方向余弦矩阵为

$$\boldsymbol{C}_t^n = \begin{bmatrix} \cos\alpha & \sin\alpha & 0 \\ -\sin\alpha & \cos\alpha & 0 \\ 0 & 0 & 1 \end{bmatrix} \tag{8.35}$$

于是地球系(e) 与导航系(n) 之间的余弦矩阵为

$$\boldsymbol{C}_e^n = \boldsymbol{C}_t^n \boldsymbol{C}_e^t$$

将式(8.34)、式(8.35) 代入上式得

$$\boldsymbol{C}_e^n = \begin{bmatrix} -\cos\alpha\sin\lambda - \sin\alpha\sin L\cos\lambda & \cos\alpha\cos\lambda - \sin\alpha\sin L\sin\lambda & \sin\alpha\cos L \\ \sin\alpha\sin\lambda - \cos\alpha\sin L\cos\lambda & -\sin\alpha\cos\lambda - \cos\alpha\sin L\sin\lambda & \cos\alpha\cos L \\ \cos L\cos\lambda & \cos L\sin\lambda & \sin L \end{bmatrix} \tag{8.36}$$

定义$\boldsymbol{C}_e^n$ 中各元素为

$$\boldsymbol{C}_e^n = \begin{bmatrix} C_{11} & C_{12} & C_{13} \\ C_{21} & C_{22} & C_{23} \\ C_{31} & C_{32} & C_{33} \end{bmatrix} \tag{8.37}$$

则由式(8.36) 和式(8.37) 可得 L,λ 和游动方位角 α,即

$$\left.\begin{aligned} L &= \arcsin C_{33} \\ \lambda &= \arctan\frac{C_{32}}{C_{31}} \\ \alpha &= \arctan\frac{C_{13}}{C_{23}} \end{aligned}\right\} \tag{8.38}$$

这些计算由反三角函数进行。由于三角函数存在多值问题,而需要的是三角函数的真值,因此需要判断真值。关于如何判断真值,其方法与姿态角和航向角的判断方法相同。

2. 方向余弦矩阵$\boldsymbol{C}_e^n$ 的计算

想要求式(8.37) 对应的方向余弦阵$\boldsymbol{C}_e^n$,需要解$\boldsymbol{C}_e^n$ 所对应的微分方程,即

$$\dot{\boldsymbol{C}}_e^n = -\boldsymbol{\Omega}_{en}^n \boldsymbol{C}_e^n \tag{8.39}$$

式中

$$\boldsymbol{\Omega}_{en}^n = \begin{bmatrix} 0 & -\omega_{enz}^n & \omega_{eny}^n \\ \omega_{enz}^n & 0 & -\omega_{enx}^n \\ -\omega_{eny}^n & \omega_{enx}^n & 0 \end{bmatrix} \tag{8.40}$$

是位置角速度$\boldsymbol{\omega}_{en}^n$ 组成的反对称阵。

展开式(8.39) 并考虑 $\omega_{enz}^n = 0$,则导航计算机要解算的微分方程为

$$\left.\begin{aligned}
\dot{C}_{12} &= -\omega_{\text{eny}}^{\text{n}}C_{32} \\
\dot{C}_{13} &= -\omega_{\text{eny}}^{\text{n}}C_{33} \\
\dot{C}_{22} &= \omega_{\text{enx}}^{\text{n}}C_{32} \\
\dot{C}_{23} &= \omega_{\text{enx}}^{\text{n}}C_{33} \\
\dot{C}_{32} &= \omega_{\text{eny}}^{\text{n}}C_{12} - \omega_{\text{enx}}^{\text{p}}C_{22} \\
\dot{C}_{33} &= \omega_{\text{eny}}^{\text{n}}C_{13} - \omega_{\text{enx}}^{\text{p}}C_{23}
\end{aligned}\right\} \tag{8.41}$$

在给定初始值 L_0,λ_0 和 α_0 后,求解式(8.41),并利用矩阵元素之间的关系:

$$C_{31} = C_{12}C_{23} - C_{22}C_{13}$$

即可确定位置矩阵$\boldsymbol{C}_{\text{e}}^{\text{n}}$ 中的元素值,进而确定导航位置参数。

3. 位置角速度方程

在地理坐标系(t) 内,位置角速度与地速之间的关系为

$$\left.\begin{aligned}
\omega_{\text{etx}}^{\text{t}} &= -\frac{v_y^{\text{t}}}{R_{\text{yt}}} \\
\omega_{\text{ety}}^{\text{t}} &= \frac{v_x^{\text{t}}}{R_{x\text{t}}} \\
\omega_{\text{etz}}^{\text{t}} &= \frac{v_x^{\text{t}}}{R_{x\text{t}}}\tan L
\end{aligned}\right\} \tag{8.42}$$

因为

$$\left.\begin{aligned}
v_x^{\text{t}} &= v_x^{\text{n}}\cos\alpha - v_y^{\text{n}}\sin\alpha \\
v_y^{\text{t}} &= v_x^{\text{n}}\sin\alpha + v_y^{\text{n}}\cos\alpha
\end{aligned}\right\} \tag{8.43}$$

又

$$\begin{bmatrix} \omega_{\text{enx}}^{\text{n}} \\ \omega_{\text{eny}}^{\text{n}} \\ \omega_{\text{enz}}^{\text{n}} \end{bmatrix} = \boldsymbol{C}_{\text{t}}^{\text{n}} \begin{bmatrix} \omega_{\text{etx}}^{\text{t}} \\ \omega_{\text{ety}}^{\text{t}} \\ \omega_{\text{etz}}^{\text{t}} \end{bmatrix} = \begin{bmatrix} \cos\alpha & \sin\alpha & 0 \\ -\sin\alpha & \cos\alpha & 0 \\ 0 & 0 & 1 \end{bmatrix} \begin{bmatrix} \omega_{\text{etx}}^{\text{t}} \\ \omega_{\text{ety}}^{\text{t}} \\ \omega_{\text{etz}}^{\text{t}} \end{bmatrix} \tag{8.44}$$

对游动方位系统来说,$\omega_{\text{enz}}^{\text{n}} = 0$,可得

$$\begin{bmatrix} \omega_{\text{enx}}^{\text{n}} \\ \omega_{\text{eny}}^{\text{n}} \end{bmatrix} = \begin{bmatrix} -\left(\dfrac{1}{R_{\text{yt}}} - \dfrac{1}{R_{x\text{t}}}\right)\sin\alpha\cos\alpha & -\left(\dfrac{\cos^2\alpha}{R_{\text{yt}}} + \dfrac{\sin^2\alpha}{R_{x\text{t}}}\right) \\ \dfrac{\sin^2\alpha}{R_{\text{yt}}} + \dfrac{\cos^2\alpha}{R_{x\text{t}}} & \left(\dfrac{1}{R_{\text{yt}}} - \dfrac{1}{R_{x\text{t}}}\right)\sin\alpha\cos\alpha \end{bmatrix} \begin{bmatrix} v_x^{\text{n}} \\ v_y^{\text{n}} \end{bmatrix} \tag{8.45}$$

式中

$$\left.\begin{aligned}
\frac{1}{R_{\text{yn}}} &= \frac{\cos^2\alpha}{R_{\text{yt}}} + \frac{\sin^2\alpha}{R_{x\text{t}}} \\
\frac{1}{R_{x\text{n}}} &= \frac{\sin^2\alpha}{R_{\text{yt}}} + \frac{\cos^2\alpha}{R_{x\text{t}}}
\end{aligned}\right\} \tag{8.46}$$

相当于游动方位等效曲率半径。

令

$$\frac{1}{\tau_{\mathrm{a}}}=\left(\frac{1}{R_{yt}}-\frac{1}{R_{xt}}\right)\sin\alpha\cos\alpha$$

因此

$$\begin{bmatrix}\omega_{\mathrm{en}x}^{\mathrm{n}}\\ \omega_{\mathrm{en}y}^{\mathrm{n}}\end{bmatrix}=\begin{bmatrix}-\dfrac{1}{\tau_{\mathrm{a}}} & -\dfrac{1}{R_{y\mathrm{n}}}\\ \dfrac{1}{R_{x\mathrm{n}}} & \dfrac{1}{\tau_{\mathrm{a}}}\end{bmatrix}\begin{bmatrix}v_x^{\mathrm{n}}\\ v_y^{\mathrm{n}}\end{bmatrix} \tag{8.47}$$

式中，τ_{a} 为扭曲曲率，称

$$\begin{bmatrix}-\dfrac{1}{\tau_{\mathrm{a}}} & -\dfrac{1}{R_{y\mathrm{n}}}\\ \dfrac{1}{R_{x\mathrm{n}}} & \dfrac{1}{\tau_{\mathrm{a}}}\end{bmatrix}$$

称为曲率阵。

方程式(8.45)提供了地球为椭球体情况下的位置角速度方程。其中唯一没有讨论的是 v_x^{n} 和 v_y^{n}，下面讨论速度方程。

4. 速度方程

速度方程与平台式一样，从惯性导航基本方程出发，直接写出矩阵表示的标量形式的速度方程，即

$$\begin{bmatrix}\dot{v}_x^{\mathrm{n}}\\ \dot{v}_y^{\mathrm{n}}\\ \dot{v}_z^{\mathrm{n}}\end{bmatrix}=\begin{bmatrix}a_{\mathrm{ib}x}^{\mathrm{n}}\\ a_{\mathrm{ib}y}^{\mathrm{n}}\\ a_{\mathrm{ib}z}^{\mathrm{n}}\end{bmatrix}+\begin{bmatrix}0 & 2\omega_{\mathrm{ie}z}^{\mathrm{n}} & -(2\omega_{\mathrm{ie}y}^{\mathrm{n}}+\omega_{\mathrm{en}y}^{\mathrm{n}})\\ -2\omega_{\mathrm{ie}z}^{\mathrm{n}} & 0 & 2\omega_{\mathrm{ie}x}^{\mathrm{n}}+\omega_{\mathrm{en}x}^{\mathrm{n}}\\ 2\omega_{\mathrm{ie}y}^{\mathrm{n}}+\omega_{\mathrm{en}y}^{\mathrm{n}} & -(2\omega_{\mathrm{ie}x}^{\mathrm{n}}+\omega_{\mathrm{en}x}^{\mathrm{n}}) & 0\end{bmatrix}\begin{bmatrix}v_x^{\mathrm{n}}\\ v_y^{\mathrm{n}}\\ v_z^{\mathrm{n}}\end{bmatrix}-\begin{bmatrix}0\\ 0\\ g\end{bmatrix} \tag{8.48}$$

8.2.4 垂直通道阻尼

捷联式垂直通道的分析方法与平台式惯导系统相同，读者可参阅第 6 章进行类似分析。

以上是游动方位坐标系统的捷联式惯导系统的基本力学编排。和平台式惯导系统一样，不同的导航坐标系可以组成不同方案。对当地水平面导航坐标系统其两个水平轴均在当地水平面内，而方位可以有不同的指向。不同方案的基本力学编排相似。

8.2.5 捷联式惯导系统的力学编排

采用游动方位坐标系为导航坐标系的捷联式惯导系统的力学编排框图如图 8-8 所示。可

以看出，固联于载体上的加速度计和陀螺组件，分别感测载体相对惯性空间的比力 $\boldsymbol{a}_{ib}^{b\prime}$和角速度 $\boldsymbol{\omega}_{ib}^{b\prime}$。为消除载体角运动等干扰对惯性元件的影响，加速度计和陀螺的输出必须经过误差补偿才能作为系统导航位置和姿态参数计算的准确信息。在理想情况下，经误差补偿后的惯性元件输出，就是载体相对惯性空间的比力 $\boldsymbol{a}_{ib}^{b}$ 和角速度 $\boldsymbol{\omega}_{ib}^{b}$。

为计算导航位置参数，首先须将加速度计测量的载体坐标系相对惯性空间的比力在载体坐标系轴向上的分量 $\boldsymbol{a}_{ib}^{b}$，通过姿态矩阵 $\boldsymbol{C}_{b}^{n}$ 变换到游动方位坐标系，得到 $\boldsymbol{a}_{ib}^{n}$。然后，将比力 $\boldsymbol{a}_{ib}^{n}$ 用速度方程对有害加速度和重力加速度进行补偿并通过积分运算得到速度分量 $\boldsymbol{V}_{en}^{n}$。速度分量 $\boldsymbol{V}_{en}^{n}$ 一方面可用作系统的输出，另一方面用作位置速率计算的输入，经位置角速度方程计算，得到位置角速度 $\boldsymbol{\omega}_{en}^{n}$。位置角速度 $\boldsymbol{\omega}_{en}^{n}$一方面通过位置微分方程的积分去更新位置矩阵 $\boldsymbol{C}_{e}^{n}$，以便由位置矩阵中的元素 C_{ij} 按照导航位置参数计算公式，解算出任意时刻的导航位置参数 L,λ,α；另一方面又与地球角速度 $\boldsymbol{\omega}_{ie}^{n}$ 叠加，经姿态矩阵变换后与陀螺输出的角速度 $\boldsymbol{\omega}_{ib}^{b}$ 一起构成姿态角速度 $\boldsymbol{\omega}_{nb}^{n}$，并通过姿态微分方程的积分运算，实时更新姿态矩阵 $\boldsymbol{C}_{b}^{n}$。姿态矩阵 $\boldsymbol{C}_{b}^{n}$ 除了可以进行从载体坐标系到游动方位坐标系的坐标变换，担负起“平台”的作用之外，还可由其矩阵中的元素 T_{ij}，按照姿态参数计算公式，解算出载体的姿态参数 θ,γ,ψ_{G}。

同时，为克服系统高度通道不稳定的缺陷，系统引入大气数据计算机提供的气压高度信息，并采用三阶阻尼方案，以得到稳定的高度输出信息。

8.3　系统微分方程机上执行算法

8.3.1　微分方程的数值积分算法

在捷联系统的计算中要解 3 组微分方程，或称进行 3 种即时修正，即速度的即时修正、位置矩阵的即时修正及四元数的即时修正。对这些方程无法求得解析解或精确解，而只能求数值解。由于用数字计算机求解微分方程是在每个步长 τ 内根据 t 时刻的值对 $t+\tau$ 时刻的值进行修正，因此不管微分方程的个数有多少，求解的方法都相同。下面仅就一个微分方程的数值解法来介绍数值积分算法的概念。

1. 微分方程数值解的含义

设有微分方程

$$\dot{y}(t)=f[\omega(t),y,t] \tag{8.49}$$

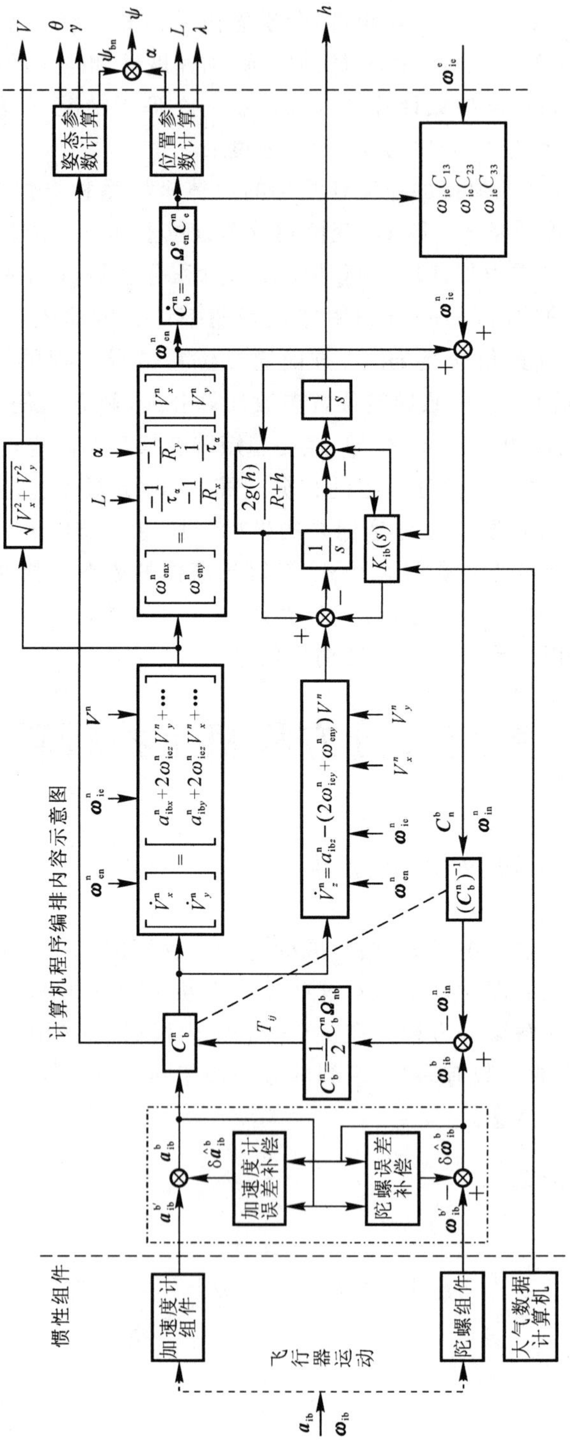

图8-8 捷联式惯导系统力学编排方框图

式中，t 为时间，是自变量；ω 为随时间变化的量，即变系数。给定 $\omega(t)$ 在一系列的时间离散点

$$t_0 < t_1 < t_2 < \cdots < t_n$$

的值

$$\omega_0, \omega_1, \omega_2, \cdots, \omega_n$$

及 $y(t)$ 的初始条件

$$y(t_0) = y_0$$

求解 $y = y(t)$ 在下述一系列时间离散点的值：

$$y(t_1) = y_1, \quad y(t_2) = y_2, \quad \cdots, \quad y(t_n) = y_n$$

设进行数值积分的步长为 τ，它可以是定步长，也可以是变步长。本节只讨论定步长的情况。图 8-9 所示为数值解法的几何意义。根据微分中值定理可知，积分算法的实质就是求平均斜率，即图中与 AB 线平行的 $y = y(t)$ 的切线（切点为 C）的斜率，该平均斜率为

$$\dot{y}(t_i + \theta\tau) = \frac{y(t_{i+1}) - y(t_i)}{\tau} = K$$

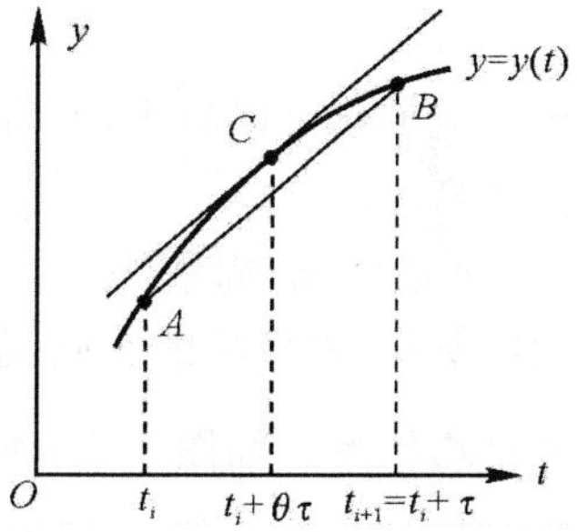

图 8-9　微分方程数值解法的几何意义

式中，$0 < \theta < 1$，i 为 $0, 1, 2, \cdots, n-1$ 中的一个数，且 A 点的坐标为 (t_i, y_i)，B 点的坐标为 (t_{i+1}, y_{i+1})，C 点的坐标为 $(t_i + \theta\tau, y(t_i + \theta\tau))$。由图可以看出，$y(t_{i+1})$ 的数值为

$$y(t_{i+1}) = y(t_i) + \tau K \tag{8.50}$$

显然平均斜率 K 求得越准确，式(8.50)的计算精度也就越高。不同的数值积分算法就是求平均值 K 的不同方法。

2. 求解微分方程的数值积分算法

（1）一阶欧拉算法

图 8-10 所示为一阶欧拉算法的几何意义。由图可知，(t_i, y_i) 点的斜率就被近似地当作平均斜率。由式(8.50)可知

$$y_{i+1} = y_i + \tau f(\omega_i, y_i, t_i)$$

（2）二阶龙格-库塔法

对于一阶欧拉法进行改进，使求得的平均斜率更精确一些，则可用二阶龙格-库塔法。

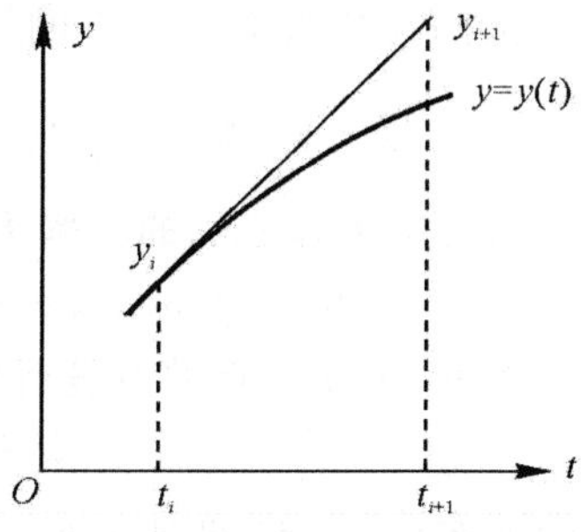

图 8-10　一阶欧拉算法的几何意义

在一阶欧拉法求得点 (t_i, y_i) 的斜率 $K_1 = f(\omega_i, y_i, t_i)$ 的基础上，可得 t_{i+1} 点处 y 的预报值，即

$$\bar{y}_{i+1} = y_i + \tau f(\omega_i, y_i, t_i)$$

及 t_i 点处的斜率为

$$K_1=f(\omega_i,y_i,t_i)$$

再由 t_{i+1} 点的预报值 $\bar{y}_{i+1}$ 求 t_{i+1} 点的斜率为

$$K_2=f(\omega_{i+1},\bar{y}_{i+1},t_{i+1})$$

然后求平均斜率为

$$K=\frac{1}{2}(K_1+K_2)$$

该平均斜率比一阶欧拉法所求的斜率更接近于真实的平均斜率，从而有

$$t_{i+1}=y_i+\frac{\tau}{2}(K_1+K_2)$$

由以上论述可以看出，二阶龙格-库塔法比一阶欧拉法的计算工作量增加了一倍，但计算的精度提高了。

(3) 四阶龙格-库塔法

四阶龙格-库塔法的实质就是在(t_i,t_{i+1})之间多求几个斜率值，予以加权平均，从而得到更高的平均斜率。如图 8－11 所示，四阶龙格-库塔法在 t_i 和 t_{i+1} 的中点 $t_{i+\frac{1}{2}}=t_i+\frac{\tau}{2}$ 处增加了一个计算点，在该点求两次预报值与斜率值。仿照二阶龙格-库塔法可将四阶龙格-库塔法的求解步骤归纳如下：

首先，第一次求斜率 K_1。根据 t_i 点的 y_i 值可计算点(t_i,y_i)的斜率为

$$K_1=f(\omega_i,y_i,t_i)$$

然后，根据 K_1 对点 $t_{i+\frac{1}{2}}$ 的值进行一次预报，即

$$\bar{y}_{i+\frac{1}{2}}=y_i+\frac{\tau}{2}K_1$$

第二次求 $t_{i+\frac{1}{2}}$ 点的斜率 K_2，即

$$K_2=f(\omega_{i+\frac{1}{2}},y_i+\tau K_1,t_{i+\frac{1}{2}})$$

然后，利用 K_2 再次对 $t_{i+\frac{1}{2}}$ 点的值进行预报，即

$$\bar{y}'_{i+\frac{1}{2}}=y_i+\frac{\tau}{2}K_2$$

再第三次求 $t_{i+\frac{1}{2}}$ 点的斜率 K_3 为

$$K_3=f(\omega_{i+\frac{1}{2}},y_i+\tau K_2,t_{i+\frac{1}{2}})$$

并以斜率 K_3 对 t_{i+1} 点的值进行预报，即

$$\bar{y}_{i+1}=y_i+\tau K_3$$

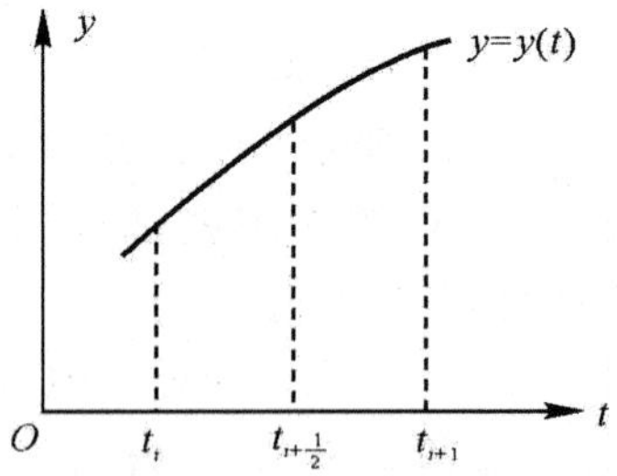

图 8－11 四阶龙格-库塔法的几何意义

第四次求 t_{i+1} 处的斜率 K_4 为

$$K_4=f(\omega_{i+1},y_i+\tau K_3,t_{i+1})$$

在取平均斜率时，认为 K_2，K_3 对平均斜率的影响较强，因此将 K_2，K_3 的加权系数取为 2，

而将 K_1，K_4 的加权系数取为 1。由此可得四阶龙格-库塔法斜率的加权平均值，即平均斜率

$$K = \frac{1}{6}(K_1 + 2K_2 + 2K_3 + K_4) \tag{8.51}$$

最后，可得 t_{i+1} 时刻的即时值为

$$y_{i+1} = y_i + \frac{\tau}{6}(K_1 + 2K_2 + 2K_3 + K_4) \tag{8.52}$$

对于捷联式系统，其微分方程中除了自变量 t 和变量 y 以外，还有其他随时间变化的变量，如 ω 等。因此，除了选取 t_i，$t_{i+\frac{1}{2}}$ 及 t_{i+1} 以外，还要提供变量 ω 在 t_i，$t_{i+\frac{1}{2}}$，t_{i+1} 点的值 ω_i，$\omega_{i+\frac{1}{2}}$，ω_{i+1}。

在捷联式系统的计算中，速度的即时修正及位置矩阵的即时修正用一阶欧拉法进行，四元数的即时修正用四阶龙格-库塔法进行。将 $\dot{y} = f(\omega, y, t)$ 中的变量赋予不同的符号便可得到不同的微分方程。

8.3.2 姿态角速率的提取

由以上分析可以看出，当对四元数进行即时修正采用四阶龙格-库塔法时，即时修正的周期取为 τ，但由式(8.27)可见，除了自变量 t 和变量 λ_0，λ_1，λ_2，λ_3 以外，$\omega_{\mathrm{nb}x}^{\mathrm{b}}$，$\omega_{\mathrm{nb}y}^{\mathrm{b}}$，$\omega_{\mathrm{nb}z}^{\mathrm{b}}$ 也要随时间变化，因此需要以 $\frac{\tau}{2}$ 的周期提供姿态角速率的值。对式(8.33)进行分析可知，$\boldsymbol{\omega}_{\mathrm{nb}}^{\mathrm{b}}$ 的计算式中 $\boldsymbol{\omega}_{\mathrm{en}}^{\mathrm{n}}$ 和 $\boldsymbol{\omega}_{\mathrm{ie}}^{\mathrm{n}}$ 的变化均较慢，只有 $\boldsymbol{\omega}_{\mathrm{ib}}^{\mathrm{b}}$ 的变化速度较快，因此仅 $\boldsymbol{\omega}_{\mathrm{ib}}^{\mathrm{b}}$ 需要以 $\frac{\tau}{2}$ 的周期给出。众所周知，$\boldsymbol{\omega}_{\mathrm{ib}}^{\mathrm{b}}$ 是由陀螺仪输出的。由于陀螺仪的输出信号可以是脉冲信号，它可由再平衡回路直接输出，也可通过 A/D 变换器输出。下面将陀螺仪的输出用 ω 来表示。而陀螺仪的输出是在一段时间内累积的角增量。若在采样间隔时间 τ 内的角增量为 $\Delta\theta_i$，在采样时间 τ 内把 ω 看成常数，则

$$\omega_i = \frac{\Delta\theta_i}{\tau}$$

叫作一阶角速率提取，这里用 ω 来代替 $\boldsymbol{\omega}_{\mathrm{ib}}^{\mathrm{b}}$ 的具体投影形式。为了提供 $\omega(t_i)$，$\omega(t_i+\frac{\tau}{2})$，$\omega(t_i+\tau)$ 的值，需要进行二阶角速率提取。图 8-12 为二阶角速率提取的示意图。

在图 8-12(a)中，由 t_i 至 $t_i+\frac{\tau}{2}$ 积累的角增量为 $\Delta\theta_{i1}$，由 t_i 至 $t_i+\tau$ 积累的角增量为 $\Delta\theta_{i2}$。当周期 τ 足够小时，认为 ω 在时间区间 $(t_i, t_i+\tau)$ 之间是线性增长的，即

$$\omega_i(t_i + \xi) = \alpha + \beta\xi \tag{8.53}$$

式中，α 为 $\omega(t_i)$ 的初值；β 为角加速度，在周期 τ 内为常值；ξ 为由 t_i 开始积累的一段时间。于是由 t_i 至 $t_i+\xi$ 的角增量为

$$\Delta\theta_i(t_i+\xi)=\int_{t_i}^{t_i+\xi}\omega_i(t_i+\xi)\mathrm{d}\xi=\int_{t_i}^{t_i+\xi}(\alpha+\beta\xi)\mathrm{d}\xi=\alpha\xi+\frac{1}{2}\beta\xi^2 \tag{8.54}$$

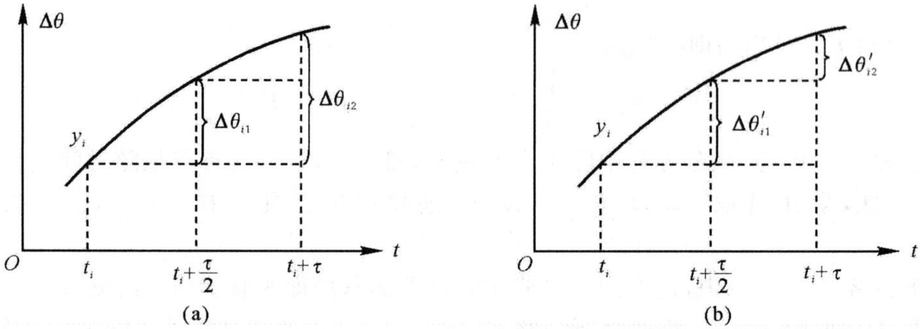

图 8-12 二阶速率的提取

(a) 方法一； (b) 方法二

由式(8.54) 可求出 $\Delta\theta_{i1}$,$\Delta\theta_{i2}$ 的表达式,即

$$\Delta\theta_{i1}=\alpha\frac{\tau}{2}+\frac{1}{2}\beta\left(\frac{\tau}{2}\right)^2$$

$$\Delta\theta_{i2}=\alpha\tau+\frac{1}{2}\beta\tau^2$$

对上述二式联立求解可得

$$\left.\begin{aligned}\alpha&=\frac{1}{\tau}(4\Delta\theta_{i1}-\Delta\theta_{i2})\\\beta&=\frac{1}{\tau^2}(4\Delta\theta_{i2}-8\Delta\theta_{i1})\end{aligned}\right\} \tag{8.55}$$

然后由式(8.53) 及式(8.55) 可以求出：

$$\left.\begin{aligned}\omega_i(t_i)&=\frac{1}{\tau}(4\Delta\theta_{i1}-\Delta\theta_{i2})\\\omega_i\left(t_i+\frac{\tau}{2}\right)&=\frac{1}{\tau}\Delta\theta_{i2}\\\omega_i(t_i+\tau)&=\frac{1}{\tau}(3\Delta\theta_{i2}-4\Delta\theta_{i1})\end{aligned}\right\} \tag{8.56}$$

注意用式(8.56) 计算时应在 t_i 处将角增量置零。若采用图 8-12(b) 所示的方法,即取由 t_i 至 $t_i+\frac{\tau}{2}$ 的角增量为 $\Delta\theta'_{i1}$,由 $t_i+\frac{\tau}{2}$ 至 $t_i+\tau$ 的角增量为 $\Delta\theta'_{i2}$,即在 $t_i+\frac{\tau}{2}$ 处也要将角增量置零,于是有

$$\Delta\theta_{i1}=\Delta\theta'_{i1}$$

$$\Delta\theta_{i2}=\Delta\theta'_{i1}+\Delta\theta'_{i2}$$

将上式代入式(8.56)可得

$$\left.\begin{aligned}\omega_i(t_i) &= \frac{1}{\tau}(3\Delta\theta'_{i1} - \Delta\theta'_{i2})\\ \omega_i\left(t_i + \frac{\tau}{2}\right) &= \frac{1}{\tau}(\Delta\theta'_{i1} + \Delta\theta'_{i2})\\ \omega_i(t_i + \tau) &= \frac{1}{\tau}(3\Delta\theta'_{i2} - \Delta\theta'_{i1})\end{aligned}\right\} \tag{8.57}$$

式(8.56)与式(8.57)为二阶角速率提取的计算公式。在采用四阶龙格-库塔法进行数值计算时常选用式(8.57)。

思考与练习

8.1　捷联式惯导系统与平台式惯导系统相比，具有哪些主要特点？

8.2　捷联惯导系统的“数学平台”的作用是什么？“数学平台”是如何建立起来的？

8.3　如何由姿态矩阵获取载体的姿态角？

8.4　如何由位置矩阵获取载体的经、纬度信息？

8.5　分析说明欧拉角法、四元数法和方向余弦法三种捷联矩阵即时修正算法各自的特点。

第9章 捷联式惯导系统误差方程与初始对准

9.1 概　　述

捷联式惯导系统和平台式惯导系统的主要区别是，前者用“数学平台”，而后者用实体的物理平台。从基本原理上讲，两种系统没有本质的区别。但是，捷联式惯导系统的一些特点，使它在性能上和平台式惯导系统有所不同。

在捷联式系统中，由于惯性仪表直接安装在飞行器上，飞行器的动态环境，特别是飞行器的角运动，直接影响惯性仪表；在平台式惯导系统中，惯性仪表安装在平台上，平台对飞行器角运动的隔离作用，使飞行器的角运动对惯性仪表基本没有影响。在捷联式惯导系统中，惯性仪表直接承受飞行器的角运动，因此，惯性仪表的动态误差要比平台式系统大得多。在实际系统中，必须加以补偿。另外，在捷联式系统中采用数学平台，即在计算机中通过计算来完成导航平台的功能，由于计算方法的近似和计算机的有限字长，因而必然存在着计算误差。其他导航计算，也存在着计算误差，但是导航计算的计算误差一般较小，且捷联式系统和平台式系统基本相同，因此，从计算误差来说，捷联式系统和平台式系统相比，多了数学平台的计算误差。

捷联式惯导系统的主要误差源，通常考虑以下几种误差：

1）惯性仪表的安装误差和标度因子误差。

2）陀螺的漂移和加速度计的零位误差。

3）初始条件误差，包括导航参数和姿态航向的初始误差。

4）计算误差，主要考虑姿态航向系统的计算误差，也就是数学平台的计算误差。

5）飞行器的角运动所引起的动态误差。

可见，与平台式惯导系统相比，捷联式惯导系统增加了“数学平台”计算误差和机体角运动引起的动态误差这两个主要误差源。

惯导系统是一种自主式导航系统。它不需要任何人为的外部信息，只要给定导航的初始条件（例如初始速度、位置等），便可根据系统中的惯性敏感元件测量的比力和角速率通过计算机实时地计算出各种导航参数。由于“平台”是测量比力的基准，因此“平台”的初始对准就非常重要。对于平台式惯导系统，初始对准的任务就是要将平台调整在给定的导航坐标系的方向上。若采用游动方位系统，则需要将平台调水平，称为水平对准，并将平台的方位角调至某个方位角处，称为方位对准。对于捷联式惯导系统，由于捷联矩阵 $\boldsymbol{C}_b^n$ 起到了平台的作用，因此导航工作一开始就需要获得捷联矩阵 $\boldsymbol{C}_b^n$ 的初始值，以便完成导航的任务。显然，捷联式惯导系统的初始对准就是确定捷联矩阵的初始值。在静基座条件下，捷联式惯导系统的加速度计

的输入量为 $-\boldsymbol{g}^{\mathrm{b}}$，陀螺仪的输入量为地球自转角速度 $\boldsymbol{\omega}_{\mathrm{ie}}^{\mathrm{b}}$，因此 $\boldsymbol{g}^{\mathrm{b}}$ 与 $\boldsymbol{\omega}_{\mathrm{ie}}^{\mathrm{b}}$ 就成为初始对准的基准。将陀螺仪与加速度计的输出引入计算机，通过计算机就可以计算出捷联矩阵的初始值。

由以上分析可以看出，陀螺仪与加速度计的误差会导致初始对准误差，初始对准时飞行器的干扰运动也是产生对准误差的重要因素。因此滤波技术对捷联式系统尤其重要。由于初始对准的误差将会对捷联式惯导系统的工作造成难以消除的影响，因此研究初始对准时的误差传播方程也是非常必要的。本章讨论在静基座条件下的初始对准问题。飞行器在飞行过程中仍可进行对准，感兴趣的读者可以参阅有关文献。

9.2　捷联式惯导系统误差方程

9.2.1　“数学平台”的误差方程——姿态误差方程

在捷联式惯导系统中，机体姿态角是通过姿态矩阵(“数学平台”)计算出来的。在理想情况下，导航计算机计算的地理坐标系(用 $\hat{\mathrm{t}}$ 表示)应和真地理坐标系(t 系)一致，也就是导航计算机计算的姿态矩阵 $\boldsymbol{C}_{\mathrm{b}}^{\hat{\mathrm{t}}}$ 与理想姿态矩阵 $\boldsymbol{C}_{\mathrm{b}}^{\mathrm{t}}$ 一致。然而，由于系统存在测量误差、计算误差和干扰误差等误差源，因而计算的姿态矩阵 $\boldsymbol{C}_{\mathrm{b}}^{\hat{\mathrm{t}}}$ 与理想姿态矩阵 $\boldsymbol{C}_{\mathrm{b}}^{\mathrm{t}}$ 之间将产生偏差，即“数学平台”有误差产生。显然，“数学平台”的误差反映了计算的地理系 $\hat{\mathrm{t}}$ 和真地理系 t 之间的姿态误差(其大小用姿态误差角 $\boldsymbol{\varphi}$ 表示)，因此，所谓“数学平台”的误差方程，实际上就是系统的姿态误差方程。

规定符号“∧”表示计算的意思，“～”表示测量的意思。

捷联式惯导系统中，姿态矩阵 $\boldsymbol{C}_{\mathrm{b}}^{\mathrm{t}}$ 是通过姿态微分方程 $\dot{\boldsymbol{C}}_{\mathrm{b}}^{\mathrm{t}}=\boldsymbol{C}_{\mathrm{b}}^{\mathrm{t}}\boldsymbol{\Omega}_{\mathrm{tb}}^{\mathrm{b}}$ 计算出来的，而反对称矩阵 $\boldsymbol{\Omega}_{\mathrm{tb}}^{\mathrm{b}}$ 是由姿态角速度 $\boldsymbol{\omega}_{\mathrm{tb}}^{\mathrm{b}}$ 决定的，$\boldsymbol{\omega}_{\mathrm{tb}}^{\mathrm{b}}$ 又是通过姿态角速度方程 $\boldsymbol{\omega}_{\mathrm{tb}}^{\mathrm{b}}=\boldsymbol{\omega}_{\mathrm{ib}}^{\mathrm{b}}-\boldsymbol{C}_{\mathrm{t}}^{\mathrm{b}}\boldsymbol{\omega}_{\mathrm{ie}}^{\mathrm{t}}-\boldsymbol{C}_{\mathrm{t}}^{\mathrm{b}}\boldsymbol{\omega}_{\mathrm{et}}^{\mathrm{t}}$ 得到的。这样，当陀螺仪存在测量误差、地面输入的经纬度存在输入误差及导航计算机存在计算误差时，姿态角速度 $\boldsymbol{\omega}_{\mathrm{tb}}^{\mathrm{b}}$ 必然存在误差，从而使计算的姿态矩阵 $\boldsymbol{C}_{\mathrm{b}}^{\hat{\mathrm{t}}}$ 与理想姿态矩阵 $\boldsymbol{C}_{\mathrm{b}}^{\mathrm{t}}$ 存在偏差，也就是计算的地理系 $\hat{\mathrm{t}}$ 和真地理系 t 之间存在姿态误差 $\boldsymbol{\varphi}$。

由以上分析可知“数学平台”的误差角运动由矩阵微分方程 $\dot{\boldsymbol{C}}_{\mathrm{b}}^{\hat{\mathrm{t}}}=\boldsymbol{C}_{\mathrm{b}}^{\hat{\mathrm{t}}}\boldsymbol{\Omega}_{\mathrm{tb}}^{\mathrm{b}}$ 确定。而 $\boldsymbol{\Omega}_{\mathrm{tb}}^{\mathrm{b}}$ 取决于 $\boldsymbol{\omega}_{\mathrm{tb}}^{\mathrm{b}}$。在推导数学平台误差方程过程中，首先应确定 $\boldsymbol{\omega}_{\mathrm{tb}}^{\mathrm{b}}$，并分析其物理含义。然后将矩阵微分方程变换成误差角 $\boldsymbol{\varphi}$ 表征的姿态误差角方程。

设真地理系 t 到计算地理系 $\hat{\mathrm{t}}$ 的方向余弦矩阵为 $\boldsymbol{C}_{\mathrm{t}}^{\hat{\mathrm{t}}}$，由于真地理系与计算地理系之间仅相差一个小角度 $\boldsymbol{\varphi}$，因此有

$$\boldsymbol{C}_{\mathrm{t}}^{\hat{\mathrm{t}}}=\begin{bmatrix}1 & \varphi_z & -\varphi_y\\ -\varphi_z & 1 & \varphi_x\\ \varphi_y & -\varphi_x & 1\end{bmatrix}=\boldsymbol{I}-\boldsymbol{\Phi}^{\mathrm{t}} \tag{9.1}$$

式中

$$\boldsymbol{\Phi}^{t}=\begin{bmatrix}0 & -\varphi_{z} & \varphi_{y}\\ \varphi_{z} & 0 & -\varphi_{x}\\ -\varphi_{y} & \varphi_{x} & 0\end{bmatrix}$$

反之,计算地理系到真地理系的方向余弦矩阵则为

$$\boldsymbol{C}_{\hat{t}}^{t}=[\boldsymbol{C}_{t}^{\hat{t}}]^{T}=\begin{bmatrix}1 & -\varphi_{z} & \varphi_{y}\\ \varphi_{z} & 1 & -\varphi_{x}\\ -\varphi_{y} & \varphi_{x} & 1\end{bmatrix}=\boldsymbol{I}+\boldsymbol{\Phi}^{t} \tag{9.2}$$

姿态角速度 $\boldsymbol{\omega}_{tb}^{b}$ 的表达式为

$$\boldsymbol{\omega}_{tb}^{b}=\tilde{\boldsymbol{\omega}}_{ib}^{b}-\hat{\boldsymbol{\omega}}_{ie}^{b}-\boldsymbol{\omega}_{et}^{b} \tag{9.3}$$

式中,$\tilde{\boldsymbol{\omega}}_{ib}^{b}$ 表示由陀螺仪测量的机体角速度分量;$\hat{\boldsymbol{\omega}}_{ie}^{b}$ 表示由导航计算机计算的地球角速率分量;$\boldsymbol{\omega}_{et}^{b}$ 表示由导航计算机计算的机体位移角速度分量。

捷联式惯导系统中的陀螺仪,在其输出的测量值$\tilde{\boldsymbol{\omega}}_{ib}^{b}$ 中除了地球角速率 $\boldsymbol{\omega}_{ie}^{b}$ 之外,还含有陀螺漂移 $\boldsymbol{\varepsilon}_{b}$ 和角运动干扰 $\boldsymbol{\omega}_{d}^{b}$,即

$$\tilde{\boldsymbol{\omega}}_{ib}^{b}=\boldsymbol{\omega}_{ie}^{b}+\boldsymbol{\varepsilon}_{b}+\boldsymbol{\omega}_{d}^{b} \tag{9.4}$$

设

$$\delta\boldsymbol{\omega}_{ib}^{b}=\boldsymbol{\varepsilon}_{b}+\boldsymbol{\omega}_{d}^{b}$$

则

$$\tilde{\boldsymbol{\omega}}_{ib}^{b}=\boldsymbol{\omega}_{ie}^{b}+\boldsymbol{\delta\omega}_{ib}^{b} \tag{9.5}$$

现在分析 $\boldsymbol{\omega}_{ie}^{b}$。为实现地球角速度 $\boldsymbol{\omega}_{ie}^{t}$ 从地理系到载体系的变换,需要用到 $\boldsymbol{C}_{t}^{b}$ 及其逆矩阵。但导航计算机中只有方向余弦阵 $\boldsymbol{C}_{\hat{t}}^{b}$ 及其逆矩阵。因此,实际计算时只能采用 $\boldsymbol{C}_{\hat{t}}^{b}$ 来变换,即

$$\hat{\boldsymbol{\omega}}_{ie}^{b}=\boldsymbol{C}_{\hat{t}}^{b}\hat{\boldsymbol{\omega}}_{ie}^{t} \tag{9.6}$$

式中,用 $\hat{\boldsymbol{\omega}}_{ie}^{t}$ 代替 $\boldsymbol{\omega}_{ie}^{t}$,表示地球角速度 $\boldsymbol{\omega}_{ie}^{t}$ 也是经由导航计算而得到的。

当存在纬度误差时,计算的地球角速度 $\hat{\boldsymbol{\omega}}_{ie}^{t}$ 可表示为

$$\hat{\boldsymbol{\omega}}_{ie}^{t}=\begin{bmatrix}0\\ \omega_{ie}\cos(L+\delta L)\\ \omega_{ie}\sin(L+\delta L)\end{bmatrix}\approx\begin{bmatrix}0\\ \omega_{ie}\cos L\\ \omega_{ie}\sin L\end{bmatrix}+\begin{bmatrix}0\\ -\delta L\omega_{ie}\sin L\\ \delta L\omega_{ie}\cos L\end{bmatrix} \tag{9.7}$$

令

$$\delta\boldsymbol{\omega}_{ie}^{t}=\begin{bmatrix}0\\ -\delta L\omega_{ie}\sin L\\ \delta L\omega_{ie}\cos L\end{bmatrix}$$

则式(9.7) 可写成

$$\hat{\boldsymbol{\omega}}_{ie}^{t}=\boldsymbol{\omega}_{ie}^{t}+\boldsymbol{\delta\omega}_{ie}^{t} \tag{9.8}$$

将式(9.8)代入式(9.6)可得

$$\hat{\boldsymbol{\omega}}_{ie}^{b}=\boldsymbol{C}_{t}^{b}\boldsymbol{\omega}_{ie}^{t}+\boldsymbol{C}_{t}^{b}\delta\boldsymbol{\omega}_{ie}^{t} \tag{9.9}$$

式(9.9)右端第二项,因 δL 是一阶小量,故 $\delta\boldsymbol{\omega}_{ie}^{t}$ 也是一阶小量,又 t 系与 $\hat{t}$ 系之间只差一个小角度 $\boldsymbol{\varphi}$,可认为两者接近重合。由于一阶小量 $\delta\boldsymbol{\omega}_{ie}^{t}$ 在两个接近重合的坐标系中分解时,其投影是相等的。于是,式(9.9)右端第二项可写成

$$\boldsymbol{C}_{t}^{b}\delta\boldsymbol{\omega}_{ie}^{t}=\boldsymbol{C}_{\hat{t}}^{b}\delta\boldsymbol{\omega}_{ie}^{\hat{t}}=\delta_{1}\boldsymbol{\omega}_{ie}^{b} \tag{9.10}$$

至于式(9.9)右端第一项,因为 $\boldsymbol{\omega}_{ie}^{t}$ 不是小量,所以 $\boldsymbol{C}_{t}^{b}\boldsymbol{\omega}_{ie}^{t}\neq\boldsymbol{\omega}_{ie}^{b}$,而是应把式(9.2)代入得

$$\boldsymbol{C}_{t}^{b}\boldsymbol{\omega}_{ie}^{t}=\boldsymbol{C}_{\hat{t}}^{b}\boldsymbol{C}_{t}^{\hat{t}}\boldsymbol{\omega}_{ie}^{t}=\boldsymbol{C}_{\hat{t}}^{b}(\boldsymbol{I}+\boldsymbol{\Phi}^{t})\boldsymbol{\omega}_{ie}^{t}=\boldsymbol{C}_{\hat{t}}^{b}\boldsymbol{\omega}_{ie}^{t}+\boldsymbol{C}_{\hat{t}}^{b}\boldsymbol{\Phi}^{t}\boldsymbol{\omega}_{ie}^{t}=\boldsymbol{\omega}_{ie}^{b}+\boldsymbol{C}_{\hat{t}}^{b}\boldsymbol{\Phi}^{t}\boldsymbol{\omega}_{ie}^{t}=\boldsymbol{\omega}_{ie}^{b}+\delta_{2}\boldsymbol{\omega}_{ie}^{b} \tag{9.11}$$

式中,$\delta_{2}\boldsymbol{\omega}_{ie}^{b}=\boldsymbol{C}_{\hat{t}}^{b}\boldsymbol{\Phi}^{t}\boldsymbol{\omega}_{ie}^{t}$。式(9.11)表明,在机体坐标系下,地球角速度的理想值与计算值之间存在交叉耦合误差 $\delta_{2}\boldsymbol{\omega}_{ie}^{b}$。

将式(9.10)和式(9.11)代入式(9.9),得

$$\hat{\boldsymbol{\omega}}_{ie}^{b}=\boldsymbol{\omega}_{ie}^{b}+\delta_{1}\boldsymbol{\omega}_{ie}^{b}+\delta_{2}\boldsymbol{\omega}_{ie}^{b} \tag{9.12}$$

由式(9.12)可以看出,计算得到的地球角速度 $\hat{\boldsymbol{\omega}}_{ie}^{b}$ 由两部分组成:一是理想地球角速度 $\boldsymbol{\omega}_{ie}^{b}$;二是因输入纬度误差而引起的计算误差 $\delta_{1}\boldsymbol{\omega}_{ie}^{b}$ 及经由坐标变换而产生的交叉耦合误差 $\delta_{2}\boldsymbol{\omega}_{ie}^{b}$。

把式(9.5)和式(9.12)代入式(9.3),可得

$$\boldsymbol{\omega}_{\hat{t}b}^{b}=\boldsymbol{\omega}_{ib}^{b}+\delta\boldsymbol{\omega}_{ib}^{b}-(\boldsymbol{\omega}_{ie}^{b}+\delta_{1}\boldsymbol{\omega}_{ie}^{b}+\delta_{2}\boldsymbol{\omega}_{ie}^{b})-\boldsymbol{\omega}_{e\hat{t}}^{b}=\delta\boldsymbol{\omega}_{ib}^{b}-\delta_{1}\boldsymbol{\omega}_{ie}^{b}-\delta_{2}\boldsymbol{\omega}_{ie}^{b}-\boldsymbol{\omega}_{e\hat{t}}^{b} \tag{9.13}$$

下面推导 t 系到 $\hat{t}$ 系的误差角 $\boldsymbol{\varphi}$ 方程。

根据真地理系的姿态矩阵微分方程,可类推出计算地理系与载体系之间的方程余弦矩阵为

$$\dot{\boldsymbol{C}}_{b}^{\hat{t}}=\boldsymbol{C}_{b}^{\hat{t}}\boldsymbol{\Omega}_{\hat{t}b}^{b} \tag{9.14}$$

由于

$$\boldsymbol{C}_{b}^{\hat{t}}=\boldsymbol{C}_{t}^{\hat{t}}\boldsymbol{C}_{b}^{t} \tag{9.15}$$

对式(9.15)求导,可得

$$\dot{\boldsymbol{C}}_{b}^{\hat{t}}=\dot{\boldsymbol{C}}_{t}^{\hat{t}}\boldsymbol{C}_{b}^{t}+\boldsymbol{C}_{t}^{\hat{t}}\dot{\boldsymbol{C}}_{b}^{t} \tag{9.16}$$

考虑到在静基座条件下,机体坐标系相对理想平台系(导航系)的姿态角为常量,因此 $\dot{\boldsymbol{C}}_{b}^{t}=\boldsymbol{0}$。这样,式(9.16)就可写成

$$\dot{\boldsymbol{C}}_{b}^{\hat{t}}=\dot{\boldsymbol{C}}_{t}^{\hat{t}}\boldsymbol{C}_{b}^{t} \tag{9.17}$$

将式(9.17)代入式(9.14)中,有

$$\dot{\boldsymbol{C}}_{t}^{\hat{t}}\boldsymbol{C}_{b}^{t}=\boldsymbol{C}_{b}^{\hat{t}}\boldsymbol{\Omega}_{\hat{t}b}^{b} \tag{9.18}$$

式(9.18)两边同时右乘 $\boldsymbol{C}_{t}^{b}$,得

$$\dot{\boldsymbol{C}}_{t}^{\hat{t}}=\boldsymbol{C}_{b}^{\hat{t}}\boldsymbol{\Omega}_{\hat{t}b}^{b}\boldsymbol{C}_{t}^{b}=\boldsymbol{C}_{t}^{\hat{t}}\boldsymbol{C}_{b}^{t}\boldsymbol{\Omega}_{\hat{t}b}^{b}\boldsymbol{C}_{t}^{b} \tag{9.19}$$

而

$$\boldsymbol{C}_{\mathrm{t}}^{\hat{\mathrm{t}}}=\boldsymbol{I}-\boldsymbol{\Phi}^{\mathrm{t}} \tag{9.20}$$

对式(9.20)两端求导,得

$$\dot{\boldsymbol{C}}_{\mathrm{t}}^{\hat{\mathrm{t}}}=-\dot{\boldsymbol{\Phi}}^{\mathrm{t}} \tag{9.21}$$

将式(9.20)和式(9.21)代入式(9.19),可得

$$\dot{\boldsymbol{\Phi}}^{\mathrm{t}}=-(\boldsymbol{I}-\boldsymbol{\Phi}^{\mathrm{t}})\boldsymbol{C}_{\mathrm{b}}^{\mathrm{t}}\boldsymbol{\Omega}_{\mathrm{tb}}^{\mathrm{b}}\boldsymbol{C}_{\mathrm{t}}^{\mathrm{b}} \tag{9.22}$$

由于反对称矩阵 $\boldsymbol{\Phi}^{\mathrm{t}}$ 和 $\boldsymbol{\Omega}_{\mathrm{tb}}^{\mathrm{b}}$ 中的元素均为一阶小量,展开式(9.22)并略去二阶小量,则式(9.22)可化简为

$$\dot{\boldsymbol{\Phi}}^{\mathrm{t}}=-\boldsymbol{C}_{\mathrm{b}}^{\mathrm{t}}\boldsymbol{\Omega}_{\mathrm{tb}}^{\mathrm{b}}\boldsymbol{C}_{\mathrm{t}}^{\mathrm{b}} \tag{9.23}$$

根据相似变换法则:

$$\left.\begin{aligned}\boldsymbol{\Omega}_{\mathrm{tb}}^{\mathrm{t}}&=\boldsymbol{C}_{\mathrm{b}}^{\mathrm{t}}\boldsymbol{\Omega}_{\mathrm{tb}}^{\mathrm{b}}\boldsymbol{C}_{\mathrm{t}}^{\mathrm{b}}\\ \boldsymbol{\omega}_{\mathrm{tb}}^{\mathrm{t}}&=\boldsymbol{C}_{\mathrm{b}}^{\mathrm{t}}\boldsymbol{\omega}_{\mathrm{tb}}^{\mathrm{b}}\end{aligned}\right\} \tag{9.24}$$

式中,$\boldsymbol{\Omega}_{\mathrm{tb}}^{\mathrm{t}}$ 为 $\boldsymbol{\Omega}_{\mathrm{tb}}^{\mathrm{b}}$ 的相似变换,且 $\boldsymbol{\Omega}_{\mathrm{tb}}^{\mathrm{t}}$ 的元素与列矢量 $\boldsymbol{\omega}_{\mathrm{tb}}^{\mathrm{b}}$ 通过 $\boldsymbol{C}_{\mathrm{b}}^{\mathrm{t}}$ 的变换得到的矢量 $\boldsymbol{\omega}_{\mathrm{tb}}^{\mathrm{t}}$ 的元素相对应,即 $\boldsymbol{\Omega}_{\mathrm{tb}}^{\mathrm{b}}$ 是 $\boldsymbol{\omega}_{\mathrm{tb}}^{\mathrm{b}}$ 的反对称矩阵。将式(9.24)代入式(9.23),可得

$$\dot{\boldsymbol{\Phi}}^{\mathrm{t}}=-\boldsymbol{\Omega}_{\mathrm{tb}}^{\mathrm{t}} \tag{9.25}$$

将矩阵微分方程式(9.25)中的元素写成列矢量形式,并利用式(9.24)的关系,得

$$\dot{\boldsymbol{\varphi}}=\begin{bmatrix}\dot{\varphi}_x\\ \dot{\varphi}_y\\ \dot{\varphi}_z\end{bmatrix}=-\boldsymbol{\omega}_{\mathrm{tb}}^{\mathrm{t}}=-\boldsymbol{C}_{\mathrm{b}}^{\mathrm{t}}\boldsymbol{\omega}_{\mathrm{tb}}^{\mathrm{b}} \tag{9.26}$$

此式有着鲜明的物理意义,左端为 $\hat{\mathrm{t}}$ 系相对 t 系的误差角运动,如同平台式惯导系统中稳定平台台体 p 相对 t 系的姿态误差角运动一样,右端为引起姿态误差角的误差源。由式(9.13)可知误差源有 3 种类型:一是陀螺仪的测量误差;二是加速度计的测量误差经前向通道变换成的误差角运动;三是外部信号建立的初始数学平台不理想而引起的计算误差。

将式(9.13)代入式(9.26),有

$$\dot{\boldsymbol{\varphi}}=-\boldsymbol{C}_{\mathrm{b}}^{\mathrm{t}}(\delta\boldsymbol{\omega}_{\mathrm{ib}}^{\mathrm{b}}-\delta_1\boldsymbol{\omega}_{\mathrm{ie}}^{\mathrm{b}}-\delta_2\boldsymbol{\omega}_{\mathrm{ie}}^{\mathrm{b}}-\boldsymbol{\omega}_{\mathrm{e\hat{t}}}^{\mathrm{b}})=-\delta\boldsymbol{\omega}_{\mathrm{ib}}^{\mathrm{t}}+\delta_1\boldsymbol{\omega}_{\mathrm{ie}}^{\mathrm{t}}+\delta_2\boldsymbol{\omega}_{\mathrm{ie}}^{\mathrm{t}}+\boldsymbol{\omega}_{\mathrm{e\hat{t}}}^{\mathrm{t}} \tag{9.27}$$

将式(9.27)写成矩阵形式,并考虑到 $\boldsymbol{\omega}_{\mathrm{e\hat{t}}}^{\mathrm{t}}$ 是由加速度计的测量信号经前向通道变换而来的误差角速度,即

$$\boldsymbol{\omega}_{\mathrm{e\hat{t}}}^{\mathrm{t}}=\begin{bmatrix}\omega_{\mathrm{e\hat{t}}x}^{\mathrm{t}}\\ \omega_{\mathrm{e\hat{t}}y}^{\mathrm{t}}\\ \omega_{\mathrm{e\hat{t}}z}^{\mathrm{t}}\end{bmatrix}=\begin{bmatrix}-\dfrac{\delta v_{\mathrm{et}y}^{\mathrm{t}}}{R}\\ \dfrac{\delta v_{\mathrm{et}x}^{\mathrm{t}}}{R}\\ 0\end{bmatrix} \tag{9.28}$$

则有

$$\begin{bmatrix}\dot{\varphi}_x\\ \dot{\varphi}_y\\ \dot{\varphi}_z\end{bmatrix}=\begin{bmatrix}-\dfrac{\delta v_{ety}^{t}}{R}\\ \dfrac{\delta v_{etx}^{t}}{R}\\ 0\end{bmatrix}+\begin{bmatrix}0\\ -\delta L\omega_{ie}\sin L\\ \delta L\omega_{ie}\cos L\end{bmatrix}+\begin{bmatrix}0 & -\varphi_z & \varphi_y\\ \varphi_z & 0 & -\varphi_x\\ -\varphi_y & \varphi_x & 0\end{bmatrix}\begin{bmatrix}0\\ \omega_{ie}\cos L\\ \omega_{ie}\sin L\end{bmatrix}-\begin{bmatrix}\varepsilon_x^{b}+\omega_{dx}^{t}\\ \varepsilon_y^{b}+\omega_{dy}^{t}\\ \varepsilon_z^{b}+\omega_{dz}^{t}\end{bmatrix} \tag{9.29}$$

把式(9.29) 展开，有

$$\left.\begin{aligned}\dot{\varphi}_x&=-\frac{\delta v_{ety}^{t}}{R}+\varphi_y\omega_{ie}\sin L-\varphi_z\omega_{ie}\cos L-\varepsilon_x^{t}-\omega_{dx}^{t}\\ \dot{\varphi}_y&=\frac{\delta v_{etx}^{t}}{R}-\delta L\omega_{ie}\sin L-\varphi_x\omega_{ie}\sin L-\varepsilon_y^{t}-\omega_{dy}^{t}\\ \dot{\varphi}_z&=\delta L\omega_{ie}\cos L+\varphi_x\omega_{ie}\cos L-\varepsilon_z^{t}-\omega_{dz}^{t}\end{aligned}\right\} \tag{9.30}$$

可见，捷联式惯导系统的姿态误差方程和平台式惯导系统的平台误差角方程是一致的。

9.2.2　速度误差方程

在捷联式惯导系统中，为进行导航位置参数的计算，加速度计测出的加速度信息经过数学平台变换成地理坐标系下的计算值为

$$\boldsymbol{a}_{ib}^{\hat{t}}=\boldsymbol{C}_b^{\hat{t}}\,\tilde{\boldsymbol{a}}_{ib}^{b}=\boldsymbol{C}_t^{\hat{t}}\boldsymbol{C}_b^{t}\,\boldsymbol{a}_{ib}^{b}=\boldsymbol{C}_t^{\hat{t}}\,\tilde{\boldsymbol{a}}_{ib}^{t}=(\boldsymbol{I}-\boldsymbol{\Phi}^{t})\,\tilde{\boldsymbol{a}}_{ib}^{t} \tag{9.31}$$

在静基座条件下，加速度计的输出中包含误差项 $\boldsymbol{\nabla}$和 $\boldsymbol{a}_d$(加速度计零位偏置和机体角运动引起的扰动输出)。若考虑各通道之间的交叉耦合项，并参照捷联式惯导系统的速度方程，有

$$\boldsymbol{a}_{ib}^{\hat{t}}=\boldsymbol{a}_{ib}^{t}-2\boldsymbol{\omega}_{ie}^{t}\times\delta\boldsymbol{v}_{et}^{t}-\boldsymbol{\varphi}\times\boldsymbol{g} \tag{9.32}$$

式中

$$\boldsymbol{a}_{ib}^{t}=\boldsymbol{\nabla}+\boldsymbol{a}_d$$

将式(9.32) 展开，并忽略垂直通道，得水平通道的速度误差方程为

$$\left.\begin{aligned}a_{ibx}^{\hat{t}}&=2\omega_{ie}\delta v_{ety}^{t}\sin L-\varphi_y g+\nabla_x+a_{dx}\\ a_{iby}^{\hat{t}}&=-2\omega_{ie}\delta v_{etx}^{t}\sin L+\varphi_x g+\nabla_y+a_{dy}\end{aligned}\right\} \tag{9.33}$$

这里

$$\left.\begin{aligned}\delta v_{etx}^{t}&=\int_{t_1}^{t_2}a_{ibx}^{\hat{t}}\,dt\\ \delta v_{ety}^{t}&=\int_{t_1}^{t_2}a_{iby}^{\hat{t}}\,dt\end{aligned}\right\} \tag{9.34}$$

式中，时间间隔$[t_1,t_2]$为计算步长。

9.2.3 位置误差方程

捷联惯导系统的位置误差方程和平台式惯导系统的位置误差方程是一样的，即

$$\left.\begin{aligned}\delta\dot{L}&=\frac{\delta v_{\mathrm{et}x}^{\mathrm{t}}}{R}\\ \delta\dot{\lambda}&=\frac{\delta v_{\mathrm{et}y}^{\mathrm{t}}}{R}\sec L\end{aligned}\right\}\tag{9.35}$$

9.2.4 系统误差方程及简要分析

将以上讨论所得到的姿态误差方程式(9.30)、速度误差方程式(9.34)和位置误差方程式(9.35)综合到一起，就构成采用指北方位的捷联式惯导系统在静基座条件下的系统误差方程。将其写成矩阵形式，并统一略去上标“t”和下标“et”，有

$$\delta\dot{\lambda}=\frac{\delta v_{y}^{\mathrm{t}}}{R}\sec L\tag{9.36}$$

$$\begin{bmatrix}\delta\dot{v}_x\\ \delta\dot{v}_y\\ \delta\dot{L}\\ \dot{\varphi}_x\\ \dot{\varphi}_y\\ \dot{\varphi}_z\end{bmatrix}=\begin{bmatrix}0 & 2\omega_{\mathrm{ie}}\sin L & 0 & 0 & -g & 0\\ -2\omega_{\mathrm{ie}}\sin L & 0 & 0 & g & 0 & 0\\ 0 & \dfrac{1}{R} & 0 & 0 & 0 & 0\\ 0 & -\dfrac{1}{R} & 0 & 0 & \omega_{\mathrm{ie}}\sin L & -\omega_{\mathrm{ie}}\cos L\\ \dfrac{1}{R} & \dfrac{L}{R} & -\omega_{\mathrm{ie}}\sin L & -\omega_{\mathrm{ie}}\sin L & 0 & 0\\ \dfrac{\tan L}{R} & 0 & \omega_{\mathrm{ie}}\cos L & \omega_{\mathrm{ie}}\cos L & 0 & 0\end{bmatrix}\times\begin{bmatrix}\delta v_x\\ \delta v_y\\ \delta L\\ \varphi_x\\ \varphi_y\\ \varphi_z\end{bmatrix}+\begin{bmatrix}\nabla_x+a_{\mathrm{d}x}\\ \nabla_y+a_{\mathrm{d}y}\\ 0\\ -(\varepsilon_x+\varepsilon_{\mathrm{d}x})\\ -(\varepsilon_y+\varepsilon_{\mathrm{d}y})\\ -(\varepsilon_z+\varepsilon_{\mathrm{d}z})\end{bmatrix}\tag{9.37}$$

由式(9.37)可以看出，在静基座条件下，捷联式惯导系统的误差方程和平台式惯导系统的误差方程是一致的。

类似平台式惯导系统的误差分析方法，可得捷联式惯导系统误差方程特征根为

$$\left.\begin{aligned} s_{1,2} &= \pm \mathrm{i}\omega_{\mathrm{ie}} \\ s_{3,4} &= \pm \mathrm{i}(\omega_{\mathrm{s}} + \omega_{\mathrm{ie}}\sin L) \\ s_{5,6} &= \pm \mathrm{i}(\omega_{\mathrm{s}} - \omega_{\mathrm{ie}}\sin L) \end{aligned}\right\} \tag{9.38}$$

由式(9.38)给出的特征根可知，系统为无阻尼自由振荡系统，其振荡频率包括地球周期振荡、舒勒周期振荡和傅科振荡，且傅科周期振荡对舒勒周期振荡的幅值进行调制。系统的误差传播特性和平台式惯导系统中的情况相似。

以上分析都是考虑捷联式系统工作在静基座的情况下，当在动基座下时，两种系统在性能上会有明显差别。这些差别主要表现在载体角运动会产生严重的动态误差。一方面，捷联式系统中用的陀螺仪应具有较大的施矩速率，这样会使力矩器的标度系数误差大为增加。另一方面，由于仪表固定在载体上，因此惯性仪表的误差可以看作是与载体相固联的，所以误差是时间的函数。

9.3　捷联式惯导系统的初始对准

在导航系统进入导航状态时，希望在计算机中建立一个能够准确地描述载体坐标系b与当地地理坐标系t之间的坐标变换阵 $\boldsymbol{C}_{\mathrm{b}}^{\mathrm{t}}$，以便导航参数在正确的基础上计算。捷联式惯导系统初始对准的目的就是确定捷联矩阵 $\boldsymbol{C}_{\mathrm{b}}^{\mathrm{t}}$ 的初始值。而 $\boldsymbol{C}_{\mathrm{b}}^{\mathrm{t}}$ 只能通过计算机算出，计算得到的捷联矩阵为 $\boldsymbol{C}_{\mathrm{b}}^{\hat{\mathrm{t}}}$，在 $\boldsymbol{C}_{\mathrm{b}}^{\hat{\mathrm{t}}}$ 求得以后，若能求得误差角矩阵 $\boldsymbol{\Phi}^{\mathrm{t}}$，可得

$$\boldsymbol{C}_{\mathrm{b}}^{\hat{\mathrm{t}}} = \boldsymbol{C}_{\mathrm{t}}^{\hat{\mathrm{t}}}\boldsymbol{C}_{\mathrm{b}}^{\mathrm{t}} = (1 - \boldsymbol{\Phi}^{\mathrm{t}})\boldsymbol{C}_{\mathrm{b}}^{\mathrm{t}} \tag{9.39}$$

利用式(9.39)的关系便可对 $\boldsymbol{C}_{\mathrm{b}}^{\hat{\mathrm{t}}}$ 修正，从而获得更准确的 $\boldsymbol{C}_{\mathrm{b}}^{\mathrm{t}}$，即

$$\boldsymbol{C}_{\mathrm{b}}^{\mathrm{t}} = (1 - \boldsymbol{\Phi}^{\mathrm{t}})^{-1}\boldsymbol{C}_{\mathrm{b}}^{\hat{\mathrm{t}}} = (1 + \boldsymbol{\Phi}^{\mathrm{t}})\boldsymbol{C}_{\mathrm{b}}^{\hat{\mathrm{t}}} \tag{9.40}$$

从对准过程来看，捷联式惯导系统要经过粗对准和精对准两个阶段：首先进行粗对准，依靠重力矢量和地球角速度矢量的测量值，直接估算从机体坐标系到地理坐标系的姿态矩阵。其特点是对准速度快，对准精度较低，仅为进一步精对准提供一个满足要求的初始变换阵 $\boldsymbol{C}_{\mathrm{b}}^{\hat{\mathrm{t}}}$。在精对准阶段，则通过处理惯性元件的输出信息及外观测信息，精确地确定计算参考坐标系(数学平台)与地理坐标系之间的失准角，从而建立起准确的初始变换阵 $\boldsymbol{C}_{\mathrm{b}}^{\mathrm{t}}$。精对准速度比粗对准要慢，但对准精度要高。将两者结合起来，就可满足在规定时间内达到规定的对准精度要求。

9.3.1　解析式粗对准

矩阵 $\boldsymbol{C}_{\mathrm{b}}^{\hat{\mathrm{t}}}$ 可以通过加速度计与陀螺的测量值来计算。在进行初始对准时，当地的经度 λ 和纬度 L 是已知的，因此重力加速度 $\boldsymbol{g}$ 和地球自转角速度 $\boldsymbol{\omega}_{\mathrm{ie}}$ 在地理坐标系的分量都是确定的，它们可表示为

$$\boldsymbol{g}^{\mathrm{t}}=\begin{bmatrix}g_x\\g_y\\g_z\end{bmatrix}=\begin{bmatrix}0\\0\\-g\end{bmatrix}\tag{9.41}$$

$$\boldsymbol{\omega}_{\mathrm{ie}}^{\mathrm{t}}=\begin{bmatrix}\omega_{\mathrm{ie}x}^{\mathrm{t}}\\\omega_{\mathrm{ie}y}^{\mathrm{t}}\\\omega_{\mathrm{ie}z}^{\mathrm{t}}\end{bmatrix}=\begin{bmatrix}0\\\omega_{\mathrm{ie}}\cos L\\\omega_{\mathrm{ie}}\sin L\end{bmatrix}\tag{9.42}$$

然后再由 $\boldsymbol{g}$ 和 $\boldsymbol{\omega}_{\mathrm{ie}}$ 构成一个新矢量 $\boldsymbol{r}$，即

$$\boldsymbol{r}=\boldsymbol{g}\times\boldsymbol{\omega}_{\mathrm{ie}}\tag{9.43}$$

根据地理坐标系与机体坐标系之间的转换矩阵 $\boldsymbol{C}_{\mathrm{t}}^{\mathrm{b}}$，可得

$$\left.\begin{aligned}\boldsymbol{g}^{\mathrm{b}}&=\boldsymbol{C}_{\mathrm{t}}^{\mathrm{b}}\boldsymbol{g}^{\mathrm{t}}\\\boldsymbol{\omega}_{\mathrm{ie}}^{\mathrm{b}}&=\boldsymbol{C}_{\mathrm{t}}^{\mathrm{b}}\boldsymbol{\omega}_{\mathrm{ie}}^{\mathrm{t}}\\\boldsymbol{r}^{\mathrm{b}}&=\boldsymbol{C}_{\mathrm{t}}^{\mathrm{b}}\boldsymbol{r}^{\mathrm{t}}\end{aligned}\right\}\tag{9.44}$$

由式(9.44) 中的 3 个矢量等式可以写出 9 个标量方程。由于 $\boldsymbol{g}^{\mathrm{b}}$ 与 $\boldsymbol{\omega}_{\mathrm{ie}}^{\mathrm{b}}$ 可以测得，而 $\boldsymbol{\omega}_{\mathrm{ie}}^{\mathrm{t}}$，$\boldsymbol{r}^{\mathrm{b}}$，$\boldsymbol{r}^{\mathrm{t}}$ 和 $\boldsymbol{g}^{\mathrm{t}}$ 均可通过计算得到，因此联立求解 9 个标量方程就可以求出 $\boldsymbol{C}_{\mathrm{t}}^{\mathrm{b}}$ 的 9 个元素。

将式(9.44) 两边转置，并考虑到 $\boldsymbol{C}_{\mathrm{b}}^{\mathrm{t}}$ 为正交矩阵，即$(\boldsymbol{C}_{\mathrm{t}}^{\mathrm{b}})^{\mathrm{T}}=(\boldsymbol{C}_{\mathrm{t}}^{\mathrm{b}})^{-1}=\boldsymbol{C}_{\mathrm{b}}^{\mathrm{t}}$，于是

$$\begin{cases}(\boldsymbol{g}^{\mathrm{b}})^{\mathrm{T}}=(\boldsymbol{g}^{\mathrm{t}})^{\mathrm{T}}\boldsymbol{C}_{\mathrm{b}}^{\mathrm{t}}\\(\boldsymbol{\omega}_{\mathrm{ie}}^{\mathrm{b}})^{\mathrm{T}}=(\boldsymbol{\omega}_{\mathrm{ie}}^{\mathrm{t}})^{\mathrm{T}}\boldsymbol{C}_{\mathrm{b}}^{\mathrm{t}}\\(\boldsymbol{r}^{\mathrm{b}})^{\mathrm{T}}=(\boldsymbol{r}^{\mathrm{t}})^{\mathrm{T}}\boldsymbol{C}_{\mathrm{b}}^{\mathrm{t}}\end{cases}$$

将以上公式写成分块矩阵形式，则有

$$\begin{bmatrix}(\boldsymbol{g}^{\mathrm{b}})^{\mathrm{T}}\\\hdashline(\boldsymbol{\omega}_{\mathrm{ie}}^{\mathrm{b}})^{\mathrm{T}}\\\hdashline(\boldsymbol{r}^{\mathrm{b}})^{\mathrm{T}}\end{bmatrix}=\begin{bmatrix}(\boldsymbol{g}^{\mathrm{t}})^{\mathrm{T}}\\\hdashline(\boldsymbol{\omega}_{\mathrm{ie}}^{\mathrm{t}})^{\mathrm{T}}\\\hdashline(\boldsymbol{r}^{\mathrm{t}})^{\mathrm{T}}\end{bmatrix}\boldsymbol{C}_{\mathrm{b}}^{\mathrm{t}}$$

由上式可得

$$\boldsymbol{C}_{\mathrm{b}}^{\mathrm{t}}=\begin{bmatrix}(\boldsymbol{g}^{\mathrm{t}})^{\mathrm{T}}\\\hdashline(\boldsymbol{\omega}_{\mathrm{ie}}^{\mathrm{t}})^{\mathrm{T}}\\\hdashline(\boldsymbol{r}^{\mathrm{t}})^{\mathrm{T}}\end{bmatrix}^{-1}\begin{bmatrix}(\boldsymbol{g}^{\mathrm{b}})^{\mathrm{T}}\\\hdashline(\boldsymbol{\omega}_{\mathrm{ie}}^{\mathrm{b}})^{\mathrm{T}}\\\hdashline(\boldsymbol{r}^{\mathrm{b}})^{\mathrm{T}}\end{bmatrix}\tag{9.45}$$

在测得 $\boldsymbol{g}$ 和 $\boldsymbol{\omega}_{\mathrm{ie}}$ 的基础上，计算出 $\boldsymbol{r}^{\mathrm{b}}$ 和 $\boldsymbol{r}^{\mathrm{t}}$，然后就可以按上式计算出初始矩阵 $\boldsymbol{C}_{\mathrm{b}}^{\mathrm{t}}$。故由式(9.45) 表示的矩阵叫作“对准矩阵”。

由式(9.43) 可知

$$\boldsymbol{r}^{\mathrm{t}}=\boldsymbol{g}^{\mathrm{t}}\times\boldsymbol{\omega}_{\mathrm{ie}}^{\mathrm{t}}=\begin{bmatrix}0&g&0\\-g&0&0\\0&0&0\end{bmatrix}\begin{bmatrix}0\\\omega_{\mathrm{ie}}\cos L\\\omega_{\mathrm{ie}}\sin L\end{bmatrix}=\begin{bmatrix}g\omega_{\mathrm{ie}}\cos L\\0\\0\end{bmatrix}$$

而式(9.45) 中的 $\boldsymbol{r}^{\mathrm{b}}$ 为

$$\boldsymbol{r}^{\mathrm{b}}=\boldsymbol{g}^{\mathrm{b}}\times\boldsymbol{\omega}_{\mathrm{ie}}^{\mathrm{b}}=\begin{bmatrix}0 & -g_z^{\mathrm{b}} & g_y^{\mathrm{b}}\\ g_z^{\mathrm{b}} & 0 & -g_x^{\mathrm{b}}\\ -g_y^{\mathrm{b}} & g_x^{\mathrm{b}} & 0\end{bmatrix}\begin{bmatrix}\omega_{\mathrm{ie}x}^{\mathrm{b}}\\ \omega_{\mathrm{ie}y}^{\mathrm{b}}\\ \omega_{\mathrm{ie}z}^{\mathrm{b}}\end{bmatrix}=\begin{bmatrix}\omega_{\mathrm{ie}z}^{\mathrm{b}}g_y^{\mathrm{b}}-\omega_{\mathrm{ie}y}^{\mathrm{b}}g_z^{\mathrm{b}}\\ \omega_{\mathrm{ie}x}^{\mathrm{b}}g_z^{\mathrm{b}}-\omega_{\mathrm{ie}z}^{\mathrm{b}}g_x^{\mathrm{b}}\\ \omega_{\mathrm{ie}y}^{\mathrm{b}}g_x^{\mathrm{b}}-\omega_{\mathrm{ie}x}^{\mathrm{b}}g_y^{\mathrm{b}}\end{bmatrix}\tag{9.46}$$

将 $\boldsymbol{r}^{\mathrm{t}},\boldsymbol{g}^{\mathrm{t}},\boldsymbol{\omega}_{\mathrm{ie}}^{\mathrm{t}}$ 代入式(9.45) 等号右边第一个逆矩阵，有

$$\begin{bmatrix}(\boldsymbol{g}^{\mathrm{t}})^{\mathrm{T}}\\ (\boldsymbol{\omega}_{\mathrm{ie}}^{\mathrm{t}})^{\mathrm{T}}\\ (\boldsymbol{r}^{\mathrm{t}})^{\mathrm{T}}\end{bmatrix}^{-1}=\begin{bmatrix}0 & 0 & -g\\ 0 & \omega_{\mathrm{ie}}\cos L & \omega_{\mathrm{ie}}\sin L\\ g\omega_{\mathrm{ie}}\cos L & 0 & 0\end{bmatrix}^{-1}=\begin{bmatrix}0 & 0 & \dfrac{1}{g\omega_{\mathrm{ie}}}\sec L\\ \dfrac{1}{g}\tan L & \dfrac{1}{\omega_{\mathrm{ie}}}\sec L & 0\\ -\dfrac{1}{g} & 0 & 0\end{bmatrix}\tag{9.47}$$

将测量得到的 $\boldsymbol{g}^{\mathrm{b}}$ 和 $\boldsymbol{\omega}_{\mathrm{ie}}$ 及按式(9.46) 计算的 $\boldsymbol{r}^{\mathrm{b}}$ 并将式(9.47) 代入式(9.45)，便可计算出 $\boldsymbol{C}_{\mathrm{b}}^{\mathrm{t}}$，即

$$\boldsymbol{C}_{\mathrm{b}}^{\mathrm{t}}=\begin{bmatrix}0 & 0 & \dfrac{1}{g\omega_{\mathrm{ie}}}\sec L\\ \dfrac{1}{g}\tan L & \dfrac{1}{\omega_{\mathrm{ie}}}\sec L & 0\\ -\dfrac{1}{g} & 0 & 0\end{bmatrix}\begin{bmatrix}g_x^{\mathrm{b}} & g_y^{\mathrm{b}} & g_z^{\mathrm{b}}\\ \omega_{\mathrm{ie}x}^{\mathrm{b}} & \omega_{\mathrm{ie}y}^{\mathrm{b}} & \omega_{\mathrm{ie}z}^{\mathrm{b}}\\ \omega_{\mathrm{ie}z}^{\mathrm{b}}g_y^{\mathrm{b}}-\omega_{\mathrm{ie}y}^{\mathrm{b}}g_z^{\mathrm{b}} & \omega_{\mathrm{ie}x}^{\mathrm{b}}g_z^{\mathrm{b}}-\omega_{\mathrm{ie}z}^{\mathrm{b}}g_x^{\mathrm{b}} & \omega_{\mathrm{ie}y}^{\mathrm{b}}g_x^{\mathrm{b}}-\omega_{\mathrm{ie}x}^{\mathrm{b}}g_y^{\mathrm{b}}\end{bmatrix}$$

设 $\boldsymbol{C}_{\mathrm{b}}^{\mathrm{t}}$ 的元素为 $C_{ij}\,(i=1,2,3;j=1,2,3)$，将上式相乘后可求得 $\boldsymbol{C}_{\mathrm{b}}^{\mathrm{t}}$ 的 9 个元素，即

$$\left.\begin{aligned}C_{11}&=\frac{\sec L}{g\omega_{\mathrm{ie}}}(\omega_{\mathrm{ie}z}^{\mathrm{b}}g_y^{\mathrm{b}}-\omega_{\mathrm{ie}y}^{\mathrm{b}}g_z^{\mathrm{b}})\\ C_{12}&=\frac{\sec L}{g\omega_{\mathrm{ie}}}(\omega_{\mathrm{ie}x}^{\mathrm{b}}g_z^{\mathrm{b}}-\omega_{\mathrm{ie}z}^{\mathrm{b}}g_x^{\mathrm{b}})\\ C_{13}&=\frac{\sec L}{g\omega_{\mathrm{ie}}}(\omega_{\mathrm{ie}y}^{\mathrm{b}}g_x^{\mathrm{b}}-\omega_{\mathrm{ie}x}^{\mathrm{b}}g_y^{\mathrm{b}})\\ C_{21}&=\frac{g_x^{\mathrm{b}}}{g}\tan L+\frac{\omega_{\mathrm{ie}x}^{\mathrm{b}}}{\omega_{\mathrm{ie}}}\sec L\\ C_{22}&=\frac{g_y^{\mathrm{b}}}{g}\tan L+\frac{\omega_{\mathrm{ie}y}^{\mathrm{b}}}{\omega_{\mathrm{ie}}}\sec L\\ C_{23}&=\frac{g_z^{\mathrm{b}}}{g}\tan L+\frac{\omega_{\mathrm{ie}z}^{\mathrm{b}}}{\omega_{\mathrm{ie}}}\sec L\\ C_{31}&=-\frac{g_x^{\mathrm{b}}}{g}\\ C_{32}&=-\frac{g_y^{\mathrm{b}}}{g}\\ C_{33}&=-\frac{g_z^{\mathrm{b}}}{g}\end{aligned}\right\}\tag{9.48}$$

式(9.48) 中的 g_x^b, g_y^b, g_z^b 可用加速度计的输出 $\tilde{f}_x^b, \tilde{f}_y^b, \tilde{f}_z^b$ 来近似代替，$\omega_{iex}^b, \omega_{iey}^b, \omega_{iez}^b$ 可由陀螺的输出 $\tilde{\omega}_{ibx}^b, \tilde{\omega}_{iby}^b, \tilde{\omega}_{ibz}^b$ 来代替；式中对准点的纬度 L 与重力加速度 g 的精确值可作为已知数输入系统，ω_{ie} 为常数。显然，按式(9.48) 计算出的 $\boldsymbol{C}_b^t$ 为近似值，并可用 $\boldsymbol{C}_b^{\hat{t}}$ 表示。进行对准矩阵的计算也就是完成了解析式粗对准。

9.3.2 一次修正粗对准

由式(9.48) 计算的初始方向余弦矩阵 $\boldsymbol{C}_b^{\hat{t}}$ 是粗略的，不能准确地描述载体坐标系 b 与当地地理坐标系 t 之间的真实角度关系 $\boldsymbol{\Phi}_{tb}$，也就是说初始计算地理坐标系 $\hat{t}$ 系与理想地理坐标系不完全重合，其间小角度误差为 $\boldsymbol{\Phi}_{t\hat{t}}$。t 系、$\hat{t}$ 系与 b 系之间的关系如图 9－1 所示。

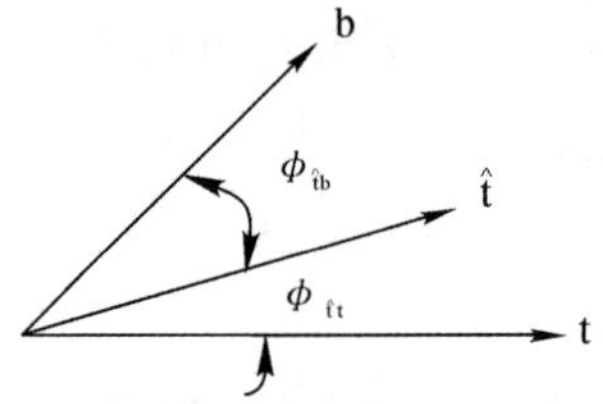

图 9－1 t,$\hat{t}$ 和 b 系之间的关系示意图

一次修正粗对准方法就是利用加速度计和陀螺仪提供的信息，通过解析算出误差角 $\boldsymbol{\Phi}_{t\hat{t}}$，从而利用式(9.40) 对 $\boldsymbol{C}_b^{\hat{t}}$ 进行一次修正得到比较准确的初始方向余弦矩阵 $\boldsymbol{C}_b^t$。

由速度误差方程式(9.33)，并略去交叉耦合项 $2\omega_{ie}\delta V_N \sin L$ 和 $-2\omega_{ie}\delta V_E \sin L$，可得

$$\left.\begin{aligned} f_E^{\hat{t}} &= -\varphi_N g + \nabla_E + a_{dE} \\ f_N^{\hat{t}} &= \varphi_E g + \nabla_N + a_{dN} \end{aligned}\right\} \tag{9.49}$$

假设加速度计没有测量误差，即 $\delta \boldsymbol{a} = \boldsymbol{\nabla} + \boldsymbol{a}_d = \boldsymbol{0}$，则式(9.49) 可写成

$$\left.\begin{aligned} f_E^{\hat{t}} &= -\varphi_N g \\ f_N^{\hat{t}} &= \varphi_E g \end{aligned}\right\} \tag{9.50}$$

$$\boldsymbol{\omega}_{ib}^{\hat{t}} = \boldsymbol{C}_b^{\hat{t}} \tilde{\boldsymbol{\omega}}_{ib}^b = \boldsymbol{C}_t^{\hat{t}} \boldsymbol{C}_b^t \tilde{\boldsymbol{\omega}}_{ib}^b = \boldsymbol{C}_t^{\hat{t}} \tilde{\boldsymbol{\omega}}_{ib}^t \tag{9.51}$$

因为

$$\boldsymbol{C}_t^{\hat{t}} = \begin{bmatrix} 1 & \varphi_U & -\varphi_N \\ -\varphi_U & 1 & \varphi_E \\ \varphi_N & -\varphi_E & 1 \end{bmatrix} = (\boldsymbol{I} - \boldsymbol{\varphi}^t) \tag{9.52}$$

式中

$$\boldsymbol{\varphi}^t = \begin{bmatrix} 0 & -\varphi_U & \varphi_N \\ \varphi_U & 0 & -\varphi_E \\ -\varphi_N & \varphi_E & 0 \end{bmatrix}$$

将式(9.52)代入式(9.51),有

$$\boldsymbol{\omega}_{ib}^{\hat{t}}=(\boldsymbol{I}-\boldsymbol{\varphi}^{t})\hat{\omega}_{ib}^{t} \tag{9.53}$$

在静基座条件下,陀螺仪的实际输出包含地球角速度及测量误差。在地理系表示为

$$\tilde{\boldsymbol{\omega}}_{ib}^{t}=\tilde{\boldsymbol{\omega}}_{ie}^{t}+\delta\tilde{\boldsymbol{\omega}}_{ib}^{t} \tag{9.54}$$

即

$$\begin{bmatrix}\tilde{\omega}_{ibE}^{t}\\ \tilde{\omega}_{ibN}^{t}\\ \tilde{\omega}_{ibU}^{t}\end{bmatrix}=\begin{bmatrix}0\\ \omega_{ie}\cos L\\ \omega_{ie}\sin L\end{bmatrix}+\begin{bmatrix}\varepsilon_{E}+\omega_{dE}\\ \varepsilon_{N}+\omega_{dN}\\ \varepsilon_{U}+\omega_{dU}\end{bmatrix} \tag{9.55}$$

将式(9.55)和式(9.54)代入式(9.53),则

$$\begin{bmatrix}\omega_{ibE}^{\hat{t}}\\ \omega_{ibN}^{\hat{t}}\\ \omega_{ibU}^{\hat{t}}\end{bmatrix}=\begin{bmatrix}1 & \varphi_{U} & -\varphi_{N}\\ -\varphi_{U} & 1 & \varphi_{E}\\ \varphi_{N} & -\varphi_{E} & 1\end{bmatrix}\begin{bmatrix}\varepsilon_{E}+\omega_{dE}\\ \omega_{ie}\cos L+\varepsilon_{N}+\omega_{dN}\\ \omega_{ie}\sin L+\varepsilon_{U}+\omega_{dU}\end{bmatrix} \tag{9.56}$$

略去二阶小量,式(9.56)的分量为

$$\left.\begin{aligned}\omega_{ibE}^{\hat{t}}&=\varphi_{U}\omega_{ie}\cos L-\varphi_{N}\omega_{ie}\sin L+\varepsilon_{E}+\omega_{dE}\\ \omega_{ibN}^{\hat{t}}&=\omega_{ie}\cos L+\varphi_{E}\omega_{ie}\sin L+\varepsilon_{N}+\omega_{dN}\\ \omega_{ibU}^{\hat{t}}&=\omega_{ie}\sin L-\varphi_{E}\omega_{ie}\cos L+\varepsilon_{U}+\omega_{dU}\end{aligned}\right\} \tag{9.57}$$

式(9.57)为考虑测量误差情况下陀螺输出信息在 $\hat{t}$ 系中的分量式。若不考虑测量误差,即 $\delta\tilde{\boldsymbol{\omega}}_{ib}^{t}=\boldsymbol{\varepsilon}+\boldsymbol{\omega}_{d}=\boldsymbol{0}$,则式(9.57)为

$$\left.\begin{aligned}\omega_{ibE}^{\hat{t}}&=\varphi_{U}\omega_{ie}\cos L-\varphi_{N}\omega_{ie}\sin L\\ \omega_{ibN}^{\hat{t}}&=\omega_{ie}\cos L+\varphi_{E}\omega_{ie}\sin L\\ \omega_{ibU}^{\hat{t}}&=\omega_{ie}\sin L-\varphi_{E}\omega_{ie}\cos L\end{aligned}\right\} \tag{9.58}$$

式(9.50)和式(9.58)是在不考虑加速度计和陀螺仪测量误差的情况下,惯性仪表的测量值变换到计算地理系 $\hat{t}$ 的表达式。由式(9.50)和式(9.58)中的第一式,可以得到在不考虑测量误差的理想情况下,计算地理坐标系 $\hat{t}$ 系与理想地理坐标系 t 系之间的“平台”误差角 $\Phi_{t\hat{t}}$ 的关系式为

$$\left.\begin{aligned}\varphi_{E}^{\hat{t}}&=\frac{f_{N}^{\hat{t}}}{g}\\ \varphi_{N}^{\hat{t}}&=-\frac{f_{E}^{\hat{t}}}{g}\\ \varphi_{U}^{\hat{t}}&=\frac{\omega_{ibE}^{\hat{t}}}{\omega_{ie}\cos L}+\tan L\varphi_{N}=\frac{\omega_{ibE}^{\hat{t}}}{\omega_{ie}\cos L}-\tan L\frac{f_{E}^{\hat{t}}}{g}\end{aligned}\right\} \tag{9.59}$$

式(9.59)中 g 和 $\omega_{ie}\cos L$,$\tan L$ 的值是能够精确得出的,惯性仪表的输出信息经初始方向余弦矩阵 $\boldsymbol{C}_{b}^{\hat{t}}$ 的变换能够求出 $f_{E}^{\hat{t}}$,$f_{N}^{\hat{t}}$ 及 $\omega_{ibE}^{\hat{t}}$。于是根据式(9.59)可计算出平台误差角 $\varphi_{E}^{\hat{t}}$,$\varphi_{N}^{\hat{t}}$,$\varphi_{U}^{\hat{t}}$,从而求得 $\boldsymbol{\varphi}_{tb}$,因此可用准确的方向余弦矩阵 $\boldsymbol{C}_{b}^{t}$ 代替初始方向余弦矩阵 $\boldsymbol{C}_{b}^{\hat{t}}$,以实现“数学平台”

的对准。

由上述分析可以看出，准确地得到方向余弦矩阵 $\boldsymbol{C}_{\mathrm{b}}^{\hat{t}}$ 的前提是要准确地计算出平台误差角 $\varphi_{\mathrm{E}}^{\hat{t}},\varphi_{\mathrm{N}}^{\hat{t}},\varphi_{\mathrm{U}}^{\hat{t}}$，为此要求惯性仪表的输出信息是理想的，即不包含载体的干扰角运动和干扰线运动，且 $\boldsymbol{\nabla}$ 和 $\boldsymbol{\varepsilon}$ 为零。实际上，载体的干扰运动总是存在的，且 $\boldsymbol{\nabla}$ 和 $\boldsymbol{\varepsilon}$ 也不可能为零，故惯性仪表输出信息中必定含有测量误差 $\delta\tilde{\boldsymbol{\omega}}$ 和 $\delta\boldsymbol{a}$。这样，在计算 $\hat{\mathrm{t}}$ 系与 t 系之间的误差角时，实际上是将式(9.59)中的理想值 $\hat{f}_{\mathrm{E}}^{\hat{t}},\hat{f}_{\mathrm{N}}^{\hat{t}},\hat{\omega}_{\mathrm{ibE}}^{\hat{t}}$ 换成由惯性仪表输出值经 $\boldsymbol{C}_{\mathrm{b}}^{\hat{t}}$ 变换所得的计算值。将式(9.50)和式(9.57)中的第一式代入式(9.59)，在机体干扰运动和惯性仪表存在 $\boldsymbol{\nabla},\boldsymbol{\varepsilon}$ 误差情况下得到计算数学平台误差角的关系式为

$$\left.\begin{aligned}\varphi_{\mathrm{cE}}^{\hat{t}}&=\varphi_{\mathrm{E}}^{\hat{t}}+\frac{\nabla_{\mathrm{N}}}{g}+\frac{a_{\mathrm{dN}}}{g}\\\varphi_{\mathrm{cN}}^{\hat{t}}&=\varphi_{\mathrm{N}}^{\hat{t}}-\frac{\nabla_{\mathrm{E}}}{g}-\frac{a_{\mathrm{dE}}}{g}\\\varphi_{\mathrm{cU}}^{\hat{t}}&=\varphi_{\mathrm{U}}^{\hat{t}}+\frac{\varepsilon_{\mathrm{E}}+\omega_{\mathrm{dE}}}{\omega_{\mathrm{ie}}\cos L}-\frac{\nabla_{\mathrm{E}}+a_{\mathrm{dE}}}{g}\tan L\end{aligned}\right\}\tag{9.60}$$

由于 $\boldsymbol{a}_{\mathrm{d}},\boldsymbol{\omega}_{\mathrm{d}}$ 和 $\boldsymbol{\nabla},\boldsymbol{\varepsilon}$ 的存在，计算值 $\boldsymbol{\Phi}_{\mathrm{c}}$ 不是 $\hat{\mathrm{t}}$ 系与 t 系之间的理想误差角 $\boldsymbol{\Phi}$，其中包含误差成分，$\delta\boldsymbol{\Phi}_{\mathrm{c}},\boldsymbol{\Phi}_{\mathrm{c}},\boldsymbol{\Phi}$ 三者之间的关系如图 9-2 所示。

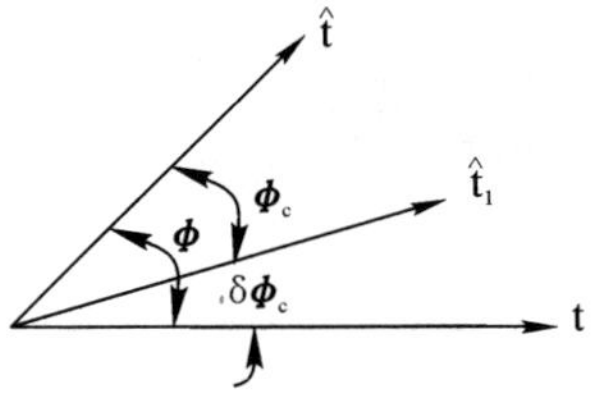

图 9-2 计算误差角 $\boldsymbol{\Phi}_{\mathrm{c}}$ 与理想误差角 $\boldsymbol{\Phi}$ 之间的关系示意图

计算误差 $\delta\boldsymbol{\Phi}_{\mathrm{c}}$ 是计算机实际计算误差角 $\boldsymbol{\Phi}_{\mathrm{c}}$ 与理想误差角 $\boldsymbol{\Phi}$ 之间的差值，即

$$\left.\begin{aligned}\delta\varphi_{\mathrm{cE}}^{\hat{t}}&=\varphi_{\mathrm{cE}}^{\hat{t}}-\varphi_{\mathrm{E}}^{\hat{t}}\\\delta\varphi_{\mathrm{cN}}^{\hat{t}}&=\varphi_{\mathrm{cN}}^{\hat{t}}-\varphi_{\mathrm{N}}^{\hat{t}}\\\delta\varphi_{\mathrm{cU}}^{\hat{t}}&=\varphi_{\mathrm{cU}}^{\hat{t}}-\varphi_{\mathrm{U}}^{\hat{t}}\end{aligned}\right\}\tag{9.61}$$

将式(9.60)代入式(9.61)，即得计算误差为

$$\left.\begin{aligned}\delta\varphi_{\mathrm{cE}}^{\hat{t}}&=\frac{\nabla_{\mathrm{N}}}{g}+\frac{a_{\mathrm{dN}}}{g}\\\delta\varphi_{\mathrm{cN}}^{\hat{t}}&=-\frac{\nabla_{\mathrm{E}}}{g}-\frac{a_{\mathrm{dE}}}{g}\\\delta\varphi_{\mathrm{cU}}^{\hat{t}}&=\frac{\varepsilon_{\mathrm{E}}+\omega_{\mathrm{dE}}}{\omega_{\mathrm{ie}}cos\ L}-\tan L\ \frac{\nabla_{\mathrm{E}}+a_{\mathrm{dE}}}{g}\end{aligned}\right\}\tag{9.62}$$

由此可见，在解析粗对准中，计算误差角 $\boldsymbol{\Phi}_{\mathrm{c}}$ 的精度主要取决于加速度计及陀螺仪的测量

误差 $\boldsymbol{\nabla}$，$\boldsymbol{a}_{\mathrm{d}}$ 和 $\boldsymbol{\varepsilon}$，$\boldsymbol{\omega}_{\mathrm{d}}$。如果能建立起加速度计和陀螺仪的误差数学模型，并对误差进行实时的补偿，或者利用现代估计理论估计随机干扰 $\boldsymbol{a}_{\mathrm{d}}$，$\boldsymbol{\omega}_{\mathrm{d}}$ 以及 $\boldsymbol{\nabla}$，ε，则能有效地提高计算精度。一般说来，减小干扰运动的影响，提高粗对准的计算精度，比较有效的办法是在某个适当的时间 T 内取计算值的平均值，即

$$\left.\begin{aligned}
\varphi_{\mathrm{E}}^{\hat{\mathrm{t}}} &= \frac{1}{T}\int_0^{\mathrm{T}}\left(\frac{f_{\mathrm{N}}^{\hat{\mathrm{t}}}}{g}\right)\mathrm{d}t \\
\varphi_{\mathrm{N}}^{\hat{\mathrm{t}}} &= \frac{1}{T}\int_0^{\mathrm{T}}\left(-\frac{f_{\mathrm{E}}^{\hat{\mathrm{t}}}}{g}\right)\mathrm{d}t \\
\varphi_{\mathrm{U}}^{\hat{\mathrm{t}}} &= \frac{1}{T}\int_0^{\mathrm{T}}\left(\frac{\omega_{\mathrm{ibE}}^{\hat{\mathrm{t}}}}{\omega_{\mathrm{ie}}\cos L} - \tan L\,\frac{f_{\mathrm{E}}^{\hat{\mathrm{t}}}}{g}\right)\mathrm{d}t
\end{aligned}\right\} \tag{9.63}$$

取均值的办法虽然不及应用最优估计理论处理误差的方法来得精确，但对计算机的要求较低，计算速度快，在较短的时间里可为精对准提供满足一定精度的初始条件。

平台误差角的计算值 $\boldsymbol{\Phi}_{\mathrm{c}}$ 虽然不是准确的理想值 $\boldsymbol{\Phi}$，但利用计算值 $\boldsymbol{\Phi}_{\mathrm{c}}$ 对 $\boldsymbol{C}_{\mathrm{b}}^{\hat{\mathrm{t}}}$ 矩阵进行一次修正得到比较准确的初始方向余弦矩阵 $\boldsymbol{C}_{\mathrm{b}}^{\hat{\mathrm{t}}_1}$，从而可用新的 $\boldsymbol{C}_{\mathrm{b}}^{\hat{\mathrm{t}}_1}$ 矩阵代替 $\boldsymbol{C}_{\mathrm{b}}^{\hat{\mathrm{t}}}$。由于 $\hat{\mathrm{t}}_1$ 系更靠近 t 系，因此 $\boldsymbol{C}_{\mathrm{b}}^{\hat{\mathrm{t}}_1}$ 矩阵要比 $\boldsymbol{C}_{\mathrm{b}}^{\hat{\mathrm{t}}}$ 矩阵更精确地反映 b 系与 t 系的坐标变换关系。

根据以上分析，可用图 9－3 表示解析粗对准的原理和计算。解析粗对准是按程序自动进行的。先根据加速度计和陀螺的输出信息粗略地计算初始方向余弦矩阵 $\boldsymbol{C}_{\mathrm{b}}^{\hat{\mathrm{t}}}$，同时将加速度计和陀螺的输出信息经 $\boldsymbol{C}_{\mathrm{b}}^{\hat{\mathrm{t}}}$ 变换为在 $\hat{\mathrm{t}}$ 系中的信号，根据代数方程求出计算误差角的解析解 $\boldsymbol{\Phi}_{\mathrm{c}}$，然后对 $\boldsymbol{C}_{\mathrm{b}}^{\hat{\mathrm{t}}}$ 进行一次修正，用所得的新矩阵 $\boldsymbol{C}_{\mathrm{b}}^{\hat{\mathrm{t}}_1}$ 取代 $\boldsymbol{C}_{\mathrm{b}}^{\hat{\mathrm{t}}}$ 矩阵，实现解析粗对准。

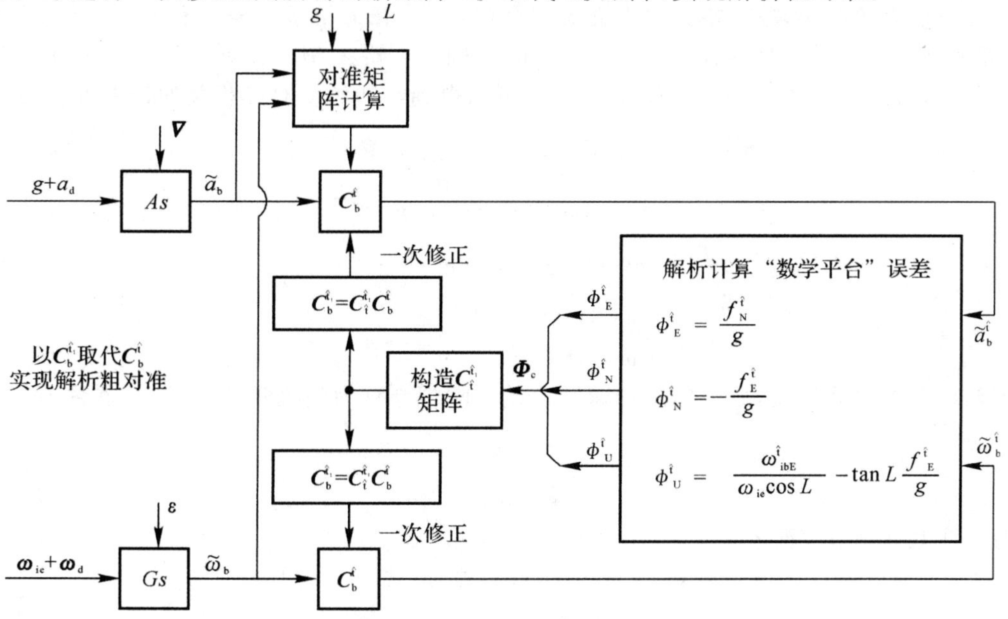

图 9－3　解析粗对准原理框图

9.3.3 采用卡尔曼滤波器的精对准原理

精对准的目的，是在粗对准的基础上精确估算平台误差角 $\boldsymbol{\Phi}$，以得到更加准确的初始姿态矩阵 $\boldsymbol{C}_b^t$。近年来，现代控制理论的一些方法在惯导系统中有了成功的应用，其中之一就是运用现代控制理论中的卡尔曼滤波进行惯导系统的初始对准。运用卡尔曼滤波的初始对准方法是在平台粗对准的基础上进行的。实施分为两步：第一步是运用卡尔曼滤波计算将惯导平台的初始误差角 $\boldsymbol{\Phi}$ 估计出来，同时也尽可能地把惯性器件的误差（陀螺漂移和加速度计零位偏置）估计出来；第二步则是根据估计结果采用对陀螺施矩的方法将平台误差角消除掉，并对惯性器件的误差进行补偿。第二步是容易实现的，因此对平台误差角的估计是这种对准方法的关键。

从控制论的观点看，惯导可以看成是一个系统，其中有很多状态是未知的，包括希望知道的一些状态，如平台误差角，但系统中有些量是可以测量得到的，如加速度计的输出是能够测量的。本节主要介绍运用卡尔曼滤波器估计SINS平台误差角的基本方法，而关于卡尔曼滤波理论的知识可参见本书第 11 章中的相关内容。

1. 捷联式惯导系统静基座初始对准卡尔曼滤波模型

与讨论平台式惯导系统的初始对准一样，从系统的误差方程入手来分析捷联式惯导系统的初始精对准。假设粗对准结束后误差角 $\varphi_E, \varphi_N, \varphi_U$ 均为小角度。又在一般情况下，水平误差角比方位误差角要小，故可略去水平交叉耦合项 $\varphi_N\omega_{ie}\sin L, \varphi_E\omega_{ie}\cos L$ 和 $-\varphi_E\omega_{ie}\sin L$ 的影响；在静基座条件下对准时，载体的位置是已知的，因此可略去 $\delta L\omega_{ie}\cos L, -\delta L\omega_{ie}\sin L$ 项。在这些假设条件下，由系统误差方程式(9.37) 可以得到与初始精对准相关的误差方程为

$$\left.\begin{aligned}
\delta\dot{v}_E &= 2\omega_{ie}\sin L\delta v_N - \varphi_N g + \nabla_x \\
\delta\dot{v}_N &= -2\omega_{ie}\sin L\delta v_E + \varphi_E g + \nabla_y \\
\dot{\varphi}_E &= \varphi_N\omega_{ie}\sin L - \varphi_U\omega_{ie}\cos L + \varepsilon_x \\
\dot{\varphi}_N &= -\varphi_E\omega_{ie}\sin L + \varepsilon_y \\
\dot{\varphi}_U &= \varphi_E\omega_{ie}\cos L + \varepsilon_z
\end{aligned}\right\} \tag{9.64}$$

因初始对准时间较短，故可假定加速度误差和陀螺漂移为随机常数，即惯性器件模型为

$$\left.\begin{aligned}
\dot{\boldsymbol{\nabla}} &= \boldsymbol{0} \\
\dot{\boldsymbol{\varepsilon}} &= \boldsymbol{0}
\end{aligned}\right\} \tag{9.65}$$

对于捷联式惯导系统有

$$\left.\begin{aligned}
[\nabla_E \quad \nabla_N \quad \nabla_U]^T &= \boldsymbol{C}_b^t[\nabla_x \quad \nabla_y \quad \nabla_z]^T \\
[\varepsilon_E \quad \varepsilon_N \quad \varepsilon_U]^T &= \boldsymbol{C}_b^t[\varepsilon_x \quad \varepsilon_y \quad \varepsilon_z]^T
\end{aligned}\right\} \tag{9.66}$$

由式(9.64)、式(9.65)和式(9.66)得到捷联式惯导系统静基座对准的误差状态方程为

$$\dot{\boldsymbol{X}} = \boldsymbol{A}\boldsymbol{X} + \boldsymbol{W} \tag{9.67}$$

式中，选取东北天当地地理坐标系为导航坐标系，状态变量为 $\boldsymbol{X} = [\delta v_{\mathrm{E}} \quad \delta v_{\mathrm{N}} \quad \varphi_{\mathrm{E}} \quad \varphi_{\mathrm{N}} \quad \varphi_{\mathrm{U}} \quad \nabla_x \quad \nabla_y \quad \varepsilon_x \quad \varepsilon_y \quad \varepsilon_z]^{\mathrm{T}}$；$\delta v_{\mathrm{E}}$，$\delta v_{\mathrm{N}}$ 分别为东向和北向速度误差；φ_{E}，φ_{N} 为水平失准角；φ_{U} 为方位失准角；$\boldsymbol{\nabla}$为加速度计的随机常值偏置；$\boldsymbol{\varepsilon}$ 为陀螺仪随机常值漂移；下标 x，y，z 分别表示载体坐标轴。

$$\left.\begin{aligned}
\boldsymbol{A} &= \begin{bmatrix} \boldsymbol{F} & \boldsymbol{T} \\ \boldsymbol{0}_{5\times5} & \boldsymbol{0}_{5\times5} \end{bmatrix} \\
\boldsymbol{F} &= \begin{bmatrix} 0 & 2\Omega_{\mathrm{U}} & 0 & -g & 0 \\ -2\Omega_{\mathrm{U}} & 0 & g & 0 & 0 \\ 0 & 0 & 0 & \Omega_{\mathrm{U}} & -\Omega_{\mathrm{N}} \\ 0 & 0 & -\Omega_{\mathrm{U}} & 0 & 0 \\ 0 & 0 & \Omega_{\mathrm{N}} & 0 & 0 \end{bmatrix} \\
\boldsymbol{T} &= \begin{bmatrix} C_{11} & C_{12} & 0 & 0 & 0 \\ C_{21} & C_{22} & 0 & 0 & 0 \\ 0 & 0 & C_{11} & C_{12} & C_{13} \\ 0 & 0 & C_{21} & C_{22} & C_{23} \\ 0 & 0 & C_{31} & C_{32} & C_{33} \end{bmatrix}
\end{aligned}\right\} \tag{9.68}$$

式中，$\Omega_{\mathrm{U}} = \omega_{\mathrm{ie}} \sin L$，$\Omega_{\mathrm{N}} = \omega_{\mathrm{ie}} \cos L$，其中 L 为当地地理纬度；$\boldsymbol{C}_{\mathrm{b}}^{\mathrm{t}} = [C_{ij}]$ $(i=1,2,3;j=1,2,3)$，C_{ij} $(i=1,2,3;j=1,2,3)$ 为坐标变换阵(捷联矩阵)$\boldsymbol{C}_{\mathrm{b}}^{\mathrm{t}}$ 中的元素。

$\boldsymbol{W}(t)$ 为 $\boldsymbol{N}(\boldsymbol{0},\boldsymbol{Q})$ 的高斯白噪声，且

$$\boldsymbol{W}(t) = [w_{\delta v_{\mathrm{E}}} \quad w_{\delta v_{\mathrm{N}}} \quad w_{\varphi_{\mathrm{E}}} \quad w_{\varphi_{\mathrm{N}}} \quad w_{\varphi_{\mathrm{U}}} \quad \boldsymbol{0}_{5\times1}]^{\mathrm{T}}$$

选取两个水平速度误差 δv_{E}，δv_{N} 为观测量，则系统的量测方程为

$$\boldsymbol{Z} = \boldsymbol{H}\boldsymbol{X} + \boldsymbol{V} \tag{9.69}$$

式中，$\boldsymbol{H} = \begin{bmatrix} 1 & 0 & 0 & 0 & 0 & 0 & 0 & 0 & 0 & 0 \\ 0 & 1 & 0 & 0 & 0 & 0 & 0 & 0 & 0 & 0 \end{bmatrix}$；$\boldsymbol{V}$ 是系统观测噪声，为 $\boldsymbol{N}(\boldsymbol{0},\boldsymbol{R})$ 的高斯白噪声过程。

由于矩阵方程式(9.67)所代表的系统是连续型的，为便于在计算机中进行卡尔曼滤波递推计算，需要将系统状态方程转化为离散形式。

设离散化后的系统状态方程和量测方程分别为

$$\boldsymbol{X}_k = \boldsymbol{\Phi}_{k,k-1}\boldsymbol{X}_{k-1} + \boldsymbol{\Gamma}_{k-1}\boldsymbol{W}_{k-1} \tag{9.70}$$

$$\boldsymbol{Z}_k = \boldsymbol{H}_k\boldsymbol{X}_k + \boldsymbol{V}_k \tag{9.71}$$

式中，$\boldsymbol{X}_k$ 为 k 时刻的 n 维状态矢量，也就是被估计的状态矢量；$\boldsymbol{Z}_k$ 为 k 时刻的 m 维量测矢量；

$\boldsymbol{\Phi}_{k,k-1}$ 为 $k-1$ 到 k 时刻的系统一步转移矩阵（$n\times n$ 阶）；$\boldsymbol{\Gamma}_{k-1}$ 为系统噪声驱动阵（$n\times r$ 阶），表征由 $k-1$ 到 k 时刻的各系统噪声分别影响 k 时刻各个状态的程度，有

$$\boldsymbol{\Phi}_{k,k-1}=\boldsymbol{I}+\boldsymbol{A}_{k-1}T+\frac{1}{2!}\boldsymbol{A}_{k-1}^{2}T^{2}+\frac{1}{3!}\boldsymbol{A}_{k-1}^{3}T^{3}+\cdots \tag{9.72}$$

$$\boldsymbol{\Gamma}_{k-1}=T\left(\boldsymbol{I}+\frac{1}{2!}\boldsymbol{A}_{k-1}T+\frac{1}{3!}\boldsymbol{A}_{k-1}^{2}T^{2}+\cdots\right)\boldsymbol{G} \tag{9.73}$$

$$\boldsymbol{G}=\begin{bmatrix}\boldsymbol{I}_{5\times5} & \boldsymbol{0}_{5\times5}\\ \boldsymbol{0}_{5\times5} & \boldsymbol{I}_{5\times5}\end{bmatrix} \tag{9.74}$$

在式(9.72)、式(9.73)中，T 为滤波周期；$\boldsymbol{A}_{k-1}$ 为 $k-1$ 时刻的系统矩阵，由于地面静基座对准时间很短，捷联系统可近似为定常系统，因此可用式(9.68)中的系统矩阵 $\boldsymbol{A}$ 代替 $\boldsymbol{A}_{k-1}$ 进行卡尔曼滤波计算。

$\boldsymbol{H}_k$ 为 k 时刻的量测矩阵（$m\times n$ 阶），由于量测矩阵 $\boldsymbol{H}$ 为常值矩阵，不随时间变化，因此有

$$\boldsymbol{H}_k=\boldsymbol{H}=\begin{bmatrix}1&0&0&0&0&0&0&0&0&0\\0&1&0&0&0&0&0&0&0&0\end{bmatrix} \tag{9.75}$$

$\boldsymbol{W}_{k-1}$ 为 $k-1$ 时刻的系统激励噪声序列（r 维）；$\boldsymbol{V}_k$ 为 k 时刻的 m 维量测噪声序列。卡尔曼滤波要求 $\{\boldsymbol{W}_k\}$ 和 $\{\boldsymbol{V}_k\}$ 为互不相关的零均值高斯白噪声序列，有

$$\boldsymbol{E}\{\boldsymbol{W}_k\boldsymbol{W}_j^{\mathrm{T}}\}=\boldsymbol{Q}_k\delta_{kj},\quad \boldsymbol{E}\{\boldsymbol{V}_k\boldsymbol{V}_j^{\mathrm{T}}\}=\boldsymbol{R}_k\delta_{kj} \tag{9.76}$$

式中，$\boldsymbol{Q}_k$ 和 $\boldsymbol{R}_k$ 分别称为系统噪声和量测噪声的方差阵。

2. 仿真举例

在地面静基座对准的前提下，进行捷联惯导系统初始对准过程的计算机仿真。滤波前先确定滤波初始条件，状态矢量 $\boldsymbol{X}$ 的初始值 $\boldsymbol{X}(0)$ 均取 $\boldsymbol{0}$，初始估计均方误差阵 $\boldsymbol{P}(0)$ 和系统噪声强度阵 $\boldsymbol{Q}$、量测噪声强度阵 $\boldsymbol{R}$ 均取中等精度陀螺的对应值，初始失准角 φ_{E}，φ_{N} 和 φ_{U} 均取 1°，陀螺常值漂移取为 0.02°/h，随机漂移取为 0.01°/h；加速度计的初始偏差均取为 $1\times10^{-4}g$，随机偏差为 $0.5\times10^{-4}g$；$\boldsymbol{P}(0)$，$\boldsymbol{Q}$，$\boldsymbol{R}$ 可表示为

$$\boldsymbol{P}(0)=\mathrm{diag}\,[(0.1\ \mathrm{m/s})^2,(0.1\ \mathrm{m/s})^2,(1^\circ)^2,(1^\circ)^2,(1^\circ)^2,(100\mu\mathrm{g})^2,(100\mu\mathrm{g})^2,\\(0.02^\circ/\mathrm{h}),(0.02^\circ/\mathrm{h}),(0.02^\circ/\mathrm{h})]$$

$$\boldsymbol{Q}=\mathrm{diag}[(50\mu\mathrm{g})^2,(50\mu\mathrm{g})^2,(0.01^\circ/\mathrm{h}),(0.01^\circ/\mathrm{h}),(0.01^\circ/\mathrm{h}),0,0,0,0,0]$$

$$\boldsymbol{R}=\mathrm{diag}[(0.1\mathrm{m/s})^2,(0.1\mathrm{m/s})^2]$$

选定滤波初始值后，滤波器（也就是计算机）就可以根据每个滤波步长得到的测量值 $\boldsymbol{Z}_k$（即得到的加速度计输出值），按卡尔曼滤波方程，计算出状态变量的估计值 $\hat{\boldsymbol{X}}_k$ 和估计均方误差阵 $\boldsymbol{P}_k$，其对角线元素二次方根 $\sqrt{\boldsymbol{P}_k^{ii}}$ 代表的就是对相应状态变量 $\boldsymbol{X}_i$ 估计值的误差均方差，其量值实际上就是估计精度。

取滤波周期 $T=0.1$ s，捷联式惯导系统所处位置的纬度 $L=45^\circ$，3 个平台失准角的估计值

如图 9－4 所示。

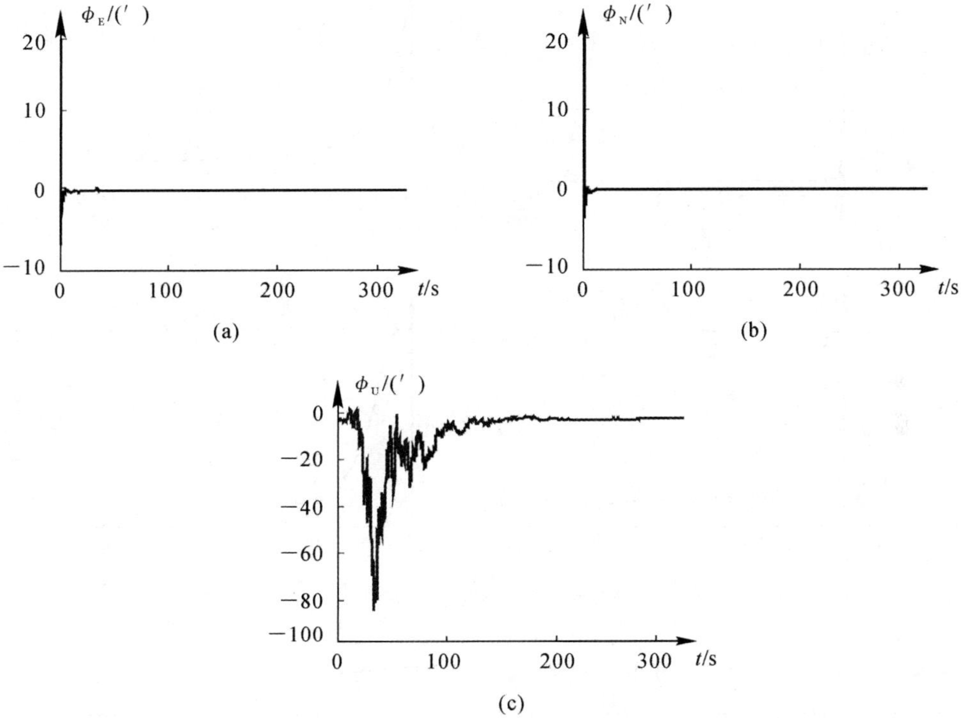

图 9－4　3 个失准角的估计值

各个估值的估计误差均方差$\sqrt{\boldsymbol{P}_k^{ii}}$（$i=1,2,\cdots,8$）随时间变化的过程如图 9－5 所示。图中 σ_i（$i=\varphi_E,\varphi_N,\varphi_U,\nabla_x,\nabla_y,\varepsilon_x,\varepsilon_y,\varepsilon_z$）分别表示这些状态量的均方差。

根据如图 9－5(a)～(e) 所示的各个状态估计误差均方差在滤波过程中的变化情况，可以看出利用卡尔曼滤波（以两个水平加速度计输出作为测量值）进行地面静基座条件下惯导自对准的一些性质：

① 平台 3 个误差角的估计误差均方差在对准结束时都不为零，当陀螺常值漂移取为 0.02°/h，加速度计常值偏置取为 $1\times10^{-4}g$ 时，它们的数值为

$$\sigma_{\varphi_E}(\infty)=\frac{1}{g}\sqrt{E\{\nabla_y^2\}}\approx 21''$$

$$\sigma_{\varphi_N}(\infty)=\frac{1}{g}\sqrt{E\{\nabla_x^2\}}\approx 21''$$

$$\sigma_{\varphi_U}(\infty)=\frac{1}{\omega_{ie}\cos L}\sqrt{E\{\varepsilon_x^2\}}\approx 6.46'$$

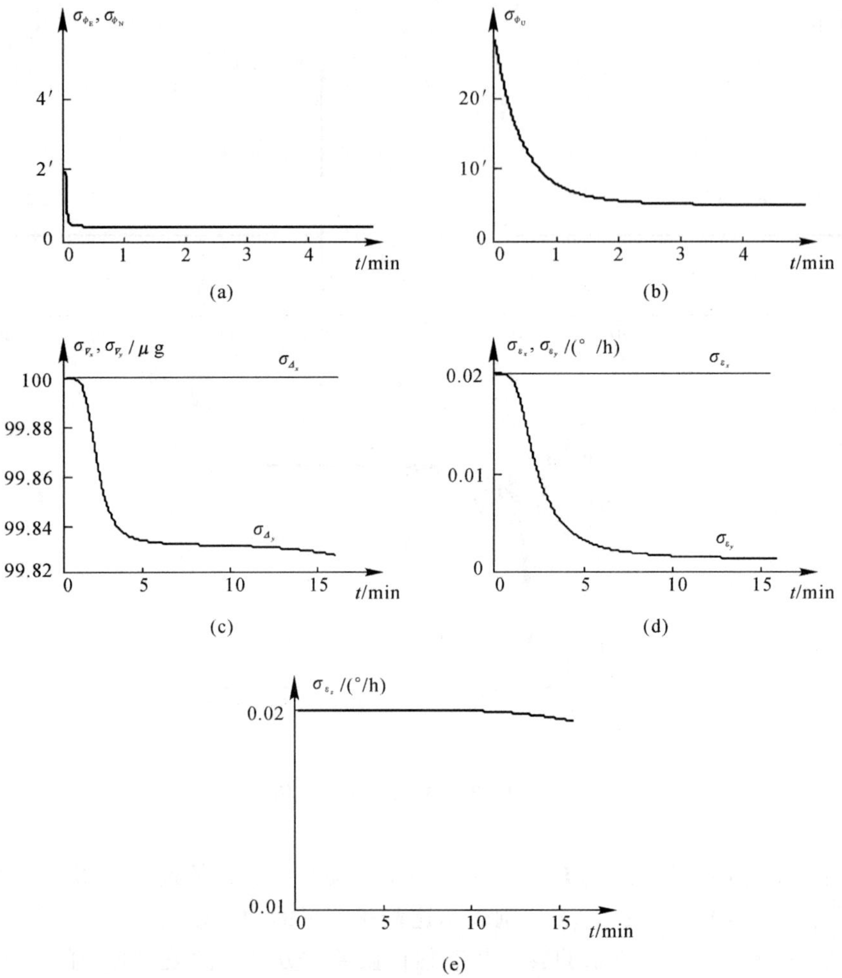

图 9－5 状态量的估计误差均方差随时间的变化曲线

(a) 水平失准角 φ_E，φ_N 的估计误差均方差过程；(b) 方位失准角 φ_U 的估计误差均方差过程；

(c) ∇_x 和 ∇_y 的估计误差均方差过程；(d) ε_x 和 ε_y 的估计误差均方差过程；

(e) ε_z 的估计误差均方差过程

加速度计偏置 ∇_x，∇_y 以及东向陀螺漂移 ε_x 没有估计效果。这些性质与经典法对准的性质是一样的，即平台最终水平误差角与加速度计零偏 $\boldsymbol{\nabla}$ 有关，平台最终方位误差角与东向陀螺常值漂移 ε_x 有关，而 $\boldsymbol{\nabla}$ 和 ε_x 是无法测定的。不论加速度计零偏 $\boldsymbol{\nabla}$ 是常值还是随机常数，它与平台水平失准角(φ_E 或 φ_N) 在加速度计的输出量中是分辨不出来的。只要 $\varphi_E g$(或 $\varphi_N g$) 与 ∇_y(或 ∇_x) 的数值相等，符号相反，加速度计就没有输出，就无法再利用加速度计的输出量来进行对准了。因此，平台最终水平失准角的估计精度与加速度计零偏有关，而加速度计零偏没有估计效果。同样,东向陀螺漂移 ε_x 与地球角速度水平分量在平台东向轴的分量 $\omega_{ie}\varphi_U\cos L$ 对平台的影响也是分辨不开的。因此,平台最终的方位失准角估计精度与 ε_x 有关,而 ε_x 没有估计效果。∇_x,∇_y和单位置对准条件的 ε_x 常都被称为不可分辨状态。

② 滤波器对水平失准角 φ_E,φ_N 的估计速度最快,效果最好,只要十几秒就基本达到稳定,而对方位失准角 φ_U 和北向陀螺漂移 ε_y 的估计却要慢得多,大约 5 min以上。这是由于测量值直接反映了状态 φ_E,φ_N 的信息(即 $\varphi_E g$ 或 $\varphi_N g$),而且这种信息在测量值中是主要成分,而 φ_U 和 ε_y 是通过对平台的影响,然后再在加速度计的输出量中反映出来,时间越长,反映的信息才越大。例如,$\varepsilon_y=0.01°/\mathrm{h}$ 的漂移量使平台水平失准角在 1 min 时间的增加量为

$$\Delta\varphi_N=\varepsilon_y t=0.01'=0.6''$$

这一变化量是很小的,因此,估计的时间也越长。顺便指出,估计速度的快慢还与测量噪声以及系统噪声的大小有关。在本例中,如果测量噪声的方差比$(10^{-5}g)^2$ 小,则各个状态的估计速度都能相应地加快。

③ 方位陀螺漂移 ε_z 要通过对平台方位轴产生 φ_U,再由 $\omega_{ie}\varphi_U\cos L$ 影响平台水平轴产生 φ_E,然后再在加速度计输出量 Z_y 中反映出来。如 $\varepsilon_z=0.03°/\mathrm{h}$,$L=45°$,$\varepsilon_z$ 使平台水平失准角在 1 min时间的增加量 $\Delta\varphi_E$ 为

$$\Delta\varphi_E=\frac{1}{2}\omega_{ie}\varepsilon_z t^2\cos L=0.002\,8''$$

这说明在较短的时间内测量值 Z_y 中的ε_z 信息是非常少的。因此,滤波器需要较长的时间才能对 ε_z 有估计效果,一般在 10 ～ 15 min 的对准时间内是很难估计准确的。

对地面初始对准实际应用卡尔曼滤波,还须说明以下两点:

① 在装机条件下进行地面自对准时,由于飞机受到阵风和人员上下的影响,不可能静止不动,这使加速度计受到外加的干扰加速度。滤波时需要增加系统状态方程来描述这种干扰,这使滤波方程的阶数增多,而且对准的时间要延长,对准精度也要受到一定影响。

② 滤波所需的测量值可以选用加速度计的输出,也可选用加速度计输出的积分量,即速度量。前者使系统状态方程简单,但输出量的数值变化较快,要求用较短的滤波周期,后者却相反。

思考与练习

9.1　捷联式惯导系统初始对准的主要目的和任务是什么?

9.2　捷联惯导系统误差方程如何建立?

9.3　分析说明捷联惯导系统初始对准的过程。

9.4　说明解析式粗对准和一次修正粗对准两个过程各自目的是什么?

9.5　简要说明如何利用卡尔曼滤波器进行捷联惯导系统的精对准。

第 10 章　捷联式惯导系统的数字仿真方法

由于捷联式惯导系统的大部分工作要在计算机中完成，因此在整个系统误差中，很多方面的误差难以用解析的方法给出，而需要用数字仿真的方法给出。计算技术的飞速发展使得捷联式惯导系统的设计与分析工作（特别是系统的误差分析工作）可以首先在计算机上进行，在此基础上再进行系统的硬件（包括陀螺、加速度计与计算机等）及软件（包括各种计算机算法及不同迭代周期的选择等）的设计或选择。

10.1　捷联式惯导系统数字仿真分类

根据系统误差的特点，按照数字仿真的功用可将数字仿真分为以下几类。

1. 检验数学模型的正确性

在进行数字仿真时，首先要对系统的数学模型选择机上执行算法，编制好相应的主程序与子程序，并进行数字仿真。当数学模型有错误时，仿真的结果就会出现异常。当选用的数学模型不够精确时，系统的误差将不能满足要求，从而应探讨更精确的数学模型。

2. 系统软件的仿真

这时可将惯性敏感元件看成无误差的理想元件，单独研究由于计算机算法所造成的误差，其中包括对数值积分算法的选取、各种迭代周期的选取、字长的选取以及单精度或双精度的选取等。

3. 系统硬件的选取

这时可在计算机中人为地设置惯性敏感元件的误差，而通过采用高精度的算法来减小算法误差的影响，从而确定硬件对系统误差的影响。这样就可以根据导航精度的要求对惯性敏感元件提出适宜的要求，进而设计或选用适当的惯性敏感元件。并在系统软件仿真的基础上，确定所选用元件的类型与输出形式，选用适宜的计算机，以满足系统对计算机实时接口、计算速度及计算机字长等方面的要求。

4. 捷联式惯导系统的仿真

在上述仿真的基础上，进而可对整个系统进行数字仿真。数字仿真可以采用以下几种方式进行：

① 对于给定的巡航任务条件，对于一次完整的飞行过程进行全数字仿真，确定总的系统误差。

② 对于典型的工作状态（包括最不利的工作状态）进行仿真，确定系统在典型工作状态下的误差。典型的工作状态包括静止状态、等角速率运动状态、振动状态等。

③ 系统的初始对准仿真。根据选用的惯性元件以及计算机的性能对初始对准误差进行仿真，从而判断系统的初始对准是否满足给定的要求。

④ 与初步的飞行试验配合进行的数字仿真。捷联式惯导系统的惯性敏感元件获得后，可以将它们安装在飞机上进行飞行试验。而陀螺与加速度计的输出可通过机载的记录装置记录下来，然后到地面上再进行离线的数字仿真，为机载捷联式惯导系统的飞行试验打下基础。

10.2　捷联式惯导系统数字仿真原理

根据捷联式惯导系统原理的研究，本章将利用仿真生成的飞行数据对捷联式惯导系统进行数字仿真。进行仿真研究，需要陀螺仪和加速度计的测量数据。一种办法是现场记录下陀螺仪和加速度计的真实输出，由于条件所限，无法给出实际数据。另一种办法是先模拟出一条飞行器的航迹，然后计算陀螺仪和加速度计的输出，作为仿真的输入。仿真结果与模拟出的飞行器航迹相比较，得到误差曲线，检验仿真的正确性。陀螺仪和加速度计输出仿真数据的过程其实是捷联式惯导系统仿真的逆过程，是已知姿态角、速度、位置信息，求陀螺仪和加速度计输出的过程。

图 10-1 为捷联式惯导系统数字仿真原理框图。可以看出捷联式惯导系统的数字仿真器主要由飞行轨迹发生器和惯导系统仿真器两大部分组成。而惯导系统仿真器包括惯性元件仿真器、SINS 导航解算仿真器以及误差处理器三个组成部分。误差处理器的输出为位置、速度和姿态的计算误差。

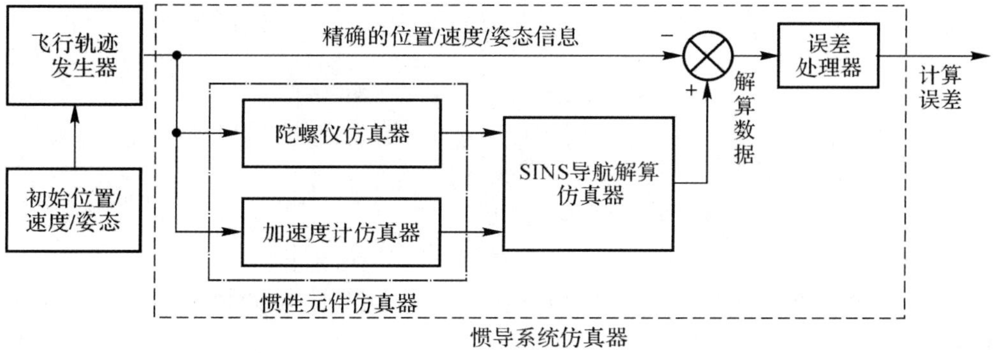

图 10-1　捷联式惯导系统数字仿真原理框图

10.3 飞行轨迹发生器设计

对于给定的飞行任务，可以先设计出相应的飞行轨迹，然后利用轨迹发生器计算出不同时刻的比力、角速度及姿态、位置、速度等导航参数的精确值。

为使轨迹发生器生成的飞行轨迹尽可能接近实际情况，需要对各种典型的机动动作进行仿真，并做成相应的模块。在测试时，可以将任意几种机动动作组合成一条飞行轨迹，充分反映惯导系统在各种机动情况下的性能。

10.3.1 导航用坐标系

以飞机飞行仿真为例，对文中涉及的所有坐标系做简单介绍。

导航坐标系（$OX_nY_nZ_n$）：原点为机体重心，X_n 指向东，Y_n 指向北，Z_n 指向天；

机体坐标系（$OX_bY_bZ_b$）：X_b 沿机体横轴指向右，Y_b 沿机体纵轴指向前，Z_b 与 X_b，Y_b 构成右手定则沿机体垂直向上；

轨迹坐标系（$OX_tY_tZ_t$）：X_t 保持水平向右，Y_t 与轨迹相切指向轨迹前进方向，Z_t 与 X_t，Y_t 构成右手定则沿机体垂直向上；

轨迹水平坐标系（$OX_hY_hZ_h$）：该坐标系是 t 系在水平面内的投影，X_h 与 X_t 重合，Y_h 是 Y_t 在水平面内的投影，Z_h 与 X_h，Y_h 构成右手直角坐标系垂直向上。

设 ψ,θ,γ 分别为飞机的航向、俯仰和横滚角，则导航坐标系（n 系）、轨迹坐标系（t 系）、轨迹水平坐标系（h 系）、机体坐标系（b 系）之间的转换关系为：n 系绕 Z_n 轴转 ψ 角得 h 系，h 系绕 X_h 轴转 θ 角得 t 系，t 系绕 Y_t 轴转 γ 角得 b 系。相应的坐标转换矩阵为

$$\boldsymbol{C}_n^h=\boldsymbol{R}_{-Z}(\psi)=\begin{bmatrix}\cos\psi & -\sin\psi & 0\\ \sin\psi & \cos\psi & 0\\ 0 & 0 & 1\end{bmatrix} \tag{10.1}$$

$$\boldsymbol{C}_h^t=\boldsymbol{R}_X(\theta)=\begin{bmatrix}1 & 0 & 0\\ 0 & \cos\theta & \sin\theta\\ 0 & -\sin\theta & \cos\theta\end{bmatrix} \tag{10.2}$$

$$\boldsymbol{C}_t^b=\boldsymbol{R}_Y(\gamma)=\begin{bmatrix}\cos\gamma & 0 & -\sin\gamma\\ 0 & 1 & 0\\ \sin\gamma & 0 & \cos\gamma\end{bmatrix} \tag{10.3}$$

$$\boldsymbol{C}_n^b=\boldsymbol{C}_t^b\boldsymbol{C}_h^t\boldsymbol{C}_n^h=\begin{bmatrix}\cos\gamma\cos\psi+\sin\gamma\sin\theta\sin\psi & -\cos\gamma\sin\psi+\sin\gamma\sin\theta\cos\psi & -\sin\gamma\cos\theta\\ \cos\theta\sin\psi & \cos\theta\cos\psi & \sin\theta\\ \sin\gamma\cos\psi-\cos\gamma\sin\theta\sin\psi & -\sin\gamma\sin\psi-\cos\gamma\sin\theta\cos\psi & \cos\gamma\cos\theta\end{bmatrix} \tag{10.4}$$

$$C_t^n = C_h^n C_t^h = (C_n^h)^T (C_h^t)^T = \begin{bmatrix} \cos\psi & \sin\psi\cos\theta & -\sin\psi\sin\theta \\ -\sin\psi & \cos\psi\cos\theta & -\cos\psi\sin\theta \\ 0 & \sin\theta & \cos\theta \end{bmatrix} \tag{10.5}$$

10.3.2　飞机的机动飞行过程

1. 飞机的爬升

飞机的爬升可分为 3 个阶段:改变俯仰角的拉起阶段、等角爬升阶段和结束爬升阶段。

(1) 拉起阶段

在该阶段,飞机以等角速度 $\dot{\theta}_0$ 逐渐增加到等角爬升的角度。设该阶段的初始时刻为 t_{01},则有

$$\dot{\theta} = \dot{\theta}_0, \quad \theta = \dot{\theta}(t - t_{01}) \tag{10.6}$$

(2) 等角爬升阶段

在该阶段,飞机以恒定的俯仰角 θ_c 爬升到需要的高度,则有

$$\dot{\theta} = 0, \quad \theta = \theta_c \tag{10.7}$$

(3) 结束爬升阶段

在该阶段,飞机以等角速度 $-\dot{\theta}_0$ 逐渐减小俯仰角。设该阶段的初始时刻为 t_{02},则有

$$\dot{\theta} = -\dot{\theta}_0, \quad \theta = \theta_c + \dot{\theta}(t - t_{02}) \tag{10.8}$$

2. 转弯

设飞机为协调转弯,转弯过程无侧滑,飞行轨迹在水平面内。以右转弯为例分析协调转弯过程中的转弯半径和转弯角速度。

设转弯过程中飞机的速度为 v_y^b;转弯半径为 R;转弯角速度为 ω_z^h;转弯所需的向心力 A_x^h 由升力因倾斜产生的水平分量来提供。则有

$$\left.\begin{aligned} A_x^h &= -R(\omega_z^h)^2 = -(v_y^b)^2/R = -g\tan\gamma \\ R &= (v_y^b)^2/(g\tan\gamma) \\ \omega_z^h &= v_y^b/R = g\tan\gamma/v_y^b \end{aligned}\right\} \tag{10.9}$$

飞机的转弯分为 3 个阶段:由平飞改变横滚角进入转弯阶段、保持横滚角以等角速度转弯阶段和转弯后的改平阶段。

(1) 进入转弯阶段

在该阶段，飞机横滚角以等角速度 $\dot{\gamma}_0$ 将横滚角调整到所需的值。设该阶段的初始时刻为 t_{03}，则有

$$\left.\begin{aligned}&\dot{\gamma}=\dot{\gamma}_0\\&\gamma=\dot{\gamma}(t-t_{03})\\&\omega_z^{\mathrm{h}}=g\tan\gamma/v_y^{\mathrm{b}}=g\tan\left[\dot{\gamma}(t-t_{03})\right]/v_y^{\mathrm{b}}\\&\Delta\psi=\int_{t_{03}}^{t}\omega_z^{\mathrm{h}}\mathrm{d}t\end{aligned}\right\}\tag{10.10}$$

(2) 等角速度转弯阶段

在该阶段，飞机保持横滚角 γ_{c} 以等角速度 ω_0 转弯，则有

$$\gamma=\gamma_{\mathrm{c}},\quad \omega_z^{\mathrm{h}}=\omega_0\tag{10.11}$$

(3) 改平阶段

在该阶段，飞机横滚角以等角速度 $-\dot{\gamma}_0$ 逐渐减小横滚角。设该阶段的初始时刻为 t_{04}，则有

$$\dot{\gamma}=-\dot{\gamma}_0,\quad \gamma=\gamma_{\mathrm{c}}+\dot{\gamma}(t-t_{04})\tag{10.12}$$

3. 俯冲

俯冲过程的飞行轨迹在地垂面内，俯仰角的改变方向与爬升过程相反，分为改变姿态进入俯冲、持续俯冲和俯冲后的改平 3 个阶段。

(1) 进入俯冲阶段

在该阶段，飞机俯仰角以等角速度 $-\dot{\theta}_1$ 逐渐减小到所需的俯冲角。设该阶段的初始时刻为 t_{05}，则有

$$\dot{\theta}=-\dot{\theta}_1,\quad \theta=\dot{\theta}(t-t_{05})\tag{10.13}$$

(2) 持续俯冲阶段

在该阶段，飞机以恒定的俯仰角 θ_{c1} 俯冲到需要的高度，则有

$$\dot{\theta}=0,\quad \theta=\theta_{\mathrm{c1}}\tag{10.14}$$

(3) 俯冲后的改平阶段

在该阶段，飞机以等角速度 $\dot{\theta}_1$ 逐渐增加俯仰角。设该阶段的初始时刻为 t_{06}，则有

$$\dot{\theta}=\dot{\theta}_1,\quad \theta=\theta_{\mathrm{c1}}+\dot{\theta}(t-t_{06})\tag{10.15}$$

4. 飞机轨迹参数的求取

(1) 加速度

① 飞机机动飞行时在轨迹坐标系中的加速度：

飞机以加速度 $\boldsymbol{a}$ 作直线加速飞行时，有

$$a_x^{\mathrm{t}}=a_z^{\mathrm{t}}=0,\quad a_y^{\mathrm{t}}=a$$

飞机倾斜 γ 角作无侧滑转弯时，有

$$a_y^{\mathrm{t}}=a_z^{\mathrm{t}}=0,\quad a_x^{\mathrm{t}}=g\tan\gamma$$

飞机爬升或俯冲时，有

$$a_x^{\mathrm{t}}=a_y^{\mathrm{t}}=0,\quad a_z^{\mathrm{t}}=\dot{\theta}v_y^{\mathrm{t}}$$

飞机爬升改平或俯冲改平时，有

$$a_x^{\mathrm{t}}=a_y^{\mathrm{t}}=0,\quad a_z^{\mathrm{t}}=\dot{\theta}v_y^{\mathrm{t}}$$

飞机匀速等角爬升或等角俯冲时

$$a_x^{\mathrm{t}}=a_y^{\mathrm{t}}=a_z^{\mathrm{t}}=0$$

② 飞机在导航系中的加速度为

$$\begin{bmatrix}a_x^{\mathrm{n}}\\a_y^{\mathrm{n}}\\a_z^{\mathrm{n}}\end{bmatrix}=\boldsymbol{C}_{\mathrm{t}}^{\mathrm{n}}\begin{bmatrix}a_x^{\mathrm{t}}\\a_y^{\mathrm{t}}\\a_z^{\mathrm{t}}\end{bmatrix}\tag{10.16}$$

③ 飞机在机体系中的加速度为

$$\begin{bmatrix}a_x^{\mathrm{b}}\\a_y^{\mathrm{b}}\\a_z^{\mathrm{b}}\end{bmatrix}=\boldsymbol{C}_{\mathrm{t}}^{\mathrm{b}}\begin{bmatrix}a_x^{\mathrm{t}}\\a_y^{\mathrm{t}}\\a_z^{\mathrm{t}}\end{bmatrix}\tag{10.17}$$

（2）飞机的速度

① 飞机在导航系中的速度为

$$\begin{bmatrix}v_x^{\mathrm{n}}\\v_y^{\mathrm{n}}\\v_z^{\mathrm{n}}\end{bmatrix}=\begin{bmatrix}v_{x0}^{\mathrm{n}}\\v_{y0}^{\mathrm{n}}\\v_{z0}^{\mathrm{n}}\end{bmatrix}+\begin{bmatrix}\int_{t_0}^{t}a_x^{\mathrm{n}}\mathrm{d}t\\\int_{t_0}^{t}a_y^{\mathrm{n}}\mathrm{d}t\\\int_{t_0}^{t}a_z^{\mathrm{n}}\mathrm{d}t\end{bmatrix}\tag{10.18}$$

② 飞机在轨迹系中的速度为

$$\begin{bmatrix}v_x^{\mathrm{t}}\\v_y^{\mathrm{t}}\\v_z^{\mathrm{t}}\end{bmatrix}=\boldsymbol{C}_{\mathrm{n}}^{\mathrm{t}}\begin{bmatrix}v_x^{\mathrm{n}}\\v_y^{\mathrm{n}}\\v_z^{\mathrm{n}}\end{bmatrix}\tag{10.19}$$

③ 飞机在机体系中的速度为

$$\begin{bmatrix} v_x^{\mathrm{b}} \\ v_y^{\mathrm{b}} \\ v_z^{\mathrm{b}} \end{bmatrix} = \boldsymbol{C}_{\mathrm{n}}^{\mathrm{b}} \begin{bmatrix} v_x^{\mathrm{n}} \\ v_y^{\mathrm{n}} \\ v_z^{\mathrm{n}} \end{bmatrix} \tag{10.20}$$

(3) 飞机的位置

$$\begin{bmatrix} L \\ \lambda \\ h \end{bmatrix} = \begin{bmatrix} L_0 \\ \lambda_0 \\ h_0 \end{bmatrix} + \begin{bmatrix} \int_{t_0}^{t} \dfrac{v_y^{\mathrm{n}}}{R_{\mathrm{M}} + h} \mathrm{d}t \\ \int_{t_0}^{t} \dfrac{v_x^{\mathrm{n}} \sec L}{R_{\mathrm{N}} + h} \mathrm{d}t \\ \int_{t_0}^{t} v_z^{\mathrm{n}} \mathrm{d}t \end{bmatrix} \tag{10.21}$$

式中，$R_{\mathrm{M}} = R_{\mathrm{e}}(1 - 2e + 3e\sin^2 L)$，$R_{\mathrm{N}} = R_{\mathrm{e}}(1 + e\sin^2 L)$；$e$ 为地球椭圆度；R_{e} 为地球的长半轴；L 为飞机即时纬度；λ 为飞机即时经度；h 为飞机的即时高度。

10.4 惯性元件的数学模型

陀螺仪、加速度计模型的输入量是由飞行轨迹发生器产生的。经过运算和处理之后，陀螺仪和加速度计可输出捷联解算所需的角速度和比力信息。当只研究导航算法误差时，不考虑惯性元件的误差；当研究惯性元件的误差时，其误差也可通过惯性元件仿真器给出。

10.4.1 陀螺仪仿真器的数学模型

1. 陀螺仪理想的输出量

理想角速度陀螺仪测量的是机体坐标系（b 系）相对于惯性坐标系（i 系）的转动角速度在机体坐标系中的投影 $\boldsymbol{\omega}_{\mathrm{ib}}^{\mathrm{b}}$。从飞行轨迹数据中，可以得到机体坐标系相对于导航坐标系（n 系）的转动角速度在机体坐标系中的投影 $\boldsymbol{\omega}_{\mathrm{nb}}^{\mathrm{b}}$；通过飞行轨迹数据中的水平速度、纬度、高度可以计算出导航坐标系相对于惯性坐标系的转动角速度在地理坐标系中的投影 $\boldsymbol{\omega}_{\mathrm{in}}^{\mathrm{n}}$，通过姿态角可以计算出从导航坐标系到机体坐标系之间的转换矩阵 $\boldsymbol{C}_{\mathrm{n}}^{\mathrm{b}}$，$\boldsymbol{\omega}_{\mathrm{in}}^{\mathrm{n}}$ 与转换矩阵 $\boldsymbol{C}_{\mathrm{n}}^{\mathrm{b}}$ 相乘即可得到 $\boldsymbol{\omega}_{\mathrm{in}}^{\mathrm{b}}$；然后将 $\boldsymbol{\omega}_{\mathrm{nb}}^{\mathrm{b}}$ 与 $\boldsymbol{\omega}_{\mathrm{in}}^{\mathrm{b}}$ 相加，就可以得到陀螺仪模型的理想输出 $\boldsymbol{\omega}_{\mathrm{ib}}^{\mathrm{b}}$。具体求解过程如下：

(1) 机体坐标系相对于导航坐标系（n 系）的转动角速度在机体坐标系中的投影 $\boldsymbol{\omega}_{\mathrm{nb}}^{\mathrm{b}}$

$$\begin{bmatrix} \omega_{\mathrm{nb}x}^{\mathrm{b}} \\ \omega_{\mathrm{nb}y}^{\mathrm{b}} \\ \omega_{\mathrm{nb}z}^{\mathrm{b}} \end{bmatrix} = \boldsymbol{C}_{\mathrm{h}}^{\mathrm{b}} \begin{bmatrix} \dot{\theta} \\ 0 \\ -\dot{\psi} \end{bmatrix} + \boldsymbol{C}_{\mathrm{t}}^{\mathrm{b}} \begin{bmatrix} 0 \\ \dot{\gamma} \\ 0 \end{bmatrix} = \begin{bmatrix} \cos\gamma & 0 & \sin\gamma\cos\theta \\ 0 & 1 & -\sin\theta \\ \sin\gamma & 0 & -\cos\gamma\cos\theta \end{bmatrix} \begin{bmatrix} \dot{\theta} \\ \dot{\gamma} \\ \dot{\psi} \end{bmatrix} \tag{10.22}$$

(2) 导航坐标系相对于惯性坐标系的转动角速度在机体坐标系中的投影 $\boldsymbol{\omega}_{in}^{b}$

首先,导航坐标系相对于惯性坐标系的转动角速度在导航坐标系中的投影 $\boldsymbol{\omega}_{in}^{n}$ 可以表示为

$$\boldsymbol{\omega}_{in}^{n}=\boldsymbol{\omega}_{ie}^{n}+\boldsymbol{\omega}_{en}^{n} \tag{10.23}$$

式中,$\boldsymbol{\omega}_{ie}^{n}$,$\boldsymbol{\omega}_{en}^{n}$ 分别为地球自转角速度和导航系相对于地球系的转动角速度在导航坐标系中的投影,其表达式分别为

$$\left.\begin{aligned}\boldsymbol{\omega}_{ie}^{n}&=\begin{bmatrix}0\\ \omega_{ie}\cos L\\ \omega_{ie}\sin L\end{bmatrix}\\ \boldsymbol{\omega}_{en}^{n}&=\begin{bmatrix}-v_y^n/(R_M+h)\\ v_x^n/(R_N+h)\\ v_x^n\tan L/(R_N+h)\end{bmatrix}\end{aligned}\right\} \tag{10.24}$$

式中,ω_{ie} 为地球自转角速率。

根据式(10.23)、式(10.24) 以及姿态转换矩阵 $\boldsymbol{C}_n^b$,可得

$$\boldsymbol{\omega}_{in}^{b}=\boldsymbol{C}_n^b\boldsymbol{\omega}_{in}^{n}=\boldsymbol{C}_n^b(\boldsymbol{\omega}_{ie}^{n}+\boldsymbol{\omega}_{en}^{n}) \tag{10.25}$$

(3) 陀螺仪仿真器的理想输出 $\boldsymbol{\omega}_{ib}^{b}$

$$\boldsymbol{\omega}_{ib}^{b}=\boldsymbol{\omega}_{in}^{b}+\boldsymbol{\omega}_{nb}^{b} \tag{10.26}$$

2. 陀螺仪仿真器的数学模型

陀螺仪是敏感载体角运动的元件,由于陀螺仪本身存在误差,因此陀螺仪的输出为

$$\tilde{\boldsymbol{\omega}}_{ib}^{b}=\boldsymbol{\omega}_{ib}^{b}+\boldsymbol{\varepsilon}^{b} \tag{10.27}$$

式中,$\tilde{\boldsymbol{\omega}}_{ib}^{b}$ 为陀螺仪实际测得的角速度;$\boldsymbol{\varepsilon}^{b}$ 为陀螺仪元件的误差。

陀螺仪的理想输出可以根据式(10.22) ~ 式(10.26) 求出。在仿真过程中,仅考虑陀螺仪的常值漂移、时间相关漂移和随机误差的影响,则 $\boldsymbol{\varepsilon}^{b}$ 的计算公式可以表示为

$$\boldsymbol{\varepsilon}^{b}=\boldsymbol{\varepsilon}_{b}+\boldsymbol{\varepsilon}_{r}+\boldsymbol{w}_{g} \tag{10.28}$$

式中,$\boldsymbol{\varepsilon}_{b}$ 为常值漂移;$\boldsymbol{\varepsilon}_{r}$ 为时间相关漂移,可用一阶马尔可夫过程来描述;$\boldsymbol{w}_{g}$ 为白噪声。$\boldsymbol{\varepsilon}_{b}$,$\boldsymbol{\varepsilon}_{r}$ 的数学模型为

$$\left.\begin{aligned}\dot{\boldsymbol{\varepsilon}}_{b}&=\boldsymbol{0}\\ \dot{\boldsymbol{\varepsilon}}_{r}&=-\frac{1}{T_r}\boldsymbol{\varepsilon}_{r}+\boldsymbol{w}_{r}\end{aligned}\right\} \tag{10.29}$$

式中,T_r 为相关时间;$\boldsymbol{w}_{r}$ 为驱动白噪声,其方差为 $\boldsymbol{\sigma}_{r}^{2}$。

陀螺仪仿真器的原理框图如图 10－2 所示。

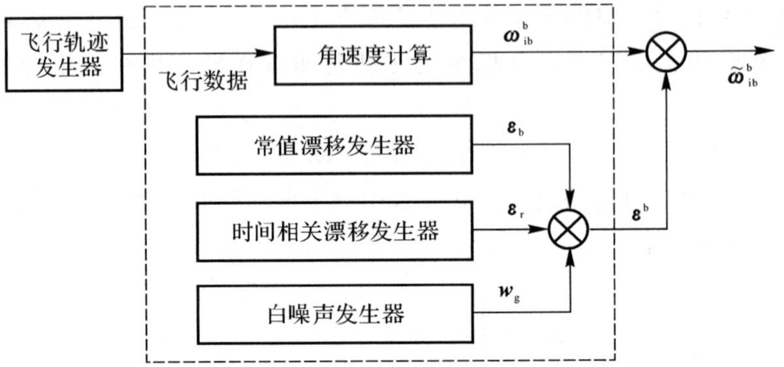

图 10-2 陀螺仪仿真器的原理框图

10.4.2 加速度计仿真器的数学模型

1. 加速度计模型的理想输出量

加速度计测量的量是比力。在导航坐标系中，比力与机体相对地球加速度之间的关系可以表示为

$$\boldsymbol{f}^{n} = \boldsymbol{C}_{t}^{n}\boldsymbol{a}^{t} + (2\boldsymbol{\omega}_{ie}^{n} + \boldsymbol{\omega}_{en}^{n}) \times \boldsymbol{V}^{n} + \boldsymbol{g}^{n} \tag{10.30}$$

式中，$\boldsymbol{a}^{t}$ 为机体相对于地球的加速度在轨迹坐标系中的投影；$\boldsymbol{C}_{t}^{n}$ 为轨迹坐标系与导航坐标系的转换矩阵；$\boldsymbol{\omega}_{en}^{n} \times \boldsymbol{V}^{n}$ 为机体相对于地球转动所引起的向心加速度；$2\boldsymbol{\omega}_{ie}^{n} \times \boldsymbol{V}^{n}$ 为机体相对地球速度与地球自转角速度的相互影响而形成的哥氏加速度；$\boldsymbol{g}^{n}$ 为地球的重力加速度在导航系的投影。

$\boldsymbol{a}^{t}$，$\boldsymbol{V}^{n}$ 可以从飞行轨迹数据中获得；根据式(10.24)可知，$\boldsymbol{\omega}_{ie}^{n}$，$\boldsymbol{\omega}_{en}^{n}$ 可以通过飞行轨迹数据中的水平速度、纬度和高度算出；通过姿态角可以算出转换矩阵 $\boldsymbol{C}_{t}^{n}$ 与 $\boldsymbol{C}_{n}^{b}$；利用式(10.30)算出导航系下的比力 $\boldsymbol{f}^{n}$，将其乘上转换矩阵 $\boldsymbol{C}_{n}^{b}$，就可以得到机体系下的比力为

$$\boldsymbol{f}^{b} = \boldsymbol{C}_{n}^{b}\boldsymbol{f}^{n} \tag{10.31}$$

$\boldsymbol{f}^{b}$ 就是捷联式惯导系统中加速度计模型的理想输出。

2. 加速度计模型的数学模型

加速度计是敏感载体线运动的元件。由于加速度计本身存在误差，因此，加速度计的输出为

$$\tilde{\boldsymbol{f}}^{b} = \boldsymbol{f}^{b} + \boldsymbol{\nabla}_{a}^{b} \tag{10.32}$$

式中，$\tilde{\boldsymbol{f}}^{b}$ 为加速度计实际测得的比力；$\boldsymbol{\nabla}_{a}^{b}$为加速度计的误差。

比力 $\boldsymbol{f}^b$ 可以由式(10.30)、式(10.31)计算得出。在仿真过程中,仅考虑加速度计的常值零偏、时间相关误差和随机误差的影响,则加速度计误差 $\boldsymbol{\nabla}_a^b$ 的计算公式为

$$\boldsymbol{\nabla}_a^b = \boldsymbol{\nabla}_a + \boldsymbol{\nabla}_r + \boldsymbol{w}_a \tag{10.33}$$

式中,$\boldsymbol{\nabla}_a$ 为加速度计的常值零偏;$\boldsymbol{\nabla}_r$ 为时间相关误差,可用一阶马尔可夫过程来描述;$\boldsymbol{w}_a$ 为白噪声。$\boldsymbol{\nabla}_b$,$\boldsymbol{\nabla}_r$ 的数学模型为

$$\left.\begin{aligned} \dot{\boldsymbol{\nabla}}_a &= \boldsymbol{0} \\ \dot{\boldsymbol{\nabla}}_r &= -\frac{1}{T_a}\boldsymbol{\nabla}_r + \boldsymbol{w}_r \end{aligned}\right\} \tag{10.34}$$

式中,T_a 为相关时间;$\boldsymbol{w}_r$ 为白噪声,其方差为 $\boldsymbol{\sigma}_a^2$。

加速度计仿真器的原理框图如图 10-3 所示。

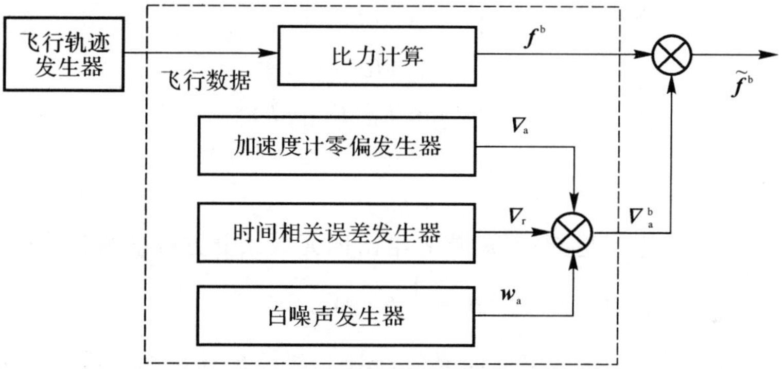

图 10-3　加速度计仿真器的原理框图

10.5　捷联式惯导系统导航解算

在捷联式惯导系统导航解算仿真器内,可以利用陀螺仪和加速度计的输出进行 SINS 解算。如图 10-4 所示为捷联式惯导系统解算的原理框图。其中各部分算法如下。

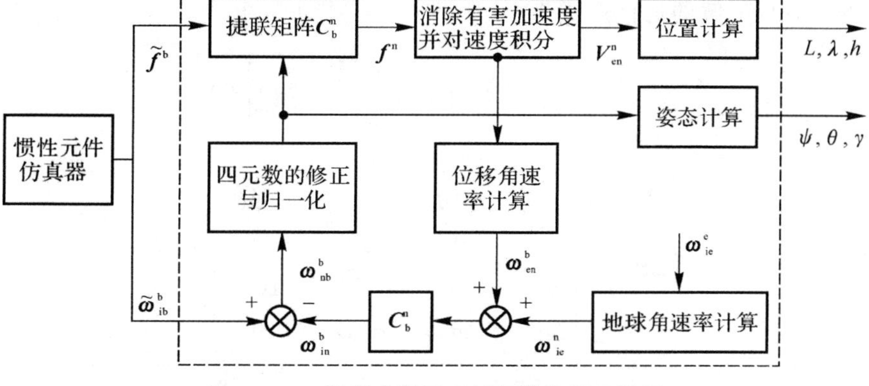

图 10-4　捷联式惯导系统解算的原理框图

1. 姿态角速度计算

捷联式惯导系统的姿态角速度 $\boldsymbol{\omega}_{nb}^{b}$，可以利用陀螺仪测得的角速度 $\boldsymbol{\omega}_{ib}^{b}$、地球角速度 $\boldsymbol{\omega}_{ie}^{n}$、位置角速度 $\boldsymbol{\omega}_{en}^{n}$ 以及姿态矩阵 $\boldsymbol{C}_{b}^{n}$ 来求取。由于整个捷联算法是一个迭代算法，因此如果用 k 表示当前这一次循环，则 $\boldsymbol{\omega}_{nb,k}^{b}$ 的表达式为

$$\boldsymbol{\omega}_{nb,k}^{b}=\boldsymbol{\omega}_{ib,k}^{b}-(\boldsymbol{C}_{b,k}^{n})^{T}(\boldsymbol{\omega}_{en,k}^{n}+\boldsymbol{\omega}_{ie,k}^{n}) \tag{10.35}$$

式中

$$\boldsymbol{\omega}_{ie}^{n}=\begin{bmatrix}0\\ \omega_{ie}\cos L\\ \omega_{ie}\sin L\end{bmatrix}$$

$$\boldsymbol{\omega}_{en}^{n}=\begin{bmatrix}-v_{y}^{n}/(R_{M}+h)\\ v_{x}^{n}/(R_{N}+h)\\ v_{x}^{n}\tan L/(R_{N}+h)\end{bmatrix}$$

2. 四元数计算

由四元数对姿态矩阵进行更新计算，首先给出四元数微分方程的表达式为

$$\dot{\boldsymbol{\Lambda}}=\frac{1}{2}\boldsymbol{\Lambda}\circ\boldsymbol{\omega}_{nb}^{b} \tag{10.36}$$

式中，$\boldsymbol{\Lambda}=[\lambda_0 \quad \lambda_1 \quad \lambda_2 \quad \lambda_3]^{T}$，表示姿态四元数；$\boldsymbol{\omega}_{nb}^{b}$ 是机体坐标系相对导航坐标系的旋转角速度对应的四元数。式(10.36) 可进一步展开为

$$\begin{bmatrix}\dot{\lambda}_0\\ \dot{\lambda}_1\\ \dot{\lambda}_2\\ \dot{\lambda}_3\end{bmatrix}=\frac{1}{2}\begin{bmatrix}0 & -\omega_{nbx}^{b} & -\omega_{nby}^{b} & -\omega_{nbz}^{b}\\ \omega_{nbx}^{b} & 0 & \omega_{nbz}^{b} & -\omega_{nby}^{b}\\ \omega_{nby}^{b} & -\omega_{nbz}^{b} & 0 & \omega_{nbx}^{b}\\ \omega_{nbz}^{b} & \omega_{nby}^{b} & -\omega_{nbx}^{b} & 0\end{bmatrix}\begin{bmatrix}\lambda_0\\ \lambda_1\\ \lambda_2\\ \lambda_3\end{bmatrix} \tag{10.37}$$

四元数微分方程的解的迭代形式为

$$\boldsymbol{\Lambda}(k+1)=\left\{\cos\frac{\Delta\theta_0}{2}\boldsymbol{I}+\frac{\sin\frac{\Delta\theta_0}{2}}{\Delta\theta_0}[\Delta\boldsymbol{\theta}]\right\}\boldsymbol{\Lambda}(k) \tag{10.38a}$$

式中

$$[\Delta\boldsymbol{\theta}]=\begin{bmatrix}0 & -\Delta\theta_x & -\Delta\theta_y & -\Delta\theta_z\\ \Delta\theta_x & 0 & \Delta\theta_z & -\Delta\theta_y\\ \Delta\theta_y & -\Delta\theta_z & 0 & \Delta\theta_x\\ \Delta\theta_z & \Delta\theta_y & -\Delta\theta_x & 0\end{bmatrix} \tag{10.38b}$$

设采样间隔为 Δt，则 $\Delta\boldsymbol{\theta}_i=\boldsymbol{\omega}_{\mathrm{n\,b}i}^{\mathrm{b}}\Delta t(i=x,y,z)$；$\Delta\theta_0$ 的表达式为

$$\Delta\theta_0=\sqrt{\Delta\theta_x^2+\Delta\theta_y^2+\Delta\theta_z^2} \tag{10.39}$$

根据式(10.38)实时地求出姿态四元数，便可以唯一确定姿态矩阵中的各个元素，将式中的 $\cos\dfrac{\Delta\theta_0}{2}$，$\sin\dfrac{\Delta\theta_0}{2}$ 展成级数并取有限项。据此得到的四元数更新算法为

一阶算法：

$$\boldsymbol{\Lambda}(k+1)=\left\{\boldsymbol{I}+\frac{1}{2}[\Delta\boldsymbol{\theta}]\right\}\boldsymbol{\Lambda}(k) \tag{10.40}$$

二阶算法：

$$\boldsymbol{\Lambda}(k+1)=\left\{\left(1-\frac{(\Delta\theta_0)^2}{8}\right)\boldsymbol{I}+\frac{1}{2}[\Delta\boldsymbol{\theta}]\right\}\boldsymbol{\Lambda}(k) \tag{10.41}$$

三阶算法：

$$\boldsymbol{\Lambda}(k+1)=\left\{\left(1-\frac{(\Delta\theta_0)^2}{8}\right)\boldsymbol{I}+\left(\frac{1}{2}-\frac{(\Delta\theta_0)^2}{48}\right)[\Delta\boldsymbol{\theta}]\right\}\boldsymbol{\Lambda}(k) \tag{10.42}$$

四阶算法：

$$\boldsymbol{\Lambda}(k+1)=\left\{\left(1-\frac{(\Delta\theta_0)^2}{8}+\frac{(\Delta\theta_0)^4}{384}\right)\boldsymbol{I}+\left(\frac{1}{2}-\frac{(\Delta\theta_0)^2}{48}\right)[\Delta\boldsymbol{\theta}]\right\}\boldsymbol{\Lambda}(k) \tag{10.43}$$

3. 姿态矩阵计算

设 λ_0，λ_1，λ_2 和 λ_3 为更新后的姿态四元数，则姿态矩阵 $\boldsymbol{C}_{\mathrm{b}}^{\mathrm{n}}$ 可表示为

$$\boldsymbol{C}_{\mathrm{b},k+1}^{\mathrm{n}}=\begin{bmatrix}\lambda_0^2+\lambda_1^2-\lambda_2^2-\lambda_3^2 & 2(\lambda_1\lambda_2-\lambda_0\lambda_3) & 2(\lambda_1\lambda_3+\lambda_0\lambda_2)\\ 2(\lambda_1\lambda_2+\lambda_0\lambda_3) & \lambda_0^2-\lambda_1^2+\lambda_2^2-\lambda_3^2 & 2(\lambda_2\lambda_3-\lambda_0\lambda_1)\\ 2(\lambda_1\lambda_3-\lambda_0\lambda_2) & 2(\lambda_2\lambda_3+\lambda_0\lambda_1) & \lambda_0^2-\lambda_1^2-\lambda_2^2+\lambda_3^2\end{bmatrix}=\begin{bmatrix}T_{11} & T_{12} & T_{13}\\ T_{21} & T_{22} & T_{23}\\ T_{31} & T_{32} & T_{33}\end{bmatrix} \tag{10.44}$$

4. 姿态角计算

利用式(10.44)，可以求出 $k+1$ 时刻的姿态角分别为

$$\left.\begin{aligned}\psi&=\arctan\frac{T_{12}}{T_{22}}\\ \theta&=\arcsin T_{32}\\ \gamma&=\arctan\left(-\frac{T_{31}}{T_{33}}\right)\end{aligned}\right\} \tag{10.45}$$

5. 速度计算

速度计算在仿真器中分为两步。

① 导航坐标系中的比力计算，即比力坐标变换。用加速度计输出的 k 时刻的比力 $\boldsymbol{f}^{\mathrm{b}}$ 和姿态转换矩阵 $\boldsymbol{C}_{\mathrm{b}}^{\mathrm{n}}$ 计算出此时刻比力在导航系中的投影为

$$\boldsymbol{f}^{\mathrm{n}}=\boldsymbol{C}_{\mathrm{b}}^{\mathrm{n}}\boldsymbol{f}^{\mathrm{b}} \tag{10.46}$$

② 速度微分方程求解。利用 k 时刻地球角速度 $\boldsymbol{\omega}_{\mathrm{ie},k}^{\mathrm{n}}$、位置角速度 $\boldsymbol{\omega}_{\mathrm{en},k}^{\mathrm{n}}$ 以及导航系中的比力 $\boldsymbol{f}_k^{\mathrm{n}}$ 可以求出速度的微分方程为

$$\begin{bmatrix}\dot{v}_x^{\mathrm{n}}\\ \dot{v}_y^{\mathrm{n}}\\ \dot{v}_z^{\mathrm{n}}\end{bmatrix}=\begin{bmatrix}f_x^{\mathrm{n}}\\ f_y^{\mathrm{n}}\\ f_z^{\mathrm{n}}\end{bmatrix}-\begin{bmatrix}0 & -(2\omega_{\mathrm{ie}z}^{\mathrm{n}}+\omega_{\mathrm{en}z}^{\mathrm{n}}) & 2\omega_{\mathrm{ie}y}^{\mathrm{n}}+\omega_{\mathrm{en}y}^{\mathrm{n}}\\ 2\omega_{\mathrm{ie}z}^{\mathrm{n}}+\omega_{\mathrm{en}z}^{\mathrm{n}} & 0 & -(2\omega_{\mathrm{ie}x}^{\mathrm{n}}+\omega_{\mathrm{en}x}^{\mathrm{n}})\\ -(2\omega_{\mathrm{ie}y}^{\mathrm{n}}+\omega_{\mathrm{en}y}^{\mathrm{n}}) & 2\omega_{\mathrm{ie}x}^{\mathrm{n}}+\omega_{\mathrm{en}x}^{\mathrm{n}} & 0\end{bmatrix}\begin{bmatrix}v_x^{\mathrm{n}}\\ v_y^{\mathrm{n}}\\ v_z^{\mathrm{n}}\end{bmatrix}+\begin{bmatrix}0\\ 0\\ -g_k\end{bmatrix} \tag{10.47}$$

式中，g_k 为地球重力加速度，其表达式可近似写成

$$g_k=g_0\left(1-\frac{2h}{R_{\mathrm{e}}}\right) \tag{10.48}$$

其中，$g_0=9.780\ 49\ \mathrm{m/s^2}$。

6. 位置计算

机体所在位置的经度、纬度和高度可以根据下列方程求得：

$$\dot{L}=\frac{v_y^{\mathrm{n}}}{R_{\mathrm{M}}+h},\quad \dot{\lambda}=\frac{v_x^{\mathrm{n}}}{(R_{\mathrm{N}}+h)\cos L},\quad \dot{h}=v_z^{\mathrm{n}} \tag{10.49}$$

由于高度通道是发散的，因而一般不单独采用单纯对垂直加速度计输出进行积分来取得高度，而是使用高度计（如气压式高度表、无线电高度表、大气数据系统等）的信息对惯导系统的高度通道的阻尼系数进行调整。

7. 初始条件的给定与初始数据的计算

为了进行导航解算，需要事先知道两类数据：一类是开始计算时给定的初始条件，另一类是通过计算获得的初始数据。

(1) 初始条件的给定

在进行惯导解算之前，需要给定的初始条件包括：初始位置 L_0,λ_0,h_0；初始速度 $v_{x0}^{\mathrm{n}},v_{y0}^{\mathrm{n}},v_{z0}^{\mathrm{n}}$；初始姿态角 ψ_0,θ_0,γ_0。

(2) 初始数据的计算

① 初始四元数计算。根据四元数与欧拉角的关系，并利用给定的初始姿态角，可以求出初始四元数为

$$\left.\begin{aligned}\lambda_0 &= \cos\frac{\psi_0}{2}\cos\frac{\theta_0}{2}\cos\frac{\gamma_0}{2}+\sin\frac{\psi_0}{2}\sin\frac{\theta_0}{2}\sin\frac{\gamma_0}{2}\\ \lambda_1 &= \cos\frac{\psi_0}{2}\sin\frac{\theta_0}{2}\cos\frac{\gamma_0}{2}+\sin\frac{\psi_0}{2}\cos\frac{\theta_0}{2}\sin\frac{\gamma_0}{2}\\ \lambda_2 &= \cos\frac{\psi_0}{2}\cos\frac{\theta_0}{2}\sin\frac{\gamma_0}{2}-\sin\frac{\psi_0}{2}\sin\frac{\theta_0}{2}\cos\frac{\gamma_0}{2}\\ \lambda_3 &= \cos\frac{\psi_0}{2}\sin\frac{\theta_0}{2}\sin\frac{\gamma_0}{2}-\sin\frac{\psi_0}{2}\cos\frac{\theta_0}{2}\cos\frac{\gamma_0}{2}\end{aligned}\right\} \tag{10.50}$$

利用初始的姿态四元数，还可以根据式(10.44)获得初始姿态矩阵 $\boldsymbol{C}_{b0}^{n}$。

② 初始地球角速度和位置角速度计算。根据式(10.24)，并利用给定的初始位置和速度，可以求出初始时刻的地球角速度 $\boldsymbol{\omega}_{ie0}^{n}$、位置角速度 $\boldsymbol{\omega}_{en0}^{n}$。

③ 重力加速度的初始值计算。重力加速度 g 的初始值可以根据 h_0 的初始值由式(10.48)计算。

④ 子午圈、卯酉圈半径初始值的计算。子午圈半径 R_M、卯酉圈半径 R_N 的表达式分别为

$$\left.\begin{aligned}R_M &= R_e(1-2e+3e\sin^2 L)\\ R_N &= R_e(1+e\sin^2 L)\end{aligned}\right\} \tag{10.51}$$

利用给定的初始纬度 L_0 即可求出 R_{M0}，R_{N0}。

10.6　误差处理器

由 SINS 导航解算仿真器计算出的带有误差的导航参数与飞行轨迹发生器产生的精确导航参数进行比较，得出计算的位置、速度和姿态等参数的导航误差。这些误差中往往包含有噪声。对这些带有噪声的导航误差进行处理后可得到仿真器的计算误差。

10.7　捷联式惯导系统的 Matlab 仿真实例

从功能模块的角度来看，捷联式惯导系统仿真器包括飞行轨迹发生器、陀螺仪仿真器、加速度计仿真器、SINS 导航解算仿真器以及误差处理器。系统的各个部分既有相对独立的功能，又要按照严格的时序逻辑进行大量信息交流，依据已经建成的各个数学模型，使用 Matlab 来编程实现各个功能模块和构建系统。

飞行轨迹发生器的各个阶段依次设定为匀速直线飞行、爬升、等角爬升、爬升改平、匀加速直线飞行、水平右转弯、等角转弯、转弯改平、匀减速直线飞行、俯冲、等角俯冲、俯冲改平、匀速直线飞行、停止等。

飞机的初始位置为 34.14°N，121.29°E，高度 2 000 m，从初始位置以 500 m/s 沿正北方向匀速飞行；在加速和减速过程中，飞机的加速度为 6 m/s^2；在爬升和俯冲过程中，飞机的俯仰

角速率为 3°/s；在转弯过程中，飞机的横滚角速率为 0.5°/s；系统的仿真步长设定为 0.01s，仿真时间为 2 500 s。

根据飞机机动飞行过程和飞行轨迹参数的求取方法，可求得各个飞行轨迹参数。飞机的三维飞行轨迹如图 10 - 5 所示。

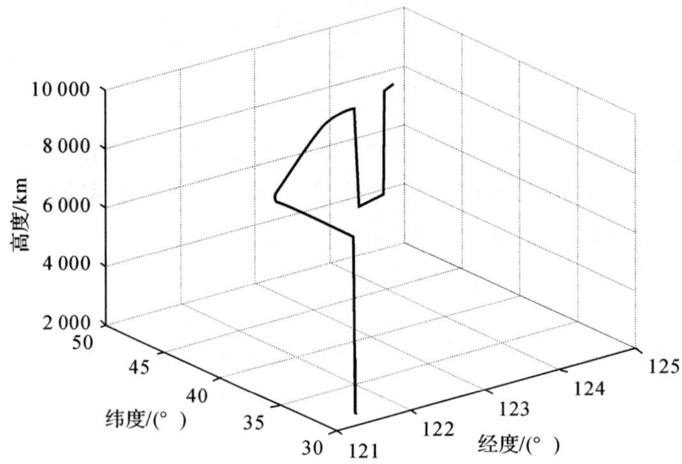

图 10 - 5　仿真飞行轨迹

利用轨迹发生器得到的位置、速度和姿态曲线见图 10 - 6 ～ 图 10 - 8。

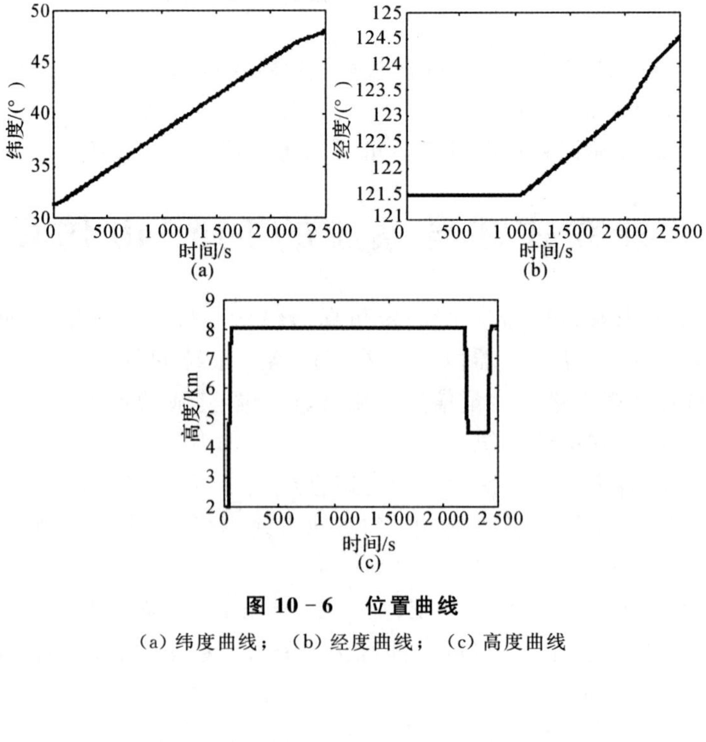

图 10 - 6　位置曲线

(a) 纬度曲线；　(b) 经度曲线；　(c) 高度曲线

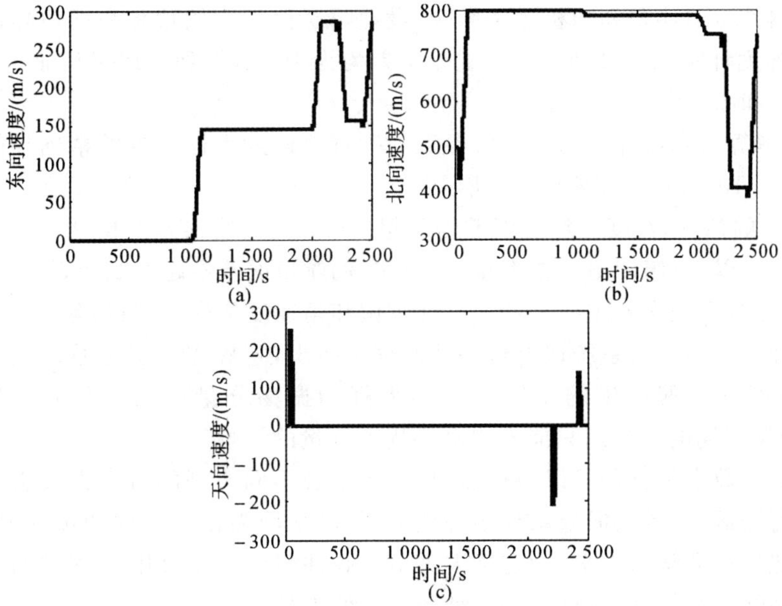

图 10－7　速度曲线

(a) 东向速度；（b) 北向速度；（c) 天向速度

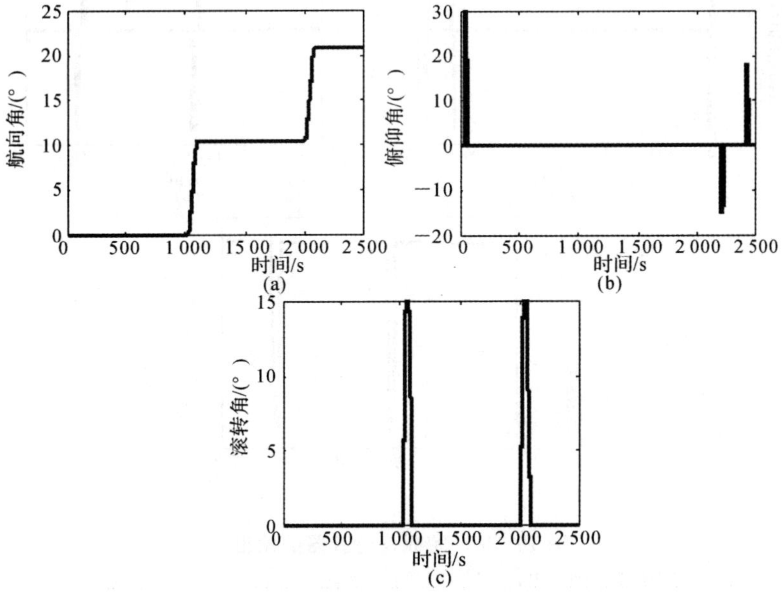

图 10－8　姿态角曲线

(a) 航向角曲线；（b) 俯仰角曲线；（c) 横滚角曲线

考虑惯性器件常值误差和随机噪声影响，设置陀螺仪常值偏移和高斯白噪声的标准差均为 0.01°/h，加速度计零偏和高斯白噪声的标准差均为 10μg，得到陀螺仪和加速度计仿真器的输出如图 10－9 和图 10－10 所示。

SINS 导航解算仿真器计算出的导航参数与飞行轨迹发生器产生的精确导航参数进行比较，误差曲线如图 10－11 ～ 图 10－13 所示。

经过 2 500 s 的仿真，经度和纬度误差均不超过 0.01°，高度误差不超过 100 m；三个方向的速度误差在 1 m/s 以内；俯仰角误差不超过 0.05°，偏航角误差不超过 0.005°，滚转角误差不超过 0.01°。由于此时系统误差主要有加速度计零偏和角速度陀螺仪漂移，除此之外还有它们随机误差和系统计算误差。而系统误差传播特性理论指出，陀螺漂移引起系统误差大都是振荡传播的，而加速度计零偏产生的系统误差均为舒勒振荡分量。由于仿真时间较短，只有 2 500 s（约为舒勒周期的一半），只能看出舒勒周期分量的影响。

捷联惯导系统数字仿真器可以根据需要，任意组合不同典型的机动方式来构成一条完整的飞行轨迹进行测试，以考核惯导系统多种性能要求，从而为惯性元件的选择、导航性能的评估和算法的优化提供数学参考平台；它能大大节省软件测试过程的开支，减少许多不必要的重复劳动，为捷联式惯导系统的设计提供一种强有力的工具。

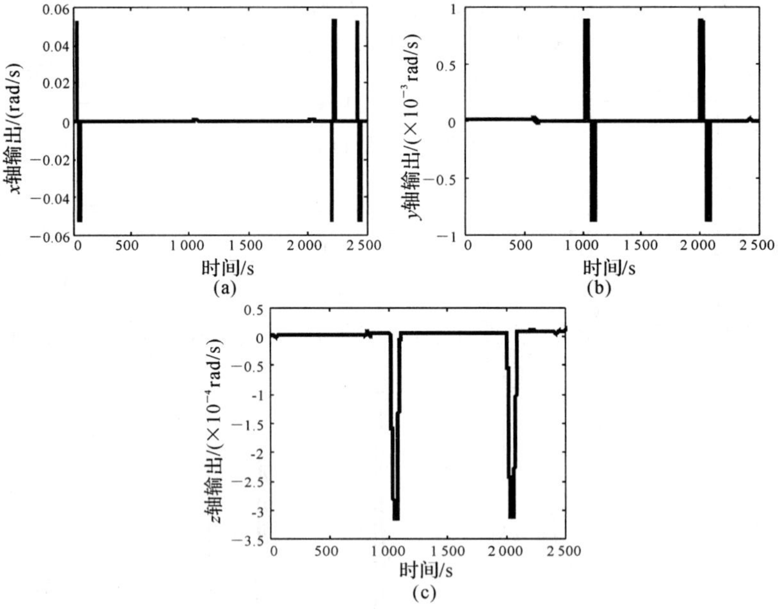

图 10－9　陀螺仪仿真器的输出

(a) 陀螺仪 x 轴输出；(b) 陀螺仪 y 轴输出；(c) 陀螺仪 z 轴输出

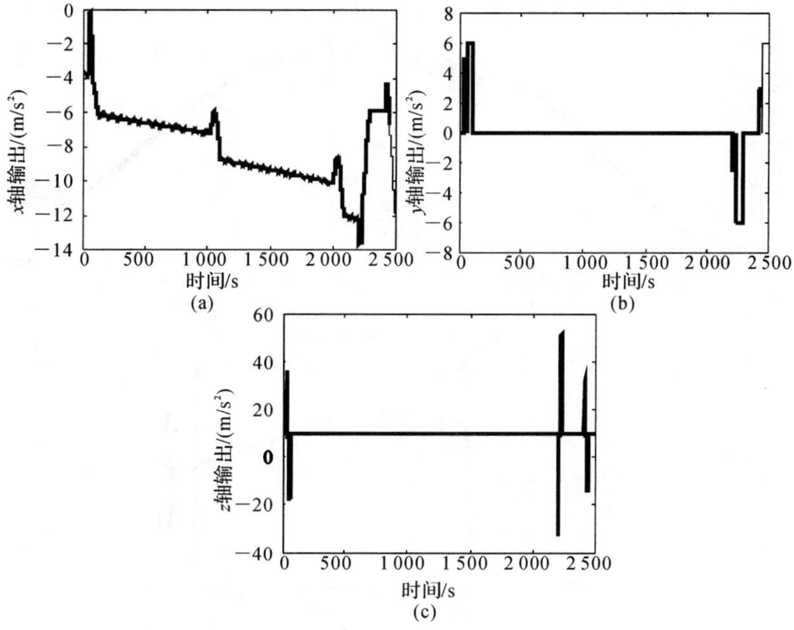

图 10-10　加速度计仿真器的输出

(a) 加速度计 x 轴输出；(b) 加速度计 y 轴输出；(c) 加速度计 z 轴输出

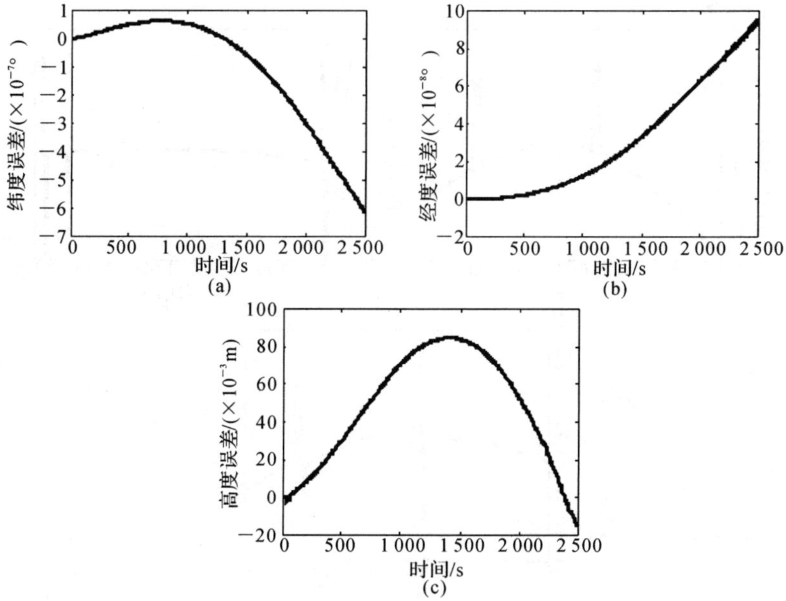

图 10-11　位置误差曲线

(a) 纬度误差曲线；(b) 经度误差曲线；(c) 高度误差曲线

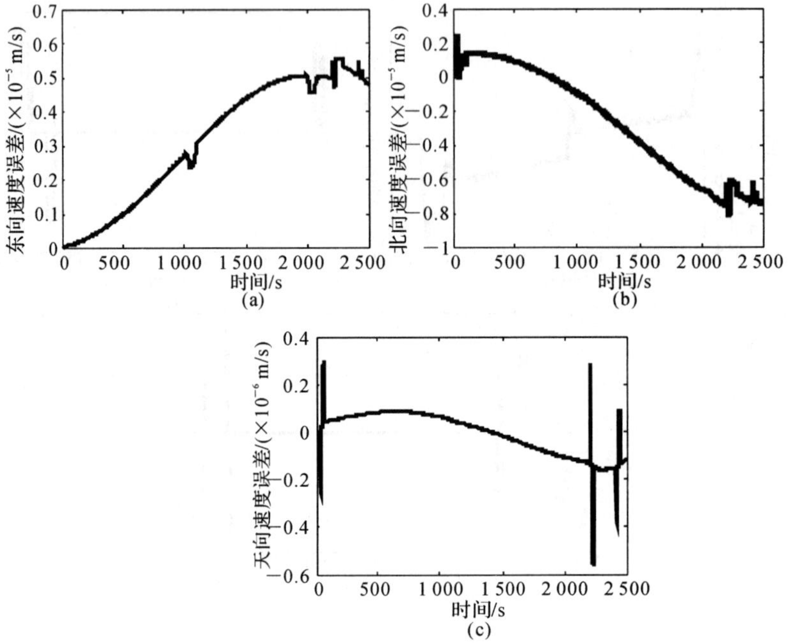

图 10－12 速度误差曲线

(a) 东向速度误差曲线； (b) 北向速度误差曲线； (c) 天向速度误差曲线

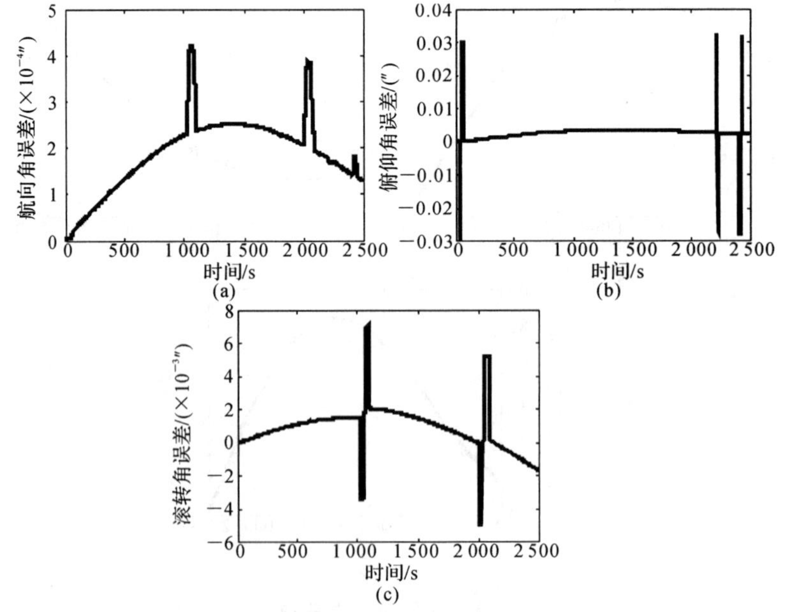

图 10－13 姿态角误差曲线

(a) 航向角误差曲线图； (b) 俯仰角误差曲线图； (c) 横滚角误差曲线图

思考与练习

10.1　阐述捷联式惯性导航系统数字仿真的基本原理。

10.2　什么是飞行轨迹发生器？其作用是什么？

10.3　简述陀螺仪仿真器、加速度计仿真器与飞行轨迹发生器的关系。

10.4　简述捷联式惯性导航系统导航解算仿真器与陀螺仪仿真器、加速度计仿真器的关系。

10.5　任意选定一种巡航式飞行器，设计一段飞行轨迹（至少包含起飞、巡航和降落 3 个飞行阶段），编程仿真实现轨迹发生器的功能。

10.6　按照题目 10.5 中所设计的轨迹，根据惯性元器件（陀螺仪和加速度计）的数学模型，编程实现陀螺仪和加速计仿真器的功能。

10.7　利用题目 10.6 中惯性元器件仿真器的输出数据，编程实现 SINS 导航解算功能，并结合题目 10.5 中轨迹发生器输出的飞行器理想导航参数，进一步计算 SINS 的导航解算误差。

第11章　组合导航系统

随着科学技术的发展，目前已有多种适用于航行载体的导航系统，它们各自都有其优点和特色，但也有不足之处。例如，惯性导航系统以其短时导航精度高，输出导航信号种类齐全，以及自主性强等突出优点，已被海、陆、空、天各种类型的航行载体普遍采用。但它也有着本身不可克服的缺点，即导航精度随时间增加而降低。为了克服这个缺点，在装备包括惯导在内的两种以上导航系统的载体上，常以惯导系统为主，将其与其他导航系统组合在一起，使它们都能更好地发挥各自的特点，这种系统称为组合导航系统。

将几种导航系统组合起来，组成组合导航系统，能达到取长补短、综合发挥各种导航系统特点的目的，并能提高导航系统的精度和可靠性，更好地满足载体对导航系统的要求。组合的算法一般都采用卡尔曼滤波技术，即在两个（或两个以上）导航系统输出信息的基础上，利用卡尔曼滤波去估计系统的各种误差（称为误差状态），再用误差状态的估计值去校正系统，从而达到组合系统信息融合的目的。卡尔曼滤波估计技术是一种最优估计，因此，利用卡尔曼滤波进行组合的方法常称为最优组合方法。理论和实践都说明，用卡尔曼滤波组合的效果是相当好的。

本章主要围绕卡尔曼滤波在惯性基组合导航系统中应用的几个问题来讨论，并以目前应用广泛的惯性 /GPS、惯性 / 天文组合导航为例来说明组合的方法。

11.1　卡尔曼滤波原理

卡尔曼滤波是一种最优估计技术，具体地讲是递推线性最小方差估计。它是根据系统中能够测量的量，去估计系统状态量的一种方法，它对状态量估计的均方误差小于或等于其他估计的均方误差，因而是一种最优估计。其计算方法采用递推形式，即在前一时刻估值的基础上，根据当前时刻的量测值递推当前时刻的状态估值。由于前一时刻的估值是根据前一时刻的量测值得到的，所以按这种递推算法得到的当前时刻估值，可以说是综合利用了当前时刻和前一时刻的所有量测信息，且一次仅处理一个时刻的量测值，使计算量大大减小。

要运用卡尔曼滤波方法估计系统状态，首先要能列写出反映有关状态量（当然要包括希望知道的状态）之间相互关系的状态方程，以及能反映量测量与状态量之间关系的量测方程。虽然工程对象一般都是连续系统，但卡尔曼滤波常采用离散化模型来描述。因此，下面主要介绍离散卡尔曼滤波方程。

1. 离散系统的数学描述

这里提到的离散系统就是用离散化后的差分方程来描述连续系统。设离散化后的系统状态方程和量测方程分别为

$$\boldsymbol{X}_k = \boldsymbol{\Phi}_{k,k-1}\boldsymbol{X}_{k-1} + \boldsymbol{\Gamma}_{k-1}\boldsymbol{W}_{k-1} \tag{11.1}$$

$$\boldsymbol{Z}_k = \boldsymbol{H}_k\boldsymbol{X}_k + \boldsymbol{V}_k \tag{11.2}$$

式中，$\boldsymbol{X}_k$ 为 k 时刻的 n 维状态矢量，也是被估计的状态量；$\boldsymbol{Z}_k$ 为 k 时刻的 m 维量测矢量；$\boldsymbol{\Phi}_{k,k-1}$ 为 $k-1$ 到 k 时刻的系统一步转移矩阵（$n\times n$ 阶）；$\boldsymbol{W}_{k-1}$ 为 $k-1$ 时刻的系统噪声（r 维）；$\boldsymbol{\Gamma}_{k-1}$ 为系统噪声矩阵（$n\times r$ 阶），表征由 $k-1$ 到 k 时刻的各系统噪声分别影响 k 时刻各个状态的程度；$\boldsymbol{H}_k$ 为 k 时刻的量测矩阵（$m\times n$ 阶）；$\boldsymbol{V}_k$ 为 k 时刻的 m 维量测噪声阵。卡尔曼滤波要求 $\{\boldsymbol{W}_k\}$ 和 $\{\boldsymbol{V}_k\}$ 为互不相关的零均值高斯白噪声序列，有

$$\boldsymbol{E}\{\boldsymbol{W}_k\boldsymbol{W}_j^{\mathrm{T}}\} = \boldsymbol{Q}_k\delta_{kj} \tag{11.3}$$

$$\boldsymbol{E}\{\boldsymbol{V}_k\boldsymbol{V}_j^{\mathrm{T}}\} = \boldsymbol{R}_k\delta_{kj} \tag{11.4}$$

式中，$\boldsymbol{Q}_k$ 和 $\boldsymbol{R}_k$ 分别为系统噪声和量测噪声的方差矩阵，在卡尔曼滤波中都要求为已知数值的非负定阵和正定阵；δ_{kj} 是 Kronecker δ 函数，即

$$\delta_{kj} = \begin{cases} 0 & (k \neq j) \\ 1 & (k = j) \end{cases} \tag{11.5}$$

初始状态的一、二阶统计特性为

$$\boldsymbol{E}\{\boldsymbol{X}_0\} = \boldsymbol{m}_{\boldsymbol{X}_0}, \quad \mathrm{Var}\{\boldsymbol{X}_0\} = \boldsymbol{C}_{\boldsymbol{X}_0} \tag{11.6}$$

式中，$\mathrm{Var}\{\cdot\}$ 为对 $\{\cdot\}$ 求方差的符号。卡尔曼滤波要求 $\boldsymbol{m}_{\boldsymbol{X}_0}$ 和 $\boldsymbol{C}_{\boldsymbol{X}_0}$ 为已知量，且要求 $\boldsymbol{X}_0$ 与 $\{\boldsymbol{W}_k\}$ 以及 $\{\boldsymbol{V}_k\}$ 都不相关。

2. 离散卡尔曼滤波方程

1）状态一步预测方程：

$$\hat{\boldsymbol{X}}_{k|k-1} = \boldsymbol{\Phi}_{k,k-1}\hat{\boldsymbol{X}}_{k-1} \tag{11.7}$$

$\hat{\boldsymbol{X}}_{k-1}$ 是状态 $\boldsymbol{X}_{k-1}$ 的卡尔曼滤波估值，可认为是利用 $k-1$ 时刻以及以前时刻的量测值计算得到的，$\hat{\boldsymbol{X}}_{k|k-1}$ 是利用 $\hat{\boldsymbol{X}}_{k-1}$ 计算得到的对 $\boldsymbol{X}_k$ 的一步预测，也可以认为是利用 $k-1$ 时刻以及以前时刻的量测值计算所得的对 $\boldsymbol{X}_k$ 的一步预测。从状态方程式(11.1)可以看出，在系统噪声未知的条件下，按式(11.7)计算对 $\boldsymbol{X}_k$ 的一步预测是最合适的。

2）状态估值计算方程：

$$\hat{\boldsymbol{X}}_k = \hat{\boldsymbol{X}}_{k|k-1} + \boldsymbol{K}_k(\boldsymbol{Z}_k - \boldsymbol{H}_k\hat{\boldsymbol{X}}_{k|k-1}) \tag{11.8}$$

式(11.8)是计算估值 $\hat{\boldsymbol{X}}_k$ 的方程。$\hat{\boldsymbol{X}}_k$ 是在一步预测 $\hat{\boldsymbol{X}}_{k|k-1}$ 的基础上根据量测值 $\boldsymbol{Z}_k$ 计算出来的。式中括号中的内容可按式(11.2)改写为

$$\boldsymbol{Z}_k - \boldsymbol{H}_k\hat{\boldsymbol{X}}_{k|k-1} = \boldsymbol{H}_k\boldsymbol{X}_k + \boldsymbol{V}_k - \boldsymbol{H}_k\hat{\boldsymbol{X}}_{k|k-1} = \boldsymbol{H}_k\tilde{\boldsymbol{X}}_{k|k-1} + \boldsymbol{V}_k \tag{11.9}$$

式中，$\tilde{\boldsymbol{X}}_{k|k-1} \triangleq \boldsymbol{X}_k - \hat{\boldsymbol{X}}_{k|k-1}$ 称为一步预测误差。如果将 $\boldsymbol{H}_k\hat{\boldsymbol{X}}_{k|k-1}$ 看作是量测值 $\boldsymbol{Z}_k$ 的一步预测，则$(\boldsymbol{Z}_k - \boldsymbol{H}_k\hat{\boldsymbol{X}}_{k|k-1})$就是量测值 $\boldsymbol{Z}_k$ 的一步预测误差。从式(11.9)看出，它由两部分组成，一部分是一步预测 $\hat{\boldsymbol{X}}_{k|k-1}$ 的误差$\tilde{\boldsymbol{X}}_{k|k-1}$(以 $\boldsymbol{H}_k\tilde{\boldsymbol{X}}_{k|k-1}$ 形式出现)，一部分是量测误差 $\boldsymbol{V}_k$，而$\tilde{\boldsymbol{X}}_{k|k-1}$ 正是在 $\hat{\boldsymbol{X}}_{k|k-1}$ 的基础上估计 $\boldsymbol{X}_k$ 所需要的信息，因此又称$(\boldsymbol{Z}_k - \boldsymbol{H}_k\hat{\boldsymbol{X}}_{k|k-1})$为新息。

式(11.8)就是通过新息将$\tilde{\boldsymbol{X}}_{k|k-1}$ 估计出来，并加到 $\hat{\boldsymbol{X}}_{k|k-1}$ 中，从而得到估值 $\hat{\boldsymbol{X}}_k$。$\tilde{\boldsymbol{X}}_{k|k-1}$ 的估值方法就是将新息左乘系数矩阵 $\boldsymbol{K}_k$，即得式(11.8)等号右边的第二项，$\boldsymbol{K}_k$ 称为滤波增益矩阵。由于 $\hat{\boldsymbol{X}}_{k|k-1}$ 可认为是由 $k-1$ 时刻及以前时刻的量测值计算得到的，而$\tilde{\boldsymbol{X}}_{k|k-1}$ 的估值是由新息(其中包含有 $\boldsymbol{Z}_k$ 的信息)计算得到的，因此 $\hat{\boldsymbol{X}}_k$ 可认为是由 k 时刻及以前时刻的量测值计算得到的。

3) 滤波增益方程：

$$\boldsymbol{K}_k = \boldsymbol{P}_{k|k-1}\boldsymbol{H}_k^{\mathrm{T}}(\boldsymbol{H}_k\boldsymbol{P}_{k|k-1}\boldsymbol{H}_k^{\mathrm{T}} + \boldsymbol{R}_k)^{-1} \tag{11.10}$$

$\boldsymbol{K}_k$ 选取的标准是卡尔曼滤波的估计准则，也就是使估值 $\hat{\boldsymbol{X}}_k$ 的均方误差阵最小。式(11.10)中的 $\boldsymbol{P}_{k|k-1}$ 是一步预测均方误差阵，即

$$\boldsymbol{P}_{k|k-1} \triangleq \boldsymbol{E}\{\tilde{\boldsymbol{X}}_{k|k-1}\tilde{\boldsymbol{X}}_{k|k-1}^{\mathrm{T}}\} \tag{11.11}$$

由于$\tilde{\boldsymbol{X}}_{k|k-1}$ 具有无偏性，即$\tilde{\boldsymbol{X}}_{k|k-1}$ 的均值为零，因此 $\boldsymbol{P}_{k|k-1}$ 也称为一步预测误差方差阵。式(11.10)中的 $\boldsymbol{H}_k\boldsymbol{P}_{k|k-1}\boldsymbol{H}_k^{\mathrm{T}}$ 和 $\boldsymbol{R}_k$ 是新息中两部分内容($\boldsymbol{H}_k\tilde{\boldsymbol{X}}_{k|k-1}$ 和 $\boldsymbol{V}_k$)的均方阵。

如果状态 $\boldsymbol{X}_k$ 和量测值$\boldsymbol{Z}_k$ 都是一维的，那么从式(11.9)可以直接看出：如 $\boldsymbol{R}_k$ 大，$\boldsymbol{K}_k$ 就小，说明新息中$\tilde{\boldsymbol{X}}_{k|k-1}$ 的比例小，所以系数取得小，也就是对量测值的信赖和利用的程度小；如 $\boldsymbol{P}_{k|k-1}$ 大，说明新息中$\tilde{\boldsymbol{X}}_{k|k-1}$ 的比例大，系数就应取得大，也就是对量测值的信赖和利用的程度大。

4) 一步预测均方误差方程

$$\boldsymbol{P}_{k|k-1} = \boldsymbol{\Phi}_{k,k-1}\boldsymbol{P}_{k-1}\boldsymbol{\Phi}_{k,k-1}^{\mathrm{T}} + \boldsymbol{\Gamma}_{k-1}\boldsymbol{Q}_{k-1}\boldsymbol{\Gamma}_{k-1}^{\mathrm{T}} \tag{11.12}$$

欲求 $\boldsymbol{K}_k$，必须先求出 $\boldsymbol{P}_{k|k-1}$。式(11.12)中 $\boldsymbol{P}_{k-1}$ 为 $\hat{\boldsymbol{X}}_{k-1}$ 的均方误差阵，即

$$\boldsymbol{P}_{k-1} \triangleq \boldsymbol{E}\{\tilde{\boldsymbol{X}}_{k-1}\tilde{\boldsymbol{X}}_{k-1}^{\mathrm{T}}\} \tag{11.13}$$

式中，$\tilde{\boldsymbol{X}}_{k-1} \triangleq \boldsymbol{X}_{k-1} - \hat{\boldsymbol{X}}_{k-1}$ 为 $\hat{\boldsymbol{X}}_{k-1}$ 的估计误差。从式(11.12)可以看出，一步预测均方误差阵 $\boldsymbol{P}_{k|k-1}$ 是从估计均方误差阵 $\boldsymbol{P}_{k-1}$ 转移过来的，再加上系统噪声方差的影响。

以上6个方程式(11.7)～式(11.12)基本说明了从量测值 $\boldsymbol{Z}_k$ 计算 $\hat{\boldsymbol{X}}_k$ 的过程。除了必须已知描述系统状态模型和量测模型的矩阵 $\boldsymbol{\Phi}_{k,k-1}$ 和 $\boldsymbol{H}_k$，以及噪声方差阵 $\boldsymbol{Q}_{k-1}$ 和 $\boldsymbol{R}_k$ 外，还必须有上一步的估值 $\hat{\boldsymbol{X}}_{k-1}$ 和估计均方误差阵 $\boldsymbol{P}_{k-1}$。因此，在计算 $\hat{\boldsymbol{X}}_k$ 的同时，还需要计算为下一步所用的 $\boldsymbol{P}_k$。

5）估计均方误差方程：

$$\boldsymbol{P}_k=(\boldsymbol{I}-\boldsymbol{K}_k\boldsymbol{H}_k)\boldsymbol{P}_{k|k-1}(\boldsymbol{I}-\boldsymbol{K}_k\boldsymbol{H}_k)^{\mathrm{T}}+\boldsymbol{K}_k\boldsymbol{R}_k\boldsymbol{K}_k^{\mathrm{T}} \tag{11.14}$$

或

$$\boldsymbol{P}_k=(\boldsymbol{I}-\boldsymbol{K}_k\boldsymbol{H}_k)\boldsymbol{P}_{k|k-1} \tag{11.15}$$

式(11.14)和式(11.15)都是计算 $\boldsymbol{P}_k$ 的方程。式(11.15)的计算量小，但因计算有舍入误差，不能保证算出的 $\boldsymbol{P}_k$ 始终是对称的，而式(11.14)的性质却相反，因此可以根据系统的具体情况和要求选用其中一个方程。如果把式中的 $\boldsymbol{K}_k$ 理解成滤波估计的具体体现，则两个方程都说明 $\boldsymbol{P}_k$ 是在 $\boldsymbol{P}_{k|k-1}$ 的基础上经滤波估计演变而来的。从式(11.15)更能直接看出，由于滤波估计的作用，$\hat{\boldsymbol{X}}_k$ 的均方误差阵 $\boldsymbol{P}_k$ 比 $\hat{\boldsymbol{X}}_{k|k-1}$ 的均方误差阵 $\boldsymbol{P}_{k|k-1}$ 小。

式(11.7)和式(11.12)又称为时间更新方程，式(11.8)、式(11.10)、式(11.14)和式(11.15)又称为状态更新方程。

图 11-1 所示表示第 k 步的估计过程，图中，从 $\hat{\boldsymbol{X}}_{k-1}$ 到 $\hat{\boldsymbol{X}}_k$ 的计算是一个递推循环过程，所得的 $\hat{\boldsymbol{X}}_k$ 是滤波器的主要输出量；从 $\boldsymbol{P}_{k-1}$ 到 $\boldsymbol{P}_k$ 的计算是另一个递推循环过程，主要为计算 $\hat{\boldsymbol{X}}_k$ 提供 $\boldsymbol{K}_k$，$\boldsymbol{P}_k$ 除了用于计算下一步中的 $\boldsymbol{K}_{k+1}$ 外，还是滤波器估计性能好坏的主要表征。将 $\boldsymbol{P}_k$ 阵的对角线元素求取二次方根，计算各状态估值的误差均方差，其数值是统计意义上衡量估计精度的直接依据。

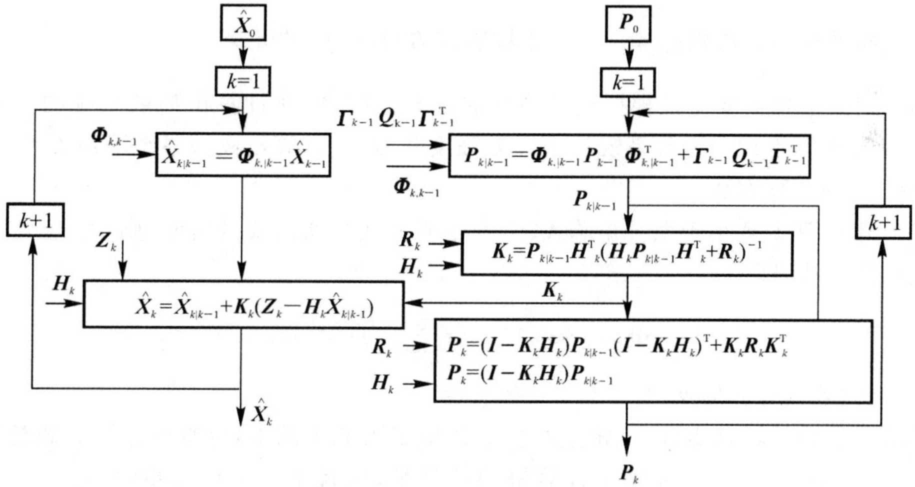

图 11-1　卡尔曼滤波离散滤波方程计算流程图

所谓卡尔曼滤波器，就是用来解算上述滤波方程以得到估值的计算工具——计算机。

以上对滤波方程的介绍，说明在得到量测值 $\boldsymbol{Z}_k$ 后，如何从 $k-1$ 时刻的估值 $\hat{\boldsymbol{X}}_{k-1}$ 递推得到 k 时刻的估值 $\hat{\boldsymbol{X}}_k$ 的过程，由此可以理解所有时刻的估计情况。

6）初值的确定。滤波开始，必须有初始值 $\hat{\boldsymbol{X}}_0$ 和 $\boldsymbol{P}_0$ 才能进行估计，因此 $\hat{\boldsymbol{X}}_0$ 和 $\boldsymbol{P}_0$ 必须选择

给定。为了保证估值的无偏性，可以证明，应选择

$$\hat{\boldsymbol{X}}_0 = \boldsymbol{E}\{\boldsymbol{X}_0\} = \boldsymbol{m}_{X_0} \tag{11.16}$$

从而

$$\boldsymbol{P}_0 = \boldsymbol{E}\{(\boldsymbol{X}_0 - \hat{\boldsymbol{X}}_0)(\boldsymbol{X}_0 - \hat{\boldsymbol{X}}_0)^{\mathrm{T}}\} = \boldsymbol{E}\{(\boldsymbol{X}_0 - \boldsymbol{m}_{X_0})(\boldsymbol{X}_0 - \boldsymbol{m}_{X_0})^{\mathrm{T}}\} = \mathrm{Var}\{\boldsymbol{X}_0\} = \boldsymbol{C}_{X_0} \tag{11.17}$$

这样，就能保证估计均方误差阵 $\boldsymbol{P}_k(k=1,2,3,\cdots)$ 始终是最小的。

另外，如果系统状态模型和量测模型中都有已知确定性输入量，即系统状态方程和量测方程分别为

$$\boldsymbol{X}_k = \boldsymbol{\Phi}_{k,k-1}\boldsymbol{X}_{k-1} + \boldsymbol{\Gamma}_{k-1}\boldsymbol{W}_{k-1} + \boldsymbol{B}_{k-1}\boldsymbol{U}_{k-1} \tag{11.18}$$

$$\boldsymbol{Z}_k = \boldsymbol{H}_k\boldsymbol{X}_k + \boldsymbol{V}_k + \boldsymbol{Y}_k \tag{11.19}$$

〔式中，$\boldsymbol{U}_{k-1}$ 为系统确定性输入矢量（s 维）；$\boldsymbol{B}_{k-1}$ 为输入矩阵（$n\times s$ 阶）；$\boldsymbol{Y}_k$ 为量测值中确定性输入矢量（m 维）〕，那么只须将滤波方程中一步预测方程式（11.7）改为

$$\hat{\boldsymbol{X}}_{k|k-1} = \boldsymbol{\Phi}_{k,k-1}\hat{\boldsymbol{X}}_{k-1} + \boldsymbol{B}_{k-1}\boldsymbol{U}_{k-1} \tag{11.20}$$

状态估值计算方程式（11.8）改为

$$\hat{\boldsymbol{X}}_k = \hat{\boldsymbol{X}}_{k|k-1} + \boldsymbol{K}_k(\boldsymbol{Z}_k - \boldsymbol{Y}_k - \boldsymbol{H}_k\hat{\boldsymbol{X}}_{k|k-1}) \tag{11.21}$$

其他滤波方程式（11.9）～ 式（11.12）不变。

3. 系统离散化中转移矩阵 $\boldsymbol{\Phi}_{k+1,k}$ 和系统噪声方差阵 Q_k 的计算

连续系统离散化的实质是根据连续系统的系统矩阵 $\boldsymbol{A}(t)$ 计算出离散系统的状态转移矩阵 $\boldsymbol{\Phi}_{k+1,k}$，以及根据连续系统的系统噪声方差强度阵 $\boldsymbol{Q}(t)$ 计算出离散系统噪声方差阵 $\boldsymbol{Q}_k$。

（1）$\boldsymbol{\Phi}_{k+1,k}$ 的计算方法

如果计算周期 T 远小于系统矩阵 $\boldsymbol{A}(t)$ 发生明显变化所需要的时间，则 $\boldsymbol{\Phi}_{k+1,k}$ 可以利用定常系统的计算方法，即

$$\boldsymbol{\Phi}_{k+1,k} \approx \mathrm{e}^{\boldsymbol{A}(t_k)T} = \sum_{n=0}^{\infty}\frac{T^n}{n!}\boldsymbol{A}^n(t_k) \tag{11.22}$$

式中，T 为滤波器的计算周期。

为了求得准确的转移矩阵，理论上当然应该取尽可能多的项，以减少计算的截断误差。但是，如果取项过多，不仅会大大增加计算机的计算量，而且增多了计算步骤，也增加了舍入误差，因此项数必须适当。这可通过滤波器设计过程中误差分析的结构来确定，也可在转移矩阵计算程序中采用项数自动判别的方法来确定。例如，第 $L+1$ 项的值小于前 L 项累加值的 10^{-i}（i 为事先确定的整数值）时，累加即可停止。还可以利用转移矩阵的特性：

$$\boldsymbol{\Phi}_{j+1,j-1} = \boldsymbol{\Phi}_{j+1,j}\boldsymbol{\Phi}_{j,j-1} \tag{11.23}$$

将滤波器计算周期 T 分隔成 N 个时间间隔 ΔT，即 $T=N\Delta T$，则转移矩阵 $\boldsymbol{\Phi}_{k+1,k}$ 就是各个分隔时间间隔 ΔT 转移矩阵的乘积，即

$$\boldsymbol{\Phi}_{k+1,k} = \prod_{i=1}^{N} \boldsymbol{\Phi}_{k(i),k(i-1)} \tag{11.24}$$

式中，下标 $k(i)$ 表示 $t_k + i\Delta T$ 时刻，即 $t_{k(i)} = t_k + i\Delta T$。各个时间间隔的转移矩阵可按以下方法计算，即

$$\boldsymbol{\Phi}_{k(i),k(i-1)} \approx \boldsymbol{I} + \Delta T \boldsymbol{A}_{i-1} \tag{11.25}$$

式中，$\boldsymbol{A}_{i-1} \triangleq \boldsymbol{A}[t_{k(i-1)}] = \boldsymbol{A}[t_k + (i-1)\Delta T]$。转移矩阵 $\boldsymbol{\Phi}_{k+1,k}$ 除可按式(11.24)计算外，还可以进一步简化为

$$\boldsymbol{\Phi}_{k+1,k} \approx \boldsymbol{I} + \Delta T \sum_{i=1}^{N} \boldsymbol{A}_{i-1} + \boldsymbol{O}(\Delta T^2) \approx \boldsymbol{I} + \Delta T \sum_{i=1}^{N} \boldsymbol{A}_{i-1} \tag{11.26}$$

式中，$\boldsymbol{O}(\Delta T^2)$ 表示其元素与 ΔT^2 同阶或更高阶的小量矩阵。虽然式(11.26)比式(11.24)、式(11.25)计算的转移矩阵精度较低，但计算量却小得多。

对一般时变连续系统，虽然可以根据线性系统理论从系统阵 $\boldsymbol{A}(t)$ 计算转移阵 $\boldsymbol{\Phi}(t, t+T)$ 的积分公式数值求解，但实用中常将计算周期 T 分隔为 N 个时间间隔 ΔT，按各 ΔT 时间间隔中系统矩阵近似为常阵来计算。

(2)$\boldsymbol{Q}_k$ 的计算方法

由于在滤波计算中需要的系统噪声方差形式为 $\boldsymbol{\Gamma}_k \boldsymbol{Q}_k \boldsymbol{\Gamma}_k^{\mathrm{T}}$，因此一般不单独计算 $\boldsymbol{Q}_k$，而是从连续系统的 $\boldsymbol{G}(t)\boldsymbol{Q}(t)\boldsymbol{G}^{\mathrm{T}}(t)$ 直接计算 $\boldsymbol{\Gamma}_k \boldsymbol{Q}_k \boldsymbol{\Gamma}_k^{\mathrm{T}}$。设连续系统为定常系统，为了简化起见，令

$$\boldsymbol{\Gamma}_k \boldsymbol{Q}_k \boldsymbol{\Gamma}_k^{\mathrm{T}} \triangleq \boldsymbol{Q}_k, \quad \boldsymbol{G}\boldsymbol{Q}\boldsymbol{G}^{\mathrm{T}} \triangleq \boldsymbol{Q}$$

则 $\boldsymbol{Q}_k$ 的计算公式为

$$\boldsymbol{Q}_k = \boldsymbol{Q}T + [\boldsymbol{F}\boldsymbol{Q} + (\boldsymbol{F}\boldsymbol{Q})^{\mathrm{T}}] \frac{T^2}{2!} + \{\boldsymbol{F}[\boldsymbol{F}\boldsymbol{Q} + (\boldsymbol{F}\boldsymbol{Q})^{\mathrm{T}}] + [\boldsymbol{F}(\boldsymbol{F}\boldsymbol{Q} + \boldsymbol{Q}\boldsymbol{F}^{\mathrm{T}})]^{\mathrm{T}}\} \frac{T^3}{3!} + \cdots \tag{11.27}$$

计算时项数的确定与计算 $\boldsymbol{\Phi}_{k+1,k}$ 时的方法相同。时变系数也可按各分段间隔(ΔT)的系统阵为定常阵的假设来计算，其计算公式为

$$\boldsymbol{Q}_k = N\boldsymbol{Q}\Delta T + \left[\sum_{i=1}^{N} \left(i + \frac{1}{2}\right) \boldsymbol{A}_i \boldsymbol{Q} + \boldsymbol{Q} \sum_{i=1}^{N-1} \left(i + \frac{1}{2}\right) \boldsymbol{A}_i^{\mathrm{T}}\right] \Delta T^2 \tag{11.28}$$

如果计算周期 T 短，则 $\boldsymbol{Q}_k$ 可按以下公式计算：

$$\boldsymbol{Q}_k = (\boldsymbol{Q} + \boldsymbol{\Phi}_{k+1,k} \boldsymbol{Q} \boldsymbol{\Phi}_{k+1,k}^{\mathrm{T}}) \frac{T}{2} \tag{11.29}$$

11.2　卡尔曼滤波在组合导航中的应用方法

11.2.1　直接法和间接法

卡尔曼滤波的作用是估计系统的状态，在惯性导航系统中应用时，这种状态是指系统输出

的导航参数还是指导航参数的误差？如果是前者，则滤波方程与惯导系统力学编排方程又有什么关系？如果是后者，滤波状态方程是否就是惯导误差方程？这些都是在惯导中应用卡尔曼滤波时首先要考虑的问题。

根据所估计的状态不同，卡尔曼滤波在惯导系统中应用时有两种方法：直接法和间接法。直接法估计导航参数本身，间接法估计惯导系统输出的导航参数的误差量。以组合导航为例，直接法的卡尔曼滤波器接受惯导系统测量的比力和其他导航系统计算的某些导航参数，经过滤波计算，得到所有导航参数的最优估值（见图 11－2）。

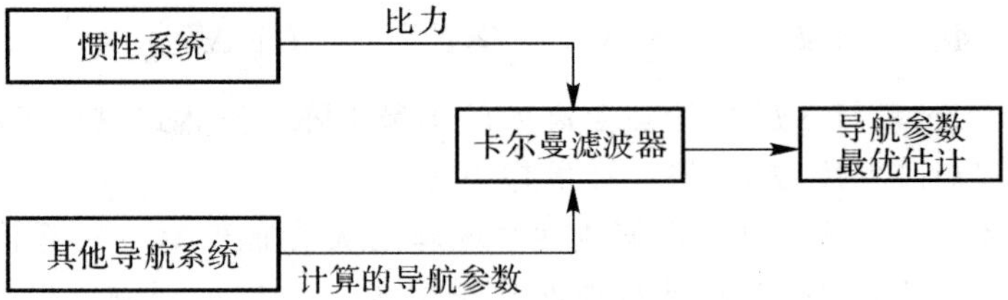

图 11－2　直接法滤波的示意图

这种方法将惯导系统的力学编排方程计算和滤波组合计算都结合在一起了。间接法是将惯导系统和其他系统各自计算的某些导航参数（分别用 $\boldsymbol{X}_{\mathrm{I}}$ 和 $\boldsymbol{X}_{\mathrm{N}}$ 表示）进行比较，其差值为

$$\boldsymbol{X}_{\mathrm{I}}-\boldsymbol{X}_{\mathrm{N}}=(\boldsymbol{X}+\Delta\boldsymbol{X}_{\mathrm{I}})-(\boldsymbol{X}+\Delta\boldsymbol{X}_{\mathrm{N}})=\Delta\boldsymbol{X}_{\mathrm{I}}-\Delta\boldsymbol{X}_{\mathrm{N}} \tag{11.30}$$

式中，$\boldsymbol{X}$ 为真实的导航参数矢量；$\Delta\boldsymbol{X}_{\mathrm{I}}$ 和 $\Delta\boldsymbol{X}_{\mathrm{N}}$ 分别表示惯导系统和其他系统的某些导航参数的误差矢量。滤波器将这种差值作为测量值，经过滤波计算，得出惯导系统所有导航参数误差矢量的最优估值（见图 11－3）。

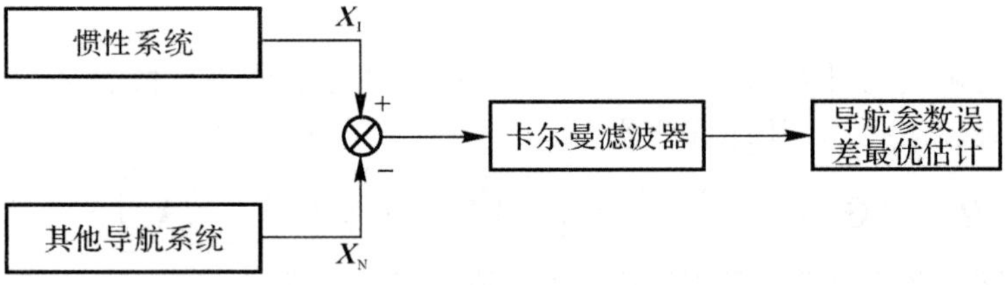

图 11－3　间接法滤波的示意图

现在举一个简化条件下的组合导航例子，并以此来分析直接法和间接法的各自特点。

设载体沿地球子午线等高度航行，并设地球半径和重力都是常数，载体内装有单轴水平惯导系统，从（北向）加速度计的输出可计算得到即时纬度。由于加速度计和陀螺的输出中有零均值的白噪声误差 ∇_y 和 ε_x 以及平台误差角 φ_x，因而惯导系统输出的导航参数（纬度和速度）产生误差。为了减少误差，用卡尔曼滤波器将惯导系统与载体上某种测速设备组成组合导航系统。

如果采用直接法组合，则因滤波器估计的是载体的速度和位置（v_y 和 L），故滤波的状态方程就是惯导力学编排中的速度方程和位置方程，或者是它们的变换形式。从第 6 章中指北惯

导系统的速度方程和位置方程可以看出，惯导系统的这两组方程都是非线性方程。但对本例来说，它们可以简化为

$$\dot{v}_y = f_y \tag{11.31}$$

$$\dot{L} = v_y / R \tag{11.32}$$

必须注意，v_y，f_y 和 L 各自都表示是真正的载体速度、比力和纬度。用其他测速设备输出的速度值 v_{Dy} 作为滤波器的测量值。设 v_{Dy} 中有零均值的白噪声误差 m_v，则测量方程为

$$Z = v_{\mathrm{Dy}} = v_y + m_v \tag{11.33}$$

式(11.31) ～ 式(11.33) 表示滤波器利用测量值 v_{Dy} 去估计载体速度 v_y 和纬度 L 的状态方程和量测方程。但因比力 f_y 无法得知，故式(11.31) 这样的状态方程形式还需要变换，即将 f_y 变换为与加速度计输出 f_{cy} 有关的量。下面从一般的三轴情况来导出这种变换关系。

令 $\boldsymbol{f}^{\mathrm{t}}$ 表示比力矢量 $\boldsymbol{f}$ 沿地理坐标系 t 的三个分量所组成的列矩阵；$\boldsymbol{f}^{\mathrm{p}}$ 表示 $\boldsymbol{f}$ 沿平台坐标系 p 的三个分量所组成的列矩阵；$\boldsymbol{f}_{\mathrm{c}}^{\mathrm{c}}$ 表示三个加速度计的输出量组成的列矩阵，则有

$$\boldsymbol{f}^{\mathrm{t}} = \boldsymbol{C}_{\mathrm{p}}^{\mathrm{t}} \boldsymbol{f}^{\mathrm{p}} = [\boldsymbol{I} + (\boldsymbol{\varphi}^{\mathrm{t}} \times)](\boldsymbol{f}_{\mathrm{c}}^{\mathrm{c}} - \boldsymbol{\nabla}^{\mathrm{p}}) = \boldsymbol{f}_{\mathrm{c}}^{\mathrm{c}} + (\boldsymbol{\varphi}^{\mathrm{t}} \times)\boldsymbol{f}_{\mathrm{c}}^{\mathrm{c}} - \boldsymbol{\nabla}^{\mathrm{p}} = \boldsymbol{f}_{\mathrm{c}}^{\mathrm{c}} + (\boldsymbol{\varphi}^{\mathrm{t}} \times)\boldsymbol{f}_{\mathrm{t}}^{\mathrm{t}} - \boldsymbol{\nabla}^{\mathrm{p}} \tag{11.34}$$

式中，$(\boldsymbol{\varphi}^t \times)$ 表示用平台绕地理坐标系三个轴的误差角分量(φ_x，φ_y，φ_z) 所组成的反对称矩阵。将上式应用到本例情况，并认为 $f_z \approx g$，可得

$$f_y = f_{cy} - \varphi_x g - \nabla_y \tag{11.35}$$

将式(11.35) 代入式(11.31)，得到速度状态方程的变换形式

$$\dot{v}_y = f_{cy} - \varphi_x g - \nabla_y \tag{11.36}$$

从式(11.36) 看出，速度方程还与平台误差角 φ_x 有关，因此还需要将平台误差角方程补充为系统的状态方程。因为单轴平台不存在 φ_y 和 φ_z，所以可直接写出 φ_x 方程为

$$\dot{\varphi}_x = v_y / R + u_x + \varepsilon_x \tag{11.37}$$

式中，u_x 是平台跟踪地理坐标系的施矩量。在本例中，它可从 v_y 的估值 $\hat{v}_y$ 求得，即

$$u_x = -\hat{v}_y / R$$

式(11.36)、式(11.37) 和式(11.32) 就是这个简化组合导航系统利用直接法滤波的系统状态方程。式(11.33) 是测量方程。这样的滤波器可以估计出速度、位置和平台误差角。包含直接法滤波器的这个组合导航系统框图如图 11－4 所示。

如果采用间接法组合，则滤波器估计的是惯导的速度误差、位置误差和平台误差角。按指北惯导系统误差方程可以写出滤波器的状态方程为

$$\left.\begin{aligned} \Delta\dot{v}_y &= \varphi_x g + \nabla_y \\ \Delta\dot{L} &= \Delta v_y / R \\ \dot{\varphi}_x &= -\Delta v_y / R + \varepsilon_x \end{aligned}\right\} \tag{11.38}$$

式中，$\Delta v_y = v_{cy} - v_y$，$\Delta L = L_c - L$，$v_{cy}$ 和 L_c 分别是惯导系统计算的速度和纬度。测量值是 v_{cy} 和其他测速设备计算的速度值 v_{Dy} 之差。故测量方程为

$$Z = v_{cy} - v_{Dy} = \Delta v_y - m_v \tag{11.39}$$

包括间接法滤波器的这个组合导航系统框图如图 11－5 所示。

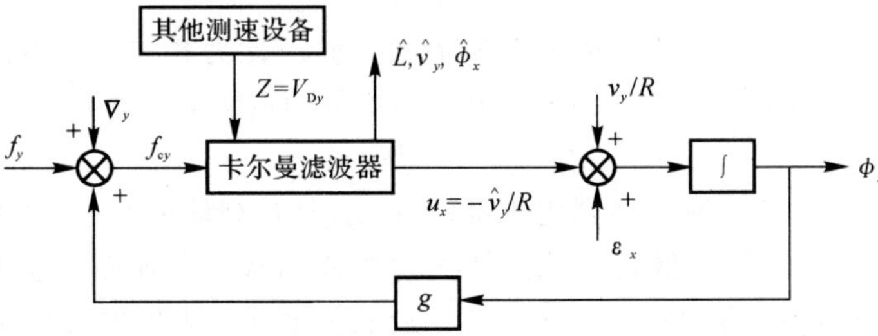

图 11－4　直接法滤波的简化组合导航系统框图

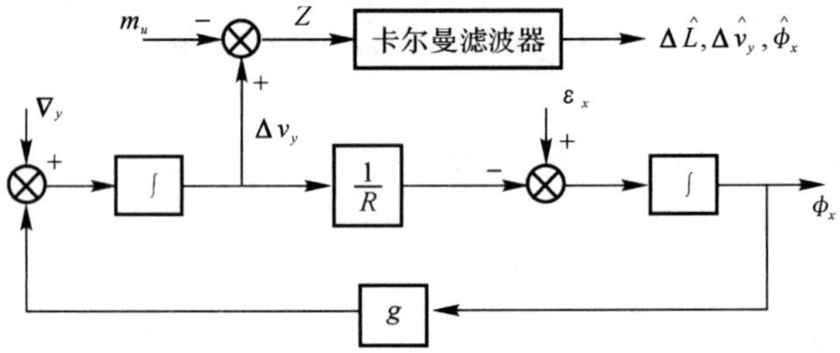

图 11－5　间接法滤波的简化组合导航系统框图

从以上介绍的在简化条件下组合导航系统应用直接法滤波和间接法滤波的方法，可以看出以下特点：

1）直接法的系统方程直接描述导航参数的动态过程，它能较准确地反映系统的真实演变情况；间接法的系统状态方程主要是惯导系统的误差方程，它是按一阶近似推导出来的，有一定的近似性。

2）直接法的系统方程是惯导系统力学编排方程和某些误差方程（例如平台误差角方程）的组合。滤波器既能起到力学编排方程解算导航参数的作用，又能起到滤波估计的作用。滤波器输出的就是导航参数的估值以及某些误差变量的估值。因此，采用直接法时惯导不需要单独计算力学编排方程。但如果组合导航在转换到纯惯导工作方式时，计算机还须另外编排一组解算力学编排方程的程序。间接法却相反，组合时惯导系统仍需单独解算力学编排方程，用于组合的滤波器也需解算滤波方程，但这却便于在程序上对组合导航和纯惯导两种工作方式进行相互转换。

3）两种方法的状态方程还有一个区别，即直接法的速度方程中包括加速度计输出的计算比力 f_{cy}，而间接法没有这一项。f_{cy} 主要是载体运动的加速度，它受载体推力的控制，也受载

体姿态和外界环境干扰的影响。因此，它的变化比速度快。为了得到准确的估值，滤波的计算周期必须很短，也就是要与惯导解算力学编排方程中速度方程用的计算周期一样，这对计算机计算速度提出了较高的要求，而间接法对计算周期的要求却没有这么短。

4）直接法的系统方程一般是非线性的，因此，必须采用非线性滤波。间接法的状态方程是线性的，可以直接用于滤波方程。

综上比较，虽然直接法能直接反映系统的真实动态过程，但是实际应用中还存在不少困难，一般只在空间导航的惯性飞行段，或在加速度变化缓慢的舰船中可能采用。在飞行器的惯导系统中，目前常采用间接的卡尔曼滤波。

11.2.2　利用卡尔曼滤波器的估值对惯导系统进行校正的方法

从卡尔曼滤波器得到估值后，有两种利用估值来进行校正的方法，即开环法和闭环法。估值不对系统进行校正或仅对系统的输出量进行校正的方法，称为开环法；将系统估值反馈到系统中，用于校正系统状态的方法称为闭环法。从直接法和间接法得到的估值都可以采用开环法和闭环法。间接法估计的状态都是误差状态，这些误差状态的估值都是作为校正量来利用的。因此，间接法中的开环法也称为输出校正，闭环法也称为反馈校正。

1. 输出校正

采用输出校正的间接法滤波是用惯导导航参数误差 $\Delta\boldsymbol{X}_\mathrm{I}$ 的估值 $\Delta\hat{\boldsymbol{X}}_\mathrm{I}$ 去校正惯导输出的导航参数 $\boldsymbol{X}_\mathrm{I}$，得到组合导航系统导航参数的最优估计值 $\hat{\boldsymbol{X}}$，即

$$\hat{\boldsymbol{X}} = \boldsymbol{X}_\mathrm{I} - \Delta\hat{\boldsymbol{X}}_\mathrm{I} \tag{11.40}$$

若以 $\tilde{\boldsymbol{X}}$ 表示估值 $\hat{\boldsymbol{X}}$ 的估计误差，则有

$$\begin{aligned}\tilde{\boldsymbol{X}} &= \boldsymbol{X} - \hat{\boldsymbol{X}} = \boldsymbol{X} - (\boldsymbol{X}_\mathrm{I} - \Delta\hat{\boldsymbol{X}}_\mathrm{I}) = \boldsymbol{X} - \boldsymbol{X}_\mathrm{I} + \Delta\hat{\boldsymbol{X}}_\mathrm{I} = \boldsymbol{X} - (\boldsymbol{X} + \Delta\boldsymbol{X}_\mathrm{I}) + \Delta\hat{\boldsymbol{X}}_\mathrm{I} = \\ &\Delta\hat{\boldsymbol{X}}_\mathrm{I} - \Delta\boldsymbol{X}_\mathrm{I} = -\Delta\tilde{\boldsymbol{X}}_\mathrm{I}\end{aligned} \tag{11.41}$$

式(11.41)说明，组合导航系统导航参数最优估值 $\hat{\boldsymbol{X}}$ 的估计误差 $\tilde{\boldsymbol{X}}$，就是惯导系统导航参数误差估值 $\Delta\hat{\boldsymbol{X}}_\mathrm{I}$ 的估计误差 $\Delta\tilde{\boldsymbol{X}}_\mathrm{I}$。式中的负号是由估计误差的定义与导航参数误差的定义不同而造成的。图 11－6 为输出校正的滤波示意图。

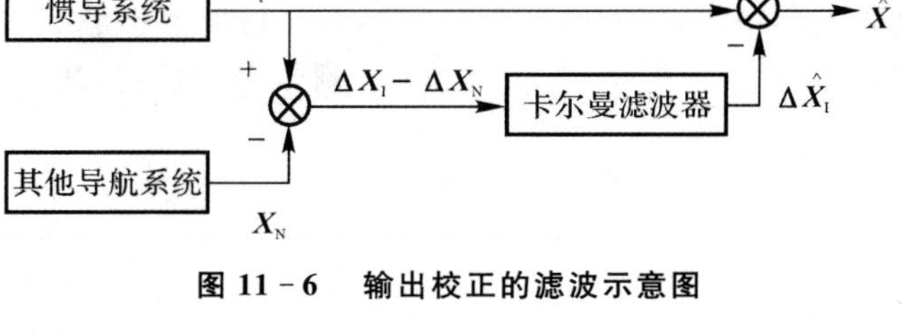

图 11－6　输出校正的滤波示意图

2. 反馈校正

采用反馈校正的间接法滤波是将惯导导航参数误差 $\Delta \boldsymbol{X}_{\mathrm{I}}$ 的估值 $\Delta \hat{\boldsymbol{X}}_{\mathrm{I}}$ 反馈到惯导系统内，在力学编排计算方程中校正计算的速度值和经纬度值，并给平台施矩以校正平台误差角。因此，经过反馈校正后，惯导系统输出的导航参数就是组合导航系统的输出。图 11－7 为反馈校正的滤波示意图。

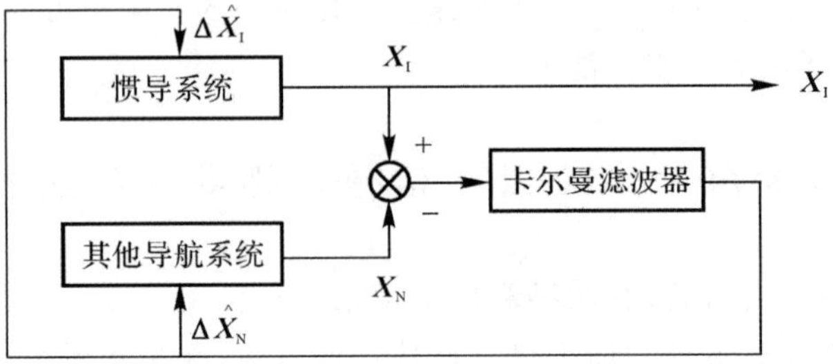

图 11－7　反馈校正的滤波示意图

需要强调的是，虽然从形式上看，输出校正仅校正惯导系统的输出量，而反馈校正则校正系统内部的状态。但可以证明，利用输出校正的组合导航系统输出量 $\hat{\boldsymbol{X}}$ 和利用反馈校正的组合导航系统输出量 $\boldsymbol{X}_{\mathrm{I}}$ 具有同样的精度。从这一点讲，两种校正方法的性质是一样的。但是，输出校正的滤波器所估计的状态是未经校正的导航参数误差 $\Delta \boldsymbol{X}_{\mathrm{I}}$，而反馈校正的滤波器所估计的状态是经过校正的导航参数误差。前者数值大，后者数值小，而状态方程都是经过一阶近似的线性方程，状态的数值越小，则近似的准确性越高。因此，利用反馈校正的系统状态方程，更能接近真实地反映系统误差状态的动态过程。因此，对实际系统来讲，只要状态能够具体实施反馈校正，组合导航系统就应尽量采用反馈校正的滤波方法。

由于两种校正的效果是一样的，因而前面讨论输出校正得到的估计误差关系式(11.41)对两种校正方法都是适用的。对间接法滤波来讲，在理想情况下不论采用哪种校正方法，校正后系统导航参数估值 $\hat{\boldsymbol{X}}$ 的估计误差 $\tilde{\boldsymbol{X}}$ 就是导航参数误差估值 $\Delta \hat{\boldsymbol{X}}_{\mathrm{I}}$ 的估计误差 $\Delta \tilde{\boldsymbol{X}}$。而最优滤波器中的 $\boldsymbol{P}_k$ 就是这种估计误差 $\Delta \tilde{\boldsymbol{X}}_{\mathrm{I}}$ 的均方阵。由此可以得出以下结论：由间接法最优滤波器计算得到的误差状态估计均方误差阵 $\boldsymbol{P}_k$，就是利用误差状态的估值去校正系统状态后的状态误差 $\tilde{\boldsymbol{X}}$ 的均方阵。如果实际系统既须估计又要校正，则在地面模拟滤波方案时可以仅计算滤波器的估计过程，不必再模拟系统得到校正后的状态剩余误差性能，$\boldsymbol{P}_k$ 就是表示这种误差的均方阵。

11.3　惯性 /GPS 组合导航系统

惯性导航系统(INS)是一种自主式导航系统,它利用惯性仪表(陀螺仪和加速度计)测量运动载体在惯性空间中的角运动和线运动,根据运动微分方程组可实时地解算出运动载体的位置、速度和姿态角。它工作时不受外部环境的影响,具有全天候、全天时工作能力和很好的隐蔽性;而且能够及时跟踪和反映运动载体的运动特性,产生的导航参数数据更新率高、短期精度高、稳定性好。但其缺点是导航参数误差随时间积累。全球卫星导航系统(GPS)能够为世界上海、陆、空、天的用户,全天候、全天时提供精确的三维位置、三维速度和时间信息,但是与惯导相比,GPS 易受电子干扰影响,当载体作大机动飞行或有地形遮挡时,GPS 导航信息有可能中断,或动态误差过大而不能使用。可见,INS 与 GPS 具有优势互补的特点,INS/GPS 组合导航系统可以大大提高系统整体的导航精度和性能。

INS 与 GPS 的组合应用,相对单一子系统的优势主要表现为:对于 GPS 接收机,INS 的辅助可以增强其捕获和跟踪卫星信号的能力,提高接收机的动态性能和抗干扰能力;对于 INS,GPS 可以抑制 INS 误差积累,提高 INS 的导航精度。随着组合程度的加深,系统的总体性能远优于各自独立系统,被认为是目前导航领域最为理想的组合方式。

11.3.1　惯性 /GPS 组合模式

目前,根据组合深度的不同,GPS 和 INS 组合方式可以分为松组合、紧组合、超紧组合和深组合方式。

1. 松组合

松组合是一种最简单的组合应用方式,其结构如图 11-8 所示。在这种方式下,INS 和 GPS 各自独立工作,组合滤波器融合两者的数据,即各自的位置和速度信息,并给出最优的估计结果,最后反馈给 INS 进行修正。这种组合方式的优点是工作比较简单,便于工程实现,而且两个系统仍独立工作,使导航信息具有冗余度。其缺点是 GPS 提供的量测信息是位置和速度等最终导航结果,由于 GPS 的位置和速度通常是相关的(在 GPS 接收机内部采用卡尔曼滤波器的情况下尤为严重),因此组合滤波器的估计精度将受到影响,并且当导航星少于 4 颗而无法定位解算时,系统的组合将被完全破坏,整个导航系统性能就会迅速恶化。

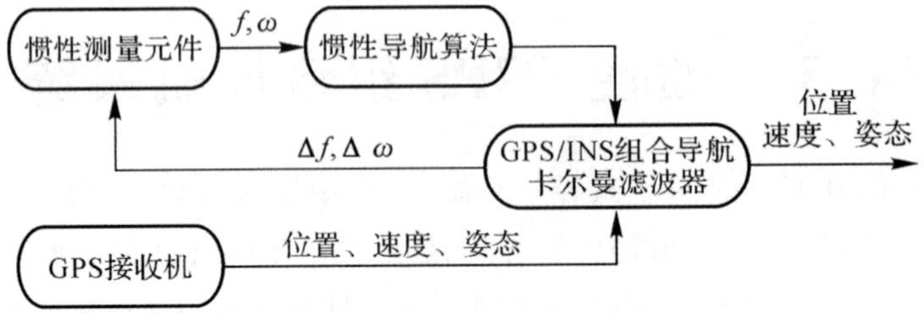

图 11-8 INS/GPS 松组合结构

2. 紧组合

紧组合是一种相对复杂的组合方式，其结构如图 11-9 所示。紧组合中，GPS 提供给组合滤波器的量测信息是接收机用于定位的原始信息，即伪距、伪距率和多普勒频移等。它克服了松散组合方式中量测信息的相关性问题，从而提高了组合系统的导航精度，且当可用星数目不足 4 颗时，也可以进行导航。

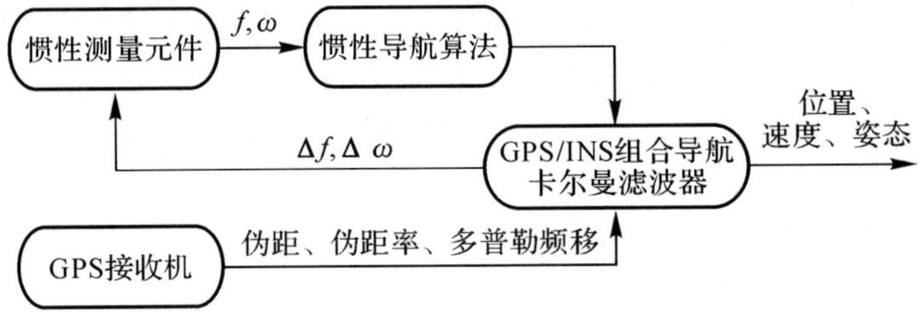

图 11-9 INS/GPS 紧组合结构

3. 超紧组合

松组合与紧组合方式的实质都是 GPS 对 INS 的辅助，缺少对 GPS 接收机的辅助，当组合系统中 GPS 接收机跟踪性能下降时，会影响组合系统的导航性能。超紧组合方式则是对 INS，GPS 进行更深层次的信息融合，一方面为 INS 提供误差校正信息以提高导航精度，另一方面利用校正后的 INS 测量信息为 GPS 跟踪环路提供辅助信息，其结构如图 11-10 所示。

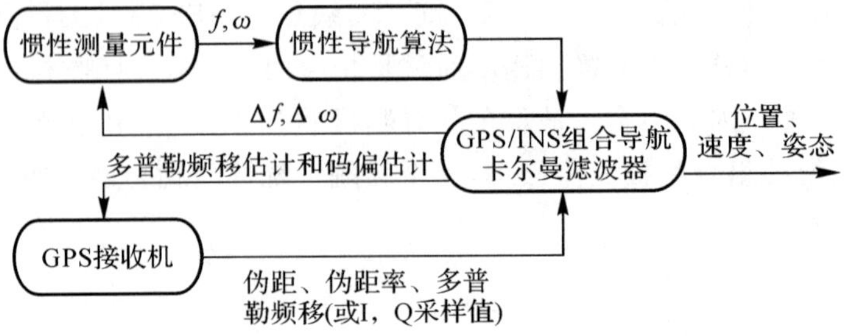

图 11-10 INS/GPS 超紧组合结构

超紧组合方式具备以下优势：

1)INS 的辅助反馈中包含的载体动态信息，不仅可以减小 GPS 接收机码环和载波环所跟踪载体的动态，从而减小码环和载波环的等效带宽，提高整个系统在高动态环境下的抗干扰能力，而且还可以降低环路滤波器的带宽，达到抑制热噪声的目的。这就有效地解决了传统跟踪环设计中存在的动态跟踪性能与抗干扰能力之间的矛盾。

2) 超紧组合方式不仅对多路径效应有较好的抑制作用和校正能力，而且在高动态和强干扰条件下性能优异。

3) 超紧组合方式使得较低精度等级的惯性测量单元与 GPS 的组合应用成为可能。

4) 在不需要先验信息的情况下，超紧组合系统中的 GPS 码跟踪环路能够确认接收到的导航电文数据位，为 GPS 在干扰信号或弱信号下的码抽取提供了容错性。

5) 在存在人为或无意干扰的情况下，超紧组合系统仍可以输出可靠的导航结果，适用于需要高度完整性的导航应用。

4. 深组合

传统 GPS 接收机通常采用标量跟踪方法，各跟踪通道之间相互独立，SINS/GPS 松组合、紧组合和超紧组合系统即基于 GPS 标量跟踪接收机。与标量跟踪方法不同，矢量跟踪方法能够根据不同跟踪通道的相关器累加输出直接估计出接收机的位置、速度信息，因而深组合系统是一种更复杂但性能更优的组合导航方式，其结构如图 11－11 所示。SINS/GPS 深组合系统便采用的是 GPS 矢量跟踪接收机。

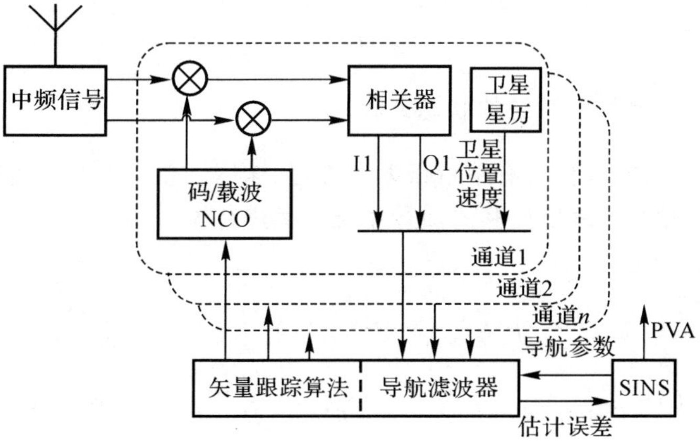

图 11－11　INS/GPS 深组合结构

在 SINS/GPS 深组合导航系统中，GPS 接收机中去除了传统的环路滤波器，采用矢量跟踪方法对多个通道内的卫星信号进行并行跟踪，导航处理器不仅输出导航信息，而且同时计算相应的伪码和载波跟踪参数，用来驱动本地伪码和载波数控振荡器，以维持本地信号和输入信号的同步。可见，SINS/GPS深组合系统主要有两项关键技术：一是矢量跟踪，即将多颗卫星跟踪通道联合在一起，加强数据融合，并采用卡尔曼滤波器代替传统的环路滤波器，提高跟踪精度；二是I/Q路信号直接参与信息融合，导航滤波器可根据信号的干扰、噪声、动态以及SINS误差，调整环路等效带宽。

SINS/GPS深组合算法可以分为两大类：相干算法和非相干算法。相干算法将接收机相关器的累加输出作为量测信息直接输入到组合卡尔曼滤波器中，而非相干算法则先对相关器累加输出进行鉴相器函数运算，这类似于传统的信号跟踪方法。采用相干算法的深组合又可以进一步分为集中式滤波和分散式滤波两种处理方式。

深组合系统的主要任务是维持码相位和载波频率锁定。由于相关器的输出为相位误差的三角函数，所以相干深组合系统能够估计出接收信号与本地参考信号之间的相位误差。相干深组合算法不需要维持接收信号与本地信号的相位锁定，但必须估计出相位误差；非相干深组合算法则不需要估计载波相位误差，只需对每颗卫星的伪码相位和载波频率进行跟踪即可。与载波相位跟踪相比，伪码相位和载波频率的跟踪能够在较低的载噪比环境中运行。综合考虑，深组合系统多采用非相干深组合，以提高组合系统在低载噪比、高动态环境中的工作性能。

SINS/GPS深组合方法的显著特点在于：在信号衰减、无意或有意的射频干扰等导致的低信噪比环境中，这种组合方法能够显著地提高GPS的信号跟踪性能，并且能够充分利用强度较高的信号信息来加强对弱信号的跟踪。

11.3.2 SINS/GPS松组合导航系统

1. SINS/GPS松组合导航系统的状态方程

惯性导航系统的误差方程含有平台误差角方程、速度误差方程和位置误差方程等，相关内容在前面章节已有阐述，本章以捷联式惯导系统为例进行说明。

(1) 平台误差角方程

$$\left.\begin{aligned}
\dot{\varphi}_{\mathrm{E}} &= \left(\omega_{\mathrm{ie}}\sin L+\frac{v_{\mathrm{E}}}{R+h}\tan L\right)\varphi_{\mathrm{N}}-\left(\omega_{\mathrm{ie}}\cos L+\frac{v_{\mathrm{E}}}{R+h}\right)\varphi_{\mathrm{U}}-\frac{\delta v_{\mathrm{N}}}{R+h}+\frac{v_{\mathrm{N}}}{(R+h)^2}\delta h-\varepsilon_{\mathrm{E}}\\
\dot{\varphi}_{\mathrm{N}} &= -\left(\omega_{\mathrm{ie}}\sin L+\frac{v_{\mathrm{E}}}{R+h}\tan L\right)\varphi_{\mathrm{E}}-\frac{v_{\mathrm{N}}}{R+h}\varphi_{\mathrm{U}}+\frac{\delta v_{\mathrm{E}}}{R+h}-\omega_{\mathrm{ie}}\sin L\delta L-\frac{v_{\mathrm{E}}}{(R+h)^2}\delta h-\varepsilon_{\mathrm{N}}\\
\dot{\varphi}_{\mathrm{U}} &= \left(\omega_{\mathrm{ie}}\cos L+\frac{v_{\mathrm{E}}}{R+h}\sec^2 L\right)\delta L+\left(\omega_{\mathrm{ie}}\cos L+\frac{v_{\mathrm{E}}}{R+h}\right)\varphi_{\mathrm{E}}+\frac{v_{\mathrm{N}}}{R+h}\varphi_{\mathrm{N}}+\frac{\delta v_{\mathrm{E}}}{R+h}\tan L-\\
&\quad\frac{v_{\mathrm{E}}\tan L}{(R+h)^2}\delta h-\varepsilon_{\mathrm{U}}
\end{aligned}\right\}\tag{11.42}$$

(2) 速度误差方程

$$
\left.
\begin{aligned}
\delta\dot{v}_E = & \left(2\omega_{ie}\sin L+\frac{v_E}{R+h}\tan L\right)\delta v_N+\frac{v_N\tan L-v_U}{R+h}\delta v_E-\left(2\omega_{ie}\cos L+\frac{v_E}{R+h}\right)\delta v_U+\\
& \frac{v_E v_U-v_N v_E\tan L}{(R+h)^2}\delta h+\left[2(\omega_{ie}\cos L v_N+\omega_{ie}\sin L v_U)+\frac{v_N v_E}{R+h}\sec^2 L\right]\delta L+\\
& \varphi_U f_N-\varphi_N f_U+\nabla_E\\
\delta\dot{v}_N = & -\frac{v_U}{R+h}\delta v_N-2\left(\omega_{ie}\sin L+\frac{v_E}{R+h}\tan L\right)\delta v_E-\frac{v_N}{R+h}\delta v_U+\frac{v_N v_U+v_E^2\tan L}{(R+h)^2}\delta h-\\
& \left(2\omega_{ie}\cos L+\frac{v_E}{R+h}\sec^2 L\right)v_E\delta L+\varphi_E f_U-\varphi_U f_E+\nabla_N\\
\delta\dot{v}_U = & 2\frac{v_N}{R+h}\delta v_N+2\left(\omega_{ie}\cos L+\frac{v_E}{R+h}\right)\delta v_E-\frac{v_E^2+v_N^2}{(R+h)^2}\delta h-2\omega_{ie}\sin L v_E\delta L+\varphi_N f_E-\\
& \varphi_E f_N+\nabla_U
\end{aligned}
\right\}
\tag{11.43}
$$

(3) 位置误差方程

$$
\left.
\begin{aligned}
\delta\dot{L} &= \frac{\delta v_N}{R+h}-\frac{v_N\delta h}{(R+h)^2}\\
\delta\dot{\lambda} &= \frac{1}{(R+h)\cos L}(\delta v_E+v_E\delta L\tan L)-\frac{\delta h v_E}{(R+h)^2\cos L}\\
\delta\dot{h} &= \delta v_U
\end{aligned}
\right\}
\tag{11.44}
$$

式中,下标 E,N,U 分别代表东向、北向和天向。

(4) 惯性传感器误差方程

陀螺仪和加速度计的测量误差都包含有安装误差、刻度因子误差和随机误差,前两项容易测出并补偿掉。为简单起见,只考虑随机误差。

① 陀螺仪误差模型。式(11.42)中的陀螺漂移,是沿东、北、天地理坐标系的陀螺漂移。对于平台式惯导系统,式中的陀螺漂移即为实际陀螺的漂移;而对于捷联式惯导系统,式中的陀螺漂移为载体系变换到地理系的等效陀螺漂移。

通常取陀螺漂移为

$$
\varepsilon=\varepsilon_b+\varepsilon_r+\omega_g \tag{11.45}
$$

式中,ε_b 为随机常数;ε_r 为一阶马尔可夫过程;ω_g 为白噪声。

假定三个轴向的陀螺漂移误差模型相同,均为

$$
\left.
\begin{aligned}
\dot{\varepsilon} &= 0\\
\dot{\varepsilon}_r &= -\frac{1}{T_g}\varepsilon_r+\omega_b
\end{aligned}
\right\}
\tag{11.46}
$$

式中,T_g 为相关时间;ω_b 为白噪声。

② 加速度计误差模型。考虑为一阶马尔可夫过程，且假定三个轴的加速度计误差模型相同，均为

$$\dot{\nabla}_a = -\frac{1}{T_a}\nabla_a + \omega_a \tag{11.47}$$

式中，T_a 为相关时间；ω_a 为白噪声。

(5)GPS 接收机误差

GPS 接收机的误差是组合导航系统误差变量的一个组成部分。就 GPS 接收机而言，它的误差主要包括时钟相位误差、频率误差、频率闪变误差、频率随机速度误差、频率老化衰减误差和频率加速度的敏感误差等。然而，在采用惯导 /GPS 的松组合系统结构时，由于组合系统采用位置和速度作为量测信息，而 GPS 接收机给出的位置和速度一般与时间相关，对 GPS 误差状态建模比较困难。为方便起见，仅考虑惯导导航参数和惯性元件误差作为系统的状态。

把式(11.42) ～ 式(11.47) 综合在一起，可得系统的状态方程为

$$\dot{\boldsymbol{X}}_I = \boldsymbol{F}_I\boldsymbol{X}_I + \boldsymbol{G}_I\boldsymbol{W}_I \tag{11.48}$$

$$\boldsymbol{X}_I = [\delta L \quad \delta\lambda \quad \delta h \quad \delta v_E \quad \delta v_N \quad \delta v_U \quad \varphi_E \quad \varphi_N \quad \varphi_U \quad \varepsilon_{bx} \quad \varepsilon_{by} \quad \varepsilon_{bz} \quad \varepsilon_{rx} \quad \varepsilon_{ry} \quad \varepsilon_{rz} \quad \nabla_x \quad \nabla_y \quad \nabla_z]^T \tag{11.49}$$

$$W_I = [\boldsymbol{w}_{gx} \quad w_{gy} \quad w_{gz} \quad w_{bx} \quad w_{by} \quad w_{bz} \quad w_{ax} \quad w_{ay} \quad w_{az}]^T \tag{11.50}$$

$$\boldsymbol{G}_I = \begin{bmatrix} \boldsymbol{0}_{6\times3} & \boldsymbol{0}_{6\times3} & \boldsymbol{0}_{6\times3} \\ -\boldsymbol{C}_b^t & \boldsymbol{0}_{3\times3} & \boldsymbol{0}_{3\times3} \\ \boldsymbol{0}_{3\times3} & \boldsymbol{0}_{3\times3} & \boldsymbol{0}_{3\times3} \\ \boldsymbol{0}_{3\times3} & \boldsymbol{I}_{3\times3} & \boldsymbol{0}_{3\times3} \\ \boldsymbol{0}_{3\times3} & \boldsymbol{0}_{3\times3} & \boldsymbol{I}_{3\times3} \end{bmatrix}_{18\times9} \tag{11.51}$$

$$\boldsymbol{F}_I = \begin{bmatrix} \boldsymbol{F}_N & \boldsymbol{F}_s \\ \boldsymbol{0} & \boldsymbol{F}_M \end{bmatrix}_{18\times18} \tag{11.52}$$

$\boldsymbol{F}_N$ 为对应 9 个基本导航参数的系统阵，其非零元素为

$$\boldsymbol{F}_N(1,3) = -\frac{v_N}{(R+h)^2}$$

$$\boldsymbol{F}_N(1,5) = \frac{1}{R+h}$$

$$\boldsymbol{F}_N(2,1) = \frac{v_E}{R+h}\sec L\tan L$$

$$\boldsymbol{F}_N(2,3) = -\frac{v_E}{(R+h)^2}\sec L$$

$$\boldsymbol{F}_N(2,4) = \frac{\sec L}{R+h}$$

$$\boldsymbol{F}_N(3,6) = 1$$

$$\boldsymbol{F}_{\mathrm{N}}(4,1)=2\omega_{\mathrm{ie}}v_{\mathrm{N}}\cos L+\frac{v_{\mathrm{E}}v_{\mathrm{N}}}{R+h}\sec^2 L+2\omega_{\mathrm{ie}}v_{\mathrm{U}}\sin L$$

$$\boldsymbol{F}_{\mathrm{N}}(4,3)=\frac{v_{\mathrm{E}}v_{\mathrm{U}}-v_{\mathrm{E}}v_{\mathrm{N}}\tan L}{(R+h)^2}$$

$$\boldsymbol{F}_{\mathrm{N}}(4,4)=\frac{v_{\mathrm{N}}}{R+h}\tan L-\frac{v_{\mathrm{U}}}{R+h}$$

$$\boldsymbol{F}_{\mathrm{N}}(4,5)=2\omega_{\mathrm{ie}}\sin L+\frac{v_{\mathrm{E}}}{R+h}\tan L$$

$$\boldsymbol{F}_{\mathrm{N}}(4,6)=-2\omega_{\mathrm{ie}}\cos L-\frac{v_{\mathrm{E}}}{R+h}$$

$$\boldsymbol{F}_{\mathrm{N}}(4,8)=-f_{\mathrm{U}}$$

$$\boldsymbol{F}_{\mathrm{N}}(4,9)=f_{\mathrm{N}}$$

$$\boldsymbol{F}_{\mathrm{N}}(5,1)=-2\omega_{\mathrm{ie}}v_{\mathrm{E}}\cos L-\frac{v_{\mathrm{E}}^2}{R+h}\sec^2 L$$

$$\boldsymbol{F}_{\mathrm{N}}(5,3)=\frac{v_{\mathrm{N}}v_{\mathrm{U}}+v_{\mathrm{E}}^2\tan L}{(R+h)^2}$$

$$\boldsymbol{F}_{\mathrm{N}}(5,4)=-2\omega_{\mathrm{ie}}\sin L-\frac{2v_{\mathrm{E}}}{R+h}\tan L$$

$$\boldsymbol{F}_{\mathrm{N}}(5,5)=-\frac{v_{\mathrm{U}}}{R+h}$$

$$\boldsymbol{F}_{\mathrm{N}}(5,6)=-\frac{v_{\mathrm{N}}}{R+h}$$

$$\boldsymbol{F}_{\mathrm{N}}(5,7)=f_{\mathrm{U}}\boldsymbol{F}_{\mathrm{N}}(5,9)=-f_{\mathrm{E}}$$

$$\boldsymbol{F}_{\mathrm{N}}(6,1)=-2\omega_{\mathrm{ie}}v_{\mathrm{E}}\sin L$$

$$\boldsymbol{F}_{\mathrm{N}}(6,3)=-\frac{v_{\mathrm{N}}^2+v_{\mathrm{E}}^2}{(R+h)^2}$$

$$\boldsymbol{F}_{\mathrm{N}}(6,4)=2\omega_{\mathrm{ie}}\cos L+2\frac{v_{\mathrm{E}}}{R+h}$$

$$\boldsymbol{F}_{\mathrm{N}}(6,5)=\frac{2v_{\mathrm{N}}}{R+h}$$

$$\boldsymbol{F}_{\mathrm{N}}(6,7)=-f_{\mathrm{N}}\boldsymbol{F}_{\mathrm{N}}(6,8)=f_{\mathrm{E}}$$

$$\boldsymbol{F}_{\mathrm{N}}(7,3)=\frac{v_{\mathrm{N}}}{(R+h)^2}$$

$$\boldsymbol{F}_{\mathrm{N}}(7,5)=-\frac{1}{R+h}$$

$$\boldsymbol{F}_{\mathrm{N}}(7,8)=\omega_{\mathrm{ie}}\sin L+\frac{v_{\mathrm{E}}}{R+h}\tan L$$

$$\boldsymbol{F}_{\mathrm{N}}(7,9)=-\omega_{\mathrm{ie}}\cos L-\frac{v_{\mathrm{E}}}{R+h}$$

$$\boldsymbol{F}_{\mathrm{N}}(8,1)=-\omega_{\mathrm{ie}}\sin L$$

$$\boldsymbol{F}_{\mathrm{N}}(8,3)=-\frac{v_{\mathrm{E}}}{(R+h)^{2}}$$

$$\boldsymbol{F}_{\mathrm{N}}(8,4)=\frac{1}{R+h}$$

$$\boldsymbol{F}_{\mathrm{N}}(8,7)=-\omega_{\mathrm{ie}}\sin L-\frac{v_{\mathrm{E}}}{R+h}\tan L$$

$$\boldsymbol{F}_{\mathrm{N}}(8,9)=-\frac{v_{\mathrm{N}}}{R+h}$$

$$\boldsymbol{F}_{\mathrm{N}}(9,1)=\omega_{\mathrm{ie}}\cos L+\frac{v_{\mathrm{E}}}{R+h}\sec^{2}L$$

$$\boldsymbol{F}_{\mathrm{N}}(9,3)=-\frac{v_{\mathrm{E}}\tan L}{(R+h)^{2}}$$

$$\boldsymbol{F}_{\mathrm{N}}(9,4)=\frac{\tan L}{R+h}$$

$$\boldsymbol{F}_{\mathrm{N}}(9,7)=\omega_{\mathrm{ie}}\cos L+\frac{v_{\mathrm{E}}}{R+h}$$

$$\boldsymbol{F}_{\mathrm{N}}(9,8)=\frac{v_{\mathrm{N}}}{R+h}$$

(11.53)

$\boldsymbol{F}_{\mathrm{s}}$ 和 $\boldsymbol{F}_{\mathrm{M}}$ 分别为

$$\boldsymbol{F}_{\mathrm{s}}=\begin{bmatrix}\boldsymbol{0}_{3\times3} & \boldsymbol{0}_{3\times3} & \boldsymbol{0}_{3\times3}\\ \boldsymbol{0}_{3\times3} & \boldsymbol{0}_{3\times3} & \boldsymbol{C}_{\mathrm{b}}^{\mathrm{n}}\\ -\boldsymbol{C}_{\mathrm{b}}^{\mathrm{n}} & -\boldsymbol{C}_{\mathrm{b}}^{\mathrm{n}} & \boldsymbol{0}_{3\times3}\end{bmatrix}_{9\times9} \tag{11.54}$$

$$\boldsymbol{F}_{\mathrm{M}}=\mathrm{diag}\left(0\quad 0\quad 0\quad -\frac{1}{T_{\mathrm{r}x}}\quad -\frac{1}{T_{\mathrm{r}y}}\quad -\frac{1}{T_{\mathrm{r}z}}\quad -\frac{1}{T_{\mathrm{a}x}}\quad -\frac{1}{T_{\mathrm{a}y}}\quad -\frac{1}{T_{\mathrm{a}z}}\right) \tag{11.55}$$

2. SINS/GPS 松组合导航系统的量测方程

在松组合系统中，测量值有两组：一组为位置测量值，即惯导给出的经纬度和高度信息与GPS给出的相应信息的差值，而另一组测量值为两个系统给出的速度信息的差值。

惯导系统的位置信息可表示为

$$\left.\begin{aligned}L_{\mathrm{I}}&=L_{\mathrm{t}}+\delta L\\ \lambda_{\mathrm{I}}&=\lambda_{\mathrm{t}}+\delta\lambda\\ h_{\mathrm{I}}&=h_{\mathrm{t}}+\delta h\end{aligned}\right\} \tag{11.56}$$

GPS 的位置信息可表示为

$$\left.\begin{aligned} L_{G} &= L_{t} - \Delta N/R \\ \lambda_{G} &= \lambda_{t} - \Delta E/(R\cos L) \\ h_{G} &= h_{t} - \Delta U \end{aligned}\right\} \tag{11.57}$$

式中，L_t，λ_t，h_t 为真实的位置；ΔE，ΔN，ΔU 分别为 GPS 接收机沿东、北、天方向的位置误差。

位置量测矢量定义如下：

$$\boldsymbol{Z}_{P} = \begin{bmatrix} (L_{I} - L_{G})R \\ (\lambda_{I} - \lambda_{G})R\cos L \\ h_{I} - h_{G} \end{bmatrix} = \begin{bmatrix} R\delta L + \Delta N \\ R\cos L\delta\lambda + \Delta E \\ \delta h + \Delta U \end{bmatrix} = \boldsymbol{H}_{P}\boldsymbol{X} + \boldsymbol{V}_{P} \tag{11.58}$$

式中

$$\boldsymbol{H}_{P} = [\operatorname{diag}(R \quad R\cos L \quad 1) \;\vdots\; \boldsymbol{0}_{3\times 15}] \tag{11.59}$$

$$\boldsymbol{V}_{P} = [\Delta N \quad \Delta E \quad \Delta U]^{T} \tag{11.60}$$

惯导系统输出的速度信息可表示为地理系下的真值与相应的速度误差之和：

$$\begin{bmatrix} v_{IN} \\ v_{IE} \\ v_{IU} \end{bmatrix} = \begin{bmatrix} v_{N} + \delta v_{N} \\ v_{E} + \delta v_{E} \\ v_{U} + \delta v_{U} \end{bmatrix} \tag{11.61}$$

式中，v_N，v_E，v_U 是载体的真实速度在地理坐标系各轴的分量。

GPS 输出的速度信息可表示为

$$\begin{bmatrix} v_{GN} \\ v_{GE} \\ v_{GU} \end{bmatrix} = \begin{bmatrix} v_{N} - \Delta v_{N} \\ v_{E} - \Delta v_{E} \\ v_{U} - \Delta v_{U} \end{bmatrix} \tag{11.62}$$

式中，Δv_N，Δv_E，Δv_U 为 GPS 接收机测速误差。

定义速度量测矢量为

$$\boldsymbol{Z}_{V} = \begin{bmatrix} v_{IN} - v_{GN} \\ v_{IE} - v_{GE} \\ v_{IU} - v_{GU} \end{bmatrix} = \begin{bmatrix} \delta v_{N} + \Delta v_{N} \\ \delta v_{E} + \Delta v_{E} \\ \delta v_{U} + \Delta v_{U} \end{bmatrix} = \boldsymbol{H}_{V}\boldsymbol{X} + \boldsymbol{V}_{V} \tag{11.63}$$

式中

$$\boldsymbol{H}_{V} = [\boldsymbol{0}_{3\times 3} \;\vdots\; \operatorname{diag}(1 \quad 1 \quad 1) \;\vdots\; \boldsymbol{0}_{3\times 12}] \tag{11.64}$$

$$\boldsymbol{V}_{V} = [\Delta v_{N} \quad \Delta v_{E} \quad \Delta v_{U}]^{T} \tag{11.65}$$

将位置量测矢量式(11.57)和速度量测矢量式(11.63)合并到一起，得到惯导/GPS 松组合系统量测方程：

$$\boldsymbol{Z} = \begin{bmatrix} \boldsymbol{H}_{P} \\ \boldsymbol{H}_{V} \end{bmatrix}\boldsymbol{X} + \begin{bmatrix} \boldsymbol{V}_{P} \\ \boldsymbol{V}_{V} \end{bmatrix} = \boldsymbol{H}\boldsymbol{X} + \boldsymbol{V} \tag{11.66}$$

以上给出了惯导 /GPS 松组合导航系统的状态方程和量测方程，根据这两组方程再加上必要的初始条件即可按卡尔曼滤波基本方程进行一般意义上的卡尔曼滤波。

11.3.3 SINS/GPS 紧组合导航系统

1. SINS/GPS 紧组合系统的状态方程

紧组合系统中，滤波器的状态由两部分组成。一部分是惯导系统的误差状态，其状态方程为式(11.48)，即

$$\dot{\boldsymbol{X}}_{\mathrm{I}}=\boldsymbol{F}_{\mathrm{I}}\boldsymbol{X}_{\mathrm{I}}+\boldsymbol{G}_{\mathrm{I}}\boldsymbol{W}_{\mathrm{I}}$$

另一部分是 GPS 的误差状态，通常取两个：一个是与时钟误差等效的距离误差 b_{clk}，即时钟误差与光速的积；另一个是与时钟频率误差等效的距离变化率误差 d_{clk}，即时钟频率误差与光速的积。则 GPS 的误差状态方程可以表示为

$$\left.\begin{aligned}\dot{b}_{\mathrm{clk}}&=d_{\mathrm{clk}}+\omega_{\mathrm{b}}\\ \dot{d}_{\mathrm{clk}}&=-\frac{1}{T_{\mathrm{clk}}}d_{\mathrm{clk}}+\omega_{\mathrm{d}}\end{aligned}\right\}\tag{11.67}$$

式中，T_{clk} 为相关时间。

式(11.67) 表示成矩阵形式为

$$\dot{\boldsymbol{X}}_{\mathrm{G}}=\boldsymbol{F}_{\mathrm{G}}\boldsymbol{X}_{\mathrm{G}}+\boldsymbol{G}_{\mathrm{G}}\boldsymbol{W}_{\mathrm{G}}\tag{11.68}$$

$$\boldsymbol{X}_{\mathrm{G}}=[b_{\mathrm{clk}}\quad d_{\mathrm{clk}}]^{\mathrm{T}}$$

$$\boldsymbol{F}_{\mathrm{G}}=\begin{bmatrix}1 & 0\\ 0 & -\dfrac{1}{T_{\mathrm{clk}}}\end{bmatrix}$$

$$\boldsymbol{G}_{\mathrm{G}}=\boldsymbol{I}_2$$

$$\boldsymbol{W}_{\mathrm{G}}=[\omega_{\mathrm{b}}\quad \omega_{\mathrm{d}}]^{\mathrm{T}}$$

合并式(11.48) 和式(11.68)，得紧组合系统状态方程为

$$\begin{bmatrix}\dot{\boldsymbol{X}}_{\mathrm{I}}\\ \dot{\boldsymbol{X}}_{\mathrm{G}}\end{bmatrix}=\begin{bmatrix}\boldsymbol{F}_{\mathrm{I}} & \boldsymbol{0}\\ \boldsymbol{0} & \boldsymbol{F}_{\mathrm{G}}\end{bmatrix}\begin{bmatrix}\boldsymbol{X}_{\mathrm{I}}\\ \boldsymbol{X}_{\mathrm{G}}\end{bmatrix}+\begin{bmatrix}\boldsymbol{G}_{\mathrm{I}} & \boldsymbol{0}\\ \boldsymbol{0} & \boldsymbol{G}_{\mathrm{G}}\end{bmatrix}\begin{bmatrix}\boldsymbol{W}_{\mathrm{I}}\\ \boldsymbol{W}_{\mathrm{G}}\end{bmatrix}\tag{11.69}$$

即

$$\dot{\boldsymbol{X}}=\boldsymbol{F}\boldsymbol{X}+\boldsymbol{G}\boldsymbol{W}\tag{11.70}$$

式中

$$\boldsymbol{X}=[\delta L\quad \delta\lambda\quad \delta h\quad \delta v_{\mathrm{E}}\quad \delta v_{\mathrm{N}}\quad \delta v_{\mathrm{U}}\quad \varphi_{\mathrm{E}}\quad \varphi_{\mathrm{N}}\quad \varphi_{\mathrm{U}}\quad \varepsilon_{\mathrm{b}x}\quad \varepsilon_{\mathrm{b}y}\quad \varepsilon_{\mathrm{b}z}\quad \varepsilon_{\mathrm{r}x}\quad \varepsilon_{\mathrm{r}y}\quad \varepsilon_{\mathrm{r}z}$$

$\nabla_x \quad \nabla_y \quad \nabla_z \quad b_{\mathrm{clk}} \quad d_{\mathrm{clk}}]^{\mathrm{T}}$

2. SINS/GPS 紧组合系统的量测方程

(1) 伪距量测方程

在地心地固坐标系中，设载体的真实位置为(x,y,z)，SINS 测量得到的载体位置为$(x_{\mathrm{I}},y_{\mathrm{I}},z_{\mathrm{I}})$，由卫星星历给出的卫星位置为$(x_{\mathrm{s}},y_{\mathrm{s}},z_{\mathrm{s}})$。则由 SINS 推算的载体至卫星 S_i 的伪距$\rho_{\mathrm{I}i}$ 为

$$\rho_{\mathrm{I}i}=\sqrt{(x_{\mathrm{I}}-x_{\mathrm{s}}^{i})^2+(y_{\mathrm{I}}-y_{\mathrm{s}}^{i})^2+(z_{\mathrm{I}}-z_{\mathrm{s}}^{i})^2} \tag{11.71}$$

真实载体到卫星 S_i 的距离 r_i 为

$$r_i=\sqrt{(x-x_{\mathrm{s}}^{i})^2+(y-y_{\mathrm{s}}^{i})^2+(z-z_{\mathrm{s}}^{i})^2} \tag{11.72}$$

将式(11.71) 在(x,y,z) 处进行泰勒级数展开，取一次项误差，可得

$$\rho_{\mathrm{I}i}=r_i+\frac{x-x_{\mathrm{s}}^{i}}{r_i}\delta x+\frac{y-y_{\mathrm{s}}^{i}}{r_i}\delta y+\frac{z-z_{\mathrm{s}}^{i}}{r_i}\delta z \tag{11.73}$$

令$\dfrac{x-x_{\mathrm{s}}^{i}}{r_i}=l_i$，$\dfrac{y-y_{\mathrm{s}}^{i}}{r_i}=m_i$，$\dfrac{z-z_{\mathrm{s}}^{i}}{r_i}=n_i$，为载体至卫星 S_i 之间矢量的方向余弦。将其代入式(11.73)，可得

$$\rho_{\mathrm{I}i}=r_i+l_i\delta x+m_i\delta y+n_i\delta z \tag{11.74}$$

载体上 GPS 接收机测量得到的伪距 $\rho_{\mathrm{G}i}$ 可以表示为

$$\rho_{\mathrm{G}i}=r_i+b_{\mathrm{clk}}+\upsilon_{\rho i} \tag{11.75}$$

根据式(11.74) 和式(11.75)，可得伪距差量测方程为

$$\delta\rho_i=\rho_{\mathrm{I}i}-\rho_{\mathrm{G}i}=l_i\delta x+m_i\delta y+n_i\delta z-b_{\mathrm{clk}}-\upsilon_{\rho i} \tag{11.76}$$

导航时，可以根据可用星的数目，选择卫星数量。在此，以选择 4 颗卫星为例加以说明，即 $i=1,2,3,4$。则伪距量测方程具体为

$$\delta\boldsymbol{\rho}=\begin{bmatrix} l_1 & m_1 & n_1 & -1 \\ l_2 & m_2 & n_2 & -1 \\ l_3 & m_3 & n_3 & -1 \\ l_4 & m_4 & n_4 & -1 \end{bmatrix}\begin{bmatrix} \delta x \\ \delta y \\ \delta z \\ b_{\mathrm{clk}} \end{bmatrix}-\begin{bmatrix} \upsilon_{\rho 1} \\ \upsilon_{\rho 2} \\ \upsilon_{\rho 3} \\ \upsilon_{\rho 4} \end{bmatrix} \tag{11.77}$$

式(11.77) 中的各种测量值都是在地心地固坐标系中得到的，而紧组合导航系统状态变量中的位置误差是在大地系(λ,L,h) 中得到的，因此需要将式(11.77) 中的位置误差转换到大地系中。

两个坐标系之间的转换关系为

$$\left.\begin{aligned} x&=(R+h)\cos\lambda\cos L \\ y&=(R+h)\sin\lambda\cos L \\ z&=[R(1-k^2)+h]\sin L \end{aligned}\right\} \tag{11.78}$$

对式(11.78) 中各等式两边取微分，可得

$$\left.\begin{aligned}\delta x&=-(R+h)\cos\lambda\sin L\delta L-(R+h)\cos L\sin\lambda\delta\lambda+\cos L\cos\lambda\delta h\\\delta y&=-(R+h)\sin\lambda\sin L\delta L+(R+h)\cos\lambda\cos L\delta\lambda+\cos L\sin\lambda\delta h\\\delta z&=[R(1-k^2)+h]\cos L\delta L+\sin L\delta h\end{aligned}\right\}\tag{11.79}$$

将式(11.79) 代入式(11.77),整理得到伪距量测方程为

$$\boldsymbol{Z}_\rho=\boldsymbol{H}_\rho\boldsymbol{X}+\boldsymbol{V}_\rho\tag{11.80}$$

$$\boldsymbol{H}_\rho=[\boldsymbol{H}_{\rho1}\ \vdots\ \boldsymbol{0}_{4\times12}\ \vdots\ \boldsymbol{H}_{\rho2}]\tag{11.81}$$

式中

$$\left.\begin{aligned}\boldsymbol{H}_{\rho1}&=\begin{bmatrix}l_1&m_1&n_1\\l_2&m_2&n_2\\l_3&m_3&n_3\\l_4&m_4&n_4\end{bmatrix}\boldsymbol{C}_c^e\\\boldsymbol{C}_c^e&=\begin{bmatrix}-(R+h)\cos\lambda\sin L&-(R+h)\cos L\sin\lambda&\cos\lambda\cos L\\-(R+h)\sin\lambda\sin L&(R+h)\cos\lambda\cos L&\cos L\sin\lambda\\{[R(1-k^2)+h]}\cos L&0&\sin L\end{bmatrix}\\\boldsymbol{H}_{\rho2}&=\begin{bmatrix}-1&0\\-1&0\\-1&0\\-1&0\end{bmatrix}\end{aligned}\right\}\tag{11.82}$$

(2) 伪距率量测方程

SINS 与 GPS 卫星 S_i 之间的伪距率在地心地固系中可以表示为

$$\dot{\rho}_{Ii}=l_i(\dot{x}_I-\dot{x}_s^i)+m_i(\dot{y}_I-\dot{y}_s^i)+n_i(\dot{z}_I-\dot{z}_s^i)\tag{11.83}$$

式中 SINS 给出的速度等于真实值与误差之和,因此式(11.83) 可表示为

$$\dot{\rho}_{Ii}=l_i(\dot{x}-\dot{x}_s^i)+m_i(\dot{y}-\dot{y}_s^i)+n_i(\dot{z}-\dot{z}_s^i)+l_i\delta\dot{x}+m_i\delta\dot{y}+n_i\delta\dot{z}\tag{11.84}$$

GPS 接收机测量计算得到的伪距率可以表示为

$$\dot{\rho}_{Gi}=l_i(\dot{x}-\dot{x}_s^i)+m_i(\dot{y}-\dot{y}_s^i)+n_i(\dot{z}-\dot{z}_s^i)+d_{clk}+\upsilon_{\dot{\rho}i}\tag{11.85}$$

根据式(11.84) 和式(11.85),可以得到伪距率差的量测方程为

$$\delta\dot{\rho}_i=\dot{\rho}_{Ii}-\dot{\rho}_{Gi}=l_i\delta\dot{x}+m_i\delta\dot{y}+n_i\delta\dot{z}-d_{clk}-\upsilon_{\dot{\rho}i}\tag{11.86}$$

取 $i=1,2,3,4$,则伪距率量测方程具体为

$$\delta\dot{\boldsymbol{\rho}}=\begin{bmatrix}l_1&m_1&n_1&-1\\l_2&m_2&n_2&-1\\l_3&m_3&n_3&-1\\l_4&m_4&n_4&-1\end{bmatrix}\begin{bmatrix}\delta\dot{x}\\\delta\dot{y}\\\delta\dot{z}\\d_{clk}\end{bmatrix}-\begin{bmatrix}\upsilon_{\dot{\rho}1}\\\upsilon_{\dot{\rho}2}\\\upsilon_{\dot{\rho}3}\\\upsilon_{\dot{\rho}4}\end{bmatrix}\tag{11.87}$$

与伪距的情况类似，需要把地心地固坐标系中的速度转换到地理系中，则伪距率量测方程为

$$\boldsymbol{Z}_{\dot{\rho}} = \boldsymbol{H}_{\dot{\rho}}\boldsymbol{X} + \boldsymbol{V}_{\dot{\rho}} \tag{11.88}$$

式中

$$\boldsymbol{H}_{\dot{\rho}} = [\boldsymbol{0}_{4\times 3} \quad \boldsymbol{H}_{\dot{\rho}1} \quad \boldsymbol{0}_{4\times 9} \quad \boldsymbol{H}_{\dot{\rho}2}]$$

$$\boldsymbol{H}_{\dot{\rho}1} = \begin{bmatrix} l_1 & m_1 & n_1 \\ l_2 & m_2 & n_2 \\ l_3 & m_3 & n_3 \\ l_4 & m_4 & n_4 \end{bmatrix} \boldsymbol{C}_{\mathrm{t}}^{\mathrm{e}}$$

$$\boldsymbol{C}_{\mathrm{t}}^{\mathrm{e}} = \begin{bmatrix} -\sin\lambda & -\sin L\cos\lambda & \cos L\cos\lambda \\ \cos\lambda & -\sin L\sin\lambda & \cos L\sin\lambda \\ 0 & \cos L & \sin L \end{bmatrix}$$

$$\boldsymbol{H}_{\dot{\rho}2} = \begin{bmatrix} 0 & -1 \\ 0 & -1 \\ 0 & -1 \\ 0 & -1 \end{bmatrix}$$

将伪距量测方程式(11.80)与伪距率量测方程式(11.88)合并，可以得到紧组合系统的量测方程为

$$\boldsymbol{Z} = \begin{bmatrix} \boldsymbol{H}_{\rho} \\ \cdots \\ \boldsymbol{H}_{\dot{\rho}} \end{bmatrix} \boldsymbol{X} + \begin{bmatrix} \boldsymbol{V}_{\rho} \\ \cdots \\ \boldsymbol{V}_{\dot{\rho}} \end{bmatrix} = \boldsymbol{H}\boldsymbol{X} + \boldsymbol{V} \tag{11.89}$$

11.3.4　SINS/GPS 超紧组合导航系统

下面以惯导辅助 GPS 跟踪环路的超紧组合系统为例，介绍超紧组合系统的建模方法。

1. SINS/GPS 超紧组合系统的状态方程

超紧组合系统与紧组合系统的最大区别在于引入 SINS 信息对 GPS 接收机的码跟踪环路和载波跟踪环路进行辅助，以消除载体动态变化对跟踪环的影响，提高跟踪环的动态跟踪性能。

为了消除多普勒频率误差与惯导误差之间的相关性，在超紧组合系统的滤波器模型中引入 PLL 误差模型和 DLL 误差模型。

(1)SINS 误差模型和 GPS 误差模型

超紧组合系统中的 SINS 误差模型和 GPS 误差模型与紧组合系统中的相同，即为式(11.69)：

$$\begin{bmatrix} \dot{\boldsymbol{X}}_I \\ \dot{\boldsymbol{X}}_G \end{bmatrix} = \begin{bmatrix} \boldsymbol{F}_I & \boldsymbol{0} \\ \boldsymbol{0} & \boldsymbol{F}_G \end{bmatrix} \begin{bmatrix} \boldsymbol{X}_I \\ \boldsymbol{X}_G \end{bmatrix} + \begin{bmatrix} \boldsymbol{G}_I & \boldsymbol{0} \\ \boldsymbol{0} & \boldsymbol{G}_G \end{bmatrix} \begin{bmatrix} \boldsymbol{W}_I \\ \boldsymbol{W}_G \end{bmatrix}$$

(2)DLL 误差模型

根据超紧组合系统中 DLL 的结构,SINS 辅助单通道 DLL 的跟踪误差方程可以表示为

$$\delta \dot{\rho}_{DLL} = -K_{DLL}\delta\rho_{DLL} + \delta V_{aid} + K_{DLL}Q \tag{11.90}$$

式中,$\delta\rho_{DLL}$ 是伪距测量误差;K_{DLL} 表示 DLL 环路增益;Q 是干扰和热噪声引起的驱动噪声。

DLL 的状态方程可以表示为

$$\dot{\boldsymbol{X}}_D = \boldsymbol{F}_D\boldsymbol{X}_D + \boldsymbol{G}_D\boldsymbol{W}_D \tag{11.91}$$

式中,$\boldsymbol{X}_D = [\delta\rho_{D1} \quad \delta\rho_{D2} \quad \delta\rho_{D3} \quad \delta\rho_{D4}]^T$,$\delta\rho_{Di}(i=1,2,3,4)$ 表示 i 通道的伪距测量误差;系统转换矩阵、噪声矢量和噪声转换矩阵分别表示为

$$\boldsymbol{F}_D = -\mathrm{diag}[K_{1DLL} \quad K_{2DLL} \quad K_{3DLL} \quad K_{4DLL}]$$

$$\boldsymbol{W}_D = [w_{D1} \quad w_{D2} \quad w_{D3} \quad w_{D4}]^T$$

$$\boldsymbol{G}_D = -\boldsymbol{F}_D$$

式中,$K_{iDLL}(i=1,2,3,4)$ 表示 i 跟踪通道的 DLL 环路增益。$w_{Di}(i=1,2,3,4)$ 是第 i 个 DLL 环路的驱动噪声。

(3)PLL 误差模型

PLL 频率误差 δf_{PLL} 为环路滤波器输出量 δf_{TRK} 与 SINS 辅助频率误差 δf_{aid} 之和,即

$$\delta f_{PLL} = \delta f_{TRK} + \delta f_{aid} \tag{11.92}$$

由此可得 SINS 辅助载波环的单通道跟踪误差方程为

$$\left.\begin{aligned} &\delta\dot{\theta} = 2\pi(\delta f_{TRK} + \delta f_{aid}) \\ &\delta \dot{f}_{TRK} = \left[2\pi\frac{T_2}{T_1}(\delta f_{TRK} + \delta f_{aid}) + \frac{\delta\theta}{T_1}\right]K_{PLL} \end{aligned}\right\} \tag{11.93}$$

式中,$\delta\theta$ 为本地载波与输入信号载波之间的相位误差;K_{PLL} 为 PLL 环路增益;T_1,T_2 为环路滤波器参数,环路滤波器频域表达式为 $F(s)=(T_2s+1)/T_1s$。

将式(11.93)写成矩阵形式为

$$\begin{bmatrix} \delta\dot{\theta} \\ \delta\dot{f}_{TRK} \end{bmatrix}_i = \begin{bmatrix} 0 & 2\pi \\ \dfrac{K_{PLL}}{T_1} & \dfrac{2\pi K_{PLL}T_2}{T_1} \end{bmatrix} \begin{bmatrix} \delta\theta \\ \delta f_{TRK} \end{bmatrix}_i + \begin{bmatrix} 2\pi \\ \dfrac{2\pi K_{PLL}T_2}{T_1} \end{bmatrix} \delta f_{aid} \tag{11.94}$$

把所有通道的 PLL 误差方程合并起来,可得整个 GPS 载波跟踪环路的误差模型为

$$\dot{\boldsymbol{X}}_P = \boldsymbol{F}_P\boldsymbol{X}_P + \boldsymbol{G}_P\boldsymbol{W}_P \tag{11.95}$$

式中,系统转换矩阵和状态矢量的定义是

$$\boldsymbol{F}_P = \left[\begin{array}{c:c} \boldsymbol{0}_{4\times4} & 2\pi\cdot\boldsymbol{I}_4 \\ \hdashline K_{PLL}/T_1\cdot\boldsymbol{I}_4 & 2\pi K_{PLL}T_2/T_1\cdot\boldsymbol{I}_4 \end{array}\right]_{8\times8}$$

$$\boldsymbol{X}_{\mathrm{P}}=[\delta\theta_1\quad \delta\theta_2\quad \delta\theta_3\quad \delta\theta_4\quad \delta f_{\mathrm{TRK1}}\quad \delta f_{\mathrm{TRK2}}\quad \delta f_{\mathrm{TRK3}}\quad \delta f_{\mathrm{TRK4}}]^{\mathrm{T}}$$

合并式(11.69)、式(11.91)和式(11.95)可得超紧组合系统的状态方程为

$$\begin{bmatrix}\dot{\boldsymbol{X}}_{\mathrm{I}}\\ \dot{\boldsymbol{X}}_{\mathrm{G}}\\ \dot{\boldsymbol{X}}_{\mathrm{D}}\\ \dot{\boldsymbol{X}}_{\mathrm{P}}\end{bmatrix}=\begin{bmatrix}\boldsymbol{F}_{\mathrm{I}} & & & \\ & \boldsymbol{F}_{\mathrm{G}} & & \\ \boldsymbol{F}_{\mathrm{ID}} & & \boldsymbol{F}_{\mathrm{D}} & \\ \boldsymbol{F}_{\mathrm{IP}} & & & \boldsymbol{F}_{\mathrm{P}}\end{bmatrix}\begin{bmatrix}\boldsymbol{X}_{\mathrm{I}}\\ \boldsymbol{X}_{\mathrm{G}}\\ \boldsymbol{X}_{\mathrm{D}}\\ \boldsymbol{X}_{\mathrm{P}}\end{bmatrix}+\begin{bmatrix}\boldsymbol{G}_{\mathrm{I}} & & & \\ & \boldsymbol{G}_{\mathrm{G}} & & \\ & & \boldsymbol{G}_{\mathrm{D}} & \\ & & & \boldsymbol{G}_{\mathrm{P}}\end{bmatrix}\begin{bmatrix}\boldsymbol{W}_{\mathrm{I}}\\ \boldsymbol{W}_{\mathrm{G}}\\ \boldsymbol{W}_{\mathrm{D}}\\ \boldsymbol{W}_{\mathrm{P}}\end{bmatrix} \tag{11.96}$$

即

$$\dot{\boldsymbol{X}}=\boldsymbol{F}\boldsymbol{X}+\boldsymbol{G}\boldsymbol{W} \tag{11.97}$$

式中，$\boldsymbol{X}=[\boldsymbol{X}_{\mathrm{I}}\quad \boldsymbol{X}_{\mathrm{G}}\quad \boldsymbol{X}_{\mathrm{D}}\quad \boldsymbol{X}_{\mathrm{P}}]^{\mathrm{T}}$ 是超紧组合系统的状态矢量；$\boldsymbol{W}=[\boldsymbol{W}_{\mathrm{I}}\quad \boldsymbol{W}_{\mathrm{G}}\quad \boldsymbol{W}_{\mathrm{D}}\quad \boldsymbol{W}_{\mathrm{P}}]^{\mathrm{T}}$ 是噪声矢量；系统状态转换矩阵和噪声转换矩阵分别为

$$\boldsymbol{F}=\begin{bmatrix}\boldsymbol{F}_{\mathrm{I}} & & & \\ & \boldsymbol{F}_{\mathrm{G}} & & \\ \boldsymbol{F}_{\mathrm{ID}} & & \boldsymbol{F}_{\mathrm{D}} & \\ \boldsymbol{F}_{\mathrm{IP}} & & & \boldsymbol{F}_{\mathrm{P}}\end{bmatrix}$$

$$\boldsymbol{G}=\begin{bmatrix}\boldsymbol{G}_{\mathrm{I}} & & & \\ & \boldsymbol{G}_{\mathrm{G}} & & \\ & & \boldsymbol{G}_{\mathrm{D}} & \\ & & & \boldsymbol{G}_{\mathrm{P}}\end{bmatrix}$$

式中，除了 $\boldsymbol{F}_{\mathrm{I}}$，$\boldsymbol{F}_{\mathrm{G}}$，$\boldsymbol{F}_{\mathrm{D}}$ 和 $\boldsymbol{F}_{\mathrm{P}}$ 之外，状态转移矩阵 $\boldsymbol{F}$ 的非零项如下：

$$\boldsymbol{F}_{\mathrm{ID}}=[\boldsymbol{L}\cdot\boldsymbol{W}_{\mathrm{e}},\boldsymbol{L}\cdot\boldsymbol{C}_{\mathrm{e}}^{\mathrm{t}},\boldsymbol{0}_{4\times12}]_{4\times18}$$

$$\boldsymbol{F}_{\mathrm{IP}}=-\boldsymbol{F}_{\mathrm{ID}}\left[1,K_{\mathrm{PLL}}\frac{T_2}{T_1}\right]^{\mathrm{T}}\frac{f_{\mathrm{L1}}}{c}$$

$$\boldsymbol{L}=\begin{bmatrix}l_1 & m_1 & n_1\\ l_2 & m_2 & n_2\\ l_3 & m_3 & n_3\\ l_4 & m_4 & n_4\end{bmatrix}$$

式中

$$\boldsymbol{W}_{\mathrm{e}}=\begin{bmatrix}-(\cos LV_{\mathrm{N}}+\sin LV_{\mathrm{U}})\cos\lambda & -\cos\lambda V_{\mathrm{E}}+\sin L\sin\lambda V_{\mathrm{N}}-\cos L\sin\lambda V_{\mathrm{U}} & 0\\ -(\cos LV_{\mathrm{N}}+\sin LV_{\mathrm{U}})\sin\lambda & 0 & 0\\ -\sin LV_{\mathrm{N}}+\cos LV_{\mathrm{U}} & -\sin\lambda V_{\mathrm{E}}-\sin L\sin\lambda V_{\mathrm{N}}+\cos L\cos\lambda V_{\mathrm{U}} & 0\end{bmatrix}$$

$$\boldsymbol{C}_{\mathrm{e}}^{\mathrm{t}}=\begin{bmatrix}-\sin\lambda & -\sin L\cos\lambda & \cos L\cos\lambda\\ \cos\lambda & -\sin L\sin\lambda & \cos L\sin\lambda\\ 0 & \cos L & \sin L\end{bmatrix}^{\mathrm{T}}$$

2. SINS/GPS 超紧组合系统的量测方程

超紧组合系统采用 SINS 换算的伪距、伪距率与 GPS 的伪距、伪距率之差作为观测量。其量测方程可表示如下：

$$\boldsymbol{Z}=\boldsymbol{HX}+\boldsymbol{V} \tag{11.98}$$

式中

$$\boldsymbol{Z}=\begin{bmatrix}\delta\rho_1 & \delta\rho_2 & \delta\rho_3 & \delta\rho_4 & \delta\dot{\rho}_1 & \delta\dot{\rho}_2 & \delta\dot{\rho}_3 & \delta\dot{\rho}_4\end{bmatrix}^{\mathrm{T}}$$

$$\boldsymbol{X}=\begin{bmatrix}\boldsymbol{X}_{\mathrm{I}} & \boldsymbol{X}_{\mathrm{G}} & \boldsymbol{X}_{\mathrm{D}} & \boldsymbol{X}_{\mathrm{P}}\end{bmatrix}^{\mathrm{T}}$$

$$\boldsymbol{H}=\begin{bmatrix}\boldsymbol{LW}_{\mathrm{e}} & \boldsymbol{0}_{4\times3} & \boldsymbol{0}_{4\times12} & -\boldsymbol{I}_{4\times1} & \boldsymbol{0}_{4\times1} & -\boldsymbol{I}_{4\times4} & \boldsymbol{0}_{4\times4} & \boldsymbol{0}_{4\times4}\\ \boldsymbol{0}_{4\times3} & \boldsymbol{0}_{4\times3} & \boldsymbol{0}_{4\times12} & \boldsymbol{0}_{4\times1} & -\boldsymbol{I}_{4\times1} & \boldsymbol{0}_{4\times4} & \boldsymbol{0}_{4\times4} & c/f_{L1}\cdot\boldsymbol{I}_4\end{bmatrix}_{8\times32}$$

$$\boldsymbol{V}=\begin{bmatrix}\upsilon_{\rho1} & \upsilon_{\rho2} & \upsilon_{\rho3} & \upsilon_{\rho4} & \upsilon_{\dot{\rho}1} & \upsilon_{\dot{\rho}2} & \upsilon_{\dot{\rho}3} & \upsilon_{\dot{\rho}4}\end{bmatrix}^{\mathrm{T}}$$

式中，$\delta\rho_i(i=1,2,3,4)$ 和 $\delta\dot{\rho}_i(i=1,2,3,4)$ 分别表示在第 i 通道中，SINS 与 GPS 的伪距差值和伪距率差值；$\upsilon_{\rho i}(i=1,2,3,4)$ 和 $\upsilon_{\dot{\rho}i}(i=1,2,3,4)$ 分别表示第 i 通道中伪距和伪距率噪声。

11.3.5 SINS/GPS 深组合导航系统

现在以常用的 SINS/GPS 非相干深组合系统为例，介绍超深组合系统的建模方法。该组合系统主要包括矢量跟踪环节和深组合导航信息处理两部分。在矢量跟踪结构中，通道卡尔曼滤波器和主滤波器都用于 GPS 信号跟踪，而主滤波器还负担着导航信息处理的任务。相关器输出的同相、正交信号经过鉴相器函数计算后，作为通道滤波器的量测信息，用来估计伪码相位和载波频率等跟踪误差；而通道滤波器的状态估计值经过比例转换后，作为量测信息输入到主滤波器中用于估计组合系统的导航误差状态。经过误差校正的 SINS 导航参数与卫星星历数据等一起用于 GPS 跟踪参数的估计，用来驱动接收机每个跟踪通道的数控振荡器，生成本地副本信号。组合系统的导航信息处理是由主滤波器完成的。主滤波器接收 GPS 跟踪通道与 SINS 输出的量测信息，进行信息融合并将 SINS 的误差参数反馈回 SINS 加以校正；此外，导航信息处理还包括对 GPS 跟踪参数的估计。

1. SINS/GPS 深组合系统通道滤波器模型

在矢量跟踪环节中，只对卫星信号的伪码相位和载波频率进行跟踪。信号跟踪环路的闭合是通过组合导航处理器完成的。导航处理器的主体为一个卡尔曼滤波器。这个主卡尔曼滤波器根据组合导航参数以及卫星星历数据对接收信号的伪距和伪距率进行估计，并将估计信息送入本地信号发生器的载波、伪码 NCO；估计的伪距信息用来调整伪码 NCO 的伪码相位，而伪距率信息则用于调整载波、伪码 NCO 的控制速率；由于矢量跟踪过程中并未估计载波相位，所以载波 NCO 中的载波相位无需调整，仍按独立 Costas 载波相位跟踪环的方式运行。每个积分清零周期的相关器输出用于生成伪码相位、载波频率等跟踪误差的量测信息，对通道滤波器进行更新。

通道滤波器得到伪码相位、载波频率等跟踪误差的估计信息后，将其转化为伪距、伪距率信息输入到主卡尔曼滤波器中，用于对导航误差状态进行更新。GPS 跟踪通道输出的伪距、伪距率信息可以表示为

$$\left.\begin{aligned} \rho_G &= (C_0+\varepsilon)c/f_s \\ \dot{\rho} &= -(f_0+\delta f)c/f_{L1} \end{aligned}\right\} \tag{11.99}$$

式中，C_0，f_0 分别为本地信号发生器的伪码相位和载波频率的标称值；f_s 为采样频率。

（1）深组合系统通道滤波器状态模型

利用鉴相函数对超前、滞后、即时三路相关器的累积输出进行相应的计算后，将鉴相结果作为量测信息输入到通道滤波器中。由于量测信息与状态变量之间为非线性关系，所以通道滤波器采用扩展卡尔曼滤波器。通道滤波器的状态变量为通道内的跟踪误差，主要包括伪码相位误差、载波相位误差和载波频率误差，另外还包括载波幅度和载波频率变化率误差等。通道滤波器的系统模型即为通道跟踪误差的动态模型，可表示为

$$\dot{\boldsymbol{X}} = \boldsymbol{FX} + \boldsymbol{W} \tag{11.100}$$

$$\frac{\mathrm{d}}{\mathrm{d}t}\begin{bmatrix}\varepsilon\\ \delta\varphi\\ \delta f\\ \delta a\\ A\end{bmatrix} = \begin{bmatrix} 0 & 0 & \dfrac{f_{ca}}{f_{L1}}k & 0 & 0\\ 0 & 0 & 2\pi & 0 & 0\\ 0 & 0 & 0 & 1 & 0\\ 0 & 0 & 0 & 0 & 0\\ 0 & 0 & 0 & 0 & 0\end{bmatrix}\begin{bmatrix}\varepsilon\\ \delta\varphi\\ \delta f\\ \delta a\\ A\end{bmatrix} + \begin{bmatrix}\omega_1\\ \omega_2\\ \omega_3\\ \omega_4\\ \omega_5\end{bmatrix} \tag{11.101}$$

式中，$\boldsymbol{X}=[\varepsilon,\delta\varphi,\delta f,\delta a,A]^{\mathrm{T}}$ 为通道滤波器的状态变量；ε 为以采样点数为单位表示的伪码相位误差；$\delta\varphi$ 为载波相位误差；δf 为载波频率误差；δa 为载波频率改变率误差；A 为载波幅值；$\boldsymbol{F}$ 为系统矩阵，k 为一个 C/A 码元的采样点数，与采样频率有关。

（2）深组合系统通道滤波器量测模型

通道滤波器的量测信息为伪码和载波相位鉴别函数的鉴相结果，因此量测方程可以表示为

$$\left.\begin{aligned} Z_1 &= \frac{R(\varepsilon-\delta)-R(\varepsilon+\delta)}{R(\varepsilon-\delta)+R(\varepsilon+\delta)} \\ Z_2 &= \tan^{-1}\left(\frac{Q_{PS}}{I_{PS}}\right) \end{aligned}\right\} \tag{11.102}$$

在积分间隔内载波相位误差的平均值可以近似表示为

$$\bar{\varphi}_e = \delta\varphi + 2\pi\delta f T + \pi\delta a T^2 \tag{11.103}$$

2. SINS/GPS 深组合系统主滤波器模型

(1) 深组合系统主滤波器状态模型

深组合导航系统的主滤波器系统模型与紧组合模式下的组合滤波器相似，系统误差模型包括 SINS 误差模型和 GPS 时钟等效误差模型。

1)SINS误差状态方程。SINS的误差状态包括位置误差($\delta x,\delta y,\delta z$)、速度误差($\delta v_x,\delta v_y,\delta v_z$)、姿态误差角($\phi_x,\varphi_y,\varphi_z$)、加速度计零偏($\nabla_x,\nabla_y,\nabla_z$)、陀螺仪常值漂移($\varepsilon_x,\varepsilon_y,\varepsilon_z$)、加速度计系数误差($k_{a1x},k_{a1y},k_{a1z},k_{a2x},k_{a2y},k_{a2x}$)和陀螺仪系数误差($k_{w1x},k_{w1y},k_{w1z}$)。SINS 系统误差状态方程为

$$\dot{X}_{\mathrm{I}}(t)=F_{\mathrm{I}}(t)X_{\mathrm{I}}(t)+G_{\mathrm{I}}(t)W_{\mathrm{I}}(t) \tag{11.104}$$

2)GPS 误差状态方程。GPS 的误差状态通常取两个与时间有关的误差：与时钟误差等效的距离误差 δl_{u}，与时钟频率误差等效的距离率误差 δl_{ru}。误差模型表达式：

$$\left.\begin{aligned}\delta\dot{l}_{\mathrm{u}}&=\delta l_{\mathrm{ru}}+w_{\mathrm{u}}\\ \delta\dot{l}_{\mathrm{ru}}&=\frac{\delta l_{\mathrm{ru}}}{T_{\mathrm{ru}}}+w_{\mathrm{ru}}\end{aligned}\right\} \tag{11.105}$$

式中，T_{ru} 为相关时间；$w_{\mathrm{u}},w_{\mathrm{ru}}$ 为白噪声。GPS 误差状态方程可以表示为

$$\dot{\boldsymbol{X}}_{\mathrm{G}}(t)=\boldsymbol{F}_{\mathrm{G}}(t)\boldsymbol{X}_{\mathrm{G}}(t)+\boldsymbol{G}_{\mathrm{G}}(t)\boldsymbol{W}_{\mathrm{G}}(t) \tag{11.106}$$

式中，$\boldsymbol{X}_{\mathrm{G}}$ 为误差状态变量；$\boldsymbol{W}_{\mathrm{G}}$ 为 GPS 系统噪声矢量；$\boldsymbol{F}_{\mathrm{G}}$ 为 GPS 系统状态矩阵，$\boldsymbol{G}_{\mathrm{G}}$ 为 GPS 系统噪声矩阵，则有

$$\boldsymbol{X}_G=[\delta l_{\mathrm{u}}\quad \delta l_{\mathrm{ru}}]^{\mathrm{T}},\quad \boldsymbol{W}_{\mathrm{G}}=[w_{\mathrm{u}}\quad w_{\mathrm{ru}}]^{\mathrm{T}},\quad \boldsymbol{F}_{\mathrm{G}}=\begin{bmatrix}0 & 1\\ 0 & -\dfrac{1}{T_{\mathrm{ru}}}\end{bmatrix},\quad \boldsymbol{G}_{\mathrm{G}}=\begin{bmatrix}1 & 0\\ 0 & 1\end{bmatrix}$$

将 SINS 误差状态方程与 GPS 误差状态方程合并，得到深组合系统的状态方程为

$$\begin{bmatrix}\dot{X}_{\mathrm{I}}(t)\\ \dot{X}_{\mathrm{G}}(t)\end{bmatrix}=\begin{bmatrix}F_{\mathrm{I}}(t) & 0\\ 0 & F_{\mathrm{G}}(t)\end{bmatrix}\begin{bmatrix}X_{\mathrm{I}}(t)\\ X_{\mathrm{G}}(t)\end{bmatrix}+\begin{bmatrix}G_{\mathrm{I}}(t) & 0\\ 0 & G_{\mathrm{G}}(t)\end{bmatrix}\begin{bmatrix}W_{\mathrm{I}}(t)\\ W_{\mathrm{G}}(t)\end{bmatrix} \tag{11.107}$$

$$\dot{\boldsymbol{X}}(t)=\boldsymbol{F}(t)\boldsymbol{X}(t)+\boldsymbol{G}(t)\boldsymbol{W}(t) \tag{11.108}$$

(2) 深组合系统主滤波器量测模型

真实的载体位置为$(x,y,z)^{\mathrm{T}}$，由 SINS 得到的载体位置在地球系下的坐标表示为$(x_{\mathrm{I}},y_{\mathrm{I}},z_{\mathrm{I}})^{\mathrm{T}}$，由卫星星历确定的卫星位置为$(x_{\mathrm{S}},y_{\mathrm{S}},z_{\mathrm{S}})^{\mathrm{t}}$，可以得到相应于 SINS 位置、速度的伪距 ρ_{I}、伪距率 $\dot{\rho}_{\mathrm{I}}$，而GPS接收机测得的伪距、伪距率分别为 $\rho_{\mathrm{G}},\dot{\rho}_{\mathrm{G}}$，选择SINS和GPS的伪距差和伪距率差作为组合导航系统的观测量。

① 伪距量测方程。由 SINS 到 GPS 卫星的伪距 ρ_{I} 可表示为

$$\rho_{\mathrm{I}}=[(x_{\mathrm{I}}-x_{\mathrm{S}})^2+(y_{\mathrm{I}}-y_{\mathrm{S}})^2+(z_{\mathrm{I}}-z_{\mathrm{S}})^2]^{\frac{1}{2}} \tag{11.109}$$

令 $r=[(x-x_{\mathrm{S}})^2+(y-y_{\mathrm{S}})^2+(z-z_{\mathrm{S}})^2]^{\frac{1}{2}}$，在载体真实位置处将上式进行泰勒展开，且

取到一阶项，则有 $\rho_{\mathrm{I}}=r+e_1\delta x+e_2\delta y+e_3\delta z$，其中，$e_1=\dfrac{x-x_{\mathrm{S}}}{r}$，$e_2=\dfrac{y-y_{\mathrm{S}}}{r}$，$e_3=\dfrac{z-z_{\mathrm{S}}}{r}$。

由 GPS 接收机相对于卫星测得的伪距为

$$\rho_{\mathrm{G}}=r+\delta t_{\mathrm{u}}+u_{\rho} \tag{11.110}$$

对 GPS 伪距 ρ_{G} 和相应的 SINS 伪距 ρ_{I} 进行比较，得到伪距量测方程

$$\delta\rho=\rho_{\mathrm{I}}-\rho_{\mathrm{G}}=e_1\delta x+e_2\delta y+e_3\delta z-\delta t_{\mathrm{u}}-\upsilon_{\rho} \tag{11.111}$$

② 伪距率量测方程。载体相对于 GPS 卫星运动，而 SINS 安装在载体上，则 SINS 与卫星间的距离变化率可以表示为

$$\begin{aligned}\dot{\rho}_{\mathrm{I}}=&e_1(\dot{x}_{\mathrm{I}}-\dot{x}_{\mathrm{S}})+e_2(\dot{y}_{\mathrm{I}}-\dot{y}_{\mathrm{S}})+e_3(\dot{z}_{\mathrm{I}}-\dot{z}_{\mathrm{S}})=\\&e_1(\dot{x}-\dot{x}_{\mathrm{S}})+e_2(\dot{y}-\dot{y}_{\mathrm{S}})+e_3(\dot{z}-\dot{z}_{\mathrm{S}})+e_1\delta\dot{x}+e_2\delta\dot{y}+e_3\delta\dot{z}\end{aligned} \tag{11.112}$$

式中，$\dot{x}_{\mathrm{I}}=\dot{x}+\delta\dot{x}$，$\dot{y}_{\mathrm{I}}=\dot{y}+\delta\dot{y}$，$\dot{z}_{\mathrm{I}}=\dot{z}+\delta\dot{z}$。

由 GPS 接收机测得的伪距变化率为

$$\dot{\rho}_{\mathrm{G}}=e_1(\dot{x}-\dot{x}_{\mathrm{s}})+e_2(\dot{y}-\dot{y}_{\mathrm{s}})e_3(\dot{z}-\dot{z}_{\mathrm{s}})+\delta t_{\mathrm{ru}}+\upsilon_{\dot{\rho}} \tag{11.113}$$

对 SINS 和 GPS 的伪距率进行比较，得到伪距率量测方程为

$$\delta\dot{\rho}=\dot{\rho}_{\mathrm{I}}-\dot{\rho}_{\mathrm{G}}=e_1\delta\dot{x}+e_2\delta\dot{y}+e_3\delta\dot{z}-\delta t_{\mathrm{ru}}-\upsilon_{\dot{\rho}} \tag{11.114}$$

③ 坐标转换。如果 SINS 的导航解算在发射点惯性坐标系下进行，而 GPS 是以协议地球坐标系为基准坐标系，因此在建立量测模型时需考虑坐标转换问题，需要将所有的观测量转换到协议地球坐标系中。

将发射点惯性系下的位置、速度转换到协议地球坐标系中，可表示为

$$\boldsymbol{X}_{\mathrm{e}}=\boldsymbol{C}_{\mathrm{c}}^{\mathrm{e}}(\boldsymbol{C}_{\mathrm{i}}^{\mathrm{c}}\boldsymbol{X}_{\mathrm{i}}+\boldsymbol{X}_0) \tag{11.115}$$

$$\boldsymbol{V}_{\mathrm{e}}=\boldsymbol{C}_{\mathrm{i}}^{\mathrm{e}}\boldsymbol{V}_{\mathrm{i}}-\boldsymbol{C}_{\mathrm{c}}^{\mathrm{e}}\boldsymbol{W}_{\mathrm{e}}(\boldsymbol{C}_{\mathrm{i}}^{\mathrm{c}}\boldsymbol{X}_{\mathrm{i}}+\boldsymbol{X}_0) \tag{11.116}$$

式中，$\boldsymbol{X}_i$，$\boldsymbol{V}_i$ 分别为发射点惯性系下的载体位置和速度；$\boldsymbol{X}_0$ 为发射点在地心惯性系中的位置坐标；$\boldsymbol{C}_{\mathrm{i}}^{\mathrm{e}}$ 为发射点惯性坐标系到地球坐标系的转换矩阵；$\boldsymbol{C}_{\mathrm{c}}^{\mathrm{e}}$ 为地心惯性坐标系到地球系的转换矩阵；$\boldsymbol{C}_{\mathrm{i}}^{\mathrm{c}}$ 为发射点惯性系到地球系的转换矩阵；$\boldsymbol{W}_{\mathrm{e}}$ 为地球自转角速度矢量在地球系中的叉乘矩阵。

因此，协议地球坐标系中的位置、速度误差为

$$\delta\boldsymbol{X}_{\mathrm{e}}=\boldsymbol{C}_{\mathrm{i}}^{\mathrm{e}}\delta\boldsymbol{X}_i \tag{11.117}$$

$$\delta\boldsymbol{V}_{\mathrm{e}}=\boldsymbol{C}_{\mathrm{i}}^{\mathrm{e}}\delta\boldsymbol{V}_{\mathrm{i}}-\boldsymbol{C}_{\mathrm{c}}^{\mathrm{e}}\boldsymbol{W}_{\mathrm{e}}\boldsymbol{C}_{\mathrm{i}}^{\mathrm{c}}\delta\boldsymbol{X}_{\mathrm{i}} \tag{11.118}$$

④ 组合系统量测方程。假设 GPS 接收机选择四颗最佳导航星座来解算载体的位置和钟差，则伪距、伪距率量测方程各为 4 个，则组合系统的量测方程可以表示为

$$\boldsymbol{Z}=\boldsymbol{HX}+\boldsymbol{V} \tag{11.119}$$

式中：$\boldsymbol{Z}$ 为观测矢量；$\boldsymbol{H}$ 为观测矩阵；$\boldsymbol{V}$ 为量测噪声序列，则有

$$\boldsymbol{Z}=[\rho_1\quad\rho_2\quad\rho_3\quad\rho_4\quad\dot{\rho}_1\quad\dot{\rho}_2\quad\dot{\rho}_3\quad\dot{\rho}_4],\quad \boldsymbol{V}=[\upsilon_{\rho1}\quad\upsilon_{\rho2}\quad\upsilon_{\rho3}\quad\upsilon_{\rho4}\quad\upsilon_{\dot{\rho}1}\quad\upsilon_{\dot{\rho}2}\quad\upsilon_{\dot{\rho}3}\quad\upsilon_{\dot{\rho}4}]$$

$$\boldsymbol{H}=\begin{bmatrix}H_{\rho}\\H_{\dot{\rho}}\end{bmatrix}=\begin{bmatrix}E\cdot C_{\mathrm{i}}^{\mathrm{e}} & 0 & 0_{4\times18} & -I_{4\times1} & 0\\-EC_{\mathrm{c}}^{\mathrm{e}}W_{\mathrm{e}}C_{\mathrm{i}}^{\mathrm{c}} & EC_{\mathrm{i}}^{\mathrm{e}} & 0_{4\times18} & 0 & -I_{4\times1}\end{bmatrix}_{8\times26}$$

$$\boldsymbol{E}=\begin{bmatrix}e_{11} & e_{12} & e_{13}\\e_{21} & e_{22} & e_{23}\\e_{31} & e_{32} & e_{33}\\e_{41} & e_{42} & e_{43}\end{bmatrix}$$

11.3.6 SINS/GPS 组合导航系统性能仿真验证举例

1. 紧组合与松组合系统的性能比较

(1) 仿真条件

根据前面建立的松组合与紧组合系统模型，对组合系统性能进行仿真。仿真过程中，在等效初始条件下，分别采用SINS/GPS紧组合和松组合方式对SINS的导航结果进行校正。通过对比最终的导航误差来比较两种组合方式的导航性能。同时，为了比较两种组合方式的抗干扰性能，在 90 ～ 130 s 期间，可用星数目降为 2 颗。

利用轨迹发生器产生战斗机飞行轨迹，飞机飞行过程包括起飞、爬升、转弯、加速、减速、平飞等飞行状态。利用 SINS 模拟器产生 SINS 测量数据。具体仿真条件为：飞机初始位置为东经 116°，北纬 40°，导航坐标系为当地地理坐标系，飞行过程约 300 s；陀螺仪的常值漂移为 2°/h，白噪声均方差为 0.02°/h；加速度计的常值零偏为 $1\times10^{-4}\ g$，加速度计白噪声均方差为 $1\times10^{-6}\ g$；伪距、伪距率的白噪声均方差分别为 30 m 和 0.05 m/s；SINS 系统的输出频率为 100 Hz，GPS 系统的输出频率为 10 Hz，组合系统的数据输出频率为 100 Hz。

(2) 仿真结果

① 无干扰情况下对比。根据上面的仿真条件，在无干扰情况下(即可用星数目一直大于 3 时)，分别得到紧组合和松组合系统仿真结果。图 11－12 所示为单纯 SINS 的位置误差，图 11－13 ～ 图 11－15 所示分别为紧组合与松组合系统位置误差对比结果。

通过图 11－12 可以看到，单纯 SINS 导航系统的位置误差随着时间的增加而逐渐积累发散。图 11－13 ～ 图 11－15 所示的结果表明，利用 GPS 与 SINS 进行组合导航，无论是紧组合还是松组合都可以有效地抑制惯导误差的发散，提供更精确的导航结果。

通过对比图 11－13 ～ 图 11－15 中的数据可以看到，紧组合比松组合系统收敛速度更快，稳态误差更小。松组合采用的量测信息是 GPS 输出的位置和速度，GPS 的位置和速度通常是相关的(在 GPS 接收机内部采用卡尔曼滤波器的情况下尤为严重)，而紧组合系统采用的是接收机用于定位解算的原始信息(伪距和伪距率)，克服了松组合方式中相关量测问题，提高了系统的导航精度。在 GPS 接收机的位置和速度解算过程中，使用了伪距和伪距率，因此在得到的位置和速度中，除了包含有 GPS 伪距和伪距率误差外，还有数据计算误差和数据延迟误差。这使得利用伪距和伪距率作为量测信息的紧组合系统比采用位置、速度作为量测信息的松组合系统的误差收敛更快，误差更小。

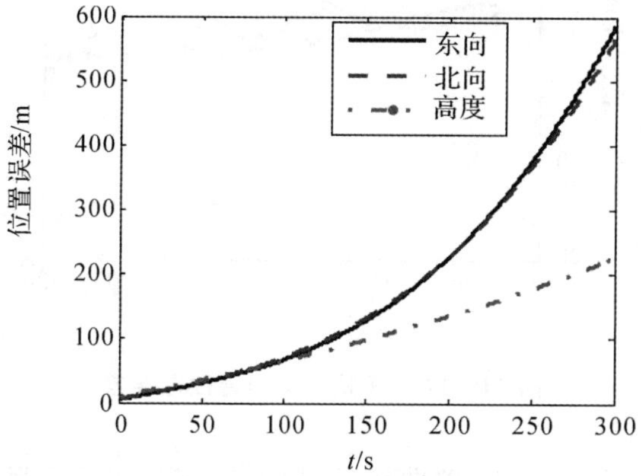

图 11-12　单纯 SINS 位置误差

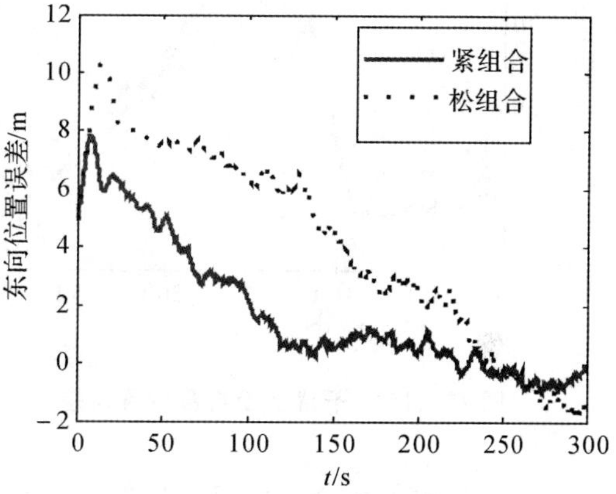

图 11-13　东向位置误差

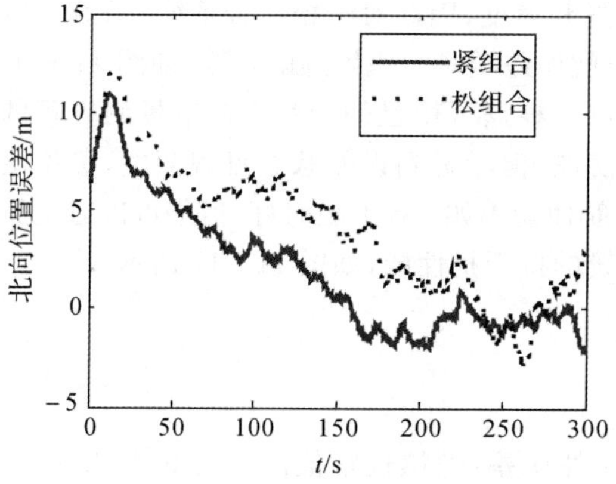

图 11-14　北向位置误差对比

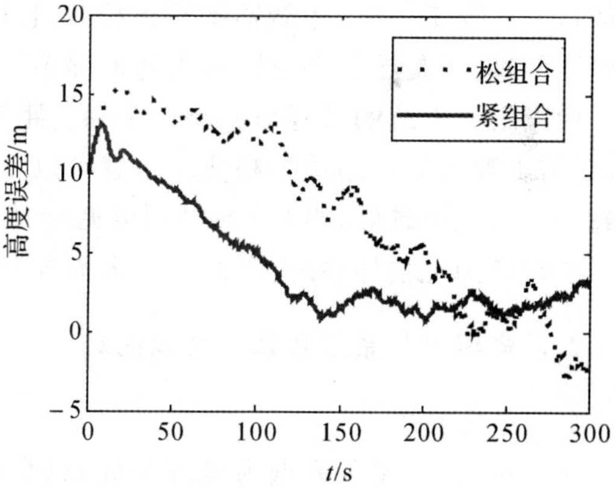

图 11-15　高度误差对比

② 有干扰情况下对比。为了验证在不良的导航环境下，紧组合系统与松组合系统的导航性能，在 90 ～ 130 s 期间，可用星数目减小为 2 颗，随后恢复成 4 颗。

图 11-16 和图 11-17 所示分别是在受干扰情况下，松组合与紧组合的位置误差。

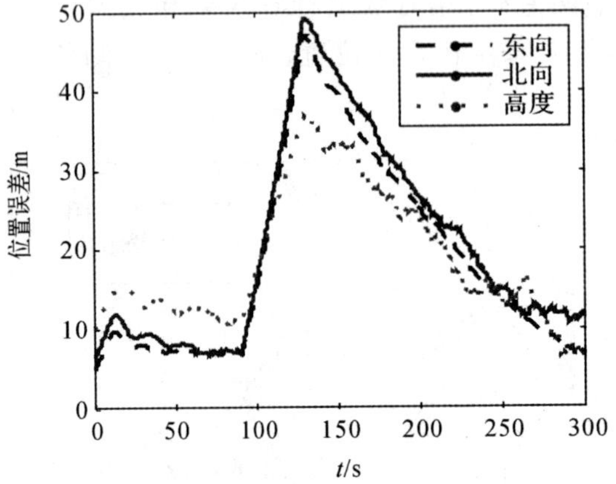

图 11-16 干扰下松组合位置误差

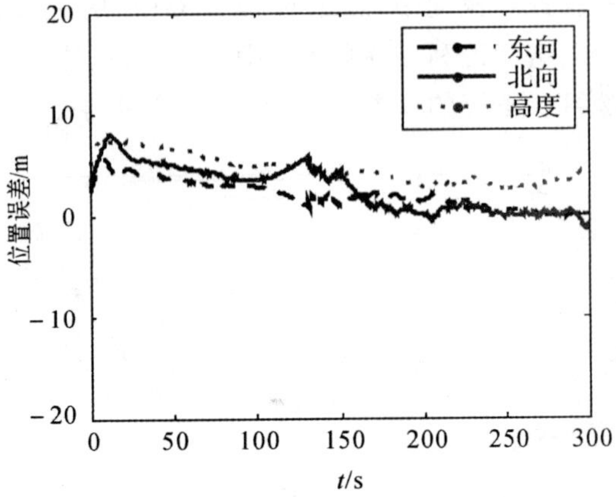

图 11-17 干扰下紧组合位置误差

通过对比紧组合与松组合导航系统在受干扰情况下的误差曲线，可以看出在可用星数目不足时，相对于松组合系统，紧组合系统可以大大提高系统的导航性能，即紧组合方式增强了导航系统的环境适应能力。在 90 ～ 130 s 期间，可用星数目减小到 2，由于 GPS 接收机在可用星数目大于等于 4 时，才能够解算出接收机的位置和速度，因此对于松组合系统，GPS 不能提供量测信息，于是导航系统转换为纯惯导系统，导航误差随时间积累逐渐发散，如图 11-16 所示。而紧组合系统的量测信息是伪距和伪距率，可以根据可用星的个数来调节量测方程的维数，仅需 1 颗可见星的伪距和伪距率就可以实现滤波，但考虑到误差状态可观测度，可见星数目越多可观测度越好，当有 2 或 3 颗可见星时，导航性能不如 4 颗卫星时好，但仍可以避免紧组合系统转换为纯惯导系统，因此可以大大提高系统的抗干扰性能，如图 11-17 所示。

2. 超紧组合与紧组合系统性能比较

(1) 仿真条件

仿真中，导航坐标系选为地理坐标系；惯性元件误差：陀螺仪常值漂移为 0.3°/h，白噪声均方差为 0.02°/h，一次项系数为 5×10^{-6}；加速度计常值零偏为 100 μg，白噪声均方差为 10 μg，一次项系数为 1×10^{-4}。在常规条件下，以 2 MHz 的输入带宽为参考，接收机输入端的信噪比约为 −19 dB，因此实验中设定强干扰环境中信噪比为 −30 dB。

(2) 仿真结果

① 信号中断情况下系统性能比较。仿真中假定在信号接收过程中 300 ～ 500 s 信号中断，在 500 s 处重新捕获、跟踪 GPS 信号。图 11-18 和图 11-19 所示分别为信号中断情况下紧组合、超紧组合系统的位置误差。

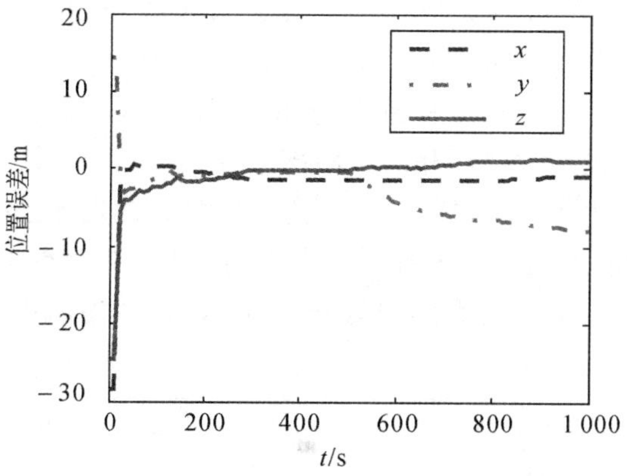

图 11-18　紧组合系统位置误差

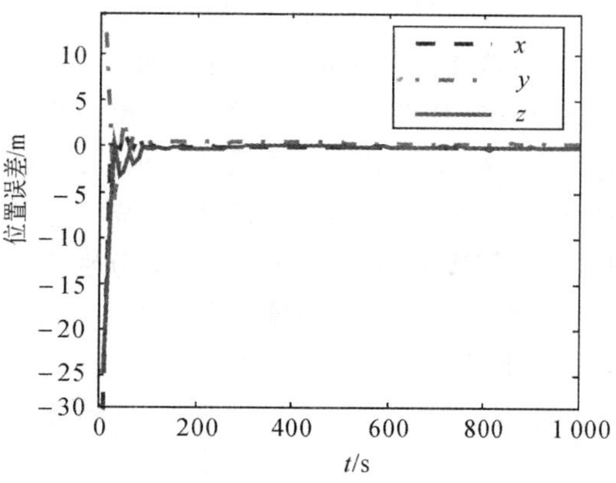

图 11-19　超紧组合系统位置误差

信号中断时，GPS 无法正常工作，组合导航系统依靠 SINS 提供导航参数；信号恢复时，超紧组合系统中 GPS 跟踪环路依靠 SINS 提供的辅助信息重新锁定 C/A 码相位和载波频率，而紧组合系统中 GPS 接收机需要重新捕获信号。超紧组合系统在信号恢复时，由于伪码相位的偏移速率较低，根据 SINS 提供的伪距估计信息能够迅速地重新锁定伪码跟踪回路，因而超紧组合系统的位置参数精度基本不受影响；从误差曲线可以看出，超紧组合系统的导航误差迅速收敛，误差范围与信号中断前相差不大，稳态位置误差小于 4 m。而紧密组合系统由于信号中断的影响，导航精度下降，y 方向的位置误差增大到 8 m。

② 噪声环境中系统抗干扰性能比较。由于常规条件下接收机输入端的信噪比约为 −19 dB，因此在 300 ~ 500 s 施加 −30 dB 的噪声干扰。

如图 11-20 和图 11-21 所示分别为紧组合、超紧组合系统的速度误差。施加干扰时紧组合系统的速度误差增大，且干扰消失后导航精度需要较长时间才能恢复；而超紧组合系统中，即使由于噪声影响导致载波环跟踪误差增大，PLL 仍能通过 SINS 频率辅助、跟踪误差估计及载波频率精调等，将速度误差限制在 0.05 m/s 范围内，并且噪声消失后 PLL 能够准确地锁定载波频率。

3. 深组合系统性能验证

(1) 仿真条件

导航坐标系选为发射点惯性系；弹道导弹的惯性元件误差：陀螺仪常值漂移 0.3°/h，白噪声均方差 0.02°/h，一次项系数 5×10^{-6}；加速度计常值零偏 100μg，白噪声均方差 10μg，一次项系数 1×10^{-4}，二次项系数 10μg。在弹道轨迹的主动段，SINS 单独运行，自 117s 关机点开始导航系统切换到深组合模式下工作。

在 SINS/GPS 深组合系统中，在导航系统切换到深组合模式之前，SINS 和 GPS 接收机各自独立运行，而 GPS 的信号捕获及初始跟踪都在此阶段内完成。因此在组合系统开始工作后，GPS 软件接收机的主要任务就是维持矢量跟踪锁定并输出伪距、伪距率量测信息。在 GPS 软件接收机信号处理模块中，预检测积分时间为 1 ms，采样频率为 30 MHz，采样后信号中频为 7 MHz。独立工作模式下的 GPS 跟踪环路包括载波环和码环两部分，载波环噪声带宽为 10 Hz，阻尼因子为 0.707，超前滞后的相关间隔为 10 个采样点，码环为二阶延迟锁定环，噪声带宽 2.5 Hz，载波环和码环增益分别为 0.3 和 0.5。组合系统数据输出周期为 10 ms。在常规条件下，以 2 MHz 的输入带宽为参考，接收机输入端的信噪比约为 －19 dB，因此实验中设定强干扰环境中信号信噪比为 －30 dB。

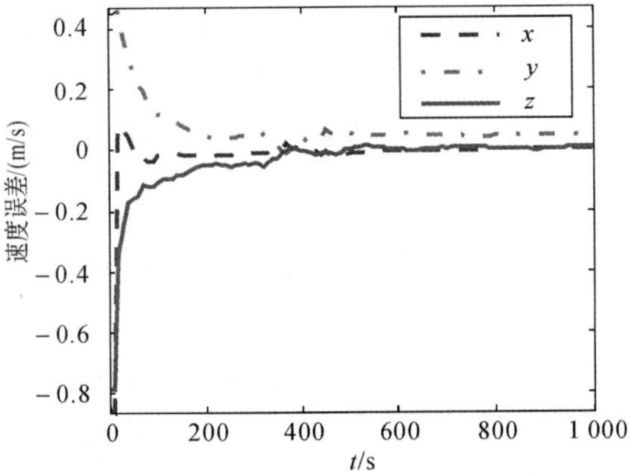

图 11－20 紧密组合系统速度误差

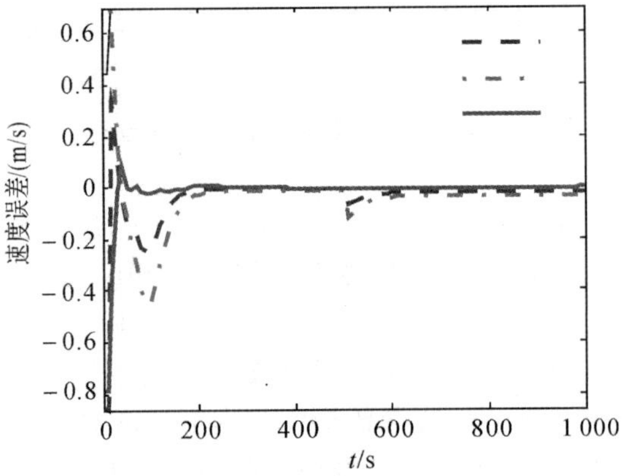

图 11－21 超紧组合系统速度误差

（2）仿真结果

为了验证采用矢量跟踪方法的 SINS/GPS 深组合系统的工作性能，对独立运行的 GPS 矢量跟踪接收机和 SINS/GPS 深组合系统分别进行了实验。下面根据实验结果对矢量跟踪接收机和深组合系统的工作性能进行具体分析。

① 基于矢量跟踪的 GPS 接收机性能。

图 11－22 所示为 GPS 矢量跟踪接收机独立工作时的导航定位误差。图 11－22(a) 和图 11－22(b) 分别表示 GPS 矢量跟踪接收机载波跟踪和伪码跟踪得到的多普勒频率、伪距跟踪误差。由四通道的多普勒频率误差曲线，可以发现在矢量跟踪模式下初始阶段四个通道的多普勒频移误差较大，而平稳阶段多普勒频移误差能够稳定在 1 Hz 范围内。由伪距误差曲线可以看出，四个通道内的伪距误差基本保持在 3 m 范围内，小于 0.5 个采样点间隔所代表的距离(5m)，这表明矢量跟踪接收机独立工作时伪码跟踪回路性能稳定。图 11－22(c) 和图 11－22(d) 分别表示矢量跟踪接收机的定位和测速误差。由 GPS 定位误差曲线，可以看出在矢量跟踪模式下接收机三个方向的定位误差都小于 5 m，z 方向的位置误差基本保持在 2 m 范围内，而 x，y 方向的位置误差波动幅度稍大些，误差范围为 2 ～ 4 m。在矢量跟踪开始约 100

ms 之后，GPS 的速度误差能够保持在 0.5 m/s 范围内，在 300 ～ 700 ms 载体机动性较高时速度误差曲线波动幅度较大，而平稳阶段三个方向的速度误差能够稳定在 0.5 m/s 范围内。

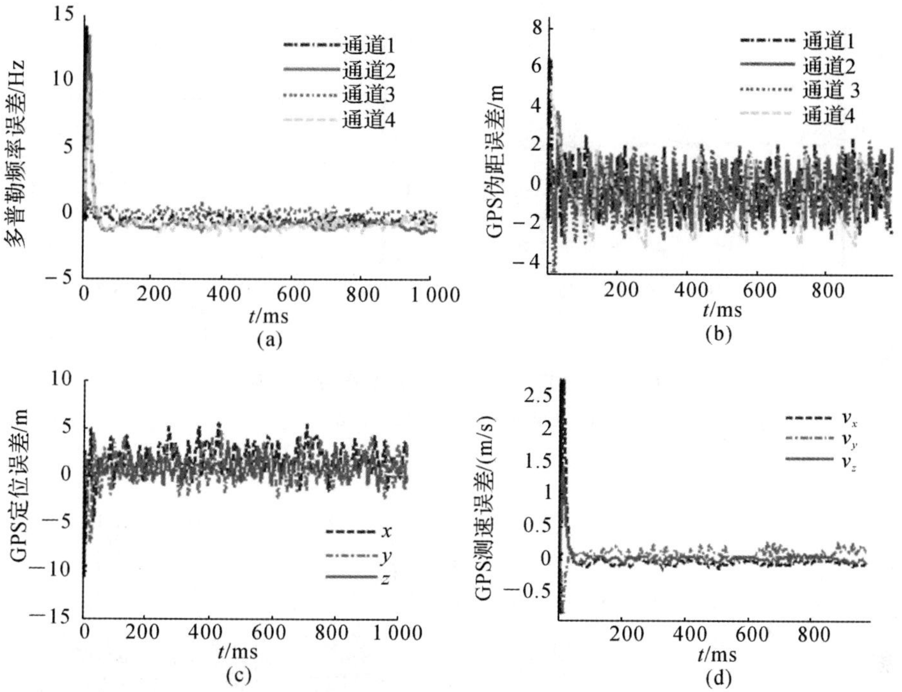

图 11－22　矢量跟踪 GPS 接收机的导航定位误差

(a) 多普勒频率误差；(b) 伪距误差；(c) 定位误差；(d) 测速误差

②SINS/GPS 深组合系统性能。

图 11－23 所示为基于矢量跟踪的 SINS/GPS 深组合系统的位置、速度误差曲线，图 11－24 所示分别为 SINS/GPS 深组合系统中载波和伪码跟踪得到的多普勒频率误差和伪距误差。在基于矢量跟踪的 SINS/GPS 深组合结构中，在组合滤波器根据 SINS 和 GPS 的量测信息估计出导航参数的误差状态后，由校正后的导航参数与星历数据可以计算出接收到各颗卫星的视线距离和距离率，并由此换算为 GPS 信号跟踪所需的伪码相位和多普勒频率(载波频率) 参数，用于矢量跟踪结构中的伪码和载波跟踪。由误差曲线可以看出，在深组合系统开始工作之后，系统位置、速度误差迅速收敛，并且稳定在一个很小的误差范围内。稳定状态下，三个方向的位置误差保持在 2m 范围内，而速度误差则小于 0.05m/s。

图 11－25 所示为深组合系统中 GPS 的测速和定位误差。在 SINS/GPS 深组合结构中，为保证系统的可靠性和冗余性，GPS 导航解算环节和组合导航处理器都输出导航信息，这样即使系统某部分发生故障，GPS 或 SINS 也能够独立工作组合。导航处理器输出的导航信息即为深组

合系统的最终输出。对比图 11-22、图 11-23 和图 11-25 可见，SINS/GPS 深组合系统输出的位置、速度参数精度远高于 SINS 和基于矢量跟踪的 GPS 接收机独立工作时的导航精度。

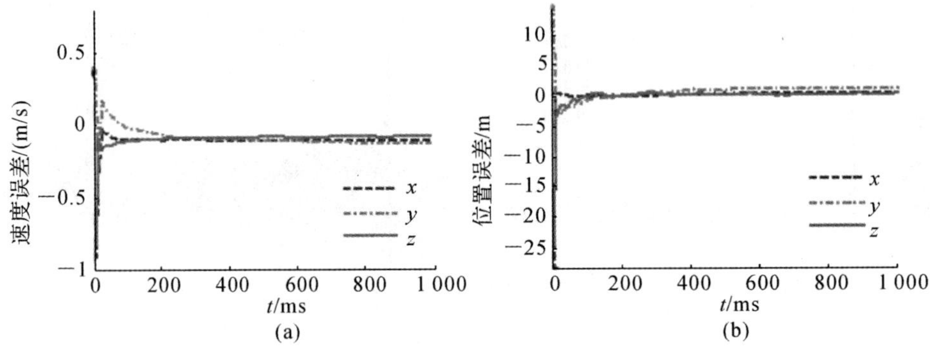

图 11-23 SINS/GPS 深组合系统导航误差

(a) 速度误差； (b) 位置误差

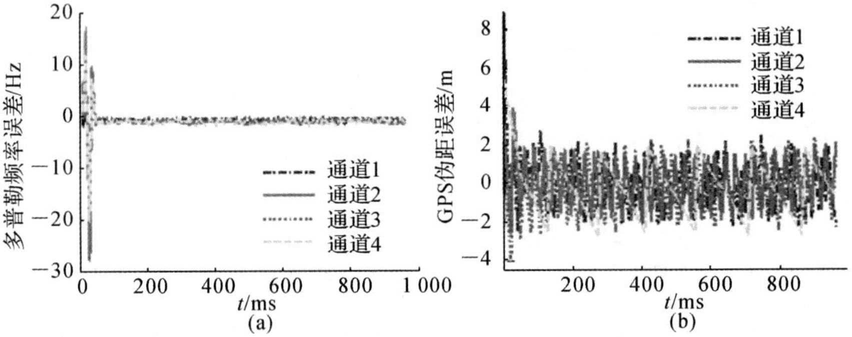

图 11-24 SINS/GPS 深组合系统跟踪误差

(a) 多普勒频率误差； (b) 伪距误差

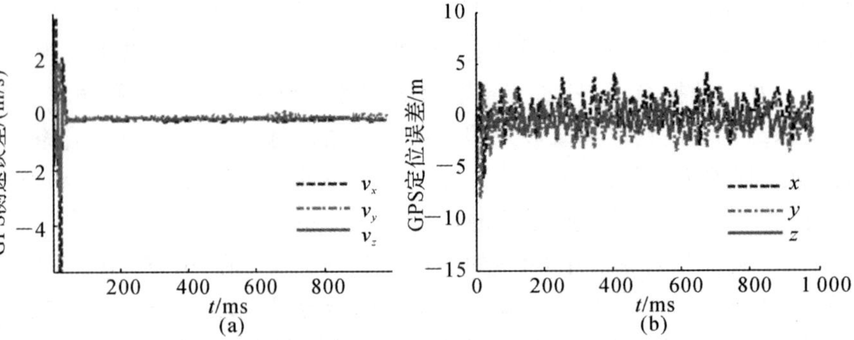

图 11-25 SINS/GPS 深组合系统中 GPS 导航定位误差

(a) 测速误差； (b) 定位误差

③ 信号中断情况下 SINS/GPS 深组合系统性能。图 11-26 所示为 300～500 ms 四颗卫星信号同时中断情况下，SINS/GPS 深组合系统的多普勒频率、伪距跟踪误差和速度、位置误差。在 300～500 ms 信号中断期间，接收机无法接收四颗卫星信号，GPS 伪码跟踪和载波跟踪受到影响，此时深组合系统不再对 SINS 导航信息与 GPS 测量信息进行数据融合，而是将 SINS 导航参数作为最终输出；同时，根据 SINS 位置、速度参数以及接收机中保存的卫星参数，计算伪码相位和载波频率参数，用来维持伪码相位和载波频率矢量跟踪回路的运行，并为信号重捕获做准备。但是，此时矢量跟踪回路中不包含信号的有效信息，因此无须输出测量信息。由图 11-26(a)(b) 中的误差曲线可以看出，根据 SINS 提供的跟踪参数能够维持矢量跟踪回路的运行，信号中断期间，伪距跟踪误差最大为 5 m，多普勒频率跟踪误差最大约为 5 Hz，与正常情况下 GPS 接收机的跟踪精度相差不大。

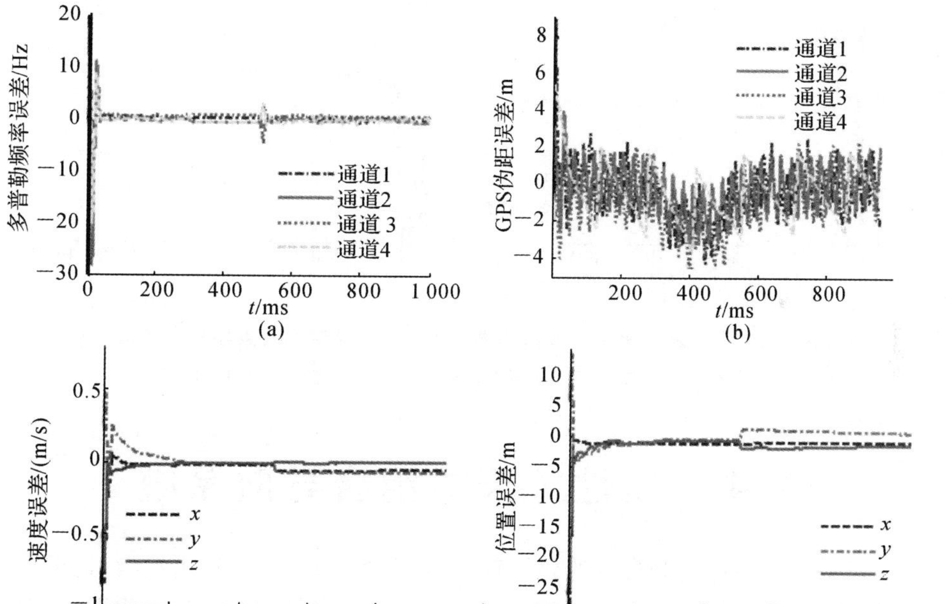

图 11-26　四颗卫星信号同时中断时 SINS/GPS 深组合系统导航性能

(a) 多普勒频率误差；(b) 伪距误差；(c) 速度误差；(d) 位置误差

图 11-27 所示为 300～500 ms 一颗卫星信号中断情况下，SINS/GPS 深组合系统的多普勒频率、伪距跟踪误差和速度、位置误差。对比图 11-25～图 11-27 可以看出，在 300～500 ms 时间段内，通道 1 中的卫星信号中断，其他通道内的信号跟踪正常。在矢量跟踪回路中，卡尔曼滤波器对所有可视卫星跟踪通道输出的测量信息进行信息融合，并且 SINS 可以提供精度较高的跟踪参数估计信息，用来辅助通道 1 进行伪码相位和载波频率跟踪，因此信号中断对接

收机的矢量跟踪精度和深组合系统的导航性能的影响不大。

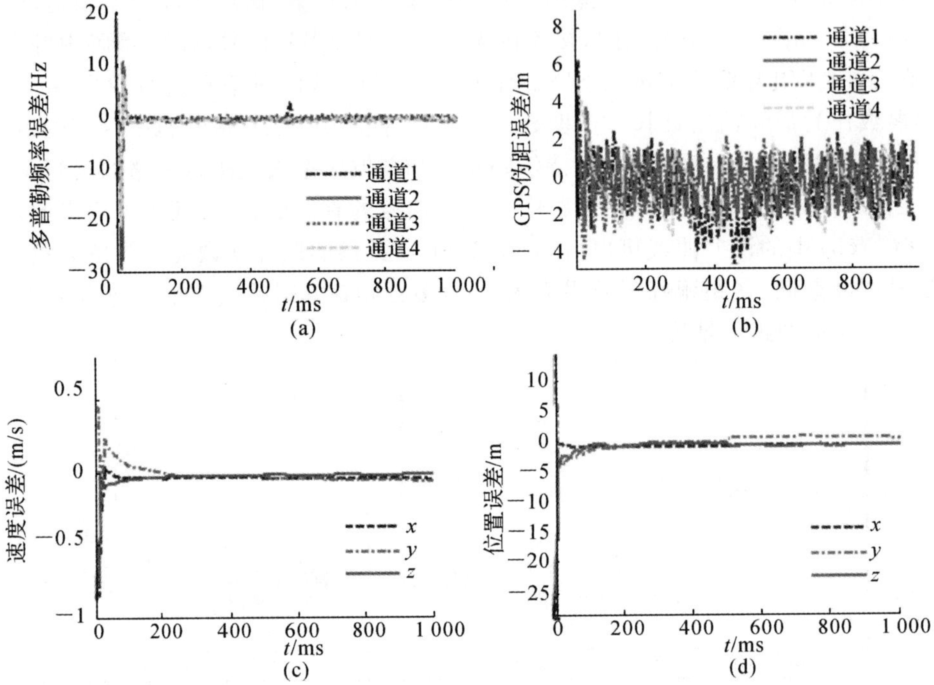

图 11-27　一颗卫星信号同时中断时 SINS/GPS 深组合系统导航性能

(a) 多普勒频率误差；(b) 伪距误差；(c) 速度误差；(d) 位置误差

11.4　惯性/天文组合导航系统

惯导系统(INS)是一种完全自主的导航技术，具有短时精度高、输出连续、抗干扰能力强、导航信息完整等优点。但是其导航误差随时间积累，难以长时间独立工作，需要与其他导航系统进行组合导航以提高导航性能。天文导航系统(CNS)主要利用恒星来进行导航，隐蔽性好、自主性强，并且导航精度不受时间、距离长短的影响，能够提供姿态与位置信息，但是其定位精度不高，且输出不连续，无法提供飞行器的速度信息。

由于惯导系统、天文导航系统各有优缺点，将两者结合起来进行组合导航，可以实现优势互补。惯性/天文组合导航以惯性导航为主体，利用天文导航系统的量测信息对惯导误差进行估计、校正，进而获得高精度的导航信息。惯性/天文组合导航具有下述优势。

(1) 导航精度高

由于天文导航系统姿态测量精度可以达到角秒级，因此惯性/天文组合导航系统理论上可以获得较高的导航精度，特别适用于远程、长航时的飞行器，如长航时无人机、空天往返飞行器、临近空间飞行器等。

（2）使用范围广

惯性／天文组合导航不受地域、空间和时域的限制，发展空间极其广泛，可实现全球、全天候的自主导航。

（3）自主性强、隐蔽性好、可靠性高

惯性／天文组合导航系统以恒星作为观测目标，根据恒星在天空中的固有运动规律来确定载体在空间的参数，通过与惯性导航信息结合，来获得最后的导航信息，是一种完全自主的导航方式；无须与外界通信，不向外辐射能量，隐蔽性高；恒星在空间的运动规律不受人为破坏，不怕外界电磁干扰，从根本上保证了系统的可靠性。

因此，惯性／天文组合导航越来越受到各国的重视，已成为组合导航系统的重要组成部分。目前，按照组合方式的不同，惯性／天文组合导航可以分为以下四种模式：简单组合模式、基于陀螺仪漂移校正的组合模式、深组合模式和基于全面最优校正的组合模式。下面对这几种惯性／天文组合模式进行介绍。

11.4.1　惯性／天文简单组合模式

1. 简单组合原理

在惯性／天文简单组合模式中，惯导系统独立工作，提供位置、速度、姿态等导航信息；基于星图匹配的星敏感器能够自主地确定载体相对于惯性空间的姿态，与惯导系统提供的基准信息相结合，可获得载体的位置、姿态信息。然后，利用天文导航系统输出的位置姿态信息，直接对惯导系统的输出进行校正，可以提高惯导系统的精度。其原理如图 11－28 所示。

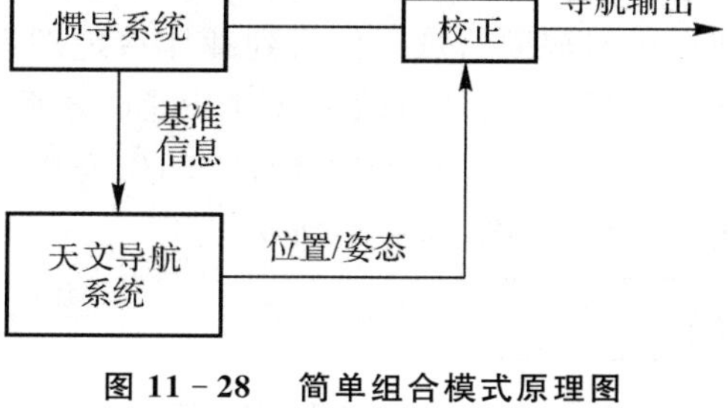

图 11－28　简单组合模式原理图

2. 简单组合系统数学模型

采用位置校正时，利用大视场星敏感器，天文导航系统可以直接输出载体相对于惯性空间的姿态信息$\widetilde{C}_i^b$，与惯导系统输出的捷联矩阵$\hat{C}_b^n$相结合，可以得到包含位置信息的矩阵$\widetilde{C}_e^n$：

$$\widetilde{C}_e^n=\hat{C}_b^n\widetilde{C}_i^b C_e^i \tag{11.120}$$

式中，$\widetilde{C}_e^n$为地球坐标系与导航坐标系之间的方向余弦矩阵；C_e^i为地球坐标系与惯性坐标系之间的方向余弦矩阵，它可根据时间基准得到。

根据$\widetilde{C}_e^n$的定义，可以得到载体的经、纬度坐标(λ,L)分别为$\lambda=\arctan(\widetilde{C}_e^n(3,2)/\widetilde{C}_e^n(3,1))$，$L=\arcsin(\widetilde{C}_e^n(3,3))$。然后，利用天文位置信息直接对惯导系统输出的位置信息进行校正。

采用姿态校正时，将大视场星敏感器输出的$\widetilde{C}_i^b$与惯导系统提供的$\hat{C}_e^n$相结合，可以得到捷联矩阵$\widetilde{C}_b^n$：

$$\widetilde{C}_b^n=\hat{C}_e^n C_i^e\widetilde{C}_b^i \tag{11.121}$$

根据捷联矩阵$\widetilde{C}_b^n$的定义，可以得到载体的三轴姿态角为$\theta=\arcsin\widetilde{C}_b^n(3,2)$，$\varphi=\arctan[\widetilde{C}_b^n(1,2)/\widetilde{C}_b^n(2,2)]$、$\gamma=-\arctan[\widetilde{C}_b^n(3,1)/\widetilde{C}_b^n(3,3)]$。然后，利用天文姿态信息直接对惯导系统输出的姿态进行校正。

这样，根据式(11.120)和式(11.121)，天文导航系统直接对惯导系统输出的位置、姿态信息进行校正，以减小惯导系统的累积误差，提高导航系统的精度。

11.4.2 基于陀螺仪漂移校正的组合模式

1. 基于陀螺仪漂移校正的组合原理

大视场星敏感器可以在不需要任何外部基准信息的前提下，输出高精度的惯性姿态信息。星敏感器利用惯导系统提供的辅助信息可以得到载体在地理系下的姿态信息，再与惯导系统输出的姿态信息相结合，利用最优估计算法估计并补偿惯导系统中陀螺仪漂移误差，可以有效地修正惯导系统的导航误差。基于陀螺仪漂移校正的组合模式由惯性导航模块、天文导航模块和信息融合模块构成，其原理如图11-29所示。

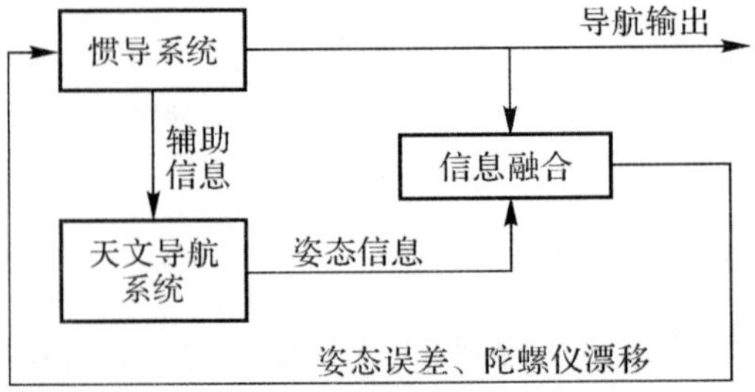

图11-29 基于陀螺仪漂移校正的组合模式原理图

① 惯性导航模块：惯导系统利用惯性测量元件的输入，解算出飞行器的位置、速度和姿态信息；并利用信息融合模块提供的平台失准角误差、陀螺仪漂移误差对惯导解算过程进行校正。同时，惯性导航模块为信息融合模块提供地理系姿态信息，向天文导航模块提供位置信息。

② 天文导航模块：天文导航系统利用大视场星敏感器直接输出飞行器相对于惯性系的姿态信息，并在惯导系统提供的位置信息的辅助下输出地理系下的姿态信息。该模块可为信息融合模块提供姿态信息。

③ 信息融合模块：信息融合模块采用卡尔曼滤波算法进行信息融合。首先利用天文导航模块和惯性导航模块提供的姿态信息求得平台失准角误差；然后以惯导系统误差方程为状态方程，将平台失准角误差作为观测量进行卡尔曼滤波，得到平台失准角误差和陀螺仪漂移误差的估计值，并用导航误差的估计值对惯导解算过程进行校正。

2. 基于陀螺仪漂移校正的组合系统数学模型

(1) 状态方程

选择东-北-天地理坐标系作为导航坐标系，状态方程由惯导系统的平台失准角误差方程构成，平台失准角误差方程可以写成

$$\left.\begin{aligned}
\dot{\varphi}_{\mathrm{E}} &= -\frac{\delta v_{\mathrm{N}}}{R_{\mathrm{M}}+h}+\left(\omega_{\mathrm{ie}}\sin L+\frac{v_{\mathrm{E}}}{R_{\mathrm{N}}+h}\tan L\right)\varphi_{\mathrm{N}}-\left(\omega_{\mathrm{ie}}\cos L+\frac{v_{\mathrm{E}}}{R_{\mathrm{N}}+h}\right)\varphi_{\mathrm{U}}+ \\
&\quad \frac{v_{\mathrm{N}}}{(R_{\mathrm{N}}+h)^{2}}\delta h-\varepsilon_{\mathrm{E}} \\
\dot{\varphi}_{\mathrm{N}} &= \frac{\delta v_{\mathrm{E}}}{R_{\mathrm{N}}+h}-\left(\omega_{\mathrm{ie}}\sin L+\frac{v_{\mathrm{E}}}{R_{\mathrm{N}}+h}\tan L\right)\varphi_{\mathrm{E}}-\frac{v_{\mathrm{N}}}{R_{\mathrm{M}}+h}\varphi_{\mathrm{U}}-\omega_{\mathrm{ie}}\sin L\delta L- \\
&\quad \frac{v_{\mathrm{E}}}{(R_{\mathrm{M}}+h)^{2}}\delta h-\varepsilon_{\mathrm{N}} \\
\dot{\varphi}_{\mathrm{U}} &= \frac{\delta v_{\mathrm{E}}}{R_{\mathrm{N}}+h}\tan L+\left(\omega_{\mathrm{ie}}\cos L+\frac{v_{\mathrm{E}}}{R_{\mathrm{N}}+h}\right)\varphi_{\mathrm{E}}+\frac{v_{\mathrm{N}}}{R_{\mathrm{M}}+h}\varphi_{\mathrm{N}}-\frac{v_{\mathrm{E}}\tan L}{(R_{\mathrm{M}}+h)^{2}}\delta h+ \\
&\quad \left(\omega_{\mathrm{ie}}\cos L+\frac{v_{\mathrm{E}}}{R_{\mathrm{N}}+h}\sec^{2}L\right)\delta L-\varepsilon_{\mathrm{U}}
\end{aligned}\right\} \tag{11.122}$$

式中，R_{M} 为当地子午面内主曲率半径；R_{N} 为与子午面垂直平面上的主曲率半径。

根据平台失准角误差方程式(11.122)，可以得到系统的状态方程为

$$\dot{\boldsymbol{X}}=\boldsymbol{F}\boldsymbol{X}+\boldsymbol{G}\boldsymbol{W} \tag{11.123}$$

式中，状态矢量 $\boldsymbol{X}=[\varphi_x\quad \varphi_y\quad \varphi_z\quad \varepsilon_x\quad \varepsilon_y\quad \varepsilon_z]^{\mathrm{T}}$，包括平台失准角误差 $\varphi_x,\varphi_y,\varphi_z$ 和陀螺仪漂移误差 $\varepsilon_x,\varepsilon_y,\varepsilon_z$；$\boldsymbol{F}$ 为惯导系统误差方程对应的系统矩阵，即

$$\boldsymbol{F}=\begin{bmatrix}\boldsymbol{F}_{\varphi} & -\boldsymbol{C}_{\mathrm{b}}^{\mathrm{n}} \\ \boldsymbol{0}_{3\times 3} & \boldsymbol{0}_{3\times 3}\end{bmatrix}$$

$\boldsymbol{F}_{\varphi}$ 是平台失准角误差对应的系统矩阵，即

$$\boldsymbol{F}_{\varphi}=\begin{bmatrix} 0 & \omega_{\mathrm{ie}}\sin L+\dfrac{v_{\mathrm{E}}}{R_{\mathrm{N}}+h}\tan L & -\omega_{\mathrm{ie}}\cos L-\dfrac{v_{\mathrm{E}}}{R_{\mathrm{N}}+h} \\ -\omega_{\mathrm{ie}}\sin L-\dfrac{v_{\mathrm{E}}}{R_{\mathrm{N}}+h}\tan L & 0 & -\dfrac{v_{\mathrm{N}}}{R_{\mathrm{M}}+h} \\ \omega_{\mathrm{ie}}\cos L+\dfrac{v_{\mathrm{E}}}{R_{\mathrm{N}}+h} & \dfrac{v_{\mathrm{N}}}{R_{\mathrm{M}}+h} & 0 \end{bmatrix}$$

$\boldsymbol{G}$ 为惯导系统误差方程对应的噪声驱动矩阵，即

$$\boldsymbol{G}=-\boldsymbol{C}_{\mathrm{b}}^{\mathrm{n}}$$

$\boldsymbol{W}=[\omega_{\mathrm{g}x}\quad \omega_{\mathrm{g}y}\quad \omega_{\mathrm{g}z}]$ 为系统噪声，包括陀螺仪噪声误差 $\omega_{\mathrm{g}x}$，$\omega_{\mathrm{g}y}$，$\omega_{\mathrm{g}z}$。

（2）观测方程

选择惯导系统的平台失准角误差作为观测量，平台失准角可以根据天文导航系统和惯导系统的姿态信息求得。令 $\boldsymbol{\delta}=[\delta\theta\quad \delta\varphi\quad \delta\gamma]$ 表示惯导系统和天文导航系统的姿态误差角，其定义为

$$\left.\begin{aligned} \delta\theta&=\hat{\theta}-\tilde{\theta} \\ \delta\varphi&=\hat{\varphi}-\tilde{\varphi} \\ \delta\gamma&=\hat{\gamma}-\tilde{\gamma} \end{aligned}\right\} \tag{11.124}$$

式中，$\hat{\theta}$，$\hat{\varphi}$，$\hat{\gamma}$ 是惯导系统输出的姿态信息；$\tilde{\theta}$，$\tilde{\varphi}$，$\tilde{\gamma}$ 是天文导航系统输出的姿态信息。

设惯导系统输出的捷联矩阵为 $\hat{\boldsymbol{C}}_{\mathrm{n}}^{\mathrm{b}}$，真实的捷联矩阵为 $\boldsymbol{C}_{\mathrm{n}}^{\mathrm{b}}$，$\boldsymbol{\varphi}=[\varphi_x\quad \varphi_y\quad \varphi_z]$ 为平台失准角误差，则根据定义，有

$$\boldsymbol{C}_{\mathrm{n}}^{\mathrm{b}}=\hat{\boldsymbol{C}}_{\mathrm{n}}^{\mathrm{b}}\boldsymbol{C}_{\mathrm{n}}^{\mathrm{n}'}=\begin{bmatrix} C_{11} & C_{12} & C_{13} \\ C_{21} & C_{22} & C_{23} \\ C_{31} & C_{32} & C_{33} \end{bmatrix}=\begin{bmatrix} \hat{C}_{11} & \hat{C}_{12} & \hat{C}_{13} \\ \hat{C}_{21} & \hat{C}_{22} & \hat{C}_{23} \\ \hat{C}_{31} & \hat{C}_{32} & \hat{C}_{33} \end{bmatrix}\begin{bmatrix} 1 & \varphi_z & -\varphi_y \\ -\varphi_z & 1 & \varphi_x \\ \varphi_y & -\varphi_x & 1 \end{bmatrix} \tag{11.125}$$

根据捷联矩阵的定义，可知 $\sin\theta=C_{23}$，$\tan\varphi=C_{21}/C_{22}$，$\tan\gamma=-C_{13}/C_{33}$，再根据姿态误差角定义式(11.124)和式(11.125)，可得

$$\sin(\hat{\theta}-\delta\theta)=-\varphi_y\hat{C}_{21}+\varphi_x\hat{C}_{22}+\hat{C}_{23} \tag{11.126}$$

$$\tan(\hat{\varphi}-\delta\varphi)=\frac{\hat{C}_{21}-\varphi_z\hat{C}_{22}+\varphi_y\hat{C}_{23}}{\varphi_z\hat{C}_{21}+\hat{C}_{22}-\varphi_x\hat{C}_{23}} \tag{11.127}$$

$$\tan(\hat{\gamma}-\delta\gamma)=-\frac{-\varphi_y\hat{C}_{11}+\varphi_x\hat{C}_{12}+\hat{C}_{13}}{-\varphi_y\hat{C}_{31}+\varphi_x\hat{C}_{32}+\hat{C}_{33}} \tag{11.128}$$

将式(11.126)～式(11.128)按泰勒级数展开，并忽略二阶及以上小量，可得

$$\delta\theta=-\varphi_x\cos\hat{\varphi}+\varphi_y\sin\hat{\varphi} \tag{11.129}$$

$$\delta\varphi=-\varphi_x\sin\hat{\varphi}\tan\hat{\theta}-\varphi_y\cos\hat{\varphi}\tan\hat{\theta}+\varphi_z \tag{11.130}$$

$$\delta\gamma=-\varphi_x\frac{\sin\hat{\varphi}}{\cos\hat{\theta}}-\varphi_y\frac{\cos\hat{\varphi}}{\cos\hat{\theta}} \tag{11.131}$$

式(11.129) ~ 式(11.131) 给出了平台失准角 $\varphi_x,\varphi_y,\varphi_z$ 与姿态误差角 $\delta\theta,\delta\varphi,\delta\gamma$ 之间的转换关系,写成矩阵形式为

$$\begin{bmatrix}\varphi_x\\ \varphi_y\\ \varphi_z\end{bmatrix}=\begin{bmatrix}-\cos\hat{\varphi} & 0 & -\sin\hat{\varphi}\cos\hat{\theta}\\ \sin\hat{\varphi} & 0 & -\cos\hat{\varphi}\cos\hat{\theta}\\ 0 & 1 & -\sin\hat{\theta}\end{bmatrix}\begin{bmatrix}\delta\theta\\ \delta\varphi\\ \delta\gamma\end{bmatrix} \tag{11.132}$$

利用式(11.132) 将姿态误差角转换为平台失准角误差,并将平台失准角误差作为观测值,可以得到平台失准角误差的观测方程为

$$\boldsymbol{Z}=\boldsymbol{HX}+\boldsymbol{V} \tag{11.133}$$

式中,$\boldsymbol{Z}=[\varphi_x \quad \varphi_y \quad \varphi_z]^{\mathrm{T}}$ 为平台失准角观测值;$\boldsymbol{H}=[\boldsymbol{I}_{3\times3} \vdots \boldsymbol{0}_{3\times12}]$ 为平台失准角观测矩阵;$\boldsymbol{V}$ 为观测噪声。

11.4.3　深组合模式

1. 深组合原理

该模式中,惯性导航系统与天文导航系统相互辅助进行导航。惯性导航系统在天文导航系统的辅助下输出高精度的地平信息;天文导航系统在惯导系统提供的地平信息的辅助下,输出高精度的位置、姿态信息;将惯导系统和天文导航系统的位置、姿态输出作为观测值,利用卡尔曼滤波算法对位置误差、姿态误差进行估计、校正,以提高组合导航系统的精度。其原理如图 11-30 所示。

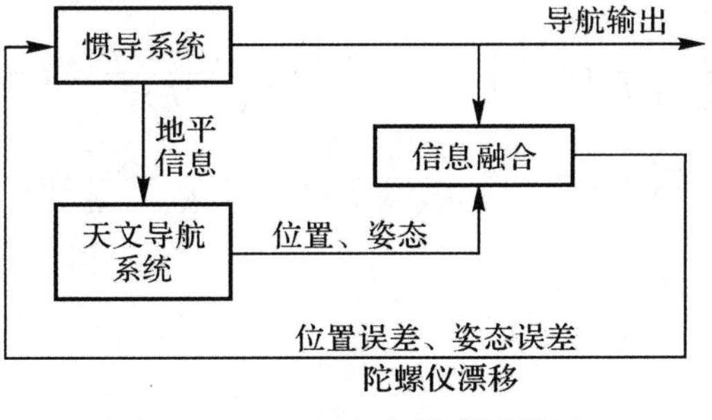

图 11-30　深组合模式原理图

① 惯性导航模块:惯性导航模块利用惯性测量元件的输出计算载体的位置、速度和姿态信息,但是纯惯导系统的导航误差随时间发散。因此,利用信息融合模块提供的估计误差对惯导解算过程进行修正,可以补偿陀螺仪漂移引起的导航误差,进而向天文导航模块提供高精度的地平信息。同时,该模块为信息融合模块提供位置、姿态信息作为量测信息。

② 天文导航模块:天文导航模块利用大视场星敏感器确定载体相对惯性空间的姿态信

息，并在惯导系统提供的地平信息的辅助下，确定载体在天球上投影点的赤经、赤纬，进而得到载体的经、纬度坐标，完成天文定位。天文导航模块向信息融合模块输出位置信息和相对惯性空间的姿态信息。

③ 信息融合模块：惯导系统和天文导航系统都可以输出载体的位置信息和姿态信息，将惯导系统和天文导航系统输出信息的差值作为卡尔曼滤波器的观测值，则可以对惯导系统的误差进行估计，进而利用估计结果对惯导系统的位置、姿态误差进行校正。

2. 深组合系统数学模型

(1) 状态方程

选择东-北-天地理坐标系作为导航坐标系，状态方程由惯导系统的平台失准角误差方程、速度误差方程和位置误差方程构成。考虑飞行器高度，并假设地球为旋转椭球体时，速度误差方程和位置误差方程可以写成：

① 速度误差方程为

$$\left.\begin{aligned}
\delta\dot{v}_E =& f_N\varphi_U - f_U\varphi_N + \left(\frac{v_N}{R_M+h}\tan L - \frac{v_U}{R_M+h}\right)\delta v_E + \left(2\omega_{ie}\sin L + \frac{v_E}{R_N+h}\right)\delta v_N - \\
& \left(2\omega_{ie}\cos L + \frac{v_E}{R_N+h}\right)\delta v_U + \frac{v_E v_N - v_E v_N \tan L}{(R_N+h)^2}\delta h + \\
& \left(2\omega_{ie}\cos L v_N + \frac{v_E v_N}{R_N+h}\sec^2 L + 2\omega_{ie}\sin L v_U\right)\delta L + \nabla_E \\
\delta\dot{v}_N =& f_U\varphi_E - f_E\varphi_U - 2\left(\omega_{ie}\sin L + \frac{v_E}{R_N+h}\tan L\right)\delta v_E - \frac{v_U}{R_M+h}\delta v_N - \frac{v_N}{R_M+h}\delta v_U - \\
& \left(2\omega_{ie}\cos L + \frac{v_E}{R_N+h}\sec^2 L\right)v_E\delta L + \frac{v_E^2\tan L + v_N v_U}{(R_M+h)^2}\delta h + \nabla_N \\
\delta\dot{v}_U =& f_E\varphi_N - f_N\varphi_E - 2\left(\omega_{ie}\cos L + \frac{v_E}{R_N+h}\right)\delta v_E + \frac{2v_N}{R_M+h}\delta v_N - 2\omega_{ie}\sin L v_E\delta L - \\
& \frac{v_E^2\tan L + v_N v_U}{(R_M+h)^2}\delta h + \nabla_N
\end{aligned}\right\} \tag{11.134}$$

② 位置误差方程为

$$\left.\begin{aligned}
\delta\dot{L} &= \frac{\delta v_N}{R_M+h} - \frac{v_N^n}{(R_M+h)^2}\delta h \\
\delta\dot{\lambda} &= \frac{\delta v_E}{R_N+h}\sec L + \frac{v_E}{R_N+h}\sec L\tan L\delta L - \frac{v_E}{(R_N+h)^2}\sec L\delta h \\
\delta\dot{h} &= \delta v_U
\end{aligned}\right\} \tag{11.135}$$

将上述速度、位置误差方程与平台失准角误差方程式(11.101) 结合起来，可以得到系统

的状态方程为

$$\dot{\boldsymbol{X}} = \boldsymbol{F}\boldsymbol{X} + \boldsymbol{G}\boldsymbol{W} \tag{11.136}$$

式中，状态矢量$\boldsymbol{X}=[\varphi_x \quad \varphi_y \quad \varphi_z \quad \delta v_x \quad \delta v_y \quad \delta v_z \quad \delta L \quad \delta\lambda \quad \delta h \quad \varepsilon_x \quad \varepsilon_y \quad \varepsilon_z \quad \nabla_x \quad \nabla_y \quad \nabla_z]^{\mathrm{T}}$，包括平台失准角误差 $\varphi_x,\varphi_y,\varphi_z$，速度误差 $\delta v_x,\delta v_y,\delta v_z$，位置误差 $\delta L,\delta\lambda,\delta h$，陀螺仪漂移误差 $\varepsilon_x,\varepsilon_y,\varepsilon_z$ 和加速度计零偏误差$\nabla_x,\nabla_y,\nabla_z$；$\boldsymbol{F}$ 为惯导系统误差方程对应的系统矩阵，有

$$\boldsymbol{F} = \begin{bmatrix} \boldsymbol{F}_{\mathrm{N}} & \boldsymbol{F}_{\mathrm{S}} \\ \boldsymbol{0}_{6\times 9} & \boldsymbol{0}_{6\times 6} \end{bmatrix}, \quad \boldsymbol{F}_{\mathrm{S}} = \begin{bmatrix} -\boldsymbol{C}_{\mathrm{b}}^{\mathrm{n}} & \boldsymbol{0}_{3\times 3} \\ \boldsymbol{0}_{3\times 3} & \boldsymbol{C}_{\mathrm{b}}^{\mathrm{n}} \\ \boldsymbol{0}_{3\times 3} & \boldsymbol{0}_{3\times 3} \end{bmatrix}$$

$\boldsymbol{F}_{\mathrm{N}}$ 是平台失准角误差、速度误差和位置误差对应的系统矩阵，其非零元素为

$$\boldsymbol{F}(1,2) = \omega_{\mathrm{ie}}\sin L + \frac{v_{\mathrm{E}}}{R_{\mathrm{N}}+h}\tan L$$

$$\boldsymbol{F}(1,3) = -\left(\omega_{\mathrm{ie}}\cos L + \frac{v_{\mathrm{E}}}{R_{\mathrm{N}}+h}\right)$$

$$\boldsymbol{F}(1,5) = -\frac{1}{R_{\mathrm{M}}+h}$$

$$\boldsymbol{F}(2,1) = -\omega_{\mathrm{ie}}\sin L - \frac{v_{\mathrm{E}}}{R_{\mathrm{N}}+h}\tan L$$

$$\boldsymbol{F}(2,3) = -\frac{v_{\mathrm{N}}}{R_{\mathrm{M}}+h}$$

$$\boldsymbol{F}(2,4) = \frac{1}{R_{\mathrm{N}}+h}$$

$$\boldsymbol{F}(2,7) = -\omega_{\mathrm{ie}}\sin L$$

$$\boldsymbol{F}(3,1) = \omega_{\mathrm{ie}}\cos L + \frac{v_{\mathrm{E}}}{R_{\mathrm{N}}+h}$$

$$\boldsymbol{F}(3,2) = \frac{v_{\mathrm{N}}}{R_{\mathrm{M}}+h}$$

$$\boldsymbol{F}(3,4) = \frac{1}{R_{\mathrm{N}}+h}\tan L$$

$$\boldsymbol{F}(3,7) = \omega_{\mathrm{ie}}\cos L + \frac{v_{\mathrm{E}}}{R_{\mathrm{N}}+h}\sec^2 L$$

$$\boldsymbol{F}(4,2) = -f_{\mathrm{U}}$$

$$\boldsymbol{F}(4,3) = f_{\mathrm{N}}$$

$$\boldsymbol{F}(4,4) = \frac{v_{\mathrm{N}}}{R_{\mathrm{M}}+h}\tan L - \frac{v_{\mathrm{U}}}{R_{\mathrm{M}}+h}$$

$$\boldsymbol{F}(4,5) = 2\omega_{\mathrm{ie}}\sin L + \frac{v_{\mathrm{E}}}{R_{\mathrm{N}}+h}\tan L$$

$$\boldsymbol{F}(4,6)=-\left(2\omega_{ie}\cos L+\frac{v_E}{R_N+h}\right)$$

$$\boldsymbol{F}(4,7)=2\omega_{ie}\cos Lv_N+\frac{v_E v_N}{R_N+h}\sec^2 L+2\omega_{ie}\sin Lv_U$$

$$\boldsymbol{F}(5,1)=f_U$$

$$\boldsymbol{F}(5,3)=-f_E$$

$$\boldsymbol{F}(5,4)=-2\left(\omega_{ie}\sin L+\frac{v_E}{R_N+h}\tan L\right)$$

$$\boldsymbol{F}(5,5)=-\frac{v_U}{R_M+h}$$

$$\boldsymbol{F}(5,6)=-\frac{v_N}{R_M+h}$$

$$\boldsymbol{F}(5,7)=-\left(2\omega_{ie}\cos L+\frac{v_E}{R_N+h}\sec^2 L\right)v_E$$

$$\boldsymbol{F}(6,1)=-f_N$$

$$\boldsymbol{F}(6,2)=f_E$$

$$\boldsymbol{F}(6,4)=2\left(\omega_{ie}\cos L+\frac{v_E}{R_N+h}\right)$$

$$\boldsymbol{F}(6,5)=\frac{2v_N}{R_M+h}$$

$$\boldsymbol{F}(6,7)=-2v_E\omega_{ie}\sin L$$

$$\boldsymbol{F}(7,5)=\frac{1}{R_M+h}$$

$$\boldsymbol{F}(8,4)=\frac{\sec L}{R_N+h}$$

$$\boldsymbol{F}(8,7)=\frac{v_E}{R_N+h}\sec L\tan L$$

$$\boldsymbol{F}(9,6)=1$$

$\boldsymbol{G}$ 为惯导系统误差方程对应的噪声驱动矩阵：

$$\boldsymbol{G}=\begin{bmatrix}-\boldsymbol{C}_b^n & \boldsymbol{0}_{3\times3}\\ \boldsymbol{0}_{3\times3} & \boldsymbol{C}_b^n\\ \boldsymbol{0}_{3\times3} & \boldsymbol{0}_{3\times3}\end{bmatrix}$$

$\boldsymbol{W}=[\omega_{gx}\quad \omega_{gy}\quad \omega_{gz}\quad \omega_{dx}\quad \omega_{dy}\quad \omega_{dz}]$ 为系统噪声，包括陀螺仪噪声误差 ω_{gx}，ω_{gy}，ω_{gz} 和加速度计噪声误差 ω_{dx}，ω_{dy}，ω_{dz}。

(2) 观测方程

选择捷联矩阵误差和位置误差作为深组合模式的观测值。

假设平台误差角 $\boldsymbol{\varphi}=[\varphi_x \quad \varphi_y \quad \varphi_z]^{\mathrm{T}}$、位置误差 $\delta\boldsymbol{P}=[-\delta L \quad \delta\lambda\cos L \quad \delta\lambda\sin L]^{\mathrm{T}}$，则可以得到惯导系统输出的捷联矩阵 $\hat{\boldsymbol{C}}_{\mathrm{b}}^{\mathrm{n}}$ 和位置矩阵 $\hat{\boldsymbol{C}}_{\mathrm{i}}^{\mathrm{n}}$ 的表达式为

$$\hat{\boldsymbol{C}}_{\mathrm{b}}^{\mathrm{n}}=(\boldsymbol{I}-[\boldsymbol{\varphi}\times])\boldsymbol{C}_{\mathrm{b}}^{\mathrm{n}} \tag{11.137}$$

$$\hat{\boldsymbol{C}}_{\mathrm{i}}^{\mathrm{n}}=(\boldsymbol{I}-[\delta\boldsymbol{P}\times])\boldsymbol{C}_{\mathrm{i}}^{\mathrm{n}} \tag{11.138}$$

式中，$\hat{\boldsymbol{C}}_{\mathrm{b}}^{\mathrm{n}}$ 为惯导系统输出的捷联矩阵；$\hat{\boldsymbol{C}}_{\mathrm{i}}^{\mathrm{n}}$ 为惯导系统输出的位置矩阵；$\boldsymbol{C}_{\mathrm{b}}^{\mathrm{n}}$ 和 $\boldsymbol{C}_{\mathrm{i}}^{\mathrm{n}}$ 分别为真实的捷联矩阵和位置矩阵；$[\boldsymbol{\varphi}\times]$，$[\delta\boldsymbol{P}\times]$ 为平台失准角误差 $\boldsymbol{\varphi}$ 和位置误差 $\delta\boldsymbol{P}$ 的叉乘矩阵。

根据式(11.137) 和式(11.138)，误差矩阵 $\boldsymbol{Z}_{\mathrm{s}}$ 可以写成

$$\boldsymbol{Z}_{\mathrm{s}}=\hat{\boldsymbol{C}}_{\mathrm{i}}^{\mathrm{b}}-\tilde{\boldsymbol{C}}_{\mathrm{i}}^{\mathrm{b}}=\hat{\boldsymbol{C}}_{\mathrm{n}}^{\mathrm{b}}\hat{\boldsymbol{C}}_{\mathrm{i}}^{\mathrm{n}}-(\boldsymbol{C}_{\mathrm{i}}^{\mathrm{b}}+\boldsymbol{V}_{\mathrm{s}})=\boldsymbol{C}_{\mathrm{n}}^{\mathrm{b}}[\boldsymbol{\varphi}\times]\boldsymbol{C}_{\mathrm{i}}^{\mathrm{n}}-\boldsymbol{C}_{\mathrm{n}}^{\mathrm{b}}[\delta\boldsymbol{P}\times]\boldsymbol{C}_{\mathrm{i}}^{\mathrm{n}}-\boldsymbol{V}_{\mathrm{s}} \tag{11.139}$$

式中，$\boldsymbol{V}_{\mathrm{s}}$ 为星敏感器的量测噪声矩阵。

利用矩阵 $\boldsymbol{Z}_{\mathrm{s}(3\times3)}$ 的三个列矢量组成观测矢量 $\boldsymbol{Z}_{1(9\times1)}$，并建立观测矢量 $\boldsymbol{Z}_1$ 与状态矢量之间的关系，可以得到姿态误差的量测方程为

$$\boldsymbol{Z}_1=\boldsymbol{H}_1\boldsymbol{X}+\boldsymbol{V}_1 \tag{11.140}$$

式中，$\boldsymbol{H}_1$ 为观测矩阵，为

$$\boldsymbol{H}_1=\begin{bmatrix}\boldsymbol{F}_1 & \boldsymbol{0}_{3\times3} & \boldsymbol{F}_1\boldsymbol{F}_{\mathrm{s}} & \boldsymbol{0}_{3\times6}\\ \boldsymbol{F}_2 & \boldsymbol{0}_{3\times3} & \boldsymbol{F}_2\boldsymbol{F}_{\mathrm{s}} & \boldsymbol{0}_{3\times6}\\ \boldsymbol{F}_3 & \boldsymbol{0}_{3\times3} & \boldsymbol{F}_3\boldsymbol{F}_{\mathrm{s}} & \boldsymbol{0}_{3\times6}\end{bmatrix}$$

式中

$$\boldsymbol{F}_1=\begin{bmatrix}\boldsymbol{C}_{\mathrm{n},1}^{\mathrm{b}}\times\boldsymbol{C}_{\mathrm{i},1}^{\mathrm{n}}\\ \boldsymbol{C}_{\mathrm{n},1}^{\mathrm{b}}\times\boldsymbol{C}_{\mathrm{i},2}^{\mathrm{n}}\\ \boldsymbol{C}_{\mathrm{n},1}^{\mathrm{b}}\times\boldsymbol{C}_{\mathrm{i},3}^{\mathrm{n}}\end{bmatrix},\quad \boldsymbol{F}_2=\begin{bmatrix}\boldsymbol{C}_{\mathrm{n},2}^{\mathrm{b}}\times\boldsymbol{C}_{\mathrm{i},1}^{\mathrm{n}}\\ \boldsymbol{C}_{\mathrm{n},2}^{\mathrm{b}}\times\boldsymbol{C}_{\mathrm{i},2}^{\mathrm{n}}\\ \boldsymbol{C}_{\mathrm{n},2}^{\mathrm{b}}\times\boldsymbol{C}_{\mathrm{i},3}^{\mathrm{n}}\end{bmatrix}$$

$$\boldsymbol{F}_3=\begin{bmatrix}\boldsymbol{C}_{\mathrm{n},3}^{\mathrm{b}}\times\boldsymbol{C}_{\mathrm{i},1}^{\mathrm{n}}\\ \boldsymbol{C}_{\mathrm{n},3}^{\mathrm{b}}\times\boldsymbol{C}_{\mathrm{i},2}^{\mathrm{n}}\\ \boldsymbol{C}_{\mathrm{n},3}^{\mathrm{b}}\times\boldsymbol{C}_{\mathrm{i},3}^{\mathrm{n}}\end{bmatrix},\quad \boldsymbol{F}_{\mathrm{s}}=\begin{bmatrix}1 & 0\\ 0 & -\cos L\\ 0 & -\sin L\end{bmatrix}$$

式中，$\boldsymbol{C}_{\mathrm{n},k}^{\mathrm{b}}$ 表示 $\boldsymbol{C}_{\mathrm{n}}^{\mathrm{b}}$ 的第 k 行，$\boldsymbol{C}_{\mathrm{i},k}^{\mathrm{n}}$ 表示 $\boldsymbol{C}_{\mathrm{i}}^{\mathrm{n}}$ 的第 k 列，$k=1,2,3$；$\boldsymbol{V}_{1(9\times1)}$ 为与 $\boldsymbol{V}_{\mathrm{s}(3\times3)}$ 对应的观测噪声。

选择天文导航系统与惯导系统位置输出的差值作为位置误差观测值，则其观测方程为

$$\boldsymbol{Z}_2=\boldsymbol{H}_2\boldsymbol{X}+\boldsymbol{V}_2 \tag{11.141}$$

式中，$\boldsymbol{Z}_2=[\hat{L}-\tilde{L} \quad \hat{\lambda}-\tilde{\lambda}]^{\mathrm{T}}$ 为位置误差观测值，$\hat{L}$，$\hat{\lambda}$ 为惯导系统输出的位置信息，$\tilde{L}$，$\tilde{\lambda}$ 为天文导航系统输出的位置信息；$\boldsymbol{H}_2=[\boldsymbol{0}_{2\times6} \quad \boldsymbol{I}_{2\times2} \quad \boldsymbol{0}_{2\times7}]$ 为位置误差观测矩阵；$\boldsymbol{V}_2$ 为天文导航系统位置信息的噪声。

根据式(11.140)、式(11.141)，可得到该组合模式的观测方程为

$$\boldsymbol{Z}=\boldsymbol{H}\boldsymbol{X}+\boldsymbol{V} \tag{11.142}$$

式中，$\boldsymbol{Z}=[\boldsymbol{Z}_1 \quad \boldsymbol{Z}_2]$；$\boldsymbol{H}=[\boldsymbol{H}_1 \quad \boldsymbol{H}_2]$；$\boldsymbol{v}=[\boldsymbol{v}_1 \quad \boldsymbol{v}_2]$。

11.4.4 基于全面最优校正的组合模式

1. 基于星光折射间接敏感地平的解析天文定位方法

星光折射间接敏感地平方法是一种低成本、高精度的地平确定方法，该方法利用飞行器的轨道动力学模型、高精度的星敏感器和大气折射模型，精确敏感地平，进而可以实现高精度的定位。美国20世纪90年代投入使用的MADAN导航系统就利用了星光折射间接敏感地平原理。但是，传统的基于星光折射间接敏感地平方法需要飞行器的轨道动力学模型，因此其使用范围受到了限制。为了扩展星光折射间接敏感地平方法的使用范围，提出了一种基于星光折射间接敏感地平的解析天文定位方法。该方法无需飞行器的轨道动力学模型，可靠性高、计算量小，可以为高空长航时飞行器提供高精度的地平信息，实现高精度的天文定位。下面介绍其定位过程。

(1) 地心距和地心单位矢量的确定

星光折射间接敏感度地平的基本原理如图11-31所示，根据图中几何关系，可以得到视高度 h_a 与飞行器的地心距 r_s、地心单位矢量 $\boldsymbol{r}$ 之间的关系式为

$$\boldsymbol{ur}=\sqrt{1-\left(\frac{R_e+h_a}{r_s}\right)^2} \tag{11.143}$$

式中，地球半径 R_e 为已知量；$\boldsymbol{u}=[u_x \quad u_y \quad u_z]$ 为折射后的星光矢量，可以由星敏感器测量得到；$\boldsymbol{r}=[r_x \quad r_y \quad r_z]^T$ 为飞行器所在位置的地心单位矢量，由地心指向飞行器，其可以为飞行器提供地平信息；r_s 为地心距，即飞行器到地心的距离，地心距 r_s、地心单位矢量 $\boldsymbol{r}$ 可以共同确定飞行器的位置信息；h_a 为视高度，可以根据星敏感器的观测值计算得到。

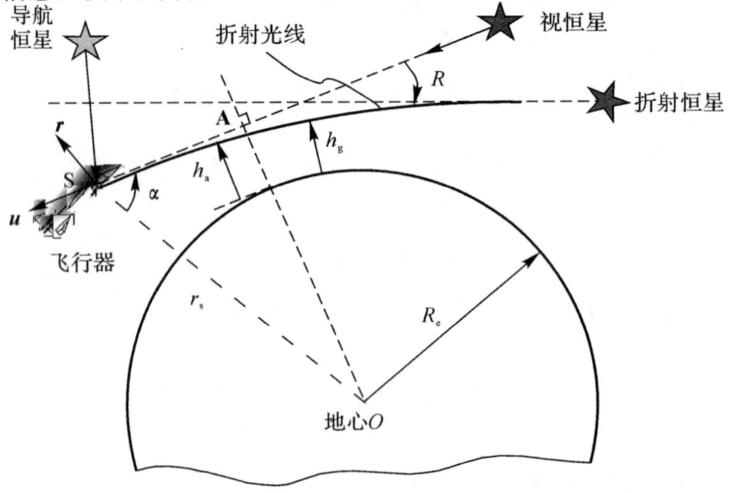

图 11-31 星光折射间接敏感地平基本原理

从式(11.143)中可以看出,该方程中实际含有 r_s 和(r_x,r_y,r_z)四个未知数,如果同时观测 3 颗或 3 颗以上的折射星,并根据地心单位矢量 $\boldsymbol{r}$ 模值为 1 的约束条件,则可以确定地心距 r_s 和地心单位矢量 $\boldsymbol{r}$,进而求得飞行器的位置信息(经度、纬度和高度)。目前,随着大视场星敏感器技术的发展,同时观测多颗折射恒星变成了可能。

当观测到 $n \geqslant 3$ 颗折射星时,可得到视高度 $h_{a1}, h_{a2}, \cdots, h_{an}$ 和折射后的星光矢量 $\boldsymbol{u}_1, \boldsymbol{u}_2, \cdots, \boldsymbol{u}_n$,根据式(11.143),可得

$$\boldsymbol{U}\boldsymbol{r} = \boldsymbol{Z} \tag{11.144}$$

式中

$$\boldsymbol{U} = \begin{bmatrix} u_{x1} & u_{y1} & u_{z1} \\ u_{x2} & u_{y2} & u_{z2} \\ \vdots & \vdots & \vdots \\ u_{xn} & u_{yn} & u_{zn} \end{bmatrix}, \quad \boldsymbol{Z}(r_s) = \begin{bmatrix} \sqrt{1-[(R_e+h_{a1})/r_s]^2} \\ \sqrt{1-[(R_e+h_{a2})/r_s]^2} \\ \vdots \\ \sqrt{1-[(R_e+h_{an})/r_s]^2} \end{bmatrix}$$

式中,$\boldsymbol{U}$ 为折射星光矢量矩阵,由折射后的星光矢量组成,其中 $\boldsymbol{u}_i = [u_{xi} \quad u_{yi} \quad u_{zi}]$ 表示第 i 颗折射恒星折射后的星光矢量;$\boldsymbol{Z}$ 为观测矢量,其中 h_{ai} 为第 i 颗折射恒星的视高度。

利用最小二乘法求解式(11.144),可以得到地心单位矢量 $\boldsymbol{r}$ 的表达式为

$$\boldsymbol{r} = \boldsymbol{B}\boldsymbol{Z}(r_s) \tag{11.145}$$

式中,$\boldsymbol{B} = (\boldsymbol{U}^{\mathrm{T}}\boldsymbol{U})^{-1}\boldsymbol{U}^{\mathrm{T}}$ 为折射星光矢量矩阵 $\boldsymbol{U}$ 的广义逆矩阵。

根据式(11.145),并且考虑到 $\boldsymbol{r}^{\mathrm{T}}\boldsymbol{r} = 1$,可以得到地心距 r_s 的一元方程为

$$F(r_s) = \boldsymbol{Z}(r_s)^{\mathrm{T}}\boldsymbol{B}^{\mathrm{T}}\boldsymbol{B}\boldsymbol{Z}(r_s) - 1 = \boldsymbol{r}^{\mathrm{T}}\boldsymbol{r} - 1 = 0 \tag{11.146}$$

采用牛顿迭代方法解算式(11.146)。具体迭代步骤如下:

① 选取一个初始的地心距 $r_s(0)$。

② 利用迭代公式计算出下一时刻的地心距。

迭代公式为

$$r_s(k+1) = r_s(k) - \frac{F[r_s(k)]}{A} \tag{11.147}$$

式中,$r_s(k)$,$r_s(k+1)$ 依次为第 k 次和第 $k+1$ 次的地心距迭代值,A 为 $F(r_s)$ 对 r_s 的微分,即

$$A = \frac{\mathrm{d}F(r_s)}{\mathrm{d}r_s} = 2\boldsymbol{Z}^{\mathrm{T}}\boldsymbol{B}^{\mathrm{T}}\boldsymbol{B}\frac{\partial \boldsymbol{Z}}{\partial r_s}$$

式中,$\dfrac{\partial \boldsymbol{Z}}{\partial r_s}$ 为 $\boldsymbol{Z}$ 对地心距 r_s 的偏微分,即

$$\frac{\partial \boldsymbol{Z}}{\partial r_s}=\begin{bmatrix}M_1\\M_2\\\vdots\\M_n\end{bmatrix}=\begin{bmatrix}\dfrac{(h_{a1}+R_e)^2}{r_s^3\sqrt{1-((h_{a1}+R_e)/r_s)^2}}\\\dfrac{(h_{a2}+R_e)^2}{r_s^3\sqrt{1-((h_{a2}+R_e)/r_s)^2}}\\\vdots\\\dfrac{(h_{an}+R_e)^2}{r_s^3\sqrt{1-((h_{an}+R_e)/r_s)^2}}\end{bmatrix}$$

③ 若 $|r_s(k+1)-r_s(k)|<\varepsilon$($\varepsilon$ 为给定的小量)，则迭代结束，$r_s(k+1)$ 为地心距 r_s 的数值解；否则，以 $r_s(k+1)$ 作为新的初始条件返回第 ② 步进行计算。

将利用牛顿迭代法得到地心距 r_s 代入式(11.145)，可以得到地心单位矢量 $\boldsymbol{r}$。

(2) 基于地心距和地心单位矢量的位置确定方法

由飞行器的地心距 r_s 可以得到飞行器的高度 h 为

$$h=r_s-R_e \tag{11.148}$$

同时，令(α_d,δ_d) 表示飞行器所在位置的赤经、赤纬，则根据地心单位矢量 $\boldsymbol{r}$ 的定义可得

$$\boldsymbol{r}=[r_x\quad r_y\quad r_z]^T=[\cos\delta_d\cos\alpha_d\quad \cos\delta_d\sin\alpha_d\quad \sin\delta_d]^T \tag{11.149}$$

根据式(11.149) 可以确定飞行器的赤经 α_d、赤纬 δ_d 为

$$\alpha_d=\arctan(r_y/r_x),\quad \delta_d=\arcsin(r_z) \tag{11.150}$$

式中，$\alpha_d\in(0,2\pi)$，$\delta_d\in(-\pi/2,\pi/2)$。

将惯性系下的赤经、赤纬坐标(α_d,δ_d) 转变为地理系下的经、纬度坐标(λ,L)，即

$$\lambda=\alpha_d-t_G,\quad L=\delta_d \tag{11.151}$$

式中，(λ,L) 为飞行器的经纬度；t_G 为春分点的格林时角，可由时间基准得到。

至此，得到飞行器的经度、纬度和高度信息，完成基于星光折射间接敏感地平的解析天文定位。

2. 基于全面最优校正的组合原理

利用天文导航系统实现对惯导系统的全面最优校正必须解决高精度自主地平信息的问题，即天文导航系统定位时所依赖的地平信息不应来自惯导系统，且精度保持稳定，不随时间漂移。上述基于星光折射间接敏感地平的解析天文定位方法，解决了天文导航系统高精度自主地平信息的问题。这样，天文导航系统可利用高精度的地平信息确定载体的姿态、位置信息，与惯导系统解算出的姿态、位置信息进行信息融合，全面估计系统误差，不仅可以校正位置、姿态误差，补偿惯性器件误差，而且可以补偿初始对准等其他因素引起的误差。其原理如图 11-32 所示。

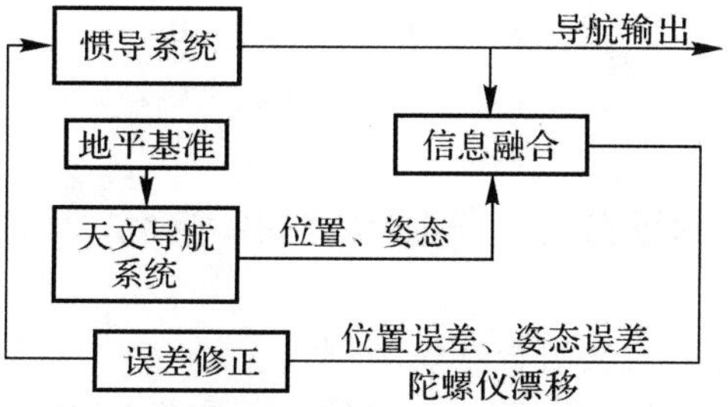

图 11-32　基于全面最优校正的组合模式原理图

① 惯性导航模块：惯导系统利用惯性测量元件的输入，解算出飞行器的位置、速度和姿态信息；并利用信息融合模块提供的估计误差信息(平台失准角误差、陀螺仪漂移误差和位置误差)对惯导系统的解算过程进行校正。同时，惯性导航模块也为信息融合模块提供地理系姿态信息和位置信息。

② 天文导航模块：利用基于星光折射间接敏感地平的解析天文定位方法确定飞行器的三维位置信息和地平信息，大视场星敏感器在地平信息的辅助下输出飞行器的地理系姿态信息。该模块可为信息融合模块提供地理系姿态信息和位置信息。

③ 信息融合模块：信息融合模块采用卡尔曼滤波算法进行信息融合。首先利用天文导航系统和惯导系统输出的姿态信息求得平台失准角误差；然后以惯导系统误差方程为状态方程，将天文导航系统、惯导系统位置输出的差值和平台失准角误差作为观测量进行卡尔曼滤波，得到平台失准角误差、位置误差和陀螺仪漂移误差的估计值，并用估计结果对惯导系统的解算过程进行校正。

3. 基于全面最优校正的组合模式的数学模型

基于全面最优校正的组合模式的状态方程与深组合模式的状态方程相同，选择失准角误差、速度误差、位置误差、陀螺仪漂移误差和加速度计零偏误差作为状态量。

基于全面最优校正的组合模式选择平台失准角和位置误差作为观测值。根据式(11.132)求得平台失准角，进而可以得到观测值 $\boldsymbol{Z}$ 为

$$\boldsymbol{Z}=[\varphi_x \quad \varphi_y \quad \varphi_z \quad \delta L \quad \delta\lambda]^{\mathrm{T}}$$

式中，$\delta L=\hat{L}-\tilde{L}$，$\delta\lambda=\hat{\lambda}-\tilde{\lambda}$ 为位置误差观测值($\hat{L}$，$\hat{\lambda}$ 为惯导系统输出的位置信息；$\tilde{L}$，$\tilde{\lambda}$ 为天文导航系统输出的位置信息)。

建立观测值 $\boldsymbol{Z}$ 与状态矢量之间的关系，可以得到基于全面最优校正的组合模式的观测方程为

$$\boldsymbol{Z}=\boldsymbol{HX}+\boldsymbol{V} \tag{11.152}$$

式中，$\boldsymbol{V}$ 为观测噪声；观测矩阵为

$$\boldsymbol{H}=\left[\begin{array}{c:c:c:c}\boldsymbol{I}_{3\times 3} & \boldsymbol{0}_{3\times 3} & \boldsymbol{0}_{3\times 2} & \boldsymbol{0}_{3\times 7}\\ \hdashline \boldsymbol{0}_{2\times 3} & \boldsymbol{0}_{2\times 3} & \boldsymbol{I}_{2\times 2} & \boldsymbol{0}_{2\times 7}\end{array}\right]$$

11.4.5 SINS/CNS 组合导航系统性能仿真验证举例

本仿真实验以机载惯性/天文组合导航为例。

仿真的初始条件：初始位置为东经100°，北纬40°，高度为30 km，初始东向、北向位置误差为100 m；东向初始速度为141.4 m/s，北向初始速度为141.4 m/s，东向、北向初始速度误差均为0.141 m/s；初始滚转角和俯仰角为0°，初始偏航角为45°，俯仰角、偏航角和滚转角的初始姿态误差角依次为10″，60″和10″。

器件误差：陀螺仪漂移误差为0.01°/h，加速度计零偏为10 μg，陀螺仪随机噪声方差为0.005°/h，加速度计随机噪声方差为5 μg；星敏感器量测噪声方差为3″，星光折射视高度噪声方差为80 m。惯导系统的采样时间为0.02 s，天文导航系统的采样时间为1 s，卡尔曼滤波周期为1 s，仿真共进行4 h。

另外，纯惯导模式、简单组合模式、基于陀螺仪漂移校正组合模式和深组合模式中，需要引入雷达高度计的高度信息以维持惯导系统高度通道的稳定，雷达高度计的精度为5 m；基于全面最优校正的组合模式利用天文导航系统输出的高度信息对惯导高度通道进行阻尼。

仿真结果如图11-33～图11-37所示。其中，如图11-33所示为纯惯导模式的导航误差，如图11-34所示为简单组合模式的导航误差，如图11-35所示为基于陀螺仪漂移校正的组合模式的导航误差，如图11-36所示为深组合模式的导航误差，如图11-37所示为基于全面最优校正的组合模式的导航误差。几种不同组合模式的具体导航误差见表11-1。

表11-1 几种组合模式导航误差比较

导航误差	整体位置误差平均值/m	整体位置误差均方差/m	整体姿态误差平均值/(″)	整体姿态误差均方差/(″)
纯惯导模式	2 832.6	180.2	143.9	105.7
简单组合模式	334.0	116.4	85.7	54.2
陀螺仪漂移校正组合模式	207.0	83.9	6.7	3.1
深组合模式	130.0	27.9	3.9	1.5
全面校正组合模式	78.6	44.3	4.7	1.4

由图11-33中可以看出，由于陀螺仪漂移误差、加速度计零偏误差和初始导航误差的影响，纯惯导系统的导航误差随时间发散。4 h内，整体位置误差发散至6 873.6 m，姿态误差发散至369.8″。

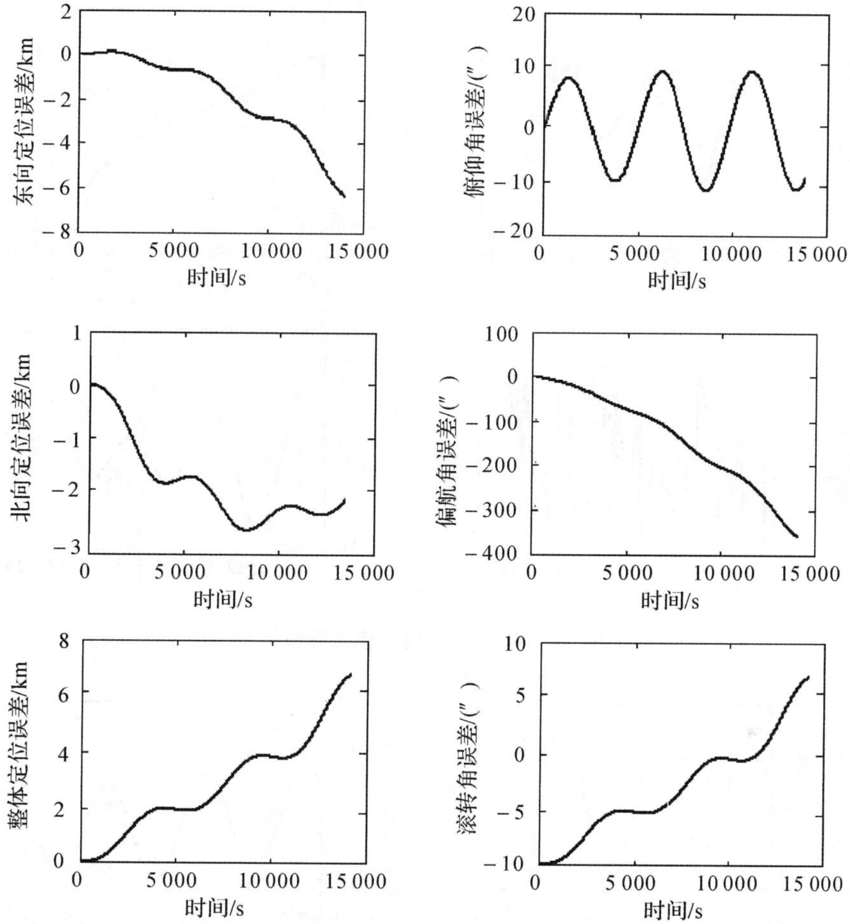

图 11-33　纯惯导系统导航误差

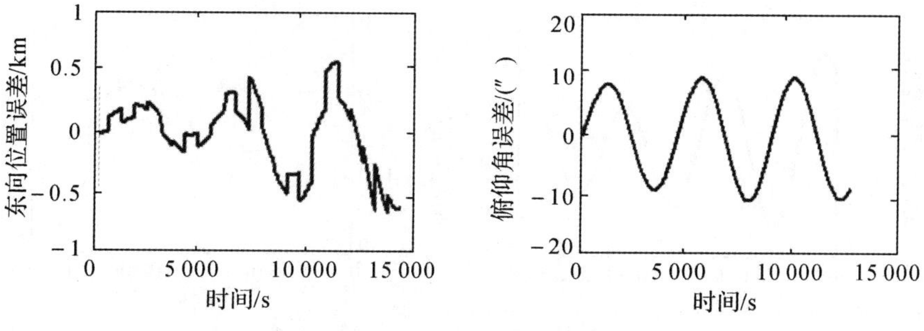

图 11-34　简单组合模式导航误差

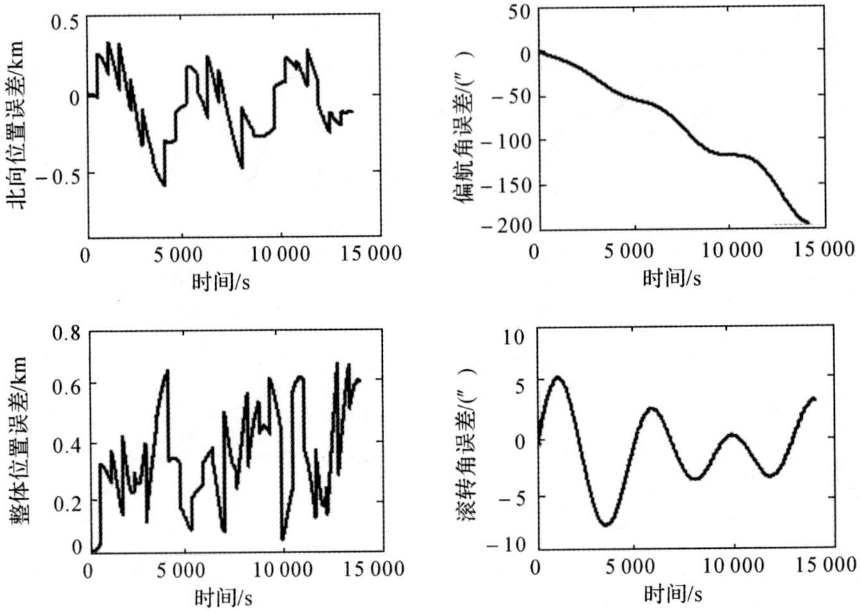

续图 11－34　简单组合模式导航误差

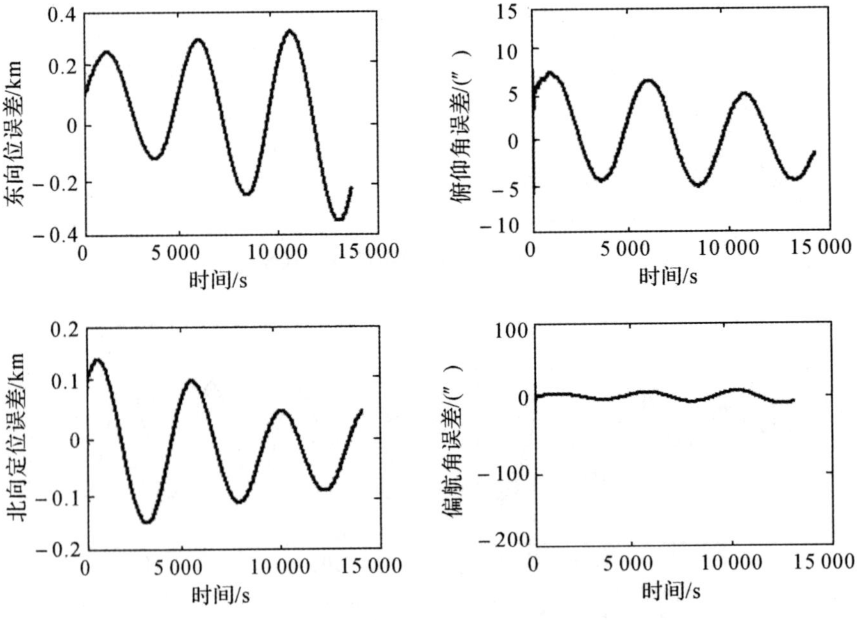

图 11－35　基于陀螺仪漂移校正的组合模式导航误差

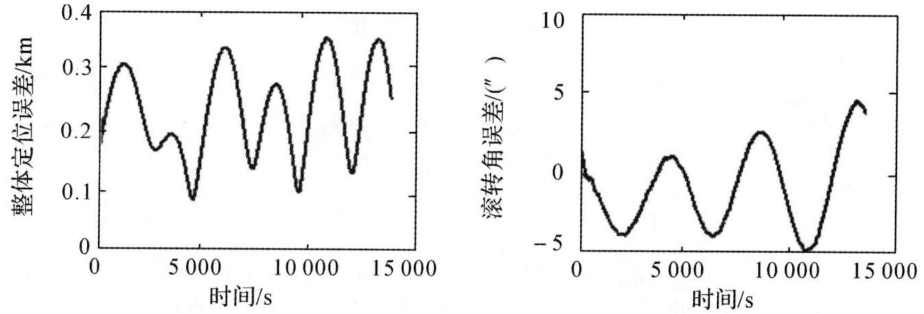

续图 11－35　基于陀螺仪漂移校正的组合模式导航误差

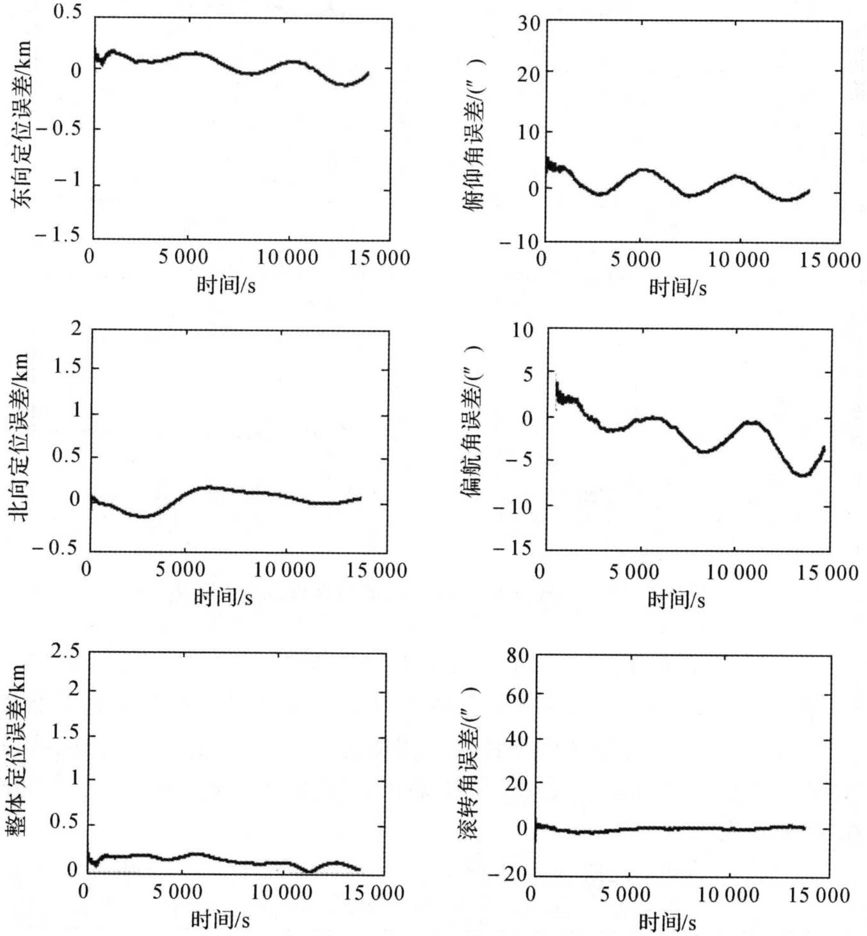

图 11－36　深组合模式导航误差

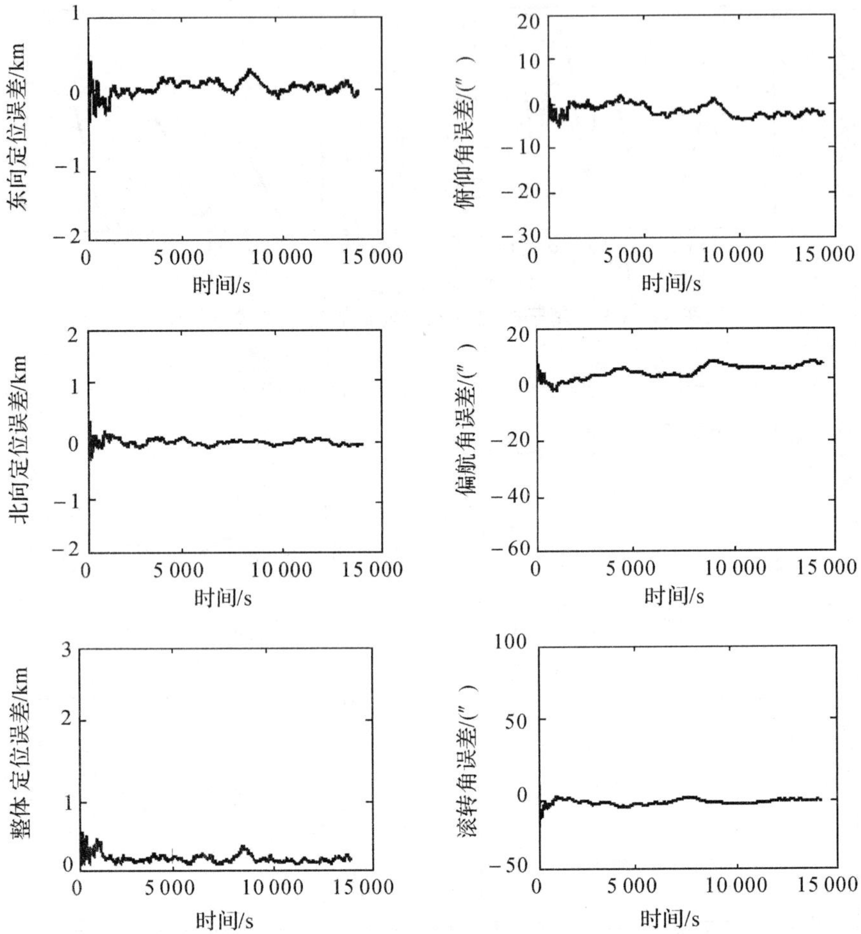

图 11－37 基于全面最优校正的组合模式导航误差

由图 11－34 可知，简单组合模式可以减缓惯导系统误差的发散，最大整体位置误差为 672.6 m，最大姿态误差为 199.2″。简单组合模式仅利用天文导航输出的位置信息对惯导系统的位置输出进行修正，无法对陀螺仪漂移误差和加速度计零偏误差进行校正，因此其导航误差依旧发散；同时，由于天文导航系统的定位结果含有较大的随机噪声，因此该模式下导航系统的位置误差波动较大。

图 11－35 所示显示了基于陀螺仪漂移校正的组合模式的导航误差，由图中可知，该模式可以有效地提高组合导航系统的精度，整体位置误差控制在 350 m 以下，姿态误差保持在 10″ 左右，但是该组合导航模式的导航误差依旧随时间缓慢发散。在基于陀螺仪漂移校正的组合模式中，利用惯导系统提供的地平信息，天文导航系统可以输出载体在地理系下的姿态信息，进而对平台失准角和陀螺仪漂移引起的导航误差进行估计和校正。然而，这种组合模式中，由于

天文导航系统无法提供高精度的位置信息，加速度计零偏引起的累积位置误差无法被估计。因此，采用该组合模式时惯性 / 天文组合导航系统的位置误差随时间缓慢发散，进而引起惯导系统提供的地平信息的误差随时间发散，最终导致组合导航系统姿态误差发散。

根据图 11－36 显示的导航误差可以看出，利用深组合模式进行惯性 / 天文组合导航，可以得到高精度的导航结果，整体位置误差小于 200 m，整体姿态误差小于 7.8″。相对于基于陀螺仪漂移校正的组合模式，深组合模式一方面利用天文导航系统输出的高精度的惯性系姿态信息对惯导系统的平台失准角和陀螺仪漂移进行估计校正，得到高精度的地理系姿态信息，进而为天文导航系统提供高精度的地平信息；另一方面，天文导航系统利用惯导系统提供的高精度的地平信息进行定位，进而对惯导系统的累积位置误差进行校正，显著地提高了组合导航系统的精度。

图 11－37 可知，利用基于全面最优校正的组合模式进行组合导航，滤波稳定后最大整体位置误差为 267 m，整体姿态误差小于 7.4″，且导航精度全程保持稳定，不随时间发散。基于全面最优校正的组合模式中，天文导航系统利用基于星光折射间接敏感地平的解析天文定位方法提供的高精度地平信息进行姿态确定，摆脱了对惯导系统地平信息的依赖，可以真正地实现高精度定姿，且定姿精度全程保持稳定；同时，该组合模式由于引入基于星光折射间接敏感地平的解析天文定位方法提供的位置信息，可以对惯导系统的位置误差进行估计和校正，进而抑制导航系统累积位置误差的发散。

思考与练习

11.1　什么是组合导航系统？组合导航系统有什么优点？

11.2　简述卡尔曼滤波基本原理，说明其在组合导航系统中的作用。

11.3　什么是直接法与间接法滤波？各自有什么特点？

11.4　什么是开环校正法？什么是闭环校正法？分析这两种校正法的特点。

11.5　惯性 /GPS 组合导航系统有什么优势？主要有哪些组合模式？分析不同组合模式的特点。

11.6　惯性 / 天文组合导航系统有什么优势？主要有哪些组合模式？分析不同组合模式的特点。

附　　录

附录 1　常见的随机漂移误差模型

陀螺漂移的数学模型可以分为确定性模型和随机模型两部分，静态误差数学模型和动态误差模型属于确定性模型。随机漂移是由随机力矩造成的，陀螺的精度通常是指随机性漂移。

对有规律的漂移误差进行补偿之后，如果惯性导航系统所使用的陀螺还不能达到精度要求，需对陀螺的随机漂移进行实时估计和误差补偿。

引起陀螺随机漂移的误差源是多方面的，要想像确定性漂移模型那样，通过分析引起漂移的物理机理来建立数学模型，在工程上是不现实的，也没有这种必要。在时域和频域内，利用统计的方法，建立陀螺的漂移模型，对漂移误差进行估计，进而实现误差补偿的理论和方法正日益受到重视。

还应当提到，在惯性导航系统中采用卡尔曼滤波技术时，建立陀螺（包括加速度计）的随机漂移模型也是必不可少的。

建模的方法一般有两类，即相关函数法和时间序列分析法，它们都涉及专门的知识。下面简要介绍这两种方法。

1. 相关分析法

平稳随机过程输入线性动态系统后，根据输入功率谱密度和输出功率谱密度之间的关系，直接从有色噪声的相关函数得出噪声模型的方法称为相关函数法。

众所周知，对传递函数为 $\varphi(s)$ 的线性动态系统，输入平稳随机过程的功率谱密度 $S_{\mathrm{W}}(\omega)$ 和输出平稳随机过程的功率谱密度 $S_{\mathrm{N}}(\omega)$ 有以下关系：

$$S_{\mathrm{N}}(\omega)=\varphi(\mathrm{j}\omega)\varphi(-\mathrm{j}\omega)S_{\mathrm{W}}(\omega)=|\varphi(\mathrm{j}\omega)|^2 S_{\mathrm{W}}(\omega) \tag{附 1.1}$$

式中，$\varphi(\mathrm{j}\omega)$ 是线性动态系统的频率特性。因为功率谱密度是 ω 的偶函数，所以功率谱密度可写为

$$S_{\mathrm{N}}(\omega)=\frac{B(\omega)}{A(\omega)}=\frac{b_0\omega^{2m}+b_1\omega^{2m-2}+\cdots+b_m}{a_0\omega^{2n}+a_1\omega^{2n-2}+\cdots+a_n}=\frac{b_0(\omega^2+z_{\mathrm{b}1}^2)\cdots(\omega^2+z_{\mathrm{b}m}^2)}{a_0(\omega^2+z_{\mathrm{a}1}^2)\cdots(\omega^2+z_{\mathrm{a}n}^2)}$$

式中，z 为复数，有

$$\omega^2+z_i^2=(\mathrm{j}\omega+z_i)(-\mathrm{j}\omega+z_i)$$

因此，$S_{\mathrm{N}}(\omega)$ 可分解为

$$S_{\mathrm{N}}(\omega)=\frac{H(\mathrm{j}\omega)H(-\mathrm{j}\omega)}{F(\mathrm{j}\omega)F(-\mathrm{j}\omega)} \tag{附 1.2}$$

假设输入是单位强度的平稳白噪声，即 $S_{\mathrm{W}}(\omega)=1$，则对照式(附 1.1)，有

$$\varphi(s)=\frac{H(s)}{F(s)} \tag{附 1.3}$$

即平稳有色噪声可认为是单位强度的平稳白噪声输入到传递函数 $\varphi(s)$ 后，线性动态系统的输出。这种线性动态系统称为成形滤波器。只要有色噪声的功率谱密度是有理谱密度，按式(附 1.2)、式(附 1.3) 就一定能找出成形滤波器的传递函数。功率谱密度与相关函数有唯一的对应关系。在应用相关函数法建立陀螺随机漂移模型时，首先根据陀螺测试数据，对样本功率谱密度或自相关函数进行估计，根据估计采用曲线拟合的方法，可得成形滤波器结构。成形滤波器可以看成是一个线性系统，其输入是白噪声，输出是具有某种相关函数和功率谱密度函数的随机过程。由于相关函数和功率谱函数已由曲线拟合，因而所得的滤波器结构就是陀螺随机漂移的数学模型。这种方法是二次统计建模，因而引入统计误差。

2. 白噪声和几种有色噪声

现在列举几种可由成形滤波器形成的有色噪声，其中有的可看成是由白噪声通过成形滤波器形成的，有的可看成是由成形滤波器积分初值形成的。

(1) 白噪声

理想的白噪声均值为常数 m_0，在所有频率范围内功率谱密度均具有同样的强度：

$$S_{\mathrm{N}}(\omega)=Q \tag{附 1.4a}$$

与此相应，其相关函数为 δ 函数：

$$R_{\mathrm{N}}(\tau)=Q\delta(\tau) \tag{附 1.4b}$$

(2) 有限带宽白噪声

有限带宽白噪声的功率谱密度为

$$S_{\mathrm{N}}(\omega)=\begin{cases}Q, & |\omega|\leqslant\omega_0\\0, & |\omega|>\omega_0\end{cases} \tag{附 1.5a}$$

式中，ω_0 为白噪声的频率范围。

功率谱为

$$R_{\mathrm{N}}(\tau)=\frac{\tau\sin\omega_0}{\pi\tau} \tag{附 1.5b}$$

(3) 随机常数

连续的随机常数过程可用下式表示为

$$\dot{N}(t)=0 \tag{附 1.6a}$$

它说明初始条件是一个随机变量，每次过程中的值不变。成形滤波器是一个积分器，其输

入量为零。成形滤波器方程即式(附 1.6a)。

随机常数的相关函数为常数：

$$R_{\mathrm{N}}(\tau)=p_0+m_0^2 \tag{附 1.6b}$$

式中，$p_0=[N(t_0)]^2$；m_0 为均值。

相应的功率谱密度为 δ 函数：

$$S_{\mathrm{N}}(\omega)=2\pi(p_0+m_0^2)\delta(\omega) \tag{附 1.6c}$$

陀螺逐次启动的不重复性属于随机常数这种模型。随机常数的特点是，在陀螺测试之前，其值是不知道的，但在每一次启动后则均保持常值。

离散过程中的随机常数可用下式表示：

$$N_{k+1}=N_k \tag{附 1.7}$$

(4) 随机游动

如果陀螺的常值漂移在一次启动中不是常数，而是随时间缓慢变化的，那么可以用随机游动来描述这种情况。

如果白噪声通过积分器，则积分器当前时刻的输出是在前一时刻输出的基础上对白噪声的积分。前后时刻输出是相关的，而且输出已不是白噪声而是有色噪声，这称为随机游动过程。

白噪声 $W(t)$ 通过积分器可用以下方程表示：

$$\dot{N}(t)=W(t) \tag{附 1.8}$$

式中，$W(t)$ 是零均值白噪声；$N(t)$ 是随机游动，积分器就是成形滤波器。

不证明地指出：随机游动的相关函数并不是 $t-\tau$ 的函数关系，因此，这种随机过程不是平稳过程，不能计算功率谱密度，它的相关函数随时间而增长。

(5) 随机斜坡

随机过程的值随时间而线性增长，但增长率却是随机变量，这种随机过程称为随机斜坡。可用下式表示：

$$\left.\begin{aligned}\dot{N}_1(t)&=N_2(t)\\ \dot{N}_2(t)&=0\end{aligned}\right\} \tag{附 1.9}$$

式中，$N_1(t)$ 是随机斜坡过程；$N_2(t)$ 是增长率，由初始值 $N_2(0)$ 决定。这种随机过程不是平稳过程。

(6) 一阶马尔可夫过程

这种成形滤波器是一个惯性环节，其方程形式为

$$\dot{N}(t)=-aN(t)+W(t) \tag{附 1.10}$$

也就是白噪声通过一阶惯性环节而形成一个马尔可夫过程，其输出的相关函数为

$$R_N(\tau) = R_N(0)e^{-a|\tau|} \qquad (附 1.11a)$$

式中，$R_N(0)$ 为均方值；a 为反相关时间；τ 为相关函数的时间间隔。输出功率谱密度为

$$S_N(\omega) = \frac{2R_N(0)a}{\omega^2 + a^2} \qquad (附 1.11b)$$

例如，若陀螺测试数据处理结果如附图 1-1 所示，从统计特性上看，相关函数为

$$R_N(\tau) = \sigma^2 e^{-a|\tau|} + B$$

对应的功率谱密度为

$$S_N(\omega) = \frac{2a\sigma^2}{\omega^2 + a^2} + Q$$

因此，陀螺随机漂移模型包括三部分：

① 随机常数，相关函数为常数 B；

② 一阶马尔可夫过程，方差为 σ^2，反相关时间为 a；

③ 白噪声，强度为 Q。

模型框图如附图 1-2 所示。

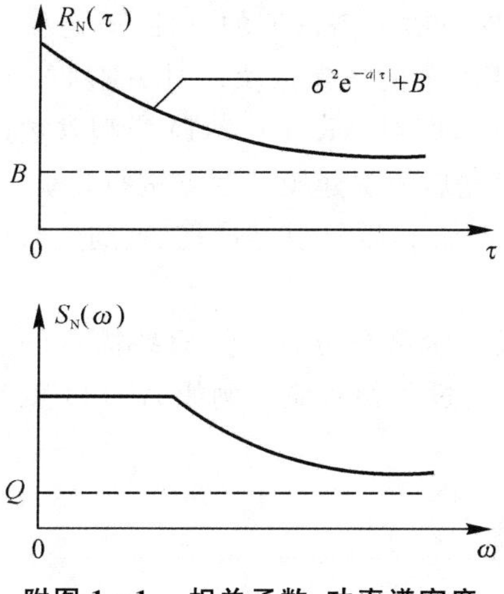

附图 1-1　相关函数、功率谱密度

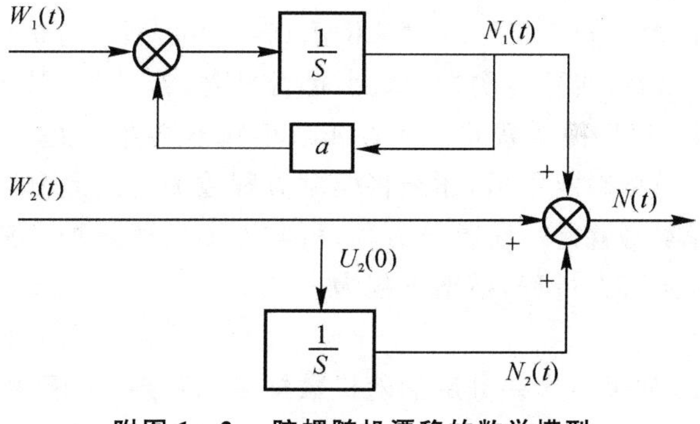

附图 1-2　陀螺随机漂移的数学模型

3. 时间序列分析法

时间序列分析法是直接利用陀螺测试的随机数据来建立差分方程，它把平稳的有色噪声序列看作是由各时刻相关的序列和各时刻出现的白噪声所组成的，即 k 时刻的有色噪声为

$$N_k = \varphi_1 N_{k-1} + \varphi_2 N_{k-2} + \cdots + \varphi_p N_{k-p} + W_k - \theta_1 W_{k-1} - \cdots - \theta_q W_{k-q} \qquad (附 1.12)$$

式中，$\varphi_i < 1(i=1,2,\cdots,p)$ 称为自回归参数；$\theta_i < 1(i=1,2,\cdots,q)$ 称为滑动平均参数；$\{W_k\}$ 为白噪声序列。

式(附 1.12) 为表示有色噪声的递推方程，是 (p,q) 阶自回归滑动平均模型 ARMA(p,q)。模型中如果 $\theta_i=0(i=1,2,\cdots,q)$，则模型简化为

$$N_k=\varphi_1 N_{k-1}+\varphi_2 N_{k-2}+\cdots+\varphi_p N_{k-p}+W_k \qquad (附 1.13)$$

称为 p 阶自回归模型 AR(p)。如果式(附 1.12) 中 $\varphi_i=0(i=1,2,\cdots,p)$，则模型简化为

$$N_k=W_k-\theta_1 W_{k-1}-\cdots-\theta_q W_{k-q} \qquad (附 1.14)$$

称为 q 阶滑动平均模型 MA(q)。

时间序列分析法可以推广应用于非平稳的有色噪声。如果非平稳的有色噪声序列经平稳化处理后，利用时间序列法得到的平稳序列的模型为 ARMA(p,q)，则非平稳的模型称为(p,m,q) 阶自回归积分滑动的平均模型 ARMA(p,m,q)，即

$$M_k=N_k-N_{k-m}=\varphi_1 M_k+\cdots+\varphi_p M_{k-p}+W_k-\theta_1 W_{k-1}-\cdots-\theta_q W_{k-q} \qquad (附 1.15)$$

平稳化方法常用的除差分方法外，还有时间函数拟合方法。原则上经过多次差分之后，非平稳的序列将变为零均值的平稳序列。

不论平稳的还是非平稳的随机过程(陀螺随机漂移多是缓慢的非平稳过程)，建立模型的任务就是确定模型方程中的各项参数值(φ_i,θ_i) 和白噪声序列$\{W_k\}$ 的方差值。

建模过程一般分两步。首先利用序列噪声的相关函数和功率谱密度的特性，确定模型的形式(AR，MA，ARMA)，然后用参数估计的方法估计出模型中的各参数值。对 ARMA(p,q) 可取 $p=2n,q=2n-1$，得 ARMA$(2n,2n-1)$。先取 $n=1$，即对 ARMA(2,1) 模型参数进行估计，然后再令 $n=2$，对 ARMA(4,3) 模型进行估计。对先后两次建模的残差进行检验，看 n 加 1 以后，残差二次方和减小是否显著，若显著，则继续令 n 加 1，重复以上过程，直到检验认为 n 加 1 以后模型残差二次方和减小并不显著为止。

模型确定以后，还须将模型方程改为一阶差分方程或一阶微分方程组。有些简单的模型方程本身就是一阶差分方程，可与上面所述几种常见的随机过程相对应。例如 AR(1) 就是一阶马尔可夫过程，模型方程为

$$N_k=\varphi N_{k-1}+W_k \qquad (附 1.16)$$

又如，如果一次差分后的随机数据是白噪声，则模型方程是

$$N_k=N_{k-1}+W_{k-1} \qquad (附 1.17)$$

这就是随机游动。

时间序列法对数据只作一次统计建模，因此，建模精度高。这种模型可变换为状态方程，故较为方便。

4. 陀螺随机模型的滤波与平滑估计

采用卡尔曼滤波和平滑的方法处理陀螺漂移数据，一方面能提高陀螺漂移特性估计的准确度，另一方面为实现陀螺在导航系统中的实时补偿提供信息。

附图 1-3 所示为陀螺随机漂移模型，由随机常数 b、随机游动 N_1、随机斜坡 N_2 和一阶马尔

可夫过程 m 所组成，T 为一阶马尔可夫过程相关时间，$W_1(t)$ 为白噪声，a_0 为陀螺随机漂移。

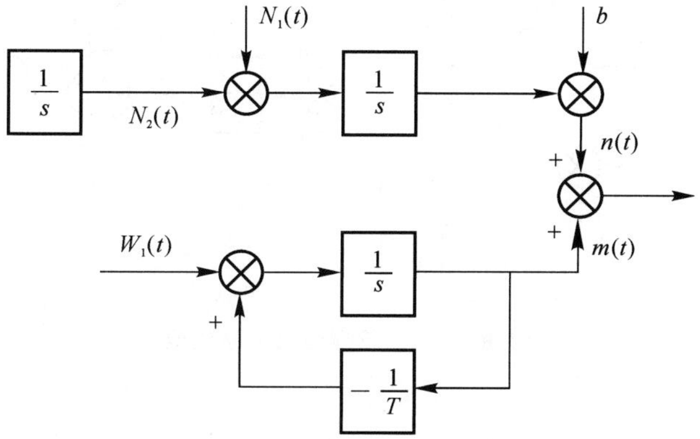

附图 1-3　陀螺随机漂移模型

当用力反馈法进行陀螺漂移测试时，可用附图 1-4 所示框图。图中：

$\frac{1}{T_1 s}$—— 漂移数据的预处理环节，加入这个环节的目的是（部分地）消除测量噪声对数据处理结果的影响；

T_1—— 预处理环节的时间常数；

a_0^p—— 预处理前的漂移数据（实际测量值）；

a_0—— 预处理后的漂移数据；

V^p—— 预处理前的测量噪声；

V—— 预处理后残留的测量噪声；

Z—— 预处理的陀螺漂移数据。

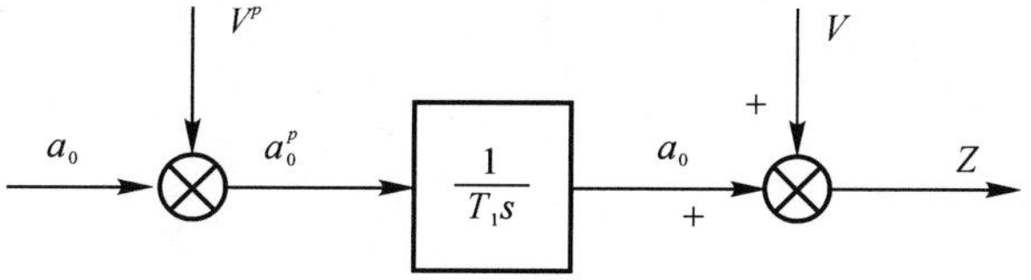

附图 1-4　陀螺测试框图

在进行卡尔曼滤波之前，需要对数据进行预处理。数据预处理是指对实际测量数据进行统计特性（均值、方差和自相关函数）的初步分析，以作为滤波和平滑时确定初值的参考。同时，如前所述，对实际测量数据进行预处理可部分地剔除测量噪声对数据处理结果的影响。这里所说的预处理还包括对实际测量数据进行时间平均。

为了简化计算，在数据预处理时可将陀螺随机常数 b 剔除，或归并在随机趋势项 n 中，同时

将陀螺随机游动 N_1 归并到随机斜坡 N_2 中，经过这种化简后得漂移模型如附图 1-5 所示。

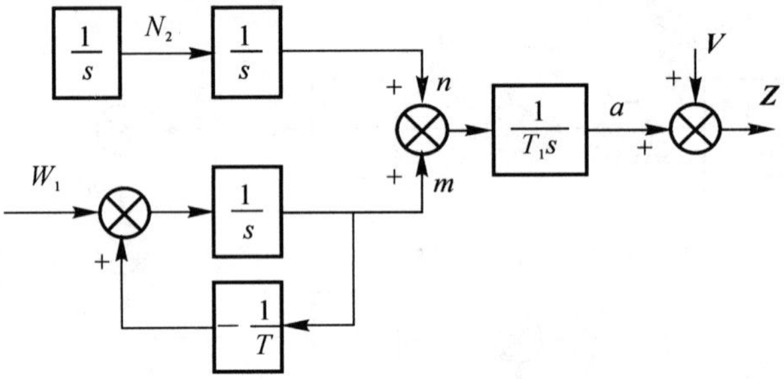

附图 1-5 陀螺随机漂移模型

其动态方程为

$$\left.\begin{aligned}\dot{a}&=(n+m)\frac{1}{T_1}\\ \dot{n}&=N_2\\ \dot{N}_2&=0\\ \dot{m}&=-\frac{1}{T}m+W_1\end{aligned}\right\}\tag{附 1.18}$$

矩阵形式为

$$\dot{\boldsymbol{x}}=\boldsymbol{F}\boldsymbol{x}+\boldsymbol{G}\boldsymbol{W}$$

式中

$$\boldsymbol{x}=[a \quad n \quad N_2 \quad m]^{\mathrm{T}}$$

$$\boldsymbol{F}=\begin{bmatrix}0 & \frac{1}{T_1} & 0 & \frac{1}{T_1}\\ 0 & 0 & 1 & 0\\ 0 & 0 & 0 & 0\\ 0 & 0 & 0 & -\frac{1}{T_1}\end{bmatrix}$$

$$\boldsymbol{G}=[0 \quad 0 \quad 0 \quad 1]^{\mathrm{T}}$$

$$\boldsymbol{W}=W_1$$

量测方程为

$$\boldsymbol{Z}=\boldsymbol{H}\boldsymbol{x}+\boldsymbol{V}\tag{附 1.19}$$

式中，$\boldsymbol{V}$ 为测量噪声矢量。

$$\boldsymbol{H}=[1 \quad 0 \quad 0 \quad 0]$$

在式(附 1.18)、式(附 1.19)中的状态噪声 $\boldsymbol{W}$ 和量测噪声 $\boldsymbol{V}$ 为白噪声，其均值为零，自相关函数为

$$E[\boldsymbol{W}(k)\boldsymbol{W}(l)]=\boldsymbol{Q}\delta(k-l)$$
$$E[\boldsymbol{V}(k)\boldsymbol{V}(l)]=\boldsymbol{R}\delta(k-l)$$

式中，$\boldsymbol{Q}$，$\boldsymbol{R}$ 分别表示状态噪声和测量噪声的方差阵。

式(附 1.18)、式(附 1.19) 有如下离散形式：

$$\boldsymbol{x}_k=\boldsymbol{\varphi}_{k,k-1}\boldsymbol{x}_{k-1}+\boldsymbol{\Gamma}_{k-1}\boldsymbol{W}_{k-1} \tag{附 1.20}$$

$$\dot{\boldsymbol{Z}}_k=\boldsymbol{H}_k x_k+\boldsymbol{V}_k \tag{附 1.21}$$

余下的问题是根据式(附 1.20)、式(附 1.21) 在选定算法后进行卡尔曼滤波和平滑计算，以滤波或平滑估计误差稳定值作为陀螺漂移均方根误差的评定依据。

以上叙述了建立陀螺随机漂移模型的两种方法，以及随机模型的滤波和平滑方法的应用。

附录 2　捷联矩阵的即时修正算法

捷联矩阵的即时修正就是实时地给出捷联矩阵 $\boldsymbol{C}_b^n$ 或 $\boldsymbol{T}$，而这要通过一定的算法来完成。进行捷联矩阵即时修正的算法很多，如方向余弦矩阵算法、欧拉角变换算法、欧拉四参数算法、四元数算法、凯利-克莱恩参量算法及矢量表示算法等。这里给出最典型的三种算法，即欧拉角法(三参数法)、四元数法(四参数法) 及方向余弦法(九参数法)。

1. 欧拉角法(三参数法)

由附图 2-1 可以看出，从导航坐标系 $Ox_ny_nz_n$ 依次转过 φ_G，θ，γ 角可得机体坐标系 $Ox_by_bz_b$。转换过程可以表示为

$$Ox_ny_nz_n \xrightarrow[\varphi_G]{\text{绕 } z_n \text{ 轴}} Ox'y'z' \xrightarrow[\theta]{\text{绕 } x' \text{ 轴}} Ox''y''z'' \xrightarrow[\gamma]{\text{绕 } y'' \text{ 轴}} Ox_by_bz_b$$

这样，机体坐标系相对导航坐标系的角速度 $\boldsymbol{\omega}$ 可以表示为

$$\boldsymbol{\omega}_{nb}^b=\boldsymbol{\omega}^b=\dot{\boldsymbol{\varphi}}_G^b+\dot{\boldsymbol{\theta}}^b+\dot{\boldsymbol{\gamma}}^b \tag{附 2.1}$$

令 $Ox_ny_nz_n$ 为 S_n 坐标系，$Ox'y'z'$ 为 S_1 坐标系，$Ox''y''z''$ 为 S_2 坐标系，$Ox_by_bz_b$ 为 S_b 坐标系。参阅附图 2-1，可得 $\dot{\varphi}_G$，$\dot{\theta}$，$\dot{\gamma}$ 在相应坐标系下的分量列阵为

$$\dot{\boldsymbol{\varphi}}_G^n=\dot{\boldsymbol{\varphi}}_G^{(1)}=\begin{bmatrix}0\\0\\\dot{\varphi}_G\end{bmatrix},\quad \dot{\boldsymbol{\theta}}^{(1)}=\dot{\boldsymbol{\theta}}^{(2)}=\begin{bmatrix}\dot{\theta}\\0\\0\end{bmatrix},\quad \dot{\boldsymbol{\gamma}}^{(2)}=\dot{\boldsymbol{\gamma}}^b=\begin{bmatrix}0\\\dot{\gamma}\\0\end{bmatrix}$$

则可将 $\boldsymbol{\omega}$ 写成沿机体坐标系的投影形式为

$$\boldsymbol{\omega}^b=\boldsymbol{C}_n^b\cdot\dot{\boldsymbol{\varphi}}_G^n+\boldsymbol{C}_1^b\cdot\dot{\boldsymbol{\theta}}^{(1)}+\boldsymbol{C}_2^b\cdot\dot{\boldsymbol{\gamma}}^{(2)}=\boldsymbol{C}_1^b\cdot\dot{\boldsymbol{\varphi}}_G^{(1)}+\boldsymbol{C}_2^b\cdot\dot{\boldsymbol{\theta}}^{(2)}+\dot{\boldsymbol{\gamma}}^b$$

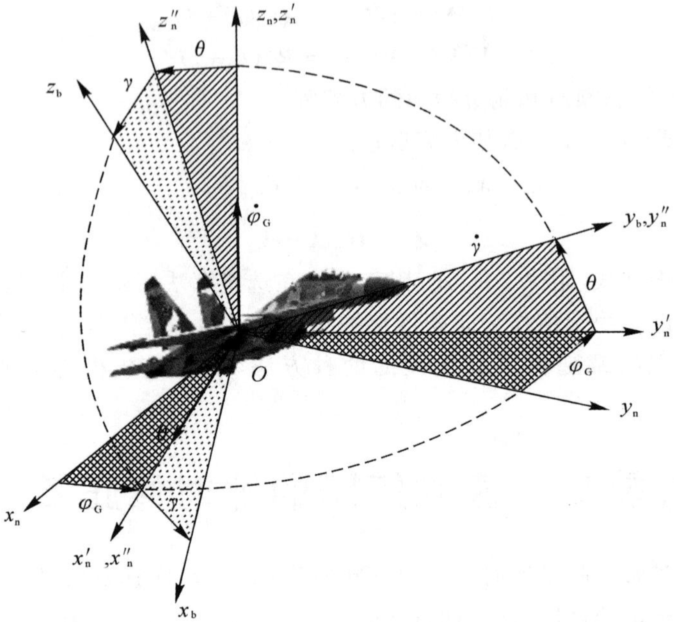

附图 2-1 游动方位坐标系与机体坐标系之间的关系

写成分量列阵的形式，即

$$\begin{bmatrix}\omega_x\\\omega_y\\\omega_z\end{bmatrix}=\begin{bmatrix}\cos\gamma & 0 & -\sin\gamma\\0 & 1 & 0\\\sin\gamma & 0 & \cos\gamma\end{bmatrix}\begin{bmatrix}1 & 0 & 0\\0 & \cos\theta & \sin\theta\\0 & -\sin\theta & \cos\theta\end{bmatrix}\begin{bmatrix}0\\0\\\dot{\varphi}_G\end{bmatrix}+\begin{bmatrix}\cos\gamma & 0 & -\sin\gamma\\0 & 1 & 0\\\sin\gamma & 0 & \cos\gamma\end{bmatrix}\begin{bmatrix}\dot{\theta}\\0\\0\end{bmatrix}+\begin{bmatrix}0\\\dot{\gamma}\\0\end{bmatrix}=$$

$$\begin{bmatrix}-\sin\gamma\cos\theta & \cos\gamma & 0\\\sin\theta & 0 & 1\\\cos\gamma\cos\theta & \sin\gamma & 0\end{bmatrix}\begin{bmatrix}\dot{\varphi}_G\\\dot{\theta}\\\dot{\gamma}\end{bmatrix}$$

对上式实施矩阵求逆的运算便可得

$$\begin{bmatrix}\dot{\varphi}_G\\\dot{\theta}\\\dot{\gamma}\end{bmatrix}=\frac{1}{\cos\theta}\begin{bmatrix}-\sin\gamma & 0 & \cos\gamma\\\cos\gamma\cos\theta & 0 & \sin\gamma\cos\theta\\\sin\gamma\sin\theta & \cos\theta & -\sin\gamma\cos\theta\end{bmatrix}\begin{bmatrix}\omega_x\\\omega_y\\\omega_z\end{bmatrix}\qquad(附 2.2)$$

式(附 2.2) 便是欧拉角微分方程。解方程式(附 2.2) 便可求得 φ_G,θ,γ 三个参数。

对式(附 2.2) 进行初步分析可以看出求解欧拉角微分方程只需要解 3 个微分方程，与其他的算法相比要解的方程数少些。但在用计算机进行数值积分时要进行超越函数的运算，这反而加大了计算的工作量。此外，当 $\theta=90°$ 时，式(附 2.2) 将出现奇点。因此，欧拉角的应用有一定的局限性。

2. 四元数法(四参数法)

机体坐标系相对导航坐标系的转动可用转动四元数 $\boldsymbol{Q}$ 来表示，即

$$\boldsymbol{Q}=q_0+q_1\mathbf{i}_\mathrm{b}+q_2\mathbf{j}_\mathrm{b}+q_3\mathbf{k}_\mathrm{b}$$

式中，四元数的基 $\mathbf{i}_\mathrm{b}$，$\mathbf{j}_\mathrm{b}$，$\mathbf{k}_\mathrm{b}$ 取得与机体坐标系的基 $\boldsymbol{i}_\mathrm{b}$，$\boldsymbol{j}_\mathrm{b}$，$\boldsymbol{k}_\mathrm{b}$ 相一致。此时四元数微分方程为

$$\dot{\boldsymbol{Q}}=\frac{1}{2}\boldsymbol{Q}\boldsymbol{\omega}$$

式中

$$\boldsymbol{\omega}=0+\omega_x\mathbf{i}_b+\omega_y\mathbf{j}_b+\omega_z\mathbf{k}_b$$

将上式写成矩阵形式，得

$$\begin{bmatrix}\dot{q}_0\\ \dot{q}_1\\ \dot{q}_2\\ \dot{q}_3\end{bmatrix}=\frac{1}{2}\begin{bmatrix}0 & -\omega_x & -\omega_y & -\omega_z\\ \omega_x & 0 & \omega_z & -\omega_y\\ \omega_y & -\omega_z & 0 & \omega_x\\ \omega_z & \omega_y & -\omega_x & 0\end{bmatrix}\begin{bmatrix}q_0\\ q_1\\ q_2\\ q_3\end{bmatrix} \tag{附 2.3}$$

式(附 2.3)为四元数微分方程，对它求解便可实时地求出 q_0，q_1，q_2，q_3，根据

$$\begin{bmatrix}x_i\\ y_i\\ z_i\end{bmatrix}=\begin{bmatrix}q_0^2+q_1^2-q_2^2-q_3^2 & 2(q_1q_2-q_0q_3) & 2(q_1q_3+q_1q_2)\\ 2(q_1q_2+q_0q_3) & q_0^2-q_1^2+q_2^2-q_3^2 & 2(q_2q_3-q_0q_1)\\ 2(q_1q_3-q_0q_2) & 2(q_2q_3+q_0q_1) & q_0^2-q_1^2-q_2^2+q_3^2\end{bmatrix}\begin{bmatrix}x\\ y\\ z\end{bmatrix} \tag{附 2.4}$$

便可得出捷联矩阵 $\boldsymbol{C}_\mathrm{b}^\mathrm{n}$ 的公式，即

$$\boldsymbol{C}_\mathrm{b}^\mathrm{n}=\begin{bmatrix}q_0^2+q_1^2-q_2^2-q_3^2 & 2(q_1q_2-q_0q_3) & 2(q_1q_3+q_0q_2)\\ 2(q_1q_2+q_0q_3) & q_0^2-q_1^2+q_2^2-q_3^2 & 2(q_2q_3-q_0q_1)\\ 2(q_1q_3-q_0q_2) & 2(q_2q_3+q_0q_1) & q_0^2-q_1^2-q_2^2+q_3^2\end{bmatrix} \tag{附 2.5}$$

对式(附 2.3)进行初步分析可以看出，求解四元数微分方程要解 4 个微分方程，虽然要解的方程比欧拉角法多一个，但在进行数值积分求解时只需要进行加减法和乘法运算，求解的计算量要比欧拉角法少很多。

3. 方向余弦法(九参数)

由方向余弦矩阵的微分方程，即

$$\dot{\boldsymbol{T}}=\boldsymbol{T}\boldsymbol{\Omega}$$

式中，$\boldsymbol{\Omega}$ 为 $\boldsymbol{\omega}_\mathrm{nb}=\boldsymbol{\omega}$ 矢量的反对称矩阵。上式可写成

$$\begin{bmatrix} \dot{T}_{11} & \dot{T}_{12} & \dot{T}_{13} \\ \dot{T}_{21} & \dot{T}_{22} & \dot{T}_{23} \\ \dot{T}_{31} & \dot{T}_{32} & \dot{T}_{33} \end{bmatrix} = \begin{bmatrix} T_{11} & T_{12} & T_{13} \\ T_{21} & T_{22} & T_{23} \\ T_{31} & T_{32} & T_{33} \end{bmatrix} \begin{bmatrix} 0 & -\omega_x & \omega_y \\ \omega_z & 0 & -\omega_x \\ -\omega_y & \omega_x & 0 \end{bmatrix} \tag{附 2.6}$$

求解上式需要解 9 个微分方程，同样也只要进行加减法和乘法运算，显然求解方向余弦矩阵微分方程要比四元数微分方程的方程数多些，然而采用方向余弦矩阵可以直接求出捷联矩阵 $\boldsymbol{T}$，这又是方向余弦矩阵法的一个优点。

附录 3　弹道式飞行器轨迹设计方法

设计弹道式飞行器的轨迹，需要描述其速度、位置和姿态等飞行参数，由于弹道式飞行器选用的导航系和姿态定义方式不同于巡航式飞行器，且当弹道式飞行器飞出大气层外时满足空间飞行器的轨道动力学模型，因此，本附录首先介绍相应的坐标系定义和坐标转换关系，并对空间飞行器轨道动力学基本知识进行介绍，最后以弹道导弹为例介绍弹道式飞行器的轨迹生成方法。

1. 坐标系定义与转换关系

对于弹道式巡航器，其姿态角通常相对于发射点重力坐标系或惯性坐标系（统称 $Oxyz$）。下面介绍相应的坐标系定义和坐标转换关系。

（1）发射点重力坐标系（$Ox_g y_g z_g$）

发射点重力坐标系的原点为发射点，y_g 轴沿发射点重力的反方向指向地表外，y_g 轴向地心方向的延长线，在子午面内与地球轴线相交于 o'_e（不同于地心）。它与赤道面的夹角 B 称为发射点的地理纬度。x_g 轴与 y_g 轴垂直并且指向发射方向。它与发射点子午面的夹角 A 为发射方位角，z_g 轴按照右手规则确定。发射点重力坐标系是一动系，随着地球自转与公转而变化。

（2）发射点惯性坐标系（$Ox_{li} y_{li} z_{li}$）

将发射点重力坐标系 $Oz_g y_g z_g$ 固化在惯性空间得到的惯性坐标系。导弹起飞时，该坐标系与发射点重力坐标系 $Oz_g y_g z_g$ 重合，之后惯性坐标轴始终指向惯性空间的固定方向不动。

（3）本体坐标系（$Ox_b y_b z_b$）

对于弹道式载体，本体坐标系的 Ox_b 轴与弹体的纵轴一致，指向弹头的方向；Oy_b 轴位于弹体纵向对称面内与 Ox_b 轴垂直，向上为正；Oz_b 与 Ox_b，Oy_b 轴构成右手坐标系。

如附图 3－1 为弹道式飞行器的本体坐标系及姿态角示意图，俯仰角 φ 是弹体纵轴 Ox_b 在 xOy 面的投影与 Ox_b 轴的夹角，投影在 Ox 轴上方时为正；偏航角 ψ 是弹体纵轴与 xOy 面的夹角，当 Ox_b 轴在射面的左边时为正。滚转角 γ 是弹体横轴 Oz_b 与 xOz 平面之间的夹角，当

Oz_b 轴在 xOz 平面之下时为正。

新引入发射点重力坐标系和发射点惯性坐标系与地心惯性系、地球坐标系间的关系如附图 3－2 所示，现在给出它们间的转换关系。

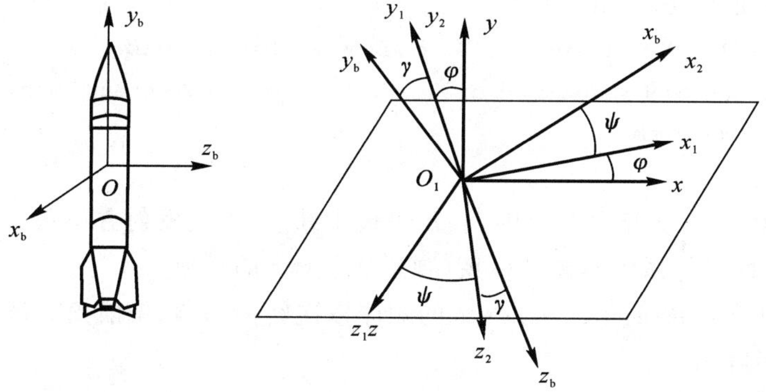

附图 3－1　弹道式载体本体坐标系以及姿态角示意图

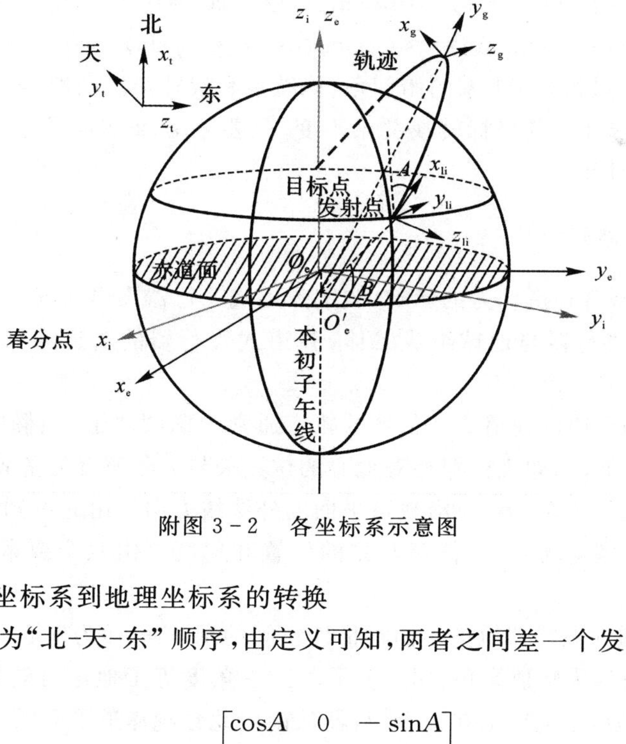

附图 3－2　各坐标系示意图

(1) 发射点重力坐标系到地理坐标系的转换

地理坐标系若取为“北-天-东”顺序，由定义可知，两者之间差一个发射方位角 A，其转换矩阵为

$$\boldsymbol{C}_g^t = \begin{bmatrix} \cos A & 0 & -\sin A \\ 0 & 1 & 0 \\ \sin A & 0 & \cos A \end{bmatrix} \tag{附 3.1}$$

（2）发射点惯性坐标系到地心惯性坐标系的转换

首先将地心惯性坐标系平移到发射点，按照 $y \to x \to z$ 的顺序依次转 $A+90°$，$-B$ 和 $90°-(S+\lambda)$，即可得到发射点惯性坐标系。转换矩阵为

$$\boldsymbol{C}_{\mathrm{li}}^{\mathrm{i}} = L_z(90°-S-\lambda)L_x(-B)L_y(A+90°) =$$

$$\begin{bmatrix} -\cos A\sin B\cos(\lambda+S)-\sin A\sin(\lambda+S) & \cos B\cos(\lambda+S) & \sin A\sin B\cos(\lambda+S)-\cos A\sin(\lambda+S) \\ -\cos A\sin B\sin(\lambda+S)+\sin A\cos(\lambda+S) & \cos B\sin(\lambda+S) & \sin A\sin B\sin(\lambda+S)+\cos A\cos(\lambda+S) \\ \cos A\cos B & \sin B & -\sin A\cos B \end{bmatrix} \tag{附 3.2}$$

式中，λ 为发射点经度；S 为格林尼治时角；B 为地理纬度；A 是发射方位角。

（3）发射点惯性坐标系到本体坐标系（弹道式载体）的转换

将发射点惯性坐标系按照 $z \to y \to x$ 的顺序依次转俯仰角、偏航角和滚转角，即可得到本体坐标系。转换矩阵为

$$\boldsymbol{C}_{\mathrm{li}}^{\mathrm{b}} = L_x(\gamma)L_y(\psi)L_z(\varphi) =$$

$$\begin{bmatrix} \cos\varphi\cos\psi & \sin\varphi\cos\psi & -\sin\psi \\ \cos\varphi\sin\psi\sin\gamma-\sin\varphi\cos\gamma & \sin\varphi\sin\psi\sin\gamma+\cos\varphi\cos\gamma & \sin\gamma\cos\psi \\ \cos\varphi\sin\psi\cos\gamma+\sin\varphi\sin\gamma & \sin\varphi\sin\psi\cos\gamma-\cos\varphi\sin\gamma & \cos\gamma\cos\psi \end{bmatrix} \tag{附 3.3}$$

式中，φ,ψ,γ 分别是 b 系相对于 li 系的俯仰角、偏航角和滚转角。同理，若想得到发射点重力坐标系到本体系的转换矩阵，其坐标转换关系不变，只要 φ,ψ,γ 变成是 b 系相对于 g 系的俯仰角、偏航角和滚转角即可。

2. 轨道动力学基本知识

为简化分析，忽略各种摄动力的影响，假定弹道式飞行器飞出大气层后在地球中心引力场中运动，此时弹道式飞行器与地球组成二体，弹道式飞行器的轨道为二体轨道，又称开普勒轨道。

满足开普勒运动规律的弹道式飞行器的轨道通常为椭圆轨道，该椭圆轨道位于相对于惯性空间方向恒定的平面内，即飞行器相对地心的位置矢量 $\boldsymbol{r}$ 和速度矢量 $\boldsymbol{v}$ 始终位于该平面内，故飞行器相对地心动量矩 $\boldsymbol{h}=\boldsymbol{r}\times\boldsymbol{v}$ 沿轨道平面的外法线方向。由此可知弹道式飞行器在惯性空间内作周期性的椭圆运动，它在任意时刻的位置和速度可由六个要素完全确定，即轨道六要素。

附图 3-3 为弹道式飞行器轨道平面在惯性空间的示意图，O 为地心，椭圆轨道平面与地球赤道平面之间的夹角称为轨道倾角，用 i 表示。这一角度等于地球自转轴与轨道外法线之间的夹角，其定义范围为 $i\in[0°,180°)$。飞行器从南向北穿越赤道平面的交点称为升交点 B，而由北向南穿越赤道平面的交点则为降交点 D，升交点与降交点的连线称为交点线或结线，即飞行器轨道平面与地球赤道平面的交线。地心惯性系的 OX_i 与交点线 OB 之间的夹角称为升交

点赤经，用Ω表示，自西向东为正，其定义范围为$\Omega \in [0°,360°)$。轨道平面相对惯性空间的位置关系由轨道倾角i和升交点赤经Ω这两个要素唯一确定。

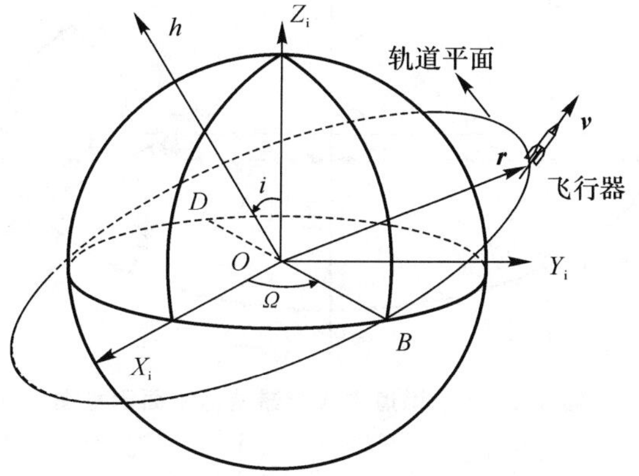

附图 3-3　弹道式飞行器轨道平面空间示意图

附图3-4为弹道式飞行器在其轨道平面内的示意图，由开普勒轨道三定律可知，中心天体地球位于椭圆的一个焦点O处，而长轴的两个端点P和A分别是距离中心天体最近和最远的点，被称为近地点和远地点。将焦点与近地点连线称为轨道拱点线OP，椭圆轨道在其所在平面内的取向可用交点线OB与轨道拱点线OP之间的夹角来描述，将其称为近地点幅角，用ω表示，其定义范围为$\omega \in [0°,360°)$。而飞行器在轨道上的位置可用其所处位置与焦点连线，即相对地心的位置矢量$\boldsymbol{r}$和轨道拱点线OP之间的夹角来表示，称为真近点角，用f表示，其定义范围为$f \in [0°,360°)$。此外，椭圆轨道的大小和形状则可用椭圆参数半长轴a和偏心率e唯一描述。这样综合利用半长轴a、偏心率e、轨道倾角i、升交点赤经Ω、近地点幅角ω和真近点角f这六个要素可以唯一确定弹道式飞行器在惯性空间内的位置。

开普勒轨道六要素并不唯一，其中随飞行器在轨时间变化的真近点角f还可以用平近点角M和偏近点角E进行替换。其中平近点角M是将飞行器假想在一个面积等于真实椭圆轨道面积的圆上匀速运动所转过的中心角，它与时间成线性关系。而偏近点角E是一个几何上的辅助量，它与真近点角f间的关系如附图3-5所示。

在附图3-5中，O'为椭圆中心，半长轴长度为a，半短轴长度为b，以O'为圆心、a为半径作椭圆的外接圆，过飞行器所在位置作半长轴的垂线QO''，分别交椭圆外接圆和半长轴于Q和O''，则Q与O'连线和半长轴之间的夹角被称为偏近点角E。在任意时刻t，三种近点角都是一一对应的，它们随时间变化，故也称为时间根数。

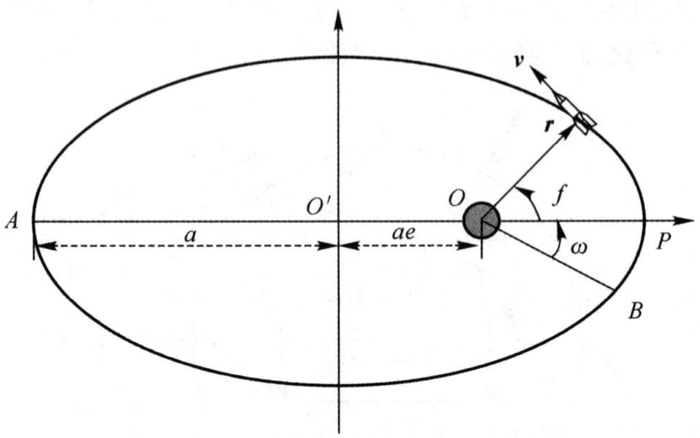

附图 3-4 弹道式飞行器轨道平面示意图

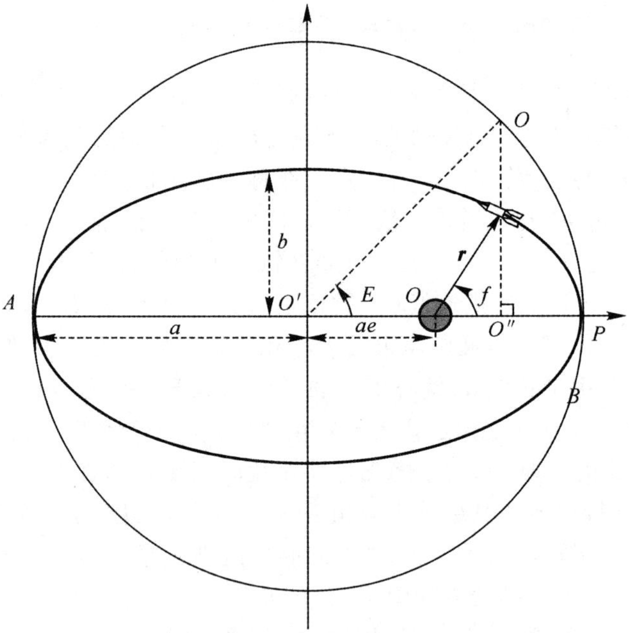

附图 3-5 偏近点角与真近点角关系示意图

3. 最小能量弹道构造方法

设计弹道导弹的轨迹发生器，需要建立描述其速度、位置、姿态和旋转角关系的动力学方程。根据弹道导弹的动力学和运动学模型，通过选取切合实际情况的参数生成标称轨迹。在考虑地球自旋情况下，可以根据最小能量弹道理论构造弹道导弹从发射点至落点的弹道，获取弹道标称数据。

(1) 弹道轨迹与受力情况

弹道导弹的弹道大致可以分为三个段:主动段、自由段和再入段。飞行阶段与受力情况见附表 3-1。

附表 3-1　弹道导弹飞行轨迹阶段与受力情况

	主动段	自由段	再入段
飞行阶段	从发射点到关机点	从关机之后到再入地球大气层为止	从进入大气层到打击目标为止
受力情况	地心引力、推力、阻力	地心引力	地心引力、阻力

① 主动段:从发射点到关机点,有效载荷被助推到需要的高度和预定的状态,然后与载体分离。主动段又可以分为三个阶段,垂直发射、主动段转弯和等角爬升阶段。

② 自由段:有效载荷仅仅在地球引力作用下按照椭圆轨迹飞行。

③ 再入段:弹头或者作为自由再入体的运载火箭再入地球大气层时,在迎面阻力和升力等气动力影响下运动。

(2) 弹道构造基本原理

构造弹道时,主动段和再入段被近似认为是自由段椭圆弹道的一部分,所以导弹全弹道就是满足最小能量需求的过惯性空间两点(发射点和落点在惯性空间的位置)的一段椭圆弹道。地球表面上一点在惯性空间中的位置不仅与该点在地球表面的位置有关,而且还与目标位于该点时的绝对时间有关。由于发射点、落点在地球表面的位置以及发射时刻是已知的,所以发射点在惯性空间的位置是可求的。如果能求出导弹由发射点到落点的飞行时间,那么结合发射时刻就可求出落点在惯性空间的位置,进而就可根据最小能量弹道理论构造出过惯性空间两点的弹道。相反,知道惯性空间中两点的位置,由最小能量弹道理论也可以求出导弹在这两点之间的飞行时间。由以上论述可知,用以下迭代方法可以实现落点在惯性空间的位置和导弹的全程飞行时间的求解,同时也可以构造出导弹的弹道。

① 设导弹从发射点至落点的飞行时间为 ΔT,由 ΔT 和导弹的发射时刻计算出导弹到达落点的时刻;

② 由导弹飞行至落点的时刻和落点在地球表面的位置求出落点在惯性空间中的位置;

③ 知道发射点和落点在惯性空间的位置,由最小能量弹道理论求出导弹从发射点至落点的飞行时间 ΔT^*;

④ 比较 ΔT 和 ΔT^*,如其差值满足精度要求,则结束迭代;否则,令 $\Delta T=\Delta T^*$,转至 ② 继续计算。

(2) 弹道计算数学模型

① 预估飞行时间 ΔT:

$$\Delta\lambda = \lambda_L - \lambda_F \tag{附 3.4}$$

$$L=\arccos(\sin\phi_F\sin\phi_L+\cos\phi_F\cos\phi_L\cos\Delta\lambda)\text{（射程角）} \tag{附 3.5}$$

$$L_T=R_eL\text{（射程）} \tag{附 3.6}$$

$$\Delta T=\frac{L_T}{v_{TBM}} \tag{附 3.7}$$

式中，λ_F 和 ϕ_F 分别为导弹发射点经度和纬度；λ_L 和 ϕ_L 分别为落点经度和纬度；v_{TBM} 为导弹平均速度，在预估飞行时间 ΔT 时，导弹的平均速度 v_{TBM} 只要选取适当值即可，ΔT 将只是作为下一步迭代计算的初值。

② 迭代求取最小能量弹道：

$$\alpha_F(T_F)=S+\lambda_F+\omega_eT_F \tag{附 3.8}$$

$$\delta_F(T_F)=\phi_F \tag{附 3.9}$$

式中，$\alpha_F(T_F)$ 和 $\delta_F(T_F)$ 分别为发射时刻 T_F 导弹的赤经和赤纬，进而可得导弹落点的时刻、赤经、赤纬分别为

$$T_L=T_F+\Delta T \tag{附 3.10}$$

$$\alpha_L(T_L)=S+\lambda_L+\omega_eT_L \tag{附 3.11}$$

$$\delta_L(T_L)=\phi_L \tag{附 3.12}$$

③ 构造最小能量弹道使其过点(α_F,δ_F)，(α_L,δ_L)。

构造最小能量弹道的参数及其含义如下：

导弹发射点和落点间的地心弧：

$$\Delta f=\arccos(\sin\delta_F\sin\delta_L+\cos\delta_F\cos\delta_L\cos\Delta\alpha) \tag{附 3.13}$$

式中，$\Delta\alpha$ 为导弹发射点和落点间的赤经差：

$$\Delta\alpha=\alpha_L-\alpha_F \tag{附 3.14}$$

所构造的最小能量弹道的半长轴：

$$a=\frac{R_e}{2}+R_e\sin\frac{\Delta f}{2} \tag{附 3.15}$$

导弹在落点处的速度 v_L、速度倾角 θ_L 分别为

$$\left.\begin{aligned}v_L&=\sqrt{\frac{\mu\vartheta_L}{R_e}}\\ \theta_L&=\frac{1}{2}\arctan\left(\frac{\sin\Delta f}{1-\cos\Delta f}\right)\end{aligned}\right\} \tag{附 3.16}$$

式中，ϑ_L 为落点的能量参数，$\vartheta_L=2-\dfrac{R_e}{a}$；$\mu$ 为地心引力常数。进而可以得到最小能量弹道的半通径 P、偏心率 e 和时间常量 n 分别为

$$\left.\begin{aligned} P &= R_e \vartheta_L \cos^2\theta_L \\ e &= \sqrt{1-\frac{P}{a}} \\ n &= \sqrt{\frac{\mu}{a^3}} \end{aligned}\right\} \qquad (附 3.17)$$

发射点的真近点角 f_F 和偏近点角 E_F 分别为

$$\left.\begin{aligned} f_F &= \arccos\left(\frac{P/R_e - 1}{e}\right) \\ E_F &= 2\arctan\left[\sqrt{\frac{1-e}{1+e}}\tan\left(\frac{f_F}{2}\right)\right] \end{aligned}\right\} \qquad (附 3.18)$$

最小能量弹道上由导弹发射点至落点的飞行时间为

$$\Delta T^* = 2\,\frac{\pi - E_F + e\sin E_F}{n} \qquad (附 3.19)$$

如果 $|\Delta T^* - \Delta T| \leqslant \text{eps}$(要求的精度),则该最小能量弹道即为所求弹道,否则令 $\Delta T = \Delta T^*$,以此 ΔT 作为预估的飞行时间,转至 ② 重复迭代计算。

④ 迭代结束后得到导弹由发射点至落点的飞行时间 ΔT,则导弹的发射方位角 A、发射点速度绝对值 v_F、发射点速度矢量与当地水平面的夹角 θ_F 分别为

$$\left.\begin{aligned} A &= \arccos\left(\frac{\sin\delta_L - \sin\delta_F\cos\Delta f}{\cos\delta_F\sin\Delta f}\right) \\ v_F &= \sqrt{\mu\left(\frac{2}{R_e} - \frac{1}{a}\right)} \\ \theta_F &= \arccos\sqrt{\frac{P}{\vartheta_F R_e}} \end{aligned}\right\} \qquad (附 3.20)$$

因而导弹在"北-天-东" 地理坐标系中的位置和速度矢量为

$$\left.\begin{aligned} \boldsymbol{R}_t &= [0 \quad 0 \quad 0]^T \\ \boldsymbol{V}_t &= [v_F\cos\theta_F\cos A \quad v_F\sin\theta_F \quad v_F\cos\theta_F\sin A]^T \end{aligned}\right\} \qquad (附 3.21)$$

利用坐标转换矩阵 $\boldsymbol{C}_t^i$ 将其转换至地心惯性坐标系:

$$\left.\begin{aligned} \boldsymbol{R}_i &= \boldsymbol{C}_t^i(\boldsymbol{R}_t + [0 \quad R_e \quad 0]^T) = \boldsymbol{C}_t^e\boldsymbol{C}_e^i(\boldsymbol{R}_t + [0 \quad R_e \quad 0]^T) \\ \boldsymbol{V}_i &= \boldsymbol{C}_e^t\boldsymbol{C}_t^e\boldsymbol{V}_t \end{aligned}\right\} \qquad (附 3.22)$$

在椭圆弹道上,导弹仅受地心引力作用,已知导弹在发射点时的位置、速度矢量 $\boldsymbol{V}_i$,$\boldsymbol{R}_i$ 就可根据以下积分方程求出导弹由发射点至落点间每一点的位置和速度矢量,即

$$\left.\begin{aligned} \dot{\boldsymbol{V}} &= -\mu\,\frac{\boldsymbol{R}}{|\boldsymbol{R}|^3} \\ \dot{\boldsymbol{R}} &= \boldsymbol{V} \end{aligned}\right\} \qquad (附 3.23)$$

(3) 弹道计算流程图

在弹道构造基本流程及基本公式的基础上，为了使弹道计算过程表达更清晰、紧凑，以框图形式给出计算流程，如附图 3-6 所示。

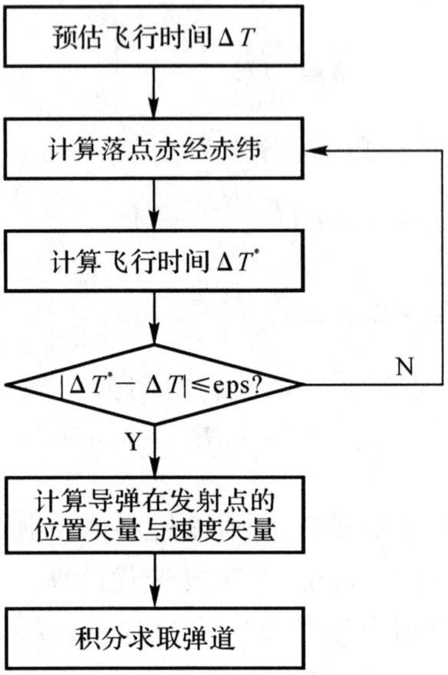

附图 3-6　弹道计算流程框图

参考文献

[1] 以光衢,等.惯性导航原理[M].北京:航空工业出版社,1987.

[2] 于波,陈云相,郭秀中.惯性技术[M].北京:北京航空航天大学出版社,1994.

[3] 陈哲.捷联惯导系统原理[M].北京:宇航出版社,1986.

[4] 崔中兴.惯性导航系统[M].北京:国防工业出版社,1982.

[5] 张宗麟.惯性导航与组合导航[M].北京:航空工业出版社,2000.

[6] 吴俊伟.惯性技术基础[M].哈尔滨:哈尔滨工程大学出版社,2002.

[7] 许江宁,边少锋,殷立吴.陀螺原理[M].北京:国防工业出版社,2005.

[8] 秦永元,张洪钺,汪叔华.卡尔曼滤波与组合导航[M].西安:西北工业大学出版社,1998.

[9] 毛奔,林玉荣.惯性器件测试与建模[M].哈尔滨:哈尔滨工程大学出版社,2008.

[10] 万德钧,房建成.惯性导航初始对准[M].南京:东南大学出版社,1998.

[11] 袁信,郑谔.捷联式惯性导航原理[M].北京:国防工业出版社,1982.

[12] 郭秀中,于波,陈云相.陀螺仪理论及其应用[M].北京:航空工业出版社,1987.

[13] 以光衢.陀螺理论与应用[M].北京:北京航空航天大学出版社,1990.

[14] 袁信,俞济祥,陈哲.导航系统[M].北京:航空工业出版社,1993.

[15] 张素云.陀螺仪原理及应用[M].哈尔滨:哈尔滨工业大学出版社,1985.

[16] 《惯性导航系统》编写小组.惯性导航系统[M].北京:国防工业出版社,1983.

[17] 王壬林.加速度计[M].北京:国防工业出版社,1982.

[18] 黄惟一.陀螺仪器原理[M].北京:国防工业出版社,1987.

[19] 南京航空学院《航空陀螺仪原理》编写组.航空陀螺仪原理[M].北京:国防工业出版社,1981.

[20] 任思聪.实用惯导系统原理[M].北京:宇航出版社,1988.

[21] 黄德鸣,程禄.惯性导航系统[M].北京:国防工业出版社,1986.

[22] 陈永冰,钟斌.惯性导航原理[M].北京:国防工业出版社,2007.

[23] 干国强,邱致和.导航与定位[M].北京:国防工业出版社,2000.

[24] 关肇直.线性控制理论在惯性导航系统中的应用[M].北京:科学出版社,1984.

[25] 梅硕基.惯性仪器测试与数据分析[M].西安:西北工业大学出版社,1991.

[26] 俞济祥.卡尔曼滤波及其在导航中的应用[M].西安:西北工业大学出版社,1984.

[27] 邓正隆.惯性技术[M].哈尔滨:哈尔滨工业大学出版社,2006.

[28] 秦永元.惯性导航[M].北京:科学出版社,2006.

[29] 张树侠,孙静.捷联式惯性导航系统[M].北京:国防工业出版社,1992.

[30] 王巍.干涉型光纤陀螺仪技术[M].北京:中国宇航出版社,2010.

[31] 胡小平,吴美平.自主导航理论与应用[M].长沙:国防科技大学出版社,2002.

[32] 王惠南.GPS导航原理与应用[M].北京:科学出版社,2006.

[33] 房建成,宁晓琳,田玉龙.航天器自主天文导航原理与方法[M].北京:国防工业出版社,2006.

[34] 房建成,宁晓琳.天文导航原理及应用[M].北京:北京航空航天大学出版社,2006.

[35] 黄汛,高启孝,李安,等.INS/GPS超紧耦合技术研究现状及展望[J].控制与制导,2009(1):42-43.

[36] Alban S, Akos D M, Rock S M, et al. Performance analysis and architectures for INS-aided GPS tracking loops[C]// Proceedings of the Institute of Navigation National Technical Meeting. Institute of Navigation, 2003:611-622.

[37] Ye Ping, Zhan Xingqun, Zhang Yanhua. MEMS INS-asisted GNSS Receiver Acquisition Scheme and Performance Evolution[J]. Journal of Shanghai Jiaotong University (Sci.), 2011,16(6):728-733.

[38] 陈霞.天文/惯性组合导航模式研究[J].光学与光电技术,2003,1(3):21-25.

[39] 何矩.国外天文导航技术发展综述[J].舰船科学技术,2005,27(5):91-96.

[40] 曾威,崔玉平,李邦清,等.惯性/星光组合导航应用于发展[J].控制与制导,2011,9:74-79.

[41] 刘放,陈明,高丽.捷联惯导系统软件测试中的飞行轨迹设计及应用[J].测控技术,2003,22(5):60-63.

[42] 付军.捷联惯导算法研究及系统仿真[D].哈尔滨:哈尔滨工业大学,2007.

[43] 邓志红,付梦印,张继伟.惯性器件与惯性导航系统[M].北京:科学出版社,2012.

[44] 苏中,李擎,李旷振,等.惯性技术[M].北京:国防工业出版社,2010.

[45] Mario N Armenise, Caterina Ciminelli, Francesco Dell'Olio. Advances in Gyroscope Technologies[M]. Berlin:Springer Berlin Heidelberg,2010.

[46] 李丹东,严小军,张承亮.MEMS惯性技术的研究与应用综述[J].导航与控制,2009,8(2):60-78.

[47] 丁衡高,朱荣,张嵘,等.微型惯性器件及系统技术[M].北京:国防工业出版社,2014.

[48] Wu X J, Wang X L. A SINS/CNS deep integrated navigation method based on mathematical horizon reference[J]. Aircraft Engineering and Aerospace Technology, 2011, 83(1):26-34.

[49] Wang X L, Ma S. A celestial analytic positioning method by stellar horizon atmospheric Refraction [J]. Chinese Journal of Aeronautics, 2009, 20:293-300.

[50] 王新龙,谢佳,郭隆华.弹道导弹捷联惯导/星光复合制导系统模型研究[J].弹道学报,2008,20(3):87-91.

[51] Wang X L. Fast alignment and calibration algorithms for inertial navigation system

[J]. Aerospace Science and Technology, 2009,13:204 - 209.

[52] 于洁,王新龙. SINS/GPS 紧密组合导航系统仿真研究[J]. 航空兵器,2008(6):8 - 13.

[53] 于洁,王新龙. SINS 辅助 GPS 跟踪环路超紧耦合系统设计[J]. 北京航空航天大学学报,2010,36(5):606 - 609.

[54] Yu J, Wang X L, Ji Ji. Design and analysis for an innovative scheme of SINS/GPS ultra-tight integration[J]. Aircraft Engineering and Aerospace Technology: An international Journal,2010, 82(1): 4 - 14.

[55] Wang X L, Li Y F. An Innovative Scheme for SINS/GPS Ultra - tight Integration System with Low - grade IMU [J]. Aerospace Science and Technology, 2012, 23(1): 452 - 460。

[56] He Z, Wang X L, Fang J C. An Innovative High - precision SINS/CNS Deep Integrated Navigation Scheme for the Mars Rover [J]. Aerospace Science and Technology, 2014,39: 559 - 566。

[57] Sun Z Y, Wang X L, Feng S J, et al. Design of an adaptive GPS vector tracking loop with the detection and isolation of contaminated channels [J]. GPS Solutions, 2017, 21(2):701 - 713。

[58] Wang X L, Wang X, Li Q S, et al. A hybrid fuzzy method for performance evaluation of fusion algorithms for integrated navigation system[J]. Aerospace Science and Technology, 2017, 69: 226 - 235

[59] Zhu J F, Wang X L, et al. A high - accuracy SINS/CNS integrated navigation scheme based on overall optimal correction[J]. Journal of Navigation, 2018, 71:1567 - 1588.